できる ポケット

Web制作必携

HTML & CSS

改訂4版

加藤善規 & できるシリーズ編集部

インプレス

本書に掲載されている情報について

- 本書の情報は、すべて2024年11月現在のものです。
- 本書が参照しているWeb標準仕様については、P.6を参照してください。
- 本書に掲載しているサンプルコードの表示例は、Windows 11がインストールされているパソコン、およびiOS 18がインストールされているiPhoneで画面を再現しています。

はじめに

数ある書籍の中から本書をお手に取っていただき、ありがとうございます。
本書は2015年の初版発売以降、HTML/CSSのリファレンス書としてご評価いただいている『できるポケット Web制作必携 HTML&CSS全事典』の3度目の大幅改訂版です。

初版発売から10年近い歳月が過ぎようとしていますが、これまで多くの方々にご愛読いただき、また読者の皆さまから多くのポジティブなフィードバックをいただいたことで、今回の大幅改訂ではさらに内容が充実した本書を皆さまのもとにお届けすることができました。あらためて読者の皆さまには感謝いたします。

前回の「改訂3版」から約2年半が経過していますが、その間にHTMLやCSSには多くの新しい機能が追加され、ブラウザーの実装も驚くべき速度で進みました。今回の「改訂4版」では、前書執筆時、ブラウザーのサポートが揃っていなかったために掲載を見送ったCSSのプロパティやセレクターなどを大幅に加筆し、ページボリュームも大きく増加しています。

常に更新されていくHTMLやCSSの仕様を、紙面が限られる書籍にする難しさはあるものの、本書執筆時点において主要なブラウザーでサポートされている仕様については「全事典」の名に恥じないレベルで網羅できたと自負しております。

インターネットで情報が即座に手に入る昨今においても、HTML/CSSの関連知識から、それらの仕様について網羅的にまとまっている本書は、これからWebサイト制作を始めようとする初学者の方々から、すでにWebサイト制作の現場で活躍されているプロの方々まで、幅広くお役に立つものと確信しておりますので、末永くお手元に置いていただければ幸いです。

最後に、この度の改訂の機会をくださり、また読者の皆さまにより分かりやすく、読みやすい紙面をお届けするためご尽力いただいた、できるシリーズ編集部、および関係者の皆さまに心よりお礼申し上げます。

2024年11月

バーンワークス株式会社　加藤善規

本書の読み方

本書の「HTML 編」と「CSS 編」では、HTML の要素や CSS のプロパティなどについて解説しています。それぞれの記述例は、サンプルコードや実践例を参照してください。目的の要素やプロパティは、巻頭のアルファベット順インデックスと目的別インデックスから探せます。

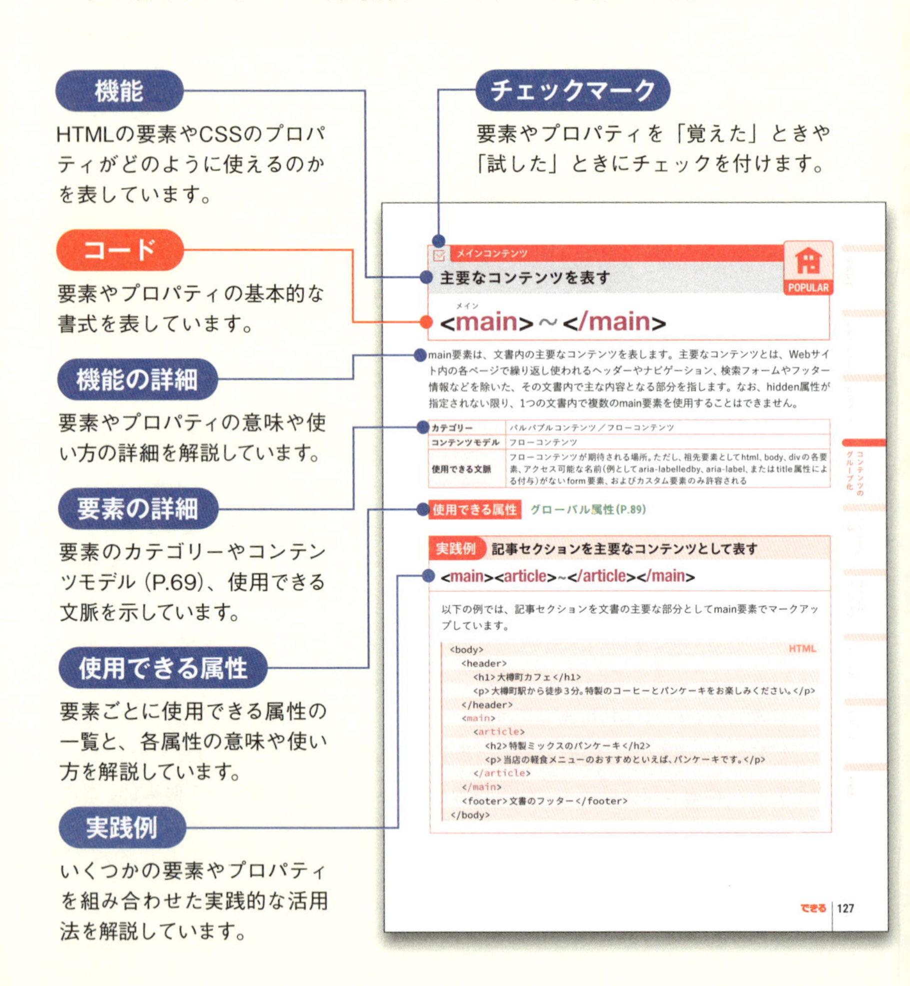

機能
HTMLの要素やCSSのプロパティがどのように使えるのかを表しています。
コード
要素やプロパティの基本的な書式を表しています。
機能の詳細
要素やプロパティの意味や使い方の詳細を解説しています。
要素の詳細
要素のカテゴリーやコンテンツモデル (P.69)、使用できる文脈を示しています。
使用できる属性
要素ごとに使用できる属性の一覧と、各属性の意味や使い方を解説しています。
実践例
いくつかの要素やプロパティを組み合わせた実践的な活用法を解説しています。
チェックマーク
要素やプロパティを「覚えた」ときや「試した」ときにチェックを付けます。

メインコンテンツ

主要なコンテンツを表す

POPULAR

<main> ~ </main>

main要素は、文書内の主要なコンテンツを表します。主要なコンテンツとは、Webサイト内の各ページで繰り返し使われるヘッダーやナビゲーション、検索フォームやフッター情報などを除いた、その文書内で主な内容となる部分を指します。なお、hidden属性が指定されない限り、1つの文書内で複数のmain要素を使用することはできません。

カテゴリー	パルパブルコンテンツ／フローコンテンツ
コンテンツモデル	フローコンテンツ
使用できる文脈	フローコンテンツが期待される場所。ただし、祖先要素としてhtml、body、divの各要素、アクセス可能な名前(例としてaria-labelledby、aria-label、またはtitle属性による付与)がないform要素、およびカスタム要素のみ許容される

使用できる属性　グローバル属性(P.89)

実践例　記事セクションを主要なコンテンツとして表す

<main><article>~</article></main>

以下の例では、記事セクションを文書の主要な部分としてmain要素でマークアップしています。

```html
<body>
  <header>
    <h1>大樽町カフェ</h1>
    <p>大樽町駅から徒歩3分。特製のコーヒーとパンケーキをお楽しみください。</p>
  </header>
  <main>
    <article>
      <h2>特製ミックスのパンケーキ</h2>
      <p>当店の軽食メニューのおすすめといえば、パンケーキです。</p>
    </article>
  </main>
  <footer>文書のフッター</footer>
</body>
```

コンテンツのグループ化

できる 127

サンプルコードのダウンロード方法

本書に掲載しているサンプルコードと同じファイルを、インプレスブックスのサイトからダウンロードできます。ブラウザーでの表示確認やコーディングの練習にお使いください。

▶ https://book.impress.co.jp/books/1124101065

※上記ページの[特典]を参照してください。ダウンロードにはClub Impressへの会員登録（無料）が必要です。

分類

要素やプロパティの分類を記載しています。目的別インデックスも、この分類から探すことができます。

使用頻度

要素やプロパティの使用頻度を4種類のマークで表しています。詳細は次のページに記載しています。

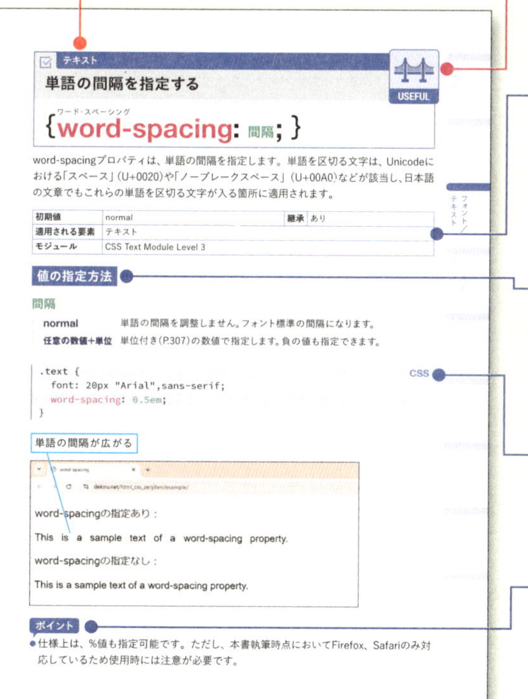

テキスト

単語の間隔を指定する

USEFUL

ワード・スペーシング

{word-spacing: 間隔; }

word-spacingプロパティは、単語の間隔を指定します。単語を区切る文字は、Unicodeにおける「スペース」（U+0020）や「ノーブレークスペース」（U+00A0）などが該当し、日本語の文章でもこれらの単語を区切る文字が入る箇所に適用されます。

初期値	normal	継承	あり
適用される要素	テキスト		
モジュール	CSS Text Module Level 3		

値の指定方法

間隔

normal	単語の間隔を調整しません。フォント標準の間隔になります。
任意の数値+単位	単位付き（P.307）の数値で指定します。負の値も指定できます。

CSS

```
.text {
  font: 20px "Arial",sans-serif;
  word-spacing: 0.5em;
}
```

単語の間隔が広がる

ポイント

●仕様上は、%値も指定可能です。ただし、本書執筆時点においてFirefox、Safariのみ対応しているため使用時には注意が必要です。

できる 441

プロパティの詳細

プロパティの初期値、継承の有無、適用される要素、仕様が定義されているモジュールを示しています。

値の指定方法

各プロパティで指定できるキーワードや数値などを解説しています。

サンプルコード

要素やプロパティの記述例を示しています。

ポイント

知っておくと役に立つ情報や注意点を解説しています。

使用頻度について

要素やプロパティに付記しているマークは、Web制作の現場で使用する頻度や重要度の目安を、以下の4つの建造物に例えて表現しています。

POPULAR
ほとんどのHTML/CSS文書に登場する、Web制作に不可欠な項目です。

SPECIFIC
あまり見かけませんが、特定の用途で能力を発揮する項目です。

USEFUL
数多くのWebサイトで使われ、効率や使いやすさを高める項目です。

RARE
滅多に使う機会のない、マニアックな項目です。

本書が参照しているWeb標準仕様について

本書は以下の各仕様書を基に、執筆時点（2024年11月）における内容を日本語で分かりやすいように解説しています。各仕様書は継続的に更新されているため、本書の内容との間に差異が生じる場合もあります。最新の仕様を確認する場合は、原典を参照してください。

HTML
HTML Living Standard
https://html.spec.whatwg.org/multipage/

CSS
All CSS specifications - W3C
https://www.w3.org/Style/CSS/specs.en.html
CSSの仕様はモジュール（Module）という単位に分類され策定されています。上記はW3Cが勧告、あるいは策定中のCSS仕様を一覧にしたものです。

CSS current work & how to participate - W3C
https://www.w3.org/Style/CSS/current-work
各CSS仕様の策定状況をまとめた一覧です。CSS仕様の中には正式な勧告ではない策定途中の仕様も数多く存在します。しかし、策定途中の仕様でも、ブラウザーによる実装が進み、問題なく実用可能なものも多く、本書ではそのような仕様に含まれるプロパティや値なども多く掲載しています。

目次

HTMLインデックス

アルファベット順でHTMLの
要素(タグ)を探せます。

	要素	説明	ページ
A	a	リンクを設置する	138
	abbr	略称を表す	149
	address	連絡先情報を表す	122
	area	クリッカブルマップにおける領域を指定する	185
	article	独立した記事セクションを表す	113
	aside	補足情報を表す	116
	audio	音声ファイルを埋め込む	182
B	b	特別なテキストを表す	158
	base	基準となるURLを指定する	103
	bdi	書字方向が異なるテキストを表す	161
	bdo	テキストの書字方向を指定する	162
	blockquote	段落単位での引用を表す	124
	body	文書の内容を表す	112
	br	改行を表す	164
	button	ボタンを設置する	233
C	canvas	グラフィック描写領域を提供する	254
	caption	表組みのタイトルを表す	189
	cite	作品のタイトルを表す	146
	code	コンピューター言語のコードを表す	153
	col	表組みの列を表す	193
	colgroup	表組みの列グループを表す	193
D	data	さまざまなデータを表す	152
	datalist	入力候補を提供する	240
	dd	説明リストの説明文を表す	133
	del	追記、削除されたテキストを表す	166
	details	操作可能なウィジットを表す	245
	dfn	定義語を表す	148

D	dialog	ダイアログを表す	247
	div	フローコンテンツをまとめる	126
	dl	説明リストを表す	132
	dt	説明リストの語句を表す	132
E	em	強調したいテキストを表す	142
	embed	アプリケーションやコンテンツを埋め込む	172
F	fieldset	入力コントロールの内容をまとめる	199
	figcaption	写真などにキャプションを付与する	135
	figure	写真などのまとまりを表す	135
	footer	フッターを表す	121
	form	フォームを表す	197
H	h1	セクションの見出しを表す	118
	head	メタデータのあつまりを表す	101
	header	ヘッダーを表す	120
	hgroup	見出しをまとめる	119
	hr	段落の区切りを表す	126
	html	ルート要素を表す	101
I	i	質が異なるテキストを表す	157
	iframe	他のHTML文書を埋め込む	176
	img	画像を埋め込む	173
	input	入力コントロールを表示する	201
	type="button"	スクリプト言語を起動するためのボタンを設置する	230
	type="checkbox"	チェックボックスを設置する	224
	type="color"	RGBカラーの入力欄を設置する	223
	type="date"	日付の入力欄を設置する	216
	type="datetime-local"	日時の入力欄を設置する	220
	type="email"	メールアドレスの入力欄を設置する	214
	type="file"	送信するファイルの選択欄を設置する	226

I	type="hidden"	ユーザーには表示しないデータを表す	209
	type="image"	画像形式の送信ボタンを設置する	228
	type="month"	月の入力欄を設置する	217
	type="number"	数値の入力欄を設置する	221
	type="password"	パスワードの入力欄を設置する	215
	type="radio"	ラジオボタンを設置する	225
	type="range"	大まかな数値の入力欄を設置する	222
	type="reset"	入力内容のリセットボタンを設置する	229
	type="search"	検索キーワードの入力欄を設置する	211
	type="submit"	送信ボタンを設置する	227
	type="tel"	電話番号の入力欄を設置する	212
	type="text"	1行のテキスト入力欄を設置する	210
	type="time"	時刻の入力欄を設置する	219
	type="url"	URLの入力欄を設置する	213
	type="week"	週の入力欄を設置する	218
	ins	追記、削除されたテキストを表す	166
K	kbd	入力テキストを表す	155
L	label	入力コントロールにおける項目名を表す	235
	legend	入力コントロールの内容グループに見出しを付ける	199
	li	リストの項目を表す	131
	link	文書を他の外部リソースと関連付ける	104
M	main	主要なコンテンツを表す	127
	map	クリッカブルマップを表す	185
	mark	ハイライトされたテキストを表す	160
	menu	ツールバーを表す	134
	meta	文書のメタデータを表す	108
	meter	特定の範囲にある数値を表す	243

N	nav	主要なナビゲーションを表す	115
	noscript	スクリプトが無効な環境の内容を表す	251
O	object	埋め込まれた外部リソースを表す	179
	ol	序列リストを表す	128
	optgroup	選択肢のグループを表す	239
	option	選択肢を表す	237
	output	計算の結果出力を表す	241
P	p	段落を表す	123
	picture	レスポンシブ･イメージを実現する	169
	pre	整形済みテキストを表す	125
	progress	進捗状況を表す	242
Q	q	語句単位での引用を表す	147
R	rp	ルビテキストを囲む括弧を表す	168
	rt	ルビテキストを表す	167
	ruby	ルビを表す	167
S	s	無効なテキストを表す	145
	samp	出力テキストの例を表す	155
	script	クライアントサイドスクリプトのコードを埋め込む	248
	search	検索に関連する入力コントロールやコンテンツをまとめる	137
	section	文書のセクションを表す	114
	select	プルダウンメニューを表す	236
	slot	Shadowツリーとして埋め込む	256
	small	細目や注釈のテキストを表す	144
	source	選択可能なファイルを複数指定する	169
	span	フレーズをグループ化する	163
	strong	重要なテキストを表す	143
	style	スタイル情報を記述する	111

S	sub	上付き・下付きテキストを表す	150
	summary	ウィジット内の項目の要約や説明文を表す	245
	sup	上付き・下付きテキストを表す	150
T	table	表組みを表す	189
	tbody	表組みの本体部分の行グループを表す	195
	td	表組みのセルを表す	190
	template	スクリプトが利用するHTMLの断片を定義する	252
	textarea	複数行にわたるテキスト入力欄を設置する	231
	tfoot	表組みのフッター部分の行グループを表す	196
	th	表組みの見出しセルを表す	192
	thead	表組みのヘッダー部分の行グループを表す	195
	time	日付や時刻、経過時間を表す	151
	title	文書のタイトルを表す	102
	tr	表組みの行を表す	190
	track	テキストトラックを埋め込む	183
U	u	テキストをラベル付けする	159
	ul	順不同リストを表す	130
V	var	変数を表す	153
	video	動画ファイルを埋め込む	180
W	wbr	折り返し可能な箇所を指定する	165

CSS インデックス

アルファベット順でCSSの@規則、関数、セレクター、プロパティを探せます。「@」「:」から始まる項目は記号を除いた順序で並んでいます。

記号のみ			
	(タイプセレクター)	指定した要素にスタイルを適用する	357
	(子孫セレクター)	子孫要素にスタイルを適用する	360
	.(クラスセレクター)	指定したクラス名を持つ要素にスタイルを適用する	359
	[](属性セレクター)	指定した属性を持つ要素にスタイルを適用する	364
	[=" "](属性セレクター)	指定した属性と属性値を持つ要素にスタイルを適用する	365
	[*=" "](属性セレクター)	指定した文字列を含む属性値を持つ要素にスタイルを適用する	367
	[^=" "](属性セレクター)	指定した文字列で始まる属性値を持つ要素にスタイルを適用する	366
	[|=" "](属性セレクター)	指定した文字列がハイフンの前にある属性値を持つ要素にスタイルを適用する	367
	[~=" "](属性セレクター)	指定した属性値を含む要素にスタイルを適用する	365
	[$=" "](属性セレクター)	指定した文字列で終わる属性値を持つ要素にスタイルを適用する	366
	*(ユニバーサルセレクター)	すべての要素にスタイルを適用する	358
	#(IDセレクター)	指定したID名を持つ要素にスタイルを適用する	359
	+(隣接セレクター)	直後の要素にスタイルを適用する	362
	> (子セレクター)	子要素にスタイルを適用する	361
	~(間接セレクター)	弟要素にスタイルを適用する	363
	{{}}(入れ子セレクター)	スタイル宣言を入れ子にして記述する	368

A			
	accent-color	ユーザーインターフェイス要素のアクセントカラーを設定する	481
	acos()	コサイン値から角度を求める	324
	:active	アクティブになった要素にスタイルを適用する	380
	::after	要素の内容の前後に指定したコンテンツを挿入する	401
	align-content	グリッドアイテム全体の縦方向の揃え位置を指定する	652
		ボックス全体の縦方向の揃え位置を指定する	618
	align-items	すべてのグリッドアイテムの縦方向の揃え位置を指定する	652
		すべてのボックスの縦方向の揃え位置を指定する	627
	align-self	個別のグリッドアイテムの縦方向の揃え位置を指定する	652
		個別のボックスの縦方向の揃え位置を指定する	622
	all	要素のすべてのプロパティを初期化する	716

A	anchor()	アンカー要素の辺を基準に配置する	350
	anchor-name	配置のためのアンカー要素として宣言する	704
	anchor-size()	アンカーのサイズを基準に要素のサイズを指定する	351
	animation	アニメーションをまとめて指定する	663
	animation-delay	アニメーションが開始されるまでの待ち時間を指定する	657
	animation-direction	アニメーションの再生方向を指定する	662
	animation-duration	アニメーションが完了するまでの時間を指定する	655
	animation-fill-mode	アニメーションの再生前後のスタイルを指定する	660
	animation-iteration-count	アニメーションの繰り返し回数を指定する	661
	animation-name	アニメーションを識別する名前を指定する	655
	animation-play-state	アニメーションの再生、または一時停止を指定する	657
	animation-timing-function	アニメーションの加速曲線を指定する	658
	:any-link	訪問の有無に関係なくリンクにスタイルを適用する	380
	appearance	フォーム部品などをブラウザー標準のスタイルで表示するかを指定する	708
	asin()	サイン値から角度を求める	324
	aspect-ratio	ボックスの推奨アスペクト比を指定する	532
	atan()	タンジェント値から角度を求める	324
	atan2()	2つの値の逆正接(逆タンジェント)を返す	325
	attr()	要素から属性値を取得して使用する	344

B	::backdrop	全画面モード時の背後にあるボックスにスタイルを適用する	402
	backdrop-filter	要素の背後のグラフィック効果を指定する	496
	backface-visibility	3D空間で変形する要素の背面の表示方法を指定する	684
	background	背景のプロパティをまとめて指定する	493
	background-attachment	スクロール時の背景画像の表示方法を指定する	489
	background-blend-mode	背景色と背景画像の混合方法を指定する	494
	background-clip	背景画像を表示する領域を指定する	492
	background-color	背景色を指定する	484
	background-image	背景画像を指定する	485
	background-origin	背景画像を表示する基準位置を指定する	491
	background-position	背景画像を表示する水平・垂直位置を指定する	487

B

background-repeat	背景画像の繰り返しを指定する	486
background-size	背景画像の表示サイズを指定する	490
::before	要素の内容の前後に指定したコンテンツを挿入する	401
block-size	書字方向に応じてボックスの幅と高さを指定する	533
border	ボーダーをまとめて指定する	512
border-block	書字方向に応じてボーダーの各辺をまとめて指定する	517
border-block-color	書字方向に応じてボーダーの色を指定する	516
border-block-end	書字方向に応じてボーダーの各辺をまとめて指定する	517
border-block-end-style	書字方向に応じてボーダーのスタイルを指定する	513
border-block-end-width	書字方向に応じてボーダーの幅を指定する	515
border-block-start	書字方向に応じてボーダーの各辺をまとめて指定する	517
border-block-start-color	書字方向に応じてボーダーの色を指定する	516
border-block-start-style	書字方向に応じてボーダーのスタイルを指定する	513
border-block-start-width	書字方向に応じてボーダーの幅を指定する	515
border-block-style	書字方向に応じてボーダーのスタイルをまとめて指定する	514
border-block-width	書字方向に応じてボーダーの幅を指定する	515
border-bottom	ボーダーの各辺をまとめて指定する	511
border-bottom-color	ボーダーの色を指定する	509
border-bottom-left-radius	ボーダーの角丸を指定する	518
border-bottom-right-radius	ボーダーの角丸を指定する	518
border-bottom-style	ボーダーのスタイルを指定する	505
border-bottom-width	ボーダーの幅を指定する	507
border-collapse	表組みにおけるセルの境界線の表示形式を指定する	575
border-color	ボーダーの色をまとめて指定する	510
border-end-end-radius	書字方向に応じてボーダーの角丸を指定する	519
border-end-start-radius	書字方向に応じてボーダーの角丸を指定する	519
border-image	ボーダー画像をまとめて指定する	526
border-image-outset	ボーダー画像の領域を広げるサイズを指定する	525
border-image-repeat	ボーダー画像の繰り返しを指定する	524
border-image-slice	ボーダー画像の分割位置を指定する	523
border-image-source	ボーダーに利用する画像を指定する	521

B

border-image-width	ボーダー画像の幅を指定する	522
border-inline	書字方向に応じてボーダーの各辺をまとめて指定する	517
border-inline-color	書字方向に応じてボーダーの色を指定する	516
border-inline-end	書字方向に応じてボーダーの各辺をまとめて指定する	517
border-inline-end-color	書字方向に応じてボーダーの色を指定する	516
border-inline-end-style	書字方向に応じてボーダーのスタイルを指定する	513
border-inline-end-width	書字方向に応じてボーダーの幅を指定する	515
border-inline-start	書字方向に応じてボーダーの各辺をまとめて指定する	517
border-inline-start-color	書字方向に応じてボーダーの色を指定する	516
border-inline-start-style	書字方向に応じてボーダーのスタイルを指定する	513
border-inline-start-width	書字方向に応じてボーダーの幅を指定する	515
border-inline-style	書字方向に応じてボーダーのスタイルをまとめて指定する	514
border-inline-width	書字方向に応じてボーダーの幅を指定する	515
border-left	ボーダーの各辺をまとめて指定する	511
border-left-color	ボーダーの色を指定する	509
border-left-style	ボーダーのスタイルを指定する	505
border-left-width	ボーダーの幅を指定する	507
border-radius	ボーダーの角丸をまとめて指定する	520
border-right	ボーダーの各辺をまとめて指定する	511
border-right-color	ボーダーの色を指定する	509
border-right-style	ボーダーのスタイルを指定する	505
border-right-width	ボーダーの幅を指定する	507
border-spacing	表組みにおけるセルのボーダーの間隔を指定する	576
border-start-end-radius	書字方向に応じてボーダーの角丸を指定する	519
border-start-start-radius	書字方向に応じてボーダーの角丸を指定する	519
border-style	ボーダーのスタイルをまとめて指定する	506
border-top	ボーダーの各辺をまとめて指定する	511
border-top-color	ボーダーの色を指定する	509
border-top-left-radius	ボーダーの角丸を指定する	518
border-top-right-radius	ボーダーの角丸を指定する	518
border-top-style	ボーダーのスタイルを指定する	505
border-top-width	ボーダーの幅を指定する	507

B	border-width	ボーダーの幅をまとめて指定する	508
	bottom	ボックスの配置位置を指定する	559
	box-decoration-break	分割されたボックスの表示方法を指定する	555
	box-shadow	ボックスの影を指定する	572
	box-sizing	ボックスサイズの算出方法を指定する	556
	break-after	ボックスの前後での改ページや段区切りを指定する	604
	break-before	ボックスの前後での改ページや段区切りを指定する	604
	break-inside	ボックス内での改ページや段区切りを指定する	606
	brightness()	色の明暗を変更する	335

C	calc()	計算式を使用してプロパティの値を指定する	316
	caption-side	表組みのキャプションの表示位置を指定する	578
	caret-color	入力キャレットの色を指定する	483
	@charset	文字エンコーディングを指定する	278
	:checked	チェックされた要素にスタイルを適用する	393
	circle()	CSSで円を描く	327
	clamp()	上限と下限を決めたうえで中央値を適用する	318
	clear	ボックスの回り込みを解除する	563
	clip-path	クリッピング領域を指定する	571
	color	文字の色を指定する	477
	color()	色を指定する	339
	color-mix()	色をミックスする	339
	@color-profile	カラープロファイルを定義し名前を付ける	278
	column-count	段組みの列数を指定する	590
	column-fill	段組みの内容を揃える方法を指定する	594
	column-gap	列の間隔を指定する(グリッドレイアウト)	651
		列の間隔を指定する(段組み)	600
		列の間隔を指定する(フレキシブルボックス)	630
	column-rule	段組みの罫線の幅とスタイル、色をまとめて指定する	598
	column-rule-color	段組みの罫線の色を指定する	597
	column-rule-style	段組みの罫線のスタイルを指定する	595
	column-rule-width	段組みの罫線の幅を指定する	596

C	column-span	段組みをまたがる要素を指定する	593
	column-width	段組みの列幅を指定する	591
	columns	段組みの列幅と列数をまとめて指定する	592
	conic-gradient()	扇型のグラデーションを表示する	342, 501
	contain	CSSの封じ込めを指定する	686
	contain-intrinsic-block-size	サイズ封じ込め対象要素のブロックサイズを指定する	687
	contain-intrinsic-height	サイズ封じ込め対象要素の高さを指定する	691
	contain-intrinsic-inline-size	サイズ封じ込め対象要素のインラインサイズを指定する	688
	contain-intrinsic-size	サイズ封じ込め対象要素のサイズを指定する	689
	contain-intrinsic-width	サイズ封じ込め対象要素の幅を指定する	690
	@container	コンテナークエリを使用する	280
	container	クエリコンテナーの宣言と名前を一括指定する	650
	container-name	クエリコンテナーに名前を付ける	648
	container-type	クエリコンテナーを宣言する	649
	content	要素や疑似要素の内側に挿入するものを決定する	692
	content-visibility	要素がその内容をレンダリングするかを制御する	695
	cos()	三角関数の余弦(コサイン) を返す	323
	counter()	要素に連番を付ける	343
	counter-increment	カウンター値を更新する	699
	counter-reset	カウンター値をリセットする	699
	counter-set	カウンター値をセットする	701
	counters()	階層的なカウンター値を結合する	343
	@counter-style	カウンタースタイルを定義する	283
	::cue	WEBVTTにスタイルを適用する	402
	cursor	マウスポインターの表示方法を指定する	702

D	:default	既定値となっているフォーム関連要素にスタイルを適用する	393
	:defined	定義されているすべての要素にスタイルを適用する	398
	direction	文字を表示する方向を指定する	453
	:disabled	無効な要素にスタイルを適用する	392

D	display	グリッドレイアウトを指定する	631
		フレキシブルボックスレイアウトを指定する	607
		ボックスの表示型を指定する	551
	drop-shadow()	ドロップシャドウ効果を与える	335

E	:empty	子要素を持たない要素にスタイルを適用する	378
	empty-cells	空白セルのボーダーと背景の表示方法を指定する	577
	:enabled	有効な要素にスタイルを適用する	392
	ellipse()	CSSで楕円を描く	329
	env()	環境変数の値を使用する	345
	exp()	自然対数の底(e) を引数Aでべき乗した値を返す	327

F	::file-selector-button	input type="file" のボタンにスタイルを適用する	405
	filter	グラフィック効果を指定する	495
	:first	印刷文書の最初のページにスタイルを適用する	391
	:first-child	最初の子要素にスタイルを適用する	370
	::first-letter	要素の1文字目にのみスタイルを適用する	400
	::first-line	要素の1行目にのみスタイルを適用する	400
	:first-of-type	最初の子要素にスタイルを適用する(同一要素のみ)	371
	flex	フレックスアイテムの幅をまとめて指定する	616
	flex-basis	フレックスアイテムの基本の幅を指定する	615
	flex-direction	フレックスアイテムの配置方向を指定する	608
	flex-flow	フレックスアイテムの配置方向と折り返しを指定する	611
	flex-grow	フレックスアイテムの幅の伸び率を指定する	613
	flex-shrink	フレックスアイテムの幅の縮み率を指定する	614
	flex-wrap	フレックスアイテムの折り返しを指定する	610
	float	ボックスの回り込み位置を指定する	561
	:focus	フォーカスされている要素にスタイルを適用する	382
	:focus-visible	フォーカスされ、かつフォーカスが可視化されている要素にスタイルを適用する	384
	:focus-within	フォーカスを持った要素を含む要素にスタイルを適用する	383
	font	フォントと行の高さをまとめて指定する	424

F

@font-face	独自フォントの利用を指定する	287, 408
font-family	フォントを指定する	406
font-feature-settings	OpenTypeフォントの機能を指定する	427
@font-feature-values	代替字体を定義する	287
font-kerning	カーニング情報の使用方法を制御する	426
font-optical-sizing	オプティカルサイズを許可するかを指定する	418
font-palette	カラーフォントに使用するカラーパレットを指定する	419
@font-palette-values	カラーフォントのカスタムカラーパレットを定義する	290
font-size	フォントサイズを指定する	420
font-size-adjust	小文字の高さに基づいたフォントサイズの選択を指定する	422
font-stretch	フォントの幅を指定する	425
font-style	フォントのスタイルを指定する	407
font-synthesis	太字やイタリックをブラウザーが合成するかを一括指定する	428
font-synthesis-small-caps	スモールキャピタルをブラウザーが合成するかを指定する	430
font-synthesis-style	イタリックをブラウザーが合成するかを指定する	429
font-synthesis-weight	太字をブラウザーが合成するかを指定する	429
font-variant	フォントの形状をまとめて指定する	416
font-variant-alternates	代替字体の使用を指定する	412
font-variant-caps	スモールキャピタルの使用を指定する	410
font-variant-east-asian	東アジアの字体の使用を指定する	414
font-variant-ligatures	合字や前後関係に依存する字体を指定する	413
font-variant-numeric	数字、分数、序数標識の表記を指定する	411
font-variant-position	上付き文字、下付き文字を指定する	415
font-variation-settings	バリアブルフォントにパラメーターを指定する	417
font-weight	フォントの太さを指定する	423
forced-color-adjust	特定の要素を強制カラーモードから除外する	482
:fullscreen	全画面モードでスタイルを適用する	386
field-sizing	フォーム部品のサイズを入力内容に合わせて変更する	709
fit-content()	引数から計算したサイズを指定する	334

	プロパティ等	説明	ページ
G	gap	行と列の間隔をまとめて指定する(グリッドレイアウト)	651
		行と列の間隔をまとめて指定する(段組み)	601
		行と列の間隔をまとめて指定する(フレキシブルボックス)	630
	grid	グリッドトラックとアイテムの配置方法をまとめて指定する	642
	grid-area	アイテムの配置と大きさをまとめて指定する	647
	grid-auto-columns	暗黙的グリッドトラックの列の幅を指定する	639
	grid-auto-flow	グリッドアイテムの自動配置方法を指定する	640
	grid-auto-rows	暗黙的グリッドトラックの行の高さを指定する	638
	grid-column	アイテムの配置と大きさを列方向を基準に指定する	646
	grid-column-end	アイテムの配置と大きさを列方向を基準に指定する	646
	grid-column-start	アイテムの配置と大きさをまとめて指定する	646
	grid-row	アイテムの配置と大きさを行方向を基準にまとめて指定する	645
	grid-row-end	アイテムの配置と大きさを行の始点・終点を基準に指定する	644
	grid-row-start	アイテムの配置と大きさを行の始点・終点を基準に指定する	644
	grid-template	グリッドトラックをまとめて指定する	637
	grid-template-areas	グリッドエリアの名前を指定する	635
	grid-template-columns	グリッドトラックの列のライン名と幅を指定する	634
	grid-template-rows	グリッドトラックの行のライン名と高さを指定する	632
	grayscale()	グレースケールに変換する	336
H	:has(セレクター)	指定した要素を持っているかを判断してスタイルを適用する	387
	height	ボックスの幅と高さを指定する	527
	:host	Shadow DOMの内部からホストにスタイルを適用する	384
	:hover	マウスポインターが重ねられた要素にスタイルを適用する	381
	hue-rotate()	色相環を回転させる	337
	hwb()	ベースとなる色相に対してsRGB色空間内の色を定義する	338
	hyphenate-character	ハイフネーションに使用する文字を指定する	452
	hyphens	ハイフネーションの方法を指定する	451
	hypot()	引数の平方の和の平方根を返す	326
I	image-set()	最適な画像を選択するためのヒントを提供する	343
	@import	CSSをHTMLに適用する	292

I	:in-range	制限範囲内、または範囲外の値がある要素にスタイルを適用する	394
	:indeterminate	中間の状態にあるフォーム関連要素にスタイルを適用する	398
	inline-size	書字方向に応じてボックスの幅と高さを指定する	534
	inset	一括で位置指定する	560
	inset()	CSSで参照ボックスの内側に矩形を描く	330
	inset-block	書字方向に応じて一括で位置指定する	560
	inset-block-end	書字方向に応じて位置指定する	561
	inset-block-start	書字方向に応じて位置指定する	561
	inset-inline	書字方向に応じて一括で位置指定する	560
	inset-inline-end	書字方向に応じて位置指定する	561
	inset-inline-start	書字方向に応じて位置指定する	561
	:invalid	無効な入力内容が含まれたフォーム関連要素にスタイルを適用する	395
	invert()	要素の色を反転する	337
	:is(セレクター)	複数のセレクターを引数でまとめて記述する	387
	isolation	重ね合わせコンテキストの生成を指定する	478
J	justify-content	グリッドアイテム全体の横方向の揃え位置を指定する	651
		ボックス全体の横方向の揃え位置を指定する	617
	justify-items	すべてのグリッドアイテムの横方向の揃え位置を指定する	652
		すべてのボックスの横方向の揃え位置を指定する	625
	justify-self	個別のボックスの横方向の揃え位置を指定する	621
K	@keyframes	アニメーションの動きを指定する	293, 654
L	lab()	色空間を使用して色を指定する	338
	:lang(言語)	特定の言語コードを指定した要素にスタイルを適用する	385
	:last-child	最後の子要素にスタイルを適用する	372
	:last-of-type	最後の子要素にスタイルを適用する(同一要素のみ)	372
	@layer	カスケードレイヤーを宣言する	293
	lch()	透明度を指定する	338

L	:left	印刷文書の左右のページにスタイルを適用する	391
	left	ボックスの配置位置を指定する	559
	letter-spacing	文字の間隔を指定する	439
	light-dark()	カラーモードに応じたスタイルを指定する	340
	line-break	改行の禁則処理を指定する	449
	line-height	行の高さを指定する	431
	linear-gradient()	線形のグラデーションを表示する	341, 497
	:link	ユーザーが未訪問のリンクにスタイルを適用する	379
	list-style	リストマーカーをまとめて指定する	476
	list-style-image	リストマーカーの画像を指定する	472
	list-style-position	リストマーカーの位置を指定する	473
	list-style-type	リストマーカーのスタイルを指定する	474
	log()	Bを底としたAの対数を返す	326

M	margin	ボックスのマージンの幅をまとめて指定する	537
	margin-block	書字方向に応じてボックスのマージンの幅をまとめて指定する	539
	margin-block-end	書字方向に応じてボックスのマージンの幅を指定する	538
	margin-block-start	書字方向に応じてボックスのマージンの幅を指定する	538
	margin-bottom	ボックスのマージンの幅を指定する	536
	margin-inline	書字方向に応じてボックスのマージンの幅をまとめて指定する	539
	margin-inline-end	書字方向に応じてボックスのマージンの幅を指定する	538
	margin-inline-start	書字方向に応じてボックスのマージンの幅を指定する	538
	margin-left	ボックスのマージンの幅を指定する	536
	margin-right	ボックスのマージンの幅を指定する	536
	margin-top	ボックスのマージンの幅を指定する	536
	::marker	リスト項目のマーカーボックスにスタイルを適用する	405
	matrix()	行列式によって要素を変形する	333
	matrix3d()	行列式によって要素を3D空間で変形する	333
	max()	複数の値から常に最大値となる値を適用する	319
	max-block-size	書字方向に応じてボックスの幅と高さの最大値を指定する	530
	max-height	ボックスの幅と高さの最大値を指定する	528

M	max-inline-size	書字方向に応じてボックスの幅と高さの最大値を指定する	530
	max-width	ボックスの幅と高さの最大値を指定する	528
	@media	デバイスによってスタイルを切り替える	296
	min()	複数の値から常に最小値となる値を適用する	319
	min-block-size	書字方向に応じてボックスの幅と高さの最小値を指定する	531
	min-height	ボックスの幅と高さの最小値を指定する	529
	min-inline-size	書字方向に応じてボックスの幅と高さの最小値を指定する	531
	minmax()	サイズの最小値と最大値を指定する	334
	min-width	ボックスの幅と高さの最小値を指定する	529
	mix-blend-mode	要素同士の混合方法を指定する	479
	mod()	剰余(余り)を計算する	321
N	@namespace	XML名前空間を定義する	296
	:not(条件)	指定した条件を除いた要素にスタイルを適用する	386
	:nth-child(n)	n番目の子要素にスタイルを適用する	373
	:nth-last-child(n)	最後からn番目の子要素にスタイルを適用する	375
	:nth-last-of-type(n)	最後からn番目の子要素にスタイルを適用する(同一要素のみ)	375
	:nth-of-type(n)	n番目の子要素にスタイルを適用する(同一要素のみ)	374
O	object-fit	画像などをボックスにフィットさせる方法を指定する	565
	object-position	画像などをボックスに揃える位置を指定する	566
	oklab()	明度、赤緑成分、青緑成分の3つの軸で色を表現する	339
	oklch()	OklabをLCH(明度、彩度、色相)形式に変換する	339
	:only-child	唯一の子要素にスタイルを適用する	376
	:only-of-type	唯一の子要素にスタイルを適用する(同一要素のみ)	377
	opacity	色の透明度を指定する	478
	:optional	必須ではないフォーム関連要素にスタイルを適用する	396
	order	グリッドアイテムを配置する順序を指定する	653
		フレックスアイテムを配置する順序を指定する	612
	orphans	末尾に表示されるブロックコンテナーの最小行数を指定する	603
	:out-of-range	制限範囲内、または範囲外の値がある要素にスタイルを適用する	394

O	outline	ボックスのアウトラインをまとめて指定する	549
	outline-color	ボックスのアウトラインの色を指定する	548
	outline-offset	アウトラインとボーダーの間隔を指定する	550
	outline-style	ボックスのアウトラインのスタイルを指定する	546
	outline-width	ボックスのアウトラインの幅を指定する	547
	overflow	ボックスに収まらない内容の表示方法をまとめて指定する	545
	overflow-wrap	単語の途中での改行を指定する	450
	overflow-x	ボックスに収まらない内容の表示方法を指定する	544
	overflow-y	ボックスに収まらない内容の表示方法を指定する	544

P	padding	ボックスのパディングの幅をまとめて指定する	541
	padding-block	書字方向に応じてボックスのパディングの幅をまとめて指定する	543
	padding-block-end	書字方向に応じてボックスのパディングの幅を指定する	542
	padding-block-start	書字方向に応じてボックスのパディングの幅を指定する	542
	padding-bottom	ボックスのパディングの幅を指定する	540
	padding-inline	書字方向に応じてボックスのパディングの幅をまとめて指定する	543
	padding-inline-end	書字方向に応じてボックスのパディングの幅を指定する	542
	padding-inline-start	書字方向に応じてボックスのパディングの幅を指定する	542
	padding-left	ボックスのパディングの幅を指定する	540
	padding-right	ボックスのパディングの幅を指定する	540
	padding-top	ボックスのパディングの幅を指定する	540
	@page	文書を印刷する際の各ページの寸法や向き、余白などを指定する	297
	::part(セレクター)	特定のpart属性値を持つ要素にスタイルを適用する	404
	perspective	3D空間で変形する要素の奥行きを表す	680
	perspective()	3D空間で変形する要素の奥行きを表す	334
	perspective-origin	3D空間で変形する要素の視点の位置を指定する	683
	place-content	グリッドアイテム全体の揃え位置をまとめて指定する	653
		ボックス全体の揃え位置をまとめて指定する	620
	place-items	すべてのグリッドアイテムの揃え位置をまとめて指定する	653
		すべてのボックスの揃え位置をまとめて指定する	629
	place-self	個別のボックスの揃え位置をまとめて指定する	624

P	::placeholder	プレースホルダーの文字列にスタイルを適用する	399
	:placeholder-shown	プレースホルダーが表示されている要素にスタイルを適用する	399
	pointer-events	ポインターイベントの対象になる場合の条件を指定する	713
	polygon()	CSSで多角形を描く	331
	position	ボックスの配置方法を指定する	558
	position-anchor	参照するアンカー要素を指定する	705
	position-area	グリッドを使用してアンカー要素に対する配置を行う	706
	pow()	べき乗にした結果を返す	325
	@property	CSSカスタムプロパティを明確に定義する	300
Q	quotes	contentプロパティで挿入する引用符を指定する	693
R	radial-gradient()	円形のグラデーションを表示する	342, 499
	:read-only	編集不可能な要素にスタイルを適用する	397
	:read-write	編集可能な要素にスタイルを適用する	397
	:required	必須のフォーム関連要素にスタイルを適用する	396
	rem()	剰余(余り) を計算する	322
	repeat()	値の全部、または一部で同じ指定が繰り返される際の記述をシンプルにする	335
	repeating-conic-gradient()	扇型のグラデーションを繰り返して表示する	342, 504
	repeating-linear-gradient()	線形のグラデーションを繰り返して表示する	342, 502
	repeating-radial-gradient()	円形のグラデーションを繰り返して表示する	342, 503
	resize	ボックスのサイズ変更の可否を指定する	535
	right	ボックスの配置位置を指定する	559
	:right	印刷文書の左右のページにスタイルを適用する	391
	:root	文書のルート要素にスタイルを適用する	378
	rotate	回転を指定する	676
	rotate()	回転を指定する	333
	round()	引数を指定した形に丸める	320
	row-gap	行の間隔を指定する(グリッドレイアウト)	651
		行の間隔を指定する(段組み)	599
		行の間隔を指定する(フレキシブルボックス)	630

R	ruby-align	ルビの揃え方を指定する	470
	ruby-position	ルビ注釈の位置を指定する	471
S	saturate()	色の彩度を変更する	337
	scale	縮小や拡大を指定する	675
	scale()	縮小や拡大を指定する	333
	:scope	セレクターのスコープルートにスタイルを適用する	390
	@scope	スタイルが適用される範囲を定義する	302
	scroll()	スクロールに合わせてアニメーションを進行する	347
	scrollbar-color	スクロールバーの色を指定する	696
	scrollbar-gutter	スクロールバーのためのスペースをあらかじめ確保する	697
	scrollbar-width	スクロールバーが表示される場合の最大幅を指定する	698
	scroll-behavior	ボックスにスクロール時の動きを指定する	579
	scroll-margin	スナップされる位置のマージンの幅をまとめて指定する	583
	scroll-margin-block	書字方向に応じてスナップされる位置のマージンの幅をまとめて指定する	587
	scroll-margin-block-end	書字方向に応じてスナップされる位置のマージンの幅を指定する	586
	scroll-margin-block-start	書字方向に応じてスナップされる位置のマージンの幅を指定する	586
	scroll-margin-bottom	スナップされる位置のマージンの幅を指定する	582
	scroll-margin-inline	書字方向に応じてスナップされる位置のマージンの幅をまとめて指定する	587
	scroll-margin-inline-end	書字方向に応じてスナップされる位置のマージンの幅を指定する	586
	scroll-margin-inline-start	書字方向に応じてスナップされる位置のマージンの幅を指定する	586
	scroll-margin-left	スナップされる位置のマージンの幅を指定する	582
	scroll-margin-right	スナップされる位置のマージンの幅を指定する	582
	scroll-margin-top	スナップされる位置のマージンの幅を指定する	582
	scroll-padding	スクロールコンテナーのパディングの幅をまとめて指定する	585
	scroll-padding-block	書字方向に応じてスクロールコンテナーのパディングの幅をまとめて指定する	589
	scroll-padding-block-end	書字方向に応じてスクロールコンテナーのパディングの幅を指定する	588

S	scroll-padding-block-start	書字方向に応じてスクロールコンテナーのパディングの幅を指定する	588
	scroll-padding-bottom	スクロールコンテナーのパディングの幅を指定する	584
	scroll-padding-inline	書字方向に応じてスクロールコンテナーのパディングの幅をまとめて指定する	589
	scroll-padding-inline-end	書字方向に応じてスクロールコンテナーのパディングの幅を指定する	588
	scroll-padding-inline-start	書字方向に応じてスクロールコンテナーのパディングの幅を指定する	588
	scroll-padding-left	スクロールコンテナーのパディングの幅を指定する	584
	scroll-padding-right	スクロールコンテナーのパディングの幅を指定する	584
	scroll-padding-top	スクロールコンテナーのパディングの幅を指定する	584
	scroll-snap-align	ボックスをスナップする位置を指定する	580
	scroll-snap-type	スクロールにスナップさせる方法を指定する	579
	::selection	選択された要素にスタイルを適用する	403
	sepia()	セピア色に変換する	338
	shape-image-threshold	テキストの回り込みの形状を画像から抽出する際のしきい値を指定する	570
	shape-margin	テキストの回り込みの形状にマージンを指定する	569
	shape-outside	テキストの回り込みの形状を指定する	568
	sin()	三角関数の正弦(サイン) を返す	323
	skew()	要素の形状をx軸、y軸方向に傾斜させる	334
	skewX()	要素の形状をx軸方向に傾斜させる	334
	skewY()	要素の形状をy軸方向に傾斜させる	334
	::slotted(セレクター)	slot内に配置された要素にスタイルを適用する	403
	sqrt()	引数Aの平方根を返す	326
	@starting-style	トランジションさせる要素の変更前スタイルを定義する	305
	:state(セレクター)	カスタム要素の状態を指定してスタイルを適用する	389
	@supports	CSSのサポート状況に応じてスタイルを指定する	304
	symbols()	独自のリストマーカーを定義する	344

T	tab-size	タブ文字の表示幅を指定する	442
	table-layout	表組みのレイアウト方法を指定する	574
	tan()	三角関数の正接(タンジェント) を返す	323

T			
	:target	アンカーリンクの移動先となる要素にスタイルを適用する	385
	text-align	文章の揃え位置を指定する	433
	text-align-last	文章の最終行の揃え位置を指定する	435
	text-combine-upright	縦中横を指定する	456
	text-decoration	傍線をまとめて指定する	463
	text-decoration-color	傍線の色を指定する	460
	text-decoration-line	傍線の種類を指定する	459
	text-decoration-style	傍線のスタイルを指定する	461
	text-decoration-thickness	傍線の太さを指定する	462
	text-emphasis	文字の傍点をまとめて指定する	468
	text-emphasis-color	傍点の色を指定する	467
	text-emphasis-position	傍点の位置を指定する	469
	text-emphasis-style	傍点のスタイルと形を指定する	466
	text-indent	文章の1行目の字下げ幅を指定する	438
	text-justify	文章の均等割付の形式を指定する	434
	text-orientation	縦書き時の文字の向きを指定する	457
	text-overflow	ボックスに収まらない文章の表示方法を指定する	436
	text-shadow	文字の影を指定する	458
	text-spacing-trim	約物文字のカーニングを指定する	440
	text-transform	英文字の大文字や小文字での表示方法を指定する	432
	text-underline-offset	下線の本来の位置からのオフセット距離を指定する	465
	text-underline-position	下線の位置を指定する	464
	text-wrap	テキストを折り返す方法を一括指定する	445
	text-wrap-mode	テキストを折り返すかを指定する	446
	text-wrap-style	テキストを折り返す方法を指定する	447
	top	ボックスの配置位置を指定する	559
	touch-action	タッチ画面におけるユーザーの操作を指定する	711
	transform	平面空間で要素を変形する	671
	transform	3D空間で要素を変形する	673
	transform-box	変形の参照ボックスを指定する	685
	transform-origin	変形する要素の中心点の位置を指定する	679
	transform-style	3D空間で変形する要素の子要素の配置方法を指定する	681

T	transition	トランジションをまとめて指定する	670
	transition-behavior	離散アニメーションプロパティのトランジション開始を指定する	669
	transition-delay	トランジションが開始されるまでの待ち時間を指定する	668
	transition-duration	トランジションが完了するまでの時間を指定する	665
	transition-property	トランジションを適用するプロパティを指定する	664
	transition-timing-function	トランジションの加速曲線を指定する	666
	translate	平行移動を指定する	678
	translate()	平行移動を指定する	333

U	unicode-bidi	文字の書字方向決定アルゴリズムを制御する	453
	url()	URLを指定する	347
	user-select	テキストを範囲選択できるかを指定する	715

V	:valid	内容の検証に成功したフォーム関連要素にスタイルを適用する	395
	var()	カスタムプロパティで定義した値を挿入する	347
	vertical-align	行内やセル内の縦方向の揃え位置を指定する	437
	view()	ビューポートへの表示割合に応じてアニメーションを進行する	349
	visibility	ボックスの可視・不可視を指定する	557
	:visited	ユーザーが訪問済みのリンクにスタイルを適用する	379

W	:where(セレクター)	複数のセレクターを引数でまとめて記述する(詳細度ゼロ)	388
	white-space	スペース、タブ、改行の表示方法を指定する	443
	white-space-collapse	空白の折りたたみの可否や方法を指定する	444
	widows	先頭に表示されるブロックコンテナーの最小行数を指定する	602
	width	ボックスの幅と高さを指定する	527
	will-change	ブラウザーに対して変更が予測される要素を指示する	712
	word-break	文章の改行方法を指定する	448
	word-spacing	単語の間隔を指定する	441
	writing-mode	縦書き、または横書きを指定する	455

Z	z-index	ボックスの重ね順を指定する	564

目的別HTMLインデックス

目的からHTMLの要素（タグ）を探せるインデックスです。

	項目	目的	要素	ページ
アルファベット	HTML文書	他のHTML文書を埋め込む	iframe	176
	Shadowツリー	Shadowツリーとして埋め込む	slot	256
あ	アプリケーション	アプリケーションやコンテンツを埋め込む	embed	172
	引用	段落単位での引用を表す	blockquote	124
	ウィジット	ウィジット内の項目の要約や説明文を表す	summary	245
		操作可能なウィジットを表す	details	245
	音声ファイル	音声ファイルを埋め込む	audio	182
か	外部リソース	埋め込まれた外部リソースを表す	object	179
	画像ファイル	画像を埋め込む	img	173
	記事	独立した記事セクションを表す	article	113
	グラフィック	グラフィック描写領域を提供する	canvas	254
	クリッカブルマップ	クリッカブルマップにおける領域を指定する	area	185
		クリッカブルマップを表す	map	185
	グルーピング	段落の区切りを表す	hr	126
		フローコンテンツをまとめる	div	126
	計算	計算の結果出力を表す	output	241
	検索	検索に関連する入力コントロールやコンテンツをまとめる	search	137
さ	写真	写真などにキャプションを付与する	figcaption	135
		写真などのまとまりを表す	figure	135
	進捗状況	進捗状況を表す	progress	242
	スクリプト	クライアントサイドスクリプトのコードを埋め込む	script	248
		スクリプトが無効な環境の内容を表す	noscript	251
		スクリプトが利用するHTMLの断片を定義する	template	252
	整形	整形済みテキストを表す	pre	125
	選択肢	選択肢のグループを表す	optgroup	239
		選択肢を表す	option	237

た	ダイアログ	ダイアログを表す	dialog	247
	段落	段落を表す	p	123
	追記・削除	追記、削除されたテキストを表す	ins	166
			del	166
	ツールバー	ツールバーを表す	menu	134
	テキスト	上付き・下付きテキストを表す	sup	150
			sub	150
		折り返し可能な箇所を指定する	wbr	165
		改行を表す	br	164
		強調したいテキストを表す	em	142
		語句単位での引用を表す	q	147
		コンピューター言語のコードを表す	code	153
		細目や注釈のテキストを表す	small	144
		作品のタイトルを表す	cite	146
		さまざまなデータを表す	data	152
		質が異なるテキストを表す	i	157
		重要なテキストを表す	strong	143
		出力テキストの例を表す	samp	155
		書字方向が異なるテキストを表す	bdi	161
		定義語を表す	dfn	148
		テキストの書字方向を指定する	bdo	162
		テキストをラベル付けする	u	159
		特別なテキストを表す	b	158
		入力テキストを表す	kbd	155
		ハイライトされたテキストを表す	mark	160
		日付や時刻、経過時間を表す	time	151
		フレーズをグループ化する	span	163
		変数を表す	var	153
		無効なテキストを表す	s	145
		略称を表す	abbr	149
	テキストトラック	テキストトラックを埋め込む	track	183
	動画ファイル	動画ファイルを埋め込む	video	180

な	内容	文書の内容を表す	body	112
	ナビゲーション	主要なナビゲーションを表す	nav	115
	入力候補	入力候補を提供する	datalist	240
	入力欄 ※「type」で始まる項目はinput要素の属性・属性値	RGBカラーの入力欄を設置する	type="color"	223
		URLの入力欄を設置する	type="url"	213
		1行のテキスト入力欄を設置する	type="text"	210
		大まかな数値の入力欄を設置する	type="range"	222
		画像形式の送信ボタンを設置する	type="image"	228
		検索キーワードの入力欄を設置する	type="search"	211
		時刻の入力欄を設置する	type="time"	219
		週の入力欄を設置する	type="week"	218
		数値の入力欄を設置する	type="number"	221
		スクリプト言語を起動するためのボタンを設置する	type="button"	230
		送信するファイルの選択欄を設置する	type="file"	226
		送信ボタンを設置する	type="submit"	227
		チェックボックスを設置する	type="checkbox"	224
		月の入力欄を設置する	type="month"	217
		電話番号の入力欄を設置する	type="tel"	212
		日時の入力欄を設置する	type="datetime-local"	220
		入力コントロールを表示する	input	201
		入力内容のリセットボタンを設置する	type="reset"	229
		パスワードの入力欄を設置する	type="password"	215
		日付の入力欄を設置する	type="date"	216
		複数行にわたるテキスト入力欄を設置する	textarea	231
		メールアドレスの入力欄を設置する	type="email"	214
		ユーザーには表示しないデータを表す	type="hidden"	209
		ラジオボタンを設置する	type="radio"	225

は	範囲	特定の範囲にある数値を表す	meter	243
	表組み	表組みの行を表す	tr	190
		表組みのセルを表す	td	190

は		表組みのタイトルを表す	caption	189
		表組みのフッター部分の行グループを表す	tfoot	196
		表組みのヘッダー部分の行グループを表す	thead	195
		表組みの本体部分の行グループを表す	tbody	195
		表組みの見出しセルを表す	th	192
		表組みの列グループを表す	colgroup	193
		表組みの列を表す	col	193
		表組みを表す	table	189
	ファイル	選択可能なファイルを複数指定する	source	169
		レスポンシブ・イメージを実現する	picture	169
	フォーム	入力コントロールの内容をまとめる	fieldset	199
		入力コントロールの内容グループに見出しを付ける	legend	199
		フォームを表す	form	197
	フッター	フッターを表す	footer	121
	プルダウンメニュー	プルダウンメニューを表す	select	236
	文書のセクション	文書のセクションを表す	section	114
	ヘッダー	ヘッダーを表す	header	120
	補足情報	補足情報を表す	aside	116
	ボタン	ボタンを設置する	button	233
ま	見出し	セクションの見出しを表す	h1	118
		見出しをまとめる	hgroup	119
	メインコンテンツ	主要なコンテンツを表す	main	127
	メタデータ	基準となるURLを指定する	base	103
		スタイル情報を記述する	style	111
		文書のタイトルを表す	title	102
		文書のメタデータを表す	meta	108
		文書を他の外部リソースと関連付ける	link	104
		メタデータのあつまりを表す	head	101
		ルート要素を表す	html	101

HTMLインデックス
CSSインデックス
目的別HTMLインデックス
目的別CSSインデックス

ら	ラベル	入力コントロールにおける項目名を表す	label	235
	リスト	順不同リストを表す	ul	130
		序列リストを表す	ol	128
		説明リストの語句を表す	dt	132
		説明リストの説明文を表す	dd	133
		説明リストを表す	dl	132
		リストの項目を表す	li	131
	リンク	リンクを設置する	a	138
	ルビ	ルビテキストを表す	rt	167
		ルビテキストを囲む括弧を表す	rp	168
		ルビを表す	ruby	167
	連絡先情報	連絡先情報を表す	address	122

目的別CSS インデックス

目的から@規則、CSS関数、プロパティを探せるインデックスです。

記号・アルファベット

分類	目的	項目	ページ
@規則	CSSカスタムプロパティを明確に定義する	@property	300
	CSSのサポート状況に応じてスタイルを指定する	@supports	304
	CSSをHTMLに適用する	@import	292
	XML名前空間を定義する	@namespace	296
	アニメーションの動きを指定する	@keyframes	293
	カウンタースタイルを定義する	@counter-style	283
	カスケードレイヤーを宣言する	@layer	293
	カラーフォントのカスタムカラーパレットを定義する	@font-palette-values	290
	カラープロファイルを定義し名前を付ける	@color-profile	278
	コンテナークエリを使用する	@container	280
	スタイルが適用される範囲を定義する	@scope	302
	代替字体を定義する	@font-feature-values	287
	デバイスによってスタイルを切り替える	@media	296
	独自フォントの利用を指定する	@font-face	287
	トランジションさせる要素の変更前スタイルを定義する	@starting-style	305
	文書を印刷する際の各ページの寸法や向き、余白などを指定する	@page	297
	文字エンコーディングを指定する	@charset	278
2D	平面空間で要素を変形する	transform	671
3D	3D空間で変形する要素の奥行きを表す	perspective	680
	3D空間で変形する要素の子要素の配置方法を指定する	transform-style	681
	3D空間で変形する要素の視点の位置を指定する	perspective-origin	683
	3D空間で変形する要素の背面の表示方法を指定する	backface-visibility	684
	3D空間で要素を変形する	transform	673
	回転を指定する	rotate	676
	縮小や拡大を指定する	scale	675
	平行移動を指定する	translate	678
	変形する要素の中心点の位置を指定する	transform-origin	679

記号・アルファベット

3D	変形の参照ボックスを指定する	transform-box	685
CSS関数	2つの値の逆正接(逆タンジェント)を返す	atan2()	325
	3D空間で変形する要素の奥行きを表す	perspective()	334
	Bを底としたAの対数を返す	log()	326
	CSSで円を描く	circle()	327
	CSSで参照ボックスの内側に矩形を描く	inset()	330
	CSSで楕円を描く	ellipse()	329
	CSSで多角形を描く	polygon()	331
	OklabをLCH(明度、彩度、色相)形式に変換する	oklch()	339
	URLを指定する	url()	347
	値の全部、または一部で同じ指定が繰り返される際の記述をシンプルにする	repeat()	335
	アンカーのサイズを基準に要素のサイズを指定する	anchor-size()	351
	アンカー要素の辺を基準に配置する	anchor()	350
	色空間を使用して色を指定する	lab()	338
	色の彩度を変更する	saturate()	337
	色の明暗を変更する	brightness()	335
	色を指定する	color()	339
	色をミックスする	color-mix()	339
	階層的なカウンター値を結合する	counters()	343
	回転を指定する	rotate()	333
	カスタムプロパティで定義した値を挿入する	var()	347
	カラーモードに応じたスタイルを指定する	light-dark()	340
	環境変数の値を使用する	env()	345
	行列式によって要素を3D空間で変形する	matrix3d()	333
	行列式によって要素を変形する	matrix()	333
	グレースケールに変換する	grayscale()	336
	計算式を使用してプロパティの値を指定する	calc()	316
	コサイン値から角度を求める	acos()	324
	サイズの最小値と最大値を指定する	minmax()	334
	最適な画像を選択するためのヒントを提供する	image-set()	343
	サイン値から角度を求める	asin()	324

記号・アルファベット			
CSS関数	三角関数の正弦(サイン)を返す	sin()	323
	三角関数の正接(タンジェント)を返す	tan()	323
	三角関数の余弦(コサイン)を返す	cos()	323
	色相環を回転させる	hue-rotate()	337
	自然対数の底(e)を引数Aでべき乗した値を返す	exp()	327
	縮小や拡大を指定する	scale()	333
	上限と下限を決めたうえで中央値を適用する	clamp()	318
	剰余(余り)を計算する	mod()	321
		rem()	322
	スクロールに合わせてアニメーションを進行する	scroll()	347
	セピア色に変換する	sepia()	338
	タンジェント値から角度を求める	atan()	324
	透明度を指定する	lch()	338
	独自のリストマーカーを定義する	symbols()	344
	ドロップシャドウ効果を与える	drop-shadow()	335
	引数Aの平方根を返す	sqrt()	326
	引数から計算したサイズを指定する	fit-content()	334
	引数の平方の和の平方根を返す	hypot()	326
	引数を指定した形に丸める	round()	320
	ビューポートへの表示割合に応じてアニメーションを進行する	view()	349
	複数の値から常に最小値となる値を適用する	min()	319
	複数の値から常に最大値となる値を適用する	max()	319
	ベースとなる色相に対してsRGB色空間内の色を定義する	hwb()	338
	平行移動を指定する	translate()	333
	べき乗にした結果を返す	pow()	325
	明度、赤緑成分、青緑成分の3つの軸で色を表現する	oklab()	339
	要素から属性値を取得して使用する	attr()	344
	要素に連番を付ける	counter()	343
	要素の形状をx軸、y軸方向に傾斜させる	skew()	334
	要素の形状をx軸方向に傾斜させる	skewX()	334

	CSS関数	要素の形状をy軸方向に傾斜させる	skewY()	334
		要素の色を反転する	invert()	337

あ	アニメーション	アニメーションが開始されるまでの待ち時間を指定する	animation-delay	657
		アニメーションが完了するまでの時間を指定する	animation-duration	655
		アニメーションの動きを指定する	@keyframes	654
		アニメーションの加速曲線を指定する	animation-timing-function	658
		アニメーションの繰り返し回数を指定する	animation-iteration-count	661
		アニメーションの再生、または一時停止を指定する	animation-play-state	657
		アニメーションの再生前後のスタイルを指定する	animation-fill-mode	660
		アニメーションの再生方向を指定する	animation-direction	662
		アニメーションを識別する名前を指定する	animation-name	655
		アニメーションをまとめて指定する	animation	663
	色	色の透明度を指定する	opacity	478
		重ね合わせコンテキストの生成を指定する	isolation	478
		特定の要素を強制カラーモードから除外する	forced-color-adjust	482
		入力キャレットの色を指定する	caret-color	483
		文字の色を指定する	color	477
		ユーザーインターフェース要素のアクセントカラーを設定する	accent-color	481
		要素同士の混合方法を指定する	mix-blend-mode	479

か	カウンター値	カウンター値を更新する	counter-increment	699
		カウンター値をセットする	counter-set	701
		カウンター値をリセットする	counter-reset	699
	影	ボックスの影を指定する	box-shadow	572
	下線	下線の位置を指定する	text-underline-position	464
		下線の本来の位置からのオフセット距離を指定する	text-underline-offset	465

か	疑似クラス	n番目の子要素にスタイルを適用する	:nth-child(n)	373
		n番目の子要素にスタイルを適用する(同一要素のみ)	:nth-of-type(n)	374
		Shadow DOMの内部からホストにスタイルを適用する	:host	384
		アクティブになった要素にスタイルを適用する	:active	380
		アンカーリンクの移動先となる要素にスタイルを適用する	:target	385
		印刷文書の最初のページにスタイルを適用する	:first	391
		印刷文書の左右のページにスタイルを適用する	:left	391
			:right	391
		カスタム要素の状態を指定してスタイルを適用する	:state(セレクター)	389
		既定値となっているフォーム関連要素にスタイルを適用する	:default	393
		子要素を持たない要素にスタイルを適用する	:empty	378
		最後からn番目の子要素にスタイルを適用する	:nth-last-child(n)	375
		最後からn番目の子要素にスタイルを適用する(同一要素のみ)	:nth-last-of-type(n)	375
		最後の子要素にスタイルを適用する	:last-child	372
		最後の子要素にスタイルを適用する(同一要素のみ)	:last-of-type	372
		最初の子要素にスタイルを適用する	:first-child	370
		最初の子要素にスタイルを適用する(同一要素のみ)	:first-of-type	371
		指定した条件を除いた要素にスタイルを適用する	:not(条件)	386
		指定した要素を持っているかを判断してスタイルを適用する	:has(セレクター)	387
		制限範囲内、または範囲外の値がある要素にスタイルを適用する	:in-range	394
			:out-of-range	394
		セレクターのスコープルートにスタイルを適用する	:scope	390
		全画面モードでスタイルを適用する	:fullscreen	386
		チェックされた要素にスタイルを適用する	:checked	393
		中間の状態にあるフォーム関連要素にスタイルを適用する	:indeterminate	398
		定義されているすべての要素にスタイルを適用する	:defined	398

か	疑似クラス	特定の言語コードを指定した要素にスタイルを適用する	:lang(言語)	385
		内容の検証に成功したフォーム関連要素にスタイルを適用する	:valid	395
		必須ではないフォーム関連要素にスタイルを適用する	:optional	396
		必須のフォーム関連要素にスタイルを適用する	:required	396
		フォーカスされ、かつフォーカスが可視化されている要素にスタイルを適用する	:focus-visible	384
		フォーカスされている要素にスタイルを適用する	:focus	382
		フォーカスを持った要素を含む要素にスタイルを適用する	:focus-within	383
		複数のセレクターを引数でまとめて記述する	:is(セレクター)	387
		複数のセレクターを引数でまとめて記述する(詳細度ゼロ)	:where(セレクター)	388
		プレースホルダーが表示されている要素にスタイルを適用する	:placeholder-shown	399
		文書のルート要素にスタイルを適用する	:root	378
		編集可能な要素にスタイルを適用する	:read-write	397
		編集不可能な要素にスタイルを適用する	:read-only	397
		訪問の有無に関係なくリンクにスタイルを適用する	:any-link	380
		マウスポインターが重ねられた要素にスタイルを適用する	:hover	381
		無効な入力内容が含まれたフォーム関連要素にスタイルを適用する	:invalid	395
		無効な要素にスタイルを適用する	:disabled	392
		唯一の子要素にスタイルを適用する	:only-child	376
		唯一の子要素にスタイルを適用する(同一要素のみ)	:only-of-type	377
		有効な要素にスタイルを適用する	:enabled	392
		ユーザーが訪問済みのリンクにスタイルを適用する	:visited	379
		ユーザーが未訪問のリンクにスタイルを適用する	:link	379
	疑似要素	input type="file" のボタンにスタイルを適用する	::file-selector-button	405
		slot内に配置された要素にスタイルを適用する	::slotted(セレクター)	403
		WEBVTTにスタイルを適用する	::cue	402

	分類	目的	プロパティ等	ページ
か	疑似要素	全画面モード時の背後にあるボックスにスタイルを適用する	::backdrop	402
		選択された要素にスタイルを適用する	::selection	403
		特定のpart属性値を持つ要素にスタイルを適用する	::part(セレクター)	404
		プレースホルダーの文字列にスタイルを適用する	::placeholder	399
		要素の1行目にのみスタイルを適用する	::first-line	400
		要素の1文字目にのみスタイルを適用する	::first-letter	400
		要素の内容の前後に指定したコンテンツを挿入する	::before	401
			::after	401
		リスト項目のマーカーボックスにスタイルを適用する	::marker	405
	グラデーション	円形のグラデーションを繰り返して表示する	repeating-radial-gradient()	503
		円形のグラデーションを表示する	radial-gradient()	499
		扇型のグラデーションを繰り返して表示する	repeating-conic-gradient()	504
		扇型のグラデーションを表示する	conic-gradient()	501
		線形のグラデーションを繰り返して表示する	repeating-linear-gradient()	502
		線形のグラデーションを表示する	linear-gradient()	497
	グラフィック	グラフィック効果を指定する	filter	495
		要素の背後のグラフィック効果を指定する	backdrop-filter	496
	グリッドレイアウト	アイテムの配置と大きさを行の始点・終点を基準に指定する	grid-row-start	644
			grid-row-end	644
		アイテムの配置と大きさを行方向を基準にまとめて指定する	grid-row	645
		アイテムの配置と大きさをまとめて指定する	grid-area	647
		アイテムの配置と大きさを列方向を基準に指定する	grid-column-start	646
			grid-column-end	646
			grid-column	646
		暗黙的グリッドトラックの行の高さを指定する	grid-auto-rows	638
		暗黙的グリッドトラックの列の幅を指定する	grid-auto-columns	639
		行と列の間隔をまとめて指定する	gap	651
		行の間隔を指定する	row-gap	651

か	グリッドレイアウト	クエリコンテナーに名前を付ける	container-name	648
		クエリコンテナーの宣言と名前を一括指定する	container	650
		クエリコンテナーを宣言する	container-type	649
		グリッドアイテム全体の揃え位置をまとめて指定する	place-content	653
		グリッドアイテム全体の縦方向の揃え位置を指定する	align-content	652
		グリッドアイテム全体の横方向の揃え位置を指定する	justify-content	651
		グリッドアイテムの自動配置方法を指定する	grid-auto-flow	640
		グリッドアイテムを配置する順序を指定する	order	653
		グリッドエリアの名前を指定する	grid-template-areas	635
		グリッドトラックとアイテムの配置方法をまとめて指定する	grid	642
		グリッドトラックの行のライン名と高さを指定する	grid-template-rows	632
		グリッドトラックの列のライン名と幅を指定する	grid-template-columns	634
		グリッドトラックをまとめて指定する	grid-template	637
		グリッドレイアウトを指定する	display	631
		個別のグリッドアイテムの縦方向の揃え位置を指定する	align-self	652
		すべてのグリッドアイテムの揃え位置をまとめて指定する	place-items	653
		すべてのグリッドアイテムの縦方向の揃え位置を指定する	align-items	652
		すべてのグリッドアイテムの横方向の揃え位置を指定する	justify-items	652
		列の間隔を指定する	column-gap	651
	クリッピング	クリッピング領域を指定する	clip-path	571

さ	サイズ	書字方向に応じてボックスの幅と高さの最小値を指定する	min-block-size	531
			min-inline-size	531
		書字方向に応じてボックスの幅と高さの最大値を指定する	max-block-size	530
			max-inline-size	530
		書字方向に応じてボックスの幅と高さを指定する	block-size	533
			inline-size	534

さ	サイズ	ボックスのサイズ変更の可否を指定する	resize	535
		ボックスの推奨アスペクト比を指定する	aspect-ratio	532
		ボックスの幅と高さの最小値を指定する	min-width	529
			min-height	529
		ボックスの幅と高さの最大値を指定する	max-width	528
			max-height	528
		ボックスの幅と高さを指定する	width	527
			height	527
	初期化	要素のすべてのプロパティを初期化する	all	716
	スクロール	書字方向に応じてスクロールコンテナーのパディングの幅を指定する	scroll-padding-block-start	588
			scroll-padding-block-end	588
			scroll-padding-inline-start	588
			scroll-padding-inline-end	588
		書字方向に応じてスクロールコンテナーのパディングの幅をまとめて指定する	scroll-padding-block	589
			scroll-padding-inline	589
		書字方向に応じてスナップされる位置のマージンの幅を指定する	scroll-margin-block-start	586
			scroll-margin-block-end	586
			scroll-margin-inline-start	586
			scroll-margin-inline-end	586
		書字方向に応じてスナップされる位置のマージンの幅をまとめて指定する	scroll-margin-block	587
			scroll-margin-inline	587

さ	スクロール	スクロールコンテナーのパディングの幅を指定する	scroll-padding-top	584
			scroll-padding-right	584
			scroll-padding-bottom	584
			scroll-padding-left	584
		スクロールコンテナーのパディングの幅をまとめて指定する	scroll-padding	585
		スクロールにスナップさせる方法を指定する	scroll-snap-type	579
		スナップされる位置のマージンの幅を指定する	scroll-margin-top	582
			scroll-margin-right	582
			scroll-margin-bottom	582
			scroll-margin-left	582
		スナップされる位置のマージンの幅をまとめて指定する	scroll-margin	583
		ボックスにスクロール時の動きを指定する	scroll-behavior	579
		ボックスをスナップする位置を指定する	scroll-snap-align	580
	スクロールバー	スクロールバーが表示される場合の最大幅を指定する	scrollbar-width	698
		スクロールバーの色を指定する	scrollbar-color	696
		スクロールバーのためのスペースをあらかじめ確保する	scrollbar-gutter	697
	セレクター	弟要素にスタイルを適用する	~(間接セレクター)	363
		子要素にスタイルを適用する	> (子セレクター)	361
		子孫要素にスタイルを適用する	(子孫セレクター)	360
		指定したID名を持つ要素にスタイルを適用する	#(IDセレクター)	359
		指定したクラス名を持つ要素にスタイルを適用する	.(クラスセレクター)	359
		指定した属性値を含む要素にスタイルを適用する	[~=" "] (属性セレクター)	365
		指定した属性と属性値を持つ要素にスタイルを適用する	[=" "] (属性セレクター)	365
		指定した属性を持つ要素にスタイルを適用する	[] (属性セレクター)	364

さ	セレクター	指定した文字列がハイフンの前にある属性値を持つ要素にスタイルを適用する	[|=" "]（属性セレクター）	367
		指定した文字列で終わる属性値を持つ要素にスタイルを適用する	[$=" "]（属性セレクター）	366
		指定した文字列で始まる属性値を持つ要素にスタイルを適用する	[^=" "]（属性セレクター）	366
		指定した文字列を含む属性値を持つ要素にスタイルを適用する	[*=" "]（属性セレクター）	367
		指定した要素にスタイルを適用する	（タイプセレクター）	357
		スタイル宣言を入れ子にして記述する	{{}}(入れ子セレクター)	368
		すべての要素にスタイルを適用する	*(ユニバーサルセレクター）	358
		直後の要素にスタイルを適用する	+(隣接セレクター)	362
	選択	テキストを範囲選択できるかを指定する	user-select	715

た	タッチ画面	タッチ画面におけるユーザーの操作を指定する	touch-action	711
	段組み	行と列の間隔をまとめて指定する	gap	601
		行の間隔を指定する	row-gap	599
		先頭に表示されるブロックコンテナーの最小行数を指定する	widows	602
		段組みの罫線の色を指定する	column-rule-color	597
		段組みの罫線のスタイルを指定する	column-rule-style	595
		段組みの罫線の幅とスタイル、色をまとめて指定する	column-rule	598
		段組みの罫線の幅を指定する	column-rule-width	596
		段組みの内容を揃える方法を指定する	column-fill	594
		段組みの列数を指定する	column-count	590
		段組みの列幅と列数をまとめて指定する	columns	592
		段組みの列幅を指定する	column-width	591
		段組みをまたがる要素を指定する	column-span	593
		ボックス内での改ページや段区切りを指定する	break-inside	606
		ボックスの前後での改ページや段区切りを指定する	break-before	604
			break-after	604
		末尾に表示されるブロックコンテナーの最小行数を指定する	orphans	603

た			
段組み	列の間隔を指定する	column-gap	600
テーブル	空白セルのボーダーと背景の表示方法を指定する	empty-cells	577
	表組みにおけるセルの境界線の表示形式を指定する	border-collapse	575
	表組みにおけるセルのボーダーの間隔を指定する	border-spacing	576
	表組みのキャプションの表示位置を指定する	caption-side	578
	表組みのレイアウト方法を指定する	table-layout	574
テキスト	英文字の大文字や小文字での表示方法を指定する	text-transform	432
	改行の禁則処理を指定する	line-break	449
	行内やセル内の縦方向の揃え位置を指定する	vertical-align	437
	行の高さを指定する	line-height	431
	空白の折りたたみの可否や方法を指定する	white-space-collapse	444
	スペース、タブ、改行の表示方法を指定する	white-space	443
	縦書き、または横書きを指定する	writing-mode	455
	縦書き時の文字の向きを指定する	text-orientation	457
	縦中横を指定する	text-combine-upright	456
	タブ文字の表示幅を指定する	tab-size	442
	単語の間隔を指定する	word-spacing	441
	単語の途中での改行を指定する	overflow-wrap	450
	テキストを折り返すかを指定する	text-wrap-mode	446
	テキストを折り返す方法を一括指定する	text-wrap	445
	テキストを折り返す方法を指定する	text-wrap-style	447
	ハイフネーションに使用する文字を指定する	hyphenate-character	452
	ハイフネーションの方法を指定する	hyphens	451
	文章の1行目の字下げ幅を指定する	text-indent	438
	文章の改行方法を指定する	word-break	448
	文章の均等割付の形式を指定する	text-justify	434
	文章の最終行の揃え位置を指定する	text-align-last	435
	文章の揃え位置を指定する	text-align	433
	ボックスに収まらない文章の表示方法を指定する	text-overflow	436

た	テキスト	文字の影を指定する	text-shadow	458
		文字の間隔を指定する	letter-spacing	439
		文字の書字方向決定アルゴリズムを制御する	unicode-bidi	453
		文字を表示する方向を指定する	direction	453
		約物文字のカーニングを指定する	text-spacing-trim	440
	テキストの回り込み	テキストの回り込みの形状にマージンを指定する	shape-margin	569
		テキストの回り込みの形状を画像から抽出する際のしきい値を指定する	shape-image-threshold	570
		テキストの回り込みの形状を指定する	shape-outside	568
	トランジション	トランジションが開始されるまでの待ち時間を指定する	transition-delay	668
		トランジションが完了するまでの時間を指定する	transition-duration	665
		トランジションの加速曲線を指定する	transition-timing-function	666
		トランジションを適用するプロパティを指定する	transition-property	664
		トランジションをまとめて指定する	transition	670
		離散アニメーションプロパティのトランジション開始を指定する	transition-behavior	669

は	背景	スクロール時の背景画像の表示方法を指定する	background-attachment	489
		背景画像の繰り返しを指定する	background-repeat	486
		背景画像の表示サイズを指定する	background-size	490
		背景画像を指定する	background-image	485
		背景画像を表示する基準位置を指定する	background-origin	491
		背景画像を表示する水平・垂直位置を指定する	background-position	487
		背景画像を表示する領域を指定する	background-clip	492
		背景色と背景画像の混合方法を指定する	background-blend-mode	494
		背景色を指定する	background-color	484

は	背景	背景のプロパティをまとめて指定する	background	493
	配置	一括で位置指定する	inset	560
		画像などをボックスに揃える位置を指定する	object-position	566
		画像などをボックスにフィットさせる方法を指定する	object-fit	565
		グリッドを使用してアンカー要素に対する配置を行う	position-area	706
		参照するアンカー要素を指定する	position-anchor	705
		書字方向に応じて位置指定する	inset-block-start	561
			inset-block-end	561
			inset-inline-start	561
			inset-inline-end	561
		書字方向に応じて一括で位置指定する	inset-block	560
			inset-inline	560
		配置のためのアンカー要素として宣言する	anchor-name	704
		ボックスの重ね順を指定する	z-index	564
		ボックスの配置位置を指定する	top	559
			right	559
			bottom	559
			left	559
		ボックスの配置方法を指定する	position	558
		ボックスの回り込み位置を指定する	float	561
		ボックスの回り込みを解除する	clear	563
	パディング	書字方向に応じてボックスのパディングの幅を指定する	padding-block-start	542
			padding-block-end	542
			padding-inline-start	542
			padding-inline-end	542
		書字方向に応じてボックスのパディングの幅をまとめて指定する	padding-block	543
			padding-inline	543

HTMLインデックス
CSSインデックス
目的別HTMLインデックス
目的別CSSインデックス

	分類	目的	プロパティ	ページ
は	パディング	ボックスのパディングの幅を指定する	padding-top	540
			padding-right	540
			padding-bottom	540
			padding-left	540
		ボックスのパディングの幅をまとめて指定する	padding	541
	封じ込め	CSSの封じ込めを指定する	contain	686
		サイズ封じ込め対象要素のインラインサイズを指定する	contain-intrinsic-inline-size	688
		サイズ封じ込め対象要素のサイズを指定する	contain-intrinsic-size	689
		サイズ封じ込め対象要素の高さを指定する	contain-intrinsic-height	691
		サイズ封じ込め対象要素の幅を指定する	contain-intrinsic-width	690
		サイズ封じ込め対象要素のブロックサイズを指定する	contain-intrinsic-block-size	687
		要素がその内容をレンダリングするかを制御する	content-visibility	695
	フォント	OpenTypeフォントの機能を指定する	font-feature-settings	427
		イタリックをブラウザーが合成するかを指定する	font-synthesis-style	429
		上付き文字、下付き文字を指定する	font-variant-position	415
		オプティカルサイズを許可するかを指定する	font-optical-sizing	418
		カーニング情報の使用方法を制御する	font-kerning	426
		カラーフォントに使用するカラーパレットを指定する	font-palette	419
		合字や前後関係に依存する字体を指定する	font-variant-ligatures	413
		小文字の高さに基づいたフォントサイズの選択を指定する	font-size-adjust	422
		数字、分数、序数標識の表記を指定する	font-variant-numeric	411
		スモールキャピタルの使用を指定する	font-variant-caps	410
		スモールキャピタルをブラウザーが合成するかを指定する	font-synthesis-small-caps	430

は	フォント	代替字体の使用を指定する	font-variant-alternates	412
		独自フォントの利用を指定する	@font-face	408
		バリアブルフォントにパラメーターを指定する	font-variation-settings	417
		東アジアの字体の使用を指定する	font-variant-east-asian	414
		フォントサイズを指定する	font-size	420
		フォントと行の高さをまとめて指定する	font	424
		フォントの形状をまとめて指定する	font-variant	416
		フォントのスタイルを指定する	font-style	407
		フォントの幅を指定する	font-stretch	425
		フォントの太さを指定する	font-weight	423
		フォントを指定する	font-family	406
		太字をブラウザーが合成するかを指定する	font-synthesis-weight	429
		太字やイタリックをブラウザーが合成するかを一括指定する	font-synthesis	428
	ブラウザー	ブラウザーに対して変更が予測される要素を指示する	will-change	712
	フレキシブルボックス	行と列の間隔をまとめて指定する	gap	630
		行の間隔を指定する	row-gap	630
		個別のボックスの揃え位置をまとめて指定する	place-self	624
		個別のボックスの縦方向の揃え位置を指定する	align-self	622
		個別のボックスの横方向の揃え位置を指定する	justify-self	621
		すべてのボックスの揃え位置をまとめて指定する	place-items	629
		すべてのボックスの縦方向の揃え位置を指定する	align-items	627
		すべてのボックスの横方向の揃え位置を指定する	justify-items	625
		フレキシブルボックスレイアウトを指定する	display	607
		フレックスアイテムの折り返しを指定する	flex-wrap	610
		フレックスアイテムの基本の幅を指定する	flex-basis	615
		フレックスアイテムの配置方向と折り返しを指定する	flex-flow	611
		フレックスアイテムの配置方向を指定する	flex-direction	608
		フレックスアイテムの幅の縮み率を指定する	flex-shrink	614

は	カテゴリ	目的	プロパティ	ページ
は	フレキシブルボックス	フレックスアイテムの幅の伸び率を指定する	flex-grow	613
		フレックスアイテムの幅をまとめて指定する	flex	616
		フレックスアイテムを配置する順序を指定する	order	612
		ボックス全体の揃え位置をまとめて指定する	place-content	620
		ボックス全体の縦方向の揃え位置を指定する	align-content	618
		ボックス全体の横方向の揃え位置を指定する	justify-content	617
		列の間隔を指定する	column-gap	630
	ポインターイベント	ポインターイベントの対象になる場合の条件を指定する	pointer-events	713
	傍線	傍線の種類を指定する	text-decoration-line	459
		傍線の色を指定する	text-decoration-color	460
		傍線のスタイルを指定する	text-decoration-style	461
		傍線の太さを指定する	text-decoration-thickness	462
		傍線をまとめて指定する	text-decoration	463
	傍点	傍点の位置を指定する	text-emphasis-position	469
		傍点の色を指定する	text-emphasis-color	467
		傍点のスタイルと形を指定する	text-emphasis-style	466
		文字の傍点をまとめて指定する	text-emphasis	468
	ボーダー	書字方向に応じてボーダーの色を指定する	border-block-start-color	516
			border-block-end-color	516
			border-inline-start-color	516
			border-inline-end-color	516
			border-block-color	516
			border-inline-color	516

は	ボーダー	書字方向に応じてボーダーの各辺をまとめて指定する	**border-block-start**	517
			border-block-end	517
			border-inline-start	517
			border-inline-end	517
			border-block	517
			border-inline	517
		書字方向に応じてボーダーの角丸を指定する	**border-start-start-radius**	519
			border-start-end-radius	519
			border-end-start-radius	519
			border-end-end-radius	519
		書字方向に応じてボーダーのスタイルを指定する	**border-block-start-style**	513
			border-block-end-style	513
			border-inline-start-style	513
			border-inline-end-style	513
		書字方向に応じてボーダーのスタイルをまとめて指定する	**border-block-style**	514
			border-inline-style	514
		書字方向に応じてボーダーの幅を指定する	**border-block-start-width**	515
			border-block-end-width	515
			border-inline-start-width	515
			border-inline-end-width	515
			border-block-width	515
			border-inline-width	515

は	ボーダー	ボーダー画像の繰り返しを指定する	border-image-repeat	524
		ボーダー画像の幅を指定する	border-image-width	522
		ボーダー画像の分割位置を指定する	border-image-slice	523
		ボーダー画像の領域を広げるサイズを指定する	border-image-outset	525
		ボーダー画像をまとめて指定する	border-image	526
		ボーダーに利用する画像を指定する	border-image-source	521
		ボーダーの色を指定する	border-top-color	509
			border-right-color	509
			border-bottom-color	509
			border-left-color	509
		ボーダーの色をまとめて指定する	border-color	510
		ボーダーの各辺をまとめて指定する	border-top	511
			border-right	511
			border-bottom	511
			border-left	511
		ボーダーの角丸を指定する	border-top-left-radius	518
			border-top-right-radius	518
			border-bottom-right-radius	518
			border-bottom-left-radius	518
		ボーダーの角丸をまとめて指定する	border-radius	520
		ボーダーのスタイルを指定する	border-top-style	505
			border-right-style	505
			border-bottom-style	505
			border-left-style	505
		ボーダーのスタイルをまとめて指定する	border-style	506

は	ボーダー	ボーダーの幅を指定する	border-top-width	507
			border-right-width	507
			border-bottom-width	507
			border-left-width	507
		ボーダーの幅をまとめて指定する	border-width	508
		ボーダーをまとめて指定する	border	512
	ボックス	アウトラインとボーダーの間隔を指定する	outline-offset	550
		分割されたボックスの表示方法を指定する	box-decoration-break	555
		ボックスサイズの算出方法を指定する	box-sizing	556
		ボックスに収まらない内容の表示方法を指定する	overflow-x	544
			overflow-y	544
		ボックスに収まらない内容の表示方法をまとめて指定する	overflow	545
		ボックスのアウトラインの色を指定する	outline-color	548
		ボックスのアウトラインのスタイルを指定する	outline-style	546
		ボックスのアウトラインの幅を指定する	outline-width	547
		ボックスのアウトラインをまとめて指定する	outline	549
		ボックスの可視・不可視を指定する	visibility	557
		ボックスの表示型を指定する	display	551

ま	マージン	書字方向に応じてボックスのマージンの幅を指定する	margin-block-start	538
			margin-block-end	538
			margin-inline-start	538
			margin-inline-end	538
		書字方向に応じてボックスのマージンの幅をまとめて指定する	margin-block	539
			margin-inline	539
		ボックスのマージンの幅を指定する	margin-top	536
			margin-right	536
			margin-bottom	536
			margin-left	536

ま	マージン	ボックスのマージンの幅をまとめて指定する	margin	537
	マウスポインター	マウスポインターの表示方法を指定する	cursor	702

や	ユーザーインターフェース	フォーム部品などをブラウザー標準のスタイルで表示するかを指定する	appearance	708
		フォーム部品のサイズを入力内容に合わせて変更する	field-sizing	709
	要素	contentプロパティで挿入する引用符を指定する	quotes	693
		要素や疑似要素の内側に挿入するものを決定する	content	692

ら	リストマーカー	リストマーカーの位置を指定する	list-style-position	473
		リストマーカーの画像を指定する	list-style-image	472
		リストマーカーのスタイルを指定する	list-style-type	474
		リストマーカーをまとめて指定する	list-style	476
	ルビ	ルビ注釈の位置を指定する	ruby-position	471
		ルビの揃え方を指定する	ruby-align	470

HTML編

Webページを記述するためのマークアップ言語であるHTMLについて、各要素の意味や使い方、使用例などを解説します。

HTMLの基礎知識

HTMLとは

「HTML」とは、「HyperText Markup Language」(ハイパーテキスト・マークアップ・ランゲージ)の略語です。よって、HTMLは「ハイパーテキスト」(HyperText)を記述するための「マークアップ言語」(Markup Language)であると説明できます。

ハイパーテキストは、複数の文書を相互に関連付け、それらを自由にたどることができる仕組みとして、1965年にテッド・ネルソン(Theodor Holm Nelson)氏によって生み出されました。同氏が中心となったHES (Hypertext Editing System) プロジェクト、あるいはダグラス・エンゲルバート (Douglas Carl Engelbart) 氏が中心となって開発されたNLS (oN-Line System)などによって、最初期の研究開発が行われています。

その後、1989年にティム・バーナーズ=リー (Tim Berners-Lee) 氏の考案により、ハイパーテキストをインターネットと結合させることによって今日、私たちが日常的に利用している「World Wide Web」(ワールド・ワイド・ウェブ。以降「Web」と表記します)が発明されました。つまり、Webはインターネット上で提供される巨大なハイパーテキストシステムなのです。

Webには、それを構成する根本的な標準規格として以下の3つが存在します。

ユー・アール・エル(ユニフォーム・リソース・ロケーター)

URL (Uniform Resource Locator)

Webページのような Web上のリソースを参照するため、その場所を示すもの。

エイチ・ティー・ティー・ピー(ハイパーテキスト・トランスファー・プロトコル)

HTTP (Hypertext Transfer Protocol)

ブラウザー (クライアント)とWebサーバの間で行われる通信の方法を取り決めるもの。

エイチ・ティー・エム・エル

HTML

ハイパーテキスト文書、つまりWeb上で公開されるコンテンツを記述するための言語。

HTMLは、Webを構成する最も重要な要素の1つであり、Web上でコンテンツを公開するために、まず最初に理解する必要がある言語といえます。

HTMLの役割

HTMLも含まれるマークアップ言語とは、テキストに対してマーク、つまり「印」を追加することでテキストに対して「意味付け」をしていく言語です。例えば、以下のようなテキストを見てみましょう。

本日の議題
今日の会議では以下の項目について議論します。
1. 会社Webサイトのリニューアルについて
2. 競合サイト「https://example.com/」について意見交換
3. 社員旅行のおやつ代について徹底議論

人間はテキストを読むことで文脈を理解・推測できるため、1行目が見出しであり、2行目が本文だと分かります。また、3行目以降は本文の中でも順序のある箇条書きで、さらに「https://」から始まる文字列は競合サイトのURLだと分かるでしょう。しかし、ソフトウェアはこのようなテキスト情報のみだと、どれが見出しや本文なのかを正しく判別できません。そこで、HTMLを使用して、以下のようにテキストに印を付けることで「意味」を与え、それによってソフトウェアがテキストを処理しやすくしてあげるのです。

```html
<h1>本日の議題</h1>
<p>今日の会議では以下の項目について議論します。</p>
<ol>
  <li>会社Webサイトのリニューアルについて</li>
  <li><a href="https://example.com/">競合サイト</a>について意見交換</li>
  <li>社員旅行のおやつ代について徹底議論</li>
</ol>
```

これによって「この部分は見出しである」「このテキストはリンクである」など、ソフトウェアがテキストの意味を理解し、それに合わせた表示や機能を割り振ったり、必要な部分を抜き出して処理をしたりすることができるようになります。このようなソフトウェアが判別可能な状態を「マシンリーダブル」といいます。HTMLのようなマークアップ言語は、人間が読んでも意味を理解でき、かつソフトウェアが読んでもその意味が判読可能な構造化された文書を作成できます。なお、<h1>など、<>で囲まれたマークを「タグ」(Tag)と呼びます。そして、<h1>本日の議題</h1>のように、タグでマークアップされ、意味付けされたまとまりを「要素」(Element)と呼びます。

HTMLは、仕様(Specification)によってタグが持つ意味や使い方、記述ルールなどが定められています。HTMLを学習するということは、仕様に基づいた正しいHTMLの記述ができるよう、仕様の内容を理解していくことだといえます。

HTMLの基礎知識

HTMLの仕様

HTMLに限らず、多くの人や組織が利用する技術や仕組みには、標準化された仕様・規格が必要になります。例えば、標準化されたHTMLの仕様がなく、Webでコンテンツを公開する人が「私が便利だから、私が独自に作ったマークアップ言語で文書を作って公開します」といったことを各自で勝手にやってしまえば、それを表示するためのソフトウェア、つまりブラウザーを開発するベンダーは困ってしまいます。

逆に、ブラウザーベンダーが自分たちの都合で好き勝手に独自のHTML仕様を定義してしまえば、コンテンツ制作者は特定のブラウザーだけに依存したコンテンツを作ることを余儀なくされるか、ブラウザーごとに別々の仕様を理解してコンテンツを作らなければならなくなります。これは非効率なだけでなく、一定のシェアを持つブラウザーベンダーが自分たちに優位なように仕様を決め、Webをコントロールするようなことが起こりえます。実際に、過去にはそういう状況になった時代もありました。

そこで、世界には「標準化団体」と呼ばれる、みんなが共通して使える標準仕様を決めるための団体が存在します。Webに関連する代表的な標準化団体としては、以下の4つが挙げられます。

・国際標準化機構(ISO：International Organization for Standardization)
・インターネット技術特別調査委員会(IETF：Internet Engineering Task Force)
・W3C（World Wide Web Consortium）
・WHATWG（Web Hypertext Application Technology Working Group）

W3CとWHATWG

前述の標準化団体のうち、現在におけるHTMLの仕様策定に重要な役割を果たしているのがWHATWGです。HTML仕様の策定には長い歴史があり、HTMLの元となったSGML（Standard Generalized Markup Language）は、ISO規格として標準化されました。その後、IETF策定によるHTMLの最初の草案からHTML2.0仕様の標準化を経てW3CがHTMLの仕様策定における主要団体となり、1997年1月のHTML3.2以降はW3Cが定める仕様策定プロセスを経て「勧告」というかたちで、安定版の仕様が公開されました。

その後も、1997年12月にはHTML4.0、1999年12月にはHTML4.01と仕様のバージョンアップが行われ、さらにそれをベースにしてXHTML1.0が2000年1月に、XHTML1.1が2001年5月にW3C勧告となるなど、比較的安定した状況が続いていました。しかし、時代の変化によってHTMLにもアプリケーション的な機能、よりリッチな表現力などが求められるようになります。

このような状況の中、HTMLを再開発して新しいバージョンを策定しようという要望が主にブラウザーベンダーから出されますが、W3Cが新しいHTML仕様の策定に当初前向きではなかったことから、新たに生まれたのがWHATWGです。WHATWGは、Apple、Mozilla、Operaの開発者たちによって立ち上げられ、そこで新しいHTMLの仕様である「HTML Living Standard」の策定がスタートします。

「HTML Standard」とは「HTML仕様」ということですが、「Living Standard」つまり「継続的に更新され続ける仕様」というステータスとなっており、ここがW3Cの仕様策定プロセスのように、あるタイミングで「勧告」という安定版をリリースしていったん仕様策定は完了、という区切りを付ける手法とは大きく異なる部分です。

後に、W3CもWHATWGが策定するHTML仕様を取り込むかたちでHTML5の仕様策定を進めます。実際にHTML5仕様が2014年10月に、HTML5.1仕様が2016年11月に、さらにHTML5.2仕様が2017年12月にそれぞれW3C勧告となりますが、その過程において、ある程度期限を切りながらしっかりと意見を集めることで確定した仕様を策定したいW3Cと、柔軟かつ継続的に仕様をブラッシュアップしていきたいWHATWGとの間で意見の相違が生まれ、仕様策定は袂を分かつ結果となります。

HTML5.2仕様がW3C勧告となるころには、WHATWGが更新していく仕様と、W3Cが勧告する仕様の間に内容の食い違いや矛盾点が含まれるようになり、結果として2つの異なるHTML仕様が存在してしまう状況が生まれていました。ブラウザーベンダーはW3Cの仕様を無視し、WHATWGの仕様に合わせてブラウザーの開発を進めるため、コンテンツ制作者はどちらの仕様を参照すればよいのか分からなくなるという混乱が生じることになり、ついに2019年、W3CとWHATWGとの間で交わされた覚書をもって、HTML仕様はWHATWG仕様に一本化されることとなりました。

よって、本書執筆時点において参照すべきHTMLの仕様は、唯一WHATWGが策定するHTML Living Standardのみとなりました。このHTML仕様はWeb上で公開されており、誰でも閲覧できます。原文は英語のドキュメントとなっていますが、有志による日本語訳も公開されています。ただし、正式な仕様は英語版のオリジナルであることには注意してください。日本語訳には誤訳、あるいは最新の仕様との差分が発生している場合があります。もし誤訳を見つけた場合などは翻訳者にフィードバックを送るとよいでしょう。

ポイント

- HTML Standardの仕様を1ページに収めたものを確認できます。
  https://html.spec.whatwg.org/
- コンテンツ制作者向けにブラウザーベンダー向け情報を省いたHTML Standardの仕様を確認できます。
  https://html.spec.whatwg.org/dev/

HTMLの基礎知識

HTMLの記述ルール

HTMLはタグを用いてテキストをマークアップすることで意味を明示し、データを構造化する言語です。ここではハイパーリンクとして機能するa要素の記述方法を例に、HTMLの基本的な書式を解説します。

```html
<a href="https://dekiru.net/">できるネット</a>
```

タグ

◆開始タグと終了タグ

後述する「空要素」（P.66）を除き、原則としてHTML要素は開始タグと終了タグに囲まれたひとかたまりで構成されます。開始タグは、上記のサンプルコードにおける<a>の部分で、終了タグは</a>の部分です。

開始タグは、<と>の間に要素名を示す英単語が入り、必要に応じて「属性」（Attribute）を記述できます。終了タグは、</と>の間に開始タグと同じ要素名を示す英単語を記述します。終了タグに属性を記述することはできません。

◆終了タグの省略

原則として、HTML要素は開始タグと終了タグで囲まれている必要がありますが、一定の条件のもと、終了タグの記述を省略することが仕様上許されています。例えば、仕様書にはli要素の説明部分に以下のような記述があります。

“An li element's end tag can be omitted if the li element is immediately followed by another li element or if there is no more content in the parent element.”
「li要素の終了タグは、li要素の直後に別のli要素が続く場合、または親要素にそれ以上コンテンツがない場合に省略することができます。」

よって、以下のサンプルコードは、仕様上許される記述方法となります。

```html
<ol>
  <li>項目 01
  <li>項目 02
  <li>項目 03
</ol>
```

ただし、終了タグの省略はHTMLソースコードの可読性を低下させたり、メンテナンス時に思わぬミスを誘発したりするなど問題となるケースも多いため、筆者としては終了タグの省略は推奨せず、必ず終了タグを記述する癖をつけることをおすすめします。本書に掲載しているサンプルコードにおいては、終了タグの省略は行っていません。

コメント

HTMLにおいて、<!--と-->で囲むことで、その範囲内に記述された内容はコメントとして扱われます。例えば、ヘッダーやフッターといったパーツごとの区切りが分かりやすくなるようにメモを入れる他、開始タグに対して対応する終了タグを分かりやすくして、ソースコードの可読性やメンテナンス性を上げるなどの用途で使用できます。

また、コメント内にHTMLタグを記述した場合、それらはタグではなくコメントとして扱われます。例えば、ある要素のブロックをコメントアウトし、一時的にWebページから削除したい場合などに利用できます。

コメントはWebページ上には表示されませんが、DOMツリーにおいては「コメントノード」として存在します。よって、JavaScriptからアクセスすることは可能です。なお、コメントの先頭文字として>を記述すること(先頭ではなく、その前に空白文字(P.79)を含む他の文字列があれば記述可能)、およびコメントを入れ子にすることは、構文上エラーになるので注意しましょう。

```html
<!--
  これは正しいコメントの記述です。
  <a href="https://dekiru.net/">できるネット</a>
-->
```

```html
<!-->これは間違ったコメントの記述です。先頭に > を記述してはいけません。-->
<!-- このように <!-- コメントを入れ子にする --> こともできません。 -->
```

属性

◆属性の記述ルール

属性は「属性名」と「属性値」の2つの組み合わせからなり、それぞれを「=」(イコール)でつないで記述するのが基本的なルールです。以下に記載したa要素の記述例でいえば、hrefが属性名、https://dekiru.net/が属性値になります。また、原則として属性値は「"」(ダブルクォーテーション)、もしくは「'」(シングルクォーテーション)でくくる必要があります。

```html
<!-- 「"」を使用した場合 -->
<a href="https://dekiru.net/">できるネット</a>

<!-- 「'」を使用した場合 -->
<a href='https://dekiru.net/'>できるネット</a>
```

なお、「"」でくくった属性値の中に「"」が含まれる場合、あるいは「'」でくくった属性値の中に「'」が含まれる場合は、以下のように文字参照を用いてエスケープを行わなければなりません。

```html
<!-- 「"」でくくった属性値に「"」を使用した場合 -->
<span title="サイト名は &quot;I'm Legend&quot; です">私のWebサイト</span>

<!-- 「'」でくくった属性値に「'」を使用した場合 -->
<span title='サイト名は "I&apos;m Legend" です'>私のWebサイト</span>
```

1つの要素に複数の属性を付与することも可能ですが、その場合は各属性の間を空白文字で区切る必要があります。

```html
<a href="https://dekiru.net/" class="link">できるネット</a>
```

以下のように改行を含んでも構いません。

```html
<a
  href="https://dekiru.net/"
  class="link"
>
  できるネット
</a>
```

なお、1つの要素に対して、同じ属性名を持つ属性を複数付けることはできません。また、要素ごとに付与できる属性は決まっています。ただし、一部の属性はすべての要素に対して使用でき、このような属性は「グローバル属性」（P.89）といいます。

ポイント

- 属性値をくくる「"」や「'」は、一定のルールのもとで省略が可能です。ただし、状況によってはセキュリティリスク、例えばWebアプリケーションの脆弱性を利用した攻撃であるクロスサイトスクリプティング（XSS）の原因になる場合もあるため、原則として必ず記述することをおすすめします。

◆論理属性と列挙属性

属性値に記述できる値の形式は属性ごとに決められており、そのルールに従わなければなりません。また、属性は属性値に任意のテキストを記述できるものと、あらかじめ定められた特定の値しか指定できないもの、さらに属性値がなくても、その属性の記述があるだけで有効と判断されるものに大きく分類されます。

論理属性

論理属性(Boolean Attributes)は、属性値に「真」(true)か「偽」(false)のいずれかを指定します。ただし、実際に属性値にtrueやfalseと指定するわけではなく、論理属性はその属性が存在、つまり記述されていればtrue、記述されていなければfalseとして扱われます。

例えば、type属性の値がcheckbox、またはradioであるinput要素に指定可能なchecked属性は論理属性の1つです。最も基本的な記述方法は、以下のように属性名と属性値に同じ値を記述することです。

```html
<input type="checkbox" checked="checked">
```

ただし、記述を省略するため以下のような属性値を空にした記述方法も許されています。

```html
<input type="checkbox" checked="">
```

また、HTML構文(P.66)においては、属性名だけを記述する方法でも問題ありません。

```html
<input type="checkbox" checked>
```

列挙属性

列挙属性(Enumerated Attributes)は、「事前に定義(列挙)されたいくつかの属性値を持つことが可能な属性」のことです。そして、列挙された属性値を「キーワード」といいます。指定可能な値のみ、属性値として記述できます。

指定可能な値はいくつかありますが、例えば、列挙属性の1つであるpreload属性に、許可されたキーワードの1つであるnoneを指定した場合は以下のようになります。

```html
<audio src="sample.mp4" preload="none" controls>
  <!-- 省略 -->
</audio>
```

preload属性のようにキーワードがあらかじめ定められている場合の他に、「数値」「長さ」「URL」「日付や時刻」など、属性値に持てる値の形式が指定されている場合もあります。

なお、列挙属性には以下の2つの状況も考えられます。

・定義されていない属性値、つまり不正な値が指定された場合
・属性値が空だった場合

このような、不正な値が指定されて構文エラーとなった場合の「フォールバック」、属性値が省略された場合の「初期値」に関しては、属性ごとに異なる扱いが定められています。

例えば、不正な値が指定された場合はその属性自体を無視、つまり属性が指定されていないものとして扱うが、属性値が空だった場合はあらかじめ定めてある初期値が指定されたものとして扱う、といったかたちです。また、不正な値が指定された場合に対しても、初期値が設定されている属性などもあります。本書では各属性の説明部分で解説しているので、確認してみてください。

HTML構文とXML構文

HTMLの仕様では、HTMLのルールに従って記述した「HTML構文」と、XMLのルールに従って記述した「XML構文」のどちらの記述方法も選択可能です。

HTML文書がtext/html MIMEタイプで送信される場合、ブラウザーはその文書がHTML構文で記述されたものとして扱います。一方、application/xhtml+xml MIMEタイプで送信された場合は、その文書はXML構文で記述されたものとして扱われ、XMLパーサーによって処理されます。よって、XMLのルールに沿った記述が必要になります。

例えば、HTML構文では、タグ名や属性名を大文字で書いても小文字で書いても区別されずに扱われます（すべて小文字に変換して解釈される）。一方、XML構文では、タグ名や属性値の大文字・小文字は厳密に区別されるため、必ず小文字で書かなければなりません。また、XML構文では終了タグの省略は許されず、属性のみの記述もエラーとなります。

```
HTML
<!-- XML構文においては空要素を必ず閉じる必要があります。この記述はHTML
構文でも許されています。 -->
<br />
```

```
HTML
<!-- XML構文においては空要素に終了タグを書いて閉じることもできます。HTML
構文では許されません。 -->
<br></br>
```

空要素

HTML要素の中には、終了タグを持たない「空要素」と呼ばれる要素があります。HTML構文とXML構文で解説した通り、HTML構文において、これらの要素に終了タグを書くことはできませんが、以下のようにタグを閉じることは可能です。

```
HTML
<img src="sample.jpg" alt="" />
```

要素の入れ子

HTML要素は、一定のルールに従って入れ子構造にできます。例えば、以下の例です。

```
HTML
<body>
  <p>私は<strong>サッカーが好きだ！</strong></p>
</body>
```

body要素の中にp要素があり、さらにその中に、strong要素が含まれているのが分かると思います。このように、ある要素の中に別の要素を記述することが可能です。ただし、入れ子構造にする場合は、正しく入れ子にしなければなりません。以下のように、正しく要素の中に別の要素が入っていない状態になると、それは間違った記述となります。

```html
<!-- 間違った入れ子の記述 -->
<p>私は<strong>サッカーが好きだ！</p></strong>
```

このような間違った記述は、ブラウザーのエラー修正機能により自動的に修正や補完されて表示されるため、画面表示上は何も問題ないかのように見える場合もあります。しかし、HTMLの記述方法としてはエラーなので、注意してください。

◆親要素と子要素、先祖要素と子孫要素

例えば、入れ子になった2つのHTML要素があった場合、ある要素の直下に記述された要素を、外側に記述された要素の「子要素」といい、この子要素から見た外側の要素を「親要素」といいます。

多段階の入れ子になっている場合は、最も内側に書かれた要素から見たすぐ外側の要素が親要素であり、親要素を含むそれより外側の要素を「先祖要素」といいます。最も外側に書かれた要素から見た直下の子要素を含む、内側の要素を「子孫要素」といいます。

なお、html要素はすべての要素の最も外側（最上位）に記述される要素ですが、このような要素を「ルート要素」と呼びます。

HTMLの仕様では、ある要素が他の要素の子要素になれるのか、あるいはなれないのかというルールである「コンテンツモデル」（Content Model）が定められており、HTMLを記述する際はこのルールに従わなければなりません。次のページから、このコンテンツモデルについて解説していきましょう。

HTMLの基礎知識

カテゴリーとコンテンツモデル

ある要素が他の要素の子要素になれるのか否かを定めたルールのことを「コンテンツモデル」といいます。一方で「カテゴリー」は各要素を分類するもので、コンテンツモデルはカテゴリーに対して定義されます。よって、要素のカテゴリーと、それぞれのカテゴリーに定義されているコンテンツモデルを理解することは、HTMLを記述するうえで非常に重要なポイントとなります。

カテゴリー

HTMLでは、類似する特性を持った要素が7つのカテゴリーに大別され、下図のような包含関係にあります。それぞれの要素は、0個以上のカテゴリーに分類されます。つまり、どこのカテゴリーにも属していない要素や、複数のカテゴリーに属する要素も存在します。また、要素はこれらの主要なカテゴリーの他に、2つのカテゴリーにも分類されます。

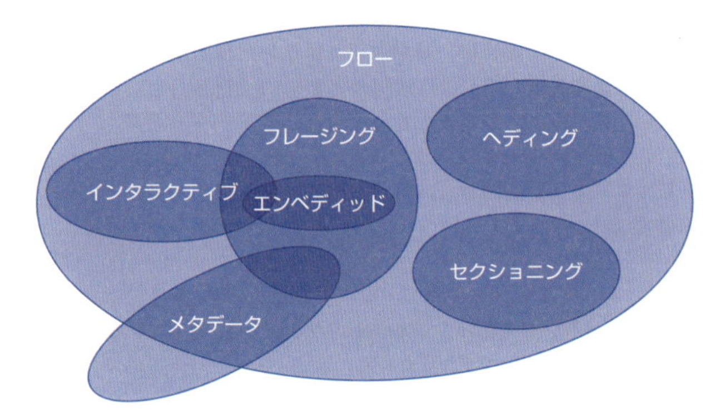

◆メタデータコンテンツ

文書内のコンテンツの表示や動作を指定したり、ドキュメントの関連性を指定したり、文書のメタ情報などを指定したりする要素です。

◆フローコンテンツ

文書の本文、つまりbody要素内で使われるほとんどの要素が分類されます。テキストも含まれます。

◆セクショニングコンテンツ

ヘッダーやフッターなど、特定のセクションの範囲を明示する要素です。通常、見出しを伴って使用されます。

◆ヘディングコンテンツ

セクションの見出しを定義する要素です。また、暗黙的にアウトラインを生成します。

◆フレージングコンテンツ

文書を構成する段落内のテキストで使用される要素です。テキストも含まれます。このカテゴリーに含まれる要素はすべて、フローコンテンツにも同時に属しています。ただし、フローコンテンツに属する要素がフレージングコンテンツに属するとは限りません。

◆エンベディッドコンテンツ

文書に他のリソースなどを埋め込むための要素です。

◆インタラクティブコンテンツ

ユーザーが操作することで、何らかの機能を提供する要素です。

◆パルパブルコンテンツ

コンテンツモデルがフローコンテンツ、もしくはフレージングコンテンツとなる要素です。hidden属性が指定されていない内容を、最低でも1つは持つ必要があります。

◆スクリプトサポート要素

要素自体は何も表さず、スクリプトを操作するために利用される要素です。script要素、およびtemplate要素がこれに分類されます。

コンテンツモデル

コンテンツモデルは、ある要素がどの要素を内容として持つことができるか、つまり子要素にできるかというルールを表します。HTML仕様の各要素に関する説明を読むと、そこにはコンテンツモデルが示されています。例えば、h1 ～ h6要素のコンテンツモデルはフレージングコンテンツとなっています。

つまり、h1 ～ h6要素は、フレージングコンテンツであるa要素やbr要素、i要素やimg要素を子要素に持つことはできるが、例えばヘディングコンテンツであるh1 ～ h6要素を子要素に持つことはできない、ということになります。

また、要素によっては例外の記述があったり、どのカテゴリーにも属さない要素に関しては、具体的な要素名でコンテンツモデルが示されている場合もあります。例えば、header要素のコンテンツモデルはフローコンテンツですが、併せて「but with no header or footer element descendants.」(ただし、header要素、またはfooter要素を子孫に持たない)と記述されており、例外が定められています。

ul要素やol要素はカテゴリーに属さない要素の例で、コンテンツモデルには「Zero or more li and script-supporting elements.」(0個以上のli要素、またはスクリプトサポート要素)というように、具体的な要素名によるコンテンツモデルが示されています。

◆トランスペアレントコンテンツ

一部の要素は、コンテンツモデルに「トランスペアレント」と記述されますが、これは親要素のコンテンツモデルを受け継ぎます。

例えば、親要素にaside要素を持つa要素は、aside要素のコンテンツモデルがフローコンテンツなので、コンテンツモデルを受け継ぎ、フローコンテンツを子要素に持てます。つまり、このa要素の子要素としてdiv要素やp要素を持つこともできます。

しかし、a要素がp要素の子要素である場合、p要素のコンテンツモデルであるフレージングコンテンツを引き継ぐため、div要素やp要素を子要素とすることはできなくなります。

◆コンテンツモデル「なし」

要素の中には、コンテンツモデルが「なし」(Nothing)となる要素があります。例えば、空要素のコンテンツモデルは「なし」です。コンテンツモデルが「なし」の要素は、テキスト(空白文字は除く)も含め、内容を持てません。

また、空要素ではないですが、コンテンツモデルが「なし」の要素として、iframe要素が挙げられます。つまり、以下のようにテキストを内容に含めることはできません。

```html
<!-- このような記述は構文エラーです -->
<iframe src="sample.html">テキスト</iframe>
```

一方で、以下のように改行を含む空白文字(P.79)の使用は認められます。

```html
<iframe src="sample.html">
</iframe>
```

セクションとアウトライン

新聞の記事や小説、論文などをはじめ、一般的に文章は「章」やその中に含まれる「節」といった文章のまとまりによって構成されます。

このような文章の構成単位となる章や節を「セクション」(Section)、セクションの組み合わせによって形作られる文章の構造を「アウトライン」(Outline)と呼びます。

制作者は、アウトラインの概念を理解したうえで、後述するアウトラインを意識した見出し要素(h1 ～ h6)の選択を常に心がけるようにしましょう。

アウトラインを意識した見出し要素の選択

h1要素などの見出し要素を利用するとアウトラインが生成されます。アウトラインの生成ルールは、以下のように考えることができます。

- 見出し要素の記述があれば、アウトラインを生成するセクションの始まりとする。
- 次の見出し要素の記述があれば、その見出しのレベル(h1が最高レベルでh6が最低レベル)を以下のように比較して、アウトラインを決定する。
  - ・現セクションの見出しレベルより低ければ、下部のセクションになる
  - ・現セクションの見出しレベルより高いか同じであれば、新しいセクションを開始する

また、文書内で使用する見出し要素のレベルを選択する際には、以下が原則となります。

- 文書内に1つ以上の見出しがある場合、その中の少なくとも1つ、かつ最初の見出しはh1にすべきである。
- アウトライン内で、ある見出しに続く見出しのレベルを変更する場合は、そのレベルが1ずつ変化すべきである。つまり、h1の次にh2を飛ばしてh3を使用するようなことはすべきではない。

例えば、以下のようなHMTLがある場合、アウトラインは下図のように生成されます。

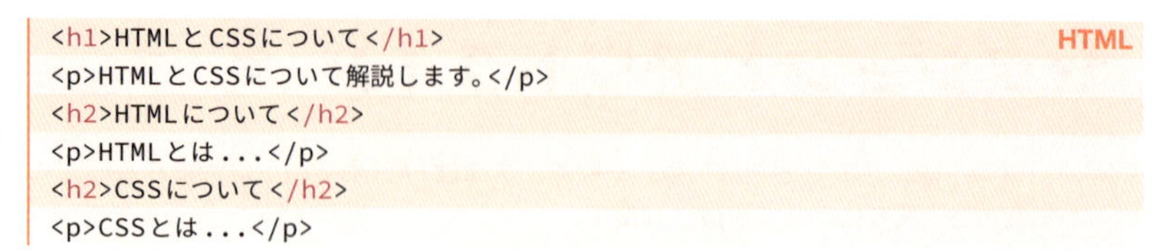

```html
<h1>HTMLとCSSについて</h1>
<p>HTMLとCSSについて解説します。</p>
<h2>HTMLについて</h2>
<p>HTMLとは...</p>
<h2>CSSについて</h2>
<p>CSSとは...</p>
```

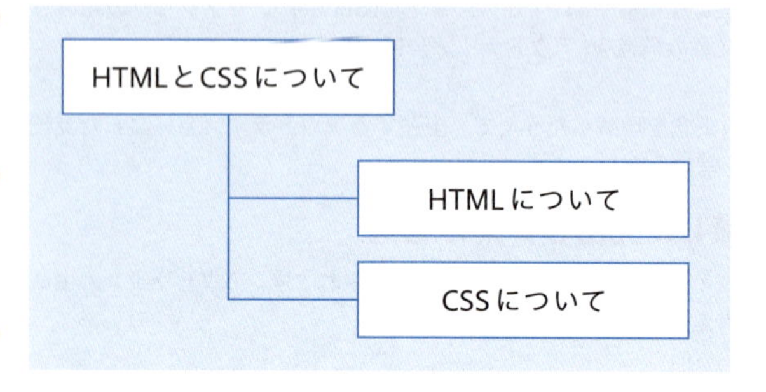

HTMLの基礎知識

ブラウジングコンテキスト

HTMLでは、Webページがユーザーに表示される環境を意味する「ブラウジングコンテキスト」が定義されています。

ブラウジングコンテキストとは

ブラウジングコンテキストとは、文書がユーザーに掲示される環境のことですが、これは例えばブラウザーウィンドウ、ブラウザータブ、フレームなどが含まれます。

Webページを表示するウィンドウ(タブ)を
ブラウジングコンテキストと呼ぶ

入れ子になったブラウジングコンテキスト

入れ子になったブラウジングコンテキストは、ブラウジングコンテキストが入れ子になっている、つまり「ブラウジングコンテキスト内に表示されるブラウジングコンテキスト」ということになります。iframe要素などで埋め込まれたブラウジングコンテキストは、入れ子になったブラウジングコンテキストです。

埋め込まれたWebページの
ブラウジングコンテキストは
入れ子構造になる

Webアクセシビリティ

Webアクセシビリティ

アクセシビリティ(Accessibility)とは、アクセスのしやすさを意味します。Webサイトやアプリケーションだけでなく、あらゆる製品や建物・乗り物・サービスなどに対しての利用しやすさ、支障なく利用できる度合いを指す言葉として使用されます。

日本工業規格「高齢者・障害者等配慮設計指針—情報通信における機器、ソフトウェア及びサービス—第1部:共通指針」(JIS X 8341-1:2010)においては、アクセシビリティを以下のように定義しています。

- さまざまな能力を持つ最も幅広い層の人々に対する製品、サービス、環境又は施設(のインタラクティブシステム)のユーザビリティ。
- 注記1:アクセシビリティの概念では、能力の多少を問わずすべての利用者を対象とし、障害者と正式に認められた利用者に限定していない。
- 注記2:ユーザビリティ指向のアクセシビリティの概念は、すべての利用者の能力の全範囲に十分に注意を払うと同時に利用の特定の状況を考慮し、できるだけ高い水準の有効さ、効率及び満足度を達成することを目指している。

WebにおけるアクセシビリティとはWebコンテンツ、つまりWebページやWebアプリケーションによって提供される情報や機能に対するアクセスのしやすさを表します。Webコンテンツが特定の技術やユーザーの能力に依存せず、さまざまな情報端末やソフトウェアから利用できることを目指し、Webアクセシビリティ対応、Webアクセシビリティを向上させるといった言葉として使用されます。

ここで重要なのは、アクセシビリティの定義における「能力の多少を問わずすべての利用者を対象とし、障害者と正式に認められた利用者に限定していない」という部分です。

アクセシビリティは特定のユーザー、例えば障がい者の方々などに向けて何か特別なことを行うものではなく、すべてのユーザーが等しく利用可能な状態を目指していくことが基本的な概念です。つまり、Webコンテンツにおいて、アクセシビリティは最も基本的な要件といえるでしょう。

Webアクセシビリティのガイドライン

では、具体的にどのような方法でWebコンテンツのアクセシビリティを確保し、その品質を評価すればよいのでしょうか? そのよりどころとなるガイドラインはいくつか存在しますが、日本国内においては、前述した高齢者・障害者等配慮設計指針における「第3部:ウェブコンテンツ」(JIS X 8341-3)を用いるのが一般的です。

JIS X 8341-3は2004年6月に最初の規格（JIS X 8341-3：2004）が制定されましたが、2010年8月にはW3Cが策定し、アクセシビリティガイドラインの国際的なデファクトスタンダードである「Web Content Accessibility Guidelines（WCAG）2.0」の内容を取り込むかたちで改正が行われています(JIS X 8341-3:2010)。

その後、WCAG 2.0は2012年に国際規格「ISO/IEC40500:2012」となりますが、2016年3月にはJIS X 8341-3もこのISO/IEC40500：2012の一致規格となるように再度改正されました（JIS X 8341-3:2016）。これによりWCAG 2.0、ISO/IEC40500:2012、JIS X 8341-3:2016という3つのアクセシビリティガイドラインが、お互いに内容が統一された同一の規格として存在しています。つまり、日本国内においてJIS X 8341-3:2016をガイドラインに採用してWebアクセシビリティに取り組み、評価を行えば、その結果は国際規格とも一致したものとなります。

WCAGは、2018年6月にWCAG 2.0の改訂版となるWCAG 2.1がW3Cより勧告されました。これは、WCAG 2.0の時点では十分にカバーできず、対応が不十分だったモバイルデバイスやタッチデバイスといった現在では広く使われているデバイス、さらに「弱視」（ロービジョン）や「認知・学習障害」への対応強化を目的としたもので、WCAG 2.0に対して新たに17の達成基準が追加されました。

さらに、WCAG 2.2が2023年10月5日に勧告され、新たに8の達成基準が追加されています。また、本書執筆時点では正式なガイドラインとして参照することはできませんが、その後継となるWCAG 3.0（W3C Accessibility Guidelines3.0）もW3C草案となっています。

WCAG 3.0は、この手の仕様書やガイドラインでは難解になりがちな記述を、より分かりやすく、理解しやすい内容にしていくことを目指す他、スコアリングの仕組みを取り入れるなど新たな試みがされており、将来的に勧告に至れば、現在よりもWebアクセシビリティに取り組むためのハードルが下がるかもしれません。

なお、WCAGは一般的な技術仕様と異なり、バージョンが上がってもそれによって古いバージョンが廃止されたり、使えないものとして扱われないという特徴があり、そのことはWCAG 3.0においても明示されています。

ポイント

- Web Content Accessibility Guidelines（WCAG）2.1は以下から確認できます。
  https://www.w3.org/TR/WCAG21/

◆達成基準と適合レベル

Webアクセシビリティガイドラインには、アクセシビリティを確保するために満たしてほしい基準として「達成基準」が設けられており、WCAG 2.0やJIS X 8341-3:2016では、全部で61の達成基準が設けられています。さらに、この達成基準は、達成の難易度や優先順位によって3つの「適合レベル」に分類されており、最も低いレベルの「A」から「AA」「AAA」が割り当てられています。WCAG 2.0やJIS X 8341-3：2016における達成基準の分類は以下の通りです。

・適合レベルA:25の達成基準
・適合レベルAA:13の達成基準
・適合レベルAAA:23の達成基準

Webサイト制作者は、達成したい適合レベルを定めたうえで、そのレベルに分類される達成基準を確認しながら、要件を満たすようにWebコンテンツを制作していく流れになります。例えば、適合レベルAAを達成目標に定めた場合、適合レベルAに分類される25項目と適合レベルAAに分類される13項目を併せた、38の達成基準を満たす必要があります。

前述した通り、WCAG 2.1では達成基準が17項目増えており、WCAG 2.0と比べた場合、各適合レベルごとに以下のように達成基準が追加されています。

・適合レベルA:30の達成基準(+5)
・適合レベルAA:20の達成基準(+7)
・適合レベルAAA:28の達成基準(+5)

正しいHTMLとは

アクセシビリティの観点からも、HTMLを「正しく記述する」ことはとても重要です。では、「正しいHTML」とはどのようなものでしょうか？ あくまで筆者の考え方ではありますが、HTMLにおける正しさを大きく分類すると、「構文的に正しいHTML」と「意味論的に正しいHTML」の2つに分けられると考えています。

◆構文的に正しいHTML

構文的に正しいHTMLとは、HTMLの仕様に準じた記述がされているかが重要になります。本書のHTMLの記述ルール(P.62)やコンテンツモデル(P.69)で説明した通り、HTMLには仕様で決められたタグや属性の記述方法、ある要素の中に含められる要素は何か、要素ごとに使用可能な属性とその値があり、その仕様に沿って記述しなければなりません。

例えば、以下のような記述は要素が正しい入れ子構造になっていないため、HTMLの構文的に間違っています。

```html
<!-- 間違った入れ子の記述 -->
<p>私は<strong>サッカーが好きだ！</p></strong>
```

あるいは、次のページのサンプルコードのように要素の入れ子構造は正しくても、コンテンツモデルにおいて正しくない要素の親子関係になっていれば、これも構文的に正しくないといえるでしょう。

```html
<!--
  コンテンツモデル的に間違っている記述
  ul要素は直接の子要素としてdiv要素を持つことはできません
-->
<ul>
  <div>
    <li>リスト項目</li>
  </div>
</ul>
```

このような構文的な問題点を調べるのは比較的簡単です。例えば、W3CはHTMLの記述が正しいかを検証(バリデーション)するためのツールをWeb上で公開しています。検証したいWebページのURLを入力する、あるいはHTMLファイルをアップロードするか、HTMLをそのまま入力欄にコピー＆ペーストしてチェックできます。構文的に問題がある場合は、エラー（Error)や警告(Warning)として表示されるので、各項目を確認しながら修正していけば、構文的に正しいHTMLにできます。

ポイント

- W3Cのバリデーションツールは以下から確認できます。
  Nu Html Checker - The W3C Markup Validation Service
  https://validator.w3.org/nu/

◆意味論的に正しいHTML

HTMLを構文的に正しく記述することは重要ですが、同時に意味論（セマンティクス）的に正しいHTMLの記述になっているかにも注目しなければなりません。意味論的に正しいHTMLとは、以下のような点から判断できます。

・使用している要素の選択は、内容に対して適切か
・要素が意味と一致した順序で並べられているか
・付与されている属性の値は適切か

具体的な例を挙げてみましょう。

```html
<!-- 意味論的に間違った記述 -->
<div>これは見出しです</div>
<blockquote>この文章は本文です。</blockquote>
<span id="demo">ボタン</span>
```

上記のHTMLは、構文上はエラーとはならず、正しいHTMLといえます。しかし、意味論的には多くの問題があります。

例えば、見出しを表すのであれば、その意味を持つh1 ～ h6の各要素の中から選択するべきです。また、blockquoteは他所からの引用を表す要素であるため、本文に使用するのは不適切です。さらに、ユーザーに操作させたいボタンであれば、span要素ではなくbutton要素を用いて実装するのが意味論的には正しいでしょう。意味論的に正しいHTMLに修正すると、以下のようになります。

```html
<h1>これは見出しです</h1>
<p>この文章は本文です。</p>
<button id="demo">ボタン</button>
```

もう1つの例として、以下のサンプルコードを見てみましょう。構文的には正しいですし、見出しもh1 ～ h6から選択していて問題ないように見えます。

```html
<!-- 要素が意味と一致しない順序で並べられている例 -->
<p>この文章は小見出しに対する本文です。</p>
<h2>これは小見出しです</h2>
<h1>これは文書で最も大きな見出しです</h1>
```

しかし、この状態では要素が意味と一致した順序で並んでいるとはいえないでしょう。文書の中で最も大きな、つまり文書の主題を示すような見出しがあって、その配下で次にくる小見出し、さらにその小見出しに対する本文という、それぞれのテキストが持つ意味に矛盾しない順序で各要素を並べる必要があります。

CSSを用いれば、このような出現順のHTMLでも、見た目上はh1→h2→pの順に並び変えてしまうことも可能です。見た目上の再現ばかりに気をとられると、このような要素の順序が意味と矛盾してしまうHTMLを記述してしまう場合もあるので、注意が必要です。

HTMLの役割(P.59)で、「HTMLは、タグを用いてテキストをマークアップすることで、意味を明示し、データを構造化するもの」と解説しました。意味論的に正しいHTMLを記述すれば、ソフトウェアが文章の構造やテキストの意味を判別可能な状態、つまりマシンリーダブルにできます。この状態は、ブラウザーが適切な見た目や機能を割り振る他、支援技術(主に障がいのあるユーザーに対してブラウザーだけでは対応できないさまざまな補助を行うソフトウェア)がユーザーに正しく情報を伝えようとする場合にも重要になります。

また、検索エンジンのロボットが文書の内容を判別し、適切なインデックスを付ける場合にも、HTML文書はマシンリーダブルである必要があります。Webサイト制作者は、構文的、かつ意味論的に正しいHTMLを記述するよう心がけましょう。

 空白文字

空白文字

本書のWeb制作の基礎知識においては、「空白文字」という用語が頻繁に用いられています。空白文字とは、HTMLのタグにおける属性や属性値を区切ったり、CSSのプロパティ値を区切ったりする用途で主に使用されます。

HTMLの仕様では、空白文字について「ASCII whitespace is U+0009 TAB, U+000A LF, U+000C FF, U+000D CR, or U+0020 SPACE.」と定義されています。つまり、「タブ」(U+0009)、「改行」(U+000A)、「フォームフィード」(U+000C)、「キャリッジリターン」(U+000D)、「スペース」(U+0020)が空白文字として扱われます。

よって、「空白文字で区切って」という表現があった場合、以下のようにスペース(U+0020)で区切ってもいいですし、改行(U+000A)で区切っても空白文字で区切られたことと同じ扱いになります。

```html
<video id="sample" src="sample.mp4" poster="sample.jpg"
autoplay muted loop></video>
```

```html
<video
id="sample"
src="sample.mp4"
poster="sample.jpg"
autoplay
muted
loop></video>
```

一方で、画面上の見た目は同じように見えても、それ以外の空白文字、例えば「全角スペース」(U+3000)などは空白文字として扱われないので注意してください。HTMLやCSSの解説において空白文字といった場合は、前述した5文字を指します。なお、HTMLにおいては、連続する2つ以上の空白文字は1つにまとめられて表示されますが、CSSのwhite-spaceプロパティ(P.443)でこの扱いを指定できます。

CSSにおいても、HTMLと同じ5文字が空白文字として扱われます。よって、プロパティ値を区切る場合、以下のようにスペース(U+0020)や改行(U+000A)で区切ることができます。また、ソースコードを読みやすく整形する際に、タブ(U+0009)も使用できます。

```css
h1 {
    border: 1px solid red;
}
```

```css
h1 {
border:
1px
solid
red;
}
```

前述の通り、HTMLにおいて連続する2つ以上の空白文字はまとめて扱われます。white-spaceプロパティでは、空白文字をどのように扱うかを指定できますが、初期値がnormalなので、指定しなければ連続する空白文字は1つとして扱われます。

例えば、white-space: pre;を指定すると、連続する空白文字は1つにまとめられず、そのままのかたちで扱われます。さらに、行の折り返しについても、ソースコード上の改行(br要素による改行だけでなく、改行文字U+000Aも含め)がそのまま反映されます。

文字参照

文字参照（Character Reference）とは、HTMLにおいてタグとして解釈される一部の特別な文字や、キーボードからだと直接入力しにくい一部の記号などを記述するために使用される仕組みです。

HTMLの記述ルール（P.62）でも解説した通り、HTMLは<と>でくくられたHTMLタグによって、テキストなどの内容をマークアップしていきます。また、HTMLタグ内の属性値は、「"」や「'」でくくって記述します。

そのため、Webページ上のテキストとしてHTMLタグを表示したい場合、<や>でくくられた文字列を掲載したい場合、「"」でくくった属性値の中に「"」を含めたい場合などでは、それらの文字列をそのまま記述してしまうと、HTMLのタグとして解釈されたり、属性値が「"」で終了したと解釈されたりすることで、意図通りに表示されない可能性があります。

例えば、HTML文書内でpre要素、code要素を用いてHTMLのソースコードを示そうとしたとき、以下のように記述してしまうとaタグがブラウザーによって解釈され、リンクとして表示されてしまいます。

HTML

```html
<p>HTMLにおいてリンクを設定する場合は以下のように記述します。</p>
<pre>
    <code>
        <a href="https://dekiru.net/">できるネット</a>
    </code>
</pre>
```

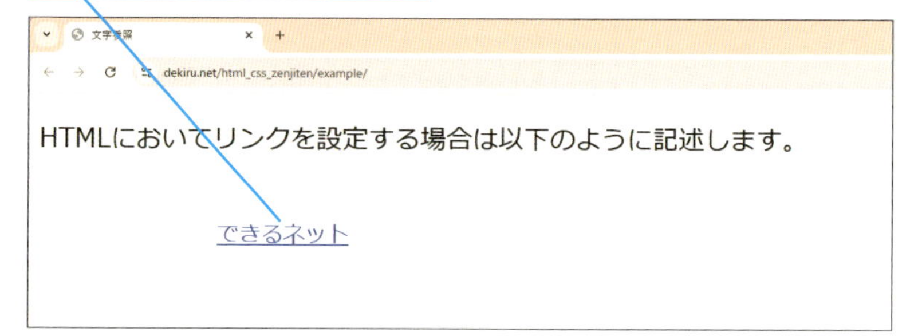

そこで、HTMLとして解釈されず、通常のテキストとして表示したい部分に関しては、以下のように文字参照を使用して記述します。このように、一部の特別な意味を持つ文字からその意味をなくす処理を「エスケープ」といいます。

```html
<p>HTMLにおいてリンクを設定する場合は以下のように記述します。</p>
<pre>
    <code>
        &lt;a href=&quot;https://dekiru.net/&quot;&gt;できるネット&lt;/a&gt;
    </code>
</pre>
```

HTMLのソースコードを文字列として表示できた

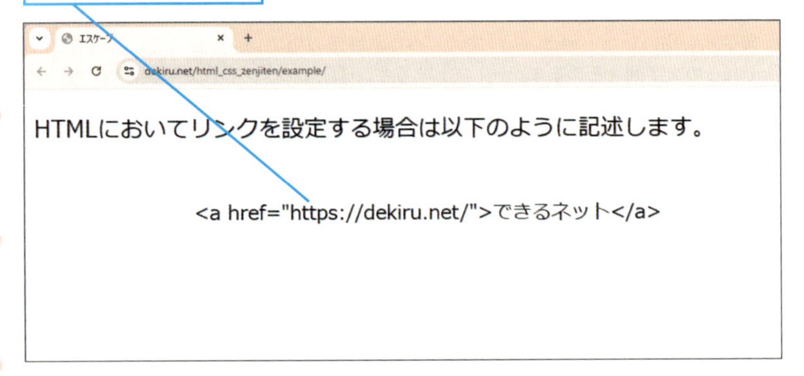

文字参照の記述方法

文字参照は大きく分けて、あらかじめ定義された名前を使用して記述する「名前付き文字参照」と、各文字に割り当てられた数値を使用して記述する「数値文字参照」に分けられます。ここではHTML文書の中でよく使われる名前付き文字参照について解説します。

文字	名前付き文字参照の記述	意味
<	<	小なり記号（半角）
>	>	大なり記号（半角）
&	&	アンパサンド（半角）
"	"	ダブルクォーテーション（半角）

名前付き文字参照は「&」で始まり、定義された名前を原則として半角小文字で記述、最後にセミコロン(;)で終了するというのが基本的な記述ルールです。

例えば、HTMLのタグとして解釈されたくない状況で<や>を記述する場合、<と>を用いて記述します。また、「"」でくくった属性値の中に「"」を含めたい場合は、値に含まれる「"」を"と記述することでエスケープできます。

&に関しても、文字参照に使用するために特別な意味を持っています。よって、原則としてHTML文書内で&を記述する場合、文字参照を使用して&と記述する必要があります。これは、属性値などに記述されるURL内に&が含まれる場合も同様です。

```html
<!-- Googleフォントの読み込みで、URLに&が含まれていた場合の記述例 -->
<link
  rel="stylesheet"
  href="https://fonts.googleapis.com/icon?family=Material+Icons&amp
;display=swap"
/>
```

キーボードから入力しにくい文字への使用

通常、HTMLにおいては文字エンコーディングにUTF-8が使用されるため、ユニコードに含まれるすべての文字をそのまま記述できますが、いくつかの文字はキーボードから入力するのが困難な場合もあります。

例えば、©（著作権記号）や™（トレードマーク）、®（登録商標マーク）などは、環境によっては入力が困難です。そこで、このような場合にも文字参照を使用できます。ただし、前述の通りユニコードではこれらの特殊な文字もそのまま記述できるので、入力がどうしても難しいなどの理由がある場合のみの使用にとどめましょう。

©	©
™	™
®	®

URL

URL

URLは、Webページのような Web上のリソースを参照するため、その場所を示すものです。HTMLとは(P.58)でも解説した通り、Webを構成する根本的な標準規格の1つです。

分かりやすく例を挙げていえば、URLはWeb上にあるHTML文書、画像や動画ファイル、その他リソースの場所を表す「住所」のようなものです。郵便などで使用する住所でも、家や会社の場所(行政区画や地番)だけでなく、集合住宅の場合は建物名や部屋番号、会社であれば部署や所属、あるいは役職などと組み合わせて、届けてほしい人や場所を細かく指定できますが、URLの仕組みも同様です。Webサイト制作において、URLは頻繁に使用するものなので、まずは基本的な部分をきちんと覚えておきましょう。

URLの例と各部の名称

https://www.example.com/
https://www.example.com:443/
https://www.example.com/page/
https://www.example.com/page/page.html
https://www.example.com/page/page.html?key01=value01&key02=value02
https://www.example.com/page/page.html#section01

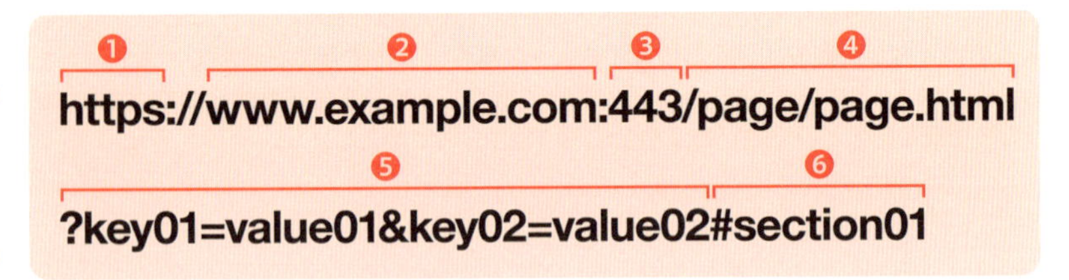

❶スキーム

上記のhttpsの部分がスキームです。Webサイトにおいては一般的にhttpsもしくはhttpが使用される場合がほとんどで、現在の主流は通信経路においてやりとりされるデータがTransport Layer Security (TLS)によって保護されるhttpsです。この他にも電子メールのアドレスを示し、メールクライアントを起動するmailtoスキームなどがよく利用されます。

```html
<a href="mailto:info@example.com">メールを送信</a>
```
HTML

❷ホスト

ホストは、ドメイン名もしくはIPアドレスのいずれかで指定します。多くの場合、スキームとホストまでの指定で、特定のWebサイトのトップページまでたどり着くでしょう。

❸ポート

ホストに続いて、ポートを指定することが可能です。ただし、httpなら:80、httpsなら:443が標準ポートとなっているため、何らかの理由があってWebサーバー側などで標準とは別のポート番号を指定していない限り、ポートの指定は省略可能です。よって、以下の2つのURLは同じということになります。

https://www.example.com/
https://www.example.com:443/

❹パス

パスは、Webサーバー上に置かれたリソースの細かい場所を特定するためのものです。前述した住所の例でいえば、部屋番号や部署、役職や人名といったところでしょうか。パスは/で始まり、/で区切ることで階層を表せます。Webサーバーの設定で、パスの最後が/で終わるURLに対してどのリソースを返すかは決められるため、一般的にはindex.htmlなど、indexという名前を付けたファイルが表示されるようにする場合が多いです。

なお、Webサーバー上のパスが示す場所に、物理的にファイルが置かれている場合がある一方で、動的生成(プログラムがリクエストに応じてデータベースなどと通信して結果を動的に返す仕組み)の場合は、実際には物理的なファイルは存在せず、処理を実行するための抽象的なデータとして扱われる場合もあります。

❺クエリ

クエリとして、Webサーバーに追加の引数を送信できます。クエリは?で始まり、任意のキーと値の組み合わせ(値は必須ではありません)で記述が可能です。また、この組み合わせは&でつなげて複数指定することもできます。

Webサーバーはクエリに応じて検索結果を生成したり、表示する内容を変えるといった何らかの処理を行ったり、表示自体は変えなくてもアクセス解析を行うなど、さまざまな用途で利用可能です。また、Webサイト制作の現場においては、外部から読み込むCSSファイルやJavaScriptファイルのキャッシュをクリアする目的で使用する場合もあります。

HTML
```html
<!-- クエリを変更することで、ブラウザーにファイルが異なることを教え、
キャッシュをクリアしてもらいます -->
<link rel="stylesheet" href="styles.css?202204011325">
```

関連知識

一方、パス絶対URLは、パスの表記を/から始めます。パス相対URLの場合、常に基準URLから「2つ上の階層の……」というように相対的な位置関係を考えなければなりませんが、それでは基準URLから参照したいリソースの階層が離れていったり、ディレクトリ構成が複雑だったりすると分かりにくくなる場合もあります。また、基準URLとなるファイルだけを別の階層に移動した場合などでは、パスをすべて修正しなければならなくなるといった不便もあります。

パス絶対URLであれば、このような基準URLとなるファイルだけを移動した場合でも、参照するリソースの場所が変わらなければ修正は不要です。前のページで挙げたディレクトリ構成の例において、sample02.jpgをパス絶対URLで指定すると以下のようになります。

```
<!-- index.html、base.html、あるいはexample.htmlのどこからでも
sample.02.jpgは以下のように指定できます -->
<img src="/subdir/img/sample02.jpg" alt="">
```

ただし、パス絶対URLにも注意しなければならないことがあります。例えば、この例のディレクトリ構成を、そのまま丸ごとtestというディレクトリ配下に移動して全体的に1つ階層を深くしたとします。すると、先ほどのパス絶対URLの記述を以下のように修正しないと、正しく参照できません。

```
<img src="/test/subdir/img/sample02.jpg" alt="">
```

つまり、Webページ一式が、何らかの理由で後で別の階層に移動されることが想定される場合、例えば開発中はhttps://www.example.com/development/というURLで作業が行われ、公開する際のURLはhttps://www.example.com/production/に変更される、といった場合であれば、パス相対URLで記述しておいたほうがよい可能性があります。

一方でヘッダーやフッターなど、Webサイト全体で共通して使われる一部分を別パーツ化しておいて全ページで読み込む場合など、どの階層のWebページでパーツが読み込まれても正しいパスを参照できるようにしたいなら、パス絶対URLでの記述が適しているかもしれません。Webサイトの要件などに合わせて、適切な記述の仕方を選択できるようにしましょう。

ポイント

- URLの仕様は、HTML仕様同様に、WHATWGが策定し「URL Standard」(URL Living Standard)というかたちで公開されています。
https://url.spec.whatwg.org/

グローバル属性とその他の属性

HTMLの属性には、要素ごとに指定できる属性の他、すべての要素に指定できる「グローバル属性」、特定のイベントハンドラーに対応するよう定義されている「イベントハンドラーコンテンツ属性」があります。

グローバル属性

グローバル属性とは、すべての要素で共通して使える属性のことです。HTMLの仕様では、次の各属性が定義されています。ここでは33個のグローバル属性について解説します。

accesskey（アクセス・キー）

accesskey属性は、キーボード操作によって要素にフォーカスを当てたり、アクティブにしたりするためのショートカットキーを指定します。指定できる値はユニコード（Unicode）1文字で、これを半角スペースで区切って列挙できます。値はユニコードによって厳格に区別されます。例えば、小文字と大文字の違いはもちろん、ユニコード正規化形式、正規順序によって、見た目上は同じように見える文字でも異なるものとして扱われる場合がある点に注意しましょう。

複数の値を指定できるため、デバイスによって最初に指定したショートカットキーが利用できなくても、2番目以降に書いたキーが候補として順番に割り当てられ、利用可能なものが適用されます。

```html
<label>Search: <input type="search" name="q" accesskey="s 0">
</label>
```

autocapitalize（オート・キャピタライズ）

autocapitalize属性は、テキストがユーザーによって入力・編集されたときに入力文字列の先頭大文字化を自動的に行うか、またはどのように行うかを指定します。日本語環境ではあまり関係ないですが、英語圏などでは状況によって便利な場合があります。指定できる値(キーワード)と、それによって設定される状態と挙動は以下の通りです。

キーワード	状態	意味
off none	none	自動的な大文字化は行われません。すべての文字は小文字をデフォルトとします。
on sentences	sentences	各文の最初の文字を自動的に大文字化します。それ以外の文字は小文字のままです。
words	words	各単語の最初の文字を自動的に大文字化します。それ以外の文字は小文字のままです。
characters	characters	すべて大文字にします。

autocapitalize属性が指定されながら、値が不正な場合はsentences状態として扱われます。属性の指定がない場合はデフォルト扱いになりますが、この場合、自動大文字変換を有効にするかについては、ブラウザーなどが独自に判断します。なお、type属性値にurl、email、passwordが指定されたinput要素に、autocapitalize属性が指定された場合はデフォルト扱いされます。

```html
<label>名前 <input type="text" name="name" autocapitalize=
"words"></label>
```

オート・フォーカス
autofocus

autofocus属性は、文書が読み込まれたときやダイアログが表示されたときに、指定した要素が自動的にフォーカスを持つべきであることを表します。autofocus属性は論理属性です。なお、ある要素の「直近の祖先オートフォーカス範囲のルート要素」は、その要素がdialog要素の場合はその要素自体、そうではない場合は直近の先祖に当たるdialog要素、もしくはhtml要素を指しますが、同じ「直近の祖先オートフォーカス範囲のルート要素」は、autofocus属性が指定された要素を2つ以上持ってはならないと仕様上、定義されています。つまり、autofocus属性を持つ要素は、dialog要素内に1つだけ存在できます。また、dialog要素内に含めない場合、html要素内に1つだけ存在できます。

```html
<input type="search" name="q" autofocus>
<input type="submit" value="検索">
```

クラス
class

class属性は、要素にクラス名を付与します。空白文字（P.79）によって区切ることで、複数の値を指定できます。値に使用できる文字列に特に制約はありませんが、CSSのセレクターとして使用する場合に問題が起こる可能性があるので、半角英数字による指定、さらに英字から始まる値を選択するのが無難です。

また、HTMLの仕様において、class属性値にはその要素の見た目を表すものではなく、意味を表す値を指定するほうがよいとされています。例えば、注意書きを赤い文字にするためにclass="red"とするのではなく、「注意書き」という意味を表すようにclass="attention"などとするほうが妥当と考えられます。

コンテント・エディタブル
contenteditable

contenteditable属性は、該当する要素内の編集可否を指定します。指定できる値（キーワード）と意味は次のページの通りです。属性がない、または値が不正な場合、親要素の編集可否を継承します。

true	編集可能です。値が空の場合も同様に扱われます。
false	編集不可です。
plaintext-only	テキストコンテンツのみが編集可能です。

```html
<p>私の年齢は <span contenteditable="true">20</span> 歳です。</p>
```

ディレクショナリティ
dir

dir属性は、要素内のテキストの書字方向を指定します。指定できる値(キーワード)と意味は以下の通りです。値がautoである場合の判断方法は、その要素が親要素を持ち、かつdir属性によって書字方向が明示されていない場合、書字方向はその要素の親要素の書字方向と同じになります。

ltr	書字方向を「左から右」と明示します。
rtl	書字方向を「右から左」と明示します。
auto	双方向文字の種別によって判断します。

ドラッカブル
draggable

draggable属性は、要素がドラッグ可能かどうかを指定します。指定できる値(キーワード)と意味は以下の通りです。draggable属性を持つ要素は、視覚的でないインタラクションのために、要素に名前を付けるtitle属性も持つ必要があります。属性がない、または値が不正な場合、autoとして扱われ、ブラウザーの初期設定を反映します。

true	ドラッグ可能です。
false	ドラッグできません。

エンターキー·ヒント
enterkeyhint

enterkeyhint属性は、ソフトウェアキーボードの Enter キーに表示するアクションラベル(またはアイコン) を指定します。 Enter キーの表示をカスタマイズすることで、ユーザーに分かりやすいインターフェースを提供可能です。指定できる値(キーワード)と意味は以下の通りで、ブラウザーはそれぞれの意味に応じたラベルやアイコンの表示が求められます。

enter	改行します。
done	入力完了します。
go	進みます。
next	入力していた入力フィールドの次の入力フィールドに移動します。
previous	入力していた入力フィールドの前の入力フィールドに移動します。
search	検索結果を表示します。
send	入力内容を送信します。

イクスポートパーツ
exportparts

exportparts属性は、Shadow tree (シャドウツリー)内にあるすべての要素で使用できる属性です。exportparts属性は、ネストしたシャドーツリーにおいて、親となるシャドーツリーに対し、要素が持つパーツ要素(part属性を持つ要素)をエクスポートします。

hidden

hidden属性は、その要素の状態を指定します。指定できる値(キーワード)と意味は以下の通りです。それぞれの属性値が指定された要素の状態について、詳細を後述します。

hidden 要素が文書(ページ)に対して無関係であることを示します。属性値が空の場合もhiddenとして扱われます。

until-found hidden until found state、つまり「発見されるまでは無関係」という状態を示します。

hidden="hidden"

属性値にhiddenが指定された、あるいは属性値が空のhidden属性が付与された要素は、本書執筆時点では、あるいはもはや、関連性がない・無関係であることを表します。ブラウザーは、このようなhidden属性が指定された要素をレンダリングしないことが求められています(ブラウザーのCSSにおいては、display:noneが適用されることになるでしょう)。

例えば、何かの操作を完了するまでは関係のないコンテンツに対して、指定するといった使用方法が考えられます。このとき、hidden属性は隠すという意味を持つわけではないという点に注意しましょう(レンダリング上は隠されるかもしれませんが)。よって、タブ型のユーザーインターフェースにおいて、初期状態では画面上には見えないようになっている要素を「隠す」ために、hidden属性を使用するような使い方は妥当ではありません。タブ型のユーザーインターフェースにおいて、初期状態では隠れているように見える要素は、文書に関連性がありながらも表示領域外にオーバーフローしている状態であり、「関連性がない」わけではないからです。また、このような要素に対して、hidden="hidden"が指定されていない要素からリンクをしたり、for属性などで参照したりするべきではありません。

hidden="until-found"

hidden="until-found"が指定された要素は、ページ内検索やフラグメント識別子付きのURLなどでアクセスされるまでは関連性がない・無関係であることを意味します。hidden="until-found"に対応したブラウザーでは、当該要素にcontent-visibility:hiddenが適用されるでしょう。

なお、ページ内検索やフラグメント識別子付きのURLによるアクセスで当該要素が表示された場合、hidden属性は削除されます。つまり、一度このようなかたちで表示された要素は、その後も表示されたままになります。このhidden属性が削除される際には、beforematchイベントが発生するため当該要素が表示されたことを検知できます。

id

id属性は、その要素の一意な識別子を指定します。付与したid属性値は、CSSセレクターとして使用できる他、リンクのフラグメント識別子としても利用できます。値に使用できる文字列は、空白を含んではいけない以外に特に制約はありませんが、class属性値と同様、注意が必要です。また、「一意な識別子」となるため、同一文書内に同じid属性値を持つ要素が存在してはいけません。

inert（イナート）

inert属性は、この属性が指定された要素、および要素の子孫要素をブラウザーが不活性化することを指定するための論理属性です。不活性化とは、ボタンでいえばクリックなどの操作、入力コントロールであれば入力などの操作ができないということです。inert属性に関してブラウザーには、特に視覚的にその要素が不活性であると明示することが求められていないため、場合によってはユーザーから不活性な要素が分かりにくくなってしまうでしょう。このような場合はdisabled属性を使用したほうが適切な場合があります。

```html
<div inert>
  <button id="inert-button">不活性なボタン</button>
</div>
```

inputmode（インプット・モード）

inputmode属性は、ソフトウェアキーボードの挙動を制御します。指定できる値(キーワード)と意味は以下の通りです。多くの場合、textarea要素やinput要素のうち、入力が可能なコントロールで使用しますが、contenteditable属性によって編集可能にした要素でも使用できます。

none	ソフトウェアキーボードを非表示にします。
text	ユーザーの国や地域に合わせたテキスト入力が可能なソフトウェアキーボードを表示します。
tel	電話番号入力が可能なソフトウェアキーボードを表示します。
url	ユーザーの国や地域に合わせたテキスト入力が可能、かつURLの入力を補助するソフトウェアキーボードを表示します。
email	ユーザーの国や地域に合わせたテキスト入力が可能、かつ電子メールアドレスの入力を補助するソフトウェアキーボードを表示します。
numeric	数字入力が可能なソフトウェアキーボードを表示します。
decimal	ユーザーの国や地域に合わせた数値や区切り文字とともに、小数入力が可能なソフトウェアキーボードを表示します。
search	検索に最適化されたソフトウェアキーボードを表示します。

関連知識

is

イズ

カスタマイズされた組み込み要素を定義し、そのカスタム要素名をis属性に指定することで、当該要素とカスタマイズされた組み込み要素を関連付けて利用できます。

JavaScript
```
class PlasticButton extends HTMLButtonElement {
  constructor() {
    super();

    this.addEventListener("click", () => {
      // 省略
    });
  }
}
customElements.define("plastic-button", PlasticButton, { extends:
"button" });
```

HTML
```
<button is="plastic-button">クリック！</button>
```

itemid

アイテム・アイディー

itemid属性は、itemscope属性、およびitemtype属性を持つ要素に対してグローバル識別子を付与します。HTMLの仕様上、itemid属性の値はURLである必要がありますが、仕様内のサンプルコードではURN（Uniform Resource Name）の使用も示唆されています。

HTML
```
<dl
  itemscope
  itemtype="https://schema.example.com/book"
  itemid="urn:isbn:978-4295020806"
>
  <dt>タイトル</dt>
  <dd itemprop="name">できるポケット HTML&amp;CSS全事典 改訂4版</dd>
  <dt>著者</dt>
  <dd itemprop="author">加藤 善規</dd>
</dl>
```

itemprop

アイテム・プロップ

itemprop属性は、要素にプロパティを追加します。プロパティとは「名前」と「値」を組み合わせたもので、ある要素にitemprop属性を付与した場合、itemprop属性の属性値が「名前」、要素の内容が「値」としてプロパティとなります。これによって構造化データを表すことができます。以下のサンプルコードは、schema.orgの語彙を使用して、ある映画に関する情報をよりマシンリーダブルな構造化データにしています。

HTML
```
<div itemscope itemtype="http://schema.org/Movie">
  <h1 itemprop="name">The Godfather</h1>
  <p>
```

```
    Director:
    <span itemprop="director">Francis Ford Coppola</span>
  </p>
</div>
```


itemref

アイテム・レフ

itemref属性は、何らかの理由でitemscope属性を持つ要素の子孫以外と関連付けたい場合、関連付けたい要素が持つid属性値の値をitemref属性に指定することで、関連付けられます。itemref属性は、itemscope属性が付与された要素に対してのみ使用可能です。

```html
<div itemscope itemref="director" itemtype="http://schema.org
/Movie">
  <h1 itemprop="name">The Godfather</h1>
</div>

<p id="director">
  Director:
  <span itemprop="director">Francis Ford Coppola</span>
</p>
```

itemscope

アイテム・スコープ

itemscope属性は、関連付けられたメタデータのスコープを定義します。itemscope属性は論理属性です。もし、itemscope属性を付与された要素がitemtype属性を持たない場合は、要素に関連付けられたitemref属性を持つ必要があります。

itemtype

アイテム・タイプ

itemtype属性は、使用されるプロパティの語彙を定義するURLを指定します。itemtype属性は、itemscope属性が付与された要素に対してのみ使用可能です。

lang

ランゲージ

lang属性は、要素の内容がどのような言語で記述されているかを表します。値には、IETF言語タグ（言語や地域、文字体系を表すために定義された文字列、およびその組み合わせ）、もしくは空文字列を指定できます。値が空文字列の場合は、第一言語が不明であるという意味になります。例えば、以下のような属性値がよく使われます。

ja	日本語
ja-jp	日本における日本語
en	英語
en-au	オーストラリアにおける英語
de	ドイツ語

ノンス
nonce

nonce属性は、CSP（Content Security Policy）によって文書内に読み込まれたscript要素や、style要素の内容を実行するかを決定するために利用されるノンス(nonce/number used once)、つまりワンタイムトークンを指定します。CSPとは、あらかじめその文書で読み込まれることが想定されているJavaScriptなどのコンテンツをホワイトリストとして指定することで、攻撃者によって挿入される悪意のあるスクリプトの読み込みを遮断し、クロスサイトスクリプティング(XSS)など、プログラムの脆弱性を利用した攻撃であるインジェクション攻撃からWebサイトやWebアプリケーションを保護するための仕組みです。

Content-Security-Policy HTTPレスポンスヘッダーによって送信した値と同じものを、script要素やstyle要素に付与したnonce属性に指定することで、その値が一致した場合のみscript要素やstyle要素の内容が実行されます。nonceの値は、リクエストごとにランダムな文字列が生成される必要があります。それによって外部から値が推測できず、インジェクション攻撃の防止が可能です。

パート
part

part属性は、Shadow tree（シャドウツリー）内にあるすべての要素で使用できる属性です。part属性には、空白で区切って複数の名前を指定することができます。用途としては、class属性に近いと考えると分かりやすいでしょう。part属性によって付与した名前は、::part擬似要素を用いて指定することで、該当する要素にスタイルを適用することができます。

ポップオーバー
popover

popover属性は、要素をポップオーバー要素であると指定するために使用します。ポップオーバー要素とは、特定の条件で呼び出されるまで画面上には表示されず(display: none;状態)、例えばHTMLElement: showPopover()メソッドなどで呼び出され、表示された際には、最上位レイヤー（top layer)、内の他のすべての要素の上に表示され、かつ親要素のpositionやoverflowプロパティの影響を受けない要素のことです。

dialog要素でも同様の実装が可能ですが、dialog要素がモーダル（その要素が表示されている間、他の要素は反応しない）表示のコンテンツを生成するのに対して、popover属性が付与された要素は、非モーダル（その要素が表示されている間も他の要素は反応する）であることが異なります。

dialog要素は、ダイアログボックス（ユーザーに情報を提示し、必要に応じて応答してもらうための特殊ウィンドウの一種）を表示するためのものです。ポップアップするからといって、コンテキストメニューやツールチップをdialog要素で実装することは望ましくありません。その場合は、popover属性を使用するのが妥当でしょう。

なお、アクセシビリティ・セマンティクスのない要素（例えばdiv要素のような）でポップオーバーを使用する場合、適切なWAI-ARIA属性を使用して、ポップオーバーが支援技術からアクセス可能であることを確認する必要があります。

スロット
slot

slot属性は、shadowツリー内のスロットを、この属性が付与された要素に割り当てます。slot属性を持つ要素は、slot属性の値と一致するname属性値を持つslot要素が生成したスロットに埋め込まれます。

スペルチェック
spellcheck

spellcheck属性は、スペルチェックの有無を指定します。指定できる値(キーワード)と意味は以下の通りです。ただし、仕様ではスペルチェック後の挙動について定義されていないため、ブラウザーがどのような表示、アクションをするのかについては規定がありません。属性がない、または値が不正な場合、親要素の状態に依存します。

true	スペルチェックを行います。値が空の場合も同様に扱われます。
false	スペルチェックを行いません。

スタイル
style

style属性は、要素に対してスタイルを指定します。属性値にはスタイルシートの指定を記述できます。style属性を指定する場合、要素からこの属性が削除されても問題ないように使用しなければなりません。

例えば、style属性を削除することで要素の表示領域のサイズが変更され、内容の閲覧ができなくなる場合、その使用方法は妥当ではありません。また、要素の表示・非表示を行う場合は、style属性ではなくhidden属性を用いるほうがよいでしょう。

タブ・インデックス
tabindex

tabindex属性は、Tabキーなど、キーボード操作によるフォーカス移動(Sequential focus navigation)の相対的な順序を指定します。指定する値は整数である必要がありますが、0、-1（負の整数含む）、1以上の正の整数で、それぞれ以下のように処理が異なります。利用する場合は、その規則を理解したうえで使用しましょう。

-1（負の整数含む）	クリックによるフォーカスは可能ですが、キーボード操作によるフォーカス移動の対象からは除外します。
0	キーボード操作によるフォーカス移動の対象となり、その移動順序はブラウザーが文書内における要素の出現順番に応じて決定します。
1以上の正の整数	キーボード操作によるフォーカス移動の対象となり、その移動順序は数値の小さい順になります。例えば、tabindex="4" は tabindex="5" より先にフォーカスされます。

-1を付与するのは、特定のイベントで呼び出される要素に、呼び出されたときだけフォーカスを与えたいといったシチュエーションなどが該当します。この場合、JavaScriptのfocus()メソッドでフォーカスを与えるといった使い方が考えられるでしょう。正の整数(-1と0以外の値)は原則として使用すべきではありません。フォーカス移動の順序を文書内の要素の並びと異なるものに変更してしまうと、ユーザーが混乱する原因になります。

本来、フォーカス移動の対象とならない要素をその対象にしたい場合は、tabindex="0"を付与するとよいでしょう。ただし、スクロール可能なdiv要素をキーボード操作可能なようにtabindex属性を付与する場合など、その要素が子孫要素を持つ場合は、それらにもtabindex属性を付与しないとキーボード操作によるスクロールができなくなります。実際に使用する場合は、キーボード操作による動作テストを行って検証しましょう。

なお、tabindex属性がない、または値が不正な場合、ブラウザーは該当する要素がフォーカス可能か、またTabキーによるフォーカス移動が可能かを調べ、どちらも可能であれば順序を自身で判断して処理します。

title（タイトル）

title属性は、ツールチップとして適切となるような補足情報を付与します。title属性の値には、テキストを指定します。例えば、リンクに付与されたtitle属性であれば、リンク先のリソースに関するタイトルや説明などになるかもしれません。画像に付与したtitle属性であれば、その画像の説明や著作権情報などになるでしょう。

ただし、title属性だけに頼った情報提供を行うべきではありません。現状のブラウザーの実装において、ツールチップを表示するにはマウスなどポインティングデバイスでの操作が求められる場合が多く、環境によってはtitle属性で付与した情報に正しくアクセスできない場合があります。よって、それが確認できないと重要な情報が伝わらなくなるようなtitle属性の使用方法は避けたほうがよいでしょう。

なお、title属性内に改行を含めた場合、ツールチップ内でも改行が反映されるので注意してください。また、link、abbr、inputといった一部の要素にtitle属性が付与された場合、特別な意味を持ちます。例えば、abbr要素に付与されたtitle属性の値は、「略語の正式名称」の意味を持つ情報としても扱われます。逆にいえば、abbr要素にtitle属性を付与する場合、その属性値には略語の正式名称を含めなければならないということです。

```html
<abbr title="Hypertext Markup Language">HTML</abbr>
```
HTML

translate（トランスレート）

translate属性は、要素内の翻訳可否を指定します。指定できる値(キーワード)と意味は次のページの通りです。特定のサービス名やプログラムのソースコードなど、機械翻訳されてしまうと意味が通らなくなってしまう可能性のある部分にこの属性を指定することで、機械翻訳の対象から外すといった使用方法が考えられます。属性がない、または値が不正な場合、親要素の状態に依存します。

yes	機械翻訳の対象になります。値が空の場合も同様に扱われます。
no	機械翻訳の対象外になります。

ライティング・サジェスチョン
writingsuggestions

writingsuggestions属性は、ブラウザーが提供する入力候補の提案を、編集可能な要素で有効にするかどうかを指定する列挙属性です。

ブラウザーは、ユーザーが編集可能なフィールドに入力する際、入力候補を表示する場合があります。これはユーザーにとって便利な機能ですが、例えばWebサイト側で固有の入力候補を提案したいといった理由で、無効にしたい場合もあるかもしれません。

指定できる値（キーワード）と意味は以下の通りです。属性がない場合は親要素の状態に依存します。

true	ブラウザーに入力候補の提案をするように指定します。値が空、または不正な値の場合も同様に扱われます。
false	ブラウザーに入力候補の提案をしないように指定します。

カスタムデータ

カスタムデータ属性はdata-で始まる属性で、サイト制作者が独自に定義したさまざまなデータを付与し、それをJavaScriptなどで利用できます。カスタムデータ属性の属性名はdata-で始まり、ハイフンの後に少なくとも1文字が続きますが、ASCII大文字を含んではいけません。

```html
<!-- Facebookのいいねボタンで使用されているカスタムデータ属性の例 -->
<div
  class="fb-like"
  data-href="https://example.com/"
  data-width=""
  data-layout="standard"
  data-action="like"
  data-size="small"
  data-share="true"
></div>
```

なお、次のページのようにカスタムデータ属性の値は、JavaScriptのdatasetプロパティにdata-を除いた属性名を指定することで簡単にアクセスできます。

```HTML
<div
  id="sample"
  data-name="sample"
  data-number="2"
  data-category="cate01"
  data-category-id="12"
></div>
```

```JavaScript
const elm = document.getElementById("sample");
elm.dataset.name; //"sample"が取得できます。
elm.dataset.number; //"2"が取得できます。
elm.dataset.category; //"cate01"が取得できます。
elm.dataset.categoryId; //"12"が取得できます。属性名に"-"が含まれる場合はキャメルケース(camel case)で記述します。
```

イベントハンドラーコンテンツ属性

イベントハンドラーコンテンツ属性は、特定のイベントハンドラーに対するコンテンツ属性です。例えば、ユーザーが対象となる要素をクリックしたときに、JavaScriptを実行するonclick属性などが代表的です。

HTMLの仕様内で触れられているイベントハンドラーコンテンツ属性のうち、本書のサンプルコード内で登場するものを以下に挙げます。

onclick（オン・クリック）

ユーザーが対象となる要素をクリックしたときに、スクリプトを実行します。

oninput（オン・インプット）

ユーザーが入力コントロールにデータを入力したときに、スクリプトを実行します。

onsubmit（オン・サブミット）

ユーザーが入力コントロールからデータを送信するときに、スクリプトを実行します。

ARIA roleおよびaria-*属性

支援技術向けにHTMLだけではカバーできない情報を付与するためのWAI-ARIA(Accessible Rich Internet Applications)という仕様があります。この仕様で定義される属性も、グローバル属性のようにさまざまな要素で使用可能です。

ポイント

- WAI-ARIAの仕様は以下から確認できます。
  https://www.w3.org/TR/wai-aria/

メタデータ

ルート要素を表す

POPULAR

エイチティーエムエル

<html>～</html>

html要素は、HTML文書におけるルート要素（最上位の要素）を表します。グローバル属性のlang属性を用いて、その文書の言語を指定することが推奨されます。言語の指定は、音声合成ツールなど読み上げ環境における文章のアクセシビリティや、翻訳ツールなどを使用する場合の利便性を向上させます。

カテゴリー	なし
コンテンツモデル	最初の子要素としてhead要素を1つ。その後にbody要素(P.112)を1つ
使用できる文脈	HTML文書のルート要素として記述

使用できる属性　グローバル属性(P.89)

```html
<html lang="ja">
```

メタデータ

メタデータのあつまりを表す

ヘッド

<head>～</head>

head要素は、文書のタイトルやmeta要素(P.108)の情報など、メタデータのあつまりを表します。html要素の最初の子要素として1つだけ使用できます。html要素、body要素と組み合わせた実践例(P.112)も参照してください。

カテゴリー	なし
コンテンツモデル	・メタデータコンテンツ ・1個以上のメタデータコンテンツ。title要素は必須 ・iframe要素(P.176)のsrcdoc属性値に入れられる文書内、もしくは別の手段でタイトル情報が提供される場合は0個以上のメタデータコンテンツ。 つまりtitle要素の省略が可能
使用できる文脈	html要素の最初の子要素として

使用できる属性　グローバル属性(P.89)

関連 日本語のHTML文書の基本構文を記述する ······ P.112

メタデータ

文書のタイトルを表す

<title>～</title>

タイトル

title要素は、文書のタイトルを表します。head要素のコンテンツモデルにおける条件に当てはまる場合以外は、省略できません。

カテゴリー	メタデータコンテンツ
コンテンツモデル	テキスト
使用できる文脈	head要素の子要素として。ただし、他にtitle要素を入れるのは不可

使用できる属性 グローバル属性(P.89)

HTML

```
<head>
  <meta charset="utf-8">
  <title>カフェラテとカプチーノの違い | 大樽町カフェ</title>
  <meta name="description" content="大樽町カフェ店長がカフェラテとカプチーノの違いを解説。">
  <meta name="keywords" content="カフェラテ,カプチーノ">
</head>
```

title要素の内容は、ブラウザーのウィンドウやタブの名前として表示される

カフェラテとカプチーノの違い | 大樽町

dekiru.net/html_css_zenjiten/example/

カフェラテとカプチーノの違い

公開日：2025年1月1日

当店のメニューには、カフェラテとカプチーノがあります。

この2つの違いについて、よくお客様に聞かれることがあります。当店の場合…。

ポイント

- 検索エンジンの結果ページ、ユーザーのブックマークや履歴一覧などに表示された場合に、分かりやすいタイトルを付けるようにしましょう。例えば、Webサイト内のすべてのページで、title要素にサイト名しか入っていないようなタイトルの付け方は好ましくありません。

メタデータ

基準となるURLを指定する

ベース

<base>

base要素は、他のリソースに対するパスの基準となるURL、もしくはブラウジングコンテキストを指定します。href属性とtarget属性のいずれか、もしくは両方を指定しなければなりません。また、href属性を指定した場合は、URLを指定する他の要素(html要素を除く)よりも先に記述する必要があります。

カテゴリー	メタデータコンテンツ
コンテンツモデル	空
使用できる文脈	head要素内。ただし、文書内で使用できるbase要素は1つのみ

使用できる属性 グローバル属性(P.89)

ハイパー・リファレンス

href

他のリソースに対するパスの基準となるURLを以下のように指定します。こうすることで、パス相対URL、あるいはパス絶対URL（P.86）で記述された外部リソースの読み込みや、ハイパーリンクの移動、フォームの送信などは、すべて指定されたURLを基準に行われます。

```
<base href="https://www.example.com/sample/test/index.html">
```
HTML

ターゲット

target

文書内のリンクを開いたり、フォームを操作したりする際のブラウジングコンテキスト(ウィンドウやタブ)のデフォルトの挙動を指定します。例えば_blankを指定すると、個別に指定しない限り、すべてのリンクやフォームは別のウィンドウやタブに展開されます。

_blank リンクは新しいブラウジングコンテキスト(P.73)に展開されます。

_parent リンクは現在のブラウジングコンテキストの1つ上位のブラウジングコンテキストを対象に展開されます。

_self リンクは現在のブラウジングコンテキストに展開されます。

_top リンクは現在のブラウジングコンテキストの最上位のブラウジングコンテキストを対象に展開されます。

メタデータ

文書を他の外部リソースと関連付ける

link要素は、文書を他の外部リソースと関連付けます。

カテゴリー	メタデータコンテンツ／フレージングコンテンツ（itemprop属性、もしくは一部の値を持つrel属性をを持つ場合）／フローコンテンツ（itemprop属性、もしくは一部の値を持つrel属性を持つ場合）
コンテンツモデル	空
使用できる文脈	・head要素の子要素であるnoscript要素（P.251）の子要素として ・メタデータコンテンツが期待される場所 ・itemprop属性（P.94）、もしくは一部の値を持つrel属性が付与された場合はフレージングコンテンツが期待される場所、つまりbody要素内での使用が許可される

使用できる属性　グローバル属性（P.89）

href（ハイパー・リファレンス）

リンク先のURLを指定します。

rel（リレーションシップ）

現在の文書から見た、リンク先となるリソースの位置付けを表します。link要素で使用できる値は以下の通りで、空白文字で区切って複数の値を指定できます。body-okに「○」と記載されているキーワードは、link要素がbody内で許可されるかどうかに影響を与えます。

キーワード	意味	body-ok
alternate	代替文書（別言語版、別フォーマット版など）を表します。	
canonical	現在の文書の優先URLを指定します。	
author	著者情報を表します。	
dns-prefetch	ブラウザーがターゲットリソースの生成元のDNS解決を先行して実施するように指定します。	○
help	ヘルプへのリンクを表します。	
icon	アイコンをインポートします。	
manifest	アプリケーションマニフェストをインポートします。	
modulepreload	ブラウザーが先行してモジュールスクリプトをフェッチし、文書のモジュールマップに格納しなければならないことを指定します。	○
license	ライセンス文書を表します。	
next	連続した文書における次の文書を表します。	
pingback	ピングバック（トラックバック）用のURLを指定します。	○
preconnect	リンク先のリソースにあらかじめ接続するように指定します。	○
prefetch	リンク先のリソースをあらかじめキャッシュするように指定します。	○
preload	リンク先のリソースを事前に読み込むように指定します。	○

キーワード	意味	body-ok
prev	連続した文書における前の文書を表します。	
privacy-policy	文書に適用されるプライバシーポリシーへのリンクを提供します。	
search	検索機能を表します。	
stylesheet	スタイルシートを表します。	○

また、この他にもrel属性は独自の属性値を提案することができます。提案されたのち普及した属性値は、これらの仕様をまとめるMicroformats Wiki（https://microformats.org/wiki/existing-rel-values#HTML5_link_type_extensions）で確認できます。

media（メディア）

リンク先の文書や読み込む外部リソースが、どのメディアに該当するのかを指定します。media属性の値は、妥当なメディアクエリ（P.275）である必要があります。

hreflang（ハイパー・リファレンス・ランゲージ）

リンク先文書の記述言語を表します。例えば、日本語のページから英語のページにリンクをする場合などに、リンク先が英語で書かれていることをブラウザーやユーザーに伝えます。指定できる値はlang属性（P.95）と同様です。

type（タイプ）

リンク先のMIMEタイプを指定します。

sizes（サイズス）

link要素によって関連付けられた画像ファイルなどのサイズを指定します。rel="icon"が指定された場合のみ使用でき、値は「幅x高さ」の形式、例えば16x16のように指定します。

crossorigin（クロス・オリジン）

別オリジンから読み込んだ画像などのリソースを文書内で利用する際のルールを指定します。CORS（Cross-Origin Resource Sharing／クロスドメイン通信）に関する設定を行う属性で、以下の値を指定できます。値が空、もしくは不正な場合はanonymousとみなされます。

anonymous	CookieやクライアントサイドのSSL証明書、HTTP認証などのユーザー認証情報を不要とします。
use-credentials	ユーザー認証情報を要求します。

integrity（インテグリティ）

サブリソース完全性（SRI）機能を用いて、取得したリソースが予期せず改ざんされていないかを、ブラウザーが検証するためのハッシュ値を指定します。

referrerpolicy（リファラーポリシー）

リンク先にアクセスする際、あるいは画像など外部リソースをリクエストする際にリファラー（アクセス元のURL情報）を送信するか否か（リファラーポリシー）を指定します。

空文字列	デフォルト値を表します。リファラーに対して条件指定をせず、ブラウザーの挙動に依存します。
no-referrer	リファラーを一切送信しません。a要素やarea要素に対してrel="noreferrer"を付与した場合と同様の扱いとなります。
no-referrer-when-downgrade	リンク元がSSL/TLSを用いており、リンク先がSSL/TLSを用いていない場合(HTTPS→HTTP)にはリファラーを送信しません。それ以外の場合は、リンク元の完全なURLをリファラーとして送信します。ブラウザーの既定値です。
same-origin	リンク元とリンク先が同一オリジンの場合はリファラーを送信します。
origin	リンク元のオリジンのみが送信されます。
strict-origin	リンク元、リンク先がそれぞれSSL/TLSを用いている場合、あるいはリンク元がSSL/TLSを用いていない場合にリンク元のオリジンのみを送信します。
origin-when-cross-origin	リンク元とリンク先が異なるオリジンの場合、リンク元のオリジンのみを送信します。リンク元とリンク先が同一オリジンの場合、リンク元の完全なURLをリファラーとして送信します。
strict-origin-when-cross-origin	リンク元、リンク先がそれぞれSSL/TLSを用いている場合、あるいはリンク元がSSL/TLSを用いていない場合に下記の条件でリファラーを送信します。 ・リンク元とリンク先が異なるオリジンの場合、リンク元のオリジンのみを送信します。 ・リンク元とリンク先が同一オリジンの場合、リンク元の完全なURLをリファラーとして送信します。
unsafe-url	リンク元の完全なURLをリファラーとして送信します。

アズ
as

link要素によって読み込まれるコンテンツの種類を指定します。rel="preload"またはrel="prefetch"が指定された場合のみ使用可能です。

カラー
color

Safariの「ページピン」機能で表示されるタブの色を指定します。link要素においてrel="mask-icon"(非推奨)が指定された場合にのみ有効です。

イメージ・ソースセット
imagesrcset

先読みされる複数の画像リソースを指定します。指定方法はsrcset属性と同じで、link要素にrel="preload"、かつas="image"が指定された場合のみ使用可能です。

イメージ・サイズス
imagesizes

先読みされる画像のサイズを指定します。指定方法はsizes属性と同じで、link要素にrel="preload"、かつas="image"が指定された場合のみ使用可能です。

ブロッキング
blocking

要素が潜在的にレンダリングブロッキングであるかどうかを指定します。本書執筆時点でこの属性に指定可能な値はrenderのみですが、今後拡張される可能性もあります。link要素にrel="modulepreload"、rel="preload"、rel="stylesheet"のいずれかが指定された場合のみ使用可能です。

ディスエイブルド
disabled

link要素が無効であるかどうかを指定します。link要素にrel="stylesheet"が指定された場合にのみ使用可能です。

フェッチプライオリティ
fetchpriority

link要素が外部リソースを読み込む場合、そのリソースを取得する優先度を指定します。

high	同じ種類の外部リソースと比べて、取得の優先順位が高いことを伝えます。
low	同じ種類の外部リソースと比べて、取得の優先順位が低いことを伝えます。
auto	優先度はブラウザーが自動的に判別します。 値が空、 あるいは無効な値の場合もautoとして扱われます(初期値)。

ポイント

- rel="stylesheet"が付与されたlink要素に対するtitle属性は、スタイルシートの設定名という特別な意味を持ちます。

実践例 Webサイトのアイコン(favicon)を指定する

<link rel="icon">

ブラウザーのタブやブックマークの一覧に表示されるWebサイトのアイコンは、rel="icon"、rel="shortcut icon"を指定して関連付けられます。rel="apple-touch-icon"は、スマートフォンのホーム画面などに表示するアイコンを指定できます。

```html
<link rel="icon" type="image/png" href="img/favicon.png">
<link rel="shortcut icon" type="image/x-icon" href="img/favicon.ico">
<link rel="apple-touch-icon" type="image/png" href="img/apple-touch-icon.png">
```

実践例 検索エンジン向けにWebページの正規URLを指定する

<link rel="canonical" href="https://dekiru.net">

Webシステムの都合などで、内容的にはまったく同じページが、異なる複数のURLで存在する場合(これを「重複ページ」と呼びます)があります。このとき、rel="canonical"を指定してhref属性で本来のURLを指定すると、検索エンジンのクローラーが本来のURLに情報を一元化して取り扱います。

メタデータ

文書のメタデータを表す

メタ
<meta>

meta要素は、文書におけるさまざまなメタデータを表します。メタデータとは、文書の文字エンコーディングや文書の概要、キーワードなどの文書に関する情報のことを指します。1つのmeta要素には、name、http-equiv、charset、itemprop属性(P.94)を1つのみ指定できます。OGP（Open Graph Protocol)情報を付与する仕組みにも使用されます。

カテゴリー	メタデータコンテンツ／フレージングコンテンツ(itemprop属性を持つ場合)／フローコンテンツ(itemprop属性を持つ場合)
コンテンツモデル	空
使用できる文脈	・charset属性が指定されている場合、またはhttp-equiv属性が文字エンコーディングの指定のために付与されている場合はhead要素内 ・http-equiv属性が文字エンコーディングの指定以外のために付与されている場合はhead要素内、またはhead要素の子要素であるnoscript要素(P.251)の子要素として ・name属性が指定されている場合はメタデータコンテンツが期待される場所 ・itemprop属性が付与された場合はフローコンテンツ、またはフレージングコンテンツが期待される場所

使用できる属性 グローバル属性(P.89)

ネーム
name

要素に名前を付与することでメタデータの種類を示し、内容をcontent属性で表します。

エイチティティピー・イクイヴァレント
http-equiv

以下の値を指定すると、文書の処理の方法や扱いを指定できます。

content-language	文書の記述言語を指定するために使用しますが、この指定は非推奨です。代わりにlang属性(P.95)を使用しましょう。
content-type	文字エンコーディングを指定するために使用します。
default-style	優先スタイルシートを指定するために使用します。
refresh	自動更新やリダイレクトを指定するために使用します。
set-cookie	Cookieを設定するために使用しますが、この指定は非推奨です。代わりにHTTPヘッダーを使用しましょう。
x-ua-compatible	Web標準仕様により厳密に従うようにInternet Explorerに対して求めます。指定する場合はcontent="IE=edge"と組み合わせます。この指定は非推奨です。
content-security-policy	CSP(Content Security Policy)を有効にします。CSPはクロスサイトスクリプティング(XSS)など、特定種別の攻撃を検知し、その影響を軽減するために追加できるセキュリティレイヤーです。

コンテント
content

name属性、http-equiv属性、itemprop属性に必ず併記する属性となり、それらのメタデータを指定します。

キャラクター・セット
charset

head要素内に記述することで、文書の文字エンコーディングを指定します。2つ以上の文字エンコーディングの指定を文書内に入れることはできません。なお、HTMLにおける文字エンコーディングはUTF-8を使用します。

実践例 文書にさまざまなメタデータを付与する

<meta name="description" content="文書の概要">

HMTLの仕様では、meta要素におけるname属性について以下のキーワードが標準的な属性値として定義されています。指定した属性値の内容は、併記するcontent属性で記述します。

name属性値	役割
application-name	文書がWebアプリケーションを利用している場合に、アプリケーション名を記述するために指定します。1つの文書に1つだけ記述できます。
author	文書の著作者の名前を記述するために指定します。
color-scheme	ブラウザーが使用するカラースキームを指定します。content属性に指定可能な値は、CSSにおけるcolor-scheme値です。例えば、ダークモードを選択させたい場合はdarkを指定します。
description	文書の概要を記述するために指定します。検索エンジンのクローラーに読み取られ、検索結果などにも表示される情報です。1つの文書に1つだけ記述できます。
generator	文書がソフトウェアによって記述・作成されている場合に、ソフトウェア名を記述するために指定します。人の手によって作成された場合は必要ありません。
keywords	文書の内容を表すキーワードを記述するために指定します。content属性の値には、カンマ(,)区切りで複数のキーワードを入力できます。
referrer	文書におけるデフォルトのリファラーポリシーを定義します。content属性の値には、link要素(P.104)で解説したreferrerpolicy属性の値を指定できます。
theme-color	ブラウザーがページやユーザーインターフェースの表示をカスタマイズするために使用すべき色を定義し提案します。content属性の値には、CSSにおける色の指定方法(P.311)で値を指定できる他、この値が指定された場合のみmedia属性によってメディアクエリを指定することが可能です。
color-scheme	content属性値に、CSSにおけるcolor-schemeプロパティの値を指定できます。

以下の例ではauthorとdescriptionを使用して、文書の著作者と概要を記述しています。

```html
<meta name="author" content="できるネット編集部">
<meta name="description" content="「できるネット」は、最新のデジタルデバイスやソフトウェア、Webサービスなどの使い方やノウハウを解説する情報サイトです。">
<meta name="keywords" content="パソコン,スマートフォン,ソフトウェア,Webサービス,使い方,解説">
```

実践例 スマートフォン向けに文書の表示方法を指定する

<meta name="viewport">

iPhoneなどのスマートフォンやタブレット端末のブラウザーは、あらかじめ既定されたビューポートサイズでWebページを表示しようとします。name="viewport"を指定して、以下の表中のcontent属性の値と、役割となる数値またはキーワードをイコール（=）でつなげて指定することで、ブラウザーに対してビューポートの初期サイズを指定できます。name="viewport"はHTMLの仕様では定義されていませんが、主要なブラウザーはすべてが実装しており、広く利用されています。

content属性値	役割
initial-scale	Webページが最初に読み込まれたときの拡大・縮小率を0.0～10.0の数値で指定します。
width	Webページをレンダリングするビューポートの幅をピクセル数、または「device-width」(100vwとして扱われます)で指定します。
height	Webページをレンダリングするビューポートの高さをピクセル数、または「device-height」(100vhとして扱われます)で指定します。
user-scalable	ユーザーにWebページの拡大・縮小を許可するかをyes、noで指定します。初期値はyesとなっており、拡大・縮小が可能です。ページの拡大ができなくなってしまうため、noを指定すべきではありません。
minimum-scale	許可する拡大率の下限を0.0～10.0の数値で指定します。
maximum-scale	許可する拡大率の上限を0.0～10.0の数値で指定します。

以下の例では、width=device-widthを指定することで、端末の画面の幅に合わせて表示されます。同時に、Webページが表示される倍率は1を指定しています。

```html
<meta name="viewport" content="width=device-width,
initial-scale=1.0">
```

実践例 文書に対するクローラーのアクセスを制御する

<meta name="robots">

name属性にrobotsを指定することで、検索エンジンのクローラーによるWebページのインデックスを拒否したり、Webページ内のリンク先を探索されないようにしたりできます。例えば、以下のようにcontent属性の値にカンマ（,）で区切ってnoindex、nofollowを指定すると、検索エンジンのクローラーは、このWebページをインデックスに登録したり、ページ内のリンクをたどったりしなくなります。

```html
<meta name="robots" content="noindex,nofollow">
```

メタデータ

スタイル情報を記述する

<style> ～ </style>

スタイル

style要素は、文書にCSSによるスタイル情報を記述します。

カテゴリー	メタデータコンテンツ
コンテンツモデル	スタイルシートの記述
使用できる文脈	・メタデータコンテンツが期待される場所 ・head要素の子要素となるnoscript要素(P.251)の中に記述可

使用できる属性 グローバル属性(P.89)

media

メディア

スタイルシートを適用する対象となるメディアタイプを指定します。media属性の値は、妥当なメディアクエリ(P.275)である必要があります。以下の例では、media属性にscreenを指定し、ディスプレイ向けのCSSを記述しています。

```
<style media="screen">                                HTML
  body {color: black; background: white;}
  em {font-style: normal; color: red;}
</style>
```

blocking

ブロッキング

要素が潜在的にレンダリングブロッキングであるかどうかを指定します。本書執筆時点でこの属性に指定可能な値はrenderのみですが、今後拡張される可能性もあります。

ポイント

- style要素にtitle属性によってタイトルが付与された場合は、特別な意味を持ちます。文書内で最初に記述されたtitle属性付きのstyle要素は優先スタイルシートとなり、2つ目以降は代替スタイルシートと定義されます。優先スタイルシート、代替スタイルシートについては、CSSをHTMLに適用する方法(P.267)を参照してください。
- style要素をbody要素内に記述するケースはよく見られますが、仕様上は構文エラーなので、原則として要素が使用できる文脈を守りましょう。

内容

文書の内容を表す

POPULAR

<body>～</body>

ボディ

body要素は、文書の内容を表します。html要素内で、body要素は1つだけ使用できます。

カテゴリー	なし
コンテンツモデル	フローコンテンツ
使用できる文脈	html要素（P.101）の2番目の子要素として

使用できる属性

グローバル属性（P.89）、一部のイベントハンドラーコンテンツ属性（P.100）

実践例 日本語のHTML文書の基本構文を記述する

<html lang="ja"><head>~</head>
<body>~</body></html>

HTML文書は、html要素以下にhead要素（P.101）とbody要素が内包され、head要素内に文書についての情報を、body要素内にWebページとしてユーザーに向けられる内容を記述します。以下の例では、html要素にページの言語を指定するlang属性（P.95）で日本語を表すjaを指定しています。

HTML
```
<!DOCTYPE html>
<html lang="ja">
  <head>
    <meta charset="utf-8">
    <title>ページのタイトル</title>
    <meta name="description" content="ページの概要">
    <meta name="keywords" content="キーワード">
    <link rel="stylesheet" href="/css/style.css">
    <script src="/js/script.js"></script>
  </head>
  <body>
    <header>ヘッダーの内容</header>
    <main>ページの主な内容</main>
    <nav>ページ内のナビゲーション</nav>
    <fotter>フッターの内容</fotter>
  </body>
</html>
```

記事

USEFUL

独立した記事セクションを表す

<article>（アーティクル）～</article>

article要素は、文書内の独立した記事セクションを表します。Webサイトの各記事や、それに付随するコメントなども独立した記事セクションと考えられます。

article要素を入れ子にするときは、子孫要素となるarticle要素は祖先要素に当たるarticle要素の内容に関連した内容を表します。記事へのコメントをarticle要素でマークアップする場合などが該当します。

カテゴリー	セクショニングコンテンツ／パルパブルコンテンツ／フローコンテンツ
コンテンツモデル	フローコンテンツ
使用できる文脈	セクショニングコンテンツが期待される場所

使用できる属性 グローバル属性（P.89）

HTML
```
<article>
  <header>
    <h2>カフェラテとカプチーノの違い</h2>
    <p><time  datetime="2025-01-01T19:21:15+00:00">公開日：2025年1月1
    日</time></p>
  </header>
  <p>当店のメニューには、カフェラテとカプチーノがあります。</p>
  <p>この2つの違いについて、よくお客様に聞かれることがあります。当店の場合...</p>
  <footer>
    <address>
      著者：<a href="mailto:ohtal-cafe@example.com">大樽町カフェ店長</a>
    </address>
  </footer>
</article>
```

article

dekiru.net/html_css_zenjiten/example/

カフェラテとカプチーノの違い

公開日：2025年1月1日

当店のメニューには、カフェラテとカプチーノがあります。

この2つの違いについて、よくお客様に聞かれることがあります。当店の場合...

著者： 大樽町カフェ店長

独立した記事セクションをarticle要素で表している

文書のセクション

文書のセクションを表す

<section>～</section>

セクション

section要素は、文書内の一般的なセクションを表します。「セクション」とは通常、見出しを伴う文書内の章や節を意味します。レイアウトや装飾のためのコンテナとして、section要素を使用するのは正しくありません。そのような場合は、div要素を使用しましょう。

カテゴリー	セクショニングコンテンツ／パルパブルコンテンツ／フローコンテンツ
コンテンツモデル	フローコンテンツ
使用できる文脈	セクショニングコンテンツが期待される場所

使用できる属性 グローバル属性(P.89)

以下の例では、記事内の個々のコメントをarticle要素でマークアップしており、section要素を使って、すべてのコメントを1つとするセクションを表しています。

```html
<article>
  <header>
    <h2>カフェラテとカプチーノの違い</h2>
    <p><time datetime="2025-01-03T10:30:42+09:00">公開日：2025年1月3日</time></p>
  </header><!--省略-->
  <section>
    <h3>この記事へのコメント</h3>
    <article>
      <h4>カプチーノ大好きさんのコメント</h4>
      <p>とても参考になりました。</p>
      <footer>
        <address>投稿者：<a href="mailto:cafelove@example.com">カプチーノ大好き</a></address>
      </footer>
    </article>
    <article>
      <h4>大樽町カフェ店長のコメント</h4>
      <p>コメントありがとうございます。お近くに寄られたらぜひご来店ください。</p>
      <footer>
        <address>投稿者：<a href="mailto:saburo@example.com">大樽町カフェ店長</a></address>
      </footer>
    </article>
  </section>
</article>
```

主要なナビゲーションを表す

ナビ
<nav> ~ </nav>

nav要素は、文書内の主要なナビゲーションのセクションを表します。主要なナビゲーションとは、Webサイト内で共通で使われているグローバルナビゲーションと呼ばれるセクションや、ブログのサイドメニューにあるカテゴリーの一覧といったリンクブロック、あるいは文書内で各セクションに移動するためのリンクブロックなどが該当します。

カテゴリー	セクショニングコンテンツ／パルパブルコンテンツ／フローコンテンツ
コンテンツモデル	フローコンテンツ
使用できる文脈	セクショニングコンテンツが期待される場所

使用できる属性 グローバル属性(P.89)

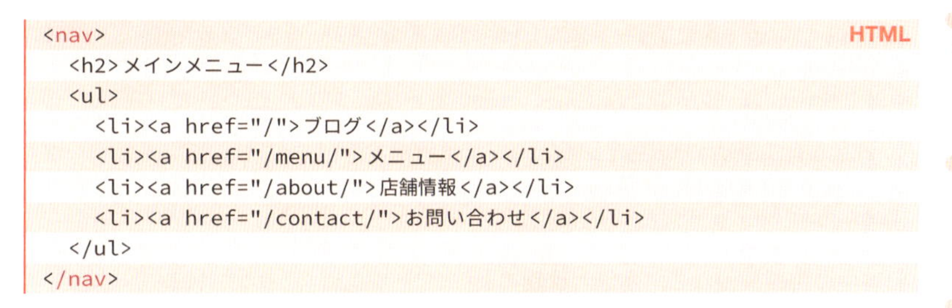

```html
<nav>
  <h2>メインメニュー</h2>
  <ul>
    <li><a href="/">ブログ</a></li>
    <li><a href="/menu/">メニュー</a></li>
    <li><a href="/about/">店舗情報</a></li>
    <li><a href="/contact/">お問い合わせ</a></li>
  </ul>
</nav>
```

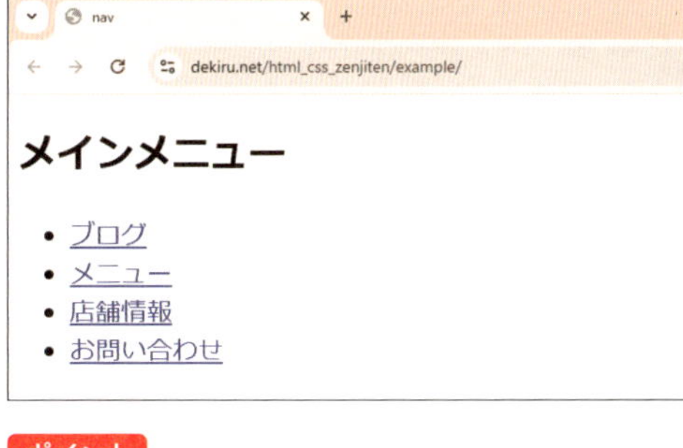

Webサイトのメニューなど、ナビゲーションとなるセクションをnav要素で表している

ポイント

- ページ上のすべてのリンクグループをnav要素に入れる必要はありません。nav要素は「ページ内の主要なナビゲーション」にのみ使用します。
- 見出しがない場合は、title属性、あるいはWAI-ARIAで定義されているaria-label属性を使用して、nav要素にナビゲーションを識別できる固有のラベルを付与するとよいでしょう。

補足情報を表す

<aside>（アサイド）～</aside>

aside要素は、補足や脚注、用語の説明など本筋とは別に触れておきたい内容、または本筋から分離しても問題のない内容を含んだセクションを表します。広告もこれに含まれます。逆に、抜き取ってしまうと本筋の意味が通らなくなる内容はaside要素にするべきではありません。

カテゴリー	セクショニングコンテンツ／パルパブルコンテンツ／フローコンテンツ
コンテンツモデル	フローコンテンツ
使用できる文脈	セクショニングコンテンツが期待される場所

使用できる属性 グローバル属性(P.89)

HTML
```
<p>当店のパンケーキではベーキングパウダー(<a href="#note01" title=
"用語解説：ベーキングパウダー">※1</a>)を使用していません。</p>
<aside>
  <h2>用語解説</h2>
  <h3 id="note01">ベーキングパウダー</h3>
  <p>重曹を主な成分とした膨張剤。「膨らし粉」とも呼ばれる。</p>
</aside>
```

記事中の用語解説など、本筋とは別のセクションをaside要素で表している

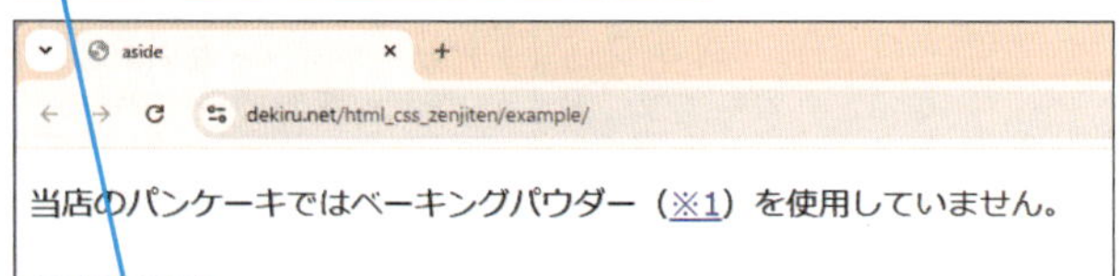

実践例 ページ内のナビゲーションをまとめる

<aside><nav>～</nav></asaide>

Webサイトの各ページへの導線を、aside要素とnav要素（P.115）を組み合わせることで、1つのセクションとすることも可能です。以下のように、最新記事の一覧やカテゴリーの一覧といったリンクのまとまりをnav要素でマークアップし、それぞれのナビゲーションをaside要素に内包します。

```html
<aside>
  <nav>
    <h2>最近の記事</h2>
    <ul>
      <li><a href="/entry01/">休日には水族館がおすすめです</a></li>
      <li><a href="/entry02/">大樽町カフェ 写真ギャラリー</a></li>
      <li><a href="/entry03/">カフェラテとカプチーノの違い</a></li>
    </ul>
  </nav>
  <nav>
    <h2>カテゴリ一覧</h2>
    <ul>
      <li><a href="/category01/">お知らせ</a></li>
      <li><a href="/category02/">店長日記</a></li>
    </ul>
  </nav>
</aside>
```

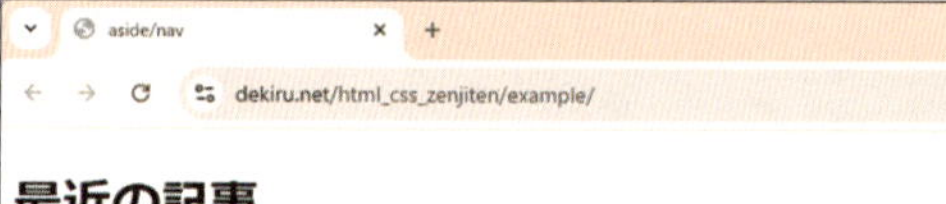

最近の記事

- 休日には水族館がおすすめです
- 大樽町カフェ 写真ギャラリー
- カフェラテとカプチーノの違い

カテゴリ一覧

- お知らせ
- 店長日記

各ページへのリンクのまとまりを表している

関連知識
ドキュメント
セクション
コンテンツのグループ化
テキストの定義
埋め込みコンテンツ
テーブル
フォーム
その他

見出し

セクションの見出しを表す

※h2 ~ h6要素も同様に記述します

h1 ~ h6の各要素は、セクションの見出しを表します。要素名の数字は見出しのレベルを表し、最もレベルの高いh1要素から順番にレベルが定義されています。文書内に同じ見出し要素があれば、それは文書内で同一レベルの見出しとして扱われます。なお、見出しのレベルは文書のアウトラインを決めるため、適切に選択する必要があります。

カテゴリー	パルパブルコンテンツ／フローコンテンツ／ヘディングコンテンツ
コンテンツモデル	フレージングコンテンツ
使用できる文脈	・ヘディングコンテンツが期待される場所 ・hgroup要素の子として

使用できる属性 グローバル属性(P.89)

以下の例では、各セクションの見出しをh1要素で記述しています。article要素の記事セクション内におけるアウトラインは、記事の見出しとなるh1要素に対して、小見出しにh2要素を使用することで生成しています。

HTML
```
<body>
  <header>
    <h1>文書全体の見出し</h1>
    <p>… </p>
  </header>
  <article>
    <h2>記事の見出し</h2>
    <p>… </p>
    <h3>記事の小見出し</h3>
    <p>… </p>
  </article>
</body>
```

ポイント

- 制作者は「暗黙的アウトライン」を意識した見出し要素の選択を心がける必要があります。例えば、見出しレベルを飛ばさないようにしましょう。文書内で最も大きな見出しは常にh1で始め、次に大きい見出しはh2というようにします。見た目を重視して、意味的に文書内で2番目に大きな見出しなのに、h3やh4を使用するのは間違いです。

関連 セクションとアウトライン P.71

見出し

見出しをまとめる

SPECIFIC

エイチグループ
<hgroup>～</hgroup>

hgroup要素は、セクションの見出しを表します。1つの見出し要素(h1 ～ h6の各要素)、および0個、あるいは1つ以上のp要素の組み合わせで構成される見出しを1つのグループにまとめます。

カテゴリー	パルパブルコンテンツ／フローコンテンツ／ヘディングコンテンツ
コンテンツモデル	0個以上のp要素に続いて、1個のh1、h2、h3、h4、h5、h6要素。さらに0個以上のp要素が続き、必要に応じてスクリプト支援要素(script要素、template要素)と混在
使用できる文脈	ヘディングコンテンツが期待される場所

使用できる属性　グローバル属性(P.89)

以下の例では、サイトタイトルとサブタイトルをhgroup属性でまとめています。

```html
<header>
  <hgroup>
    <h1>大樽町カフェ店長のブログ</h1>
    <p>大樽町にできて5周年のカフェの店長です</p>
  </hgroup>
  <p>カフェや大樽町について書いています。</p>
</header>
<article>
  <h2>2月15日　雪の日の大樽町カフェ</h2>
  <p>寒い日が続きますね。</p>
</article>
```

ヘッダー

ヘッダーを表す

POPULAR

ヘッダー
<header> ~ </header>

header要素は、文書やセクションのヘッダーを表します。文書やセクションの冒頭となる見出しや概要、ナビゲーションのリンクなどを記述する場合によく利用されます。文書全体のヘッダーとする場合は、Webサイトのロゴや検索フォーム、メインのナビゲーションメニューなどが含まれるかもしれません。

カテゴリー	パルパブルコンテンツ／フローコンテンツ
コンテンツモデル	フローコンテンツ。header要素、またはfooter要素を子孫要素に持つことは不可
使用できる文脈	フローコンテンツが期待される場所

使用できる属性 グローバル属性(P.89)

```
<article>                                                    HTML
  <header>
    <h2>カフェラテとカプチーノの違い</h2>
    <p><time datetime="2025-01-01T10:30:42+09:00">公開日：2025年1月1
    日</time></p>
  </header><!--省略-->
</article>
```

実践例 ヘッダーにメインナビゲーションを内包する

<header><nav>~</nav></header >

文書全体のヘッダーにheader要素を使用する場合、以下の例のようなメインのナビゲーションメニュー、あるいはWebサイトのロゴ、検索フォームなどを内包する方法が考えられます。

```
<header>                                                     HTML
  <nav aria-label="メインメニュー">
    <ul>
      <li><a href="/">ブログ</a></li>
      <li><a href="/blog/">メニュー</a></li>
      <li><a href="/shop/">店舗情報</a></li>
      <li><a href="/contact/">お問い合わせ</a></li>
    </ul>
  </nav>
</header>
```

フッター

フッターを表す

<footer> ～ </footer>

フッター

footer要素は、文書やセクションのフッターを表します。著者情報や関連記事へのリンクを記述する場合によく利用されます。フッターというと、セクションの末尾に配置されているイメージがありますが、footer要素はセクションの最初に置いても問題ありません。

カテゴリー	パルパブルコンテンツ／フローコンテンツ
コンテンツモデル	フローコンテンツ。ただし、header要素、またはfooter要素を子孫要素に持つことは不可
使用できる文脈	フローコンテンツが期待される場所

使用できる属性 グローバル属性(P.89)

HTML
```
<footer>
  <address>
    このサイトに関するお問い合わせ先：
    <a href="mailto:dekirunet@example.com">できるネット編集部</a>
  </address>
  <p><small>Copyright © 2025 Dekirunet Corp. All rights reserved.
  </small></p>
</footer>
```

Webページに関する問い合わせ先と著作権表記をfooter要素で表している

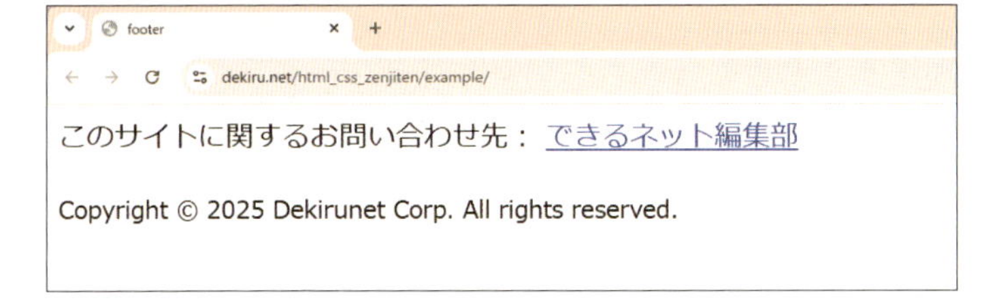

ポイント

- footer要素の直近の親要素となるセクショニングコンテンツ、またはセクショニングルート要素がbody要素の場合、footer要素の内容は文書全体に対する情報となります。例えば、Webサイト運営者の連絡先などを記述する場合がこれに当たります。

連絡先情報

連絡先情報を表す

<address>～</address>

アドレス

address要素は、直近の祖先要素となるarticle要素、またはbody要素に対する連絡先情報を表します。直近の祖先要素がarticle要素の場合は各記事の個別の連絡先情報、body要素の場合は文書全体に対する連絡先情報となります。これらを使い分けることで、個別の記事に対する連絡先と、文書全体に対する連絡先を明示することが可能です。

カテゴリー	パルパブルコンテンツ／フローコンテンツ
コンテンツモデル	フローコンテンツ。ただし、ヘディングコンテンツ、セクショニングコンテンツ、header要素、footer要素、address要素を子孫要素に持つことは不可
使用できる文脈	フローコンテンツが期待される場所

使用できる属性 グローバル属性(P.89)

以下の例では、article要素内のaddress要素は記事内容についての問い合わせ先、footer要素内のaddress要素はWebページ全体についての問い合わせ先となります。

```
<body><!--省略-->
  <article id="article-123">
    <h2>プレスリリース</h2>
    <p>本文</p>
    <footer>
      <address>
        本プレスリリースに関するお問い合わせ先：
        <a href="mailto:takeshi@example.com">中本剛士</a>
      </address>
    </footer>
  </article>
  <footer>
    <address>
      このサイトに関するお問い合わせ先：
      <a href="mailto:dekirunet@example.com">できるネット編集部</a>
    </address>
  </footer>
</body>
```

ポイント

- address要素は、Webページや記事の作成者の連絡先となる情報のみを表すための要素となります。Webページや記事の内容として記載される住所、電話番号、メールアドレス、または記事の公開日など、その他の情報を表すために使ってはいけません。

段落

段落を表す

p要素は、文書の段落を表します。段落とは文書内でひとかたまりになっている文章のことで、通常は複数の文によって構成されます。印刷媒体などでは前後に改行や空白行を入れることによって表されます。pは「paragraph」（パラグラフ）の頭文字です。

カテゴリー	パルパブルコンテンツ／フローコンテンツ
コンテンツモデル	フレージングコンテンツ
使用できる文脈	フローコンテンツが期待される場所

使用できる属性　グローバル属性(P.89)

HTML

```html
<article>
  <header>
    <h2>カフェラテとカプチーノの違い</h2>
    <time datetime="2025-01-01T19:21:15+00:00">公開日：2025年1月1日</
    time>
  </header>
  <p>当店のメニューには、カフェラテとカプチーノがあります。</p>
  <p>この2つの違いについて、よくお客様に聞かれることがあります。当店の場合、カプチーノ
  には少しだけシナモンパウンダーをかけていますので、シナモンの香りで温まるのがカプチーノ、
  エスプレッソ＋ミルクの味わいを楽しんでいただくならカフェラテ、となります。</p>
  <blockquote cite="http://www.example.com">
    <p>一般的に、エスプレッソにスチームミルクとフォームミルクを混ぜたものがカプチーノ、
    エスプレッソにスチームミルクのみを混ぜたものがカフェラテです。</p>
  </blockquote>
</article>
```

文書の本文はp要素で表される段落内に記述する

多くのブラウザーではデフォルトのスタイルで段落間に余白が生じる

blockquote要素で引用を表した段落は、多くのブラウザーでインデントされて表示される

dekiru.net/html_css_zenjiten/example/

カフェラテとカプチーノの違い

公開日：2025年1月1日

当店のメニューには、カフェラテとカプチーノがあります。

この2つの違いについて、よくお客様に聞かれることがあります。当店の場合、カプチーノには少しだけシナモンパウンダーをかけていますので、シナモンの香りで温まるのがカプチーノ、エスプレッソ＋ミルクの味わいを楽しんでいただくならカフェラテ、となります。

　　一般的に、エスプレッソにスチームミルクとフォームミルクを混ぜたものがカプチーノ、エスプレッソにスチームミルクのみを混ぜたものがカフェラテです。

引用

段落単位での引用を表す

USEFUL

ブロッククォート
<blockquote>～</blockquote>

blockquote要素は、段落単位での引用を表します。内容は他のリソースから引用されたものになります。語句単位で引用する場合は、q要素(P.147)を使用します。

カテゴリー	パルパブルコンテンツ／フローコンテンツ
コンテンツモデル	フローコンテンツ
使用できる文脈	フローコンテンツが期待される場所

使用できる属性　グローバル属性(P.89)

サイト
cite

引用元がWeb上に公開された文書であれば、そのURLを値として使用できます。一般的に販売されている書籍でISBNコードが発行されている場合は、「urn:isbn:ISBNコード」の書式で以下のように指定して、引用元を示せます。

```
<blockquote cite="urn:isbn:978-4-1010-1001-4">                HTML
  <p>吾輩は猫である。名前はまだない。</p>
  <p>どこで生まれたかとんと見当がつかぬ。なんでも薄暗い… </p>
</blockquote>
```

ポイント

- 引用した文章ではなく、引用元となっている書籍名や作品名のみを表す場合はcite要素(P.146)を使います。

整形

整形済みテキストを表す

USEFUL

pre要素は、整形済みテキストのブロックを表します。整形済みテキストとは、空白文字や改行などで整形してあるテキストのことです。通常のテキストは、ブラウザーで表示されるときに以下のルールに従って表示されます。

・連続する半角スペースはまとめて1つの半角スペースとして扱われる
・タブ文字は半角スペース1つとして扱われる
・改行コードは半角スペース1つとして扱われる
・テキストが表示領域の幅に達すると、そこで折り返して表示される

pre要素内では以上がすべて無効になり、入力された内容がそのまま画面上に表示されます。ただし、これらの処理はブラウザーによって必ず行われるわけではなく、環境によって表示が変わる可能性があります。

カテゴリー	パルパブルコンテンツ／フローコンテンツ
コンテンツモデル	フレージングコンテンツ
使用できる文脈	フローコンテンツが期待される場所

使用できる属性　グローバル属性(P.89)

HTML
```
<pre>
  <code class="language-javascript">
    $(function(){
      $("#menuButton").click(function(){
        $("#menu").toggle("fast");
      });
    });
  </code>
</pre>
```

サンプルコードをWebページに表示する

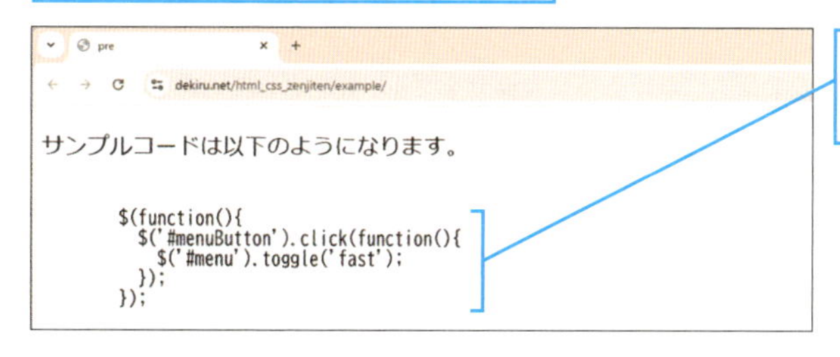

pre要素の内容は改行や空白がそのまま表示される

グルーピング

段落の区切りを表す

ホリゾンタル・ルール

<hr>

hr要素は、段落の区切りを表します。同じセクション内で話題を変えたい場合、あるいはselect要素内で選択肢の区切りとして使用できます。

カテゴリー	フローコンテンツ
コンテンツモデル	空
使用できる文脈	・フローコンテンツが期待される場所 ・select要素の子として

使用できる属性 グローバル属性(P.89)

グルーピング

フローコンテンツをまとめる

ディヴィジョン

<div>～</div>

div要素は、フローコンテンツをまとめます。div要素自体は特別な意味を持ちませんが、class属性、lang属性、title属性などを付与して内包するフローコンテンツに意味付けできます。適切なセクショニングコンテンツがあるか検討したうえで使用しましょう。同様の役割を持つ要素に、フレージングコンテンツをまとめるspan要素(P.163)があります。

カテゴリー	パルパブルコンテンツ／フローコンテンツ
コンテンツモデル	・フローコンテンツ ・要素がdl要素の子である場合は、1個以上のdt要素の後に1個以上のdd要素が続き、必要に応じてスクリプトサポート要素と混在する
使用できる文脈	・フローコンテンツが期待される場所 ・dl要素の子として

使用できる属性 グローバル属性(P.89)

以下の例では、日本語の文章内における英文の部分をグルーピングしています。

HTML
```
<p>ここまでに記してきた内容を以下に英訳してみよう。</p>
<div lang="en" class="english-part">
  <p>There are those what you want to listen.</p>
</div>
<p>そのまま英語にしただけだと分かりづらいので、以下のように文章を書き換えてみる。</p>
```

メインコンテンツ

主要なコンテンツを表す

<main> ~ </main>

（メイン）

main要素は、文書内の主要なコンテンツを表します。主要なコンテンツとは、Webサイト内の各ページで繰り返し使われるヘッダーやナビゲーション、検索フォームやフッター情報などを除いた、その文書内で主な内容となる部分を指します。なお、hidden属性が指定されない限り、1つの文書内で複数のmain要素を使用することはできません。

カテゴリー	パルパブルコンテンツ／フローコンテンツ
コンテンツモデル	フローコンテンツ
使用できる文脈	フローコンテンツが期待される場所。ただし、祖先要素としてhtml、body、divの各要素、アクセス可能な名前(例としてaria-labelledby、aria-label、またはtitle属性による付与)がないform要素、およびカスタム要素のみ許容される

使用できる属性 グローバル属性(P.89)

実践例 記事セクションを主要なコンテンツとして表す

<main><article>~</article></main>

以下の例では、記事セクションを文書の主要な部分としてmain要素でマークアップしています。

```html
<body>
  <header>
    <h1>大樽町カフェ</h1>
    <p>大樽町駅から徒歩3分。特製のコーヒーとパンケーキをお楽しみください。</p>
  </header>
  <main>
    <article>
      <h2>特製ミックスのパンケーキ</h2>
      <p>当店の軽食メニューのおすすめといえば、パンケーキです。</p>
    </article>
  </main>
  <footer>文書のフッター</footer>
</body>
```

 リスト

序列リストを表す

オーダード・リスト

<ol> ~ </ol>

ol要素は、序列リストを表します。序列リストとは、項目の順序に意味があるリストのことです。例えば、手順が決まった作業リストやランキングリストが当てはまります。ol要素を入れ子にした階層構造を持つリストも作成できますが、ol要素の直下に別のol要素を置くことはできません。必ずli要素(P.131)の子要素として使用する必要があります。

カテゴリー	パルパブルコンテンツ(子要素として1個以上のli要素を持つ場合)／フローコンテンツ
コンテンツモデル	0個以上のli要素、およびスクリプトサポート要素
使用できる文脈	フローコンテンツが期待される場所

使用できる属性　グローバル属性(P.89)

リバースド
reversed

ol要素におけるリストマーカーの順序を逆順にします。この属性が指定されると、項目番号が降順(大きい数から小さい数へ)になります。reversed属性は論理属性(P.65)です。

スタート
start

リストマーカーの最初の項目に付ける番号を指定します。それをスタートの番号として、通常は昇順、reversed属性が指定されている場合は降順に番号が振られます。半角の算用数字のみ指定可能です。

タイプ
type

リストマーカーの形式を指定します。指定できる値は以下の通りです。

- **1**　「1」「2」「3」……といった算用数字で表します。
- **a**　「a」「b」「c」……といった小文字の半角アルファベットで表します。「z」までリストマーカーが与えられた後は、「ba」～「bz」、「ca」～「cz」と続きます。
- **A**　「A」「B」「C」……といった大文字の半角アルファベットで表します。「Z」までリストマーカーが与えられた後は、「BA」～「BZ」、「CA」～「CZ」と続きます。
- **i**　「i」「ii」「iii」……といった小文字のローマ数字で表します。
- **I**　「I」「II」「III」……といった大文字のローマ数字で表します。

```html
<ol>
  <li>カップの底にエスプレッソを注ぎます。</li>
  <li>スチームドミルクを加えます。</li>
  <li>フォームドミルクを加えます。</li>
</ol>
```

作業の手順を序列リストで表示する

カフェラテの作成手順

カフェラテの作成手順は次の通りです。

1. カップの底にエスプレッソを注ぎます。
2. スチームドミルクを加えます。
3. フォームドミルクを加えます。

ol要素内の各項目がli要素で表される

リストは1から順の序列リストとなる

実践例 降順のリストを作成する

<ol reversed><li>~</li></ol>

通常、1から昇順に並べられるol要素のリストですが、reversed属性を指定することで最大の数値から降順に並べられるリストを表せます。

```HTML
<p>1月の人気メニューベスト3です。</p>
<ol reversed>
  <li>カフェオレ</li>
  <li>自家製ブルーベリーソースのパンケーキ</li>
  <li>冬季限定 モンブラン＆ドリンクセット</li>
</ol>
```

実践例 3からリストを開始する

<ol start="3"><li>~</li></ol>

start属性に任意の数値を指定すると、その数値からリストが開始されます。

```HTML
<p>スポンジを作る手順を3番目から確認しましょう。</p>
<ol start="3">
  <li>バターと牛乳を混ぜます。</li>
  <li>全体がなじむまですばやく混ぜます。</li>
  <li>空気を抜いて、型に流し込みます。</li>
</ol>
```

リスト

順不同リストを表す

アンオーダード・リスト

<ul> ~ </ul>

ul要素は、順不同リストを表します。順不同リストとは、項目の順序に意味がない箇条書きのことです。例えば、イベント参加に必要な条件(各条件の前後関係は問わない)や、持ち物リストなどが当てはまります。ul要素を入れ子にした階層構造を持つリストも作成できますが、ul要素の直下に別のul要素を置くことはできません。必ずli要素の子要素として使用する必要があります。

カテゴリー	パルパブルコンテンツ(子要素として1個以上のli要素を持つ場合)/フローコンテンツ
コンテンツモデル	0個以上のli要素、およびスクリプトサポート要素
使用できる文脈	フローコンテンツが期待される場所

使用できる属性 グローバル属性(P.89)

HTML

```
<ul>
  <li>鎮静効果のあるハーブ
    <ul>
      <li>オレンジピール</li>
      <li>カモミール</li>
    </ul>
  </li>
  <li>疲労回復効果のあるハーブ
    <ul>
      <li>ローズマリー</li>
      <li>ラベンダー</li>
    </ul>
  </li>
</ul>
```

ul
dekiru.net/html_css_zenjiten/example/

当店で扱っているハーブの効能です。

- 鎮静効果のあるハーブ
  - オレンジピール
  - カモミール
- 疲労回復効果のあるハーブ
  - ローズマリー
  - ラベンダー

ul要素内の各項目がli要素で表される

リストは階層構造にできる

リストの項目を表す

リスト・アイテム

<li> ~ </li>

li要素は、ol要素やul要素に内包することでリストの項目を表します。

カテゴリー	なし
コンテンツモデル	フローコンテンツ
使用できる文脈	・ol要素の子要素として ・ul要素の子要素として ・menu要素の子要素として

使用できる属性　グローバル属性(P.89)

(P.89)

バリュー
value

ol要素の子要素として使用される場合のみ、リストマーカーに表示する番号を指定できます。半角の算用数字のみ指定可能です。

以下の例では、value属性によってリストマーカーを任意の数値にしています。

```html
<ol>
  <li>アーティチョーク</li>
  <li value="2">ポポー</li>
  <li value="2">キャッサバ</li>
  <li>ロマネスコ</li>
  <li>むべ</li>
</ol>
```

li要素のvalue属性に数値を指定する

リストマーカーが指定した数値で表示される

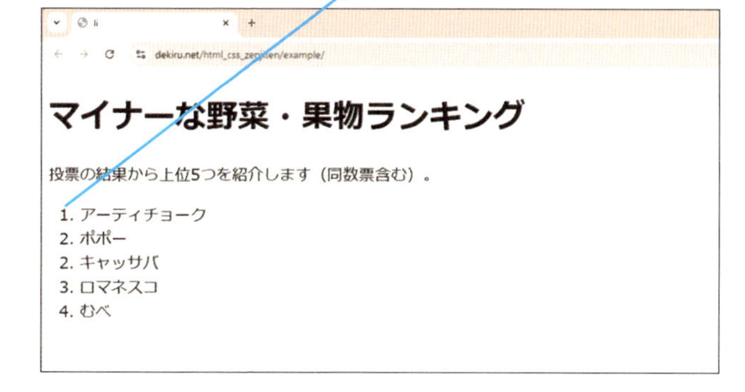

説明リストを表す

ディスクリプション・リスト
<dl> ~ </dl>

dl要素は、説明リストを表します。説明リストとは、ある語句と、それに対する説明文を組み合わせてリストにしたものです。dt要素で記述された語句に対する説明文は、dt要素に後続するdd要素で必ず言及されていなければなりません。また、1つのdl要素に対して、同じ語句を持った複数のdt要素を内包するのは好ましくありません。

カテゴリー	パルパブルコンテンツ（子要素として1組以上のdt要素とdd要素のグループを持つ場合）／フローコンテンツ
コンテンツモデル	・1個以上のdt要素と、後続する1個以上のdd要素からなり、任意でスクリプトサポート要素と混合される0個以上のグループ ・もしくは、1つ以上のdiv要素。任意でスクリプトサポート要素と混合される
使用できる文脈	フローコンテンツが期待される場所

使用できる属性　グローバル属性(P.89)

ポイント

● dl要素は直接の子要素としてdiv要素を持つことができます。例えば、dt要素とdd要素をdiv要素でひとまとめにして、スタイルを当てやすくすることも可能です。

リスト

説明リストの語句を表す

dt要素は、dl要素の定義リストにおける語句となる部分を表します。例えば、「質問」と「答え」の組み合わせをdl要素を用いてマークアップする場合、質問をdt要素、それに対応する答えをdd要素でマークアップするといった用途が考えられます。

カテゴリー	なし
コンテンツモデル	フローコンテンツ。ただし、header要素、footer要素、セクショニングコンテンツ、ヘディングコンテンツを子孫要素に持つことは不可
使用できる文脈	・dl要素の中でdd要素、またはdt要素の前 ・dl要素の子であるdiv要素内のdd要素、またはdt要素の前

使用できる属性　グローバル属性(P.89)

リスト

説明リストの説明文を表す

POPULAR

ディフィニション・ディスクリプション

<dd> ~ </dd>

dd要素は、dl要素の説明リストにおける説明文となる部分を表します。

カテゴリー	なし
コンテンツモデル	フローコンテンツ
使用できる文脈	・dl要素の中でdt要素、またはdd要素の後ろ ・dl要素の子であるdiv要素内のdt要素、またはdd要素の後ろ

使用できる属性 グローバル属性(P.89)

実践例 語句と説明文を含む説明リストを作成する

<dl><dt> ~ </dt><dd> ~ </dd></dl>

dl要素で説明リストを表し、dt要素、dd要素でリストの内容を構成します。語句を説明するdd要素は、語句を表すdt要素の後ろに記述します。

HTML

```
<dl>
  <dt>カフェモカ</dt>
  <dd>
    <p>エスプレッソにスチームミルクを混ぜ、チョコシロップを加える。</p>
  </dd>
  <dt>コーヒー牛乳</dt>
  <dd>
    <p>牛乳にコーヒーを混ぜ、砂糖などで味付けする。</p>
  </dd>
</dl>
```

dl

dekiru.net/html_css_zenjiten/example/

珈琲とミルクで作る飲料の定義

カフェモカ

　エスプレッソにスチームミルクを混ぜ、チョコシロップを加える。

コーヒー牛乳

　牛乳にコーヒーを混ぜ、砂糖などで味付けする。

語句とその説明文からなるリストは、dl要素、dt要素、dd要素を組み合わせて記述する

コンテンツのグループ化

ツールバー

ツールバーを表す

メニュー
<menu>～</menu>

menu要素は、ツールバーを表します。li要素やスクリプトサポート要素（script要素、template要素）と組み合わせることで、ユーザーが利用可能なツールバーを定義できます。

カテゴリー	パルパブルコンテンツ(子要素として1個以上のli要素を含む場合)／フローコンテンツ
コンテンツモデル	0個以上のli要素、およびスクリプトサポート要素
使用できる文脈	フローコンテンツが期待される場所

使用できる属性　グローバル属性(P.89)

HTML
```
<menu>
  <li><button onclick="copy()">コピーする</button></li>
  <li><button onclick="cut()">カットする</button></li>
  <li><button onclick="paste()">ペーストする</button></li>
</menu>
```

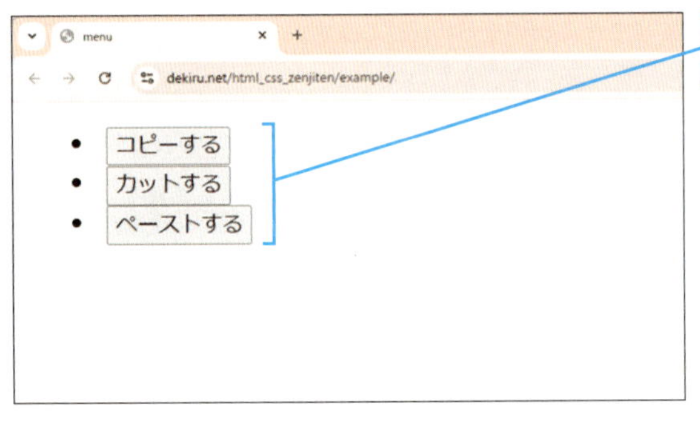

menu要素内の各項目がli要素で表される

ポイント

- menu要素は、いわゆる「ツールバー」を表現するため、ul要素に代わって使用できます。ul要素同様、要素内の項目に順序がない場合に使用できます。

写真

写真などのまとまりを表す

フィギュア
<figure>～</figure>

figure要素は、写真、挿絵、図表、コードなどのまとまりを表します。figure要素によるまとまりは、単体で成立するものでなければなりません。つまり、その部分を文書から切り出したとしても元の文書に影響がないうえに、切り出した内容自体で意味が通るようにする必要があります。また、figcaption要素によってキャプションを付与できます。

カテゴリー	パルパブルコンテンツ／フローコンテンツ
コンテンツモデル	・フローコンテンツ ・最初または最後の子要素としてfigcaption要素を記述可能
使用できる文脈	フローコンテンツが期待される場所

使用できる属性 グローバル属性(P.89)

写真

写真などにキャプションを付与する

フィギュア・キャプション
<figcaption>～</figcaption>

figcaption要素は、その親要素となるfigure要素の内容にキャプションを付与します。キャプションとは、写真、挿絵、図表、コードなどの内容を表す説明文（テキスト）のことです。figure要素の最初の子要素、もしくは最後の子要素として記述できますが、記述は任意です。

カテゴリー	なし
コンテンツモデル	フローコンテンツ
使用できる文脈	figure要素の最初または最後の子要素として

使用できる属性 グローバル属性(P.89)

実践例 写真と説明文のまとまりを表す

<figure><img>
<figcaption>～</figcaption></figure>

figure要素で商品解説の写真を表し、figcaption要素で写真の内容についてキャプションを記述しています。商品解説の本文では、figure要素に直接言及することはなく、figure要素の内容がなくても文書の内容に影響はありません。一方、figure要素単体を見ても何の情報であるのかが分かるように、キャプションで必要最低限の内容を説明しています。

HTML

```html
<h1>大樽町カフェ　自慢のパンケーキの紹介</h1>
<p>
  大樽町カフェの1番人気メニュー「昔ながらのパンケーキ」は、素朴ながらに味わい深い、店長のこだわりが詰まった一品です。
<p>
<figure>
  <img src="pancake.jpg" alt="当店のパンケーキの写真" width="500">
  <figcaption>大樽町カフェ「昔ながらのパンケーキ」の写真。トッピングはシンプルにバターとメープルシロップのみです。</figcaption>
</figure>
```

figure要素とfigcaption要素で写真と説明文を表している

figure

dekiru.net/html_css_zenjiten/example/

大樽町カフェ自慢のパンケーキの紹介

大樽町カフェの1番人気メニュー「昔ながらのパンケーキ」は、素朴ながらに味わい深い、店長のこだわりが詰まった一品です。

大樽町カフェ「昔ながらのパンケーキ」の写真。トッピングはシンプルにバターとメープルシロップのみです。

検索

検索に関連する入力コントロールやコンテンツをまとめる

POPULAR

<search> ~ </search>

search要素は、検索、あるいはフィルタリングなどの操作を実行するための入力コントロールや関連コンテンツのまとまりを表します。例えば、Webサイトに設置する「サイト内検索」のフォームなどが該当するでしょう。

なお、検索結果を表示するためだけにsearch要素を使用することは適切ではありません。検索結果自体はその文書の主要なコンテンツの一部として、例えばmain要素内などに表示されるべきでしょう。しかし、「クイックサーチ」結果としての提案（サジェスト）やリンクを検索機能の一部として含めることはできます。

カテゴリー	パルパブル・コンテンツ フロー・コンテンツ
コンテンツモデル	フロー・コンテンツ
使用できる文脈	フロー・コンテンツが期待される場所

使用できる属性　グローバル属性（P.89）

HTML
```
<search>
  <form action="search/" method="get">
    <fieldset>
      <legend>サイト内検索</legend>
      <label for="query">検索キーワード</label>
      <input id="query" name="q" type="search" placeholder="検索キーワードを入力" required>
      <button type="submit">検索</button>
    </fieldset>
  </form>
</search>
```

リンク

リンクを設置する

アンカー
<a> ~ </a>

a要素は、href属性を指定した場合、リンクアンカーを表します。href属性を指定しない場合は、リンク先が存在しないダミーリンク(プレースホルダー)を表します。

カテゴリー	インタラクティブコンテンツ(href属性を持つ場合)/パルパブルコンテンツ/フレージングコンテンツ/フローコンテンツ
コンテンツモデル	トランスペアレントコンテンツ。ただし、インタラクティブコンテンツを子孫要素に持つことは不可(a要素を入れ子にする、button要素を子孫要素にするなど)
使用できる文脈	フレージングコンテンツが期待される場所

使用できる属性　グローバル属性(P.89)

ハイパー・リファレンス
href

リンク先のURLを指定します。href属性が省略された場合、target、download、ping、rel、hreflang、type、referrerpolicy各属性は省略しなければなりません。一方で、itemprop属性が指定される場合、href属性は必須となります。

ターゲット
target

リンクアンカーの表示先を指定します。例えば、リンクを新しいウィンドウやタブで開いたり、文書内に埋め込まれたiframe要素(P.176)を対象にリンクを開いたりできます。値には任意の名前か、以下のあらかじめ定められたキーワードを指定できます。

- **_blank**　リンクは新しいブラウジングコンテキスト(P.73)に展開されます。
- **_parent**　リンクは現在のブラウジングコンテキストの1つ上位のブラウジングコンテキストを対象に展開されます。
- **_self**　リンクは現在のブラウジングコンテキストに展開されます。
- **_top**　リンクは現在のブラウジングコンテキストの最上位のブラウジングコンテキストを対象に展開されます。

ダウンロード
download

ブラウザーに対し、リンク先をダウンロードすることを表します。値を指定した場合、ダウンロード時のデフォルトのファイル名として使用されます。

ハイパー・リファレンス・ランゲージ
hreflang

リンク先の文書の記述言語を表します。例えば、日本語のページから英語のページにリンクをする場合など、リンク先が英語で書かれているという情報をブラウザーやユーザーに伝えます。属性値については、lang属性(P.95)の解説を参照してください。

ピング
ping

指定されたURLに対してPOSTリクエストをバックグラウンドで送信します。通常はトラッキング用途で使用されます。トラッキングのために本来のリンク先の間にトラッキング用ページを挟んでからリダイレクトするような処理は一般的に行われますが、ping属性を使用することでリダイレクト処理を省略でき、ユーザーの体感速度を向上させるなどの効果があります。

リレーション
rel

現在の文書から見た、リンク先となるリソースの位置付けを表します。HTMLの仕様で定義されている値のうち、a要素で使用できる値は以下の通りです。空白文字で区切って複数の値を指定できます。link要素(P.104)の解説も参照してください。

値	説明
alternate	代替文書(別言語版、別フォーマット版など)を表します。
author	著者情報を表します。
bookmark	最も近い先祖セクションのパーマリンクを指定します。
external	外部サイトへのリンクであることを表します。
help	ヘルプへのリンクを表します。
license	ライセンス文書を表します。
next	連続した文書における次の文書を表します。
nofollow	重要でないリンクを表します。
noopener	target属性を持つリンクを開く際、Window.openerプロパティを設定しません。
noreferrer	ユーザーがリンクを移動する際、リファラーを送信しません。
opener	target属性を持つリンクを開く際、Window.openerプロパティを設定します。
prev	連続した文書における前の文書を表します。
search	検索機能を表します。
tag	文書に指定されたタグのページを表します。
terms-of-service	文書に適用される利用規約へのリンクを表します。

タイプ
type

リンク先のMIMEタイプを指定します。

リファラーポリシー
referrerpolicy

リンク先にアクセスする際、あるいは画像など外部リソースをリクエストする際にリファラー(アクセス元のURL情報)を送信するか否か(リファラーポリシー)を指定します。指定できる値はlink要素を参照してください。

以下の例では、href属性を指定してリンクを設置しています。href属性を指定しない場合はダミーリンクを表します。

```html
<nav>
  <ul>
    <li><a href="/">トップページ</a></li>
    <li><a href="/news.html">ニュース</a></li>
    <li><a>事例紹介</a></li>
    <li><a href="/legal.html" target="_blank">使用許諾条件</a></li>
  </ul>
</nav>
```

実践例 セクション全体にリンクを設置する

<a href="リンク先のURL"><section>~</section></a>

a要素はトランスペアレントコンテンツであるため、親要素のコンテンツモデルを受け継ぎます。例えば、a要素がフローコンテンツ内の子要素として使われる場合、そのa要素もフローコンテンツとなります。つまり、p要素やdiv要素、section要素などをa要素で内包することが可能ということです。以下の例では、section要素全体にリンクを設置しています。

```html
<aside class="advertising">
  <h2>広告掲載について</h2>
  <a href="/about_ad.html">
    <section>
      <h3>広告募集中です</h3>
      <p>詳しい料金設定などはこちらのページをご確認ください。</p>
    </section>
  </a>
</aside>
```

section要素で記述したセクション全体がリンクになっている

実践例 リンク先を新しいウィンドウやタブで表示する

<a href="リンク先のURL" target="_blank">~</a>

以下の例では、X（旧Twitter）、Facebookのページへのリンクをクリックすると、新しいウィンドウやタブが表示されるようになっています。一般的には、外部のWebページへのリンクを記述する際によく利用されます。

```html
<ul>
 <li><a href="https://x.com/dekirunet/" target="_blank">Xでフォロー</a></li>
 <li><a href="https://www.facebook.com/dekirunet" target="_blank">Facebookでフォロー</a></li>
</ul>
```

実践例 指定した場所（アンカー）へのリンクを設置する

<a href="#アンカー名">~</a>
<h2 id="アンカー名">~</h2>

ページ内の指定した場所（フラグメント）に移動するリンクは、href属性の値にリンク先のアンカー名（フラグメント識別子）を、接頭辞にハッシュマーク（#）を付けて指定することで設置できます。アンカー名は、移動先となる要素にid属性（P.92）で指定しておきます。属性値に「URL#識別名」を指定すれば、外部リンクの指定した場所へ移動するリンクを作成することも可能です。

```html
<nav>
  <h2>メニュー</h2>
  <p>クリックすると、項目の内容へ移動します。</p>
  <li><a href="#cappuccino">カプチーノ</a></li>
  <li><a href="#cafeaulait">カフェオレ</a></li>
</nav>

<section>
  <h2 id="cappuccino">カプチーノ</h2>
</section>
<section>
  <h2 id="cafeaulait">カフェオレ</h2>
</section>
```

テキスト

強調したいテキストを表す

POPULAR

エンファシス

<em>～</em>

em要素は、意味的な強調を表します。文章内で特に強調したいテキストに使用します。入れ子にして、強調の度合いを表すことも可能です。多くのブラウザーではイタリック体、または斜体で表示されます。もし「重要であること」を意味付けしたい場合は、strong要素のほうが適しています。

カテゴリー	パルパブルコンテンツ／フレージングコンテンツ／フローコンテンツ
コンテンツモデル	フレージングコンテンツ
使用できる文脈	フレージングコンテンツが期待される場所

使用できる属性 グローバル属性(P.89)

以下の例では、最初の段落では「サッカー」が好きであることを強調しています。次の段落では「好き」をem要素でマークアップすることで文章のニュアンスを変えて、「好き」であることを強調しています。

```HTML
<p>
  私は<em>サッカー</em>が好きだ！
</p>
<p>
  私はサッカーが<em>好き</em>だ！
</p>
```

強調したテキストが斜体で表示される

テキスト

重要なテキストを表す

POPULAR

ストロング

<strong>～</strong>

strong要素は、重要性、深刻性、緊急性が高いテキストを表します。入れ子にして、重要性などの度合いを上げられます。多くのブラウザーでは太字で表示されます。

カテゴリー	パルパブルコンテンツ／フレージングコンテンツ／フローコンテンツ
コンテンツモデル	フレージングコンテンツ
使用できる文脈	フレージングコンテンツが期待される場所

使用できる属性 グローバル属性(P.89)

以下の例では、「注意してください！」が重要であることを表しています。

```html
<p>
  <strong>注意してください！</strong>間違ってダウンロードされる方が増えています。
</p>
```

重要なテキストが太字で表示される

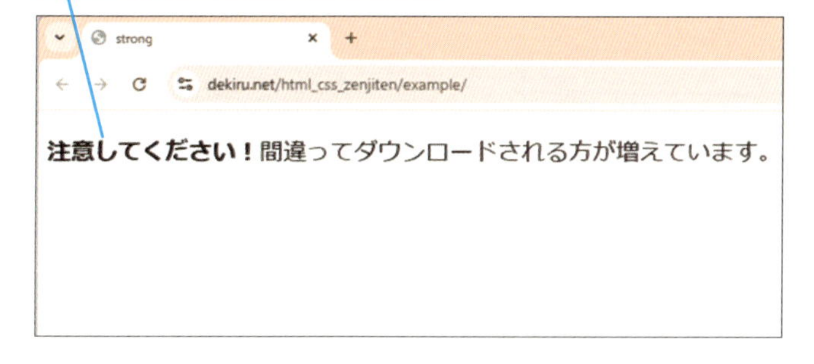

テキスト

細目や注釈のテキストを表す

POPULAR

スモール

<small> ~ </small>

small要素は、細目や注釈を表します。細目とは、印刷慣習上、小さな文字で表示するテキストです。例えば、欄外注釈や補足、免責事項や著作権表示などの短い文章が該当します。strong要素によって重要、あるいはem要素によって強調であるとマークアップされたテキストの意味を弱めるものではありません。多くのブラウザーでは、小さいフォントサイズで表示されます。

カテゴリー	パルパブルコンテンツ/フレージングコンテンツ/フローコンテンツ
コンテンツモデル	フレージングコンテンツ
使用できる文脈	フレージングコンテンツが期待される場所

使用できる属性 グローバル属性(P.89)

以下の例では、フッターに記載する著作権表示をsmall要素でマークアップしています。

```html
<footer>
  <p><small>Copyright © 2025 Dekirunet Corp. All rights reserved.
  </small></p>
</footer>
```

著作権情報が小さいフォントで表示される

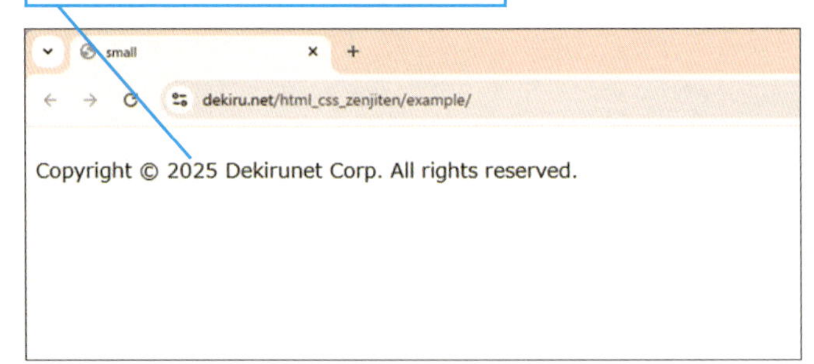

テキスト

無効なテキストを表す

<s>～</s>（エス）

s要素は、もう正確ではない、または関連性がなくなった、無効なテキストを表します。なお、文書が編集され、テキストが削除されたことを表したい場合は、del要素(P.166)を使用します。多くのブラウザーでは、取り消し線が引かれたテキストとして表示されます。

カテゴリー	パルパブルコンテンツ／フレージングコンテンツ／フローコンテンツ
コンテンツモデル	フレージングコンテンツ
使用できる文脈	フレージングコンテンツが期待される場所

使用できる属性　グローバル属性(P.89)

以下の例では、セール前の価格を無効なテキストとして表しています。

```html
<p><cite>HTMLリファレンス</cite></p>
<p><s>希望小売価格：1,500円(税込)</s></p>
<p><strong>セール価格：1,300円(税込)</strong></p>
```

無効なテキストに取り消し線が表示される

テキスト

作品のタイトルを表す

<cite>（サイト）～</cite>

cite要素は書籍、映画、楽曲、演劇、講演など、作品のタイトルを表します。引用元を示すのはもちろん、引用の有無にかかわらず文書内で言及した作品名などにも使用できます。

カテゴリー	パルパブルコンテンツ／フレージングコンテンツ／フローコンテンツ
コンテンツモデル	フレージングコンテンツ
使用できる文脈	フレージングコンテンツが期待される場所

使用できる属性 グローバル属性(P.89)

以下の例では、blockquote要素(P.124)で引用した文章の引用元をcite要素で表しています。

```html
<blockquote cite="urn:isbn:978-4-1010-1001-4">
  <p>
    吾輩は猫である。名前はまだない。
  </p>
  <p>
    <cite>吾輩は猫である（角川文庫）</cite> 夏目漱石 著 より引用
  </p>
```

Safari (iOS)

cite要素の内容は斜体で表示される

吾輩は猫である。名前はまだない。

吾輩は猫である（角川文庫） 夏目漱石 著 より引用

以下の例では、ブログの記事へのリンクをマークアップして引用元を表しています。

```html
<p>
  本件については阿部一磨さんが書かれた記事、
  <cite><a href="http://example.com/entry.html">吾輩は猫であるに関する考
  察</a></cite>が参考になります。
</p>
```

テキスト

語句単位での引用を表す

クォート

<q>～</q>

q要素は、語句単位での引用を表します。HTMLの仕様では、q要素の直前と直後に引用符を記述する必要はなく、引用符はブラウザーによって表示されるべきとされています。なお、段落単位での引用を表すにはblockquote要素(P.124)を使います。

カテゴリー	パルパブルコンテンツ／フレージングコンテンツ／フローコンテンツ
コンテンツモデル	フレージングコンテンツ
使用できる文脈	フレージングコンテンツが期待される場所

使用できる属性　グローバル属性(P.89)

サイト

cite

引用元がWeb上に公開された文書であれば、そのURLをcite属性の値として使用できます。一般的に販売されている書籍でISBNコードが発行されている場合は、「urn:isbn:ISBNコード(13桁)」の形式で引用元を示すこともできます。

```html
<p>
  小説、<cite>我が輩は猫である</cite>は
  <q cite="urn:isbn:978-4-1010-1001-4">吾輩は猫である。名前はまだない。</q>
  の一節で始まる。
</p>
```

q要素の内容はカギ括弧などで囲まれて表示される

dekiru.net/html_css_zenjiten/example/

小説と猫にまつわる十一考

小説、我が輩は猫であるは「吾輩は猫である。名前はまだない。」の一節で始まる。

テキスト

定義語を表す

<dfn>～</dfn>

ディフィニション

dfn要素は、文書内で定義される定義語を表します。定義語は、その語句を含む段落やセクションで意味を説明する必要があります。dt要素(P.132)の内容として記述する場合は、後続のdd要素(P.133)で説明されます。さらに、abbr要素やtitle属性(P.102)の使用によって、定義語のルールは以下のように定まります。

- dfn要素がtitle属性を持っている場合、title属性の値が定義語になります。
- dfn要素が内包する唯一の子要素がtitle属性を持ったabbr要素の場合、そのtitle属性の値が定義語になります。

上記のいずれにも当てはまらない場合、dfn要素の内容が定義語になります。

カテゴリー	パルパブルコンテンツ／フレージングコンテンツ／フローコンテンツ
コンテンツモデル	フレージングコンテンツ。ただし、dfn要素を子孫要素に持つことは不可
使用できる文脈	フレージングコンテンツが期待される場所

使用できる属性　グローバル属性(P.89)

dfn要素にtitle属性を指定した場合は、title属性の値が定義語となります。以下の例では「Webサイト」が定義語となります。

```HTML
<p>
  <dfn title="Webサイト">サイト</dfn>とは…(Webサイトに関する説明が続く)
</p>
```

dfn要素にtitle属性を指定しない場合は、マークアップした用語がそのまま定義語となります。以下の例では「サッカー」が定義語となります。

```HTML
<p>
  <dfn>サッカー</dfn>とは…(サッカーに関する説明が続く)
</p>
```

また、定義語に対して別の場所からリンクすることで、一度記述した定義語の説明を参照できます。

```HTML
<p><dfn id="css"><abbr title="Cascading Style Sheets">CSS
</abbr></dfn> とは…(CSSに関する説明が続く)</p>
<!-- 他の段落やコンテンツ -->
<p>先にも述べたとおり、<a href="#css"><abbr title="Cascading Style
Sheets">CSS</abbr></a>を使用することで… </p>
```

 テキスト

略称を表す

アブリヴィエーション

<abbr>～</abbr>

abbr要素は、略称や頭字語を表します。例えば、「HTML」というテキストをabbr要素でマークアップすることで、それが略称だということを意味付けられます。また、title属性(P.102)を使うことで、略称の正式名称を属性値で指定できます。

カテゴリー	パルパブルコンテンツ／フレージングコンテンツ／フローコンテンツ
コンテンツモデル	フレージングコンテンツ
使用できる文脈	フレージングコンテンツが期待される場所

使用できる属性 グローバル属性(P.89)

実践例 定義語を略称として表す

<dfn><abbr title="正式名称">～</abbr></dfn>

以下の例では、定義語が略称であることをabbr要素で表すとともに、title属性で略称の正式名称を表しています。この例では、abbr要素をdfn要素と組み合わせて利用していますが、abbr要素は本文中などでも利用可能です。

```html
<dl>
  <dt><dfn><abbr title="HyperText Markup Language">HTML</abbr></dfn></dt>
  <dd>
    <p>Web上の文書を記述するためのマークアップ言語。</p>
  </dd>
</dl>
```

「HTML」を定義語として表す

多くのブラウザーではabbr要素の内容にマウスポインターを合わせると、正式名称が表示される

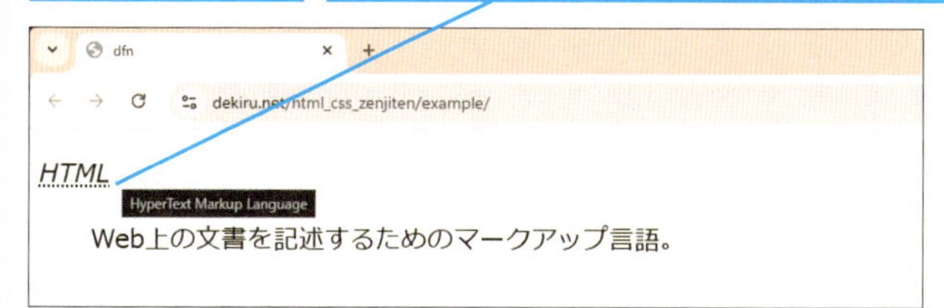

テキスト

上付き・下付きテキストを表す

SPECIFIC

スーパースクリプト
[～]

サブスクリプト
_～

sup要素は、数式や化学式の添え字などで使用される上付き文字を表示したい場合に、対象となるテキストをマークアップします。sub要素は下付き文字を表示したい場合に、対象となるテキストをマークアップします。

カテゴリー	パルパブルコンテンツ／フレージングコンテンツ／フローコンテンツ
コンテンツモデル	フレージングコンテンツ
使用できる文脈	フレージングコンテンツが期待される場所

使用できる属性 グローバル属性(P.89)

```html
<p>
  ピタゴラスの定理は次の数式で表されます。 a<sup>2</sup> + b<sup>2</sup> =
  c<sup>2</sup>
</p>
<p>
  エタノールの化学式は CH<sub>3</sub>CH<sub>2</sub>OHです。
</p>
```

sup要素で記述した数字は上付き文字として表示される

sup/sub

dekiru.net/html_css_zenjiten/example/

ピタゴラスの定理は次の数式で表されます。 $a^2 + b^2 = c^2$

エタノールの化学式は CH_3CH_2OHです。

sub要素で記述した数字は下付き文字として表示される

USEFUL

日付や時刻、経過時間を表す

<time>～</time>

time要素は、日付や時刻、経過時間などを表します。time要素にdatetime属性を指定しない場合はtime要素の内容が、そのまま値として扱われます。この場合、子要素を持つことはできず、日時を表すテキストはコンピューターによって取り扱える形式である必要があります。

カテゴリー	パルパブルコンテンツ／フレージングコンテンツ／フローコンテンツ
コンテンツモデル	・datetime属性を持つ場合は、フレージングコンテンツ ・datetime属性を持たない場合は、テキスト（ただし、妥当な日付時刻値に限る）
使用できる文脈	フレージングコンテンツが期待される場所

使用できる属性 グローバル属性（P.89）

datetime

日付や時刻、経過時間のデータを指定します。値にはコンピューターによって取り扱い可能な文字列を指定できます。例えば、日時「2025年1月23日12:34分56秒」であれば以下のように記述します。日付と時刻は「T」で区切って記述します。年月、月日、時刻のみなど、省略形での記述も可能です。

```
<time>2025-01-23T12:34:56</time>
```

協定世界時で記述する場合は、日本であれば「+9:00」を日時の指定に加えます。

```
<time>2025-01-23T12:34:56+9:00</time>
```

経過時間を表す場合は、2つの書式があります。1つは、数値に週「w」、日「d」、時間「h」、分「m」、秒「s」の単位を付け、空白文字で区切って表す書式です。もう1つは「P」に続けて、数値に日「D」の単位を付け、「T」で区切った後に、同じく時間「H」、分「M」、秒「S」を表す書式です。以下の例では2つの書式で「1週間と3日4時間18分3秒」を表しています。時間のみなどの省略形での記述も可能です。

```
<time>1w 3d 4h 18m 3s</time>
<time>P10DT4H18M3S</time>
```

以下の例では、ブログの記事内に記載した時間の記録と、記事を公開した日時をコンピューターによって読み取り可能な情報としています。

```html
<article>
  <h2>大樽町マラソンで大会新記録を樹立！</h2>
  <p>1着の記録は、<time datetime="3h 32m 14S">3時間32分14秒</time>でした。
  </p>
  <footer>公開日<time datetime="2025-01-16">2025年1月16日</time></
  footer>
</article>
```

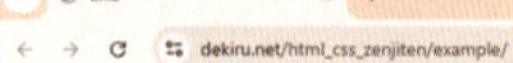

大樽町マラソンで大会新記録を樹立！

1着の記録は、3時間32分14秒でした。

公開日 2025年1月16日

経過時間や日時がコンピューターにも読み取れるデータとして公開される

テキスト

さまざまなデータを表す

<data>～</data>

（データ）

data要素は、さまざまなデータを表します。value属性は必須です。値となるのが日付や時間に関係するデータである場合は、time要素を使いましょう。

カテゴリー	パルパブルコンテンツ／フレージングコンテンツ／フローコンテンツ
コンテンツモデル	フレージングコンテンツ
使用できる文脈	フレージングコンテンツが期待される場所

使用できる属性　グローバル属性(P.89)

value（バリュー）

データを指定します。値はコンピューターによって読み取り可能な形式である必要があります。以下の例では、本文中に記載している建物の階数を、コンピューターによって読み取り可能な情報としています。

```html
<p>
  このビルは<data value="14">十四</data>階建てです。
  弊社はその<data value="8">八</data>階にオフィスを開設しています。
</p>
```

テキスト

コンピューター言語のコードを表す

コード
<code>～</code>

code要素は、コンピューター言語のコードを表します。文書の本文中に記載するプログラムなどのソースコードをマークアップするときに使用します。HTMLの仕様では、プログラムの種類に「language-」という接頭辞を付け、class属性で識別名（例えば「class="language-javascript"」）を指定するマークアップ例が提示されています。

カテゴリー	パルパブルコンテンツ／フレージングコンテンツ／フローコンテンツ
コンテンツモデル	フレージングコンテンツ
使用できる文脈	フレージングコンテンツが期待される場所

使用できる属性 グローバル属性（P.89）

テキスト

変数を表す

バリアブル
<var>～</var>

var要素は、変数を表します。例えば、プログラムのソースコードにおける変数などに使用します。

カテゴリー	パルパブルコンテンツ／フレージングコンテンツ／フローコンテンツ
コンテンツモデル	フレージングコンテンツ
使用できる文脈	フレージングコンテンツが期待される場所

使用できる属性 グローバル属性（P.89）

実践例 変数を利用しているコードのサンプルを表す

<code><var>~</var></code>

以下の例は、JavaScriptのサンプルコードを表しています。code要素のclass属性でプログラムの種類を明示しています。また、サンプルコード内に出現する変数はvar要素を使って表しています。なお、この例ではコードが長いためpre要素（P.125）を使って入力した内容がそのまま表示されるようにしています。

HTML

```
<pre>
  <code class="language-javascript">
    (function() {
      var <var>po</var> = document.createElement('script');
      <var>po</var>.type = 'text/javascript';
      <var>po</var>.src = 'sample.js';
      var <var>s</var> = document.getElementsByTagName
      ('script')[0];
      <var>s</var>.parentNode.insertBefore(<var>po</var>,
      <var>s</var>);
    })();
  </code>
</pre>
```

コードとコード内の変数を表している

code/var
dekiru.net/html_css_zenjiten/example/

ここでは、以下のコードを入力します。

```
(function() {
  var po = document.createElement('script');
  po.type = 'text/javascript';
  po.src = 'sample.js';
  var s = document.getElementsByTagName('script')[0];
  s.parentNode.insertBefore(po, s);
})();
```

テキスト

出力テキストの例を表す

サンプル

<samp>～</samp>

RARE

samp要素は、プログラムやコンピューターからの出力テキストの例を表します。

カテゴリー	パルパブルコンテンツ／フレージングコンテンツ／フローコンテンツ
コンテンツモデル	フレージングコンテンツ
使用できる文脈	フレージングコンテンツが期待される場所

使用できる属性 グローバル属性(P.89)

テキスト

入力テキストを表す

キーボード

RARE

kbd要素は、入力テキストを表します。音声コマンドのような入力を表すことも可能です。例えば、<kbd>123</kbd>と記述すれば、入力する、または入力されたテキストを表します。

カテゴリー	パルパブルコンテンツ／フレージングコンテンツ／フローコンテンツ
コンテンツモデル	フレージングコンテンツ
使用できる文脈	フレージングコンテンツが期待される場所

使用できる属性 グローバル属性(P.89)

実践例 コンピューターの操作を表す

<kbd>~</kbd><samp>~</samp>

以下の例では、コンピューターに入力するテキストである「1」は、入力テキストとしてkbd要素を使って表しています。また、コンピューターから出力された内容のテキストは、samp要素を使って表しています。

```html
<p>
    <kbd>1</kbd>を入力したら、メニューの右上に表示されている[<samp>保存する</samp>]をクリックします。
</p>
```

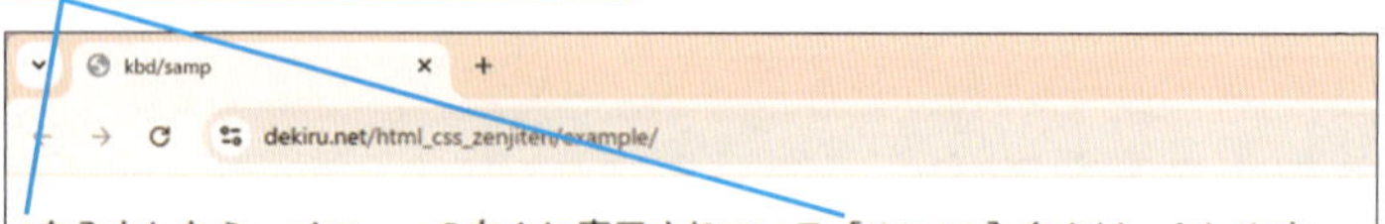

また、以下の例のようにkbd要素をsamp要素に内包すると、入力したテキストが出力結果にそのまま表示される「エコーバック」を表します。

```html
<p>
    <kbd>1</kbd>を入力すると 「<samp><kbd>1</kbd>が選択されました</samp>」と表示されます。
</p>
```

逆に、samp要素をkbd要素に内包すると、出力された内容を入力することを表します。

```html
<p>
    画面に表示される「<kbd><samp>保存する</samp></kbd>」メニューを選択します。
</p>
```

テキスト

質が異なるテキストを表す

i要素は、著者の思考、気分、文書内で定義されていない専門用語など、他とは質が異なるテキストを表します。文書の主テキストで使用されている言語とは異なる言語によって用語などが記述される場合は、lang属性によって言語を指定することが望ましいでしょう。また、この要素が示す内容が分かるように、class属性で明示することもできます。多くのブラウザーではイタリック体、または斜体で表示されます。

カテゴリー	パルパブルコンテンツ／フレージングコンテンツ／フローコンテンツ
コンテンツモデル	フレージングコンテンツ
使用できる文脈	フレージングコンテンツが期待される場所

使用できる属性　グローバル属性(P.89)

以下の例では、文書内でdl要素(P.132)やdfn要素(P.148)などによって定義していない専門用語をマークアップし、class属性でそれを示しています。

```html
<p>
  昨日の試合は<i class="rule">オフサイド</i>が多い試合だった。
</p>
```

Safari (iOS)

専門用語であるテキストが斜体で表示される

昨日の試合は*オフサイド*が多い試合だった。

ポイント

- 多くのブラウザーではイタリック体、または斜体で表示されますが、「見た目をイタリック体、斜体にしたいのでi要素を使用する」というのは間違いです。これは他の要素でも同じですが、要素が持つ意味を正しく理解して使用しましょう。

テキスト

特別なテキストを表す

b要素は、強調や重要性、引用、用語の定義といった意味ではない、特別なテキストを表します。例えば、文書の概要にあるキーワードや、レビュー記事の中にある製品名、サービス名などが該当します。なお、この要素が示す内容が分かるように、class属性で明示することもできます。多くのブラウザーでは太字で表示されます。

カテゴリー	パルパブルコンテンツ／フレージングコンテンツ／フローコンテンツ
コンテンツモデル	フレージングコンテンツ
使用できる文脈	フレージングコンテンツが期待される場所

使用できる属性　グローバル属性(P.89)

以下の例では、記事の第1文をリード文として表すためにb要素を使い、class属性でそれを示しています。

```html
<article>
  <h2>昇格争いで決めた魅惑のゴール！</h2>
  <p><b class="lead">昨日、リーグ史上に残るゴールを目前で観戦しました。</b></p>
  <!--省略-->
</article>
```

記事のリード文としたテキストが太字で表示される

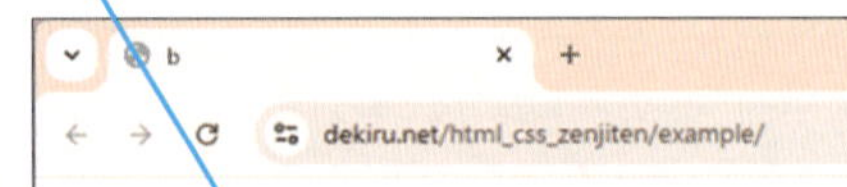

昇格争いで決めた魅惑のゴール！

昨日、リーグ史上に残るゴールを目前で観戦しました。

テキスト

テキストをラベル付けする

ユー

<u> ～ </u>

u要素は、テキストをラベル付けします。例えば、ニュアンスがはっきりと伝わりにくいテキストや、あえて本来の意味とは違う意味で使っているテキスト、あるいはスペルミスなどを表します。多くのブラウザーでは、下線が引かれたテキストとして表示されます。u要素で行われる下線表示は、多くのブラウザーでリンクテキストを表すのに使われる下線と混同されやすいため、使用時には注意が必要です。

カテゴリー	パルパブルコンテンツ／フレージングコンテンツ／フローコンテンツ
コンテンツモデル	フレージングコンテンツ
使用できる文脈	フレージングコンテンツが期待される場所

使用できる属性　グローバル属性(P.89)

以下の例では、通常の意味とは異なる用語として「レモン」をマークアップしています。

```html
<p>
  以上、説明してきたように「<u>レモン</u>市場」においては、本来的な市場原理が機能しない。
</p>
```

通常の意味とは異なることを伝えたいテキストに下線が表示される

u

dekiru.net/html_css_zenjiten/example/

以上、説明してきたように「レモン市場」においては、本来的な市場原理が機能しない。

テキスト

ハイライトされたテキストを表す

<mark>～</mark>

マーク

mark要素は、ハイライトされたテキストを表します。文章の中で特に目立たせたいテキストを示す要素で、重要性などの意味は持ちません。例えば、引用文の中で特に言及したい部分を示す場合に使用します。多くのブラウザーでは、背景が黄色くハイライトされた状態で表示されます。

カテゴリー	パルパブルコンテンツ／フレージングコンテンツ／フローコンテンツ
コンテンツモデル	フレージングコンテンツ
使用できる文脈	フレージングコンテンツが期待される場所

使用できる属性 グローバル属性（P.89）

以下の例では、引用文で特に目立たせたいテキストをmark要素でマークアップしています。

```html
<blockquote>
  <p>
    今は昔、<mark>薔薇の乱</mark>に目に余る多くの人を幽閉したのはこの塔である。
  </p>
</blockquote>
```

目立たせたいテキストがハイライトで表示される

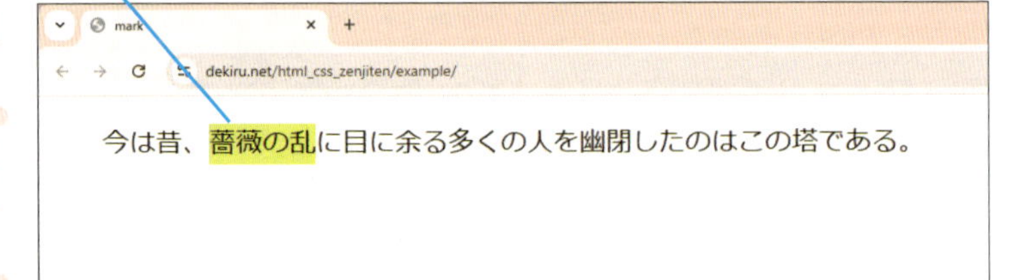

テキスト

書字方向が異なるテキストを表す

SPECIFIC

バイディレクショナル
<bdi> ~ </bdi>

bdi要素は、文字列の適切な書字方向が自動的に判別される「双方向アルゴリズム」の適用される範囲を指定します。例えば、日本語の文章に書字方向の異なるアラビア語を混在させるときに、その範囲を指定することで書字方向の誤判断を防げます。なお、この要素に対してdir属性(P.91)が省略された場合は、初期値としてautoが与えられます。

カテゴリー	パルパブルコンテンツ／フレージングコンテンツ／フローコンテンツ
コンテンツモデル	フレージングコンテンツ
使用できる文脈	フレージングコンテンツが期待される場所

使用できる属性 グローバル属性(P.89)

コロン(:)やセミコロン(;)などの記号や英数字は、書字方向が異なる言語間でも同じように使用される場合があります。一方でコンピューターは、本文中の言語の使い分けや単語の切れ目を判断できないので、意図通りにテキストが表示されない場合があります。以下の例では、bdi要素を使って「:3」がアラビア語と同じ右から左への表示になる問題を解消しています。

```html
<ul>
  <li>投稿者 jcranmer: 12件の投稿</li>
  <li>投稿者 hober: 5件の投稿</li>
  <li>投稿者 إيان : 3件の投稿</li>
</ul>
<ul>
  <li>投稿者 <bdi>jcranmer</bdi>: 12件の投稿</li>
  <li>投稿者 <bdi>hober</bdi>: 5件の投稿</li>
  <li>投稿者 <bdi> إيان </bdi>: 3件の投稿</li>
</ul>
```

bdi
dekiru.net/html_css_zenjiten/example/

- 投稿者 jcranmer: 12件の投稿
- 投稿者 hober: 5件の投稿
- 投稿者 3 : إيان件の投稿

- 投稿者 jcranmer: 12件の投稿
- 投稿者 hober: 5件の投稿
- 投稿者 إيان: 3件の投稿

書字方向が異なることが判別されず、「:3」が右から左へ記述され「3:」となっている

書字方向が明示され、アラビア語の影響を受けない

テキストの定義

テキスト

テキストの書字方向を指定する

バイディレクショナル・オーバーライド

<bdo>～</bdo>

bdo要素は、テキストに対して明示的に書字方向を指定します。bdo要素を記述した部分のみ、「双方向アルゴリズム」を上書きすることが可能です。例えば、日本語の文章に書字方向の異なるアラビア語を混在させるときに、対象となるテキストの書字方向を指定することで、意図しない表記になることを防げます。dir属性(P.91)は必須です。

カテゴリー	パルパブルコンテンツ／フレージングコンテンツ／フローコンテンツ
コンテンツモデル	フレージングコンテンツ
使用できる文脈	フレージングコンテンツが期待される場所

使用できる属性　グローバル属性(P.89)

以下の例では、「:○件の投稿」の部分に左から右の書字方向(dir属性値がltr)を指定したbdo要素を記述することで、投稿者の名前がアラビア語でも影響されないようにしています。

```html
<ul>
  <li>投稿者 jcranmer : 12件の投稿</li>
  <li>投稿者 hober : 5件の投稿</li>
  <li>投稿者 إيان : 3件の投稿</li>
</ul>
<ul>
  <li>投稿者 jcranmer <bdo dir="ltr">: 12件の投稿</bdo></li>
  <li>投稿者 hober <bdo dir="ltr">: 5件の投稿</bdo></li>
  <li>投稿者 إيان <bdo dir="ltr">: 3件の投稿</bdo></li>
</ul>
```

bdo
dekiru.net/html_css_zenjiten/example/

- 投稿者 jcranmer：12件の投稿
- 投稿者 hober：5件の投稿
- 投稿者 3：إيان件の投稿

- 投稿者 jcranmer：12件の投稿
- 投稿者 hober：5件の投稿
- 投稿者 إيان：3件の投稿

アラビア語の書字方向の影響を受け、「:3」が右から左へ記述され「3:」となっている

「:～件」までの書字方向を指定したため、アラビア語の影響を受けない

テキスト

POPULAR

フレーズをグループ化する

<span>～</span>

(スパン)

span要素は特定の意味を持ちませんが、class、lang、dir属性といったグローバル属性と組み合わせることで、内包するフレージングコンテンツをグループ化できます。フローコンテンツに対して同様の役割を持つ要素としてdiv要素(P.126)があります。

カテゴリー	パルパブルコンテンツ／フレージングコンテンツ／フローコンテンツ
コンテンツモデル	フレージングコンテンツ
使用できる文脈	フレージングコンテンツが期待される場所

使用できる属性 グローバル属性(P.89)

```
<p>                                                                    HTML
  <span class="place">渋谷駅</span>から玉川通りを西に向かうと、
  <span class="place">道玄坂上</span>の交差点にたどり着きますが、
 その角にコンビニエンスストア、<span class="shop">サンプルマート道玄坂上店</span>が見えてきます。
</p>
```

```
.place {color: red;}                                                   CSS
.shop {color: blue;}
```

グループにしたフレージングコンテンツにはCSSを一括で設定できる

dekiru.net/html_css_zenjiten/example/

渋谷駅から玉川通りを西に向かうと、 道玄坂上の交差点にたどり着きますが、 その角にコンビニエンスストア、サンプルマート道玄坂上店が見えてきます。

テキストの定義

改行を表す

br要素は、改行を表します。詩や住所など、改行を伴って表示することが妥当であり、かつ行によって段落分けが発生しない場合に使用できます。

カテゴリー	フレージングコンテンツ／フローコンテンツ
コンテンツモデル	空
使用できる文脈	フレージングコンテンツが期待される場所

使用できる属性　グローバル属性(P.89)

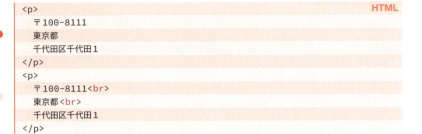

```html
<p>
  〒100-8111
  東京都
  千代田区千代田1
</p>
<p>
  〒100-8111<br>
  東京都<br>
  千代田区千代田1
</p>
```

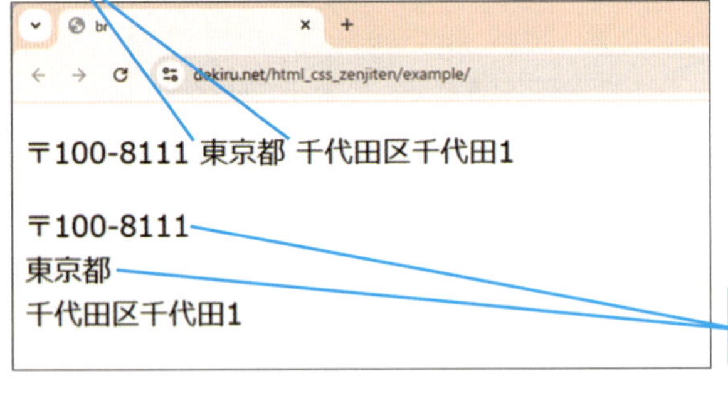

ポイント

- 段落間の余白を多めに確保したり、文章の途中に不要な改行を入れたりするなど、レイアウトを目的としてbr要素を使うことはできません。

テキスト

折り返し可能な箇所を指定する

USEFUL

ワード・ブレーク・オポチュニティー

wbr要素は、テキストの折り返しが可能な箇所を指定します。通常、テキストがブラウザーの表示領域の幅に達すると、そこで折り返して表示されます。しかし、英単語は途中での折り返しが禁止されているため、長い英単語は表示領域の幅を超えても折り返されません。このような場合、単語内にwbr要素を記述することで、その場所での折り返しを許可します。ただし、wbr要素は折り返しを許可するだけなので、指定した位置で実際に折り返しが発生するかは、表示領域の幅やテキストの分量、文字サイズなどに依存します。

カテゴリー	フレージングコンテンツ／フローコンテンツ
コンテンツモデル	空
使用できる文脈	フレージングコンテンツが期待される場所

使用できる属性　グローバル属性(P.89)

```html
<p>
  古代ギリシアの戯曲家アリストパネスによる<cite>女の議会</cite>には、
  "Lopadotemachoselachogaleokranioleipsanodrimhypotrim<wbr>
  matosilphioparaomelitokatakechymenokichlepikossyphophat<wbr>
  toperisteralektryonoptekephalliokigklopeleiolagoio-<wbr>
  siraiobaphetraganopterygon"という料理が登場する。
</p>
```

英単語がwbr要素の位置で改行される

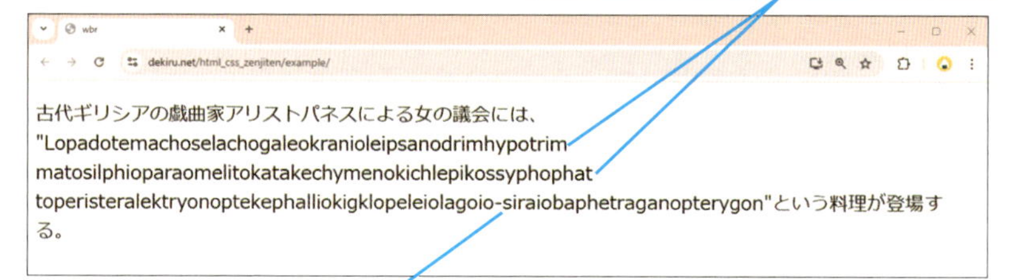

テキストの分量や文字サイズによっては折り返しが発生しない

ポイント

● テキストの折り返しはCSSでも制御できます。word-break（P.448）、overflow-wrap（P.450）、line-break（P.449）などを参照してください。

追記・削除

追記、削除されたテキストを表す

ins要素は、文書に後から挿入・追記されたテキストを表します。del要素は、文書から削除されたテキストを表します。仕様内では、両要素とも複数のフレージングコンテンツを内包しないよう求められています。

カテゴリー	パルパブルコンテンツ(ins要素のみ)／フレージングコンテンツ／フローコンテンツ
コンテンツモデル	トランスペアレントコンテンツ
使用できる文脈	フレージングコンテンツが期待される場所

使用できる属性　グローバル属性(P.89)

cite

テキストの追加、削除が他のリソースを根拠に行われた場合に、URLを指定できます。

datetime

テキストが追加、削除された日時を表します。値には、コンピューターによって取り扱い可能な日時を表す文字列(P.151)を指定できます。

```html
<h1>大樽町カフェProject ToDoリスト</h1>
<ul>
  <li>ディナープランの創出</li>
  <li><del datetime="2023-10-14T22:05+09:00">テラスの雨天対応</del>
  </li>
  <li><del>チェーン展開の検討</del></li>
  <li><ins cite="http://www.example.com">冬期、インフルエンザ対策</ins>
  </li>
  <li><ins datetime="2025-02-08">春の新メニュー施策</ins></li>
</ul>
```

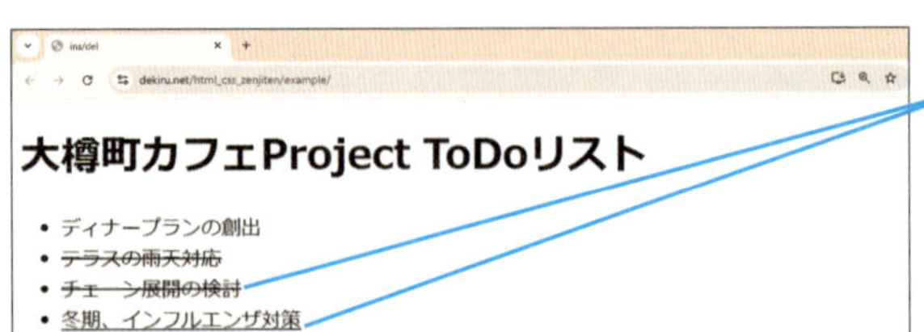

del要素の内容には取り消し線が、ins要素の内容には下線が引かれる

ルビ

ルビを表す

ルビ

<ruby>～</ruby>

ruby要素を使うと、フレージングコンテンツにルビを振ることができます。ルビとは文章内の任意のテキストに対するふりがな、説明、異なる読み方などの役割を持つテキストを、本文より小さく上部または下部に表示するものです。

カテゴリー	フローコンテンツ／フレージングコンテンツ／パルパブルコンテンツ
コンテンツモデル	以下の組からそれぞれ1つ以上 ・ruby要素を子孫に持たないフレージングコンテンツ、または単一のruby要素 ・1つ以上のrt要素、またはrp要素に続く1つ以上のrt要素の後にrp要素
使用できる文脈	フレージングコンテンツが期待される場所

使用できる属性 グローバル属性(P.89)

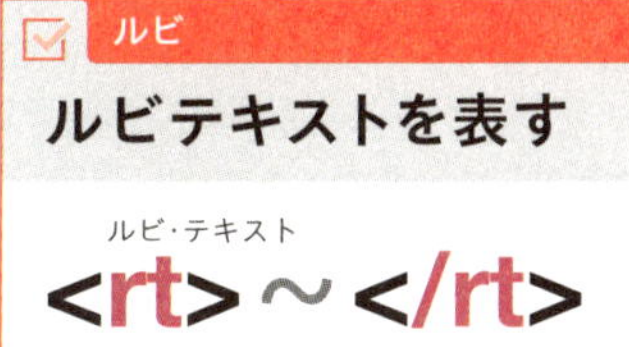

ルビ

ルビテキストを表す

ルビ·テキスト

<rt>～</rt>

rt要素はルビテキストを表し、ruby要素の内容となるテキストに与えられるルビ（ふりがな、説明、異なる読み方など）として表示されます。ルビに対応していないブラウザーにおいては、rt要素の内容は本文中にそのまま表示されます。

なお、rt要素の終了タグは、直後にrp要素、rt要素が続く場合、もしくは当該要素が親要素から見て最後の子要素となる場合は省略できます。ただし、メンテナンス性が低下するなどの弊害が考えられるため、省略しないほうがよいでしょう。

カテゴリー	なし
コンテンツモデル	フレージングコンテンツ
使用できる文脈	ruby要素の子要素として

使用できる属性 グローバル属性(P.89)

ルビ

ルビテキストを囲む括弧を表す

ルビ・パレンシス

<rp> ~ </rp>

rp要素は、ruby要素に対応していないブラウザーにおいて、本文中にそのまま表示されるルビテキストを囲む括弧を表示します。ruby要素の子要素かつrt要素の前後に記述します。

カテゴリー	なし
コンテンツモデル	テキスト
使用できる文脈	ruby要素の子要素、かつrt要素の前後に記述可

使用できる属性 グローバル属性(P.89)

実践例 テキストにルビを振る

<ruby>~<rp>(</rp><rt>~</rt><rp>)</rp></ruby>

以下はルビを振ったテキストの例です。対応していないブラウザー向けにrp要素を記述し、rt要素の内容が括弧で囲んで表示されるようにしています。

```HTML
<p>人がいなくなった工作室で<ruby>轆轤<rt>ろくろ</rt></ruby>が
回っている。</p>
<p>夕日の映える公園で<ruby>鞦韆<rp>(</rp><rt>ぶらんこ</rt><rp>)</
rp></ruby>が揺れている。</p>
```

テキストに対して
ルビが振られる

対応ブラウザーではrp要素の
内容は表示されない

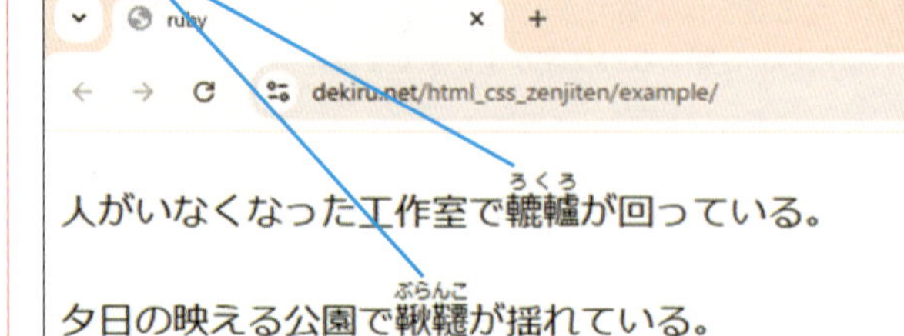

ファイル

レスポンシブ・イメージを実現する

ピクチャー

<picture> ~ </picture>

picture要素は、レスポンシブ・イメージを実現するための要素です。内包されたimg要素(P.173)とsource要素を組み合わせて、複数のイメージソースを出し分けられます。

カテゴリー	エンベッディッドコンテンツ/フレージングコンテンツ/フローコンテンツ
コンテンツモデル	0個以上のsource要素に続いて、1つのimg要素。任意でスクリプトサポート要素(script要素およびtemplate要素)
使用できる文脈	エンベッディッドコンテンツが期待される場所

使用できる属性 グローバル属性(P.89)

ファイル

選択可能なファイルを複数指定する

ソース

<source>

source要素は、audio要素(P.182)、video要素(P.180)、picture要素に内包されるimg要素に対して、選択可能なファイルを複数指定します。複数のファイルを用意することで、ユーザーの環境に合わせて適切なファイルが選択されます。

カテゴリー	なし
コンテンツモデル	空
使用できる文脈	・audio要素またはvideo要素の子要素として。ただし、すべてのフローコンテンツやtrack要素より前 ・picture要素の子要素として。ただし、img要素の前

使用できる属性　グローバル属性(P.89)

src（ソース）
文書内に埋め込む音声・動画ファイルのURLを指定します。なお、picture要素内で使用する場合、src属性は使用できません。

type（タイプ）
リンク先のMIMEタイプを指定します。

srcset（ソースセット）
img要素(P.173)と同様に、複数のイメージソースを指定できます。picture要素内でのみ使用可能で、この場合srcset属性は必須となります。

media（メディア）
リンク先の文書や読み込む外部リソースがどのメディアに適用するのかを指定します。media属性の値は、妥当なメディアクエリ(P.275)である必要があります。

sizes（サイズス）
画像ファイルなどのサイズを指定します。source要素がpicture要素の子要素となる場合のみ使用可能で、複数のイメージソースを出し分けるために指定します。source要素、img要素におけるsizes属性で指定できる値のルールは以下の通りです。

・1、2の各組をカンマ区切りで1個以上
1. A、Bの組み合わせが0組以上(両方の場合は空白文字で区切って記述)
    A.メディアクエリ
    B.画像の表示サイズ値
2. 画像の表示サイズ値

picture要素内において、複数のイメージソースを指定するために使用されるsource要素では、このsizes属性に加えて、srcset属性やmedia属性を組み合わせて指定することで、デバイスピクセル比、ビューポート、画面サイズなどに応じた、複数のイメージソースを出し分けることが可能になります。

width, height（ウィズ, ハイト）
source要素がpicture要素の子要素となる場合のみ使用可能で、レンダリングされる画像のアスペクト比を決定するための縦横のサイズを指定できます。

次のページの例では、audio要素で読み込む音声ファイルを3種類のフォーマットで提供しています。ユーザーの環境に合わせて再生可能なファイルが表示されます。

```html
<audio controls="controls">
  <source src="sample.ogg" type="audio/ogg">
  <source src="sample.wav" type="audio/wave">
  <source src="sample.mp4" type="audio/mp4">
  <!--省略-->
</audio>
```

実践例 複数のイメージソースを出し分ける

<picture><source>~</picture>

以下の例では、source要素にsrcset属性を指定することで、閲覧するデバイスのピクセル比、ビューポート、画面サイズなどに応じて、指定した画像が表示されます。

```html
<picture>
  <source srcset="sample-x1.5.png 1.5x, sample-x2.png 2x">
  <img alt="画像の説明" src="sample.png">
</picture>
```

以下の例では、sizes属性によってビューポートの幅が30em以下の場合は100vw、50em以下の場合は50vw、それ以外の場合はcalc(33% - 100px)というサイズが画像に適用されるように設定しています。sizes属性はさらに細かく指定することも可能です。

```html
<picture>
  <source sizes="(max-width: 30em) 100vw,
                 (max-width: 50em) 50vw,
                 calc(33% - 100px)"
          srcset="sample-x1.5.png 1.5x,
                 sample-x2.png 2x"
  >
  <img alt="画像の説明" src="sample.png">
</picture>
```

アプリケーション

アプリケーションやコンテンツを埋め込む

エンベッド
<embed>

embed要素は、外部のアプリケーションやインタラクティブコンテンツを埋め込むための要素です。プラグインが必要な非HTMLコンテンツの埋め込みに使用されます。embed要素ではHTMLの属性の他に、プラグインが定めた属性によって各種パラメーターを付与できます。

カテゴリー	インタラクティブコンテンツ／エンベッディッドコンテンツ／パルパブルコンテンツ／フレージングコンテンツ／フローコンテンツ
コンテンツモデル	空
使用できる文脈	エンベッディッドコンテンツが期待される場所

使用できる属性　グローバル属性(P.89)

ソース
src

文書内に埋め込むスクリプトのURLを指定します。

タイプ
type

埋め込まれる外部リソースのMIMEタイプを指定します。

ウィズ　ハイト
width, height

アプリケーションやコンテンツの幅と高さを指定します。値には正の整数を指定する必要があります。以下の例では、Windows Media Video形式の動画ファイルをembed要素で埋め込んでいます。

```html
<embed src="sample.wmv"
width="400"
height="200"
type="video/x-ms-wmv"
title="サンプルの動画">
```

ポイント

- embed要素には必ずtitle属性を使用して、そこに何が埋め込まれているのかが分かるラベルを付与しましょう。読み上げ環境など、支援技術を使用しているユーザーがコンテンツを理解するために必要になります。

画像ファイル

画像を埋め込む

img要素は、文書に画像を埋め込みます。

カテゴリー	インタラクティブコンテンツ(usemap属性を持つ場合)／エンベッディッドコンテンツ／パルパブルコンテンツ／フォーム関連要素／フレージングコンテンツ／フローコンテンツ
コンテンツモデル	空
使用できる文脈	エンベッディッドコンテンツが期待される場所

使用できる属性 グローバル属性(P.89)

alt（オルタナティブ）

画像が表示できなかった場合に利用される代替テキストを指定します。代替テキストは、単に画像のタイトルを入れるのではなく、その画像が表す内容を文章として説明するように厳密に定義されています。なお、装飾目的など文脈上意味を持たない画像のalt属性値は空にできます。

src（ソース）

文書内に埋め込む画像のURLを指定します。src属性は必須です。埋め込めるファイルは画像ファイル(PNG、GIF、アニメーションGIF、JPEG、SVG、WebPなど)のみです。

srcset（ソース・セット）

複数のイメージソースを指定して、ディスプレイサイズやデバイスピクセル比に応じて代替画像を出力します。候補となる画像のURLに合わせて、表示する条件を空白文字で区切って指定します。各条件は数値に画面の幅「w」、高さ「h」、デバイスピクセル比「x」の単位を付けて任意に指定します。また、画像の候補はカンマ(,)で区切って複数個を指定できます。以下の例では、通常はsrc属性に指定された「sample.png」、デバイスピクセル比が「1.5」の環境では「sample-x1.5.png」、デバイスピクセル比が「2」の環境では「sample-x2.png」が表示されます。

```html
<img alt="大樽町カフェから臨む大山脈" src="sample.png"
     srcset="sample-1.5x.png 1.5x, sample-2x.png 2x">
```

sizes（サイズズ）

画像ファイルなどのサイズを指定します。img要素におけるsizes属性で指定できる値はsource要素(P.169)を参照してください。

クロス・オリジン
crossorigin

CORS（Cross-Origin Resource Sharing／クロスドメイン通信）を設定する属性です。サードパーティーから読み込んだ画像を、canvas要素（P.254）で利用できるようにします。以下の値を指定でき、値が空、もしくは不正な場合はanonymousが指定されたものとして扱われます。

anonymous	Cookieやクライアントサイドの SSL 証明書、HTTP 認証などのユーザー認証情報は不要です。
use-credentials	ユーザー認証情報を求めます。

ユーズ・マップ
usemap

画像をクライアントサイド（リンクの情報をブラウザーで処理する）クリッカブルマップとして扱う場合に、その対象となるmap要素（P.185）に指定されたname属性値を指定します。

イズ・マップ
ismap

画像をサーバーサイド（リンクの情報をサーバーで処理する）クリッカブルマップとして扱う場合に指定します。a要素のhref属性に、クリックされた座標を基に処理をするプログラムへのURLなどを指定したうえで、ismap属性を指定したimg要素を配置することで、サーバーサイドクリッカブルマップを実行します。ismap属性は論理属性（P.65）です。

ウィズ　ハイト
width, height

画像の幅と高さを指定します。値には正の整数を指定する必要があります。

リファラーポリシー
referrerpolicy

リンク先にアクセスする際、あるいは画像など外部リソースをリクエストする際にリファラー（アクセス元のURL情報）を送信するか否か（リファラーポリシー）を指定します。値はlink要素（P.104）を参照してください。

デコーディング
decording

ブラウザーに画像デコードのヒントを提供します。画像を同期的にデコードするように指定すると、ブラウザーは読み込んだ順序で画像をデコードしていくため、画像のデコードを待つ間、それに続くコンテンツの表示が遅れる場合があります。例えば、文書内で補足的に使われている画像、本文とあまり関係がない画像などに指定して、Webページが表示される体感速度を向上させることが可能です。

auto	デコード方式を指定しません（初期値）。
sync	他のコンテンツと画像を同期的にデコードします。
async	他のコンテンツと画像を非同期的にデコードします。

loading（ローディング）

ブラウザーに画像取得のヒントを提供します。値としてlazyを指定することで、ブラウザーネイティブ実装の遅延読み込み（Lazy loading）を実現し、Webページが表示される体感速度を向上させることが可能です。

lazy 可視状態になるまで画像リソースの取得を遅延させることをブラウザーに指示します。

eager 可視状態に関係なく、画像リソースをすぐに取得する必要があることをブラウザーに指示します。

fetchpriority（フェッチプライオリティ）

外部リソースを読み込むためのリンクに対して使用する属性で、リンク先のリソースをフェッチして（読み込んで）処理する際の優先度を設定します。指定できる値は以下の通りで、値が空、あるいは無効な値が指定された場合は、autoとして扱われます。

high 他の同類のリソースと比較して、その外部リソースの取得優先順位が高いことを伝えます。

low 他の同類のリソースと比較して、その外部リソースの取得優先順位が低いことを伝えます。

auto ブラウザーが自動的に優先度を判別します（初期値）。

以下の例では、img要素を用いて文書に画像を埋め込んでいます。alt属性には画像の内容が伝わる代替テキストを指定しましょう。

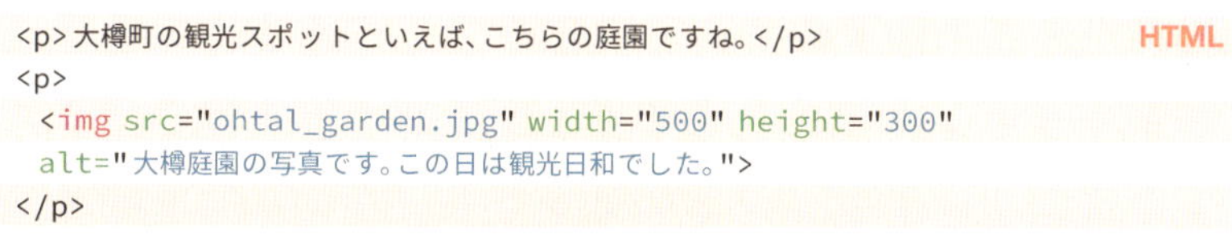

```html
<p>大樽町の観光スポットといえば、こちらの庭園ですね。</p>
<p>
  <img src="ohtal_garden.jpg" width="500" height="300"
  alt="大樽庭園の写真です。この日は観光日和でした。">
</p>
```

img要素によって画像が表示される

width属性、height属性を使って画像の幅と高さを指定している

HTML文書

他のHTML文書を埋め込む

アイフレーム <iframe> ~ </iframe>

iframe要素は、入れ子になったブラウジングコンテキスト(P.73)を表します。文書内に他のHTML文書を埋め込むことができます。

カテゴリー	インタラクティブコンテンツ／エンベッディッドコンテンツ／パルパブルコンテンツ／フレージングコンテンツ／フローコンテンツ
コンテンツモデル	空
使用できる文脈	エンベッディッドコンテンツが期待される場所

使用できる属性 グローバル属性(P.89)

ソース src

文書内に埋め込む他のHTML文書のURLを指定します。src属性が指定されている場合、その値に空白文字列は認められず、かつ妥当なURLが指定される必要があります。itemprop属性(P.94)がiframe要素に指定されている場合、src属性は必ず指定します。

ソース・ドキュメント srcdoc

文書内に埋め込むHTML文書の内容を指定します。つまり、表示したいHTMLを値として直接入力します。入力する際の記述方法は仕様によって厳密に定義されていますが、実際にはbody要素の内容のみ記述すれば大丈夫です。ただし、srcdoc属性値に入る「"」および「&」は、文字参照として「"」「&」とそれぞれ記述する必要があります。なお、src属性とsrcdoc属性が両方とも指定されている場合、srcdoc属性の内容が優先的に読み込まれます。

ネーム name

埋め込まれた文書に名前を付与します。この名前を使用して、JavaScriptから要素にアクセスしたり、付与した名前をリンクのターゲットに使用したりできます。

ローディング loading

ブラウザーにリソース取得のヒントを提供します。指定できる値はimg要素のloading属性を参照してください。

サンドボックス sandbox

iframe要素によって埋め込まれたHTML文書に制限をかけます。sandbox属性を指定したうえで値を空にすると、すべての制約を適用します。あるいは、次のページにある値を指定して、制限をコントロールできます。これらの値は、空白文字で区切ることで複数指定することが可能です。

allow-forms	埋め込まれた文書からのフォーム送信を有効にします。
allow-modals	埋め込まれた文書からモーダルウィンドウを開くことを可能にします。
allow-orientation-lock	埋め込まれた文書がスクリーンの方向をロック可能にします。
allow-pointer-lock	埋め込まれた文書がPointer Lock APIを使用可能にします。
allow-popups	埋め込まれた文書からのポップアップを有効にします。
allow-popups-to-escape-sandbox	sandbox属性が付与された文書が新しいウィンドウを開いたとき、サンドボックスが継承されないようにします。
allow-presentation	埋め込まれた文書がプレゼンテーションセッションを開始できるようにします。
allow-same-origin	埋め込まれた文書を固有のオリジンとはせず、親文書と同じオリジンを持つものとします。
allow-scripts	埋め込まれた文書からのスクリプト実行を有効にします。
allow-top-navigation	埋め込まれた文書から別のブラウジングコンテキストを指しているリンクを有効にします。
allow-top-navigation-by-user-activation	埋め込まれた文書が最上位のブラウジングコンテキストに移動できるようにします。ただし、ユーザーの操作によって開始されたものに限ります。

allow（アロウ）

ブラウザーにおける特定の機能やAPIを有効化、あるいは無効化したり、動作を変更したりできます。Feature Policyによって使用できる値が定められており、以下が代表例です。値は「;」で区切ることで複数指定できます。なお、値の中にはブラウザー対応がされていないものも多く含まれています。

autoplay	iframeによって埋め込まれた動画が自動的に再生するようにします。
encrypted-media	Encrypted Media Extensions API（EME／暗号化メディア拡張）の使用を許可します。
fullscreen	fullscreen APIの使用（フルスクリーン表示）を許可します。
geolocation	Geolocation APIの使用を許可し、ユーザーの位置情報を使用可能にします。
payment	Payment Request APIの使用を許可し、ユーザーに簡単・高速な決済を提供します。
picture-in-picture	Picture-in-Pictureモードでビデオを再生可能にします。

allowfullscreen（アロウ･フルスクリーン）

埋め込まれたリソースのフルスクリーン表示を許可するかを指定します。ただし、この属性とallowpaymentrequest属性の用途を同時に満たすallow属性が定義されており、対応するブラウザーにおいては、allow="fullscreen"と指定することで同様の効果となります。allowfullscreen属性は論理属性です。

リファラーポリシー
referrerpolicy

リンク先にアクセスする際、あるいは画像など外部リソースをリクエストする際にリファラー（アクセス元のURL情報）を送信するか否か（リファラーポリシー）を指定します。値はlink要素(P.104)を参照してください。

ウィズ　ハイト
width, height

埋め込まれた文書の幅と高さを指定します。値には正の整数を指定する必要があります。以下の例では、YouTubeにアップロードされた動画をiframe要素で埋め込んでいます。

```html
<h1>iPhone SE使い方解説動画</h1>
<p>
  <iframe title="Excelの「セルの塗りつぶし」を一瞬で。ショートカットキーで背景色を設定・解除する方法 - YouTube" width="530" height="300" src="https://www.youtube.com/embed/iIQTAETH1pI" allow="accelerometer; autoplay; encrypted-media; gyroscope; picture-in-picture" allowfullscreen></iframe>
</p>
```

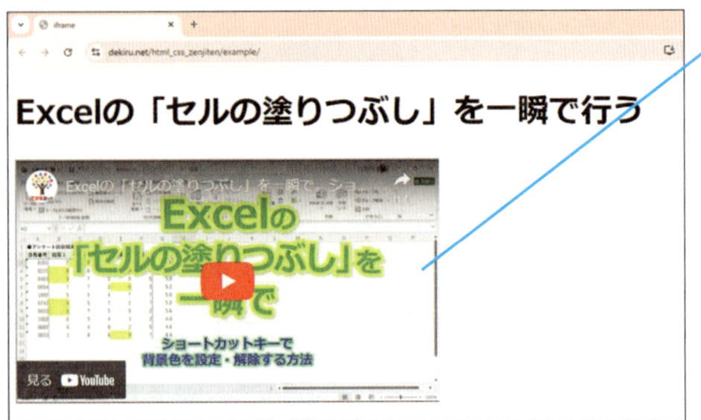

YouTubeの動画が埋め込まれて表示される

ポイント

- iframe要素を用いて他に用意しておいた広告用のWebページを表示させる場合は、以下のように記述します。

```html
<aside>
  <h2>広告</h2>
  <iframe src="ad.html" width="300" height="300" title="広告が表示されます"></iframe>
</aside>
```

- iframe要素には必ずtitle属性、あるいはaria-label属性を使用して、そこに何が埋め込まれているのかが分かるラベルを付与しましょう。読み上げ環境など、支援技術を使用しているユーザーがコンテンツを理解するために必要です。

外部リソース

埋め込まれた外部リソースを表す

オブジェクト
<object>～</object>

object要素は、埋め込まれた外部リソースを表します。画像、動画といったプラグインが必要な非HTMLの外部リソース、他のHTML文書など、さまざまな外部リソースを文書に埋め込むことが可能です。また、object要素は入れ子になったブラウジングコンテキスト(P.73)としても扱われます。なお、object要素の内容は、埋め込まれる外部リソースに与えるパラメーター、および対応していない環境への代替コンテンツとなります。

カテゴリー	エンベッディッドコンテンツ／パルパブルコンテンツ／フォーム関連要素／フレージングコンテンツ／フローコンテンツ／リスト可能なフォーム関連要素
コンテンツモデル	トランスペアレントコンテンツ
使用できる文脈	エンベッディッドコンテンツが期待される場所

使用できる属性　グローバル属性(P.89)

データ
data

object要素によって埋め込む外部リソースのURLを指定します。data属性またはtype属性のいずれか一方は必須です。

タイプ
type

埋め込まれる外部リソースのMIMEタイプを指定します。

ネーム
name

埋め込まれる外部リソースに名前を付与します。

ユーズ・マップ
usemap

埋め込まれた外部リソースをクライアントサイドクリッカブルマップとして扱う場合、その対象となるmap要素(P.185)と指定されたname属性値を指定します。

フォーム
form

任意のform要素に付与したid属性値(P.92)を指定することで、そのフォームとform属性を持つ入力コントロールなどを関連付けることができます。

ウィズ　ハイト
width, height

外部リソースの幅と高さを指定します。値には正の整数を指定する必要があります。

動画ファイル

動画ファイルを埋め込む

POPULAR

ビデオ
<video> ~ </video>

video要素は、文書内に動画ファイルを埋め込みます。プラグインを必要とせず、ブラウザーの基本機能のみで動画の再生を可能にします。video要素の内容は、video要素に対応していない環境への代替コンテンツになります。

カテゴリー	インタラクティブコンテンツ(controls属性を持つ場合)／エンベッディッドコンテンツ／パルパブルコンテンツ／フレージングコンテンツ／フローコンテンツ
コンテンツモデル	・src属性を持つ場合は、0個以上のtrack要素に続きトランスペアレントコンテンツ ・src属性を持たない場合は、0個以上のsource要素、0個以上のtrack要素に続きトランスペアレントコンテンツ ただし、上記どちらの場合でも他のaudio要素やvideo要素を子孫要素に持つことは不可
使用できる文脈	エンベッディッドコンテンツが期待される場所

使用できる属性　グローバル属性(P.89)

ソース
src

文書内に埋め込む動画ファイルのURLを指定します。

クロス・オリジン
crossorigin

CORS(Cross-Origin Resource Sharing／クロスドメイン通信)を設定する属性です。サードパーティーから読み込んだ動画を、canvas要素(P.254)で利用できるようにします。以下の値を指定でき、値が空、もしくは不正な場合はanonymousが指定されたものとして扱われます。

anonymous　CookieやクライアントサイドのSSL証明書、HTTP認証などのユーザー認証情報は不要です。

use-credentials　ユーザー認証情報を求めます。

ポスター
poster

動画を再生できない場合や再生の準備が整うまでに表示する画像のURLを指定します。

プレ・ロード
preload

再生するファイルを事前に読み込んでおくかを指定します。この属性の取り扱いはブラウザーによって異なり、指定した通りの挙動となるかは分かりません。なお、autoplay属性が同時に指定されている場合は、この属性の指定は無視されます。

none　動画が必ず再生されるとは限らない、または不要なトラフィックを避けたいといった意思をブラウザーに伝えます。不要な読み込みを避けられるかもしれません。

metadata	そのリソースのメタデータ（再生時間などの情報）だけは先に取得しておくことをブラウザーに勧めます。
auto	トラフィックなどは気にせず、ユーザーのニーズを優先してリソース全体をダウンロードを開始していいとブラウザーに伝えます。値が空の場合はこの扱いとなります。

オート・プレイ
autoplay

読み込んだファイルを自動的に再生します。autoplay属性は論理属性（P.65）です。

プレイズ・インライン
playsinline

video要素によって埋め込まれた映像を「インライン」で再生するように指定します。playsinline属性は論理属性です。

ループ
loop

エンドレス再生を行うように求めます。loop属性は論理属性です。

ミューテッド
muted

video要素に指定すると、ミュートした状態で再生します。muted属性は論理属性です。

コントロールズ
controls

動画ファイルの再生をコントロールするインターフェースを表示させます。この表示はブラウザーに依存します。controls属性は論理属性です。

ウィズ　ハイト
width, height

動画ファイルの幅と高さを指定します。値には正の整数を指定する必要があります。

```html
<video src="video.mp4" controls poster="video.jpg">
  <p>
    <a href="video.mp4" type="video/mp4">ファイルのダウンロードはこちら(MP4 / 1.2MB)</a>
  </p>
</video>
```

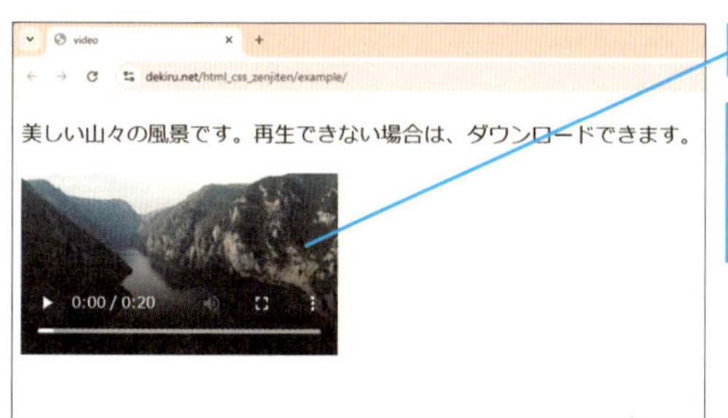

動画が表示され、再生できる

ブラウザーが対応していない場合は、代替メッセージとダウンロードリンクが表示される

音声ファイル

音声ファイルを埋め込む

オーディオ
<audio> ~ </audio>

audio要素は、文書内に音声ファイルを埋め込みます。プラグインを必要とせず、ブラウザーの基本機能のみで音声の再生を可能にします。audio要素の内容は、audio要素に対応していない環境への代替コンテンツになります。

カテゴリー	インタラクティブコンテンツ（controls属性を持つ場合）／エンベッディッドコンテンツ／パルパブルコンテンツ（controls属性を持つ場合）／フレージングコンテンツ／フローコンテンツ
コンテンツモデル	・src属性を持つ場合は、0個以上のtrack要素に続きトランスペアレントコンテンツ ・src属性を持たない場合は、0個以上のsource要素、0個以上のtrack要素に続きトランスペアレントコンテンツ ただし、上記どちらの場合でも他のaudio要素やvideo要素を子孫要素に持つことは不可
使用できる文脈	エンベッディッドコンテンツが期待される場所

使用できる属性　グローバル属性（P.89）

ソース
src

文書内に埋め込む音声ファイルのURLを指定します。

クロス・オリジン
crossorigin

CORS（Cross-Origin Resource Sharing／クロスドメイン通信）を設定する属性です。サードパーティーから読み込んだ音声を、canvas要素（P.254）で利用できるようにします。以下の値を指定でき、値が空、もしくは不正な場合はanonymousが指定されたものとして扱われます。

anonymous　Cookieやクライアントサイドの SSL 証明書、HTTP 認証などのユーザー認証情報は不要です。

use-credentials　ユーザー認証情報を求めます。

プレ・ロード
preload

再生するファイルを事前に読み込んでおくかを指定します。この属性の取り扱いはブラウザーによって異なり、指定した通りの挙動となるかは分かりません。なお、autoplay属性が同時に指定されている場合は、この属性の指定は無視されます。

none　音声が必ず再生されるとは限らない、または不要なトラフィックを避けたいといった意思をブラウザーに伝えます。不要な読み込みを避けられるかもしれません。

metadata　そのリソースのメタデータ（再生時間などの情報）だけは先に取得しておくことをブラウザーに勧めます。

auto	トラフィックなどは気にせず、ユーザーのニーズを優先してリソース全体をダウンロードを開始していいとブラウザーに伝えます。値が空の場合はこの扱いとなります。

オート・プレイ
autoplay

読み込んだファイルを自動的に再生します。autoplay属性は論理属性（P.65）です。

ループ
loop

エンドレス再生を行うように指定します。loop属性は論理属性です。

ミューテッド
muted

ミュートした状態で再生します。muted属性は論理属性です。

コントロールズ
controls

音声ファイルの再生をコントロールするインターフェースを表示させます。この表示はブラウザーに依存します。controls属性は論理属性です。

```html
<audio src="sample.mp3" controls>
  <p>
    <a href="sample.mp3" type="audio/mp3">ファイルのダウンロードはこちら
    (MP3 / 1.2MB)</a>
  </p>
</audio>
```

audio要素のcontrols属性によって音声の再生用コントロールが表示され、音声を再生できる

ブラウザーが対応していない場合は、代替メッセージとダウンロードリンクが表示される

audio
dekiru.net/html_css_zenjiten/example/
サンプルを視聴できます。再生できない場合は、ダウンロードしてご視聴ください。
0:00 / 0:00

テキストトラック

テキストトラックを埋め込む

トラック
<track>

track要素は、音声・動画ファイルに同期する外部のテキストトラックを埋め込みます。1つのaudio、video要素内に複数のtrack要素を記述できますが、次のページの条件をすべ

て満たす場合は、1つのaudio、video要素内に1つしか記述できません。
・同じaudio、video要素を親に持つ2つ以上のtrack要素において、kind属性値が同じ。
・srclang属性が指定されていない、または同じ言語が指定されている。
・label属性が指定されていない、または同じラベルが与えられている。

カテゴリー	なし
コンテンツモデル	空
使用できる文脈	audio、video要素の子要素として。ただし、あらゆるフローコンテンツより前

使用できる属性 グローバル属性(P.89)

kind
カインド

テキストトラックの種類を指定します。指定できる値は以下の通りです。

- **subtitles** 外国語の字幕を表します(初期値)。
- **captions** 音声が利用できない場合に対するテキストトラックを表します。
- **descriptions** 動画の内容をテキストで説明したものを表します。
- **chapters** チャプター(場面ごと)のタイトルを表します。
- **metadata** クライアントサイドスクリプトから利用する目的のテキストトラックを表します。このテキストトラックは画面に表示されません。不正な値が指定された場合はmetadataとして扱われます。

src
ソース

動画に埋め込むテキストトラックのURLを指定します。

srclang
ソース・ランゲージ

テキストトラックの言語を指定します。指定できる値はlang属性(P.95)と同様です。kind属性の値がsubtitlesの場合、この属性による言語の指定は必須です。

label
ラベル

ユーザーに表示するコマンドやテキストトラックのラベルを指定します。

default
デフォルト

デフォルトのテキストトラックであることを表します。kind属性値がmetadataの場合を除き、1つのaudio、video要素内に、この属性が指定されたテキストトラックは複数存在してはいけません。default属性は論理属性(P.65)です。

クリッカブルマップ

クリッカブルマップを表す

SPECIFIC

マップ

<map> ~ </map>

map要素は、area要素と組み合わせてクライアントサイドクリッカブルマップを表します。クリッカブルマップとは、画像を領域に分けて、各領域ごとにリンク先を指定できる仕組みです。

カテゴリー	パルパブルコンテンツ／フレージングコンテンツ／フローコンテンツ
コンテンツモデル	トランスペアレントコンテンツ
使用できる文脈	フレージングコンテンツが期待される場所

使用できる属性 グローバル属性(P.89)

ネーム

name

クリッカブルマップに名前を付与する必須属性です。この名前をimg要素(P.173)やobject要素（P.179）のusemap属性で指定することで、これらの要素をクリッカブルマップと関連付けます。文書内の他のmap要素に付与された名前と重複してはいけない他、id属性(P.92)を同時に指定する場合は、name属性値と同じ値を指定する必要があります。

クリッカブルマップ

クリッカブルマップにおける領域を指定する

エリア

<area>

area要素は、クライアントサイドクリッカブルマップにおける領域を指定します。

カテゴリー	フレージングコンテンツ／フローコンテンツ
コンテンツモデル	空
使用できる文脈	フレージングコンテンツが期待される場所。ただしmap要素内でのみ使用可

使用できる属性 グローバル属性(P.89)

オルタナティブ

alt

href属性で関連付けられたURLに関する代替テキストを指定します。href属性が指定された場合は必須です。ただし、同一のmap要素内に、同じURLが指定されたhref要素を持つ別のarea要素が存在し、そこに適切なalt属性が指定されている場合は省略できます。

関連知識 ドキュメント セクション コンテンツのグループ化 テキストの定義 埋め込みコンテンツ テーブル フォーム その他

コーディネート
coords

リンクする領域の座標を指定します。座標は1つの点につき、X軸、Y軸の座標のセットで表します。指定すべき座標の数は以下のように、shape属性の値に従います。また、座標の基点は画像の左上端です。

shape属性値	coords属性に指定する値の数
circle	3つ(中心点のX座標,中心点のY座標,半径)
default	属性値の指定は不可
poly	6つ以上の偶数個の整数(X1,Y1,X2,Y2,X3,Y3,...,Xn,Yn)
rect	4つの整数(領域左上のX座標,Y座標,領域右下のX座標,Y座標)

シェープ
shape

画像内でリンクする領域の形状を指定します。指定できる値は以下の通りです。省略された場合はrectが指定されたものとして扱われます。

- **circle** 円形
- **default** 画像全体
- **poly** 多角形
- **rect** 長方形(初期値)

ハイパー・リファレンス
href

移動先をURLで指定して、area要素の領域をハイパーリンクとします。また、href属性を指定しない場合は、この要素で指定された領域はクリックできない領域となります。この場合はalt、target、rel、media、hreflang、typeの各属性も省略する必要があります。

ターゲット
target

リンクアンカーの表示先を指定します。値には任意の名前か、以下のキーワードを指定できます。

- **_blank** リンクは新しいブラウジングコンテキスト(P.73)に展開されます。
- **_parent** リンクは現在のブラウジングコンテキストの1つ上位のブラウジングコンテキストを対象に展開されます。
- **_self** リンクは現在のブラウジングコンテキストに展開されます。
- **_top** リンクは現在のブラウジングコンテキストの最上位のブラウジングコンテキストを対象に展開されます。

ダウンロード
download

ブラウザーに対し、リンク先をダウンロードすることを表します。値を指定した場合、ダウンロード時のデフォルトのファイル名として使用されます。

ping

ピング

指定されたURLに対してPOSTリクエストをバックグラウンドで送信します。通常はトラッキング用途で使用されます。トラッキングのために本来のリンク先の間にトラッキング用ページを挟んでからリダイレクトするような処理は一般的に行われますが、ping属性を使用することでリダイレクト処理を省略でき、ユーザーの体感速度を向上させるなどの効果があります。

rel

リレーション

現在の文書から見た、リンク先となるリソースの位置付けを表します。HTMLの仕様で定義されている値のうち、area要素で使用できる値は以下の通りです。空白文字で区切って、複数の値を指定できます。link要素(P.104)の解説も参照してください。

alternate	代替文書(フィード、別言語版、別フォーマット版など)を表します。
author	著者情報を表します。
external	外部サイトへのリンクであることを表します。
help	ヘルプへのリンクを表します。
license	ライセンス文書を表します。
next	連続した文書における次の文書を表します。
nofollow	重要でないリンクを表します。
noopener	target属性を持つリンクを開く際、Window.openerプロパティを設定しません。
noreferrer	ユーザーがリンクを移動する際、リファラーを送信しません。
opener	target属性を持つリンクを開く際、Window.openerプロパティを設定します。
prev	連続した文書における前の文書を表します。
search	検索機能を表します。
tag	文書に指定されたタグのページを表します。

referrerpolicy

リファラーポリシー

リンク先にアクセスする際、あるいは画像など外部リソースをリクエストする際にリファラー(アクセス元のURL情報)を送信するか否か(リファラーポリシー)を指定します。値はlink要素を参照してください。

実践例 クリッカブルマップを作成する

<img src="画像のURL" usemap="#マップ名">
<map name="マップ名">
<area shape="形状" coords="座標" href="リンク先のURL"></map>

以下の例では、一都三県のボタンがある1つの画像を利用したクリッカブルマップを作成しています。利用する画像をimg要素で指定したら、usemap属性に接頭辞のハッシュマーク(#)を付けたマップ名を指定します。マップ名は、map要素のname属性で指定した値です。これでmap要素とimg要素が関連付けられます。さらに、area要素のshape属性、coords属性で領域の形、座標を指定し、href属性でリンク先を指定します。例では、shape="rect"とcoords属性による4点の座標を領域に指定することで、四角形のボタンがリンクとしてクリックできます。

HTML

```
<figure>
  <figcaption>エリア選択マップ</figcaption>
  <img src="map.png" usemap="#map" alt="一都三県の地図。エリアをクリックすると、エリア内の店舗一覧に移動します。埼玉県は現在営業所がありません。">
  <map name="map">
    <area shape="rect" coords="0,0,149,86">
    <area shape="rect" coords="0,88,149,173" href="tokyo.html" alt="東京エリアの店舗一覧">
    <area shape="rect" coords="0,175,149,260" href="kanagawa.html" alt="神奈川エリアの店舗一覧">
    <area shape="rect" coords="151,88,300,173" href="chiba.html" alt=" 千葉エリアの店舗一覧">
  </map>
</figure>
```

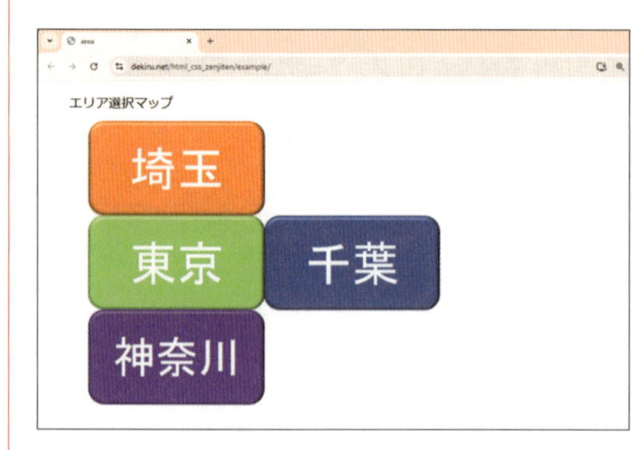

指定した領域ごとに別々のページにリンクしている

表組み

表組みを表す

POPULAR

テーブル

<table> ~ </table>

table要素は、表組み（テーブル）を表します。レイアウト目的で使用してはいけません。何らかの理由で、どうしてもレイアウト目的のテーブルを使用する場合、table要素にrole="presentation"を付与してブラウザーにレイアウト用テーブルだと伝えられます。

カテゴリー	パルパブルコンテンツ／フローコンテンツ
コンテンツモデル	以下の順番で記述可 1. 任意でcaption要素 2. 0個以上のcolgroup要素 3. 任意でthead要素 4. 0個以上のtbody要素、または1個以上のtr要素 5. 任意で1つのtfoot要素 6. 任意で1つ以上のスクリプトサポート要素と混合される
使用できる文脈	フローコンテンツが期待される場所

使用できる属性 グローバル属性(P.89)

表組み

表組みのタイトルを表す

POPULAR

キャプション

<caption> ~ </caption>

caption要素は、表組みのタイトルを表します。table要素を除くフローコンテンツを内包できます。つまり、タイトルだけでなく表組みに関する説明なども記述可能です。

カテゴリー	なし
コンテンツモデル	フローコンテンツ。ただし、table要素を子孫要素に持つことは不可
使用できる文脈	table要素の最初の子要素として

使用できる属性 グローバル属性(P.89)

HTML

```
<table>
  <caption>
    <p><strong>1年1組 生徒名簿</strong></p>
    <p>この表は1年1組の生徒名簿です。列1に出席番号、列2に氏名が入り、生徒1名につき1
    行となります。</p>
  </caption><!--省略-->
</table>
```

表組みの行を表す

テーブル・ロウ

<tr> ~ </tr>

tr要素は、表組みにおける行を表します。

カテゴリー	なし
コンテンツモデル	0個以上のtd要素またはth要素、およびスクリプトサポート要素
使用できる文脈	・thead要素の子要素として ・tbody要素の子要素として ・tfoot要素の子要素として ・table要素の子要素として。ただし、caption、colgroup、thead要素より後ろ、かつtable要素の子要素となるtbody要素が1つもない場合に限る

使用できる属性 グローバル属性(P.89)

表組み

表組みのセルを表す

テーブル・データ・セル

<td> ~ </td>

td要素は、表組みにおけるセルを表します。

カテゴリー	セクショニングルート
コンテンツモデル	フローコンテンツ
使用できる文脈	tr要素の子要素として

使用できる属性 グローバル属性(P.89)

カラム・スパン
colspan

結合する列数を指定して、複数の列を結合します。値は正の整数のみ指定できます。

ロウ・スパン
rowspan

結合する行数を指定して、複数の行を結合します。値は「0」または正の整数を指定できます。「0」を指定した場合、そのセルが属する行グループの最後の行まで結合します。

ヘッダーズ
headers

th要素(P.192)に与えたid属性値(P.92)を指定することで、セルと見出しセルを関連付けます。値は空白文字で区切って複数指定できます。

実践例 表を作成する

<table><tr><td>~<td></tr></table>

以下の例では7行×4列の表を作成しています。見出しとなる「年代」のセルを2行分結合するためにrowspan="2"を、「人口」のセルを3列分結合するためにcolspan="3"を指定しています。表の2行目となるtr要素内の1列目には結合した「年代」のセルが入るので、この行のtd要素は3つ(3列分)だけになります。

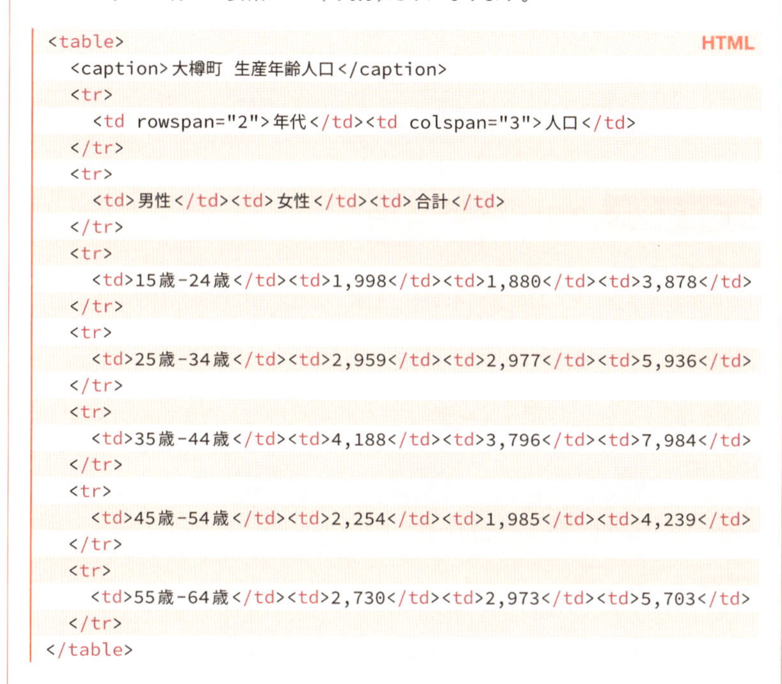

HTML

```html
<table>
  <caption>大樽町 生産年齢人口</caption>
  <tr>
    <td rowspan="2">年代</td><td colspan="3">人口</td>
  </tr>
  <tr>
    <td>男性</td><td>女性</td><td>合計</td>
  </tr>
  <tr>
    <td>15歳-24歳</td><td>1,998</td><td>1,880</td><td>3,878</td>
  </tr>
  <tr>
    <td>25歳-34歳</td><td>2,959</td><td>2,977</td><td>5,936</td>
  </tr>
  <tr>
    <td>35歳-44歳</td><td>4,188</td><td>3,796</td><td>7,984</td>
  </tr>
  <tr>
    <td>45歳-54歳</td><td>2,254</td><td>1,985</td><td>4,239</td>
  </tr>
  <tr>
    <td>55歳-64歳</td><td>2,730</td><td>2,973</td><td>5,703</td>
  </tr>
</table>
```

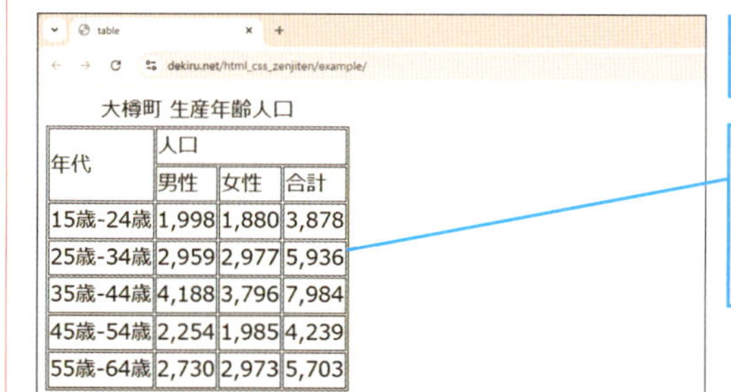

年代	人口		
	男性	女性	合計
15歳-24歳	1,998	1,880	3,878
25歳-34歳	2,959	2,977	5,936
35歳-44歳	4,188	3,796	7,984
45歳-54歳	2,254	1,985	4,239
55歳-64歳	2,730	2,973	5,703

7行×4列の表が作成される

多くのブラウザーのデフォルトスタイルでは表組みに枠線は付かないため、CSSで指定する

表組み

表組みの見出しセルを表す

テーブル・ヘッダー・セル

<th> ~ </th>

th要素は、表組みにおける見出しセルを表します。通常のセルを表すtd要素（P.190）と組み合わせたり、colspan属性やrowspan属性を指定することで複数列、または複数行を結合したセルを作成でき、複雑な表組みも表せます。

カテゴリー	なし
コンテンツモデル	フローコンテンツ。ただし、header、footer要素、セクショニングコンテンツ、ヘッディングコンテンツを子孫要素に持つことは不可
使用できる文脈	tr要素の子要素として

使用できる属性　グローバル属性（P.89）

カラム・スパン
colspan
結合する列数を指定して、複数の列を結合します。値は正の整数のみ指定できます。

ロウ・スパン
rowspan
結合する行数を指定して、複数の行を結合します。値は「0」または正の整数を指定できます。「0」を指定した場合、そのセルが属する行グループの最後の行まで結合します。

ヘッダーズ
headers
見出しセルに与えたid属性値（P.92）を指定することで、見出しセル同士を関連付けます。値は空白文字で区切って複数指定できます。

スコープ
scope
見出しセルがどの方向のセルに対応するのかを以下のキーワードで指定します。

- **col**　見出しセルが属する列の下方向のセルに対応します。
- **row**　見出しセルが属する行の、該当するセル以降のセルすべてに対応します。
- **colgroup**　見出しセルが属する列グループの該当するセル以降のセルすべてに対応します。
- **rowgroup**　見出しセルが属する行グループの該当するセル以降のセルすべてに対応します。
- **auto**　文脈によって自動的に判断されます（初期値）。

アブリヴィエーション
abbr
見出しセルに入っているテキストの省略形を指定します。見出しセルの内容を短く表す名称を指定する必要があります。

表組み

表組みの列グループを表す

カラム・グループ
<colgroup> ~ </colgroup>

colgroup要素は、表組みの列グループを表します。列に対してclass名を与えることが可能で、これをセレクターにしてCSSを適用できます。

カテゴリー	なし
コンテンツモデル	・span属性が存在する場合のコンテンツモデルは空 ・span属性が存在しない場合は0個以上のcol要素、およびtemplate要素
使用できる文脈	table要素の子要素として。ただし、caption要素より後ろ、かつthead、tbody、tfoot、tr要素より前に記述

使用できる属性 グローバル属性(P.89)

スパン
span

colgroup要素内にcol要素が1つもない場合に、グループの対象となる列数を指定できます。値は正の整数で指定します。

表組み

表組みの列を表す

カラム
<col>

col要素は、表組みの列を表します。

カテゴリー	なし
コンテンツモデル	空
使用できる文脈	span属性を持たないcolgroup要素の子として

使用できる属性 グローバル属性(P.89)

スパン
span

グループの対象となる列数を指定します。値は正の整数で指定します。

実践例 列グループを定義した表を作成する

<colgroup class="グループ名" span="列数">
<col class="グループ名" span="列数"></colgroup>

以下の例では、生徒名簿の各列を「出席番号」の列グループと、「姓」「名」「性別」の列グループとして定義しています。前者の列グループはspan属性を指定しているので、col要素は含まず空要素になります。一方、後者の列グループでは、col要素を使うことで「姓」「名」の2列と「性別」の列を区別しています。こうすることで列グループごとにCSSを適用できます。

HTML
```html
<table>
  <caption>出席名簿</caption>
  <colgroup class="no" span="1">
  <colgroup>
    <col class="name" span="2">
    <col class="gender" span="1">
  </colgroup>
  <thead>
    <tr>
      <th>出席番号</th><th>姓</th><th>名</th><th>性別</th>
    </tr>
  </thead>
  <tbody>
    <!--省略-->
  </tbody>
</table>
```

CSS
```css
table, td, th {border: solid 1px black;}
.no {background-color: #D7BDE2;}
.name {background-color: #FADBD8;}
.gender {background-color: #F5CBA7;}
```

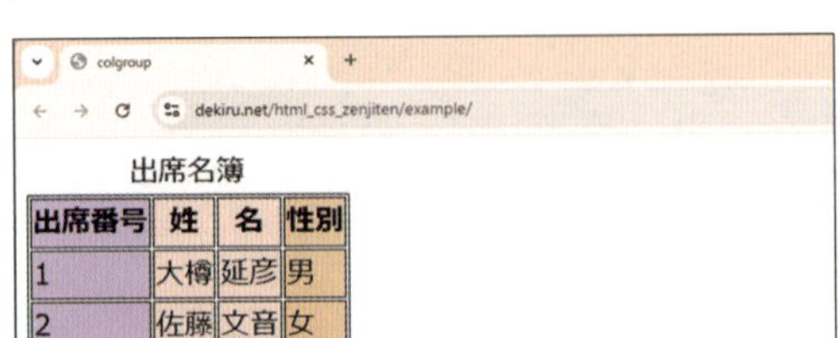

colgroup、col要素で指定した列グループにclass名を付け、CSSを適用している

表組み

表組みの本体部分の行グループを表す

テーブル・ボディ
<tbody> ~ </tbody>

tbody要素は、表組みにおける本体部分の行グループを表します。

カテゴリー	なし
コンテンツモデル	0個以上のtr要素、およびスクリプトサポート要素
使用できる文脈	table要素の子要素として。ただし、caption、colgroup、thead要素より後ろ、かつtable要素の子要素となるtr要素が1つもない場合に限る

使用できる属性 グローバル属性(P.89)

表組み

表組みのヘッダー部分の行グループを表す

テーブル・ヘッダー
<thead> ~ </thead>

thead要素は、表組みにおけるヘッダー部分の行グループを表します。

カテゴリー	なし
コンテンツモデル	0個以上のtr要素、およびスクリプトサポート要素
使用できる文脈	table要素の子要素として1つのみ記述可。ただし、caption、colgroup要素より後ろ、かつtbody、tfoot、tr要素より前に位置し、table要素の子要素となるthead要素が他にない場合に限る

使用できる属性 グローバル属性(P.89)

表組み

表組みのフッター部分の行グループを表す

テーブル・フッター
<tfoot>～</tfoot>

tfoot要素は、表組みにおけるフッター部分の行グループを表します。

カテゴリー	なし
コンテンツモデル	0個以上のtr要素、およびスクリプトサポート要素
使用できる文脈	table要素の子要素として。ただし、caption、colgroup、tbody、tr要素より後ろに位置し、table要素の子要素となるtfoot要素が他にない場合に限る

使用できる属性 グローバル属性(P.89)

実践例 行グループを定義して表を作成する

<thead>～</thead><tbody>～</tbody><tfoot>～</tfoot>

以下の例では、thead、tbody、tfoot要素で行グループを定義しています。また、見出しとなるセルはth要素で表しています。

```html
<table>
  <thead>
    <tr><th>月</th><th>大人</th><th>子供</th><th>合計</th></tr>
  </thead>
  <tbody>
    <!-- 省略 -->
  </tbody>
  <tfoot>
    <tr><th>合計</th><td>7,065</td><td>1,076</td><td>8,141</
    td></tr>
  </tfoot>
</table>
```

```css
table, td, th {border: solid 1px;}
```

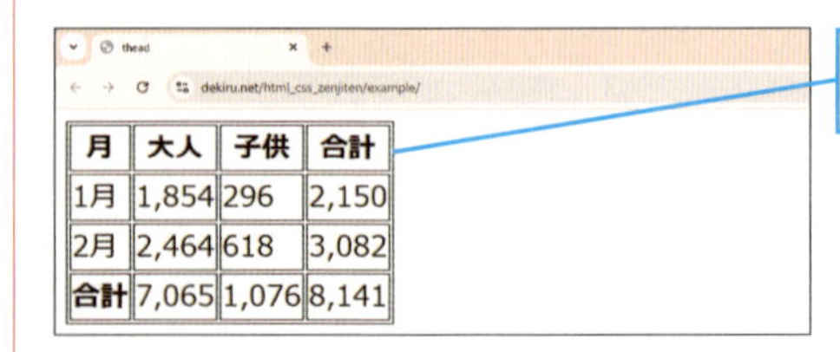

見出しセルは太字・中央揃えで表示される

フォーム

フォームを表す

フォーム
<form>～</form>

form要素は、フォームを表します。ユーザーが情報を入力できる入力コントロール(入力欄)となる要素を配置して、入力された情報などをサーバーに送信できます。

カテゴリー	パルパブルコンテンツ／フローコンテンツ
コンテンツモデル	フローコンテンツ。ただし、form要素を子孫要素に持つことは不可
使用できる文脈	フローコンテンツが期待される場所

使用できる属性　グローバル属性(P.89)

アクセプト・キャラクター・セット
accept-charset

フォームで送信可能な文字エンコーディングを指定します。空白文字で区切って複数の値を指定できます。

アクション
action

入力されたデータの送信先をURLで指定します。サーバー側でデータを受け取るプログラムを指定するのが一般的です。

オート・コンプリート
autocomplete

フォーム内に含まれる入力コントロールに対して、オールフィル機能に関するデフォルトの挙動を設定します。

- **on**　デフォルトでonに設定されます(初期値)。
- **off**　デフォルトでoffに設定されます。

エンコード・タイプ
enctype

フォームが送信するデータの形式を以下の値で指定できます。

- **application/x-www-form-urlencoded**　データはURLエンコードされて送信されます(初期値)。
- **multipart/form-data**　データはマルチパートデータとして送信されます。ファイルを送信(P.226)する際に必ず指定します。
- **text/plain**　データはプレーンテキストとして送信されます。

メソッド
method

データを送信する方式を以下の値で指定できます。

- **get**　送信されるデータは、action属性で指定されたURLにクエリ文字列として付加された状態で送信されます(初期値)。

post	送信されるデータは本文として送信されます。大きなデータを送信するのに向いています。通常、サーバー側のプログラムで受け取るデータはこのpostメソッドを使用します。

name（ネーム）

フォームに名前を付与します。

novalidate（ノー・ヴァリデート）

入力データの検証可否を指定します。この属性が指定された場合、フォーム送信の際のデータ検証を行いません。novalidate属性は論理属性（P.65）です。

target（ターゲット）

データ送信後の応答画面を表示する対象を指定します。指定できる値はbase要素（P.103）を参照してください。

rel（リレーションシップ）

現在の文書から見た、リンク先となるリソースの位置付けを以下の値で指定します。link要素（P.104）の解説も参照してください。

external	外部サイトへのリンクであることを表します。
help	ヘルプへのリンクを表します。

実践例 キーワードによる検索フォームを作成する

<form method="get">
<input type="search"><input type="submit"></form>

以下の例は、キーワードによる検索フォームの基本的な構造です。まず、ユーザーがキーワードを入力するための入力欄には、input要素（P.201）のtype="search"を利用します。次に、入力されたキーワードをデータとして送信するためには、input要素のtype="submit"を利用します。これら2つの要素をfrom要素で内包することで、フォームを表しています。

```html
<form method="get" action="cgi-bin/example.cgi">
  <input type="search" name="search" value="" placeholder="検索キーワードを入力">
  <input type="submit" name="submit" value="検索">
</form>
```

キーワードの入力欄と送信ボタンが設置された検索フォームが作成される

フォーム

入力コントロールの内容をまとめる

フィールドセット
<fieldset> ～ </fieldset>

fieldset要素は、フォームの内容をまとめます。fieldset要素によってまとめられた入力コントロールの内容グループには、legend要素によって見出しを指定できます。

カテゴリー	パルパブルコンテンツ／フローコンテンツ／フォーム関連要素／ リスト可能なフォーム関連要素／自動大文字化継承フォーム関連要素
コンテンツモデル	任意でlegend要素、その後にフローコンテンツが続く
使用できる文脈	フローコンテンツが期待される場所

使用できる属性 グローバル属性(P.89)

ディスエーブルド
disabled

まとめられた入力コントロールでの入力・選択を無効にします。disabled属性は論理属性(P.65)です。

フォーム
form

任意のform要素に付与されたid属性値を指定することで関連付けを行います。

ネーム
name

入力コントロールの内容グループに名前を付与します。

フォーム

入力コントロールの内容グループに見出しを付ける

レジェンド
<legend> ～ </legend>

legend要素は、fieldset要素によってまとめられたグループの見出しを表します。fieldset要素の最初の子要素として1つだけ使用できます。

カテゴリー	なし
コンテンツモデル	フレージングコンテンツ
使用できる文脈	fieldset要素の最初の子要素として

使用できる属性 グローバル属性(P.89)

実践例 お客様情報の入力欄のグループを作成する

<fieldset><legend>~</legend></fieldset>

以下の例では、「お名前」と「住所」の入力欄をfieldset要素でグループ化し、legend要素で見出しを付けています。同様にして、アンケートの入力欄もグループ化しています。

```html
<fieldset>
  <legend>お客様情報</legend>
  <label for="name">お名前</label>
  <input type="text" name="name" id="name" value="">
  <label for="address">ご住所</label>
  <input type="text" name="address" id="address" value="">
</fieldset>
<fieldset>
  <legend>アンケート</legend>
  <textarea title="アンケート回答" rows="2" cols="45" placeholder
  ="ご意見をお聞かせください"></textarea>
  <input type="submit" name="submit">
</fieldset>
```

グループ化した入力コントロールは罫線で囲まれ、見出しが表示される

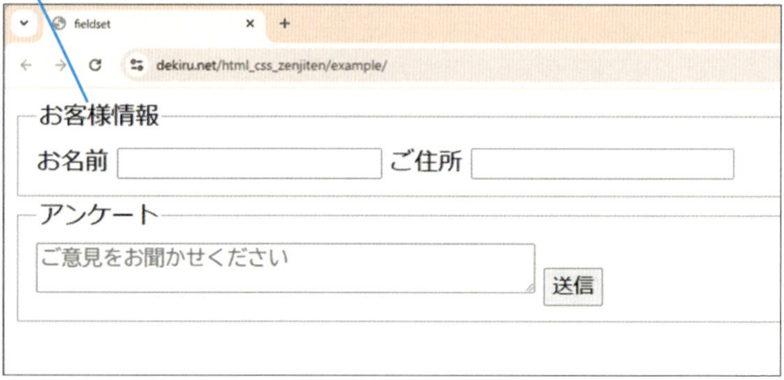

入力欄

入力コントロールを表示する

POPULAR

インプット
<input>

input要素は、フォームにおける入力コントロール(入力欄)を表します。type属性の値に入力コントロールの種別を指定することで、さまざまな入力コントロールを表示できます。

カテゴリー	フローコンテンツ／フレージングコンテンツ ・type属性値がhiddenでない場合 インタラクティブコンテンツ／パルパブルコンテンツ／リスト、ラベル付け、サブミット、リセット可能なフォーム関連要素／自動大文字化継承フォーム関連要素／フォーム関連要素 ・type属性値がhiddenの場合 リスト、 リセット可能なフォーム関連要素／自動大文字化継承フォーム関連要素／フォーム関連要素
コンテンツモデル	空
使用できる文脈	フレージングコンテンツが期待される場所

使用できる属性 グローバル属性(P.89)

アクセプト
accept

サーバーが受け取ることが可能なファイルの種別を指定します。値には、MIMEタイプまたは拡張子を指定できます。複数の値をカンマ(,)で区切って指定することも可能です。

オルタナティブ
alt

ボタン画像の代替テキストを指定します。

オート・コンプリート
autocomplete

オートコンプリートの挙動を指定します。以下の値が指定できます。

on	オートコンプリートを行うことを許可します(初期値)。
off	オートコンプリートを行いません。ただし、ブラウザーに依存するため、オートコンプリートを完全に抑制することができない場合もあります。
オートフィル詳細トークン	具体的にどのような情報をオートコンプリートするかを空白で区切った文字列(トークンリスト)で指定します。type="hidden"が指定されたinput要素には、このトークンリストのみ指定可能です。トークンの詳細は以下の通りです。

オートフィル詳細トークンは、次のページの順番で指定することができます。各トークンは、空白文字で区切ります。なお、トークンは入力コントロールの内容に適したものを選択しなければなりません。例えば「名前」の入力欄にautocomplete="email"などと指定してはいけません。

1. フィールドが名前付きグループに属することを意味する、section-から始まるトークンを任意で指定できます。同じトークンで始まる入力コントロールは、すべてその名前付きグループに属します。

2. 以下のいずれかのトークンを任意で1つ指定できます。
   ・shipping:フィールドが配送先住所や連絡先情報の一部であることを意味します。
   ・billing:フィールドが請求先住所や連絡先情報の一部であることを意味します。

3. 次の2つのオプションのうちいずれかを指定できます。
   i. 以下のオートフィルフィールド名のいずれか1つを指定
      ■name:フルネーム
        ●honorific-prefix:敬称や称号(Mr.やMs.など)
        ●given-name:ファーストネーム(名)
        ●additional-name:ミドルネーム
        ●family-name:ファミリーネーム(苗字)
        ●honorific-suffix:接尾辞や敬称(Jr.など)
      ■nickname:ハンドルネームやニックネーム
      ■username:ユーザー名
      ■new-password:新しいパスワード(新規アカウント作成時やパスワード変更時など)
      ■current-password:現在のパスワード
      ■one-time-code:ワンタイムコード
      ■organization-title:職種
      ■organization:会社名
      ■street-address:住所(複数行で改行が保持されるもの)
        ●address-line1:住所の各行
        ●address-line2:住所の各行
        ●address-line3:住所の各行
      ■address-level4:住所が4段階まである場合の最も細かい行政レベル
      ■address-level3:3番目の行政レベル(日本であれば地区)
      ■address-level2:2番目の行政レベル(日本であれば市区町村)
      ■address-level1:最上位の行政レベル(日本であれば都道府県)
      ■country:国コード(日本であればjpなど、ISO 3166-1 alpha-2コード)
      ■country-name:国名
      ■postal-code:郵便番号
      ■cc-name:クレジットカードなど決済手段に表示、関連付けられた氏名
        ●cc-given-name:ファーストネーム(名)
        ●cc-additional-name:ミドルネーム
        ●cc-family-name:ファミリーネーム(苗字)
      ■cc-number:クレジットカード番号など決済手段を識別する番号
      ■cc-exp:決済手段の有効期限

- ●cc-exp-month：決済手段の有効期限（月）
- ●cc-exp-year：決済手段の有効期限（年）
- ■cc-csc：決済手段のセキュリティコード
- ■cc-type：決済手段の種類
- ■transaction-currency：ユーザーが取引で希望する通貨
- ■transaction-amount：支払い金額（通貨の単位を含まない数値）
- ■language：優先言語
- ■bday：誕生日
  - ●bday-day：誕生日（日）
  - ●bday-month：誕生日（月）
  - ●bday-year：誕生日（年）
- ■sex：性別
- ■url：Webページの URL
- ■photo：写真やアイコンなどの画像

ii. もしくは、以下の2つを次に記載する順序で指定

a. 以下のいずれかのトークンを任意で1つ指定
- ●home：フィールドが自宅に連絡するためのものであることを意味する
- ●work：フィールドが職場に連絡するためのものであることを意味する
- ●mobile：フィールドが場所に関係なく連絡するためのものであることを意味する
- ●fax：フィールドがFax機の連絡先情報であることを意味する
- ●pager：フィールドがポケットベルの連絡先情報であることを意味する

b. 以下のオートフィルフィールド名のいずれかを1つ指定
- ●tel：国番号を含む完全な電話番号
  - ○ tel-country-code：国番号（日本であれば81）
  - ○ tel-national：国番号以外の部分の電話番号全体（例えば03-xxxx-xxxxなど）
  - ○ tel-area-code：市外局番
  - ○ tel-local：市外局番を含まない電話番号
  - ○ tel-local-prefix：市内局番
  - ○ tel-local-suffix：加入者番号
- ●tel-extension：内線番号
- ●email：メールアドレス
- ●impp：インスタントメッセージングプロトコルのエンドポイントを表すURL

以下の例では、配送先住所や連絡先情報における「住所」をオートフィルするよう指定しています。

```html
<textarea name="shipping-address" autocomplete="shipping street-address"></textarea>
```

「名前（フルネーム）」や「メールアドレス」をオートフィルするように指定する場合は以下のようになります。

```html
<input type="text" name="name" autocomplete="name">
<input type="email" name="email" autocomplete="email">
```

あるいは、「職場」の「電話番号」をオートフィルするように指定する場合は以下のようになります。

```html
<input type="tel" name="office-tel" autocomplete="work tel">
```

checked（チェックト）

指定された項目をあらかじめ選択した状態にします。checked属性は論理属性です。

dirname（ディレクショナリティ・ネーム）

送信するデータの書字方向に関するクエリ値のクエリ名を指定します。

disabled（ディスエーブルド）

フォームの入力コントロールを無効にします。disabled属性は論理属性です。

form（フォーム）

任意のform要素に付与したid属性値を指定することで、そのフォームとこの属性を持つ入力コントロールを関連付けできます。

formaction（フォーム・アクション）

この属性を持つ入力コントロールが関連付けられているform要素のaction属性値（P.197）を上書きできます。

formenctype（フォーム・エンコード・タイプ）

この属性を持つ入力コントロールが関連付けられているform要素のenctype属性値（P.197）を上書きできます。

formmethod（フォーム・メソッド）

この属性を持つ入力コントロールが関連付けられているform要素のmethod属性値（P.197）を上書きできます。

formnovalidate（フォーム・ノー・ヴァリデート）

この属性を持つ入力コントロールが関連付けられているform要素のnovalidate属性値（P.198）を上書きできます。

formtarget

この属性を持つ入力コントロールが関連付けられているform要素のtarget属性値（P.198）を上書きできます。

list

入力コントロールにデータが入力されるときに表示する入力候補リストを指定します。入力候補リストは、同一文書内に記述したdatalist要素（P.240）で定義し、list属性の値は対象としたいdatalist要素に付与したid属性の値を指定します。

max, min

入力コントロールに対して入力可能な値の最大・最小値を指定します。

maxlength, minlength

入力コントロールに入力可能な文字列の最大・最小文字数を指定します。この属性を指定することで、「○文字以内」「○文字以上」という入力制限を付けることができます。

multiple

複数の値を許可します。select要素（P.236）の選択肢やアップロードするファイルをCtrlキーなどを押しながらクリックすることで、複数の対象を選択できます。multiple属性は論理属性です。

name

データが送信される際のクエリ名を指定します。

pattern

入力された内容が正しいかを、JavaScriptの正規表現によって検証します。この正規表現は完全一致のみになります。ただし、以下の条件ではこの属性は無視されます。

- 関連付けられたform要素にnovalidate属性が付与され、検証が無効になっている
- 同じ入力コントロールにdisabled属性、またはreadonly属性が付与されている

placeholder

入力コントロールにあらかじめ表示されるダミーテキスト（プレースホルダー）を指定します。値には改行コードを含むことはできません。プレースホルダーは「入力ための短いヒント」を表します。入力欄のラベルとして使用してはいけません。より長いヒントや入力方法に関する助言などは別の場所に記述し、aria-describedby属性を用いて入力コントロールと関連付けるほうがよいでしょう。

readonly

フォームの入力コントロールをユーザーが編集できないように指定します。readonly属性が指定されると、ユーザーは入力コントロールの値を変更できなくなりますが、フォーム送信時に値は送信されます。また、この属性が指定されたinput要素は、pattern属性による入力内容の検証対象から除外されます。readonly属性は論理属性です。

レクワイアド
required

入力コントロールへのデータ入力や選択を必須とします。この属性が指定された入力コントロールに値がない場合、対応するブラウザーではフォームの送信が行われません。ただし、以下の条件において、この属性は無視されます。required属性は論理属性です。

- 関連付けられたform要素にnovalidate属性が指定されている、または送信ボタンにformnovalidate属性が指定され、入力内容の検証が無効になっている
- 同じ入力コントロール要素にdisabled属性、またはreadonly属性が付与されている

サイズ
size

ブラウザーが入力コントロールを表示する際のサイズ(文字数)を指定します。1以上の正の整数を値として入力でき、指定した文字数分を初期状態で表示できるように入力コントロールのサイズが調整されます。

ソース
src

入力コントロールに埋め込む画像やスクリプトなど、外部リソースのURLを指定します。

ポップオーバー・ターゲット
popovertarget

そのボタンがトグル、表示、または非表示のターゲットとするポップオーバー要素を指定します。

ポップオーバー・ターゲット・アクション
popovertargetaction

操作対象とするポップオーバー要素がトグルされるか、表示されるか、非表示にされるか、といったボタンの役割を示します。

hide	表示されているポップオーバー要素を非表示にします。ターゲットとなるポップオーバー要素がすでに非表示の場合は何もしません。
show	非表示のポップオーバー要素を表示します。 ターゲットとなるポップオーバー要素がすでに表示されている場合は何もしません。
toggle	ポップオーバー要素の表示・非表示を切り替える(トグルする) ボタンとします(初期値)。

ステップ
step

入力コントロールに対して入力可能な値の最小単位を指定します。

type

値として以下のキーワードを指定することで、入力コントロールの種別を指定します。

属性値	入力コントロールの機能	解説ページ
hidden	ユーザーには表示しないデータ	P.209
text	1行テキストの入力欄（初期値）	P.210
search	検索キーワードの入力欄	P.211
tel	電話番号の入力欄	P.212
url	URLの入力欄	P.213
email	メールアドレスの入力欄	P.214
password	パスワードの入力欄	P.215
date	日付の入力欄	P.216
month	月の入力欄	P.217
week	週の入力欄	P.218
time	時間の入力欄	P.219
datetime-local	日時の入力欄	P.220
number	数値の入力欄	P.221
range	数値の入力欄（厳密でない大まかな数値）	P.222
color	RGBカラーの入力欄	P.223
checkbox	チェックボックス（複数選択可能）	P.224
radio	ラジオボタン（1つだけ選択可能）	P.225
file	送信するファイルの選択	P.226
submit	送信ボタン	P.227
image	画像形式の送信ボタン	P.228
reset	入力内容のリセットボタン	P.229
button	スクリプト言語起動用のボタン	P.230

value

入力コントロールの初期値を指定します。フォームが送信される際、type属性値がhiddenの場合やreadonly属性が指定されている場合は、この値がそのまま送信されます。ユーザーが初期値を変更した場合は、変更後の値が送信されます。type属性値がcheckboxまたはradioの場合は、選択された項目に指定されたvalue属性の値が送信されます。指定されていない場合は、空の値が送信されます。また、type属性値がsubmit、reset、buttonの場合は、value属性の値がボタンに表示されるラベルとなります。

width, height

入力コントロールの幅と高さを指定します。値は正の整数のみ指定できます。

alpha

ユーザーがCSSカラーのアルファチャンネル（透明度）を操作可能であることを指定します。alpha属性は論理属性です。

カラー・スペース

colorspace

シリアライズされたCSSカラーの色空間を以下の2つの値で指定します。値が空の場合や、無効な値が指定された場合は、limited-srgbとして扱われます。

limited-srgb	CSSカラーは「sRGB」色空間に変換され、各成分が8ビットに制限されます。例えば、#123456やcolor(srgb 0 1 0 / 0.5)など。
display-p3	CSSカラーは「display-p3」色空間に変換されます。例えば、color(display-p3 1.84 -0.19 0.72 / 0.6)など。

入力欄

ユーザーには表示しないデータを表す

POPULAR

インプット タイプ ヒドゥン

<input type="hidden">

type属性にhiddenが指定されたinput要素は、ユーザーに表示されずに送信されるデータとなります。入力された内容に関係なく、必ず送信するクエリ値を指定するなどの用途で利用できます。ただし、HTMLソース上で見ることはできるため、部外者に見られてはいけない値の送信には適しません。

使用できる属性

input要素(P.201 ～ 208)で解説した以下の属性を同時に使用できます。

オート・コンプリート ディスエーブルド フォーム ネーム バリュー

autocomplete, disabled, form, name, value

以下の例では、入力された商品コードの情報と併せて、type="hidden"のname属性の値に指定したクエリ名であるproduct-groupと、value属性の値に指定したクエリ値であるproduct-codeが送信されるようになっています。多くの場合、hiddenによって送信されるデータは、同時に送信されるユーザーの入力したデータと関連付けられて、プログラムで管理するためのタグとして機能します。

HTML

```html
<form action="cgi-bin/example.cgi" method="post">
  <p>商品コードを入力する</p>
  <input type="hidden" name="product-group" value="product-code">
  <input type="text" name="text">
  <input type="submit" name="submit" value="送信">
  <p>入力内容をリセットする</p>
  <input type="reset" name="reset" value="入力内容を消去">
</form>
```

type="hidden"の内容は表示されない

type="hidden"と併せて指定したname、value属性の値が送信される

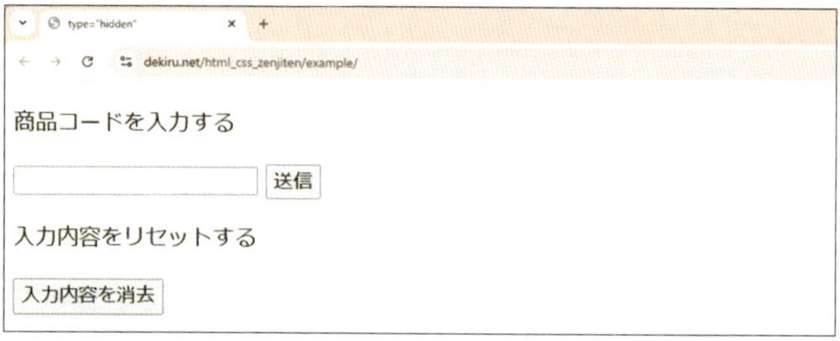

type="hidden"

dekiru.net/html_css_zenjiten/example/

商品コードを入力する

送信

入力内容をリセットする

入力内容を消去

入力欄

1行のテキスト入力欄を設置する

<input type="text">

インプット タイプ テキスト

type属性にtextが指定されたinput要素は、1行のテキスト入力欄となります。なお、input要素でtype属性が省略された場合や、type属性値が省略された場合、ブラウザーが指定したtype属性値に対応していない場合も、この値が指定されたものとして扱われます。

使用できる属性

input要素（P.201 ～ 208）で解説した以下の属性を同時に使用できます。value属性に指定した値は、最初から入力された状態で表示されます。

autocomplete, dirname, disabled, form, list, maxlength, minlength, name, pattern, placeholder, readonly, required, size, value

オート・コンプリート、ディクショナリティ・ネーム、ディスエーブルド、フォーム、リスト、マックス・レンス、ミニマム・レンス、ネーム、パターン、プレースホルダー、リード・オンリー、レクワイアド、サイズ、バリュー

以下の例では、1行のテキスト入力欄を設置しています。size属性で入力欄のサイズ（文字数）を、placeholder属性でダミーテキスト（プレースホルダー）を指定しています。

```html
<form action="cgi-bin/example.cgi" method="post">
  <p>一言のご意見やご感想をお聞かせください。</p>
  <input type="text" name="opinion" size="50" placeholder="ご意見・ご感想を入力">
  <input type="submit" name="submit" value="送信">
</form>
```

テキスト入力欄が設置される

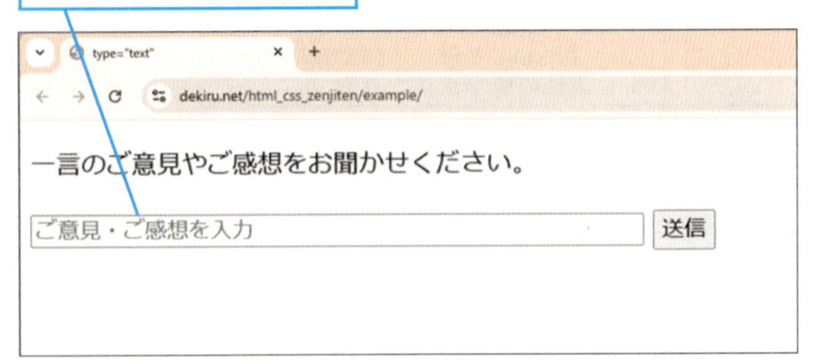

入力欄

検索キーワードの入力欄を設置する

type属性にsearchが指定されたinput要素は、検索のための入力欄となります。対応するブラウザーでは、入力欄が検索フォーム専用の見た目になる場合があります。

使用できる属性

input要素(P.201 ～ 208)で解説した以下の属性を同時に使用できます。

autocomplete, dirname, disabled, form, list, maxlength, minlength, name, pattern, placeholder, readonly, required, size, value

以下の例では、検索キーワードの入力欄を設置しています。placeholder属性でダミーテキスト(プレースホルダー)を指定しています。

```html
<form action="cgi-bin/example.cgi" method="post">
  <p>検索したいキーワードを入力してください。</p>
  <input type="search" name="search" placeholder="キーワードを入力">
  <input type="submit" name="submit" value="検索">
</form>
```

Google Chrome

検索キーワードの入力欄が設置される

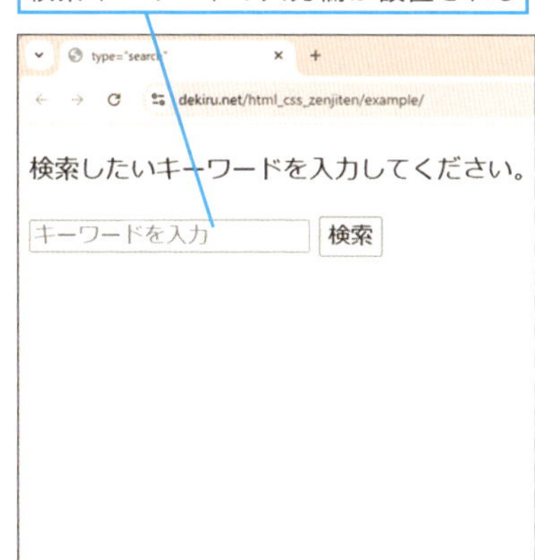

Safari (iOS)

入力中は[確定]ボタンが[検索]ボタンに切り替わる

入力欄

電話番号の入力欄を設置する

<input type="tel">

type属性にtelが指定されたinput要素は、電話番号の入力欄となります。スマートフォンでは、自動的に数字キーボードが表示されます。

使用できる属性

input要素(P.201 ～ 208)で解説した以下の属性を同時に使用できます。

autocomplete, dirname, disabled, form, list, maxlength, minlength, name, pattern, placeholder, readonly, required, size, value

以下の例では、電話番号の入力欄を設置しています。autofocus属性を指定することで、Webページが表示されたときにカーソルが入力欄にフォーカスされた状態になるように指定しています。

```html
<form action="cgi-bin/example.cgi" method="post">
  <p>電話番号：</p>
  <input type="tel" name="tel" autofocus>
  <input type="submit" name="submit" value="送信">
</form>
```

Google Chrome

電話番号の入力欄が設置される

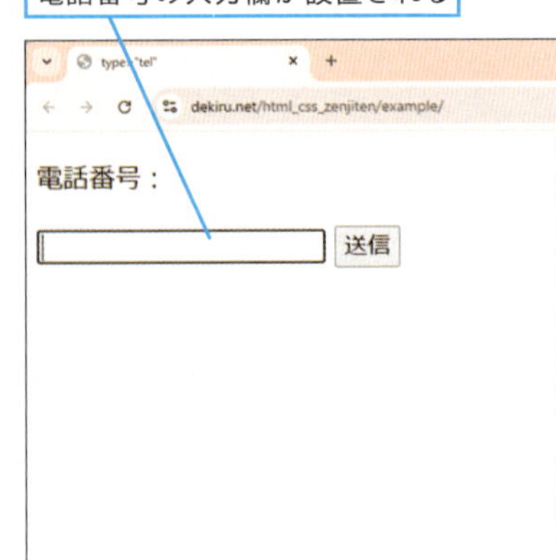

Safari (iOS)

入力中は自動的に数字キーボードが表示される

dekiru.net
完了
1
2 ABC
3 DEF
4 GHI
5 JKL
6 MNO
7 PQRS
8 TUV
9 WXYZ
+*#
0

入力欄

URLの入力欄を設置する

<input type="url">

type属性にurlが指定されたinput要素は、URLの入力欄となります。対応しているブラウザーでは、URLとして適切ではない入力が送信されようとした場合、エラーが返されます。

使用できる属性

input要素（P.201 ～ 208）で解説した以下の属性を同時に使用できます。

autocomplete, dirname, disabled, form, list, maxlength, minlength, name, pattern, placeholder, readonly, required, size, value

以下の例では、URLの入力欄を設置しています。size属性で入力欄のサイズ（文字数）を指定し、value属性であらかじめ「https://」が入力された状態に指定しています。

```html
<form action="cgi-bin/example.cgi" method="post">
  <p>URL：</p>
  <input type="url" name="url" size="30" value="https://">
  <input type="submit" name="submit" value="送信">
</form>
```

Google Chrome

URLの入力欄が設置される

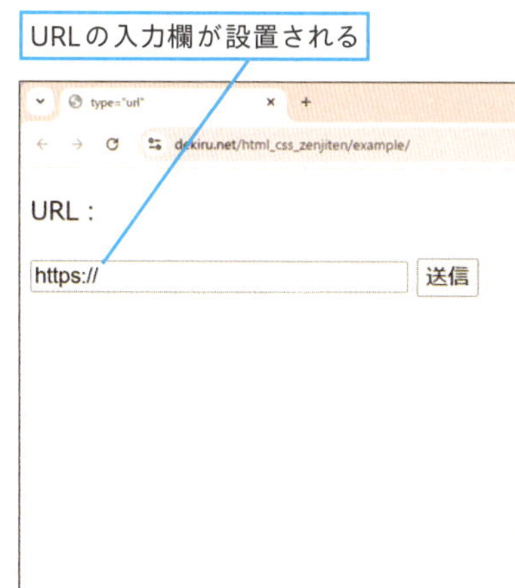

Safari（iOS）

入力欄をタップするとキーボードが表示される

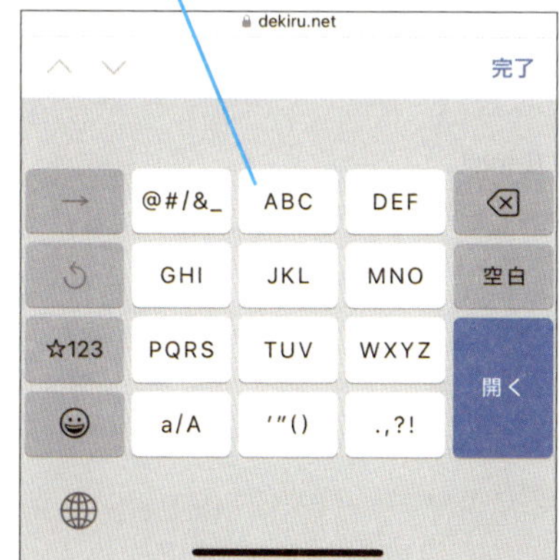

入力欄

メールアドレスの入力欄を設置する

<input type="email">

type属性にemailが指定されたinput要素は、メールアドレスの入力欄となります。対応しているブラウザーでは、メールアドレスとして適切ではない入力が送信されようとした場合、エラーが返されます。

使用できる属性

input要素（P.201 ～ 208）で解説した以下の属性を同時に使用できます。

autocomplete, dirname, disabled, form, list, maxlength, minlength, multiple, name, pattern, placeholder, readonly, required, size, value

以下の例では、メールアドレスの入力欄を設置しています。mutiple属性を指定し、カンマ(,)で区切って複数のメールアドレスを入力できるようにしています。

```html
<form action="cgi-bin/example.cgi" method="post">
  <p>E-mail：</p>
  <input type="email" name="email" multiple>
  <input type="submit" name="submit" value="登録">
</form>
```

Google Chrome

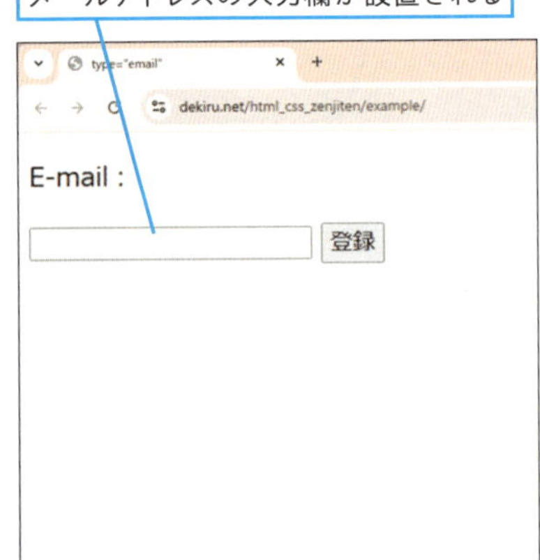

Safari（iOS）

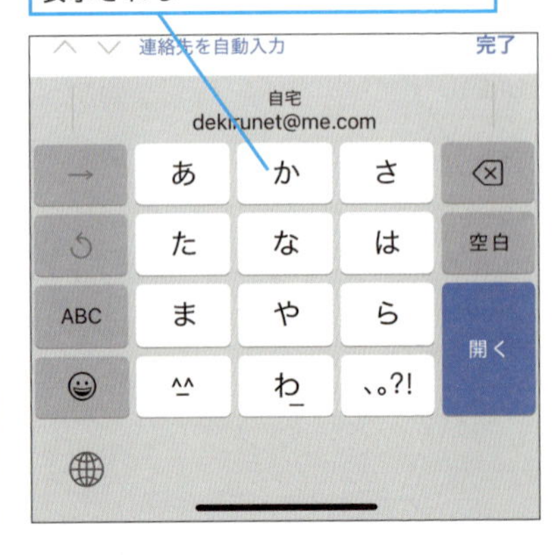

入力欄

パスワードの入力欄を設置する

POPULAR

<input type="password">

インプット タイプ パスワード

type属性にpasswordが指定されたinput要素は、パスワードの入力欄となります。通常、入力内容は「●」などの伏せ字で置き換えられ、画面上では見られないようになります。

使用できる属性

input要素（P.201 ～ 208）で解説した以下の属性を同時に使用できます。

autocomplete, dirname, disabled, form, maxlength, minlength, name, pattern, placeholder, readonly, required, size, value

（オート・コンプリート、ディクショナリティ・ネーム、ディスエーブルド、フォーム、マックス・レンス、ミニマム・レンス、ネーム、パターン、プレースホルダー、リード・オンリー、レクワイアド、サイズ、バリュー）

以下の例では、パスワードの入力欄を設置しています。

```html
<form action="cgi-bin/example.cgi" method="post">
  <p>パスワードを入力する</p>
  <input type="password" name="password">
  <input type="submit" name="search" value="送信">
</form>
```

パスワードの入力欄が設置される

入力した内容は伏せ字になる

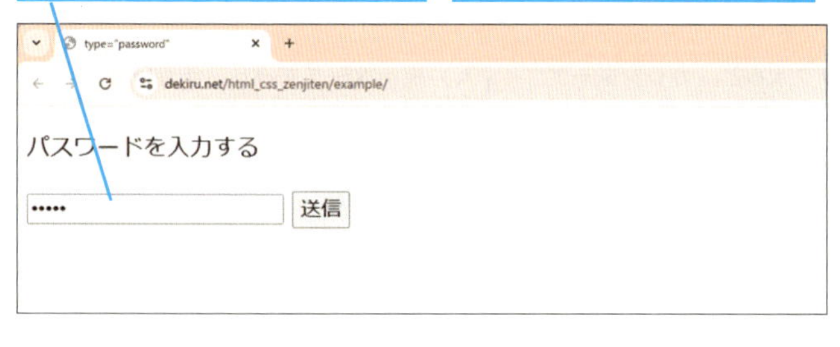

入力欄

日付の入力欄を設置する

<input type="date">

type属性にdateが指定されたinput要素は、日付（年月日）の入力欄となります。対応するブラウザーではカレンダーのユーザーインターフェースが表示され、年月日を選択できます。値は「yyyy-mm-dd」（2025-01-01）という形式で送信されます。

使用できる属性

input要素（P.201～208）で解説した以下の属性を同時に使用できます。選択できる日付の単位はstep属性で指定でき、初期値は「1」です。

autocomplete, disabled, form, list, max, min, name, readonly, required, step, value

以下の例では、日付の入力欄を設置しています。

```html
<form action="cgi-bin/example.cgi" method="post">
  <p>日付を指定する：</p>
  <input type="date" name="date">
  <input type="submit" name="submit" value="登録">
</form>
```

Google Chrome

入力欄をクリックすると、カレンダー型の選択メニューが表示される

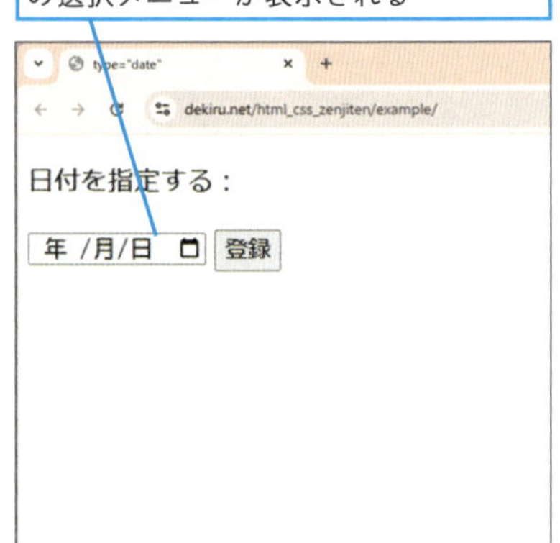

Safari（iOS）

入力欄をタップすると、年月日の選択パネルが表示される

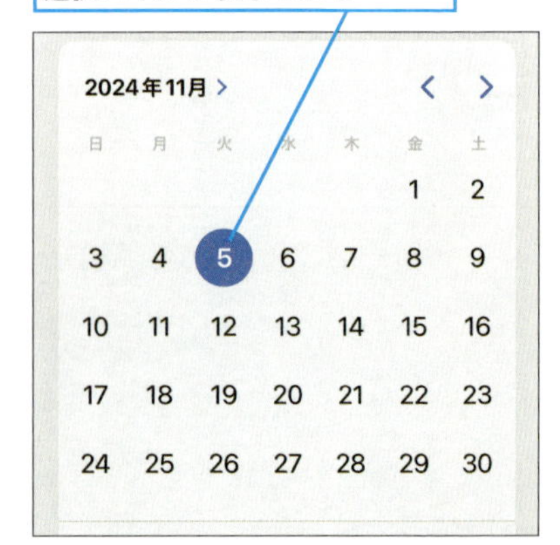

入力欄

月の入力欄を設置する

SPECIFIC

<input type="month">

（インプット タイプ マンス）

type属性にmonthが指定されたinput要素は、月(年月)の入力欄となります。対応するブラウザーではカレンダーのユーザーインターフェースが表示され、そこから月を選択できます。値は「yyyy-mm」(2025-01)という形式で送信されます。

使用できる属性

input要素(P.201～208)で解説した以下の属性を同時に使用できます。選択できる月の単位はstep属性で指定でき、初期値は「1」です。

autocomplete, disabled, form, list, max, min, name, readonly, required, step, value

（オート・コンプリート、ディスエーブルド、フォーム、リスト、マックス、ミニマム、ネーム、リード・オンリー、レクワイアド、ステップ、バリュー）

以下の例では、月の入力欄を設置しています。ChromeやSafari (iOS)などが対応しており、以下のような画面が表示されます。

```html
<form action="cgi-bin/example.cgi" method="post">
  <p>月を指定する：</p>
  <input type="month" name="month">
  <input type="submit" name="submit" value="登録">
</form>
```

Google Chrome

入力欄をクリックすると、カレンダー型の選択メニューが表示される

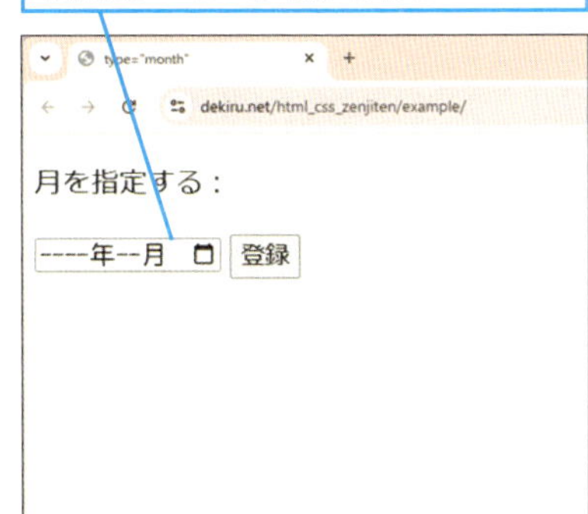

Safari (iOS)

入力欄をタップすると、年月の選択パネルが表示される

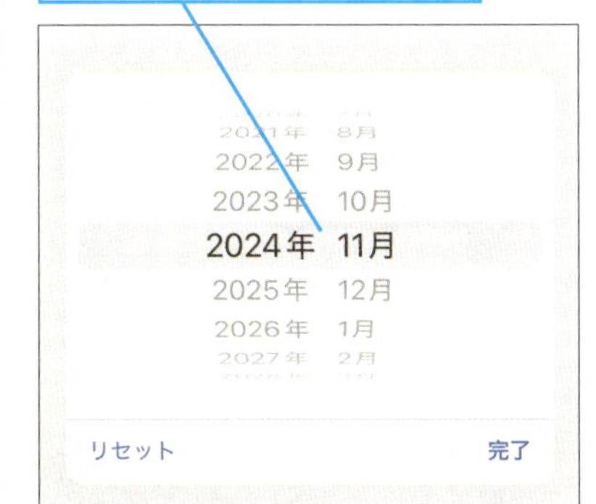

入力欄

週の入力欄を設置する

<input type="week">

type属性にweekが指定されたinput要素は、週の入力欄となります。対応するブラウザーではカレンダーのユーザーインターフェースが表示され、年と週を選択できます。値は「yyyy-Www」という形式で送信されます。wwは1年の最初の週から数えた数値で、「2025-W40」の場合、2025年9月29日～10月5日を指します。

使用できる属性

input要素（P.201～208）で解説した以下の属性を同時に使用できます。選択できる週の単位はstep属性で指定でき、初期値は「1」です。

autocomplete, disabled, form, list, max, min, name, readonly, required, step, value

以下の例では、週の入力欄を設置しています。ChromeやEdgeなどが対応しており、以下のような画面が表示されます。

```html
<form action="cgi-bin/example.cgi" method="post">
  <p>週を指定する：</p>
  <input type="week" name="week">
  <input type="submit" name="submit" value="登録">
</form>
```

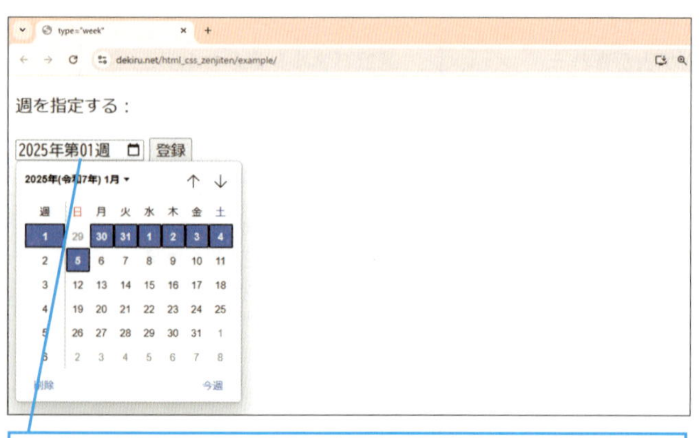

入力欄をクリックすると、カレンダー型の選択メニューが表示される

入力欄

時刻の入力欄を設置する

type属性にtimeが指定されたinput要素は、時刻の入力欄となります。対応するブラウザーでは、時刻を選択できるユーザーインターフェースが表示されます。値は「hh:mm:ss」(14:05:34)という形式で送信されます。

使用できる属性

input要素(P.201～208)で解説した以下の属性を同時に指定できます。選択できる時刻の単位はstep属性で指定でき、初期値は「60秒」です。

autocomplete, disabled, form, list, max, min, name, readonly, required, step, value

（オート・コンプリート、ディスエーブルド、フォーム、リスト、マックス、ミニマム、ネーム、リード・オンリー、レクワイアド、ステップ、バリュー）

以下の例では、時刻の入力欄を設置しています。すべての主要ブラウザーが対応済みで以下のような画面が表示されます。

```html
<form action="cgi-bin/example.cgi" method="post">
  <p>時刻を指定する：</p>
  <input type="time" name="time" step="10">
  <input type="submit" name="submit" value="登録">
</form>
```

Google Chrome

時刻の入力欄が設置される

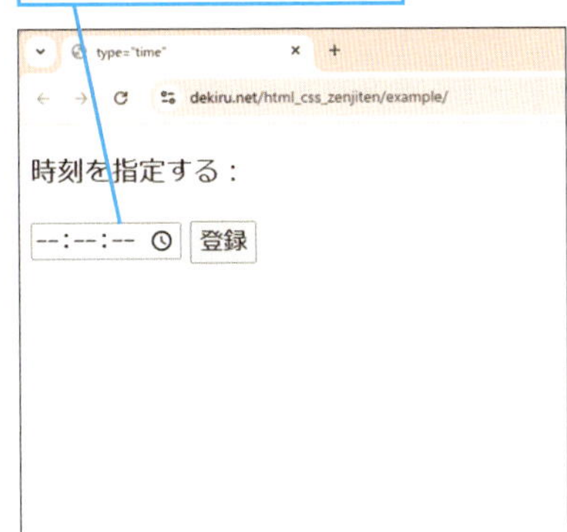

Safari（iOS）

入力欄をタップすると、時刻の選択パネルが表示される

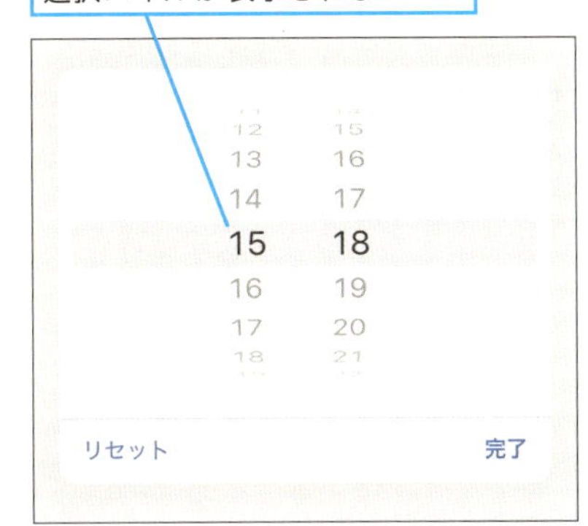

入力欄

日時の入力欄を設置する

<input type="datetime-local">

インプット　タイプ　デートタイム　ローカル

type属性にdatetime-localが指定されたinput要素は、日時（年月日と時刻）の入力欄となります。ユーザーが入力した時間は、現地時間で「yyyy-mm-ddThh:mm:ss」（2025-01-17T14:05:34）という形式で送信されます。

使用できる属性

input要素（P.201 ～ 208）で解説した以下の属性を同時に使用できます。

autocomplete, disabled, form, list, max, min, name, readonly, required, step, value

（オート・コンプリート、ディスエーブルド、フォーム、リスト、マックス、ミニマム、ネーム、リード・オンリー、レクワイアド、ステップ、バリュー）

以下の例では、日時の入力欄を設置しています。すべての主要ブラウザーが対応済みで、以下のような画面が表示されます。

```html
<form action="cgi-bin/example.cgi" method="post">
  <p>日時を指定する：</p>
  <input type="datetime-local" name="datetime">
</form>
```

Google Chrome

入力欄をクリックすると、カレンダー型の選択メニューが表示される

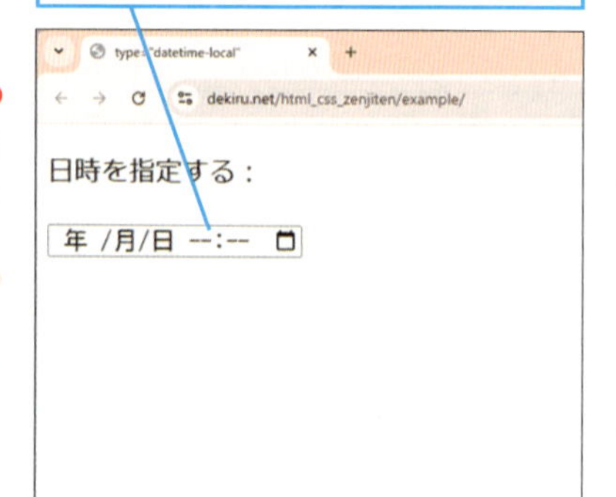

Safari（iOS）

入力欄をタップすると、日付と時刻の選択パネルが表示される

数値の入力欄を設置する

<input type="number">

type属性にnumberが指定されたinput要素は、数値の入力欄となります。対応しているブラウザーでは、数値以外の入力が送信されようとした場合、エラーを返します。

使用できる属性

input要素（P.201 ～ 208）で解説した以下の属性を同時に使用できます。選択できる数値の単位はstep属性で指定でき、初期値は「1」です。

autocomplete, disabled, form, list, max, min, name, placeholder, readonly, required, step, value

以下の例では、数値の入力欄を設置しています。min属性とmax属性で入力できる数値の範囲を指定しています。

```html
<form action="cgi-bin/example.cgi" method="post">
  <p>必要な数量を指定してください（最大で9個まで）：</p>
  <input type="number" name="number" min="1" max="9">
  <input type="submit" name="submit" value="登録">
</form>
```

数値の入力欄が設置される

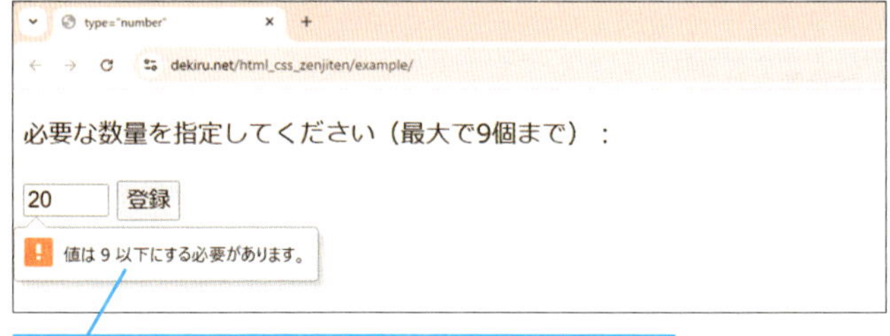

既定の数値以外を入力すると、エラーが表示される

ポイント

- type="number"を「数字が入力されるから」という理由で多用しないようにしましょう。例えば、クレジットカード番号や郵便番号など、1つの数値が違うだけで異なる意味になってしまうような数字の入力欄に使用すべきではありません。

入力欄

大まかな数値の入力欄を設置する

<input type="range">

type属性にrangeが指定されたinput要素は、数値の入力欄となります。ただし、それほど厳密ではない、大まかな数値の入力欄です。対応するブラウザーでは多くの場合、ユーザーが操作できるスライダー形式のユーザーインターフェースが表示されます。

使用できる属性

input要素(P.201 ～ 208)で解説した以下の属性を同時に使用できます。min属性の初期値は「0」、max属性の初期値は「100」です。選択できる数値の単位はstep属性で指定でき、初期値は「1」です。

autocomplete, disabled, form, list, max, min, name, step, value

以下の例では、大まかな数値の入力欄を設置しています。最小値や最大値、単位を指定していないので、ユーザーがスライダーを操作して送信されるデータは、0から100までの間の数値になります。

```html
<form action="cgi-bin/example.cgi" method="post">
  <p>この記事の満足度をお答えください。</p>
  <p>つまらない<input type="range" name="range">おもしろい</p>
  <input type="submit" name="submit" value="送信">
</form>
```

数値の入力バーが設置される

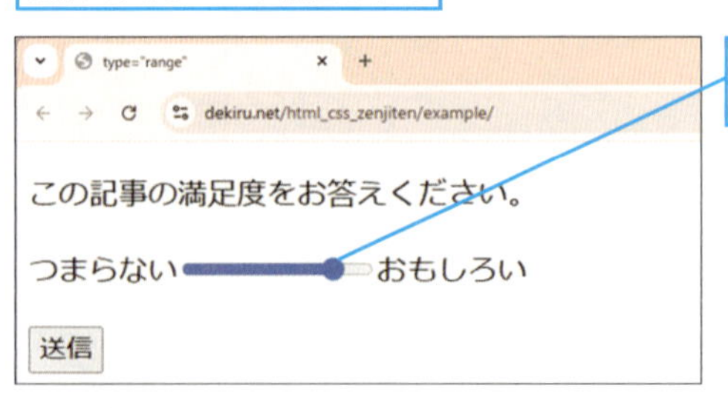

スライダーをドラッグして移動することで数値を指定できる

ポイント

- 例えば、min="10" max="200" step="10"と指定すれば、10 ～ 200までの間で10の倍数となる数値のみ選択可能になります。

入力欄

RGBカラーの入力欄を設置する

USEFUL

<input type="color">

インプット タイプ カラー

type属性にcolorが指定されたinput要素は、RGBカラーの入力欄となります。対応するブラウザーでは多くの場合、色を選択するためのユーザーインターフェースが表示されます。送信されるデータはRGB値を16進数に変換したカラーコードで、例えば「#1abc9c」といった形式になりますが、alphaやcolorspace属性によって透明度を加えたり色空間を指定したりした場合は、それに応じた変換が行われます。

使用できる属性

input要素（P.201 ～ 208）で解説した以下の属性を同時に使用できます。

autocomplete, disabled, form, list, name, value, alpha, colorspace

オート・コンプリート ディスエーブルド フォーム リスト ネーム バリュー アルファ カラー・スペース

以下の例では、RGBカラーを選択するボタンを設置しています。ボタンをクリックすることで色を選択できます。

```
<form action="cgi-bin/example.cgi" method="post">
  <p>指定したい色を選択します。</p>
  <input type="color" name="color">
  <input type="submit" name="submit" value="決定">
</form>
```

HTML

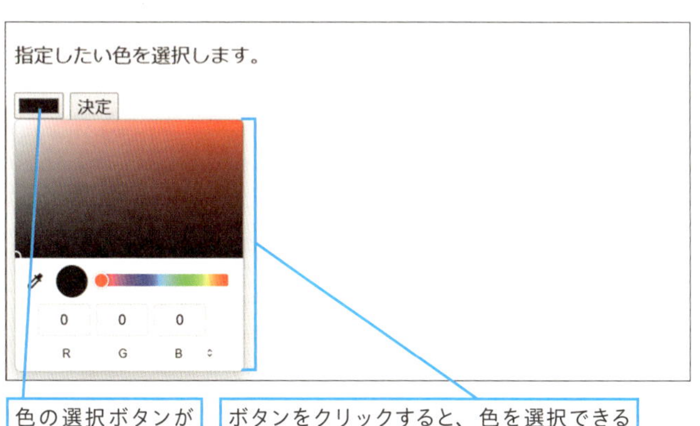
指定したい色を選択します。
決定
0
0
0
R
G
B
色の選択ボタンが設置される
ボタンをクリックすると、色を選択できるユーザーインターフェースが表示される

チェックボックスを設置する

インプット　タイプ　チェックボックス

<input type="checkbox">

type属性にcheckboxが指定されたinput要素は、複数選択可能なチェックボックスとなります。チェックボックスと項目名は、label要素(P.235)を使って関連付けます。

使用できる属性

input要素(P.201 ～ 208)で解説した以下の属性を同時に使用できます。クエリ名として指定するname属性の値を、選択肢とするチェックボックス間で同じ値にしておくことで、ひとまとまりの選択肢からチェックされた値が送信されることとなります。このとき、送信される値はvalue属性で指定しておきます。

チェックト　ディスエーブルド　フォーム　ネーム　レクワイアド　バリュー

checked, disabled, form, name, required, value

以下の例では、クエリ名をname="books"と指定したチェックボックスを3つ設置しています。ユーザーがチェックボックスをチェックしてデータを送信すると、クエリ名と併せて選択したチェックボックスのvalue属性の値が送信されます。

```html
<form action="cgi-bin/example.cgi" method="post">
  <p>興味のあるジャンルを選択してください。</p>
  <label>
    <input type="checkbox" name="books" value="history">歴史小説
  </label>
  <label>
    <input type="checkbox" name="books" value="romance">恋愛小説
  </label>
  <label>
    <input type="checkbox" name="books" value="ditective">探偵小説
  </label>
  <input type="submit" name="submit" value="送信">
</form>
```

チェックボックスの選択肢が設置される

チェックした項目のname、value属性の値が送信される

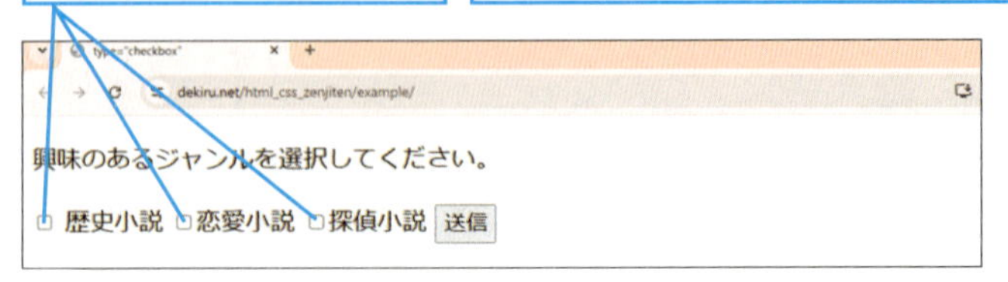

入力欄

POPULAR

ラジオボタンを設置する

<input type="radio">

（インプット タイプ ラジオ）

type属性にradioが指定されたinput要素は、1つだけ選択可能なラジオボタンとなります。ラジオボタンと項目名は、label要素(P.235)を使って関連付けます。

使用できる属性

input要素(P.201 ～ 208)で解説した以下の属性を同時に使用できます。クエリ名として指定するname属性の値を、選択肢とするラジオボタン間で同じ値にしておくことで、ひとまとまりの選択肢からチェックされた値が送信されることとなります。このとき、送信される値はvalue属性で指定しておきます。

checked(チェックト), **disabled**(ディスエーブルド), **form**(フォーム), **name**(ネーム), **required**(レクワイアド), **value**(バリュー)

以下の例では、クエリ名をname="desert"と指定したラジオボタンを3つ設置しています。ユーザーがラジオボタンを選択してデータを送信すると、クエリ名と併せて選択したラジオボタンのvalue属性の値が送信されます。

HTML

```html
<form action="cgi-bin/example.cgi" method="post">
  <p>コースの最後に食べるデザートを選択してください。</p>
  <label>
    <input type="radio" name="desert" value="icecream">アイスクリーム
  </label>
  <label>
    <input type="radio" name="desert" value="shortcake">ショートケーキ
  </label>
  <label>
    <input type="radio" name="desert" value="pudding">プリン
  </label>
  <input type="submit" name="submit" value="決定">
</form>
```

ラジオボタンの選択肢が設置される

オンにした項目のname、value属性の値が送信される

dekiru.net/html_css_zenjiten/example/

コースの最後に食べるデザートを選択してください。

○アイスクリーム ○ショートケーキ ○プリン 決定

入力欄

送信するファイルの選択欄を設置する

<input type="file">

インプット タイプ ファイル

type属性にfileが指定されたinput要素は、送信するファイルの選択欄となります。ファイルを正しく送信するためには、この入力コントロールを使用するform要素(P.197)に、enctype="multipart/form-data"を指定する必要があります。

使用できる属性

input要素(P.201～208)で解説した以下の属性を同時に使用できます。multiple属性を指定することで複数のファイルを同時に選択して送信できます。

accept, disabled, form, multiple, name, required, value

アクセプト ディスエーブルド フォーム マルチプル ネーム レクワイアド バリュー

以下の例では、送信するファイルの選択ボタンを設置しています。accept属性を指定することで、送信できるファイルの種類を限定しています。

```html
<form action="cgi-bin/example.cgi" method="post"
enctype="multipart/form-data">
  <p>投稿する画像ファイルを選択してください。</p>
  <input type="file" name="imgfile" multiple accept=".png,.jpg,.
  gif,image/png,image/jpg,image/gif">
  <p>
    <input type="submit" name="submit" value="投稿">
    <input type="reset" name="reset" value="削除">
  </p>
</form>
```

ファイルの選択ボタンが設置される

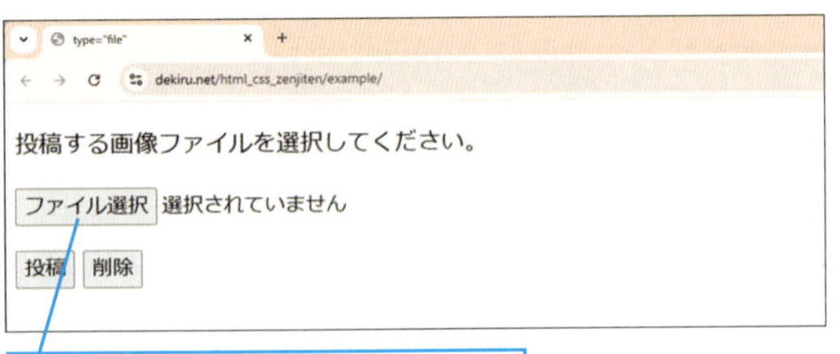

ボタンをクリックすると［ファイルの選択］ダイアログボックスが表示される

送信ボタンを設置する

インプット タイプ サブミット
<input type="submit">

type属性にsubmitが指定されたinput要素は、フォームに入力された情報の送信ボタンとなります。

使用できる属性

input要素（P.201 ～ 208）で解説した以下の属性を同時に使用できます。value属性で指定した値は、ボタンに表示されるラベルとして使用されます。

dirname（ディクショナリティ・ネーム）, disabled（ディスエーブルド）, form（フォーム）, formaction（フォーム・アクション）, formenctype（フォーム・エンコード・タイプ）, formmethod（フォーム・メソッド）, formnovalidate（フォーム・ノー・ヴァリデート）, formtarget（フォーム・ターゲット）, name（ネーム）, popovertarget（ポップオーバー・ターゲット）, popovertargetaction（ポップオーバー・ターゲット・アクション）, value（バリュー）

以下の例では、送信ボタンを設置しています。value属性を指定しない場合は、多くのブラウザーでボタン名は「送信」となります。

```html
<form action="cgi-bin/example.cgi" method="post">
  <p>入力した情報を送信する</p>
  <input type="submit" name="submit">
  <p>入力した内容を確認する</p>
  <input type="submit" name="submit" value="入力内容の確認">
</form>
```

送信ボタンが設置される

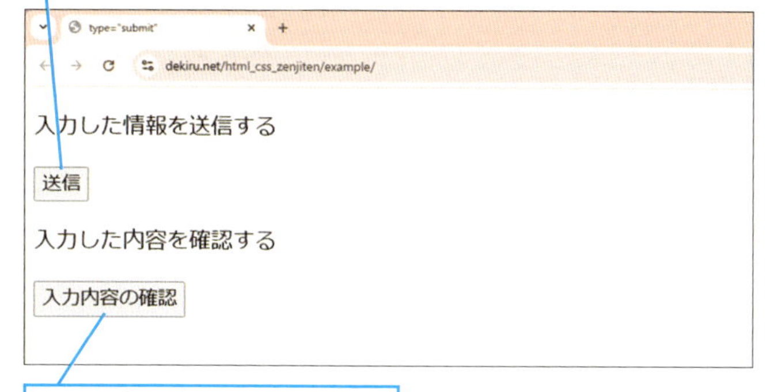

value属性でボタン名を指定できる

入力欄

画像形式の送信ボタンを設置する

<input type="image">

type属性にimageが指定されたinput要素は、画像形式の送信ボタンとなります。

使用できる属性

input要素（P.201 ～ 208）で解説した以下の属性を同時に使用できます。src、alt属性は必須です。また、ボタンの表示サイズはheight、width属性でそれぞれ指定します。

alt, disabled, form, formaction, formenctype, formmethod, formnovalidate, formtarget, height, name, src, popovertarget, popovertargetaction, width

以下の例では、画像形式の送信ボタンを設置しています。画像ファイルはsrc属性で指定し、alt属性で代替テキストを用意します。

HTML
```
<form action="cgi-bin/example.cgi" method="post">
  <p>入力した情報を送信する</p>
  <input type="image" name="submit" width="100" height="40"
  src="submit.png" alt="送信">
</form>
```

画像を使った送信ボタンが設置される

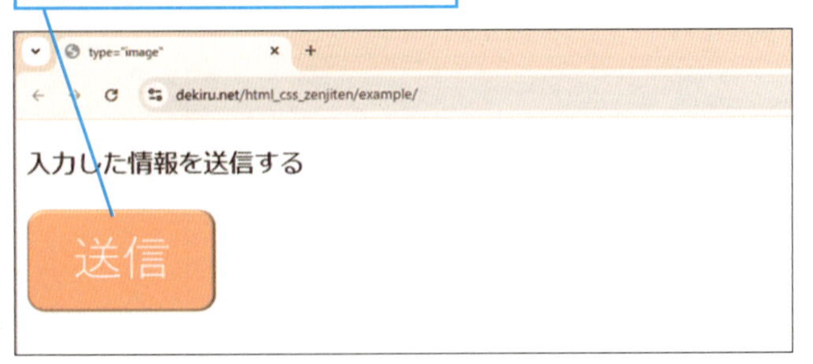

入力内容のリセットボタンを設置する

type属性にresetが指定されたinput要素は、フォームに入力した内容のリセットボタンとなります。

使用できる属性

input要素(P.201 ～ 208)で解説した以下の属性を同時に使用できます。name属性でクエリ名を指定できますが、値は送信されません。value属性で送信されるクエリ値を指定できますが、値は送信されません。ただし、value属性の値はボタン名に表示されるラベルとして使用されます。送信ボタンと間違って押してしまい、入力した内容が消えてしまうといったミスを誘発する可能性があるため、設置が推奨されるものではありません。

disabled(ディスエーブルド), **form**(フォーム), **name**(ネーム), **popovertarget**(ポップオーバー・ターゲット), **popovertargetaction**(ポップオーバー・ターゲット・アクション), **value**(バリュー)

以下の例では、リセットボタンを設置しています。ボタン名はvalue属性値で指定します。

```html
<form action="cgi-bin/example.cgi" method="post">
  <p>商品コードを入力する</p>
  <input type="text" name="text">
  <input type="submit" name="submit" value="送信">
  <p>入力内容をリセットする</p>
  <input type="reset" name="reset" value="入力内容を消去">
</form>
```

リセットボタンが設置される

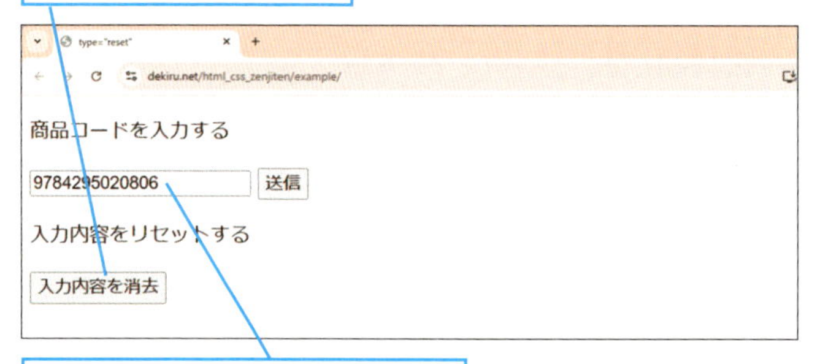

リセットボタンをクリックすると、このフォームに入力した内容が消去される

入力欄

スクリプト言語を起動するための ボタンを設置する

<input type="button">

インプット タイプ ボタン

type属性にbuttonが指定されたinput要素は、ボタンとなります。JavaScriptなどと組み合わせて、スクリプト言語の起動用ボタンとして利用します。

使用できる属性

input要素（P.201 ～ 208）で解説した以下の属性を同時に使用できます。value属性で指定した値はボタン名に使用されます。

disabled, form, name, popovertarget, popovertargetaction, value

ディスエーブルド、フォーム、ネーム、ポップオーバー・ターゲット、ポップオーバー・ターゲット・アクション、バリュー

以下の例では、Webページを更新（リロード）するボタンを設置しています。ボタンをクリックしたときの挙動は、onclick属性（P.100）の値にJavaScriptを記述しています。

HTML
```
<form action="cgi-bin/example.cgi" method="post">
  <p>内容を更新するには[更新]ボタンをクリックします。</p>
  <input type="button" name="refresh" value="更新" onclick
  ="location.reload(true)"></p>
</form>
```

ボタンが設置される

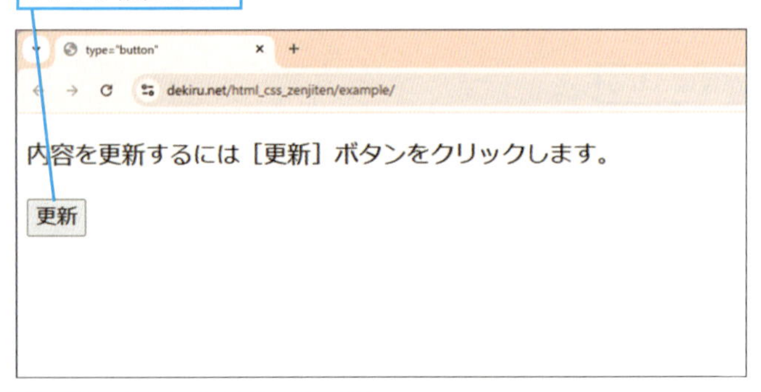

ボタンをクリックすると記述したスクリプトが実行される

入力欄

複数行にわたるテキスト入力欄を設置する

POPULAR

テキストエリア
<textarea> ～ </textarea>

textarea要素は、複数行にわたるテキスト入力欄を表します。textarea要素の内容は、テキスト入力欄にあらかじめ入力された初期値となります。

カテゴリー	インタラクティブコンテンツ／パルパブルコンテンツ／フレージングコンテンツ／フローコンテンツ／ラベル付け可能な要素／フォーム関連要素／リスト可能なフォーム関連要素／サブミット可能なフォーム関連要素／リセット可能なフォーム関連要素／自動大文字化継承フォーム関連要素
コンテンツモデル	テキスト
使用できる文脈	フレージングコンテンツが期待される場所

使用できる属性 グローバル属性(P.89)

オート・コンプリート
autocomplete

オートコンプリートの挙動を指定します。指定できる値について、詳しくはinput要素(P.201)の解説を参照してください。

カラムス
cols

テキスト入力欄の幅を文字数で指定します。初期値は「20」です。

ディクショナリティ・ネーム
dirname

送信データの書字方向に関するクエリ値のクエリ名を、以下の値で指定します。

- **ltr** 左から右
- **rtl** 右から左(アラビア語など一部の言語)

ディスエーブルド
disabled

テキストの入力を無効にします。disabled属性は論理属性(P.65)です。

フォーム
form

任意のform要素に付与したid属性値を指定することで関連付けを行います。

マックス・レンス　ミニマム・レンス
maxlength, minlength

入力可能な文字列の最大・最小文字数を指定し、入力制限を付けられます。

ネーム
name

データが送信される際のクエリ名を指定します。

プレースホルダー
placeholder

テキスト入力欄にあらかじめ表示されるダミーテキスト（プレースホルダー）を指定します。プレースホルダーは「入力ための短いヒント」を表します。入力欄のラベルとして使用してはいけません。より長いヒントや入力方法に関する助言などは、title属性（P.98）などを用いて付与するほうがよいでしょう。

リード・オンリー
readonly

テキスト入力欄をユーザーが編集できないように指定します。ユーザーは値を変更できなくなりますが、フォーム送信時には値が送信されます。readonly属性は論理属性です。

レクワイアド
required

テキスト入力欄への入力を必須とします。何も入力されていない場合、対応するブラウザーではフォームの送信が行われません。ただし、以下の条件において、この属性は無視されます。requiredは論理属性です。

- 関連付けられたform要素にnovalidate属性が指定されている、または送信ボタンにformnovalidate属性が指定され、入力内容の検証が無効
- 同じ入力コントロール要素にdisabled属性、またはreadonly属性が指定されている

ロウズ
rows

テキスト入力欄の高さを文字数で指定します。初期値は「2」です。

ラップ
wrap

テキスト入力欄における折り返しの指定を行います。指定できる値は以下の2つです。

soft	入力したテキストは入力欄の幅で自動的に折り返されますが、送信されるクエリには折り返しは反映されません（初期値）。
hard	入力したテキストは入力欄の幅で自動的に折り返され、送信されるクエリにもその折り返しが反映されます。この値を指定した場合、cols属性を指定しなければなりません。

HTML

```
<form action="cgi-bin/example.cgi" method="post">
  <label for="comment">通信欄：</label>
  <textarea name="comment" id="comment" placeholder="感想やご意見をお聞かせください" cols="50" rows="2"></textarea>
  <input type="submit" name="submit" value="送信">
</form>
```

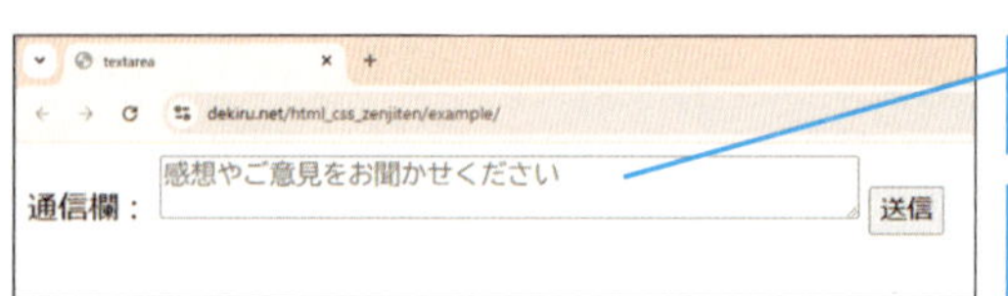

複数行のテキスト入力欄が設置される

cols属性とrows属性で幅と高さを指定できる

ボタン

ボタンを設置する

ボタン
<button>～</button>

button要素は、ボタンを表します。button要素でマークアップすることで、内包するテキストや画像などをボタンとして使用できます。

カテゴリー	インタラクティブコンテンツ／パルパブルコンテンツ／フレージングコンテンツ／フローコンテンツ／ラベル付け可能な要素／フォーム関連要素／リスト可能なフォーム関連要素／サブミット可能なフォーム関連要素／自動大文字化継承フォーム関連要素
コンテンツモデル	フレージングコンテンツ。ただし、インタラクティブコンテンツを子孫要素に持つことは不可（button要素を入れ子にしたり、a要素を子孫要素にしたりするなど）
使用できる文脈	フレージングコンテンツが期待される場所

使用できる属性 グローバル属性（P.89）

ディスエーブルド
disabled

ボタンを無効にします。disabled属性は論理属性です。

フォーム
form

任意のform要素に付与したid属性値を指定することで、関連付けを行います。対応するブラウザーであれば、form要素の外にボタンがあったとしても送信などが可能になります。

フォーム・アクション
formaction

関連付けられているform要素のaction属性値を上書きできます。

フォーム・エンコード・タイプ
formenctype

関連付けられているform要素のenctype属性値を上書きできます。

フォーム・メソッド
formmethod

関連付けられているform要素のmethod属性値を上書きできます。

フォーム・ノー・ヴァリデート
formnovalidate

関連付けられているform要素のnovalidate属性値を上書きできます。送信ボタンの場合に指定できますが、一時保存ボタンなどに指定することで入力内容の検証を無効にしてデータを送信することも可能です。formnovalidate属性は論理属性です。

ポップオーバー・ターゲット
popovertarget

そのボタンがトグル、表示、または非表示のターゲットとするポップオーバー要素を指定します。

ポップオーバー・ターゲット・アクション
popovertargetaction

操作対象とするポップオーバー要素がトグルされるか、表示されるか、非表示にされるか、といったボタンの役割を示します。

hide 表示されているポップオーバー要素を非表示にします。ターゲットとなるポップオーバー要素がすでに非表示の場合は何もしません。

show 非表示のポップオーバー要素を表示します。 ターゲットとなるポップオーバー要素がすでに表示されている場合は何もしません。

toggle ポップオーバー要素の表示・非表示を切り替える(トグルする) ボタンとします(初期値)。

フォーム・ターゲット
formtarget

関連付けられているform要素のtarget属性値を上書きできます。

ネーム
name

データが送信される際のクエリ名を指定します。

タイプ
type

表示されたボタンを操作した際の挙動を、以下の値で指定できます。

submit 送信ボタン(初期値)。フォームを送信(サブミット)します。

reset リセットボタン。フォームに入力された内容をリセットします。

button 何もしません。スクリプトを実行するボタンなどに利用できます。

バリュー
value

送信されるクエリ値を指定します。

以下の例では、button要素を使って別のページへリンクするボタンを設置しています。ボタンをクリックしたときの挙動は、onclick属性 (P.100) の値にJavaScriptを記述しています。input要素のtype属性にbuttonを指定した場合との大きな違いは、button要素はコンテンツモデルが「空」ではないため、フレージングコンテンツを内包できることです。例では、strong要素でボタン名の一部を強調しています。他にも、img要素で画像を含めたり、スタイルを指定したりすることで、さまざまな見た目のボタンを実装できます。

HTML
```
<form action="cgi-bin/example.cgi" method="post">
  <p>回答を入力:<input type="text" name="answear"></p>
  <button type="button" name="hint" onclick="location.href='https://dekiru.net/hint/'">ボタンを押すと<strong>ヒントページ</strong>を表示
  </button>
  <p>
    <input type="submit" name="submit" value="回答">
  </p>
</form>
```

ラベル

入力コントロールにおける項目名を表す

<label>～</label>

（ラベル）

label要素は、入力コントロールの項目名を表します。label要素によって表された項目名は、input要素（P.218）やselect要素など、ラベル付け可能なフォーム関連要素と関連付けできます。

カテゴリー	インタラクティブコンテンツ／パルパブルコンテンツ／フレージングコンテンツ／フローコンテンツ
コンテンツモデル	フレージングコンテンツ。ただし、そのlabel要素によってラベル付けされていないラベル付け可能な要素、およびlabel要素を子孫要素に持つことは不可
使用できる文脈	フレージングコンテンツが期待される場所

使用できる属性　グローバル属性（P.89）

for

（フォー）

入力コントロールに付与したid属性値を指定することで関連付けを行います。

ポイント

- label要素で入力コントロールの項目名を表す方法は、以下の例のように2通りあります。前者は、入力コントロールをlabel要素で内包する方法です。後者は、入力コントロールとするフォーム関連要素のid属性（P.92）に付与した名前を、label要素のfor属性に指定する方法です。

HTML

```
<!-- 入力コントロールを内包してラベルを付ける -->
<label>
  <input type="checkbox" name="confirm">
  内容を確認しました。
</label>
<!-- for属性によって入力コントロールにラベルを付ける -->
<input type="checkbox" name="agreement" id="agreement" value="yes">
<label for="agreement">内容に同意します。</label>
```

プルダウンメニュー

プルダウンメニューを表す

POPULAR

セレクト
<select>～</select>

select要素は、プルダウンメニューを表します。子要素としてoption要素を持つことが可能で、option要素は選択肢として表示されます。

カテゴリー	インタラクティブコンテンツ／パルパブルコンテンツ／フレージングコンテンツ／フローコンテンツ／ラベル付け可能な要素／フォーム関連要素／リスト可能なフォーム関連要素／サブミット可能なフォーム関連要素／リセット可能なフォーム関連要素／自動大文字化継承フォーム関連要素
コンテンツモデル	0個以上のoption要素またはoptgroup要素、hr要素、およびスクリプトサポート要素
使用できる文脈	フレージングコンテンツが期待される場所

使用できる属性 グローバル属性(P.89)

オート・コンプリート
autocomplete

オートコンプリートの可否を以下の2つの値で指定できます。

- **on** オートコンプリートを行います(初期値)。
- **off** オートコンプリートを行いません。

ディスエーブルド
disabled

プルダウンメニューの選択を無効にします。disabled属性は論理属性です。

フォーム
form

任意のform要素に付与されたid属性値を指定することで関連付けを行います。

マルチプル
multiple

選択肢の複数選択を可能にします。選択肢をCtrlキーなどを押しながらクリックすることで、複数選択が可能です。multiple属性は論理属性です。なお、送信されるデータは、選択した内容がカンマ(,)で区切って送信されます。

ネーム
name

データが送信される際のクエリ名を指定します。

レクワイアド
required

プルダウンメニューの選択を必須とします。required属性は論理属性です。

サイズ
size

ユーザーに表示する選択肢の数を指定します。初期値は、multiple属性が指定されている場合は「4」、multiple属性が指定されていない場合は「1」です。

選択肢

選択肢を表す

POPULAR

オプション

<option>～</option>

option要素は、select要素によって作成されるプルダウンメニューの選択肢、またはdatalist要素（P.240）によって提供される入力候補の選択肢を表します。option要素はoptgroup要素(P.239)でグループにできます。

カテゴリー	なし
コンテンツモデル	・option要素がlabel属性およびvalue属性を持つ場合、空 ・option要素がlabel属性を持つがvalue属性を持たない場合、テキスト ・option要素がlabel属性を持たない場合、要素内の空白文字ではないテキスト ・option要素がlabel属性を持たず、datalist要素の子要素である場合、テキスト
使用できる文脈	・select要素の子要素として ・datalist要素の子要素として ・optgroup要素の子要素として

使用できる属性　グローバル属性(P.89)

ディスエーブルド
disabled

この属性を指定されたoption要素は、選択できない選択肢になります。disabled属性は論理属性(P.65)です。

ラベル
label

option要素のラベルを指定します。

セレクテッド
selected

初期状態で選択された項目を表します。selected属性は論理属性です。親要素となるselect要素にmultiple属性が指定されていない場合、複数のoption要素にselected属性を付与することはできません。

バリュー
value

送信されるクエリ値を指定します。指定しない場合は、option要素の内容となるテキストが値として送信されます。

実践例 プルダウンメニューを作成する

<select><option>~</option></select>

以下の例では、select要素とoption要素を使ってプルダウンメニューを作成しています。value属性の値を空にしたoption要素を見出しとして用意することで、ユーザーに使いやすいよう配慮しています。既定の選択肢を決めておきたい場合は、option要素にselected属性を指定します。

```html
<select name="prefecture">
  <option value="">お住まいの地域を選んでください。</option>
  <option value="埼玉県">埼玉県</option>
  <option value="千葉県">千葉県</option>
  <option value="東京都">東京都</option>
  <option value="神奈川県">神奈川県</option>
</select>
```

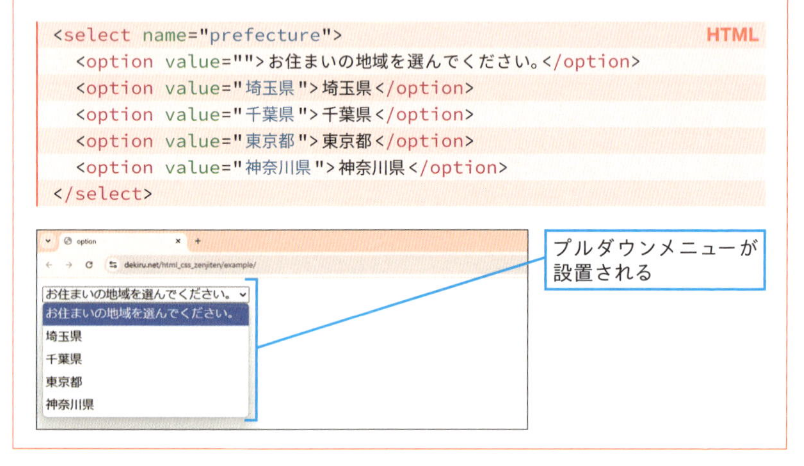

実践例 リストメニューを作成する

<select size="数値"><option>~</option></select>

以下の例では、select要素にsize属性を指定してリストメニューを作成しています。size属性の値の数だけリストとして表示されます。

```html
<select name="eventname" size="3">
  <!--省略-->
</select>
```

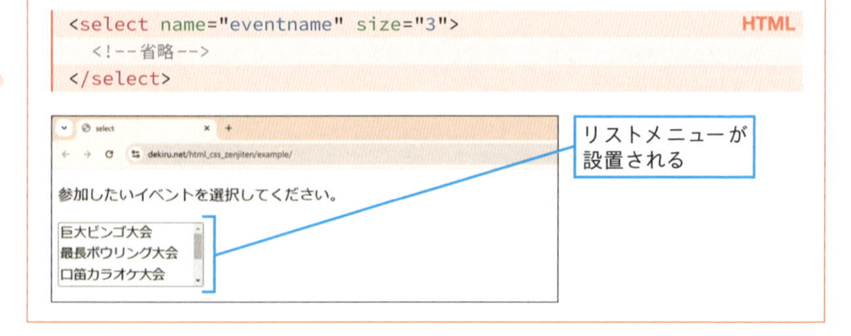

選択肢

選択肢のグループを表す

オプショングループ

<optgroup>～</optgroup>

optgroup要素は、select要素とoption要素によって作成されるプルダウンメニューにおいて、その選択肢を任意のグループにまとめられます。これにより、選択肢が多いプルダウンメニューでの視認性や操作性を向上させることができます。

カテゴリー	なし
コンテンツモデル	0個以上のoption要素、およびスクリプトサポート要素
使用できる文脈	select要素の子要素として

使用できる属性 グローバル属性(P.89)

ディスエーブルド
disabled

この属性を指定された選択肢グループは、選択できない選択肢のグループになります。

ラベル
label

必須属性です。選択肢のグループにラベルを指定します。空ではない文字列を指定する必要があります。

HTML
```
<select name="prefecture">
  <option value="">参加地域を選択してください。</option>
  <optgroup label="Aグループ">
    <option value="埼玉県">埼玉県</option>
    <option value="千葉県">千葉県</option>
  </optgroup>
  <optgroup label="Bグループ">
    <option value="東京都">東京都</option>
    <option value="神奈川県">神奈川県</option>
  </optgroup>
</select>
```

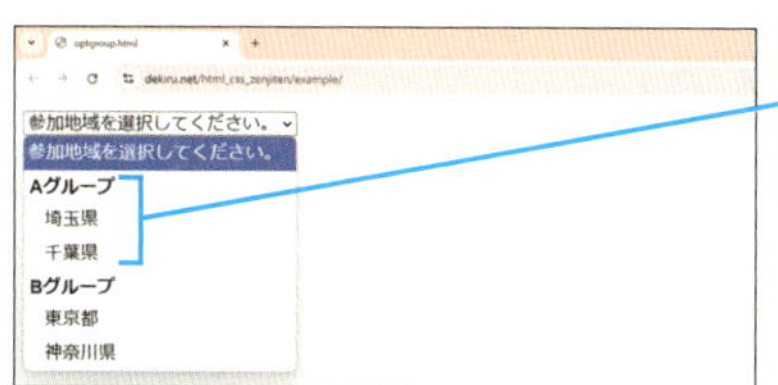

選択肢がoptgroup要素によってグループ化されている

入力候補を提供する

データリスト

<datalist> ～ </datalist>

datalist要素は、ユーザーに入力候補を提供します。入力候補の選択肢は、内包するoption要素で指定します。また、datalist要素は、datalist要素に指定されたid属性(P.92)の値と、input要素(P.201 ～ 208)に指定されたlist属性の値によって関連付けられます。関連付けられたinput要素において、datalist要素は入力候補として機能します。

カテゴリー	フレージングコンテンツ／フローコンテンツ
コンテンツモデル	フレージングコンテンツまたは0個以上のoption要素、 およびスクリプトサポート要素のいずれかを記述
使用できる文脈	フレージングコンテンツが期待される場所

使用できる属性　グローバル属性(P.89)

HTML
```
<label flr="area">ご希望エリア</label>
<input type="text" name="area" id="area" list="arealist">
<datalist id="arealist">
  <option value="大阪第1エリア"></option>
  <option value="大阪第2エリア"></option>
  <option value="大阪第3エリア"></option>
  <option value="京都第1エリア"></option>
  <option value="京都第2エリア"></option>
  <option value="京都第3エリア"></option>
</datalist>
```

テキストを入力すると候補が表示される

ユーザーは候補以外のテキストも自由に入力できる

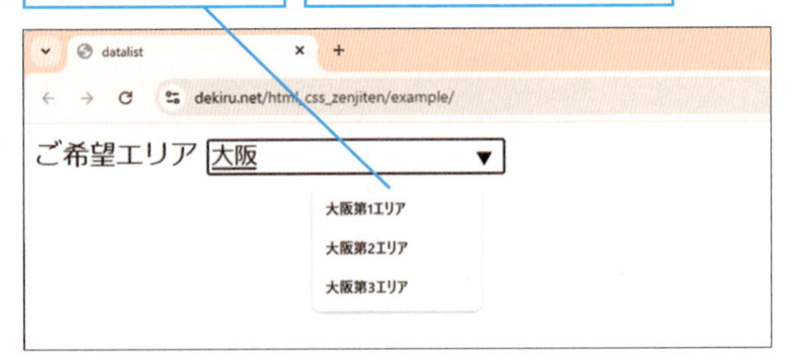

計算

計算の結果出力を表す

アウトプット

<output> ~ </output>

output要素は、計算の結果出力を表します。クライアントサイドスクリプトで結果を出力することが前提なので、JavaScriptを実行できない環境では利用できません。その場合は、output要素の内容が表示されます。

カテゴリー	パルパブルコンテンツ／フレージングコンテンツ／フローコンテンツ／ラベル付け可能な要素／フォーム関連要素／リスト可能なフォーム関連要素／リセット可能なフォーム関連要素／自動大文字化継承フォーム関連要素
コンテンツモデル	フレージングコンテンツ
使用できる文脈	フレージングコンテンツが期待される場所

使用できる属性 グローバル属性(P.89)

フォー
for

入力コントロールに付与したid属性値を指定することで関連付けを行います。

フォーム
form

任意のform要素に付与したid属性値を指定することで関連付けを行います。

ネーム
name

output要素に名前を付与します。JavaScriptから要素にアクセスする際に使用します。以下の例では、form要素内のonsubmit、oninput属性（P.100）の値に記述したJavaScriptによって、input要素に入力された値の和を計算し、output要素で出力しています。

HTML
```
<form onsubmit="return false"
oninput="o.value = a.valueAsNumber + b.valueAsNumber">
  <p>2つの整数の和を計算します。</p>
  <input name="a" id="a" type="number"> + <input name="b" id="b"
  type="number"> =
  <output name="o" id="o" for="a b">計算結果が出力されます。</output>
</form>
```

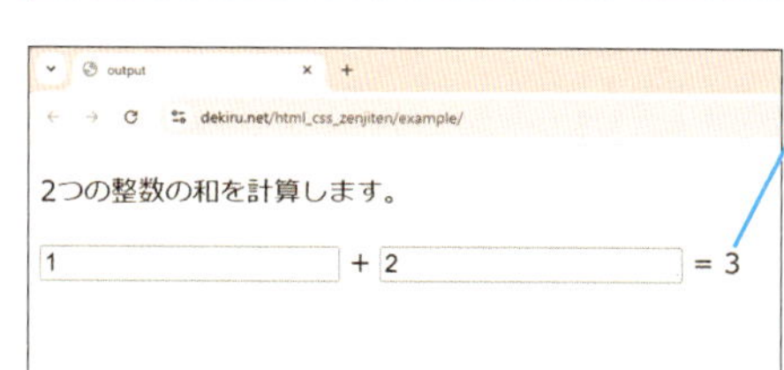

output要素とスクリプトによって計算結果が出力される

進捗状況

進捗状況を表す

<progress> ～ </progress>

プログレス

progress要素は、進捗状況を表します。例えば、処理の進捗状況やバッテリーの充電率など、完了とされる値に対する現在の値を表すために使用します。対応するブラウザーでは、プログレスバーなどの直感的な形式で表示されます。対応していないブラウザーでは、progress要素の内容が代替コンテンツとなります。

カテゴリー	パルパブルコンテンツ／フレージングコンテンツ／フローコンテンツ／ラベル付け可能な要素
コンテンツモデル	フレージングコンテンツ。ただし、progress要素を子孫要素に持つことは不可
使用できる文脈	フレージングコンテンツが期待される場所

使用できる属性 グローバル属性(P.89)

value

バリュー

現時点での進捗状況を数値で指定します。指定できる値は浮動小数点数ですが、0以上かつmax属性値以下である必要があります。

max

マックス

完了となる値を指定します。省略された場合の初期値は「1.0」です。

HTML
```
<p>
  ダウンロードの進捗：<progress max="100" value="30">30%</progress>
</p>
```

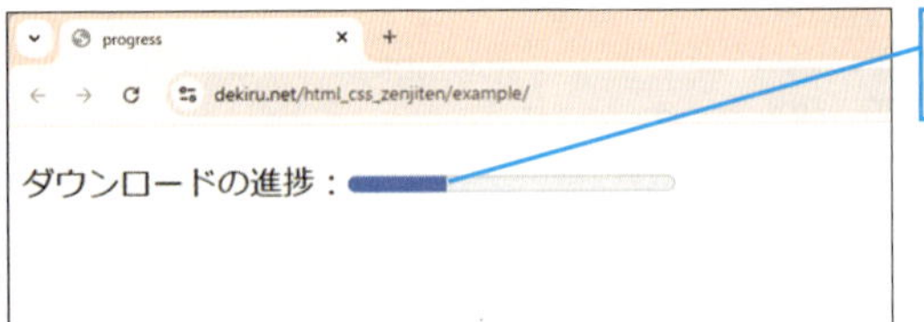

進捗状況がプログレスバーで表示される

ポイント

- 上記の例ではvalue属性の値に特定の数値を指定してダウンロードの進捗状況を表していますが、実用上はJavaScriptなどを使って、変動する数値をユーザーに伝達する用途などで用いられます。

範囲

特定の範囲にある数値を表す

RARE

メーター

<meter> ~ </meter>

meter要素は、特定の範囲にある数値を表します。例えば、ディスクの使用量や人口割合などを表すことが可能です。対応するブラウザーでは、メーターなどの直感的な形式で表示されます。対応していないブラウザーでは、meter要素の内容が代替コンテンツとなります。値の範囲が明確でない数値を表すことはできないため、最大値が定められていない数値を表すために使うのは適当ではありません。

カテゴリー	パルパブルコンテンツ／フレージングコンテンツ／フローコンテンツ／ラベル付け可能な要素
コンテンツモデル	フレージングコンテンツ。ただし、meter要素を子孫要素に持つことは不可
使用できる文脈	フレージングコンテンツが期待される場所

使用できる属性　グローバル属性(P.89)

バリュー
value

現在の数値を指定します。

ミニマム　マックス
min, max

指定可能な値の最小値、最大値を指定します。

ロー
low

value属性で指定した数値が低いと判断される値を指定します。

ハイ
high

value属性で指定した数値が高いと判断される値を指定します。

オプティマム
optimum

value属性で指定した数値が最適だと判断される数値を指定します。

以下の例では、地域Aと地域Bの投票率を表しています。

HTML
```
<p>
  地域A：<meter value="37" min="0" max="100">37%</meter>
</p>
<p>
  地域B：<meter value="72" min="0" max="100">72%</meter>
</p>
```

Google Chrome

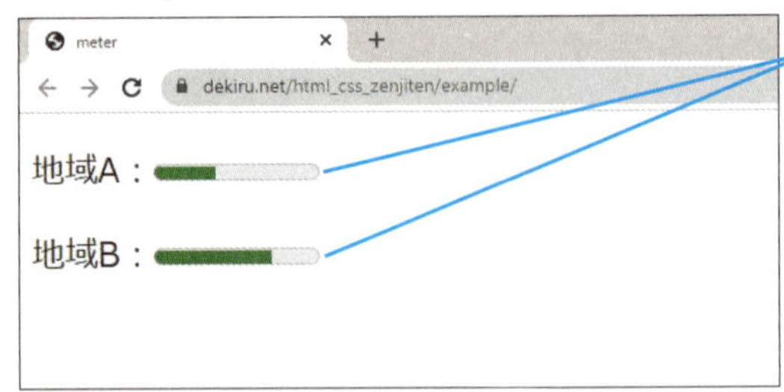

ポイント

- 上記の例ではvalue属性の値に特定の数値を指定して投票率を表していますが、実用上はJavaScriptなどを使って、変動する数値をユーザーに伝達する用途などで用いられます。
- meter要素は進捗を表すために使うべきではありません。進捗を表す要素としてはprogress要素(P.242)が定義されています。
- 各属性で指定する値は、以下の条件が成り立つようにする必要があります。

・min≦value≦max
・min≦low≦max（low属性を指定する場合）
・min≦high≦max（high属性を指定する場合）
・min≦optimum≦max（optimum属性を指定する場合）
・low≦high（low属性とhigh属性を同時に指定する場合）

ウィジット

操作可能なウィジットを表す

SPECIFIC

ディテールス

<details>〜</details>

details要素は、ユーザーが操作可能な開閉式のウィジットを表します。例えば、見出しをクリックすると開閉する階層型メニューを簡単に作成できます。

カテゴリー	インタラクティブコンテンツ／パルパブルコンテンツ／フローコンテンツ
コンテンツモデル	フローコンテンツ。ただし、最初の子要素としてsummary要素が1つ必須
使用できる文脈	フローコンテンツが期待される場所

使用できる属性 グローバル属性(P.89)

オープン

open

メニューを初期状態で展開します。open属性は論理属性(P.65)です。

ネーム

name

details要素をグループ化します。複数のdetails要素にname属性で同じ名前を付けると、それらはグループと見なされ、相互に排他的な動作、つまり「1つを開いたときに他を閉じる」という動作を実現できます。

ウィジット

ウィジット内の項目の要約や説明文を表す

SPECIFIC

サマリー

<summary>〜</summary>

summary要素は、details要素における項目の要約や説明文を表します。details要素には、summary要素が最初の子要素として1つ必須です。

カテゴリー	なし
コンテンツモデル	フレージングコンテンツ、任意でヘディングコンテンツ要素と混合される
使用できる文脈	details要素の最初の子要素として

使用できる属性 グローバル属性(P.89)

実践例 開閉式のメニューを作成する

<details><summary>~</summary></details>

以下の例は、2つのdetails要素を1つのdetails要素で内包して階層型のメニューを作成しています。各メニューの見出しとなる内容はsummary要素で表し、続けてメニューの項目を記述しています。なお、「コンテンツメニュー」のdetails要素はopen属性を指定しているので、Webページを表示した時点で「コンテンツメニュー」の内容(見出し「HTML」と「CSS」)は展開された状態となります。

```html
<details open="open">
  <summary>コンテンツメニュー</summary>
  <details>
    <summary>HTML</summary>
    <ul>
      <li><a href="/html/tag.html">HTMLタグリファレンス</a></li>
      <li><a href="/html/info.html">HTMLの基礎知識</a></li>
      <li><a href="/html/link.html">HTMLに関するリンク集</a></li>
    </ul>
  </details>
  <details>
    <summary>CSS</summary>
    <ul>
      <li><a href="/css/property.html">CSSリファレンス</a></li>
      <li><a href="/css/info.html">CSSの基礎知識</a></li>
      <li><a href="/css/link.html">CSSに関するリンク集</a></li>
    </ul>
  </details>
</details>
```

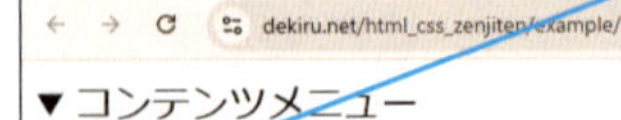
details要素の内容が開閉式のメニューとなる

summary要素の内容をクリックすると、メニューが展開される

details
dekiru.net/html_css_zenjiten/example/
▼コンテンツメニュー
▼HTML
- HTMLタグリファレンス
- HTMLの基礎知識
- HTMLに関するリンク集

▶ CSS

ダイアログ

ダイアログを表す

SPECIFIC

<dialog> ～ </dialog>

（ダイアログ）

dialog要素は、ユーザーが操作可能なダイアログを表します。

カテゴリー	フローコンテンツ
コンテンツモデル	フローコンテンツ
使用できる文脈	フローコンテンツが期待される場所

使用できる属性 グローバル属性(P.89)

open

（オープン）

ダイアログを初期状態で展開します。表示されたdialog要素は、ユーザーが操作可能です。指定されていない場合は表示されません。open属性は論理属性(P.65)です。

以下の例では、button要素(P.233)をクリックしたときにダイアログボックスが表示されます。ボタンを押したときの挙動は、onclick属性（P.100）の値にJavaScriptで記述しています。なお、dialog要素にtabindex属性を指定してはいけません。

```html
<dialog id="dialog">
  <p>ダイアログが表示されます！</p>
  <button type="button" onclick="document.getElementById('dialog').
  close();">
    ダイアログを閉じる
  </button>
</dialog>
<button type="button" onclick="document.getElementById('dialog').
show();">
  ボタンを押すとダイアログを表示
</button>
```

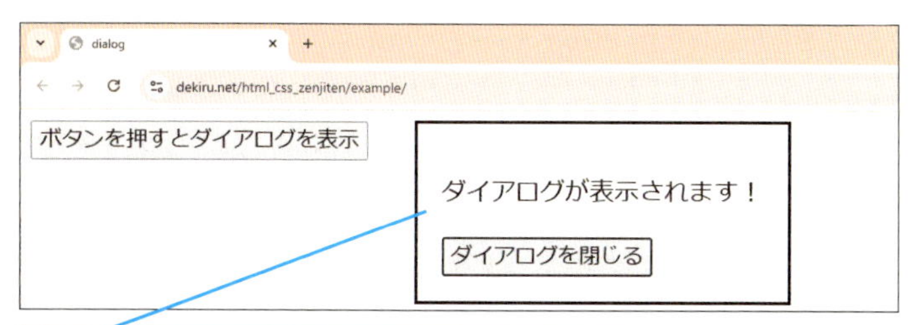

ボタンをクリックすると、ダイアログボックスが表示される

クライアントサイドスクリプトのコードを埋め込む

スクリプト
<script> ~ </script>

script要素は、クライアントサイドスクリプトのコードを埋め込んで実行します。外部ファイルとして用意したJavaScriptをsrc属性で読み込んで実行できる他、script要素内に直接ソースコードを記述することもできます。

カテゴリー	スクリプトサポート要素／フレージングコンテンツ／フローコンテンツ／メタデータコンテンツ
コンテンツモデル	・src属性が指定されていない場合、type属性の値と一致するスクリプト ・src属性が指定されている場合は空、もしくはJavaScriptにおけるコメントテキスト
使用できる文脈	・メタデータコンテンツが期待される場所 ・フレージングコンテンツが期待される場所 ・スクリプトサポート要素が期待される場所

使用できる属性 グローバル属性(P.89)

ソース
src

文書内にJavaScriptの外部リソースのURLを指定します。

タイプ
type

埋め込まれる外部リソースのMIMEタイプを指定します。type="module"を指定すると、JavaScriptのモジュール機能が利用できます(P.250)。モジュール機能はスクリプトの読み込みを最適化して、パフォーマンス向上に寄与します。

ノー・モジュール
nomodule

ESModules（ES2015仕様において策定された、JavaScriptファイルから別のJavaScriptファイルをインポートする仕組み）に未対応のブラウザー用のスクリプトを指定します。ESModulesに対応するブラウザーでは、該当スクリプトを実行するべきではないことを伝えます。nomodule属性は論理属性(P.65)です。

エイシンク
async

埋め込まれたスクリプトの実行タイミングを指定します。type="module"が指定されている場合を除き、src属性が指定されている場合のみ指定可能です。文書を読み込むとき、この属性が指定されたスクリプトが実行可能になった時点で実行します。また、type="module" かつasync属性が指定された場合、そのスクリプトと依存関係はすべてパースと並行して読み込まれます。async属性は論理属性です。

ディファー
defer
埋め込まれたスクリプトの実行タイミングを指定します。src属性が指定されている場合のみ指定可能です。文書の読み込みが完了した時点で、この属性が指定されたスクリプトを実行します。defer属性は論理属性です。

async属性と同時に指定した場合、async属性に対応する環境ではasync属性が有効になり、async属性に対応しない環境ではdefer属性が有効になります。なお、type="module"が付与されたスクリプトにdefer属性は指定できません。

キャラクター・セット
charset
読み込まれるスクリプトの文字エンコーディングを指定します。src属性が指定されている場合のみ指定可能です。

クロス・オリジン
crossorigin
別オリジンから読み込んだ画像などのリソースを文書内で利用する際のルールを指定します。CORS（Cross-Origin Resource Sharing／クロスドメイン通信）に関する設定を行う属性です。指定できる値はlink要素（P.104）の解説を参照してください。

ノンス
nonce
CSP（Content Security Policy）によって文書内に読み込まれたscript要素や、style要素の内容を実行するかを決定するために利用されるnonce（number used once／ワンタイムトークン）を指定します。

インテグリティ
integrity
サブリソース完全性（SRI）機能を用いて、取得したリソースが予期せず改ざんされていないかをブラウザーが検証するためのハッシュ値を指定します。

リファラーポリシー
referrerpolicy
リンク先にアクセスする際、あるいは画像など外部リソースをリクエストする際にリファラー（アクセス元のURL情報）を送信するか否か（リファラーポリシー）を指定します。指定できる値はlink要素の解説を参照してください。

ブロッキング
blocking
要素が潜在的にレンダリングブロッキングであるかどうかを指定します。

フェッチ・プライオリティ
fetchpriority
script要素が外部リソースを読み込む場合、そのリソースを取得する優先度を指定します。

実践例 モジュール機能を導入する

<script type="module" src="main.js"></script>

script要素にtype="module"を指定すると、JavaScriptのモジュール機能が利用できます。JavaScriptファイルをパーツごとに分解し、効率的に読み込むことが可能で、例えば以下のように、item.jsからエクスポートした関数を別ファイルであるmain.jsでインポートして使用するといったことが可能です。

JavaScript
```
// item.js
export function itemName(name) {
  alert(`This is a ${name}.`);
}
```

JavaScript
```
// main.js
import { itemName } from "./item.js";

itemName("pen"); // "This is a pen."がアラートダイアログに表示されます。
```

HTML文書でmain.jsを読み込む際、type="module"を付与することでモジュール機能が有効になります。

HTML
```
<body>
  <script type="module" src="main.js"></script>
</body>
```

モジュールは常にuse strict（厳格モード）で動作します。また、モジュールとして読み込んだscript要素にはdefer属性を付与することができません（自動的にdefer属性がある場合と同様に処理されます）。なお、モジュール機能に対応しない古いブラウザーに対しては、script要素にnomodule属性を付与したうえでフォールバックを提供できます。

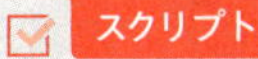

スクリプト

スクリプトが無効な環境の内容を表す

ノースクリプト

<noscript> ～ </noscript>

noscript要素は、クライアントサイドスクリプト（JavaScript）が無効な環境に対して表示する内容を表します。つまり、クライアントサイドスクリプトが有効な環境ではnoscript要素の内容は無視されます。なお、XML構文では、noscript要素は使用できません。

カテゴリー	フレージングコンテンツ／フローコンテンツ／メタデータコンテンツ
コンテンツモデル	スクリプトが無効の場合、以下を満たす必要がある ・HTML文書でhead要素の中にある場合は0個以上のlink要素、0個以上のstyle要素、0個以上のmeta要素を任意の順番で記述 ・HTML文書でhead要素の外にある場合はトランスペアレント。ただし、noscript要素を子孫要素に持つことは不可
使用できる文脈	・head要素の中。ただし、祖先要素にnoscript要素を持つことは不可 ・フレージングコンテンツが期待される場所。ただし、祖先要素にnoscript要素を持つことは不可

使用できる属性　グローバル属性（P.89）

```
HTML
<aside>
  <h2>広告</h2>
  <noscript><p>JavaScriptが有効な場合、この場所には広告が表示されます。</p></
  noscript>
  <div>
    <script>
      sample_ad_client = "ca-pub-0000000000";
    </script>
    <script src="https://example.com/ads.js"></script>
  </div>
</aside>
```

以下の例では、スクリプトが無効な環境でのみスタイルが適用されるように設定しています。noscript要素内でlink要素（P.104）を使ってスタイルを読み込むように指定すれば、指定したスタイルはスクリプトが無効の場合のみ適用されることになります。

```
HTML
<head>
  <!-- 省略 -->
  <link rel="stylesheet" href="css/style.css">
  <noscript>
    <link rel="stylesheet" href="css/noscript-style.css">
  </noscript>
</head>
```

スクリプト

スクリプトが利用するHTMLの断片を定義する

テンプレート
<template>～</template>

template要素は、スクリプトによる文書への挿入・複製が可能なHTMLの断片を定義します。

カテゴリー	スクリプトサポート要素／フレージングコンテンツ／フローコンテンツ／メタデータコンテンツ
コンテンツモデル	空
使用できる文脈	・メタデータコンテンツが期待される場所 ・フレージングコンテンツが期待される場所 ・スクリプトサポート要素が期待される場所 ・span属性を持たないcolgroup要素の直下

使用できる属性 グローバル属性(P.89)

シャドウルート・モード
shadowrootmode

宣言型Shadow root（シャドウルート）とします。なお、shadowrootmode属性の値が不正、もしくは空の場合、どちらもshadowrootmode属性が付与されていないものとして扱われます。

open template要素は、オープンな宣言型シャドウルートを表します。シャドウルート要素には、例えばElement.shadowRootを使用して、ルート外のJavaScriptからアクセスできます。

closed template要素は、閉じた宣言型シャドウルートを表します。外部からのアクセスを防ぎ、シャドウルート要素をカプセル化します。

シャドウルート・デリゲート・フォーカス
shadowrootdelegatesfocus

宣言型シャドウルートのdelegatesFocusをtrueに設定します。通常、フォーカスは文書の要素間を直接移動しますが、delegatesFocusがtrueに設定されているシャドウDOMが存在する場合、そのシャドウホストにフォーカスが移動すると、内部のフォーカス可能な要素（例えば、入力フィールドやボタンなど）に自動的にフォーカスが移動します。shadowrootdelegatesfocus属性は論理属性です。

シャドウルート・クローナブル
shadowrootclonable

宣言型シャドウルートのclonableプロパティ値をtrueに設定し、クローン（複製）可能であることを表します。shadowrootclonable属性は論理属性です。

シャドウルート・シリアライズ
shadowrootserializable

宣言型シャドウルートのserializableプロパティ値をtrueに設定します。shadowrootserializable属性は論理属性です。

以下の例では、template要素によってテンプレート化した表組みの一部に、script要素内のJavaScriptからデータを挿入しています。実際には、ユーザーの操作に応じてデータベースからデータを取得し、動的にページを生成するなどの利用方法が想定されます。また、template要素は複製して文書内の任意の場所で利用でき、ソースコードの再利用性を高められます。

HTML

```
<table>
  <!--省略-->
  <tbody>
    <template id="row">
      <tr><td></td><td></td><td></td><td></td></tr>
    </template>
  </tbody>
</table>

<script>
  var data = [
       { 名前: "山本太郎", 出身地: "東京都", 性別: "男性", 年齢: 30 },
       { 名前: "沢田次郎", 出身地: "長野県", 性別: "男性", 年齢: 28 },
       { 名前: "本山三郎", 出身地: "大阪府", 性別: "男性", 年齢: 24 },
       { 名前: "金沢富子", 出身地: "北海道", 性別: "女性", 年齢: 21 }
       ];
</script>
<script>
    const template = document.getElementById("row");
    for (let i = 0; i < data.length; i += 1) {
    const cat = data[i];
    const clone = template.content.cloneNode(true);
    const cells = clone.querySelectorAll("td");
    cells[0].textContent = cat.名前;
    cells[1].textContent = cat.出身地;
    cells[2].textContent = cat.性別;
    cells[3].textContent = cat.年齢;
    template.parentNode.appendChild(clone);
  }
</script>
```

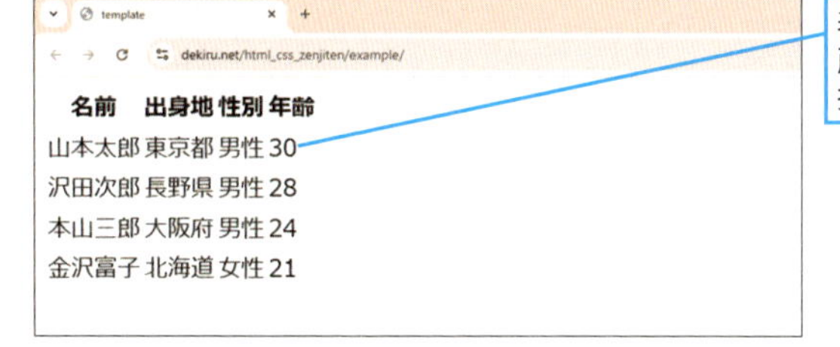

表組みのセル内に別の場所に用意されたデータが挿入される

グラフィック描写領域を提供する

キャンバス
<canvas>～</canvas>

canvas要素は、スクリプトによって動的にグラフィックを描写可能なビットマップキャンバスを提供します。例えば、グラフを描写したり、ゲームなどのビジュアルイメージをその場でレンダリングするために使用したりできます。なお、canvas要素は描写領域を提供するだけで実際の描写はJavaScriptによって行われるため、JavaScriptが無効の環境では使用できません。また、canvas要素の内容は、canvas要素に対応していない環境に対する代替コンテンツとなります。

カテゴリー	エンベッディッドコンテンツ／パルパブルコンテンツ／フレージングコンテンツ／フローコンテンツ
コンテンツモデル	トランスペアレントコンテンツ。　ただし、a要素、usemap属性を持つimg要素、button要素、type属性値がcheckbox、radio、buttonのいずれかであるinput要素、multiple属性、または「1」以上のsize属性値を持つselect要素を除き、インタラクティブコンテンツを子孫に持つことは不可
使用できる文脈	エンベッディッドコンテンツが期待される場所

使用できる属性　グローバル属性(P.89)

ウィズ　ハイト
width, height

要素の幅と高さを指定します。値には正の整数を指定する必要があります。以下の例では、head要素内のscript要素で外部スクリプトを読み込んでおき、それをbody要素内のcanvas要素で描画しています。次のページにあるのがJavaScriptのソースコードです。

```html
<head>
  <meta charset="utf-8" />
  <title>canvas</title>
  <script src="script.js">
  </script>
</head>

<body>
  <h1>canvas要素サンプル</h1>
  <p>緑枠線の正方形が描画されます。</p>
  <canvas id="canvas" width="300" height="300">
    <p><a href="greenbox.html">正方形が表示されない場合は、こちらのページをご覧ください。</a></p>
  </canvas>
</body>
```

```
window.onload = function() {
  const canvas = document.getElementById("canvas");
  if ( ! canvas || ! canvas.getContext ) {
    return false;
  }
  const ct = canvas.getContext("2d");
  ct.strokeStyle = "#009900";
  ct.strokeRect(50, 50, 200, 200);
}
```

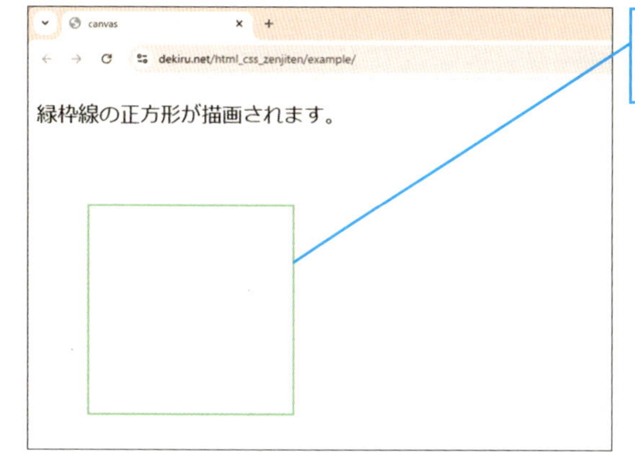

canvas要素の領域にJavaScriptで図形が描画される

Shadowツリー

Shadowツリーとして埋め込む

<slot>（スロット）～</slot>

slot要素は、スロットを定義します。Shadow DOM内部で使用し、name属性を持つslot要素が、そのname属性値と同じ値を持つslot属性が指定された要素によって置き換えられたうえでレンダリングされます。template要素と組み合わせると、より柔軟にテンプレートを使用できます。Web Componentsに対応していないブラウザーにおいては、代替コンテンツとしてslot要素の内容が表示されます。

カテゴリー	フレージングコンテンツ／フローコンテンツ
コンテンツモデル	トランスペアレントコンテンツ
使用できる文脈	フレージングコンテンツが期待される場所

使用できる属性 グローバル属性(P.89)

name（ネーム）

Shadowツリースロットの名前を定義します。以下の例では、Shadow DOMの外側から内容を埋め込んでいます。slot要素の部分に、name属性値と同じ値がslot属性によって指定された要素が埋め込まれます。

```html
<template id="sample-template">
  <style><!-- 省略 --></style>
  <h1><slot name="sample-contents-01">タイトル</slot></h1>
  <div class="contents">
    <slot name="sample-contents-02"><p>コンテンツ</p></slot>
  </div>
</template>
<div id="sample">
  <span slot="sample-contents-01">持ち物リスト</span>
  <ul slot="sample-contents-02">
    <li>筆記用具</li>
    <li>身分証用の写真</li>
  </ul>
</div>
<script>
  var templete = document.getElementById("sample-template").
  content.cloneNode(true);
  var host = document.getElementById("sample");
  var root = host.attachShadow({mode: "open"});
  root.appendChild(templete);
</script>
```

CSS編

HTML文書のデザインやレイアウトを指定するCSSについて、@規則やCSS関数、セレクター、プロパティの意味、使い方、使用例などを解説します。

CSSの基礎知識

CSSとは

CSS（Cascading Style Sheets）とは、HTMLをはじめとしたマークアップ言語で記述された文書に対して、色やフォントサイズ、要素の配置といった、スタイルやレイアウトを指定するためのスタイルシート言語です。

「HTMLとは」（P.58）で、HTMLのようなマークアップ言語は、テキストに対して「意味付け」をしていく言語であると解説しました。CSSはマークアップ言語によって意味付けされた文書に装飾を施すだけでなく、ユーザーが利用するさまざまなデバイス、画面サイズに応じた最適なレイアウトの指定をするほか、音声読み上げ環境やプリンターでの出力に適したスタイルやレイアウトを指定することで、Webページをより使いやすく、かつ分かりやすくできます。

CSSの仕様

CSSの仕様は、W3C（World Wide Web Consortium）によって策定されています。その最初の仕様である「Cascading Style Sheets, Level 1」（CSS1）は、1996年12月にW3C勧告となります。その後、1998年5月にCSS1の改訂版として「Cascading Style Sheets, Level 2」（CSS2）が勧告、さらに2011年6月にはCSS2を改定した「Cascading Style Sheets, Level 2 revision1」（CSS 2.1）が勧告されました。本書執筆時点では、「CSSのベース仕様」といえば、このCSS 2.1を指します。

CSSの仕様はCSS 2.1以降も策定が続きますが、「Cascading Style Sheets, Level 3」（CSS3）以降は、CSS 2.1を完全に置き換えるのではなく、CSS 2.1で足りなかった部分や、新たな機能追加などを「モジュール」という概念に基づいて付け足していく手法がとられています。よって、現在の各ブラウザーは、CSS 2.1をベースとして実装したうえで、CSS3の中から必要な機能を選択して実装するかたちで、順次対応が行われています。

さらに、CSS3に含まれなかった機能を「Cascading Style Sheets, Level 4」（CSS4）でも引き続き策定していますが、これはCSS3を置き換えるものではなく、CSS3で独立したモジュールとして仕様が確定したあと、さらに機能追加が行われる場合、バージョンの区別をしやすいように加えられたレベルです。

前述した通り、CSS3から採用されたモジュール方式によって、仕様は各モジュールごとに分散しましたが、これらCSS仕様全体の策定進捗を確認しやすくするために、W3Cでは「スナップショット」（CSS Snapshot）と呼ばれる文書を公開し、そこで現在策定中の仕様を網羅的に確認できるようにしています。

CSSの基本書式

CSSでは、HTMLの要素を対象に、デザインやレイアウトの「スタイル」を定義します。ここではh1要素に適用されたスタイルを例に、CSSの基本的な書式を解説します。

CSS規則集合

CSSの基本的な構文を見てみましょう。以下に解説するセレクター、および宣言ブロックのひとかたまりを「規則集合」と呼び、CSSはこの規則集合を組み合わせていくことで、Webページにさまざまなスタイルやレイアウトを指定できます。

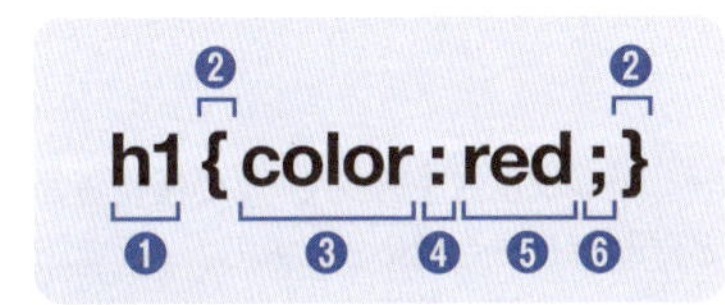

❶セレクター

セレクター（Selector）とは、どの要素に対してスタイルを指定するのかを選択するための仕組みです。上記の例では、h1要素に対してスタイルを指定するためのセレクターが記述されています。セレクターは要素名を単純に指定するだけでなく条件分岐により、ある特定の条件にマッチする要素を指定するといった高度な記述も可能です。

❷波括弧

セレクターに続けて記述する、波括弧（{ }）で囲まれた部分が実際に指定するスタイルになります。この波括弧で囲まれた部分を「宣言ブロック」と呼びます。

❸プロパティ

プロパティ（Property）は、⑤プロパティ値と組み合わせることで、要素にさまざまなスタイルを定義します。例えば、colorプロパティは「文字色」を定義しますが、値にredを指定することで、「文字色を赤にする」という指定になります。このプロパティと値の組み合わせを「スタイル宣言」と呼び、宣言ブロック内には複数のスタイル宣言を含めることができます。

❹コロン

プロパティとプロパティ値の間は、コロン（:）で区切ります。

❺プロパティ値

プロパティ値（Property Value）は、スタイルの具体的な内容を数値やキーワードで指定します。プロパティによって指定できる値は異なり、CSSの仕様ではプロパティと、そのプロパティに対して使用できる値がセットで定義されています。

❻セミコロン

各スタイル宣言は、セミコロン（;）で区切ることで、同一の宣言ブロック内に複数記述できます。1つの宣言ブロック内に1つのスタイル宣言しか記述しない場合、あるいは宣言ブロック内で最後に記述するスタイル宣言に対しては省略できますが、ミスを防ぐために、スタイル宣言の末尾には必ずセミコロンを記述する癖をつけましょう。

前のページで解説した書式を用いた、基本的なサンプルコードは以下のようになります。

```css
h1 {
  color: red;
  padding: 1em;
  border: 1px solid black;
}
```

セレクターのグループ化

同じスタイルを複数の要素に同時に適用したい場合、セレクターをカンマ（,）で区切ることでまとめられます。以下の例のようにカンマごとに改行しても構いませんし、1行で記述しても問題ありませんが、可読性を重視して記述ルールを統一するとよいでしょう。

```css
h1,
p,
li {
  color: red;
}
```

CSSにおけるコメント

CSSにおいて、/*と*/の間に記述されたものはすべてコメントとして扱われます。コメントはブラウザーからは無視されるため、注意書きやメモを入力する際に利用できます。また、スタイル宣言をコメントアウトして、一時的に無効にするといった用途でもよく利用されます。

```css
/* 見出しに関するスタイル */
h1 {
  color: red;
  padding: 1em;
  border: 1px solid black;
}
```

```css
h1 {
  color: red;
  padding: 1em;
  /*border: 1px solid black; 一時的に無効化 */
}
```

CSSにおけるボックスモデル

CSSでは、すべての要素はその周囲を取り囲む四角形の領域である「ボックス」を持つという概念があります。ボックスモデルを理解することは、要素のレイアウトや並び、サイズの決定などがどのように行われるのかを理解するうえで重要です。ボックスは以下のような構成になっています。

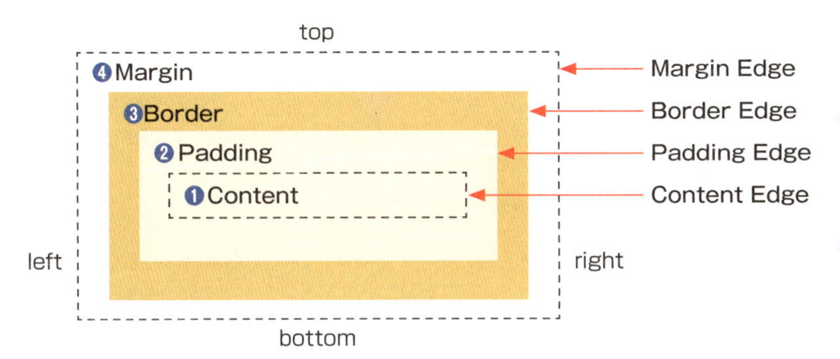

❶コンテンツ（Content）

テキストなど、要素の内容が表示される領域がコンテンツです。ブロックボックスではwidthプロパティやheightプロパティなどを使用してサイズを変更できます。コンテンツ領域の外側の辺を「コンテンツ辺」（Content Edge）と呼びます。

❷パディング（Padding）

パディングはコンテンツ周囲の余白領域です。paddingプロパティと、その関連プロパティによって指定が可能です。パディング領域の外側の辺を「パディング辺」（Padding Edge）と呼びます。

❸ボーダー（Border）

ボーダーはパディングの外側にある領域です。borderプロパティと、その関連プロパティを使用して指定が可能です。ボーダー領域の外側の辺を「ボーダー辺」（Border Edge）と呼びます。

❹マージン（Margin）

マージンは最も外側に配置される余白領域です。marginプロパティと、その関連プロパティを使用して指定が可能です。マージン領域の外側の辺を「マージン辺」（Margin Edge）と呼びます。

ボックスのサイズ

ボックスにwidthプロパティやheightプロパティを指定した場合、そこに指定されたサイズはコンテンツ領域に対して適用されます。その後、パディングおよびボーダーの幅や高さが追加され、これらの合計が最終的なボックスのサイズになります。

ボックスのサイズはbox-sizingプロパティによって計算方法を変更でき、標準ではbox-sizing: content-box;として扱われます。box-sizing: border-box;とすることで、widthプロパティやheightプロパティで指定したサイズ内に、パディングとボーダーの幅や高さを含めたかたちで計算するようにできます。

ブロックボックスとインラインボックス

CSSにおけるボックスは、「ブロックボックス」と「インラインボックス」の2種類に分類されます。ブロックボックスは、他のブロックボックスやインラインボックスを内包し、ウィンドウの幅いっぱいになる四角形の領域を形成します。ボックスは書字方向に従ってブロック方向、もしくはインライン方向に配置されます。

ブロック方向とは、横書き、左から右に記述するモード(英語や日本語含む多くがこの書字方向)の場合で、垂直方向かつ上から下を指します。インライン方向とは水平方向かつ左から右を指しますが、ブロックボックスはブロック方向に、インラインボックスはインライン方向に配置されます。一方、縦書きモードの場合、ブロックボックスは水平方向に、インラインボックスは垂直方向に配置されます。

なお、widthプロパティやheightプロパティによってサイズを指定できたり、paddingやmargin、borderプロパティによってボックスとボックスの間に余白を設けたりできるのがブロックボックスです。各ブラウザーは要素ごとにブロックボックスとして扱うか、インラインボックスとして扱うかの初期値を持っていますが、この扱いについてはdisplayプロパティで指定し、変更することが可能です。

例えば、display: inline-block;を指定すると、インラインボックスとして扱いながら、ブロックボックスのようにwidthプロパティやheightプロパティによってサイズを指定したり、padding、margin、borderの各プロパティによって他のボックスとの間に余白を設けたりできるような、両方の特性を持ったブロックとして扱うことができます。

CSSによるレイアウト

HTMLに記述された各要素は、特に指定しない限り「通常フロー」と呼ばれるレイアウト方法に基づいて配置されます。これはブラウザーが要素ごとに初期値として持っているブロックボックス、インラインボックスの分類に基づいて、HTMLに記述された順番通りに要素を並べていくレイアウト方法です。

このレイアウトはdisplayプロパティ、positionプロパティ、floatプロパティ、あるいは段組みレイアウト（CSS Multi-column Layout）によってさまざまな変更が可能になります。さらに、それらを組み合わせることで多彩なレイアウトを実現できます。

カスケードと継承

CSSはCascading Style Sheets（カスケーディング・スタイル・シート）という名前の通り、カスケード、すなわち「段階的に適用されていく」ものです。これはつまり、先に記述したスタイルは引き継がれながらも、後に記述したスタイルで上書きされます。

例えば、以下のようにh1要素に対する指定が2つあった場合、font-size: 2rem;の指定はそのまま適用されますが、重複して記述したcolorプロパティの指定に関しては、後に記述したcolor: blue;が適用されます。

```css
h1 {
  font-size: 2rem;
  color: red;
}
h1 {
  color: blue;
}
```

◆詳細度

詳細度とは、異なるセレクターが記述された宣言ブロックがある場合、ブラウザーがどのスタイルを優先的に適用するのかを決めるための仕組みです。詳細度は以下の法則によって計算され、よりスコアが高いものが優先されます。

セレクターの指定方法	詳細度スコアの計算
要素にstyle属性が直接指定されている	1,000点が計算される
idセレクターが含まれる	id属性1つにつき100点が計算される
idセレクター以外、classセレクターや属性セレクター、疑似クラスが含まれる	class、属性、疑似クラス1つにつき 10 点が計算される
要素セレクター、疑似要素が含まれる	要素、疑似要素1つにつき1点が計算される

実際の計算例を挙げると、以下のようになります。例えば、同じh1要素にスタイルを指定したとして、h1{color: red;}が最も後に記述されていても、詳細度計算の結果、最もスコアの高いh1#header{color: green;}が適用されます。詳細度はセレクターの記述を決める際に重要な概念となるので、しっかり理解しておきましょう。

セレクター	1,000	100	10	1	詳細度の合計
h1 {color: red;}	0	0	0	1	1
section > h1 {color: blue;}	0	0	0	2	2
h1#header {color: green;}	0	1	0	1	101

なお、詳細度に関係なく、「!important」キーワードを付与されたスタイル宣言は強制的に優先されます。以下のような指定があった場合、color: red;が適用されます。しかし、!importantを多用することは、メンテナンス性を低下させるなどのデメリットも多くあります。原則として、詳細度を考慮したセレクターの記述ルールを定めて、CSSを記述するようにしたほうがよいでしょう。

```css
h1 {
  font-size: 2rem;
  color: red !important;
}
h1 {
  color: blue;
}
```

◆スタイルの継承

継承とは、親要素に指定したスタイルが、その子孫要素にも引き継がれて適用されることです。例えば、文字色を指定するcolorプロパティは継承されるプロパティの代表ですが、以下と次のページのようなCSSとHTMLがあった場合、color: red;が直接指定されたdiv要素だけでなく、その子孫となるp要素やul要素にも文字色の指定は継承されます。

スタイルが継承されるか否かは、プロパティごとに決められています。例えば、colorプロパティやfont-sizeプロパティは継承されますが、border、padding、marginの各プロパティなどは継承されません。なお、この継承については、すべてのプロパティに指定可能な特殊なプロパティ値である、inherit、initial、unset、revertを指定することで制御できます。

```css
div {
  color: red;
}
```

```html
<div>
  <p>このテキストも赤になります</p>
  <ul>
    <li>このリスト内のテキストもすべて赤になります</li>
    <li>リスト項目</li>
    <li>リスト項目</li>
  </ul>
</div>
```

inherit（インヘリット）

本来は継承しないプロパティに関しても、強制的に継承させることができます。例えば、以下のように指定すると、本来は継承しないはずの親要素に指定されたborderプロパティが、子要素に継承されます。

```css
div {
  border: 1px solid red;
}
div p {
  border: inherit;
}
```

```html
<div>
  <p>本来は継承されないborderプロパティを親のdiv要素から継承します</p>
</div>
```

initial（イニシャル）

選択された要素に適用されるプロパティ値を、初期値にリセットします。ここでいう初期値とは、各プロパティごとに仕様で定められた初期値を指します。ブラウザーが既定で適用するスタイルシートの値ではないため注意しましょう。

unset（アンセット）

継承プロパティは継承値に、それ以外は初期値に設定します。つまり、プロパティが親要素から自然に継承される場合はinheritのように動作し、そうでない場合はinitialのように動作します。

revert（リバート）

選択された要素に適用されるプロパティ値を、ブラウザーがデフォルトで持っているスタイルシートの値にリセットします。

revert-layer（リバート・レイヤー）

選択された要素に適用されるプロパティ値に関して、そのプロパティが現在属するカスケードレイヤー（@layer規則(P.293)を参照）を無効にし、次に優先度が高いカスケードレイヤーのスタイルで設定します。@layer規則内にあるスタイルに対して使用されることが想定されており、@layer規則外にあるプロパティに対して指定された場合は、revert値と同様の効果になります。

◆allプロパティとの組み合わせ

前述したinherit、initial、unset、revert、revert-layerの各プロパティ値は、ショートハンドプロパティであるallプロパティ（P.716）と組み合わせることで、ほぼすべて（unicode-bidiプロパティ、directionプロパティ、およびCSSカスタムプロパティは除く）のプロパティの継承を制御できます。

例えば、p要素に対するスタイルの指定がすでにある場合、以下のようにallプロパティにrevert値を指定することで、特定のp要素だけはすべてのスタイルをブラウザーのデフォルトスタイルにリセットできます。

```css
p {
  color: white;
  background-color: black;
  border: 2px solid red;
}

.revert-sample {
  all: revert;
}
```

```html
<p>この段落には文字色と背景色、ボーダーのスタイルが適用されます。</p>
<p class="revert-sample">
  この段落のスタイルはブラウザーのデフォルトスタイルにリセットされます。
</p>
```

CSSをHTMLに適用する方法

CSSをHTML文書に適用するには、いくつかの方法があります。方法によってメリットや、スタイルが適用されるときの優先順位などが変わるので、それぞれの方法の特性を理解したうえで使い分けましょう。

link要素を使って外部スタイルシートを読み込む

HTML文書とは別に用意したCSSファイルである「外部スタイルシート」を、HTML文書のhead要素内に記述したlink要素で読み込みます。1つのCSSファイルを複数のHTML文書に読み込ませることで、スタイルの統一や変更が容易にできます。

HTML
```
<head>
  <title>カフェラテとカプチーノの違い</title>
  <link rel="stylesheet" href="style.css">
</head>
```

HTML
```
<head>
  <title>当店自慢のパンケーキの秘密</title>
  <link rel="stylesheet" href="style.css">
</head>
```

CSS
```
body {
  background-image: url(image/bg_body.png);
}

h1 {
  color: white;
  background-color: maroon;
}
```

◆link要素を使って優先・代替スタイルシートを読み込む

link要素にtitle属性を指定すると、「優先」スタイルシートとなります。以下の例では、1行目の固定スタイルシートは通常通り読み込まれ、2行目、3行目の優先スタイルシートは先に記述した「スタイル01」だけが読み込まれます。

HTML
```
<link rel="stylesheet" href="style.css">
<link rel="stylesheet" href="style01.css" title="スタイル01">
<link rel="stylesheet" href="style02.css" title="スタイル02">
```

rel="alternate stylesheet"とtitle属性を指定すると、ユーザーが選択できる「代替」スタイルシートを提供できます。以下の例では、ユーザーはブラウザーのメニューなどから「スタイル01」「スタイル02」という代替スタイルシートを選択できます。

```
<link rel="stylesheet" href="style.css">
<link
  rel="alternate stylesheet"
  href="style01.css"
  title="スタイル01"
>
<link
  rel="alternate stylesheet"
  href="style02.css"
  title="スタイル02"
>
```

同じtitle属性値を持った優先スタイルシートと代替スタイルシートはグループとして扱われます。以下の例では、ユーザーが代替スタイルシート「スタイル 02」を選択すると、優先スタイルシート「スタイル02」が「スタイル01」に代わって読み込まれます。

```
<link rel="stylesheet" href="style.css">
<link rel="stylesheet" href="style01.css" title="スタイル01">
<link rel="stylesheet" href="style02.css" title="スタイル02">
<link rel="alternate stylesheet" href="style02.css" title="スタイル
02">
```

◆link要素を使って条件付きで読み込む

media属性にメディアクエリを指定することで、条件付きで読み込めます。各外部スタイルシートは、指定された条件に当てはまる場合のみ読み込まれます。

```
<link href="print.css" rel="stylesheet" media="print">
<link
  href="mobile.css"
  rel="stylesheet"
  media="screen and (max-width: 768px)"
```

style要素を使ってスタイルを組み込む

HTML文書のhead要素内に記述したstyle要素にCSSを直接記述することで、文書内にスタイルを指定できます。

```
<head>
  <title>CSSの読み込み</title>
  <style>
    h1 {
```

```
    color: red;
  }
</style>
</head>
```

style属性を使ってスタイルを読み込む

HTMLのグローバル属性であるstyle属性(P.97)を使うと、対象の要素にのみスタイルを指定できます。以下の例のように、属性値としてプロパティと値を直接記述します。

```html
<p>
  私は、<span style="color: green;">緑色</span> と
  <span style="color: red;">赤色</span>の組み合わせが好きです。
</p>
```

@import規則を使ってスタイルを読み込む

@import規則は、CSSの文書内やHTML文書のstyle要素内に記述して外部のスタイルシートを読み込むための方法です。以下の例のように、@importに続けてCSSファイルのURLを指定するか、url()関数を記述し、括弧内にCSSファイルのURLを指定します。

なお、@import規則はCSSの文書内に読み込む場合も、HTML文書のstyle要素内に読み込む場合も、必ず@charset規則を除く他のスタイルより先に来るように記述します。また、@media規則など他の@規則内での使用はできません。

```css
@import "custom.css";
@import url("style.css");
```

メディアクエリを使用して、条件付きで読み込むこともできます。

```css
@import "landscape.css" screen and (orientation: landscape);
@import url("../css/print.css") print;
```

@charset規則を使って文字エンコーディングを指定する

HTML文書の文字エンコーディングはUTF-8になるので、外部スタイルシートを読み込む際にCSSファイル内で非ASCII文字、例えば日本語などを使っている場合でも、CSSファイルの文字エンコーディングがHTML文書と同じUTF-8であれば問題は発生しません。通常、外部から読み込んだCSSファイルは、読み込む先のHTML文書と同じ文字エンコーディングで処理されます。しかし、何らかの事情でCSSファイルの文字エンコーディングにUTF-8以外を使用したい場合は、CSSファイル側で文字エンコーディングを指定することが望ましいです。

スタイルシートの文字エンコーディングをブラウザーに伝える方法はいくつかありますが、@charset規則をCSSの文書内の先頭に記述することで、文字エンコーディングの指定が可能です。以下の例では、文字エンコーディングをShift_JISと定義しています。

```css
@charset "Shift_JIS";
```

なお、@charset規則は必ず文書の先頭にスペースや改行を入れずに記述しなければなりません。もし複数の@charset規則が記述された場合、最初に記述されたものだけが有効になります。また、@media規則など、他の@規則内での使用はできません。

CSSの基礎知識

より効率的なCSSの記述

「CSSとは」(P.258)で解説したように、CSSはモジュールという概念に基づいて仕様の拡張が行われており、ブラウザーのリリースサイクルが高速化したことで、新たなCSS機能の実装についても積極的、かつ短期間で行われるようになりました。

実際のWebサイト制作においては、動作検証対象となるブラウザー間での互換性、つまり新たなCSS機能の実装について各ブラウザー間で足並みが揃うことが、その機能を広く使用する1つの条件になります。このブラウザー実装の部分で唯一足並みが揃わず、長年足かせとなっていたInternet Explorer 11(IE11)に関して、開発元のマイクロソフト社が、2022年6月15日をもってコンシューマー向けバージョンのサポートを終了すると発表したことで、状況は大きく好転しました。

その結果、ひと昔前は一部のブラウザーのためだけに、いわゆるHack(ハック)的な記述をしたり、Polyfill(ポリフィル)と呼ばれるJavaScriptコードを追加したり、あるいはCSSのみでの実装をあきらめてJavaScriptを使用して実装するといったことを行ってきましたが、このようなテクニックの利用も現在は不要になっています。

ここではブラウザー実装の足並みが揃い、実用的ながら旧来の記述よりも大幅に効率的なCSSの記述が可能になった例をいくつか紹介します。

スムーズスクロール

ページ内リンクによってWebページ内の特定の箇所に移動する際、スルスルとスムーズにスクロールして移動するような実装は、旧来においてJavaScriptの出番でした。しかし、現在では以下のようにscroll-behaviorプロパティの指定を1行書くだけで実現可能です。

CSS
```css
html {
  scroll-behavior: smooth;
}
```

ヘッダーの高さ分ずらしてスクロール

例えば、Webサイトの共通ヘッダーがスクロールに対して画面上部に固定されるような実装においては、ページ内リンクによってWebページ内の特定の箇所に移動する場合、そのままだと固定されたヘッダーがリンク先となる箇所に重なってしまうことが起こり得ます。これを避けるため、ヘッダーの高さ分ずらして(オフセットさせて)スクロールさせることを、スムーズスクロールと同様にJavaScriptを用いて実装していました。

しかし、現在ではCSSの記述のみで解決できます。例えば、ヘッダー部分の高さが80pxで、その分ページ内リンクをオフセットさせたいのであれば、以下のように指定するだけで実装できます。

```css
:target {
  scroll-margin-top: 80px;
}
```

また、以下のようにヘッダーの高さをCSSカスタムプロパティで定義しておけば、変更も容易になるでしょう。

```css
:root {
  --header-height: 80px;
}

.header {
  height: var(--header-height);
}

:target {
  scroll-margin-top: var(--header-height);
}
```

要素内における中央揃え

例えば、以下のような構造のHTMLがあった場合、子要素となるdiv要素を親要素内で上下中央に配置したい場合を考えてみましょう。

```html
<div class="parent">
  <div class="child"></div>
</div>
```

```css
.parent {
  width: 600px;
  height: 600px;
  border: 1px solid red;
}

.child {
  width: 200px;
  height: 200px;
  border: 1px solid green;
}
```

ひと昔前であれば、positionプロパティを使用して、以下のように記述するテクニックがよく用いられました。これは絶対配置された要素とmarginプロパティの仕様に基づいた記述方法です。

```css
/* 前述したサイズなどの指定は省略しています */
.parent {
  position: relative;
}

.child {
  position: absolute;
  top: 0;
  right: 0;
  bottom: 0;
  left: 0;
  margin: auto;
}
```

しかし、本書執筆時点ではより簡単な方法で同じことが実現できます。例えば、CSSフレックスボックスを利用した記述であれば、以下のように親要素に対してスタイルを記述するだけで同じ効果が得られます。

```css
/* 前述したサイズなどの指定は省略しています */
.parent {
  display: flex;
  justify-content: center;
  align-items: center;
}
```

CSSグリッドを使用しても同様のことができるので、用途に応じて使い分けるとよいでしょう。

```css
/* 前述したサイズなどの指定は省略しています */
.parent {
  display: grid;
  place-items: center;
}
```

セレクターの簡略化

複数のセレクターを1つの宣言ブロックに対して使用する場合、カンマ(,)で記述できますが、場合によっては冗長になる場合もあるでしょう。例えば、次のページのように複数の場所にあるa要素にスタイルを適用したい場合、旧来であればそれらのセレクターをカンマ区切りで羅列していくことが一般的でした。

```css
div.sample a:hover,
section a:hover,
article a:hover,
aside a:hover {
  color: red;
}
```

しかし、例えば:is()疑似クラスを使用することで、よりシンプルな記述が可能です。

```css
:is(div.sample, section, article, aside) a:hover {
  color: red;
}
```

:is()疑似クラスを使用する記述方法は、「section、article、aside、nav要素のいずれかの子要素となるsection、article、aside、nav要素の子要素として存在するh1要素」のように、より複雑な条件で要素をマッチさせたい場合などに非常に便利です。

```css
section section h1, section article h1,
section aside h1, section nav h1,
article section h1, article article h1,
article aside h1, article nav h1,
aside section h1, aside article h1,
aside aside h1, aside nav h1,
nav section h1, nav article h1,
nav aside h1, nav nav h1 {
  font-size: 1.5rem;
}
```

上記のように、長々と各組み合わせを羅列しないといけないのは苦痛ですし、メンテナンス性も低下しますが、以下のように記述すれば簡素化され、ソースコードの見通しもよくなります。

```css
:is(section, article, aside, nav) :is(section, article, aside,
 nav) h1 {
  font-size: 1.5rem;
}
```

メディアクエリ

メディアクエリとは、デバイスの種類や特性に応じて切り替えられる仕組みです。CSSで使用すれば、特定の種類のデバイスのみに適用したいスタイルを定義するほか、ある条件、例えばデバイスの画面サイズが指定のサイズより小さかった場合に適用するスタイルを定義することが可能です。

メディアクエリは、デバイスの種類を定義した「メディアタイプ」（Media Types）と、デバイスの特性を定義した「メディア特性」（Media Features）に分類され、それら単体、もしくは組み合わせて指定できます。

メディアタイプの種類

CSS 2.1およびMedia Queries Level 3では、以下の種類以外にもさまざまなメディアタイプが定義されていましたが、Media Queries Level 4以降は以下の3種類のみの使用が推奨されています。

キーワード	デバイスの種類
all	すべてのデバイス
print	プリンターや、ブラウザーの「印刷プレビュー」など
screen	printに合致しないすべてのデバイス

メディア特性の種類

Media Queries Level 4、およびLevel 5で新たに定義されたメディア特性も紹介しますが、どちらも本書執筆時点では正式に勧告された仕様ではありません。また、メディア特性によってはブラウザーのサポート状況にばらつきがあるので注意してください。

キーワード	説明
any-hover	入力メカニズムの中に要素上でのホバーを使用することができるものが含まれているか。@media (any-hover: hover) でホバーが使用可能なデバイスにマッチ。
any-pointer	入力メカニズムの中にポインティングデバイスが含まれているか。@media (any-pointer: none)とすれば、ポインティングデバイスを持たないデバイスにマッチ。
aspect-ratio	ビューポートの幅対高さのアスペクト比を指定。min-aspect-ratio、max-aspect-ratioも使用可能。@media (aspect-ratio: 1/1) と指定すればアスペクト比が1:1のデバイスにマッチ。
color	出力デバイスの色成分あたりの色のビット数を指定（max-color、min-color も使用可能）。カラー出力でなければ値は0なので、@media (color) と指定すればすべてのカラー出力デバイスにマッチ。
color-gamut	ブラウザーやデバイスが対応しているおよその色の範囲。@media (color-gamut: srgb) と指定すればsRGB色空間、もしくはそれより広い色に対応しているデバイスにマッチ。

キーワード	説明
color-index	デバイスが参照するカラーインデックスの項目数を指定。デバイスがカラーインデックスを参照していない場合の値は0。
display-mode	Webアプリケーションの表示モードを指定。@media (display-mode: fullscreen)と指定すればフルスクリーンモードにマッチ。
dynamic-range	出力デバイスで高ダイナミックレンジがサポートされているかを検出。@media (dynamic-range: high)で高ダイナミックレンジ対応を検出。
environment-blending	例えば、LCDやヘッドアップディスプレイといったディスプレイ技術を検出。
forced-colors	ブラウザーが強制カラーモードを有効にしているかを検出。@media (forced-colors: active)で強制カラーモードが有効な場合にマッチ。
grid	デバイスがグリッドベースの画面を使用しているかを検出。 通常のパソコンやスマートフォンの画面はビットマップ画面。@media (grid: 1)がグリッドベース画面にマッチ。
height	ビューポートの高さを長さの値で指定。min-height、max-heightも使用可能。
horizontal-viewport-segments	横方向における表示領域の区分数を検出。例えば、折り曲げ可能なディスプレイを持つデバイスなどで画面が分割されている場合などが当てはまる。
hover	主要な入力メカニズムが、要素上でのホバーを使用することができるか。
inverted-colors	ブラウザーやOSが色反転を使用しているかを検出。@media (inverted-colors: inverted)で反転されている状態にマッチ。
monochrome	モノクロ出力デバイスを検出。
nav-controls	ブラウザーがナビゲーションを提供しているかを検出。
orientation	ビューポートの向き。@media (orientation: landscape)で横長、@media (orientation: portrait)で縦長にマッチ。
overflow-block	ビューポートをブロック軸方向にあふれたコンテンツをデバイスがどのように表示するか。@media (overflow-block: scroll)でスクロール表示される場合にマッチ。
overflow-inline	ビューポートをインライン軸方向にあふれたコンテンツがスクロールできるか。@media (overflow-inline: scroll)でスクロールできる場合にマッチ。
pointer	主要な入力メカニズムがポインティングデバイスであるか。
prefers-color-scheme	ユーザーが選択しているカラーモード(ライトモードやダークモード) を検出。@media (prefers-color-scheme: dark)でダークモードにマッチ。
prefers-contrast	ユーザーがハイコントラストモードを選択しているかを検出。
prefers-reduced-data	ユーザーがページが読み込むデータ量を抑制するように要求しているかを検出。
prefers-reduced-motion	ユーザーがアニメーションなど動きの量を最小限に抑えるように要求したかを検出。@media (prefers-reduced-motion: reduce)で要求している場合にマッチ。
prefers-reduced-transparency	ユーザーが透明度の変化を最小限に抑えるように要求したかどうかを検出。@media (prefers-reduced-transparency: reduce)でユーザーがそのような要求をしている場合にマッチ。
resolution	デバイスのピクセル密度。min-resolution、max-resolutionも使用可能。@media (min-resolution: 72dpi)と指定すれば、ピクセル密度が72dpi以上のデバイスにマッチ。
scan	「インターレース」や「プログレッシブ」といった出力デバイスの走査方式を検出。
scripting	JavaScriptなどのスクリプト言語がサポートされているかを検出。@media (scripting: enabled)はスクリプト言語が有効な場合にマッチ。
update	デバイスがコンテンツの表示を更新可能な頻度を指定。例えば、電子ブックリーダーなど、画面の更新頻度が低いデバイスにマッチするのが @media (update: slow)。通常のパソコンやスマートフォンの画面は @media (update: fast)でマッチ。

キーワード	説明
vertical-viewport-segments	縦方向における表示領域の区分数を検出。
width	スクロールバーの幅を含むビューポートの幅を長さの値で指定。 min-width、max-widthも使用可能。@media (max-width: 768px)と指定すれば、ビューポートの幅が768px以下の場合にマッチ。

メディアクエリ修飾子

メディアクエリは、メディアクエリ修飾子を使用することで複数の組み合わせが可能です。キーワードとしてnot、and、only、orが使用できます。

```css
@media (min-width: 30em) and (max-width: 50em) {
  /* andキーワードを使用して、min-width: 30emかつmax-width: 50emの場合にマッチさせた例 */
}
```

上記の記述は、Media Queries Level 4で以下のように記述することもできるようになりました。min-widthやmax-widthを使用しなくても同様の記述が可能です。

```css
@media (30em <= width <= 50em) {
}
```

notキーワードを使用すると、メディアクエリ全体の意味を反転します。これにより、ある条件とそれ以外という分岐が分かりやすく記述できます。

```css
@media screen and (min-width: 768px) {
  /* 768px以上の場合にマッチ */
}
@media not screen and (min-width: 768px) {
  /* notキーワードを使用して、min-width: 768px以外、つまり768pxよりも小さい場合にマッチさせた例 */
}
```

なお、カンマ区切りを使用するとorの扱いになります。

```css
@media (min-width: 980px), screen and (orientation: portrait) {
  /* min-width: 980pxまたは、screenに合致するデバイスが縦長モードの場合にマッチさせた例 */
}
```

Media Queries Level 4ではorキーワードが加わったため、以下のようにも記述することも可能です。

```css
@media (min-width: 980px) or screen and (orientation:portrait)
 {
}
```

@規則

@規則

@規則(アットルール)は、「@」で始まるルールでスタイル宣言をグループ化、あるいは構造化したり、特定の条件を適用したり、他のファイルをインポートしたりといった用途で使用します。

例えば、文字エンコーディングを指定する@charset規則や、外部のスタイルシートを読み込む@import規則、メディアクエリ(P.275)を用いたスタイルの出し分けなどで使用する@media規則などが一般的でしょう。また、フォントファイルを指定する@font-face規則、アニメーションのキーフレームを定義する@keyframes規則などもよく使用されます。

広く使用される@規則については、「フォント/テキスト」(P.406 〜)でも解説していますが、ここでは近年においてブラウザーのサポートの足並みが揃った@規則と、今後使用できるようになると便利そうな@規則を紹介します。

文字エンコーディングを指定する

@charset規則(キャラクター・セット)

@charset規則はスタイルシートで使用している文字エンコーディング(文字コード)を指定します。この規則はスタイルシートの先頭で宣言する必要があり、@charset規則より前に文字を一切記述してはいけません。

なお、この規則はstyle要素の中では使えません。また、もしスタイルシート内に複数の@charset規則が記述された場合、最初に記述されたもののみが有効な記述になります。

```css
@charset "utf-8";
```

カラープロファイルを定義し名前を付ける

@color-profile規則(カラー・プロフィール)

@color-profile規則はcolor()関数やcolor-mix()関数で色を指定するために用いられるカラープロファイルを定義し、名前を付けます。

印刷物に忠実な色の再現などが必要な場合など、あらかじめカラープロファイルを定義しておくことで、別のところで記述したcolor()関数やcolor-mix()関数からそのカラープロファイルを利用できるようになります。

@color-profile規則の基本的な構文は以下のようになります。

```
@color-profile [<dashed-ident> | device-cmyk] { <declaration-list> }
```

ダッシュド・アイデント
<dashed-ident>

<dashed-ident>は、CSS内で利用することになるカラープロファイルの名前を指定します。--sampleNameのように指定し、このとき大文字と小文字は区別されます。

device-cmykキーワードを与えた場合、カラープロファイルはdevice-cmyk()関数に指定した色を解決するために利用されます。

デクラレーション・リスト
<declaration-list>

<declaration-list>は宣言リストのことです。@color-profile規則では、以下の指定が可能です。

◆src

カラープロファイルのURLを指定します。

◆rendering-intent

カラープロファイルが複数のレンダリングインテントを含む場合、rendering-intentで指定できます。指定可能な値は以下の通りです。

relative-colorimetric	相対的な色彩保持(初期値)
absolute-colorimetric	絶対的な色彩保持
perceptual	知覚重視
saturation	彩度重視

◆components

カラープロファイルで定義される色空間は、いくつかの成分で成り立ちます。例えば、CMYKプロファイルは、[c, m, y, k] と命名される4つの成分を利用するかもしれませんが、componentsで指定することで、カラープロファイル内で利用される成分を、記述した順序で命名できます。

例えば、以下の記述はcyan、magenta、yellow、blackと命名される4つの成分がカラープロファイルに含まれることを宣言します。

```css
components: cyan, magenta, yellow, black
```

あるいは、簡素化された名前を定義することもできます。

```css
components: c,m,y,k
```

以下のサンプルコードでは、@color-profile規則を用いてカラープロファイルを定義し、それをcolor()関数で使用しています。

```css
@color-profile --fogra39 {
  src: url('https://example.org/Coated_Fogra39L_VIGC_300.icc');
  rendering-intent: relative-colorimetric;
}

/* 定義したカラープロファイルを color()関数で使用する */
.header {
  background-color: color(--fogra39 0% 70% 20% 0%);
}
```

コンテナークエリを使用する

@container規則

@container規則は、コンテナークエリ（Container Query）のための条件付きグループ規則です。

CSSにおけるコンテナークエリは、特定の要素のコンテナーのサイズやスタイルに基づいて、その要素に適用されるスタイルを条件付きで変更するための機能です。従来のメディアクエリ（Media Query）は常にブラウザーのビューポートサイズに基づいてスタイルを変更しますが、コンテナークエリはビューポートサイズに限定せず、要素を包含する親要素（コンテナー）のサイズやスタイルに基づいてスタイルを変更します。

@container規則の基本的な構文は以下のようになります。

```
@container [ <container-name> ]? <container-condition> {
  <stylesheet>
}
```

<container-name>

オプションとして指定することで、<stylesheet>に記述されたスタイルの定義を、指定した名前と一致するコンテナーに絞り込んで適用することができます。

例えば、以下のようなHTMLとCSSがある場合を考えてみましょう。

```html
<main>
  <div class="container">
    <div class="inner">Inner</div>
  </div>
  <div class="sibling">Sibling</div>
</main>
```

```css
@container (width <= 150px) {
  .inner {
    background-color: blue;
  }
}
```

この例では、特に<container-name>の指定がないので、自動的に最も近い祖先要素となる、.container がコンテナーとして選択され、このコンテナーのサイズが150px以下の場合は、.innerの背景色が適用されることになります。

ここで、以下のように.containerの親であるmain要素にcontainer-nameプロパティで名前を付け、コンテナークエリ側でも<container-name>でその名前を指定します。

```css
main {
  container-name: main;
}
@container main (width <= 150px) {
  .inner {
    background-color: blue;
  }
}
```

すると、コンテナークエリは、main要素のサイズを基準に、.innerに対するスタイルを適用することになります。

<container-condition>

コンテナー・コンディション

コンテナーに指定する条件文です。キーワードとしてnot、and、orが使用でき、複数の条件を組み合わせることが可能です。また、style()でスタイル条件を指定することもできます。例えば、コンテナーサイズによる条件分岐は以下のような記述になります。

```css
@container (30em <= width <= 50em) {
  /* 横幅が30em以上、50em未満の場合 */
}
@container (min-width: 400px) {
  /* 横幅が400px以上の場合 */
}
@container (width > 400px) and (height > 400px) {
  /* 幅が400pxより大きい、かつ、高さが400pxより大きい場合 */
}
@container (width > 400px) or (height > 400px) {
  /* 幅が400pxより大きい、もしくは、高さが400pxより大きい場合 */
}
@container not (width >= 768px) {
   /* notキーワードを使用して、横幅が768px以上の場合以外、つまり横幅が768pxよりも
小さい場合 */
}
```

また、コンテナーのサイズを取得するために以下の記述子が使用可能です。

記述子	説明
width	コンテナーの幅(長さのデータ型の値)を取得します。
height	コンテナーの高さ(長さのデータ型の値)を取得します。
inline-size	コンテナーのインラインサイズ(長さのデータ型の値)を取得します。インラインサイズとは、書字方向に対して水平方向のサイズです。横書きの場合は幅、縦書きの場合は高さとなります。
block-size	コンテナーのブロックサイズ(長さのデータ型の値)を取得します。ブロックサイズとは、書字方向に対して垂直方向のサイズです。横書きの場合は高さ、縦書きの場合は幅となります。
aspect-ratio	コンテナーの縦横比(アスペクト比 / (比率のデータ型の値))を取得します。比率の値は、コンテナーの幅を高さで割ったもので、例えば16/9や1.85といった値になります。
orientation	ビューポートの向きを取得します。portrait、landscapeのいずれかの値を組み合わせて指定し、orientation: portrait;はスマートフォンなどでいう、縦表示(heightの値がwidthの値以上である)の場合に一致します。横表示の場合は、orientation: landscape;に一致します。

上記の記述子を使用して、インラインサイズで条件分岐をしたい場合は以下のように記述します。

```css
@container (inline-size > 30em) {
  /* インラインサイズが30emより大きい場合 */
}
```

orientation:を使用して、画面の向きを条件に加えることも可能です。

```css
@container (orientation: portrait) and (inline-size > 30em) {
  /* 縦表示で、かつ、インラインサイズが30emより大きい場合 */
}
```

また、コンテナークエリは入れ子にして記述することも可能です。

```css
@container (orientation: landscape) {
  /* 画面が横表示の場合 */
  @container (inline-size > 400px) {
    /* 画面が横表示の場合、かつ、インラインサイズが400pxより大きい場合 */
  }
  @container (block-size > 600px) {
    /* 画面が横表示の場合、かつ、ブロックサイズが600pxより大きい場合 */
  }
}
```

◆style()でスタイル条件を指定

特定のスタイルによって条件分岐を行うこともできます。

```css
@property --responsive {
  syntax: "true | false";
  inherits: false;
```

```
  initial-value: true;
}
.example-01 {
  --responsive: true;
}
.example-02 {
  --responsive: false;
}
@container style(--responsive: true) {
  /* --responsive カスタムプロパティにtrueの値を持つ場合 */
}
```

◆コンテナークエリ内で使用可能な長さの単位

コンテナークエリ内では、コンテナーのサイズを基にした以下の長さ単位を使用することができます。

単位	説明
cqw	クエリコンテナーの幅の1%を基準とした単位です。
cqh	クエリコンテナーの高さの1%を基準とした単位です。
cqi	クエリコンテナーのインライン方向におけるサイズの1%を基準とした単位です。
cqb	クエリコンテナーのブロック方向におけるサイズの1%を基準とした単位です。
cqmin	cqi、またはcqbのいずれか小さいほうのサイズの1%を基準とした単位です。
cqmax	cqi、またはcqbのいずれか大きいほうのサイズの1%を基準とした単位です。

例えば、以下のような記述が可能です。

CSS
```
@container (inline-size >= 30em) {
  h2 {
    font-size: calc(1.2em + 1cqi);
  }
}
```

カウンタースタイルを定義する

@counter-style規則

カウンター・スタイル

@counter-style規則は、カウンターのスタイルを定義するための@規則です。定義したスタイルはlist-style-typeプロパティ（あるいはlist-style一括指定プロパティ）で指定することでリストのマーカーとして使用できます。

list-style-typeプロパティには、さまざまな定義済みの<custom-ident>値が使用できます。例えば、list-style-type: cjk-decimal;を指定することで、漢数字をリストマーカーとして表示することができます。しかし、このような<custom-ident>値の定義をCSSの仕様ですべて行うには限界があるため、制作者が任意で<custom-ident>値に該当するものを定義できるようにする仕組みが@counter-style規則です。

@counter-style規則の記述は、例えば以下のようになります。

```css
@counter-style hiragana-iroha {
  system: alphabetic;
  symbols: い ろ は に ほ へ と ち り ぬ る を わ か よ た れ そ つ ね な ら む う ゐ の お く や ま け ふ こ え て あ さ き ゆ め み し ゑ ひ も せ す;
  suffix: "、";
}
```

定義したカウンタースタイルは以下のように使用します。

```css
ol {
  list-style: hiragana-iroha;
}
```

この場合、実際の表示は以下のようになります。

リストマーカーを@counter-styleで指定したもので表示できる

@counter-style.html
dekiru.net/html_css_zenjiten/example/

い、カップの底にエスプレッソを注ぎます。
ろ、スチームドミルクを加えます。
は、フォームドミルクを加えます。

system記述子

cyclic、numeric、alphabetic、symbolic、additive、fixed、いずれかの値を単体で、もしくはfixed 2のように、fixedと任意の数値を組み合わせて、あるいはextends decimalのように、extendsと任意のカウンタースタイル名を組み合わせて指定することができます。

キーワード	説明	注意
cyclic	symbols記述子で指定された記号を最初から順番に使用し、最後に到達すると最初の記号に戻るというサイクルを繰り返します。	symbols記述子には1つ以上の記号を指定する必要があります。
numeric	指定された記号を位取り記数法の桁として使用します。例えば、symbols記述子で指定された記号が0 1 2の場合、1巡目は「1 → 2」ですが、「2巡目は10 → 11 → 12」、「3巡目は20 → 21 → 22」となります。	symbols記述子に2つ以上の記号を指定する必要があります。
alphabetic	指定された記号をアルファベットの記数法の桁として使用します。例えば、symbols記述子で指定された記号がa b cの場合、1巡目は「a → b → c」ですが、2巡目は「aa → ab → ac」、3巡目は「ba → bb → bc」となります。	symbols記述子に2つ以上の記号を指定する必要があります。

キーワード	説明	注意
symbolic	指定された記号を最初から順番に使用し、2巡目以降は記号を2重、3重にします。例えば、symbols記述子で指定された記号が■ ○の場合、1巡目は「■ → ○」ですが、2巡目は「■■ → ○○」、3巡目は「■■■ → ○○○」となります。	symbols記述子に1つ以上の記号を指定する必要があります。
additive	additive-symbols記述子にsign-value形式(「負でない整数 記号」の形式)で指定された記号を使用します。例えば、additive-symbols: 6⚅, 5⚄, 4⚃, 3⚂, 2⚁, 1⚀;と指定された場合、1～6番目までは、⚀ → ⚁ … ⚅となり、7番目は⚅⚀、13番目は⚅⚅⚀と解釈されます。	additive-symbols記述子に1組以上のタプルを指定する必要があります。
fixed	指定された記号を最初から順番に使用し、一巡するとそれ以降は別のカウンタースタイルにフォールバックします。 フォールバックするカウンタースタイルは、fallback記述子で指定できます(指定がない場合はdecimal)。例えば、symbols記述子で指定された記号が■ ○の場合、「■→○」の次は、「3 → 4」となります。任意で、fixed 3のように記号の開始位置を指定可能で、この場合、「1 → 2 → ■ → ○ → 5 → 6」となります。	
extends	既存のカウンタースタイルを使用します。後述のprefixやsuffix記述子と組み合わせることで、既存のカウンタースタイルを拡張できます。例えば、extends decimalとして、decimalカウンタースタイルを定義しつつ、suffix: ") "; を組み合わせることで、1) → 2)のようなリストマーカーを表示可能です。@counter-style規則で独自に定義したカウンタースタイルも指定できます。	symbols記述子やadditive-symbols記述子とは併用できません。

negative記述子(ネガティブ)

カウンター値が負の数のときに、リストマーカーの前、あるいは後に追加する記号を指定します。初期値は - です。前、後の2つの値を指定できます。例えば、negative: "(" ")"; と指定した場合、負のカウンター値の場合は(1)のような表示となります。

prefix記述子(プリフィクス)

リストマーカーの前に追加する記号を指定します。negative記述子で指定した記号より前に表示されます。初期値は空文字("")です。

suffix記述子(サフィックス)

リストマーカーの後に追加する記号を指定します。negative記述子で指定した記号より後に表示されます。初期値は "." です。

range記述子(レンジ)

カウンター値の範囲を定義します。初期値はautoで、この場合はsystem記述子の値によって範囲が決まり、以下のようになります。

system記述子の値	範囲
cyclic／numeric／fixed	負の無限大 ～ 正の無限大
alphabetic／symbolic	1 ～ 正の無限大
additive	0 ～ 正の無限大
extends	拡張元となるカウンタースタイルが定義する範囲

あるいは、下限の値と上限の値を空白文字で区切って範囲指定することも可能です。このとき、infiniteキーワードを使用すると「無限大」という意味になります。

```css
/* 下限が0 / 上限が10 */
range: 0 10;
/* 下限が6 / 上限が無限大 */
range: 6 infinite;
/* 下限が無限大 / 上限が10 */
range: infinite 10;
/* 下限も上限も無限大 */
range: infinite infinite;
/* 下限よりも上限が小さい場合は無効 */
range: 10 5; /* 無効な指定です */
```

pad記述子

指定した記号でリストマーカーの桁数を埋めます。桁数、記号という順番で空白文字で区切って指定します。初期値は 0 "" です。

例えば、system: extends decimal; に対して pad: 3 "0" のように指定すれば、リストマーカーは001 ... 012など、必ず3桁になるように0で埋められます。

fallback記述子

定義したカウンタースタイルではリストマーカーの生成ができなかったときに、フォールバックするカウンタースタイルを指定します。初期値はdecimalです。

speak-as記述子

読み上げ環境に対して、カウンタースタイルをどのように読み上げるか、その方法を指定します。指定可能な値は、auto、bullets、numbers、words、spell-outのいずれか、または、別途定義したカウンタースタイルの名前です。

初期値はautoで、この場合はsystem記述子の値によって解釈が変わり、以下のようになります。

system記述子の値	解釈
alphabetic	spell-outと同じ
cyclic	bulletsと同じ
extends	拡張元カウンタースタイルに対してautoを指定したときと同じ
上記以外	numbersと同じ

その他の値と意味は以下のようになります。

値	意味
bullets	順序なしリストを読み上げることに適した音声がブラウザーによって選択されます。
numbers	カウンター値は、数として読み上げられます。

値	意味
words	カウンター値は、単語として読み上げられます。
spell-out	カウンター値は、1文字ずつ読み上げられます。
<counter-style-name>	特定のカウンタースタイル名を指定した場合、そのカウンタースタイルの定義内にあるspeak-as記述子の値を参照します。speak-as記述子が指定されていない場合は、autoとして扱われます。

以下のサンプルコードでは、漢数字に括弧を付けたカウンタースタイルを定義し、ol要素に適用しています。

```css
@counter-style parenthesized-ideograph {
  system: fixed;
  symbols: '㈠' '㈡' '㈢' '㈣' '㈤' '㈥' '㈦' '㈧' '㈨' '㈩';
  suffix: ' ';
}

ol {
  list-style: parenthesized-ideograph;
}
```

独自フォントの利用を指定する

@font-face規則（フォント・フェイス）

独自フォントの利用を指定します。詳細はP.408を参照してください。

代替字体を定義する

@font-feature-values規則（フォント・フィーチャー・バリューズ）

@font-feature-values規則は、代替字体の特性インデックス(<feature-index>)と特性値名(<feature-value-name>)を定義します。定義した代替字体の特性値名は、font-variant-alternatesプロパティで指定することができます。

@font-feature-values規則の基本的な構文は以下のようになります。

```
@font-feature-values <family-name># { <declaration-rule-list> }
```

<family-name>は、フォントファミリーの名称です。カンマ(,)で区切って複数指定することも可能です。<declaration-rule-list>は次のページのような記述になります。

スタイリスティック
@stylistic

font-variant-alternatesプロパティの stylistic()関数から参照する特性値名を指定します。

```css
@font-feature-values foo {
  @stylistic {
    salt: 2;
  }
}
```

ヒストリカル・フォームズ
@historical-forms

font-variant-alternatesプロパティには、historical-formsキーワード（歴史的字体(OpenTypeにおけるhist相当)による表示を有効にする)が定義されています。それに対応するために仕様上、存在しますが、具体的な使用方法は提示されていません。

スタイルセット
@styleset

font-variant-alternatesプロパティのstyleset()関数から参照する特性値名を指定します。

```css
@font-feature-values Bongo {
  @swash {
    ornate: 1;
    double-loops: 1;
  }
  @styleset {
    double-W: 14;
    sharp-terminals: 16 1;
  }
}
```

キャラクター・バリアント
@character-variant

font-variant-alternatesプロパティのcharacter-variant()関数から参照する特性値名を指定します。

```css
@font-feature-values Athena Ruby {
  @character-variant {
    leo-B: 2 1;
    leo-M: 13 3;
    leo-alt-N: 14 1;
    leo-N: 14 2;
    leo-T: 20 1;
    leo-U: 21 2;
    leo-alt-U: 21 4;
  }
}
p {
  font-variant: discretionary-ligatures
                character-variant(leo-B, leo-M, leo-N, leo-T, leo-U);
}
```

```
span.alt-N {
  font-variant-alternates: character-variant(leo-alt-N);
}
span.alt-U {
  font-variant-alternates: character-variant(leo-alt-U);
}
```

@swash（スワッシュ）

font-variant-alternatesプロパティのswash()関数から参照する特性値名を指定します。

```css
@font-feature-values foo {
  @swash {
    pretty: 1;
    cool: 2;
  }
}
```

@ornaments（オーナメンツ）

font-variant-alternatesプロパティのornaments()関数から参照する特性値名を指定します。

```css
@font-feature-values foo {
  @ornaments {
    ornm: 12;
  }
}
```

@annotation（アノテーション）

font-variant-alternatesプロパティのannotation()関数から参照する特性値名を指定します。

```css
@font-feature-values Otaru Kisa {
  @annotation {
    circled: 1;
    black-boxed: 3;
  }
}
@font-feature-values Taisho Gothic {
  @annotation {
    boxed: 1;
    circled: 4;
  }
}
h1 {
  font-family: Otaru Kisa, Taisho Gothic;
  font-variant: annotation(circled);
}
```

カラーフォントのカスタムカラーパレットを定義する

@font-palette-values規則

フォント・パレット・バリューズ

@font-palette-values規則は、カラーフォント向けにカスタムカラーパレットを定義し、そのカラーパレットを特定のカラーフォントに関連付けます。フォントに元々組み込まれているカラーパレットに依存せず、制作者が任意のカラーを使ってフォントをカスタマイズすることが可能です。

カラーフォントとは、複数の色を使用して字形（グリフ）を表現できるフォントの総称です。従来のフォントが単色で字形を描写するのに対し、カラーフォントは、OpenType CPALテーブル（色のパレット管理）、SVGなどのベクターデータやビットマップデータを組み合わせることで、字形内に複数の色を使ったり、グラデーションやパターンを適用したりできます。これにより、リッチで装飾的な文字表現が可能になります。@font-palette-values規則では、以下のことが可能です。

・カラーフォント内にある既存のカラーパレットを参照する
・制作者が定義した色で、拡張されたカスタムカラーパレットを作成する
・制作者が定義した色で、カラーフォント内のあるカラーパレットの色を上書きする

なお、OpenType CPALテーブルはsRGB色空間に制約されますが、@font-palette-values内の 色の値は任意のCSSカラーを指定することができます。CSSカラーは、より広範な色空間をサポートしており、例えばRGBA、HSL、HEXコードなど、さまざまな形式で色を指定できます。

ただし、本書執筆時点における一部の実装では、内部的に使用されるAPIがsRGBに制限されていることなどが原因で、@font-palette-valuesで指定したCSSカラーが自動的にsRGBにマッピングされる場合があります。これは、CSSで指定した色がsRGB色空間に変換されてしまう可能性があることを意味します。

@font-palette-values規則の基本的な構文は以下のようになります。

```
@font-palette-values <dashed-ident> {
  <declaration-list>
}
```

<dashed-ident> には、カスタムプロパティ同様、--で始まる値、例えば--Fooなどを指定します。この値は定義したカラーパレットの名前となり、font-paletteプロパティで指定することでカラーパレットをフォントを関連付けることができます。

<declaration-list>として記述可能な記述子は次のページの通りです。

font-family記述子

定義したカラーパレットを適用するフォントファミリーの名前を指定します。

base-palette記述子

カラーフォントで定義されている、ベースパレットの名前、あるいはパレットを参照するインデックスを指定します。指定できるのはlight、またはdarkキーワード、あるいは0以上の整数です。

lightキーワードは、「背景が明るい(白に近い)」場合に使用されるカラーパレットがカラーフォント内で定義されている場合はそれに合致します。そのような定義がない場合は0と同様です。

darkキーワードは、「背景が暗い（黒に近い)」場合に使用されるカラーパレットがカラーフォント内で定義されている場合はそれに合致します。そのような定義がない場合は0と同様です。

override-colors記述子

base-palette記述子で指定した、カラーフォント内のカラーパレットの色を上書きします。以下の例のように、key 色の値 という組み合わせを、カンマ（,）で区切って指定します。keyは、パレット内のインデックスエントリーで、0からスタートします。

```css
@font-palette-values --Festival {
  font-family: Banner Flag;
  base-palette: 1;
  override-colors:
    0 #00ffbb,
    1 #007744;
    2 rgb(123, 64, 27);
}
```

以下の例では、2つのカラーフォント、BixxxaとBungeeheeがあり、これらの緑系パレットを利用する場合を想定しています。

Bixxxaフォントにはすでに利用できる緑系パレットがあるのでそれを利用します。Bungeeheeフォントに関しては、緑系パレットがないため、既存のパレットの中から1色だけ上書きして緑系パレットとして使用します。

```css
@font-face {
  font-family: Bixxxa;
  src: url('./bixxxa.woff') format('woff');
}

@font-face {
  font-family: Bungeehee;
```

```
  src: url('./bungeehee.woff') format('woff');
}

@font-palette-values --ToxicGreen {
  font-family: Bixxxa;
  base-palette: 3; /* Bixxxa'sフォントの緑系パレットを指定 */
}

@font-palette-values --ToxicGreen {
  font-family: Bungeehee;
  base-palette: 7; /* Bungeeheeフォントの既存パレットを指定 */
  override-colors: 2 lime; /* 既存パレットのインデックスエントリーが2の色を
lime色に上書き */
}

h1 {
  font-family: Bixxxa;
  font-palette: --ToxicGreen;
}

h2 {
  font-family: Bungeehee;
  font-palette: --ToxicGreen;
}
```

CSSをHTMLに適用する

@import規則（インポート）

@import規則はCSSの文書内や、HTML文書のstyle要素内に記述して外部のスタイルシートを読み込むための方法です。以下の例のように、@importに続けてurl()関数を記述し、括弧内にCSSファイルの場所となるURLを指定します。なお、@import規則は、CSSの文書内に読み込む場合も、HTML文書のstyle要素内に読み込む場合も、必ず@charset規則を除く他のスタイルより先に来るように記述します。また、@media規則など、他の@規則内で使用することはできません。

CSS
```
@import "custom.css";
@import url("style.css");
```

メディアクエリを使用して、条件付きで読み込むこともできます。

CSS
```
@import "landscape.css" screen and (orientation: landscape);
@import url("../css/print.css") print;
```

アニメーションの動きを指定する

@keyframes規則

キーフレームス

アニメーションの動きを指定します。詳細はP.654を参照してください。

カスケードレイヤーを宣言する

@layer規則

レイヤー

@layer規則は、CSSの詳細度とスタイルの順序を明示的に階層化するカスケードレイヤーを宣言します。「CSSによるレイアウト」(P.263)で解説した通り、CSSの最も基本的な概念として「カスケード」(Cascade)、「継承」(Inheritance)、そして「詳細度」(Specificity)が存在します。

その中で詳細度に関して簡単にいえば、記述されたスタイルがセレクターの種類に応じて、どのような優先順位で実際の要素に適用されるのかをブラウザーが決定するための手段です。この詳細度のコントロールを、レイヤー構造にしてより扱いやすくする仕組みが@layer規則です。

これによりCSSフレームワークの導入や、複数の作業者によるCSSのコーディングなどが行われる状況において、予期せずにスタイルが上書きされるといったトラブルを回避するなどの効果が期待されます。@layer規則の具体的な効果を確認するため、以下のHTMLに対してスタイルを指定する前提で考えてみましょう。

```html
<div id="sample">
  <span>text</span>
</div>
```

まず、以下のように@layer規則を用いてスタイルを指定したとします。

```css
@layer a {
  span {
    color: blue;
  }
}

@layer b {
  span {
    color: red;
  }
}
```

```
@layer c {
  span {
    color: green;
  }
}
```

この状態では、各スタイル宣言におけるセレクターの詳細度はすべて同スコアなので、ソースコード上の記述順から最後に記述されたcolor: green;が適用されるというのは、直感的に分かりやすいと思います。

では、以下のようにスタイルを指定した場合はどうでしょうか。詳細度ではcolor: green;が適用されるように思えますが、@layer規則によってグルーピングされたレイヤー単位での記述順が重要になるため、ソースコード上で最後に記述されたレイヤーである@layer c {...}、つまりcolor: red;が適用されます。

```css
@layer a {
  div#sample span {
    color: green;
  }
}

@layer b {
  div span {
    color: blue;
  }
}

@layer c {
  span {
    color: red;
  }
}
```

さらに、@layer規則を使用して、定義した各レイヤーの優先順位を指定することもできます。以下の例では、@layer b, a, c;と優先順位を指定することで、@layer b {...}が最も優先されるようにしています。このように、@layer規則はスタイル宣言をレイヤー構造にまとめ、優先順位をコントロールすることを容易にします。

```css
@layer b, a, c;

@layer a {
  div#sample span {
    color: green;
  }
}
```

```
@layer b {
  div span {
    color: blue;
  }
}

@layer c {
  span {
    color: red;
  }
}
```

そのほか、@layer規則は入れ子にすることもできます。

CSS
```
@layer base {
  p {
    max-width: 70ch;
  }
}

@layer framework {
  @layer base {
    p {
      margin-block: 0.75em;
    }
  }

  @layer theme {
    p {
      color: #222;
    }
  }
}
```

また、@import規則で外部スタイルシートを読み込む際にも定義できます。

CSS
```
@import (utilities.css) layer(utilities);
```

デバイスによってスタイルを切り替える

@media規則

メディアクエリは、メディアクエリ修飾子を使用することで複数組み合わせることが可能です。キーワードとしてnot and only orが使用できます。

```css
@media (min-width: 30em) and (max-width: 50em) {
  /*andキーワードを使用して、min-width: 30emかつmax-width: 50emの場合にマッチさせた例 */
}
```

上記の記述は、Media Queries Level 4で以下のように記述することもできるようになりました。min-widthや max-widthを使用しなくても同様の記述が可能です。

```css
@media (30em <= width <= 50em) { …略… }
```

notキーワードを使用すると、ある条件とそれ以外、という分岐が分かりやすく記述できます。

```css
@media (min-width: 768px) {
  /* 768px以上の場合にマッチ */
}
@media not (min-width: 768px) {
   /* notキーワードを使用して、min-width: 768px以外、つまり768pxよりも小さい場合にマッチさせた例 */
}
```

なお、カンマ区切りを使用するとorの扱いになります。

```css
@media (min-width: 980px), screen and (orientation: portrait) {
   /* min-width: 980pxまたは、screenに合致するデバイスが縦長モードの場合にマッチさせた例 */
}
```

Media Queries Level 4ではorキーワードが加わったため、以下のようにも記述することもできます。

```css
@media
(min-width: 980px) or screen and (orientation: portrait) { …略… }
```

XML名前空間を定義する

@namespace規則

@namespace規則はスタイルシートで使用するXML名前空間を定義します。名前空間を用いることで、異なるXML文書やXML要素間の混同を避けたり、特定の名前空間に属する要素にのみスタイルを適用したりすることが可能になります。@namespace規則は、スタイルシート内ですべての@charsetおよび@import規則より後、かつ、他の@規則やスタイル宣言より前に配置しなければなりません。

@namespace規則の基本的な構文は以下の通りです。

```
@namespace <namespace-prefix>? [ <string> | <url> ] ;
```

<string>は、名前空間を指定するURL（通常はXML名前空間のURI）です。url()関数を用いて指定することも可能です。また、特定の名前空間にプレフィックス（接頭辞）を付けることもできます（<namespace-prefix>）。

これらを踏まえて、例えば、svgというプレフィックスを使用して、SVG名前空間を定義する場合は、以下のように指定します。

```css
@namespace svg "http://www.w3.org/2000/svg";
```

または、以下のように指定しても同じです。

```css
@namespace svg url(http://www.w3.org/2000/svg);
```

この状態で、以下のように指定した場合、SVG名前空間におけるa要素（HTMLにおけるa要素とは異なります）に限定してスタイルが適用されることになります。

```css
@namespace svg url(http://www.w3.org/2000/svg);
svg|a {
  fill: black;
}
```

文書を印刷する際の各ページの寸法や向き、余白などを指定する

@page規則

@page規則は文書を印刷する際の各ページ（ページボックス）の寸法や向き、余白などを指定します。また、@page規則と組み合わせて使用可能な疑似クラスがいくつか定義されており、「印刷文書の最初のページ」といったかたちでスタイルを適用することも可能です。

以下は、印刷対象のすべてのページの余白を指定する例です。

```css
@page {
  margin: 1cm;
}
```

次のページの例は、印刷対象ページのうち、最初のページのみに余白を指定しています。

```css
@page :first {
  margin: 2cm;
}
```

以下は、印刷対象を右ページと左ページの2種類に分けて、それぞれに余白を指定する例です。

```css
@page :left {
  margin: 2cm 4cm 2cm;
}
@page :right {
  margin: 2cm 2cm 2cm 4cm;
}
```

size（サイズ）プロパティ

@page規則内では、sizeプロパティが使用できます。これは、ページボックスの包含ブロックに対して、その寸法と向きを指定します。指定可能な値は以下の通りです。

auto
autoを指定すると、ページボックスのサイズと向きはブラウザーやプリンターによって決定されます。通常、ページボックスのサイズと向きは印刷対象の用紙に合わせて選択されます。

landscape
landscape（横向き）を指定すると、ページの内容が横向きに印刷されます。このとき、ページボックスの長いほうの辺が水平方向になります。もしページサイズが指定されていない場合は、用紙のサイズはブラウザーやプリンターによって選択されます。

portrait
portrait（縦向き）を指定すると、ページの内容が縦向きに印刷されます。このとき、ページボックスの短いほうの辺が水平方向になります。もしページサイズが指定されていない場合は、用紙のサイズはブラウザーやプリンターによって選択されます。

長さ
ページボックスのサイズを、指定された絶対的な寸法で設定します。値を1つのみ指定した場合、その値がページボックスの幅と高さの両方に適用されるため、正方形になります。値を2つ指定した場合、最初の値がページボックスの幅、2番目の値が高さを決定します。emやexなどのフォントに依存する単位も使えますが、負の長さは無効です。

ページサイズ
ページサイズはメディア名で指定することができます。これは、長さの値を使ってサイズを指定するのと同等です。

例えば、長さは以下のように指定します。

```css
@page {
  size: 4in 6in;
}
```

メディア名	サイズ
A5	ISO A5のサイズ、幅148mm、高さ210mm
A4	ISO A4のサイズ、幅210mm、高さ297mm

メディア名	サイズ
A3	ISO A3のサイズ、幅297mm、高さ420mm
B5	ISO B5のサイズ、幅176mm、高さ250mm
B4	ISO B4のサイズ、幅250mm、高さ353mm
JIS-B5	JIS B5のサイズ、幅182mm、高さ257mm
JIS-B4	JIS B4のサイズ、幅257mm、高さ364mm
letter	北米のレターサイズ、幅8.5インチ、高さ11インチ
legal	北米のリーガルサイズ、幅8.5インチ、高さ14インチ
ledger	北米のレジャーサイズ、幅11インチ、高さ17インチ

ページサイズは、以下のようにメディア名で指定できます。

```css
@page {
  size: letter;
}
```

◆ページサイズの指定と向きの組み合わせ

ページサイズのメディア名は、landscapeやportraitと組み合わせることで、サイズと同時に向きを指定することができます。

以下のサンプルコードでは、A4サイズで横向きのページボックスを指定しています。

```css
@page {
  size: A4 landscape;
}
```

◆@page規則内で使用できるプロパティ

@page規則内では、すべてのプロパティが使用できるわけではなく、以下に挙げるプロパティのみが有効になります。

- 書字モード関連プロパティ
  - direction
- 背景関連プロパティ
  - background-color
  - background-image
  - background-repeat
  - background-attachment
  - background-position
  - background
- ボーダー関連プロパティ
  - border-top-width
  - border-right-width
  - border-bottom-width
  - border-left-width
  - border-width
  - border-top-color
  - border-right-color
  - border-bottom-color
  - border-left-color
  - border-color
  - border-top-style
  - border-right-style
  - border-bottom-style
  - border-left-style
  - border-style
  - border-top
  - border-right
  - border-bottom
  - border-left
  - border

- カウンター関連プロパティ
  - counter-reset
  - counter-increment
  - color
- フォント関連プロパティ
  - font-family
  - font-size
  - font-style
  - font-variant
  - font-weight
  - font
- height関連プロパティ
  - height
  - min-height
  - max-height
  - line-height
- マージン関連プロパティ
  - margin-top
  - margin-right
  - margin-bottom
  - margin-left
  - margin
- outline関連プロパティ
  - outline-width
  - outline-style
  - outline-color
  - outline
- パディング関連プロパティ
  - padding-top
  - padding-right
  - padding-bottom
  - padding-left
  - padding
  - quotes
- テキスト関連プロパティ
  - letter-spacing
  - text-align
  - text-decoration
  - text-indent
  - text-transform
  - white-space
  - word-spacing
  - visibility
- width関連プロパティ
  - width
  - min-width
  - max-width

CSS カスタムプロパティを明確に定義する

@property規則

@property規則は、CSSカスタムプロパティの定義に使用されます。@property規則を使用することで、プロパティ型のチェック、既定値の設定、プロパティが値を継承するかどうかの定義を明確に行うことができます。@property規則の基本的な構文は以下のようになります。

```
@property <custom-property-name> {
  <declaration-list>
}
```

<custom-property-name>は、カスタムプロパティ名の指定、<declaration-list>の記述例としては次のページのようになります。

```css
@property --base-text-color {
  syntax: "<color>";
  inherits: false;
  initial-value: #000000;
}
```

@property規則には、syntaxおよび inherits記述子の指定が必須となります。どちらかが欠けても、その@property規則自体が無効になります。

initial-value記述子は値(構文文字列)が* (全称指定 / syntax: "*";)の場合は省略可能ですが、それ以外の場合は記述が必須となります。もし、initial-value記述子の省略が許されない状況でinitial-value記述子が省略された場合、その@property規則自体が無効になります。

syntax記述子

syntax記述子は、定義するカスタムプロパティで許容される構文を記述します。TypeScriptにおける型定義と同様です。以下の構文が指定可能で、さらに、+と#の乗算子による指定と、|による構文の合成が可能です。なお、initial、inherit、unset、revert、revert-layerの各キーワード(CSSによるレイアウト(P.263)を参照)は、構文の指定に関わりなく許容されます。

値	期待されるデータ型／値
特定の値	特定の値指定された値。例えば、autoと指定すれば、autoという値が期待されます。*の場合は、すべての値が受け入れられます。
<length>	長さのデータ型(P.307)
<number>	数値のデータ型(P.307)
<percentage>	パーセントのデータ型(P.307)
<length-percentage>	長さまたはパーセントのデータ型。もしくは、長さとパーセントのデータ型を組み合わせた妥当なcalc()式
<string>	テキストのデータ型
<color>	色のデータ型
<image>	画像のデータ型(P.309)
<url>	URLのデータ型
<integer>	整数のデータ型(P.307)
<angle>	角度のデータ型(P.308)
<time>	時間のデータ型(P.309)
<resolution>	解像度のデータ型(P.309)
<transform-function>	transformプロパティ(P.671)の中で使用される座標変換関数
<custom-ident>	ユーザー定義の識別子
<transform-list>	transformプロパティ(P.671)の中で使用される座標変換関数のリスト(空白区切り)。なお、<transform-list>は<transform-function>+と同等です。

関連知識

+(U+002B)乗算子

空白で区切られたリストを表します。つまり、<length>+と指定された場合は、空白で区切られた、長さのデータ型を持つ値のリストが期待されることになります。

#(U+0023)乗算子

カンマ(,)で区切られたリストを表します。つまり、<color>#と指定された場合は、カンマ(,)で区切られた、色のデータ型を持つ値のリストが期待されることになります。

|(U+007C)合成子

|で区切ることで、複数の構文を指定(OR)することができます。
例えば、foo | <color># | <integer>と指定した場合、fooという値、もしくはカンマ(,)で区切られた色のデータ型を持つ値、あるいは長さのデータ型を持つ値のいずれかが期待されることになります。

inherits(インヘリッツ)記述子

@property規則で定義されたカスタムプロパティを既定で継承するかを指定します。指定できる値は、true(継承する)、もしくはfalse(継承しない)です。

initial-value(イニシャル・バリュー)記述子

定義したカスタムプロパティの初期値を指定します。

```css
@property --item-width {
  syntax: "<percentage>";
  inherits: true;
  initial-value: 60%;
}

.container {
  --item-width : 20%;
}

.container .item {
  width: var(--item-width);
}
```

スタイルが適用される範囲を定義する

@scope(スコープ)規則

@scope規則はスタイルが適用される範囲を定義します。@scope規則によってドキュメント内からある一部分(特定の要素やclass名を持った要素、あるいはその範囲)を指定することで、セレクターがマッチし、スタイルが適用される範囲を柔軟に絞り込むことが可能です。

@scope規則の基本的な構文は以下のようになります。

```
@scope (<scoping root>) to (<scoping limit>) {
  CSS ルールセット
}
```

<scoping limit>については指定しなくても構いません。その場合は以下のような記述になります。

```
@scope (<scoping root>) {
  CSS ルールセット
}
```

あるいは、style要素内で使用された場合、自動的にstyle要素の親要素にスコープされます。

```html
<section>
<!-- この場合、自動的に親となる section 要素内にスコープされる -->
  <style>
    @scope {
      CSS ルールセット
    }
  </style>
</section>
```

例えば、exampleというclass名を持つ要素内にスコープしてスタイルを指定したい場合は、以下のように記述します。

```css
@scope (.example) {
  a {
    color: red;
  }
}
```

以下のようなHTML文書があり、exampleというclass名を持つ要素内にスコープしてimg要素にスタイルを指定しつつも、子要素にあるexcludeというclass名を持つ要素内にあるimg要素にはスタイルを指定したくないという場合、<scoping limit>を加えて範囲を絞ることができます。

```html
<div class="example">
  <p>
    テキスト
  </p>
  <p>
    <img src="include-01.jpg" alt="">
  </p>
  <img src="include-02.jpg" alt="">
  <div class="exclude">
    <img src="exclude.jpg" alt="">
```

```
  </div >
</div >
```

```
@scope (.example) to (.exclude) {
  img {
    border: 1px solid black;
  }
}
```

以下のサンプルコードは、media-objectというclass名を持つ要素内のauthor-imageというclass名を持つ要素だけにスタイルを適用したい場合の例です。

```
@scope (.media-object) {
  .author-image { border-radius: 50%; }
}
```

以下は、media-objectというclass名を持つ要素内のimg要素にスタイルを適用するが、img要素がfigure要素内にある場合はスタイルを適用しないようにした例です。

```
@scope (.media-object) to (figure) {
  img { border-radius: 50%; }
}
```

CSSのサポート状況に応じてスタイルを指定する

@supports(サポーツ)規則

@supports規則は、指定したCSSの機能に対してブラウザーが対応（サポート）しているか、あるいは対応していないかという条件を設定したうえで、スタイルを適用できます。また、selector()関数を使用することで、セレクターの対応状況に応じたスタイルの指定が可能です。

例えば、マルチカラムレイアウトに対応した環境にのみスタイルを適用したい場合、以下のように記述することができます。この場合、column-count: auto;という指定がブラウザーでサポートされている場合のみ、@supports規則内に記述されたスタイル宣言が適用されます。

```
@supports (column-count: auto) {
  div {
    column-count: 3;
    column-width: 36em;
    column-gap: 2em;
  }
}
```

また、以下のように記述すれば、CSSカスタムプロパティに対応するブラウザーにのみ適用できます。

```css
@supports (--main-color: red) {
  :root {
    --main-color: red;
  }
  .sample {
    background-color: var(--main-color);
  }
}
```

そのほか、and、not、orで複数条件の組み合わせが可能です。例えば、display: flex;には対応しつつも、display: inline-grid;という指定には対応していない環境にマッチさせたい場合は、以下のように記述できます。

```css
@supports (display: flex) and (not (display: inline-grid)) {
}
```

selector()関数を使用することでセレクターの対応状況に応じた指定も可能です。

```css
@supports selector(:not(:defined)) {
}
```

トランジションさせる要素の変更前スタイルを定義する

@starting-style規則（スターティング・スタイル）

@starting-style規則は、CSSトランジションさせる要素に設定されるプロパティ群の変更前スタイルを定義するために使用されます。CSSトランジションは、通常「スタイルが変更されたとき」に開始されます。このとき、要素には「変更前スタイル(before-change style)」が必要です。

この「変更前スタイル」は、前回のスタイル変更時に設定されている必要がありますが、例えば、（display: none;などによって）要素が画面に表示されていなかった場合、その要素には前回のスタイル変更イベントで「変更前スタイル」が存在しないため、通常はCSSトランジションが開始できません(動作が発火、トリガーされません)。

しかし、新しくDOMに追加された要素や、display: none;から別の値に変更されることによって表示されるようになった要素に対してもCSSトランジションを開始したいケースは多いと思います。このようなニーズに @starting-style規則は対応します。

@starting-style規則によって「変更前スタイル」を定義することにより、CSSトランジションを動作させることが可能になります。@starting-style規則の具体的な記述例は以下のようになります。

```css
h1 {
  transition: background-color 1.5s;
  background-color: green;
}
@starting-style {
  h1 {
    background-color: transparent;
  }
}
```

上記の例では、h1要素に対して、transition: background-color 1.5s;とbackground-color: green;が指定されており、さらに@starting-style規則を使用して、変更前スタイル、background-color: transparent;が定義されています。これによって、背景色が透明(transparent)な状態から、緑(green)にトランジションします。

また、同様の記述は、入れ子にして以下のように記述できます。

```css
h1 {
  transition: background-color 1.5s;
  background-color: green;
  @starting-style {
    background-color: transparent;
  }
}
```

ただし、@starting-style規則の内容が使用されるのは、初めて描写されるときのみです。上記の例でいえば、ページが読み込まれ、h1要素が初めて画面に描写されたとき、もしくはこの要素が初期段階でdisplay: none;されていた場合、この値が変更されて、h1要素が画面上に描写されたときになります。

一度描写された要素に対して再度CSSトランジションを発生させる場合、@starting-style規則の内容は適用されません。

CSSで使用する値と単位

CSSのプロパティには、プロパティごとに指定可能な特定の値や、その組み合わせが仕様として定められています。ここではCSSで使用する値の分類について解説します。

データ型	説明
整数(<integer>)	8や-16のようなすべての整数です。
数値(<number>)	整数、および小数点付きの数値です。例えば、0.5や-1.6、あるいは1024や-256などです。
単位付きの数値(<dimension>)	単位付きの数値で、数値のデータ型の一種です。例えば、10px、20em、1dpi、5sなどです。長さ、時間、解像度、周波数のデータ型に分類されます。
パーセント(<percentage>)	パーセント割合です。例えば、50%などですが、この値は親要素の幅や文字サイズに対してなど、他の値に対する相対的な比率となります。
比率(<ratio>)	「数値/数値」という構文で表される比率です。例えば「4/3」のような形式で、aspect-ratioプロパティ(P.532)の値として使用します。なお、比率を単一の数値として計算した「1.33333」のような値も比率のデータ型に含まれます。
フレキシブルな長さ(<flex>)	グリッドコンテナー内部における可変の長さです。grid-template-columns(P.634)など、グリッドレイアウト関連プロパティで使用します。

長さ(<length>)のデータ型

おそらくCSSを記述していて最も多く記述するのが、この長さのデータ型ではないでしょうか。10px、1.25remのように数値のデータ型に長さの単位を加えて記述します。CSSで使用する長さの単位には、基準となる対象を持つ「相対単位」と、指定した値で大きさが決まる「絶対単位」が存在します。

相対単位

相対単位として指定できる単位は以下の通りです。相対単位を使用した場合、親要素あるいは画面の幅などといった、別の何かとの比較によってサイズが決まります。

em 要素のフォントサイズに対応した単位です。親要素のフォントサイズが16pxであれば、1emは16pxと同じサイズになります。

ex 要素のフォントの小文字のエックス(x)の高さに対応した単位です。

rex ルート要素(html要素)におけるフォントの小文字のエックス(x)の高さに対応した単位です。

rem ルート要素(html要素)のフォントサイズに対応した単位です。多くのブラウザーでは標準のフォントサイズが16pxのため、1remは16pxと同じサイズになります。

ch 要素のフォントのゼロ(0)の文字幅に対応した単位です。

rch ルート要素(html要素)におけるフォントのゼロ(0)の文字幅に対応した単位です。

ic 要素のフォントの「水」の文字幅に対応した単位です。

ric ルート要素(html要素)におけるフォントの「水」の文字幅に対応した単位です。

cap 要素のフォントの大文字の高さに対応した単位です。

rcap ルート要素(html要素)におけるフォントの大文字の高さに対応した単位です。

lh 要素のline-heightを基準とした単位です。

rlh ルート要素(html要素)のline-heightを基準とした単位です。

vi html要素のインライン方向におけるサイズ(横書きの場合は幅、縦書きの場合は高さ)の1%を基準とした単位です。

vb html要素のブロック方向におけるサイズ(横書きの場合は高さ、縦書きの場合は幅)の1%を基準とした単位です。

vw ビューポートの幅の1%に対応した単位です。

vh ビューポートの高さの1%に対応した単位です。

vmin ビューポートの短辺の長さの1%に対応した単位です。

vmax ビューポートの長辺の長さの1%に対応した単位です。

絶対単位

絶対単位として指定できる単位は以下の通りです。他との比較ではなく、絶対的な長さを指定します。絶対単位は印刷のように特定のサイズで出力したい用途では便利ですが、Webページのように画面に表示して使用し、さらにその画面のサイズなどが環境によって異なる場合には向いていないこともあります。絶対単位の中でも、特に頻繁に使用されるのはpxでしょう。

px 1ピクセルに対応した単位です。CSSの仕様では絶対単位に分類されていますが、ユーザーのディスプレイの解像度によって、指定した値で表示されるサイズは変化します。

cm 1センチメートルに対応した単位です。

mm 1ミリメートルに対応した単位です。

in 1インチ(2.54cm)に対応した単位です。

pt 1ポイント(1インチの1/72)に対応した単位です。

pc 1パイカ(12ポイント)に対応した単位です。

Q 1級(1/4ミリメートル)に対応した単位です。1Qは1cmの1/40になります。

角度(<angle>)のデータ型

角度の値を示すデータ型です。グラデーション関数やトランスフォーム系プロパティなどで使用します。角度の単位は以下の通りです。角度は時計回りに考えますが、数値が負の値の場合は反時計回りになります。

deg 度数法で表します。0～360までの数値にdegを付けて角度を表し、円一周は360degです。時計でいえば0deg、もしくは360degが0時、90degが3時方向になります。

grad グラード法で表します。0～400までの数値にgradを付けて角度を表し、円一周は400gradです。100gradが時計の3時方向になります。

rad ラジアンで表します。円一周を2πとした数値で角度を指定します。1radは180/π度であり、およそ57.29578度に相当します。

turn　回転数で表します。円一周を1ターンとした数値にturnを付けて角度を表します。0.25turnが時計の3時方向です。

時間（<time>）のデータ型

時間の値を示すデータ型です。アニメーション系プロパティやトランジション系プロパティなどで使用します。時間の単位は以下の通りです。

s　1秒に対応した単位です。

ms　1/1000秒に対応した単位です。つまり、1000msと1sは同等になります。

解像度（<resolution>）のデータ型

解像度の値を示すデータ型です。解像度の値は正の数値に以下の解像度を示す単位を付けて指定し、メディアクエリでは以下のように使用されます。

dpi　1インチあたりのドット数を表します。

dpcm　1センチメートルあたりのドット数を表します。

dppx　1ピクセルあたりのドット数を表します。1dppxは96dpiに相当します。

x　dppxの別名です。

```css
@media (min-resolution: 2dppx) {
  .sample {
    background-image: url(image@2x.png);
  }
}
```

周波数（<frequency>）のデータ型

周波数を表すデータ型です。周波数の値は数値にHzやkHzという単位を付けて指定しますが、本書執筆時点でこのデータ型を使用できるプロパティはありません。

画像（<image>）のデータ型

画像の値を示すデータ型です。画像には、JPEGやPNGといった形式の画像ファイルだけでなく、CSSグラデーションなども含まれます。

url()（ユーアールエル）

url()は関数型の値で、最もよく利用される画像のデータ型といえるでしょう。次のページのように画像のURLを指定することで画像を表示します。

```css
body {
  background-image: url("sample-image.png");
}
```

グラデーション

グラデーションは、linear-gradient()、radial-gradient()、conic-gradient()、repeating-linear-gradient()、repeating-radial-gradient()、repeating-conic-gradient()の各関数を用いることで指定できます。詳細はP.497 ～ 504を参照してください。

```css
.graph {
  background: conic-gradient(yellowgreen 40%, gold 0deg 75%, #f06 0deg);
  border-radius: 50%;
  width: 200px;
  height: 200px;
}
```

イメージ・セット
image-set()

image-set()は関数型の値で、HTMLでいうsrcset属性のように複数の画像リソースのセットから、ブラウザーが最適な画像を選択するためのヒントを提供します。

```css
.sample {
  background-image: image-set(url("sample.png") 1x, url("sample-x2.png") 2x);
}
```

他にも、CSS Images Module Level 4で定義されたimage()関数、cross-fade()関数、element()関数が画像のデータ型の値が許されるプロパティで使用できますが、本書執筆時点ではブラウザーの対応が進んでいません。

位置指定（<position>）のデータ型

background-positionプロパティ（P.487）などで使用する、位置指定のための値を示すデータ型です。topやleftといったキーワードや、長さのデータ型、もしくはパーセントのデータ型も含まれます。

計算のデータ型

calc()関数（P.316）や、min()関数、max()関数（P.319）などの数学関数内で使用される値を示すデータ型です。

CSSで使用する色の指定

色の使用が許可されるプロパティにおいては、キーワードやカラーモデルを使用してさまざまな色を指定することが可能です。

キーワード

色を指定するキーワードには、CSS 2.1において以下の17色の基本色が定義されています。また、透明色や色の継承を表すキーワードが定義されています。

black	黒色です。rgb(0,0,0)、#000000と同じです。
white	白色です。rgb(255,255,255)、#ffffffと同じです。
silver	銀色です。rgb(192,192,192)、#c0c0c0と同じです。
gray	灰色です。rgb(128,128,128)、#808080と同じです。
red	赤色です。rgb(255,0,0)、#ff0000と同じです。
maroon	赤茶色です。rgb(128,0,0)、#800000と同じです。
purple	紫色です。rgb(128,0,128)、#800080と同じです。
fuchsia	赤紫色です。rgb(255,0,255)、#ff00ffと同じです。
green	緑色です。rgb(0,128,0)、#008000と同じです。
lime	黄緑色です。rgb(0,255,0)、#00ff00と同じです。
yellow	黄色です。rgb(255,255,0)、#ffff00と同じです。
olive	暗い黄色です。rgb(128,128,0)、#808000と同じです。
blue	青色です。rgb(0,0,255)、#0000ffと同じです。
navy	濃い青色です。rgb(0,0,128)、#000080と同じです。
aqua	水色です。rgb(0,255,255)、#00ffffと同じです。
teal	青緑色です。rgb(0,128,128)、#008080と同じです。
orange	オレンジ色です。rgb(255,165,0)、#ffa500と同じです。
transparent	完全な透明を表します。rgba(0,0,0,0)と同じです。
currentcolor	colorプロパティで指定されている色を参照します。box-shadowプロパティ(P.572)やborder系、outline系、background系のプロパティで使用できます。

各要素の背景色をキーワードで指定している

RGBカラーモデル

RGBカラーモデルは、以下の図のように赤(Red)、緑(Green)、青(Blue)の3つの値の組み合わせでsRGB色空間内の色を指定します。「関数記法」と「16進記法」の2つの記法があります。

rgb()	関数型の値です。0～255までの数値、または0%～100%までの%値、あるいはnoneキーワード(0%に相当)を空白文字で区切って3つ指定します。rgb(255 0 0)、rgb(100% 0% 0%)は赤となります。また、オプションとして、スラッシュ(/)に続けて、4つ目の値で透明度を指定できます。%値、もしくは0～1の数値で指定します。0、もしくは0%が完全な透明で、1、もしくは100%が完全な不透明です。rgb(255 0 0 / 0.5)は透明度50%の赤です。さらに、fromキーワードを使用して起点となる、ある色からの相対的な指定も可能です。例えば、rgb(from hsl(0 100% 50%) r g b / 0.5)は、起点となる色、hsl(0 100% 50%)に対して、50%の透明度を適用します。カスタムプロパティと併用することで、起点となる色からさまざまな色のバリエーションを作るといったことが可能です。
#RRGGBBAA	シャープ(#)に続けて16進数(0～f)で6つの数値を指定します。#ff0000は赤となります。オプションで、透明度の指定を16進数で2桁、指定可能です。#ff000080は透明度50%の赤となります。なお、大文字小文字の区別はありません。
#RGBA	シャープ(#)に続けて3つの16進数を指定します。3桁の数値は2桁ずつ同値の#RRGGBB形式に変換されます。#f00は#ff0000となり、赤となります。オプションで、透明度の指定を16進数で1桁指定可能です。#f009は#ff000099と解釈され、透明度60%の赤となります。なお、大文字と小文字の区別はありません。

HSLカラーモデル

HSLカラーモデルは色の種類を表す「色相」(Hue)、鮮やかさの「彩度」(Saturation)、明るさの「明度」(Lightness)の3つの値の組み合わせでsRGB色空間内の色を指定します。

hsl() 関数型の値です。数値、もしくは角度の値、あるいはnoneキーワードで色相を、数値、もしくは%値、あるいはnoneキーワードで彩度、明度をそれぞれ空白文字で区切って3つ指定します。数値指定の100が、%値の100%に相当します。また、オプションとして、スラッシュ(/)に続けて、4つ目の値で透明度を指定できます。%値、もしくは0～1の数値で指定します。0、もしくは0%が完全な透明で、1、もしくは100%が完全な不透明です。hsl(0 100% 50% / 0.5)は透明度50%の赤です。rgb()同様、fromキーワードを使用した、相対的な指定も可能です。

HWBカラーモデル

HWBカラーモデルは、以下の図のようにベースとなる色相に対して白色度、黒色度という3つの引数を用いてsRGB色空間内の色を定義します。

hwb() hwb(h w b / α)という形式で指定します。スラッシュ(/)とそれに続くアルファチャンネル(透明度)の指定はオプションです。「h」は色相の値で、数値、もしくは角度の値、あるいはnoneキーワードが指定できます。「w」は白色度、「b」は黒色度の値で、それぞれの色をどの程度混ぜるかを指定します。0～100の範囲の数値、もしくは0%～100%の範囲の%値、あるいはnoneキーワードが指定できます。rgb()同様、fromキーワードを使用した、相対的な指定も可能です。

以下の図は、hwb(194 0% 0%)から、白色度と黒色度を変化させた場合の色を示しています。

W/B	0%	25%	50%	75%	100%
0%	hwb(194 0% 0%);	hwb(194 0% 25%);	hwb(194 0% 50%);	hwb(194 0% 75%);	hwb(194 0% 100%);
25%	hwb(194 25% 0%);	hwb(194 25% 25%);	hwb(194 25% 50%);	hwb(194 25% 75%);	hwb(194 25% 100%);
50%	hwb(194 50% 0%);	hwb(194 50% 25%);	hwb(194 50% 50%);	hwb(194 50% 75%);	hwb(194 50% 100%);
75%	hwb(194 75% 0%);	hwb(194 75% 25%);	hwb(194 75% 50%);	hwb(194 75% 75%);	hwb(194 75% 100%);
100%	hwb(194 100% 0%);	hwb(194 100% 25%);	hwb(194 100% 50%);	hwb(194 100% 75%);	hwb(194 100% 100%);

Lab/LCHカラーモデル

CIE明度と3つの引数、任意で透明度を組み合わせて色を指定します。より広い範囲の色の表現が可能で、明るさを変えずに色度や色相を変更できるため、より知覚しやすい色の指定が可能になります。

lab() CIE L*a*b*色空間を使用して色を指定します。任意でスラッシュ(/)で区切って透明度を指定します。lab(29.2345% 39.3825 20.0664)やlab(29.2345% 39.3825 20.0664 / .8)という形式で指定が可能です。rgb()同様、fromキーワードを使用した、相対的な指定も可能です。

lch() CIE明度(L)に続き、色度(C)、色相(H)に加え、任意でスラッシュ(/)で区切って透明度を指定します。lch(29.2345% 44.2 27)やlch(29.2345% 44.2 27 / .8)という形式で指定が可能です。rgb()同様、fromキーワードを使用した、相対的な指定も可能です。

Oklab/Oklchカラーモデル

Oklabカラーモデルは、「L(明度)」「a(赤緑成分)」「b(黄青成分)」の3つの軸で色を表現します。人間の視覚特性を考慮しており、視覚的に均等な色を再現可能です。Oklchカラーモデルは、OklabをLCH(明度、彩度、色相)形式に変換したカラーモデルです。「明度(L)」「彩度(C)」「色相(H)」の3要素で色を表現し、人間の視覚により自然に感じられる色の調整が可能です。rgb()同様、fromキーワードを使用した、相対的な指定も可能です。

oklab() oklab(l a b / α)という形式で指定します。スラッシュ(/)とそれに続くアルファチャンネル(透明度)の指定はオプションです。「l」は明度の値で、0～1の範囲の数値、もしくは0%～100%の範囲の%値、あるいはnoneキーワードが指定できます。「a」は赤緑成分、「b」は黄青成分の値で、-0.4～0.4の範囲の数値、もしくは-100%～100%の範囲の%値、あるいはnoneキーワードが指定できます。例えば、oklab(0.628 0.225 0.126)やoklab(0.628 0.225 0.126 / .6)という形式で指定が可能です。

oklch() oklch(l c h / α)という形式で指定します。スラッシュ(/)とそれに続く透明度の指定はオプションです。「l」は明度の値で、0～1の範囲の数値、もしくは0%～100%の範囲の%値、あるいはnoneキーワードが指定できます。「c」は彩度の値で、0以上の数値、もしくは%値、あるいはnoneキーワードが指定できます。数値指定の0.4が%値における100%に相当します。「h」は色相の値で、数値、もしくは角度の値、あるいはnoneキーワードが指定できます。例えば、oklch(50% 0.5 20deg)やoklch(50% 0.5 20deg / .6)という形式で指定が可能です。

color()関数

定義済みの色空間や、@color-profile規則(P.278)で指定したカラープロファイルを指定したうえで色を指定します。色空間の指定に続けて、色の成分として、0～1の範囲の数値、もしくは0%～100%の範囲の%値、あるいはnoneキーワードを3つ指定できます。さらに、オプションとして、スラッシュ(/)に続けて、4つ目の値で透明度を指定できます。rgb()同様、fromキーワードを使用した、相対的な指定も可能です。

次のページのサンプルコードでは、Display P3色空間における、オレンジに相当する色を指定しています。

```css
color(display-p3 1 0.5 0);
```


システムカラー

システムカラーはユーザー、ブラウザー、OSが選択したデフォルトの色を反映します。一般的にこの色はブラウザーのデフォルトスタイルシートで使われますが、システムカラーは、前述したblackやredといった色のキーワードと異なり、あるキーワードに対して特定の色が決められているわけではなく、OSやブラウザー、あるいはユーザーの設定によって同じキーワードでも異なる色が選択される場合があります。

システムカラーは、色の値が許可されるプロパティにおいても指定可能ですが、使用する場合は背景色と文字色（前景色）を必ずペアで指定すべきです。例えば、同一要素に対してbackground-colorプロパティの値をシステムカラーで指定し、colorプロパティの値をRGBカラーモデルで指定するといったことは避けましょう。

システムカラーはCSS Color Module Level 4において、以下のように定義されています。

Canvas	アプリケーションのコンテンツや文書の背景。
CanvasText	アプリケーションコンテンツや文書のテキスト。
LinkText	非アクティブ、非訪問のリンクテキスト。伝統的に青色。
VisitedText	訪問したリンクのテキスト。伝統的に紫色。
ActiveText	アクティブなリンクのテキスト。伝統的に赤。
ButtonFace	ボタンの背景色。
ButtonText	ボタンに表示するテキスト。
ButtonBorder	ボタンの枠線の基本色。
Field	入力欄の背景。
FieldText	入力欄のテキスト。
Highlight	選択されたテキストの背景。
HighlightText	選択されたテキスト。
SelectedItem	選択された項目の背景。例えば、選択されたチェックボックスなど。
SelectedItemText	選択された項目のテキスト。
Mark	HTMLのmark要素などでマークされたテキストの背景。
MarkText	HTMLのmark要素などでマークされたテキスト。
GrayText	無効化されたテキスト。伝統的に灰色だが、必ずしも灰色である必要はない。

ポイント

- CSS Color Module Level 3では基本色の他に、Webにおける画像の記述方法を規定する仕様であるSVG 1.0（Scalable Vector Graphics 1.0）に対応した147色のカラーネームを定義しています。多くのブラウザーはこれらのキーワードに対応しており、値として指定可能です。

CSS関数

CSS関数は、単一のキーワードや数値などで指定するプロパティ値だけでは表現できないような、より複雑なデータ処理を可能にします。例えば、以下に挙げる「数学関数」は数値を数式として記述することで、さまざまな計算ができます。

数学関数

計算式を使用してプロパティの値を指定する

calc()関数（カルク）

calc()関数は、CSSのプロパティ値の計算による指定を可能にします。演算子の種類は以下の通りです。長さ(length)、周波数(frequency)、角度(angle)、時間(time)、パーセント(percentage)、数値(number)、整数(integer)型のプロパティ値が許容される場所で使用できます。

+	加算の演算子です。演算の対象となる値は「両方が同じ型」、もしくは「一方が数値で、もう一方が整数」である必要があります。
-	減算の演算子です。演算の対象となる値のルールは加算と同じです。
*	乗算の演算子です。演算の対象となる値は「いずれか一方が数値」である必要があります。
/	除算の演算子です。演算の対象となる値は「右側が数値」である必要があります。また「0」での除算はエラーになります。

なお、+演算子または-演算子を使用する場合は、前後に空白文字を置く必要があります。*演算子と/演算子においては任意ですが、ミスを防ぐためにも、前後に空白文字を記述するように統一したほうがよいでしょう。以下の例では、要素の幅や背景の色をcalc()関数で指定しています。

```css
div {
  width: calc(100% / 3 - 2 * 1em - 2 * 1px);
  background-image: linear-gradient(
    silver 0%,
    white 20px,
    white calc(100% - 20px),
    silver 100%
  );
}
```

◆計算の優先順位

calc()関数における演算子の優先順位は、通常の四則演算と同じです。計算順序を指定するために括弧を使用できます。calc(500 + 10 * 20 - 10 / 2)であれば、乗算・除算が優先されたうえで500 + 200 - 5と計算されます。加算・減算を優先したければcalc((500 + 10) * (20 - 10) / 2)のように記述しましょう。

実践例 テキストの上下余白を正しく計算する

{padding: calc(20px - (1.5rem * 1.4 - 1.5rem) / 2) 0;}

例えば、テキストの上下に20pxずつの余白を設定したい場合、padding:20px 0;のように指定しただけでは、ぴったり20pxずつの余白にはなりません。実際にはテキストの上下に行の高さによる余白もあるため、その影響を考慮する必要があります。以下の図は、paddingプロパティ、line-heightプロパティ、font-sizeプロパティの関係を示したものです。図中の★、つまり行の高さによる片側の余白は、（行の高さ －フォントサイズ）÷2で計算できます。これをline-heightプロパティ、font-sizeプロパティの値に置き換えると、（font-sizeプロパティの値 × line-heightプロパティの値 − font-sizeプロパティの値）÷2となります。20pxから★を引く計算をcalc()関数で表し、それをpaddingプロパティの値として指定すれば、意図した通りの余白を設定できるようになります。

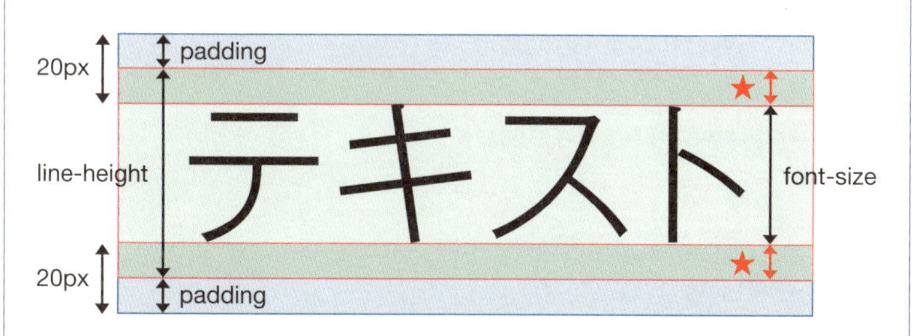

以下の例では、padding-topプロパティとpadding-bottomプロパティにcalc(20px - (1.5rem * 1.4 - 1.5rem) / 2)を指定することで、テキストの上下にぴったり20pxずつの余白を設定しています。

```css
h2 {
  font-size: 1.5rem;
  line-height: 1.4;
  padding: calc(20px - (1.5rem * 1.4 - 1.5rem) / 2) 0;
}
```

さらに、CSSカスタムプロパティ（P.353）を併用すると、メンテナンス性も向上します。

```css
:root {
  --font-size: 1.5rem;
  --line-height: 1.4;
}

h2 {
  font-size: var(--font-size);
  line-height: var(--line-height);
  padding: calc(
       20px - (var(--font-size) * var(--line-height) - var(--font-
size)) / 2
    ) 0;
}
```

あるいは、以下のようにすべての要素を対象とするユニバーサルセレクターにcalc()関数を定義しておくと、同じ計算を複数の場所から呼び出せるので便利です。

```css
* {
  --calc-padding: calc(
      var(--vertical-padding) -
         (var(--font-size) * var(--line-height) - var(--font-size))
/ 2
    ) var(--horizontal-padding);
}

h2 {
  --font-size: 1.5rem;
  --line-height: 1.4;
  --horizontal-padding: 0;
  --vertical-padding: 20px;
  font-size: var(--font-size);
  line-height: var(--line-height);
  padding: var(--calc-padding);
}
```

上限と下限を決めたうえで中央値を適用する

clamp()関数（クランプ）

clamp()関数は、引数にカンマ区切りで最小値・推奨値・最大値の3つを指定しておくことで、算出値に応じた最小値と最大値の範囲内において、推奨値を適用することができるCSS関数です。推奨値が最小値よりも小さくなる場合は最小値が、推奨値が最大値よりも大きくなる場合は最大値がそれぞれ適用されます。calc()関数と同様に、加算（+）、減算(-)、乗算(*)、除算(/)の四則演算子を使用でき、長さ、周波数、角度、時間、パーセント、数値、整数型のプロパティ値が許容される場所で使用できます。

例えば、以下のように指定することで、12pxを最小値、100pxを最大値としたうえで、10 * (1vw + 1vh)の計算値に合致する文字サイズが適用されます。

```css
.sample {
  font-size: clamp(12px, 10 * (1vw + 1vh) / 2, 100px);
}
```

複数の値から常に最大値となる値を適用する

max()関数

max()関数は、CSSプロパティに指定する値を、引数としてカンマ区切りで指定することで、その中から最大値となる値を適用できるCSS関数です。引数には1つ以上の値を指定可能です。2つ以上の値を指定する場合はカンマ区切りで指定します。

calc()関数と同様に、加算(+)、減算(-)、乗算(*)、除算(/)の四則演算子を使用でき、長さ、周波数、角度、時間、パーセント、数値、整数型のプロパティ値が許容される場所で使用できます。

例えば、以下のように指定することで、10 * (1vw + 1vh) / 2の計算値と12pxを比べて、大きいほうの文字サイズが適用されます。

```css
.sample {
  font-size: max(10 * (1vw + 1vh) / 2, 12px);
}
```

複数の値から常に最小値となる値を適用する

min()関数

min()関数は、CSSプロパティに指定する値を、引数としてカンマ区切りで指定することで、その中から最小値となる値を適用できるCSS関数です。引数には1つ以上の値を指定可能です。2つ以上の値を指定する場合はカンマ区切りで指定します。

calc()関数と同様に、加算(+)、減算(-)、乗算(*)、除算(/)の四則演算子を使用でき、長さ、周波数、角度、時間、パーセント、数値、整数型のプロパティ値が許容される場所で使用できます。例えば、次のページのように指定することで、10vw、4rem、80pxの中で最も小さい値が適用されます。

```css
div {
  width: min(10vw, 4rem, 80px);
}
```

ステップ値関数

引数を指定した形に丸める

ラウンド
round()関数

round()関数は、渡された引数を指定した形に丸める(例えば四捨五入するなど)ことができる CSS関数です。round()関数、および mod()関数、rem()関数は、ステップ値関数と呼ばれ、引数をさまざまな形に変換することが可能です。

round()関数の基本的な構文は以下のようになります。

```
round(<rounding-strategy>?, A, B?)
```

round()関数は、Aの値をBの最も近い整数倍に丸めます。具体的な記述例は以下の通りです。

```css
:root {
  --width: 50%;
}
.example {
  height: round(var(--width), 25px);
}
```

計算結果は、任意の数値、単位付き数値、または%値となりますが、2つの引数は同じデータ型を持たなければならず、そうでない場合、関数は無効となります。また、導き出される値も同じデータ型になります。

値の指定方法

ラウンディング・ストラテジー
<rounding-strategy>

<rounding-strategy>には、どのような方針で丸めるかを指定します。AがBの整数倍と正確に一致する場合を除き、Aの値は、2つのBの整数倍の中間となります。つまり、上記のサンプルコードの例で、var(--width)が102pxと計算、つまりround(102px, 25px)と解釈された場合にBがとる整数倍は、..., 100, 125, ... となるわけですが、引数Aである102pxはBの整数倍のうち、小さい値である100と、大きい値である125の中間となります。

このとき、Aの値を丸めた結果として、上下どちらのBの整数倍を選択するのかを決めるのが<rounding-strategy>です。

nearest 絶対差が最も小さいほうのBを選択。もし両方の差が等しい場合(Aが2つのB値のちょうど中間である場合)は、大きいほうのBを選択します。これは、JavaScriptにおけるMath.round()と同様の結果となります(初期値)。

up 大きいほうのBを選択。つまり切り上げ。これは、JavaScriptにおけるMath.ceil()と同様の結果となります。

down 小さいほうのBを選択。つまり切り捨て。これは、JavaScriptにおけるMath.floor()と同様の結果となります。

to-zero 0により近いほうのBを選択。これは、JavaScriptにおけるMath.trunc()と同様の結果となります。

```css
.example01 {
  height: round(105px, 25px); /* height=100px */
}

.example02 {
  height: round(up, 105px, 25px); /* height=125px */
}

.example03 {
  height: round(down, 105px, 25px); /* height=100px */
}

.example04 {
  height: round(to-zero, 105px, 25px); /* height=100px */
}
```

剰余(余り)を計算する

mod()関数

mod()関数はCSSで剰余(余り)を計算するためのCSS関数です。剰余とは、数を割ったときの余りを意味します。例えば、5を2で割ると余り(剰余)が1です。つまり、margin: mod(18px, 4px);を計算すると、剰余は2pxとなるため、算出される marginの値は2pxとなります。rem()関数も同様に剰余を計算しますが、引数の値によって計算値が異なる場合があります。

計算結果は、任意の数値、単位付き数値、または%値となりますが、2つの引数は同じデータ型を持たなければならず、そうでない場合、関数は無効となります。また、導き出される値も同じデータ型になります。

剰余(余り)を計算する

rem()関数

rem()関数はCSSで剰余（余り）を計算するためのCSS関数です。剰余とは、数を割ったときの余りを意味します。例えば、5を2で割ると余り（剰余）が1です。つまり、margin: mod(18px, 4px);を計算すると、剰余は2pxとなるため、算出される marginの値は2pxとなります。

rem()関数は、JavaScriptの剰余演算子（%）と同様の動作を期待する場合に使用することができます。mod()関数も同様に剰余を計算しますが、引数の値によって計算値が異なる場合があります。

計算結果は、任意の数値、単位付き数値、または%値となりますが、2つの引数は同じデータ型を持たなければならず、そうでない場合、関数は無効となります。また、導き出される値も同じデータ型になります。

◆mod()関数とrem()関数のどちらを選ぶべきか？

通常はmod()関数を選ぶべきでしょう。多くの場合、B値は制作者が制御し、A値が変動するもの思われますが、mod()関数を使用すれば、Aの値が正の値でも負の値でも、結果が0とBの間に収まるためです。これは、多くの場合に期待される動作だと思われますし、直感的です。

一方で、JavaScriptの剰余演算子（%演算子）と同様の動作を期待する場合は、rem()関数を使用することができます。

```css
.example01 {
  margin: mod(-18px, 5px); /* 2pxと計算される */
}

.example02 {
  margin: rem(-18px, 5px); /* -3pxと計算される */
}
```

```css
.example01 {
  rotate: mod(140deg, -90deg) ; /* -40degと計算される */
}

.example02 {
  rotate: rem(140deg, -90deg)  ; /* 50degと計算される */
}
```

三角関数

三角関数の正弦(サイン)を返す

sin()関数

sin()、cos()、tan()といったCSS関数を使用することで、CSSで三角関数（正弦（サイン、sin)、余弦（コサイン、cos)、正接（タンジェント、tan)）を扱えます。ある要素を曲線上に並べて配置するような用途で利用できます。

sin()関数は、正弦（-1～1の値）を返す三角関数です。引数はすべてラジアンとして解釈され、数値、もしくは角度のデータ型に解決できる値や計算式を含めることができます。

```css
/* 可能な指定の例 - 引数はすべてラジアンとして扱われる */
sin(90deg);
sin(0.25turn);
sin(100grad);
sin(1.5708rad);
sin(1.5708);
sin(2 * 0.125);
sin(pi / 2);
sin(e / 4);
```

三角関数の余弦(コサイン)を返す

cos()関数

cos()関数は、余弦(-1～1の値)を返す三角関数です。引数の指定方法などはsin()関数と同様です。

三角関数の正接(タンジェント)を返す

tan()関数

tan()関数は、正接(-∞～∞の値)を返す三角関数です。引数の指定方法などはsin()関数と同様です。

逆引き三角関数

サイン値から角度を求める

asin()関数

アーク・サイン

asin()、acos()、atan()といったCSS関数を使用することで、CSSで逆三角関数(正弦(サイン、sin)、余弦(コサイン、cos)、正接(タンジェント、tan)の逆関数)を扱えます。sin()関数は引数として与えられた角度(ラジアン)からサイン値を計算するのに対し、asin()は引数として与えられたサイン値から角度(ラジアン)を計算します。

引数には数値のデータ型に解決できる値や計算式を含めることができ、結果は角度のデータ型となります。

asin()関数が返す角度は、-90deg ～ 90degの範囲となります。

```css
/* 可能な指定の例 - 引数はすべて数値として扱われる */
asin(-0.2);
asin(2 * 0.125);
asin(pi / 5);
asin(e / 3);
```

コサイン値から角度を求める

acos()関数

アーク・コサイン

acos()は引数として与えられたコサイン値から角度(ラジアン)を計算します。引数の指定方法などはasin()関数と同様です。

acos()関数によって返される角度は、-0deg ～ 180degの範囲となります。

タンジェント値から角度を求める

atan()関数

アーク・タンジェント

atan()は引数として与えられたタンジェント値から角度(ラジアン)を計算します。引数の指定方法などはasin()関数と同様です。

atan()関数によって返される角度は、-90deg ～ 90degの範囲となります。

2つの値の逆正接(逆タンジェント)を返す

アーク・タンジェント・ツー
atan2()関数

atan2()関数は、−∞〜+∞の間の2つの値の逆正接（逆タンジェント）を返す三角関数です。atan2()関数には、カンマ(,)区切りで2つの引数を、atan2(y, x)のように指定します。

引数には数値、単位付き数値、または%データ型に解決できる値を含めることができ、結果は角度のデータ型となります。

atan2()関数によって返される角度は、-180deg 〜 180degの範囲となります。

```css
/* 可能な指定の例 */
atan2(3, 2);
atan2(1rem, -0.5rem);
atan2(20%, -30%);
atan2(pi, 45);
atan2(e, 30);
```

指数関数

べき乗にした結果を返す

パワー
pow()関数

pow()関数は、pow(A,B)のようにカンマで区切られた2つの値、または計算値を引数とし、AをBでべき乗した結果を返します。2つの引数はどちらも数値のデータ型に解決される値でなければならず、そうでない場合、関数は無効となります。

この関数の計算結果も、数値のデータ型となります。なお、pow(X, .5)とsqrt(X)は同じ計算結果になります。

pow()関数は、modular-scaleのような、ページ上のすべてのフォントサイズを固定比率で互いに関連付ける戦略などに役立ちます。例えば、以下のようなカスタムプロパティを定義し、h1 〜 h6要素までのフォントサイズに利用する例が考えられます。

```css
:root {
  --h6: calc(1rem * pow(1.5, -1));
  --h5: calc(1rem * pow(1.5, 0));
  --h4: calc(1rem * pow(1.5, 1));
  --h3: calc(1rem * pow(1.5, 2));
  --h2: calc(1rem * pow(1.5, 3));
  --h1: calc(1rem * pow(1.5, 4));
}
```

引数Aの平方根を返す

sqrt()関数

スクエアルート

sqrt()関数は、sqrt(A)のように1つの値、または計算式を引数とし、引数Aの平方根を返します。引数は数値のデータ型に解決される値でなければならず、そうでない場合、関数が無効となります。この関数の計算結果も、数値のデータ型となります。

なお、sqrt(X)とpow(X, .5) は同じ結果になります。

```css
.example {
  width: calc(100px * sqrt(9));
}
```

引数の平方の和の平方根を返す

hypot()関数

ハイポット

hypot()関数には、hypot(A, ...)のようにカンマで区切られた1つ以上の値または計算式を引数とし、それらの計算結果を用いてN次元のベクトルの長さ、言い換えると、引数の平方の和の平方根を返します。計算結果のデータ型は、数値、単位付き数値、または%のいずれかになります。

すべての引数は同じデータ型でなければならず、そうでない場合、関数は無効となります。また、返される値も同じデータ型になります。

```css
.example {
  width: hypot(48px, 64px);
}
```

Bを底としたAの対数を返す

log()関数

ログ

log()関数は、log(A)またはlog(A, B)のように、1 ～ 2個の値や計算式を引数とし、Bを底としたAの対数を返します。

引数Aが対数化される値であり、Bは対数の底となります。引数Bは省略可能で、省略された場合のデフォルトは数学定数の1つであるネイピア数(自然対数の底e)となります。

- log(8, 2):2を底とする8の対数を計算
- log(8):eを底とする8の対数(自然対数)を計算

引数はどちらも数値のデータ型に解決される値でなければならず、そうでない場合、関数が無効となります。また、返される値も数値のデータ型となります。

```css
.example {
  width: calc(100px * log(8, 2));
}
```

自然対数の底(e)を引数Aでべき乗した値を返す

exp()関数（エクスポネンシャル）

exp()関数は、exp(A)のように1つの値や計算式を引数とし、数学定数の1つであるネイピア数(自然対数の底e)を、引数Aでべき乗した値を返します。

引数は数値のデータ型に解決される値でなければならず、そうでない場合、関数が無効となります。また、返される値も数値のデータ型となります。なお、exp(X)とpow(e, X)は同じ結果になります。

```css
:root {
  --h6: calc(1rem * exp(-1));
  --h5: calc(1rem * exp(0));
  --h4: calc(1rem * exp(1));
  --h3: calc(1rem * exp(2));
  --h2: calc(1rem * exp(3));
  --h1: calc(1rem * exp(4));
}
```

基本シェイプ関数

CSSで円を描く

circle()関数（サークル）

circle()関数は、基本シェイプ関数と呼ばれるCSS関数で、これによって円を描画できます。基本シェイプ関数の値となる基本シェイプ(<basic-shape>)データ型は、clip-path、shape-outside、offset-pathの各プロパティで使用されます。

circle()関数の基本的な構文は以下の通りです。

```
circle(
  <radial-size>?
  [ at <position> ]?
)
```

値の指定方法

<radial-size>（ラジアル・サイズ）

<radial-size> は以下のように定義されています。

```
<radial-extent> | <length [0,∞]> | <length-percentage [0,∞]>{2}
```

つまり、指定できるのは長さや%データ型の値、あるいは<radial-extent>のいずれかです。<radial-extent>には以下のキーワードのいずれかを指定します。

closest-side	シェイプの中心に最も近い参照ボックスの辺と正確に一致するようにサイズが設定されます。
farthest-side	シェイプの中心に最も遠い参照ボックスの辺と正確に一致するようにサイズが設定されます。
closest-corner	参照ボックスの中心に最も近い角を通過するようにサイズが設定されます。
farthest-corner	参照ボックスの中心に最も遠い角を通過するようにサイズが設定されます。

<position>（ポジション）

<position>には、background-positionプロパティでも使用される位置を表すキーワード、もしくは長さや%の値が指定できます。指定可能なキーワードは、left、center、right、top、bottomなどで、省略された場合はcenterとして扱われます。<position>を指定する場合は、atを<radial-size>との間に記述します。

以下にサンプルコードを示します。

```css
.example01 {
  clip-path: circle(50px);
  background: linear-gradient(to bottom right,#f52,#05f);
  width: 100%;
  height: 100%;
}

.example02 {
  clip-path: circle(6rem at right center);
  background: linear-gradient(to bottom right,#f52,#05f);
  width: 100%;
  height: 100%;
}

.example03 {
  clip-path: circle(closest-side at 5rem 6rem);
  background: linear-gradient(to bottom right,#f52,#05f);
  width: 100%;
  height: 100%;
}
```

```
img {
  shape-outside: circle(50%);
  float: left;
  margin: 20px;
}
```

CSSで楕円を描く

ellipse()関数（エリプス）

ellipse()関数は楕円を描画する基本シェイプ関数です。基本的な構文は以下の通りです。

```
ellipse(
  <radial-size>?
  [ at <position> ]?
)
```

値の指定方法

<radial-size>（ラジアル・サイズ）

<radial-size> は以下のように定義されています。

```
<radial-extent> | <length [0,∞]> | <length-percentage [0,∞]>{2}
```

つまり、指定できるのは長さや%データ型の値、あるいは<radial-extent>のいずれかです。<radial-extent>には以下のキーワードのいずれかを指定します。

closest-side シェイプの中心に最も近い、参照ボックスの辺と正確に一致するようにサイズが設定されます。シェイプが楕円の場合、x,y軸で最も近い辺が選択されます。

farthest-side シェイプの中心に最も遠い、参照ボックスの辺と正確に一致するようにサイズが設定されます。シェイプが楕円の場合、x,y軸で最も遠い辺が選択されます。

closest-corner 参照ボックスの中心に最も近い角を通過するようにサイズが設定されます。シェイプが楕円の場合、最終的な形状はclosest-sideが指定された場合と同じアスペクト比を持ちます。

farthest-corner 参照ボックスの中心に最も遠い角を通過するようにサイズが設定されます。シェイプが楕円の場合、最終的な形状はfarthest-sideが指定された場合と同じアスペクト比を持ちます。

<position>（ポジション）

<position>には、background-positionプロパティでも使用される位置を表すキーワード、もしくは長さや%の値が指定できます。 指定可能なキーワードは、left、center、right、

top、bottomなどで、省略された場合はcenterとして扱われます。<position>を指定する場合は、atを<radial-size>との間に記述します。

以下にサンプルコードを示します。

```css
.example01 {
  clip-path: ellipse(20px 50px);
  background: linear-gradient(to bottom right,#f52,#05f);
  width: 100%;
  height: 100%;
}

.example02 {
  clip-path: ellipse(4rem 50% at right center);
  background: linear-gradient(to bottom right,#f52,#05f);
  width: 100%;
  height: 100%;
}

.example03 {
  clip-path: ellipse(closest-side closest-side at 5rem 6rem);
  background: linear-gradient(to bottom right,#f52,#05f);
  width: 100%;
  height: 100%;
}

img {
  shape-outside: ellipse(40% 50% at left);
  float: left;
  margin: 20px;
}
```

CSSで参照ボックスの内側に矩形を描く

inset()関数

inset()関数は楕円を描画する基本シェイプ関数です。基本的な構文は以下の通りです。

```
inset(
  <length-percentage>{1,4}
  [ round <'border-radius'> ]?
)
```

つまり、長さ、もしくは%の値を1～4個と、任意でround <border-radius>を指定可能ということになります。1～4個の長さ、もしくは%の値は上、右、下、左の参照ボックスの内側へのオフセットを表しており、内部に描く矩形の辺の位置を定義します。記述方法は、marginプロパティやpaddingプロパティの一括指定と同様です。

<border-radius>には、border-radiusプロパティで指定可能な値、つまり、1～4個の長さ、もしくは%の値と、任意で、スラッシュ（/）に続けた1～4個の長さ、もしくは%の値で追加の半径を指定可能です。<border-radius>によって、描いた四辺形の角の丸みを指定できます。

```css
.example01 {
  clip-path: inset(30px);
  background: linear-gradient(to bottom right,#f52,#05f);
  width: 100%;
  height: 100%;
}

.example02 {
  clip-path: inset(1rem 2rem 3rem 4rem);
  background: linear-gradient(to bottom right,#f52,#05f);
  width: 100%;
  height: 100%;
}

.example03 {
  clip-path: inset(20% 30% round 20px);
  background: linear-gradient(to bottom right,#f52,#05f);
  width: 100%;
  height: 100%;
}
```

CSSで多角形を描く

polygon()関数（ポリゴン）

polygon()関数は多角形を描画する基本シェイプ関数です。基本的な構文は以下の通りです。

```
polygon(
  <'fill-rule'>? ,
  [<length-percentage> <length-percentage>]#
)
```

polygon()関数では、引数として、後述の<fill-rule>を指定後（省略可）、カンマ（,）に続けて長さ、もしくは%値で参照ボックス内のx、y座標を指定していきます。例えば参照ボックスの左上隅は0 0、右下隅は100% 100%となります。空白で区切った2つの長さ、もしくは%値で指定した座標を、さらにカンマ（,）区切りで並べることで、さまざまな図形を描写できます。

```css
/* polygon()関数の記述例 */
polygon(50% 2.4%, 34.5% 33.8%, 0% 38.8%, 25% 63.1%, 19.1% 97.6%)
```

値の指定方法

<fill-rule>

フィル・ルール

<fill-rule>は、SVGにおけるfill-ruleプロパティ（図形の内側と外側を定義するためのプロパティ）に該当し、以下の値が指定可能ですが、省略しても構いません。

nonzero キャンバス上の任意の点が図形の内側か外側かを決定するために、点から無限遠に向かって任意の方向に線を引き、その線が図形のセグメントと交差する回数を数えます。左から右に交差するごとに1を加え、右から左に交差するごとに1を引きます。最終的な交差数がゼロであれば、その点は図形の外側にあります。それ以外の場合、その点は図形の内側にあります(初期値)。

evenodd キャンバス上の任意の点が図形の内側か外側かを決定するために、点から無限遠に向かって任意の方向に線を引き、その線が図形のセグメントと交差する回数を数えます。交差数が奇数であれば、その点は図形の内側にあり、偶数であれば外側にあります。

```css
.example01 {
  clip-path: polygon(50% 0%,
                     100% 50%,
                     50% 100%,
                     0% 50%);
  background: linear-gradient(to bottom right,#f52,#05f);
  width: 100%;
  height: 100%;
}

.example02 {
  clip-path: polygon(0% 20%,
                     60% 20%,
                     60% 0%,
                     100% 50%,
                     60% 100%,
                     60% 80%,
                     0% 80%);
  background: linear-gradient(to bottom right,#f52,#05f);
  width: 100%;
  height: 100%;
}

.example03 {
  clip-path: polygon(100% 0%,
                     50% 50%,
                     100% 100%);
```

```
  background: linear-gradient(to bottom right,#f52,#05f);
  width: 100%;
  height: 100%;
}
```


transformプロパティで使用する変換関数

回転を指定する

ローテート
rotate()関数

transformプロパティ（P.671、P.673）やrotateプロパティ（P.676）で使用し、要素を回転します。

縮小や拡大を指定する

スケール
scale()関数

transformプロパティやscaleプロパティ（P.675）で使用し、要素をx軸、y軸方向に拡大・縮小します。

平行移動を指定する

トランスレート
translate()関数

transformプロパティで使用し、要素のxy座標を移動します。

行列式によって要素を変形する

マトリックス
matrix()関数

transformプロパティで使用し、行列式によって要素を変形します。

行列式によって要素を3D空間で変形する

マトリックス・スリーディー
matrix3d()関数

transformプロパティで使用し、行列式によって要素を3D空間で変形します。

3D空間で変形する要素の奥行きを表す

バースペクティブ
perspective()関数

transformプロパティ（P.673）やperspectiveプロパティ（P.680）で使用し、画面からの視点の距離を指定して、z軸方向に変形した要素の奥行きを表します。

要素の形状をx軸、y軸方向に傾斜させる

スキュー
skew()関数

transformプロパティ（P.671）で使用し、要素の形状をx軸、y軸方向に傾斜させます。

要素の形状をx軸方向に傾斜させる

スキュー・エックス
skewX()関数

transformプロパティで使用し、要素の形状をx軸方向に傾斜させます。

要素の形状をy軸方向に傾斜させる

スキュー・ワイ
skewY()関数

transformプロパティで使用し、要素の形状をy軸方向に傾斜させます。

グリッドで使用する関数

サイズの最小値と最大値を指定する

ミンマックス
minmax()関数

grid-template-rowsプロパティ（P.632）やgrid-auto-rowsプロパティ（P.638）で使用し、最小・最大のサイズを指定します。

引数から計算したサイズを指定する

フィット・コンテント
fit-content()関数

grid-template-rowsプロパティやgrid-auto-rowsプロパティなどで使用します。引数で指定したサイズをmin(最大サイズ, max(最小サイズ, 引数))という式に基づいて計算し、有

効な範囲のサイズとして指定します。

値の全部、または一部で同じ指定が繰り返される際の記述をシンプルにする

リピート
repeat()関数

grid-template-rowsプロパティ（P.632）で使用し、値の全部、または一部で同じ指定が繰り返される際の記述をシンプルにします。

フィルター関数

色の明暗を変更する

ブライトネス
brightness()関数

brightness()関数は、フィルター関数と呼ばれるCSS関数で、filterプロパティを使用して要素に適用することで、その色を明るくしたり、暗くしたりすることができます。

指定可能な値は、数値または%値となり、1もしくは100%を指定すると元の明るさのままという意味になります。

```css
filter: brightness(0%) /* 0%の明るさ(黒くなる) */
filter: brightness(0.4) /* 40%の明るさ(元より暗くなる) */
filter: brightness(1) /* 変化なし */
filter: brightness(200%) /* 2倍の明るさ */
```

ドロップシャドウ効果を与える

ドロップ・シャドウ
drop-shadow()関数

drop-shadow()関数は、フィルター関数と呼ばれるCSS関数で、filterプロパティを使用して要素にドロップシャドウ効果を与えることができます。

基本的にはbox-shadowプロパティと同様の形式で引数を指定しますが、box-shadowプロパティが要素のボックスに対して四角形のドロップシャドウ（影）を描写するのに対し、drop-shadow()関数を画像に適用した場合、そのアルファチャンネルの形状に沿った形でドロップシャドウを描写します。複雑な形状の画像自体にドロップシャドウを描写したい場合は、drop-shadow()関数を使用すると便利です。

drop-shadow()関数の基本的な構文は次のページのようになります。

```
drop-shadow(offset-x offset-y blur-radius color)
```

box-shadowプロパティとの違いは、3番目の引数です。box-shadowプロパティがborder-radius（影の角の丸み）であるのに対して、drop-shadow()関数はblur-radius（影のぼかし半径）となる点です。

値の指定方法

offset-x（オフセット・エックス）およびoffset-y（オフセット・ワイ）

X軸（水平）方向、およびY軸（垂直）方向のオフセットです。長さの値で指定します。省略された場合はすべて0となります。

offset-xに正の値（例えば2pxや1.25remなど）を指定すると、右方向にオフセットしていきます。負の値（例えば-2pxや-1.25remなど）の場合は左方向にオフセットします。offset-yに正の値を指定すると、下方向にオフセットしていきます。負の値の場合は上方向にオフセットします。

blur-radius（ブラー・ラディウス）

ドロップシャドウをぼかす半径です。長さの値で指定します。省略された場合は0となり、ぼかしは行われません。

color（カラー）

ドロップシャドウの色を指定します。色の値で指定します。
色が指定されていない場合は、当該要素に対してcolorプロパティで指定されている色が使用されます。

```css
filter: drop-shadow(16px 16px 10px black);
filter: drop-shadow(0 -6em 4rem rgb(160, 0, 210));
```

グレースケールに変換する

grayscale()（グレースケール）関数

grayscale()関数は、フィルター関数と呼ばれるCSS関数で、filterプロパティを使用して要素に適用することで、その要素をグレースケールに変換することができます。

指定可能な値は、数値または%値となり、1もしくは100%を指定すると完全なグレースケール、0もしくは0%を指定すると効果が適用されないという意味になります。

```css
filter: grayscale(1);
filter: grayscale(60%);
filter: grayscale(0.25);
```

色相環を回転させる

ヒュー・ローテート
hue-rotate()関数

hue-rotate()関数は、フィルター関数と呼ばれるCSS関数で、filterプロパティを使用して要素に適用することで、その要素の色相環を回転させます。

指定可能な値は、角度の値です。色相環は360度で構成されており、色はその円周上に並んでいます。hue-rotate()関数で指定する角度によって、要素の色がその角度分だけ色相環上で回転します。

つまり、0degは変化なし、360degも1周して同じ位置に戻ってくるため、同じく変化なしとなります。360deg以上の角度が指定された場合、例えば400degが指定された場合は、1周＋40度と同じ意味になるため、40degが指定されたものとして解釈されます。

負の値は、色相を反時計回りに回転させます。

```css
filter: hue-rotate(90deg);
filter: hue-rotate(-0.25turn);
filter: hue-rotate(3.142rad);
filter: hue-rotate(-50grad);
```

要素の色を反転する

インバート
invert()関数

invert()関数は、フィルター関数と呼ばれるCSS関数で、filterプロパティを使用して要素に適用することで、その要素の色を反転します。
指定可能な値は、数値または%値となり、1もしくは100%を指定すると完全に反転、0もしくは0%を指定すると効果が適用されないという意味になります。

色の反転は、RGBの色成分を基に行われます。具体的には、各ピクセルの赤（Red）、緑(Green)、青(Blue)の値を反転します。

```css
filter: invert(0.3);
filter: invert(70%);
```

色の彩度を変更する

サチュレート
saturate()関数

saturate()関数は、フィルター関数と呼ばれるCSS関数で、filterプロパティを使用して要素に適用することで、要素の彩度を上げたり下げたりできます。

指定可能な値は、数値または%値となり、1もしくは100%を指定すると元の彩度のままという意味になります。

```css
filter: saturate(2); /* 彩度を2倍に上げる */
filter: saturate(50%); /* 彩度を50%下げる(半分にする) */
```

セピア色に変換する

sepia()関数

sepia()関数は、フィルター関数と呼ばれるCSS関数で、filterプロパティを使用して要素に適用することで、その要素の色をセピア色に変換できます。

指定可能な値は、数値または%値となり、1もしくは100%を指定すると完全なセピア色、0もしくは0%を指定すると効果が適用されないという意味になります。

```css
filter: sepia(0.25);
filter: sepia(60%);
```

カラー関数

ベースとなる色相に対してsRGB色空間内の色を定義する

hwb()関数

ベースとなる色相に対して白色度、黒色度という3つの引数を用いてsRGB色空間内の色を定義します。詳細はP.313を参照してください。

透明度を指定する

lch()関数

CIE明度(L)に続き、色度(C)、色相角(H)に加え、任意でスラッシュ(/)で区切って透明度を指定します。詳細はP.314を参照してください。

色空間を使用して色を指定する

lab()関数

CIE L*a*b* 色空間を使用して色を指定します。詳細はP.314を参照してください。

明度、赤緑成分、青緑成分の3つの軸で色を表現する

oklab()関数

オクラブ

「L（明度）」「a（赤緑成分）」「b（黄青成分）」の3つの軸で色を表現します。詳細はP.314を参照してください。

OklabをLCH（明度、彩度、色相)形式に変換する

oklch()関数

オクルチ

OklabをLCH（明度、彩度、色相)形式に変換したカラーモデルです。詳細はP.314を参照してください。

色を指定する

color()関数

カラー

定義済みの色空間や、@color-profileルールで指定したカラープロファイルを指定したうえで色を指定します。詳細はP.314を参照してください。

色をミックスする

color-mix()関数

カラー・ミックス

color-mix()関数は、指定された2つの色を、同じく指定した色補間に使用する色空間と分量に基づいてミックスします。

color-mix()関数の基本的な構文は以下のようになります。

```
color-mix(
  <color-interpolation-method>,
  [ <color> && <percentage [0,100]>? ]#{2}
)
```

値の指定方法

<color-interpolation-method>

カラー・インターポレーション・メソッド

色補間に使用する色空間を指定します。基本的な構文は以下の通りです。

```
in [ <rectangular-color-space> | <polar-color-space>
<hue-interpolation-method>? | <custom-color-space> ]
```

以下に説明するいずれかの値を1つ、inに続けて指定します。

レクタングラー・カラー・スペース
<rectangular-color-space>

srgb、srgb-linear、display-p3、a98-rgb、prophoto-rgb、rec2020、lab、oklab、xyz、xyz-d50、xyz-d65のいずれかの値になります。

ポーラー・カラー・スペース
<polar-color-space>

hsl、hwb、lch、oklchのいずれかの値になります。

ヒュー・インターポレーション・メソッド
<hue-interpolation-method>

色相補間のアルゴリズムです。shorter、longer、increasing、decreasingのいずれか、もしくはこれらのいずれかと、hueを空白文字で区切って同時に指定した値のいずれかになります。省略も可能で、省略された場合、初期値はshorter hueとなります。

カスタム・カラー・スペース
<custom-color-space>

@color-profile規則で定義したカラープロファイルの名前を指定します。

◆ミックスする色の指定

<color> <percentage [0,100]>の形式で色とミックスする割合を指定します。ここで指定した2色が、先に指定した <color-interpolation-method>に基づいてミックスされます。

<color>には、ミックスする色として色のデータ型の値を指定します。<percentage [0,100]>は、0～100までの%値です。%値は省略可能で、2色とも%値が省力された場合は、各色を50%:50%でミックスします。片方が省略された場合は、100%から指定された%値を引いたものが、もう片方の%値となります。

```css
/* 以下の3つの指定はすべて同じ意味になる */
color-mix(in lch, purple 50%, plum 50%)
color-mix(in lch, purple 50%, plum)
color-mix(in lch, purple, plum)

color-mix(in lch, white, black);
color-mix(in xyz, white, black);
color-mix(in srgb, white, black);
color-mix(in xyz, rgb(82.02% 30.21% 35.02%) 75.23%, rgb(5.64%
55.94% 85.31%));
```

カラーモードに応じたスタイルを指定する

ライト・ダーク
light-dark()関数

prefers-color-schemeメディア特性（P.276）を使用することでユーザーが使用しているカラーモード、例えばライトモードやダークモードなどに応じたスタイルを出し分けることができますが、light-dark()関数も同様のカラーモードによる色の出し分けを行うことができます。

light-dark()関数は、色のデータ型の値が許容される場所で使用することができ、引数には2つの色の値を、カンマ(,)で区切って指定することができます。

ユーザーが設定しているカラーモードがlightに設定されている場合、あるいは何も設定されていない場合には1つ目に指定された値が適用され、ユーザーが設定しているカラーモードがdarkに設定されている場合には2つ目の指定された値が適用されます。

light-dark()関数を使用する場合は、ルート要素にcolor-schemeプロパティを次のように指定し、文書内の全要素がライドモードとダークモードの両方をサポートしていることを示しておきます。

```
:root {
  color-scheme: light dark;
}
```

そのうえで、以下のように指定することで、ユーザーが使用しているカラーモードに応じた色が表示されます。

```
body {
    color: light-dark(black, white);
    background-color: light-dark(white, black);
}
```

画像関数

線形のグラデーションを表示する

ライナー・グラディエント
linear-gradient()関数

list-style-imageプロパティ（P.472）やbackground-imageプロパティ（P.485）などで使用し、画像のデータ型で値を指定できるプロパティにおいて、線形のグラデーションを表示します。詳細はP.341を参照してください。

円形のグラデーションを表示する

ラジアル・グラディエント
radial-gradient()関数

画像のデータ型で値を指定できるプロパティにおいて、円形のグラデーションを表します。詳細はP.499を参照してください。

扇型のグラデーションを表示する

コニック・グラディエント
conic-gradient()関数

画像のデータ型で値を指定できるプロパティにおいて、扇型(中心点の周りを回りながら色が変化する)グラデーションを表します。詳細はP.501を参照してください。

線形のグラデーションを繰り返して表示する

リピーティング・ライナー・グラディエント
repeating-linear-gradient()関数

画像のデータ型で値を指定できるプロパティにおいて、繰り返される線形のグラデーションを表示します。詳細はP.502を参照してください。

円形のグラデーションを繰り返して表示する

リピーティング・ラジアル・グラディエント
repeating-radial-gradient()関数

画像のデータ型で値を指定できるプロパティにおいて、繰り返される円形のグラデーションを表します。詳細はP.503を参照してください。

扇型のグラデーションを繰り返して表示する

リピーティング・コニック・グラディエント
repeating-conic-gradient()関数

画像のデータ型で値を指定できるプロパティにおいて、繰り返される扇型のグラデーションを表示します。詳細はP.504を参照してください。

最適な画像を選択するためのヒントを提供する

イメージ・セット
image-set()関数

ブラウザーが最適な画像を選択するためのヒントを提供します。詳細はP.310を参照してください。

カウンター関数

要素に連番を付ける

カウンター
counter()関数

contentプロパティ（P.692）で使用し、要素に連番を付けます。

階層的なカウンター値を結合する

カウンターズ
counters関数

counters()関数は、階層的なカウンター値を結合するために使用されます。例えば、入れ子構造になった順序リストで階層的な番号付けを表示したい場合に便利です。引数として、以下の値をカンマ(,)で区切って指定できます。

値の指定方法

名前

カウンターの名前を指定します。counter-reset（P.699）および counter-incrementプロパティ（P.699）の解説とその実践例も参照してください。

区切り文字

各階層を分ける区切り文字を指定します。例えば、ハイフン(-)を指定する場合は、"-"のように指定します。

カウンタースタイル

decimalやlower-alphaなどの定義済み、あるいは@counter-style規則で独自に定義されたカウンタースタイルの名前、もしくはsymbols()関数を指定します。指定は任意で、省略された場合はdecimalとして扱われます。

例えば、次のページのようなHTMLに対してカウンターを指定するとします。

```css
<ol>
  <li>リスト項目1
    <ol>
      <li>入れ子になったリスト項目1</li>
      <li>入れ子になったリスト項目2</li>
    </ol>
  </li>
  <li>リスト項目2</li>
</ol>
```

以下のように、counters()関数を使用することで「入れ子になったリスト項目1」には (1.1)、「入れ子になったリスト項目2」には (1.2) のように、上位階層のリスト項目のカウンター値と、自身のカウンター値を、指定した区切り文字(以下の例ではピリオド(.))で結合して表示することができます。

```css
li::marker {
  content: "(" counters(list-item, ".") ") ";
}
```

独自のリストマーカーを定義する

シンボルズ
symbols()関数

list-style-typeプロパティ (P.474)で使用し、独自のリストマーカーを定義します。

その他の関数

要素から属性値を取得して使用する

アトリビュート
attr()関数

attr()関数は、指定の要素から属性に指定された値を取得し、その値をスタイルシート内で使用できるCSS関数です。主に疑似要素と組み合わせて使用します。

```html
<p data-num="10">個</p>
<p data-num="24">個</p>
```

上記のようなHTMLがあった場合、以下のように記述することで、data-num属性の値を取得し、疑似要素として表示できます。

```css
[data-num]::before { content: attr(data-num)" "; }
```

環境変数の値を使用する

env()関数

env()関数は、CSSで環境変数の値を使用したい場合に利用可能なCSS関数です。env()関数は、CSS内でどのプロパティの値でも、あるいは任意の@規則における記述子としても使用できます。

env()関数の基本的な構文は以下のようになります。

```
env( <custom-ident> <integer [0,∞]>*, <declaration-value>? )
```

環境変数は、ブラウザーによって定義されるか、ユーザーによって定義されます。env()関数の引数はカンマ(,)で区切って複数の値を指定できますが、1つ目のカンマ以降は、すべてフォールバックと見なされます。

```css
body {
  padding: 1rem 1rem env(safe-area-inset-bottom, 20px);
}
```

上記のように指定した場合、safe-area-inset-bottomという環境変数がブラウザーによって定義されている場合はその値が、されていない場合は20pxがフォールバックとして使用されることになります。

◆ブラウザーによって定義される環境変数

CSS仕様では、以下の環境変数が定義されています。実際には、各ブラウザーごとにサポートする環境変数が異なる場合があるため注意が必要です（safe-area-inset-* については本書執筆時点で各主要ブラウザーによってサポートされています）。

セーフエリアインセット変数

セーフエリアインセット変数「Safe area inset variables」と呼ばれる環境変数としてsafe-area-inset- で始まる、以下の4つの環境変数が定義されています。

- safe-area-inset-top
- safe-area-inset-right
- safe-area-inset-bottom
- safe-area-inset-left

矩形(4つの角がすべて直角である四角形)ディスプレイの場合、これらすべての値は 0 となりますが、スマートフォンやタブレットのディスプレイのように、角が丸みを帯びていたり、あるいはカメラやセンサーを配置するために、ディスプレイの上部など、画面の一部に切り欠き(ノッチ)やパンチホールがある場合は、それら画面が描写されていない部分を避けるためのセーフエリアがブラウザーによって定義されます。

これら環境変数を使用し、例えば以下のように指定することで、セーフエリアを考慮しつつ、安全な余白を設定するようなことができます。

```css
body {
  padding:
          calc(1rem + env(safe-area-inset-top))
          calc(1rem + env(safe-area-inset-right))
          calc(1rem + env(safe-area-inset-bottom))
          calc(1rem + env(safe-area-inset-left));
}
```

ビューポートセグメント変数

ビューポートセグメント変数「Viewport segment variables」と呼ばれる環境変数としてviewport-segment-で始まる、以下の6つの環境変数が定義されています。

・viewport-segment-width
・viewport-segment-height
・viewport-segment-top
・viewport-segment-left
・viewport-segment-bottom
・viewport-segment-right

これらは、ビューポートがハードウェアの特徴によって分割されている場合（例えば、折りたたみ式デバイスのヒンジ部分やマルチディスプレイなど）、そのビューポート内の論理的に独立した領域の位置や大きさを定義するための環境変数です。viewport-segment-widthとviewport-segment-heightは、各セグメントの幅と高さを表し、viewport-segment-top、viewport-segment-left、viewport-segment-bottom、viewport-segment-rightは、それぞれセグメントの上下左右の位置を表します。

例えば、ビューポートが左右2つのセグメントに分割された場合、左側のビューポートセグメントは(0, 0)、右側のビューポートセグメントは(1, 0)というインデックスを持ちます。ビューポートが縦に2分割されている場合、上側のビューポートセグメントは(0, 0)、下側のビューポートセグメントは(0, 1)というインデックスを持ちます。

ただし、これらの環境変数は、仕様書内で定義されているのみで、本書執筆時点では具体的な実装例が見当たりません。

URLを指定する

ユーアールエル
url()関数

@font-face規則(P.408)やlist-style-imageプロパティ(P.472)などで使用し、URLを指定します。

カスタムプロパティで定義した値を挿入する

バリアブル
var()関数

CSSカスタムプロパティ(P.353)で定義した変数を、プロパティの値やCSS関数の引数として挿入します。

スクロールに合わせてアニメーションを進行する

スクロール
scroll()関数

animation-timelineプロパティには、アニメーションで使用されるタイムラインを定義できますが、scroll()関数を使用すると無名のスクロール進行タイムラインを関連付けることができます。

scroll()関数の基本的な構文は以下の通りです。

```
scroll( [ <scroller> || <axis> ]? )
<axis> = block | inline | x | y
<scroller> = root | nearest | self
```

値の指定方法

スクローラー
<scroller>

<scroller>は、スクロール進行タイムラインを提供するスクロールコンテナーを指定します。指定できる値は以下の通りです。

nearest	最も近い祖先のスクロールコンテナーを使うように指定します(初期値)。
root	スクロールコンテナーとしてルート要素(つまり、html要素)を使うように指定します。
self	要素自身のプリンシパル・ボックス(Principal Box、主ボックス)をスクロールコンテナーとして使うように指定します。　主ボックスがスクロールコンテナーでない場合、スクロール進行タイムラインは非アクティブになります。

アクシス
<axis>

<axis>は、スクロール進行タイムラインの軸を指定します。簡単に言えば、関連付けら

れたスクロール進行タイムラインを、縦(垂直)、横(水平)のどちらの方向のスクロールに対して動作させたいかを指定するものです。指定できる値は以下の通りです。

block スクロールコンテナーのブロック方向の軸を指定します。書字方向が横書きの場合は縦方向、つまりyと同じになり、縦書きの場合は横方向、つまりxと同じになります(初期値)。

inline スクロールコンテナーのインライン方向の軸を指定します。書字方向が横書きの場合は横方向、つまりxと同じになり、縦書きの場合は縦方向、つまりyと同じになります。

y スクロールコンテナーの垂直方向の軸を指定します。

x スクロールコンテナーの水平方向の軸を指定します。

例えば、以下のキーフレームが定義されていたとします。

```css
@keyframes fadeAnimation {
  from {
    opacity: 0;
  }
  to {
    opacity: 1;
  }
}
```

このアニメーションを、以下のHTMLにおけるtargetというid属性値を持つdiv要素に、ページ(ルート要素)のスクロール進行タイムラインとして関連付けます。

```html
<body>
  <div style="height: 100vh">
    <!-- スクロールを発生させるため高さを指定 -->
  </div>
  <div id="target"></div>
  <div style="height: 80vh">
    <!-- スクロールを発生させるため高さを指定 -->
  </div>
</body>
```

```css
#target {
  background-color: red;
  width: 6.25rem;
  height: 6.25rem;
  margin-top: 3.125rem;
  animation-name: fadeAnimation;
  animation-duration: 1ms;
  animation-timeline: scroll(block root);
}
```

これにより、ページをスクロールし始めると、#targetのopacityが0から徐々に1に向かって変化していき、ページ下端までスクロールし終わると、opacityは1となります。

前のページの例の場合、#targetの最も近い祖先に該当するスクロールコンテナーは、body要素になりますが、以下のように指定しても、結果は同じになります。

```css
animation-timeline: scroll(block nearest);
```

ビューポートへの表示割合に応じてアニメーションを進行する

view()関数

animation-timelineプロパティには、アニメーションで使用されるタイムラインを定義できますが、view()関数を使用すると無名のスクロール進行タイムラインを関連付けることができます。

view()関数の基本的な構文は以下の通りです。

```
view( [ <axis> || <'view-timeline-inset'> ]? )
```

値の指定方法

<axis>

<axis>は、ビュー進行タイムラインの軸を指定します。簡単に言えば、関連付けられたビュー進行タイムラインを、縦(垂直)、横(水平)のどちらの方向のスクロールに対して動作させたいかを指定するものです。指定できる値は以下の通りです。

block スクロールコンテナーのブロック方向の軸を指定します。書字方向が横書きの場合は縦方向、つまりyと同じになり、縦書きの場合は横方向、つまりxと同じになります(初期値)。

inline スクロールコンテナーのインライン方向の軸を指定します。書字方向が横書きの場合は横方向、つまりxと同じになり、縦書きの場合は縦方向、つまりyと同じになります。

y スクロールコンテナーの垂直方向の軸を指定します。

x スクロールコンテナーの水平方向の軸を指定します。

<view-timeline-inset>

<view-timeline-inset>に指定可能な値は以下のように定義されています。

```
[ [ auto | <length-percentage> ]{1,2} ]#
```

auto、もしくは長さ、または%の値を最大2つまで空白で区切ったものを指定します。

ここで指定した値は、要素がビュー内にあるかどうかを判断する際の、スクロールポート(スクロールコンテナーの見えている部分)のインセット(正)またはアウトセット(負)の調整に使用されます。2つの値を指定した場合、最初の値は対象とする軸の開始(縦スクロールの場合はスクロールポートの上端）インセットを、2番目の値は終了（縦スクロールの場合はスクロールポートの下端）インセットを表します。値が1つのみ指定された場合、2番目の値が省略されたと解釈され、1番目の値が設定されます。

例えば以下のように指定した場合、スクロールポートの下端から10%内側のラインと、要素の上端が重なった時点でアニメーションがスタートし、スクロールポートの上端から40%内側のラインと、要素の下端が重なった時点でアニメーションが完了します。

```
animation-timeline: view(block 40% 10%);
```

アンカー要素の辺を基準に配置する

anchor()関数

anchor()関数は、アンカーに関連付けられた要素を、ターゲットとなるアンカー要素の辺を基準として配置するためのCSS関数です。

anchor()関数の基本的な構文は以下の通りです。

```
anchor( <anchor-name>? && <anchor-side>, <length-percentage>? )
```

値の指定方法

<anchor-name>

ターゲットとなるアンカー要素としてanchor-nameプロパティ（P.704）で指定した名前を記述します。省略された場合、その要素の既定のアンカー（position-anchorプロパティで指定されているアンカー要素）が使用されます。

<anchor-side>

ターゲットとなるアンカー要素の対応する辺の位置を指定します。<anchor-side>として指定可能な値、およびキーワードは以下の通りです。

```
<anchor-side> = inside | outside
        | top | left | right | bottom
        | start | end | self-start | self-end
        | <percentage> | center
```

inside、outsideキーワードは、要素の配置に使用されるinsetプロパティ（inset-blockやinset-inlineなど）に応じて、アンカーボックスの一方の辺に解決されます。insideはinsetプロパティと同じようにアンカーボックスの内側位置を、outsideは外側位置を指します。top、right、bottom、leftは、アンカーボックスの指定された辺を指します。

start、end、self-start、self-endキーワードは、要素の配置に使用されるinsetプロパティ(inset-blockやinset-inlineなど)と同じ軸のアンカーボックスの一方の辺を指します。self-startとself-endは位置指定されたボックスの書字モード、startとendは位置指定されたボックスを包含するブロックの書字モードに基づいて解決されます。

<percentage>は、startとendの間の位置を%値で指定します。0%はstartに、100%はendに相当します。centerキーワードは50%に相当します。

レングス・パーセンテージ

<length-percentage>

カンマ(,)に続けて記述する<length-percentage>は、長さ、または%の値です。要素が位置指定されていない場合や、ターゲットとなるアンカー要素が存在しない場合に、フォールバックとして使用する距離です。

◆calc()関数内での使用

anchor()関数は、calc()関数内でも使用できるため、例えば以下のようにアンカー要素の辺を基準にして「そこから20pxずらす」といった指定も可能です。

```css
.sample {
  right: calc(anchor(left) + 20px);
  position-anchor: --exampleAnchor;
  position: fixed;
}
```

アンカーのサイズを基準に要素のサイズを指定する

アンカー・サイズ

anchor-size()関数

anchor-size()関数は、サイズを指定するプロパティ(width、height、min-width、min-height、max-width、max-height、block-size、inline-size、min-block-size、min-inline-size、max-block-size、max-inline-sizeなど)内で使用することで、ターゲットとなるアンカー要素のサイズを基準にして要素サイズを指定するCSS関数です。

anchor-size()関数の基本的な構文は以下の通りです。

```
anchor-size( [ <anchor-name> || <anchor-size> ]? , <length-percentage>? )
```

anchor-size()関数は、anchor()関数に似て、同じような引数を取ります。ただし、anchor()関数で使用した <anchor-side> キーワードの代わりに、<anchor-size> キーワードを使用します。このキーワードは、アンカー要素の対向する2つの辺の間の距離(要するに幅や高さ)を指します。

アンカー・ネーム
<anchor-name>

ターゲットとなるアンカー要素としてanchor-nameプロパティで指定した名前を記述します。省略された場合、その要素の既定のアンカー（position-anchorプロパティで指定されているアンカー要素)が使用されます。

アンカー・サイズ
<anchor-size>

<anchor-size>として指定可能な値(キーワード)は以下の通りです。

```
<anchor-size> = width | height | block | inline | self-block |
self-inline
```

物理的な<anchor-size>キーワードとして、widthおよびheightが指定できます。これらは、それぞれターゲットとなるアンカー要素の幅と高さを指します。

論理的な<anchor-size>キーワードとして、block、inline、self-block、self-inlineが指定できます。これらは、ボックスの書字モードに応じて（self-blockとself-inlineの場合）またはボックスを包含するブロックの書字モードに応じて(blockとinlineの場合)、物理的な<anchor-size> キーワード(width、height)のいずれかに対応します。

<anchor-size>キーワードが省略された場合、anchor-size()が使用されているプロパティの軸に一致するキーワードとして動作します。例えば、width: anchor-size()と指定された場合、width: anchor-size(width) と同じ意味になります。

レングス・パーセンテージ
<length-percentage>

カンマ (,) に続けて記述する<length-percentage>は、長さ、または%値です。要素が位置指定されていない場合や、ターゲットとなるアンカー要素が存在しない場合に、フォールバックとして使用するサイズです。

◆calc()関数内での使用

anchor-size()関数は、calc()関数内でも使用できるため、例えば以下のように、アンカー要素の横幅を基準にして「その4倍のサイズ」といった指定も可能です。

```css
.sample {
  width: calc(anchor-size(--exampleAnchor width, 20px) * 4);
  position-anchor: --exampleAnchor;
  position: fixed;
}
```

CSSカスタムプロパティ

CSSカスタムプロパティは、CSSコード内で変数を使用可能にします。例えば、背景色や文字色を指定するために同じ色の指定をさまざまな場所に記述するなど、CSSコード内では同じ宣言を繰り返すことがよくあります。この記述をあらかじめ変数として定義し、後から適宜呼び出せば、最初に定義した変数を1箇所修正するだけで、同じ色の定義をまとめて変更できます。

変数の定義

以下の例のように、:root疑似クラスに対して変数を定義することで、ルート要素（HTML文書の場合はhtml要素）配下のすべての要素に対して変数を呼び出せます。これが最も基本的な変数の定義です。カスタムプロパティ名は、2つ連続したハイフン「--」で始まり、--my-colorのように定義します。大文字と小文字は区別されるため、--my-colorと--My-Colorは別のカスタムプロパティとして扱われるので注意してください。

CSS
```css
:root {
  --main-bg-color: white;
  --main-font-color: black;
}
```

定義した変数は、以下の例のようにvar()関数を使用して呼び出せます。

CSS
```css
.sample-01 {
  color: var(--main-font-color);
  background-color: var(--main-bg-color);
  margin: 10px;
}

.sample-02 {
  color: var(--main-font-color);
  background-color: var(--main-bg-color);
  margin: 30px;
}
```

また、次のページの例のように言語ごとに変数を定義し、Webページの言語によって自動的に表示を切り替えるような使用方法も想定されます。

```css
:root,
:root:lang(ja) {
  --external-link: "外部リンク";
}

:root:lang(en) {
  --external-link: "external link";
}

a[href^="http"]::after {
  content: " (" var(--external-link) ")";
}
```

なお、不正な変数がプロパティ値として呼び出された場合、その値は算出値の時点で無効になり、継承値または初期値に置き換えられます。以下の例では、background-colorプロパティに対して20pxという値は不正となるため、p要素にはbackground-color: red;が継承されます。

```css
:root {
  --not-a-color: 20px;
}

p {
  background-color: red;
}

p {
  background-color: var(--not-a-color);
}
```

カスタムプロパティの継承

カスタムプロパティは継承されます。以下の例のように記述することで、特定の要素にスコープして変数を定義可能です。この例ではsampleというclass名を持った要素、およびその子孫要素に対して変数を定義しています。大きなプロジェクトの場合、:root疑似クラスに対してすべての変数を定義すると、記述が非常に煩雑になりますが、スコープして定義することで変数の管理を容易にできます。

```css
.sample {
  --main-bg-color: white;
  --main-font-color: black;
}
```

以下の例のように記述すると、前のページの例で定義した変数を呼び出せます。

```css
.sample {
  color: var(--main-font-color);
  background-color: var(--main-bg-color);
  margin: 10px;
}

.sample > div {
  color: var(--main-font-color);
  background-color: var(--main-bg-color);
  margin: 30px;
}
```

ダークモード対応CSSへの活用

prefers-color-schemeメディア特性を使用して、ユーザーが使用しているカラーモードに応じたスタイルを出し分けるといったことは一般的に行われます。ここにカスタムプロパティを活用することで効率的な記述が可能です。

```css
/* ダークモード以外(ライトモード)向けの基本カラー設定 */
:root {
  --bg-color: rgba(250, 250, 250, 1);
  --bg-elevation-01-color: rgba(255, 255, 255, 1);
  --bg-shadow-color: rgba(18, 18, 18, 0.1);
  --font-color: rgba(18, 18, 18, 1);
  --link-color: rgba(194, 24, 91, 0.95);
  --link-hover-color: rgba(194, 24, 91, 1);
  --link-visited-color: rgba(142, 36, 170, 1);
}

/* ダークモード向けのカラー設定 */
@media (prefers-color-scheme: dark) {
  :root {
    --bg-color: rgba(18, 18, 18, 1);
    --bg-elevation-01-color: rgba(31, 31, 31, 1);
    --font-color: rgba(255, 255, 255, 0.95);
    --link-color: rgba(236, 64, 122, 0.95);
    --link-hover-color: rgba(236, 64, 122, 1);
    --link-visited-color: rgba(186, 104, 200, 1);
  }
}
```

カスタムプロパティを活用する方法は簡単で、前のページの通りライトモード向け、ダークモード向けにそれぞれにカスタムプロパティを使用して使う色を設定しておき、以下のように呼び出すだけです。

```css
body {
  background-color: var(--bg-color);
  color: var(--font-color);
  /* 省略 */;
}
```

ポイント

- カラーモードによる色の出し分けは、light-dark()関数(P.340)でも可能です。

calc()関数との組み合わせによる複雑な計算

例えば、カスタムプロパティにcalc()関数を使用した計算式を定義しておき、別の場所のcalc()関数内に呼び出すことも可能です。

```css
:root {
  --wrap-box-width: calc(100% - 10px * 2);
  --box-column: 5;
}

div.sample {
  flex-basis: calc(var(--wrap-box-width) / var(--box-column));
}
```

上記のようなカスタムプロパティの呼び出しは以下のように展開されますが、これによってカラム数の変更に柔軟に対応できるスタイルを記述することが可能になります。

```css
div.sample {
  flex-basis: calc(calc(100% - 10px * 2) / 5);
}
```

セレクター

指定した要素にスタイルを適用する

POPULAR

要素名 { ~ }

要素名をセレクターに指定すると、指定した要素を対象にスタイルを適用します。最も単純なセレクターです。以下の例では、h1、p、strong要素にスタイルを適用し、それぞれの要素を指定した文字色、背景色で表示しています。

```css
h1 {
  color: red;
}
p {
  background-color: green;
}
strong {
  color: white;
}
```

```html
<h1>できるネット</h1>
<p><strong>新たな一歩</strong>を応援するメディア</p>
```

それぞれの要素にスタイルが適用される

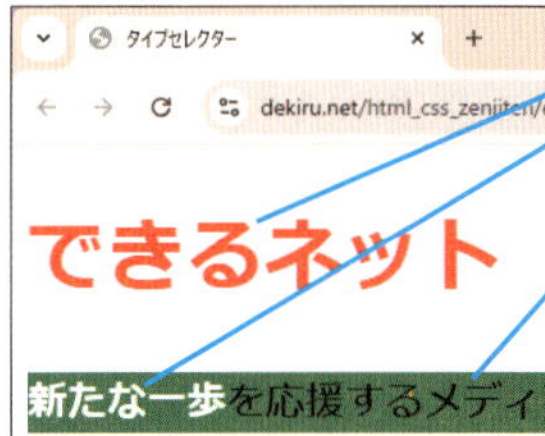

セレクター

すべての要素にスタイルを適用する

アスタリスク（*）をセレクターに指定すると、すべての要素を対象にスタイルを適用します。「ユニバーサルセレクター」と呼ばれるセレクターです。単独で指定するだけではなく、他のセレクターと組み合わせて活用できます。以下の例では、子孫セレクター（P.360）と組み合わせて、body要素の子要素内にあるすべてのp要素にスタイルを適用し、指定した文字色で表示しています。

```css
body * p {
  color: red;
}
```

```html
<body>
  <p>以下の段落には、いずれもスタイルが指定されます。</p>
  <p>div要素の子要素として：</p>
  <div>
    <p>ある要素の子要素となるp要素にスタイルが適用されます。</p>
  </div>

  <p>block要素の子要素として：</p>
  <blockquote>
    <p>ユニバーサルセレクターは他のセレクターと組み合わせて活用できます。</p>
  </blockquote>
</body>
```

ユニバーサルセレクター
dekiru.net/html_css_zenjiten/example/

以下の段落には、いずれもスタイルが指定されます。

div要素の子要素として：

ある要素の子要素となるp要素にスタイルが適用されます。

block要素の子要素として：

ユニバーサルセレクタは一他のセレクターと組み合わせて活用できます。

body要素の子要素内のすべてのp要素にスタイルが適用される

セレクター

指定したクラス名を持つ要素にスタイルを適用する

.クラス名{～}

指定したクラス名を持つ要素にスタイルを適用します。ピリオド(.)に続けて指定したいクラス名を入力します。以下の例では、クラス名がwarningであるすべての要素にスタイルを適用し、指定した文字色で表示しています。p.warningなどと記述することで、特定の要素を指定することもできます。

```css
.warning {
  color: red;
}
```

```html
<p>ボタンBは、<span class="warning">必ず2回</span>押してください。
</p>
<p class="warning">もし、上記の注意事項を守られなかった場合の補償はしかねます。
</p>
```

ポイント

- .item.active {…}のように複数のクラス名を続けて指定することで、指定されたクラス名をすべて持つ要素にスタイルを適用できます。

セレクター

指定したID名を持つ要素にスタイルを適用する

#ID名{～}

指定したID名を持つ要素にスタイルを適用します。ハッシュマーク(#)に続けて指定したいID名を入力します。以下の例では、ID名がleadである要素にスタイルを適用し、文字を太字で表示しています。

```css
#lead {
  font-weight: bold;
}
```

```html
<p id="lead">この夏、日本全国を巡った旅行でもっとも印象強い
エピソードを....</p>
<p>フェリーに乗って沖縄から北海道に直行した際に、僕が出会った家族の物語です。</p>
```

セレクター

子孫要素にスタイルを適用する

セレクターA セレクターB{ ~ }

親要素であるセレクターAに含まれる、すべての子孫要素であるセレクターBにスタイルを適用します。セレクターAとセレクターBは空白文字で区切って入力します。ユニバーサルセレクターや属性セレクターなどと組み合わせて使用できます。以下の例では、p要素に含まれるspan要素のうち、クラス名がnoteであるものにスタイルを適用し、指定したフォントのスタイルで表示しています。

CSS
```css
p span.note {
  font-style: italic;
}
```

HTML
```html
<p>
  その老人は<span class="note">この山に立ち入ってはならない</span>と言った。
</p>
```

span要素が斜体になる

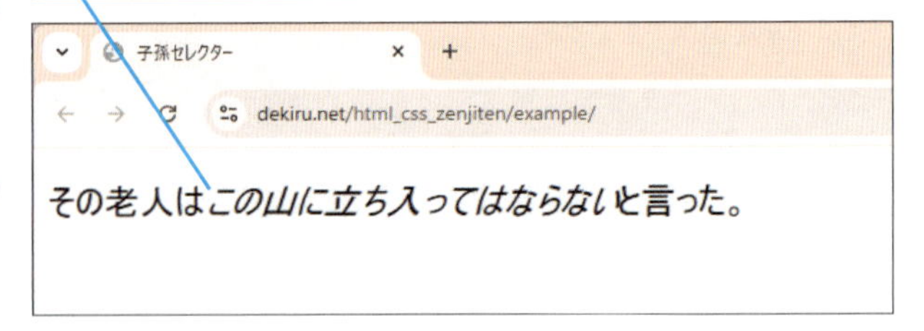

以下の例では、クラス名がlinkであるp要素内のa要素にスタイルを適用しています。

CSS
```css
p.link a {
  background-color: yellow;
  border: solid orange 1px;
}
```

HTML
```html
<p class="link">
  できるポケットシリーズ<a href="https://dekiru.net/zenexcel3.html">
  「Excel関数全事典 改訂3版」</a>を購入した。
</p>
```

子要素にスタイルを適用する

セレクターA > セレクターB{ ~ }

親要素であるセレクターAに含まれる、すべての子要素であるセレクターBにスタイルを適用します。セレクターAとセレクターBは不等号(>)でつないで入力します。以下の例では、div要素の子要素であるp要素にスタイルを適用し、指定した背景色で表示しています。

CSS
```css
div > p {
  background-color: red;
}
```

HTML
```html
<div class="main">
  <p>
    実家の蔵から出てきた古文書に記された文言は以下の通りだ。
  </p>

  <blockquote>
    <p>
      裏の泉に睡蓮が咲いたら、その年はよいことが起こる。
    </p>
  </blockquote>
</div>
```

div要素の子要素であるp要素にスタイルが適用される

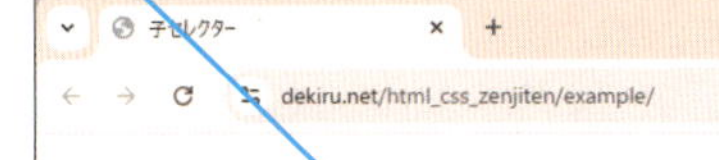

子孫要素であるp要素にはスタイルが適用されない

セレクター

直後の要素にスタイルを適用する

セレクターA + セレクターB{ ~ }

同じ親要素内にある2つの要素のうち、先に記述されたセレクターAの直後に記述されたセレクターBにスタイルを適用します。以下の例では、h1要素の直後のp要素にスタイルを適用し、見出しと段落の間のマージンの幅が小さくなるように表示しています。

```css
h1 + p {
  margin-top: -20px;
}
```

```html
<h1>道後温泉旅行記</h1>

<p>日本の温泉地を巡る旅、今回は道後温泉にやってきました。</p>
<p>四国にやってくるのは生まれて初めての体験です。</p>
<p>さて、宿泊した宿は....</p>
```

h1要素の直後のp要素にスタイルが適用される

弟要素にスタイルを適用する

POPULAR

セレクターA ~ セレクターB{ ~ }

同じ親要素内にあるセレクターAより後ろに記述されたセレクターBにスタイルを適用します。同じ親要素内の子要素同士は、前に記述されている要素を兄要素、後ろに記述されている要素を弟要素と呼びます。以下の例では、2つ目以降のli要素にスタイルを適用し、文字を太字で表示しています。

```css
li ~ li {
  font-weight: 600;
}
```

```html
<h1>非常品リスト</h1>

<ul>
  <li>リュックサック</li>
  <li>懐中電灯</li>
  <li>非常食</li>
  <li>医療キット</li>
  <li>ブランケット</li>
  <li>水</li>
</ul>
```

2つ目以降のli要素にスタイルが適用される

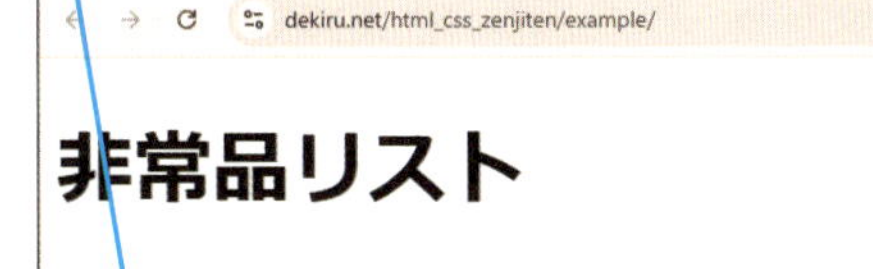

セレクター

指定した属性を持つ要素にスタイルを適用する

[属性]{ ~ }

要素名に続けてブラケット（[ ]）で囲んだ属性を記述すると、指定した属性を持つ要素を対象にスタイルを適用します。以下の例では、type属性を持つinput要素に対してスタイルを適用し、アウトラインを表示しています。

```css
input[type] {
  outline: solid 2px gray;
}
```

```html
<form action="sample.cgi" method="post">
  <p>お客様情報</p>
  <p>
    <label for="name">お名前</label>
    <input type="text" name="name" id="name" value="">
  </p>
  <p>
    <label for="address">ご住所</label>
    <input type="text" name="address" id="address" value="">
  </p>
  <p><label for="questionnaire">アンケート</label></p>
  <p>
    <textarea name="questionnaire" id="questionnaire" rows="2"
    cols="45" placeholder="ご意見をお聞かせください"></textarea>
  </p>
  <p>
  <input type="submit" name="submit" value="送信">
</form>
```

属性セレクター
dekiru.net/html_css_zenjiten/example/
お客様情報
お名前
ご住所
アンケート
ご意見をお聞かせください
送信

input要素の入力コントロールにスタイルが適用される

セレクター

指定した属性と属性値を持つ要素にスタイルを適用する

[属性="属性値"]{ ~ }

指定した属性と属性値を持つ要素を対象にスタイルを適用します。以下の例では、属性値がexternalであるrel属性を持つa要素にスタイルを適用し、アイコンを表示しています。

```css
a[rel="external"] {
  padding-right: 15px;
  background: url(image/external-icon.png) no-repeat right center;
}
```

セレクター

指定した属性値を含む要素にスタイルを適用する

[属性~="属性値"]{ ~ }

指定した属性と、複数の属性値の中に指定した属性値が含まれる要素を対象にスタイルを適用します。以下の例では、属性値にfooが含まれているclass属性を持つp要素にスタイルを適用し、マージンとパディングの値を0にしています。

```css
p[class~="foo"] {
  margin: 0;
  padding: 0;
}
```

セレクター

指定した文字列で始まる属性値を持つ要素にスタイルを適用する

[属性^="属性値"]{ ～ }

指定した属性と、指定した文字列で始まる属性値を持つ要素を対象にスタイルを適用します。以下の例では、「https」で始まる属性値のhref属性を持つa要素にスタイルを適用し、リンクの背景色を黄色で表示しています。

```css
a[href^="https"] {
  background: yellow;
}
```

セレクター

指定した文字列で終わる属性値を持つ要素にスタイルを適用する

[属性$="属性値"]{ ～ }

指定した属性と、指定した文字列で終わる属性値を持つ要素を対象にスタイルを適用します。以下の例では、「.pdf」で終わる属性値のhref属性を持つa要素にスタイルを適用し、リンクにアイコンを表示しています。

```css
a[href$=".pdf"] {
  padding-right: 15px;
  background: url(image/pdf-icon.png) no-repeat right center;
}
```

指定した文字列を含む属性値を持つ要素にスタイルを適用する

[属性*="属性値"]{ ~ }

指定した属性と、指定した文字列を含む属性値を持つ要素を対象にスタイルを適用します。以下の例では、属性値に「dekiru」を含むhref属性を持つa要素にスタイルを適用し、リンクの文字を太字で表示しています。

```css
a[href*="dekiru"] {
  font-weight: bold;
}
```

セレクター

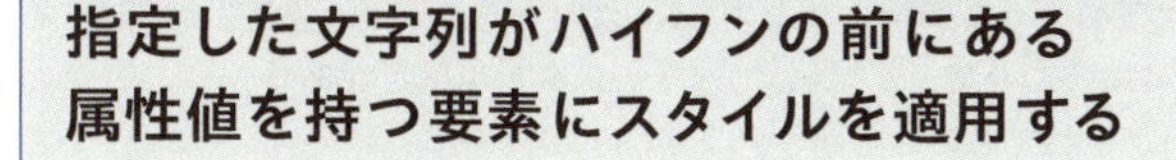

指定した文字列がハイフンの前にある属性値を持つ要素にスタイルを適用する

[属性|="属性値"]{ ~ }

指定した属性と、指定した文字列、または「指定した文字列-」で始まる属性値を持つ要素を対象にスタイルを適用します。言語コードを判別する目的で使用することが想定されており、例えば、アメリカ英語を表す「en-US」とコックニー英語を表す「en-cockney」などを同時に対象として指定できます。以下の例では、言語コードがenで始まる言語のWebサイトへリンクしたa要素を対象にスタイルを適用し、リンクのテキストをイタリック体で表示しています。

```css
a[hreflang|="en"] {
  padding-right: 15px;
  font-style: italic;
}
```

セレクター

スタイル宣言を入れ子にして記述する

入れ子セレクター{ ~ }

CSS Nesting Moduleにより、CSSでスタイル宣言を入れ子にして記述することが可能になりました。元々、CSSプリプロセッサであるSassやLessで馴染みのある入れ子の記述を、コンパイルせずに利用できるという点で便利なだけでなく、より効率的、かつ直感的に理解しやすく、メンテナンス性の高いCSSの記述が可能になります。

```css
.foo {
  color: red;

  a {
    color: blue;
  }
}
```

上記の入れ子記述は､以下のように解釈されます。.fooに対するスタイル指定とaに対するスタイル指定を入れ子にすることで、まず.fooに対するスタイル指定があり、さらに、.foo aというセレクターが指定されたものと解釈されます。

```css
.foo {
  color: red;
}
.foo a {
  color: blue;
}
```

以下のように&セレクターを使用して､AかつBにマッチさせる複合セレクターとしての記述も可能です。

```css
a {
  color: red;

  &:hover {
    color: blue;
  }
}
```

前のページの入れ子記述は、以下のように解釈されます。&セレクターを使用せずにaと:hoverを入れ子にした場合、a :hoverというセレクターとして解釈されてしまいますが、&セレクターを使用することで回避できます。

```css
a {
  color: red;
}
a:hover {
  color: blue;
}
```

入れ子の記述は、@media規則や@layer規則などと組み合わせても使用できます。

```css
.foo {
  display: grid;

  @media (orientation: landscape) {
    grid-auto-flow: column;

    @media (min-width > 1024px) {
      max-inline-size: 1024px;
    }
  }
}
```

疑似クラス

最初の子要素にスタイルを適用する

ファースト・チャイルド
:first-child{ ~ }

親要素内で、指定した要素が最初の子要素であるときにスタイルを適用します。以下の例では、div要素内の最初の子要素として記述されたp要素を対象にスタイルを適用し、上辺のマージンの幅が小さくなるようにしています。最初に記述された要素がp要素でない場合は意味を持ちません。

CSS
```css
div p:first-child {
  margin-top: -1em;
}
```

HTML
```html
<h1>記者会見レポート</h1>
<div class="lead">
  <p>会見の会場には、多くの国の記者たちで賑わっていた。</p>
  <p>博士の発明した夢のエネルギーさえあれば、あらゆる社会問題が解決する。</p>
</div>
```

div要素の最初の子要素である
p要素にスタイルが適用される

会見の会場には、多くの国の記者たちで賑わっていた。

博士の発明した夢のエネルギーさえあれば、あらゆる社会問題が解決する。

特定の要素を指定せず、div要素内における最初の子要素にスタイルを適用したい場合は以下のように記述します。

CSS
```css
div :first-child {
  margin-top: -1em;
}
```

疑似クラス

POPULAR

最初の子要素にスタイルを適用する（同一要素のみ）

ファースト・オブ・タイプ

:first-of-type{ ~ }

親要素内で、指定した要素と同一の要素のみを対象として、最初にある子要素にスタイルを適用します。以下の例では、div要素内に記述されたp要素のうち、最初のp要素を対象にスタイルを適用し、上辺のマージンの幅が小さくなるようにしています。

CSS
```
div p:first-of-type {
  margin-top: -1em;
}
```

HTML
```
<h1>記者会見レポート</h1>
<div class="lead">
  <ul>
    <li><a href="#summary">会見要旨へ</a></li>
    <li><a href="#interview">会見後インタビューへ</a></li>
  </ul>
  <p>会見の会場は、多くの国の記者たちで賑わっていた。</p>
  <p>博士の発明した夢のエネルギーさえあれば、あらゆる社会問題が解決する。</p>
</div>
```

div要素内に最初に登場するp要素にスタイルが適用される

疑似クラス

最後の子要素にスタイルを適用する

POPULAR

ラスト・チャイルド

:last-child{ ~ }

親要素内で、指定した要素が最後の子要素であるときにスタイルを適用します。以下の例では、div要素内の最後の子要素として記述されたp要素を対象にスタイルを適用し、マージンとパディングが0になるようにしています。最後に記述された子要素がp要素でない場合は意味を持ちません。

CSS
```css
div p:last-child {
  margin: 0;
  padding: 0;
}
```

疑似クラス

最後の子要素にスタイルを適用する（同一要素のみ）

ラスト・オブ・タイプ

:last-of-type{ ~ }

親要素内で、指定した要素と同一の要素のみを対象として、最後にある子要素にスタイルを適用します。以下の例では、div要素内に記述されたp要素のうち、最後のp要素を対象にスタイルを適用し、マージンとパディングが0になるようにしてします。

CSS
```css
div p:last-of-type {
  margin: 0;
  padding: 0;
}
```

疑似クラス

POPULAR

n番目の子要素にスタイルを適用する

エンス・チャイルド
:nth-child(n){ ~ }

親要素内で、指定した要素がn番目の子要素であるときにスタイルを適用します。nには任意の数値や以下のキーワード、あるいは数式を指定できます。

odd	奇数番目の子要素である要素にスタイルを適用します。2n+1と同じです。
even	偶数番目の子要素である要素にスタイルを適用します。2nと同じです。

以下の例では、偶数番目の子要素であるp要素の文字にスタイルを適用しています。

CSS
```
div p:nth-child(2n) {
  font-weight: bold;
  color: navy;
}
```

HTML
```
<p>インタビューに回答してくれた博士との会話です。</p>
<div class="dialog">
  <p>記者：この度は、アルフレッド賞の受賞、おめでとうございます。</p>
  <p>博士：ありがとうございます。</p>
  <p>記者：博士は今回の研究成果をどのように生み出したのですか。</p>
  <p>博士：道後温泉の湯船でのんびりしていたときに、ふとひらめきました。</p>
  <ul>
    <li><a href="">先生が滞在した旅館のWebページ</a></li>
  </ul>
  <p>記者：温泉は素晴らしいですね。</p>
  <p>博士：わかってもらえてうれしいよ。</p>
</div>
```

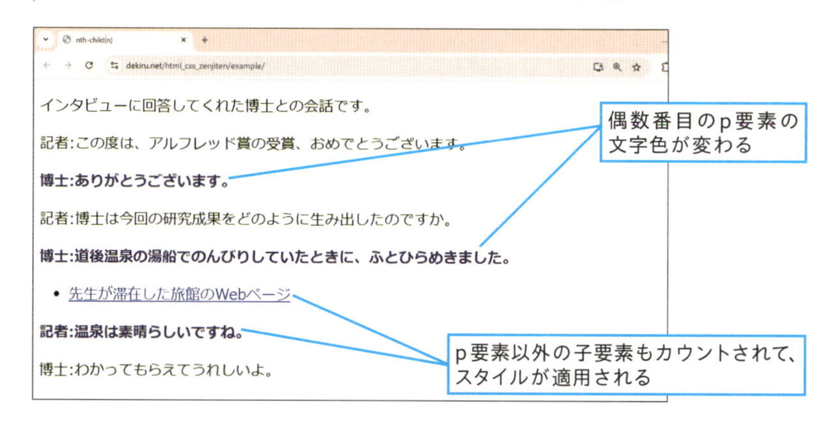

疑似クラス

n番目の子要素にスタイルを適用する(同一要素のみ)

エンス・オブ・タイプ

:nth-of-type(n){ ~ }

親要素内で、指定した要素と同一の要素のみを数えて、n番目にある要素にスタイルを適用します。nには任意の数値や以下のキーワード、あるいは数式を指定できます。

odd	奇数番目の子要素である要素にスタイルを適用します。2n+1と同じです。
even	偶数番目の子要素である要素にスタイルを適用します。2nと同じです。

以下の例では、div要素内のp要素だけを対象に数えて、偶数番目のp要素にのみスタイルを適用しています。

```css
div p:nth-of-type(2n) {
  font-weight: bold;
  color: navy;
}
```

```html
<div class="dialog">
  <p>記者：この度は、アルフレッド賞の受賞、おめでとうございます。</p>
  <p>博士：ありがとうございます。</p>
  <p>記者：博士は今回の研究成果をどのように生み出したのですか。</p>
  <p>博士：道後温泉の湯船でのんびりしていたときに、ふとひらめきました。</p>
  <ul>
    <li><a href="">先生が滞在した旅館のWebページ</a></li>
  </ul>
  <p>記者：温泉は素晴らしいですね。</p>
  <p>博士：わかってもらえてうれしいよ。</p>
</div>
```

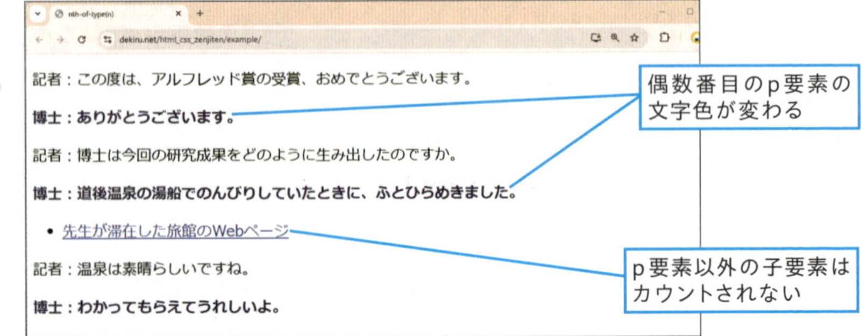

疑似クラス

最後からn番目の子要素にスタイルを適用する

POPULAR

エンス・ラスト・チャイルド

:nth-last-child(n){ ~ }

親要素内で、指定した要素が最後からn番目の子要素であるときにスタイルを適用します。nには任意の数値や以下のキーワード、あるいは数式を指定できます。

odd	奇数番目の子要素である要素にスタイルを適用します。2n+1と同じです。
even	偶数番目の子要素である要素にスタイルを適用します。2nと同じです。

以下の例では、div要素内の最後に記述されたp要素に対してアイコンが表示されるようにスタイルを適用しています。最後に記述された要素がp要素でない場合は意味を持ちません。

```css
div p:nth-last-child(1) {
  padding-right: 15px;
  background: url(image/pdf-icon.png) no-repeat right center;
}
```

疑似クラス

最後からn番目の子要素にスタイルを適用する（同一要素のみ）

POPULAR

エンス・ラスト・オブ・タイプ

:nth-last-of-type(n){ ~ }

親要素内で、指定した要素と同一の要素のみを数えて、最後からn番目にある要素にスタイルを適用します。nには任意の数値や以下のキーワード、あるいは数式を指定できます。

odd	奇数番目の子要素である要素にスタイルを適用します。2n+1と同じです。
even	偶数番目の子要素である要素にスタイルを適用します。2nと同じです。

以下の例では、body要素内の最後に記述されたp要素に対してアイコンが表示されるようにスタイルを適用しています。

```css
body p:nth-last-of-type(1) {
  padding-right: 15px;
  background: url(image/fin-icon.png) no-repeat right center;
}
```

疑似クラス

唯一の子要素にスタイルを適用する

オンリー・チャイルド
:only-child{ ~ }

親要素内で、指定した要素が唯一の子要素であるときにスタイルを適用します。以下の例では、div要素内に唯一の子要素として記述されたp要素を対象にスタイルを適用し、文字色を赤で表示しています。

```css
.warning p:only-child {
  color: red;
}
```

```html
<div class="warning">
  <p>この森で遊ぶのは控えてください。</p>
</div>

<div class="warning">
  <p>この浜で遊ぶには以下のルールを守ってください。</p>
  <ul>
    <li>大声を出さない</li>
    <li>火器を使わない</li>
  </ul>
</div>
```

唯一の子要素であるp要素にスタイルが適用される

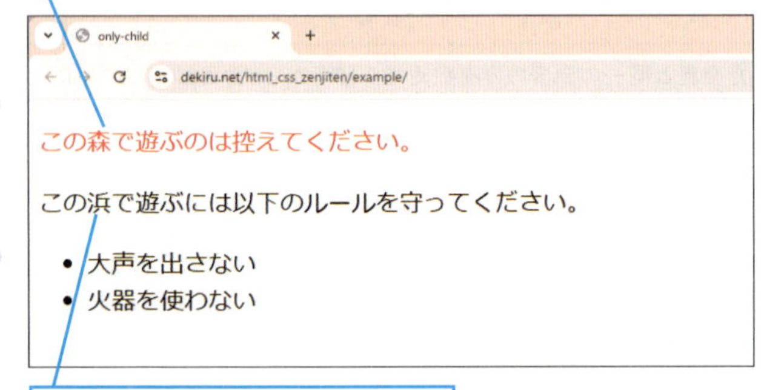

子要素が複数ある場合はスタイルが適用されない

疑似クラス

唯一の子要素にスタイルを適用する（同一要素のみ）

POPULAR

オンリー・オブ・タイプ

:only-of-type{ ~ }

親要素内で、指定した要素と同一の要素のみを対象として、唯一の子要素であるときにスタイルを適用します。以下の例では、div要素内に記述されたp要素のうち、唯一の子要素として記述されたp要素を対象にスタイルを適用し、文字色を赤で表示しています。

CSS

```css
.warning p:only-of-type {
  color: red;
}
```

HTML

```html
<div class="warning">
  <p>この森で遊ぶのは控えてください。</p>
</div>

<div class="warning">
  <p>この浜で遊ぶには以下のルールを守ってください。</p>
  <ul>
    <li>大声を出さない</li>
    <li>火器を使わない</li>
  </ul>
</div>
```

子要素として記述されたp要素が1つだけであるときにスタイルが適用される

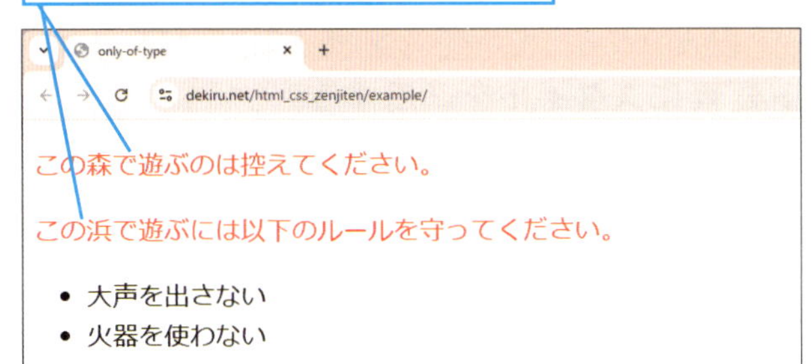

疑似クラス

子要素を持たない要素にスタイルを適用する

エンプティ
:empty{ ~ }

子要素を持たない要素にスタイルを適用します。この場合の子要素とは、要素内のテキストも含まれます。以下の例では、空のtd要素を対象にスタイルを適用し、表組みの「第2週」の列にある空白セルの背景色をグレーで表示しています。

```css
td:empty {
  background-color: gray;
}
```

```html
<table>
  <tr>
    <td>第1週</td>
    <td>第2週</td>
    <td>第3週</td>
    <td>第4週</td>
  </tr>
  <tr>
    <td>会議室C</td>
    <td></td>
    <td>会議室B</td>
    <td>会議室A</td>
  </tr>
</table>
```

疑似クラス

文書のルート要素にスタイルを適用する

ルート
:root{ ~ }

文書のルート要素(html要素)にスタイルを適用します。以下の例では、html要素にスタイルを適用し、マージンとパディングの値が0になるようにしています。

```css
:root {
  margin: 0;
  padding: 0;
}
```

疑似クラス

ユーザーが未訪問のリンクにスタイルを適用する

リンク
:link{ ~ }

ユーザーが訪問していないリンクにスタイルを適用します。:activeセレクター、:hoverセレクター（P.381）などと併用するときは、それらで指定したスタイルを上書きしてしまわないように、必ず先に記述します。以下の例では、ユーザーが訪問していないリンクを対象にスタイルを適用し、文字色を赤で表示しています。

CSS
```
a:link {
  color: red;
}
```

疑似クラス

ユーザーが訪問済みのリンクにスタイルを適用する

ヴィジテッド
:visited{ ~ }

ユーザーが訪問済みのリンクにスタイルを適用します。:activeセレクター、:hoverセレクターなどと併用するときは、それらで指定したスタイルを上書きしてしまわないように、必ず先に記述します。以下の例では、ユーザーが訪問済みのリンクを対象にスタイルを適用し、文字色をグレーで表示しています。

CSS
```
a:visited {
  color: gray;
}
```

疑似クラス

訪問の有無に関係なくリンクにスタイルを適用する

SPECIFIC

エニー・リンク
:any-link{ ~ }

ユーザーの訪問の有無に関係なくリンクにスタイルを適用します。つまり、:linkまたは:visited疑似クラスに一致するすべてのリンク要素が対象です。以下の例では、すべてのリンクを対象にスタイルを適用し、文字色を緑で表示しています。

```css
:any-link {
  color: green;
}
```

疑似クラス

アクティブになった要素にスタイルを適用する

POPULAR

アクティブ
:active{ ~ }

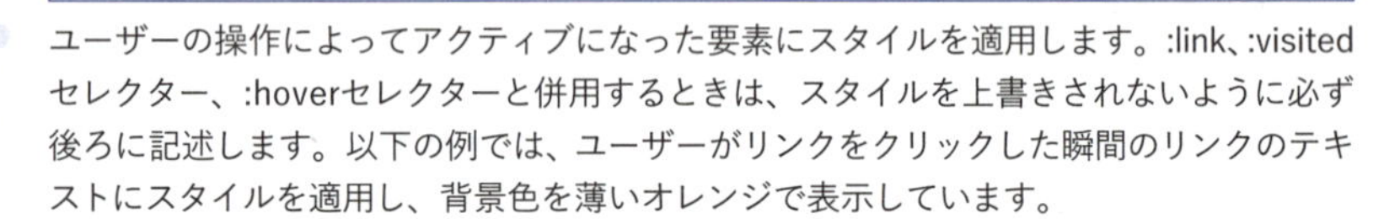

ユーザーの操作によってアクティブになった要素にスタイルを適用します。:link、:visitedセレクター、:hoverセレクターと併用するときは、スタイルを上書きされないように必ず後ろに記述します。以下の例では、ユーザーがリンクをクリックした瞬間のリンクのテキストにスタイルを適用し、背景色を薄いオレンジで表示しています。

```css
a:active {
  background-color: #ffe4b5 ;
}
```

クリックした瞬間にスタイルが適用される

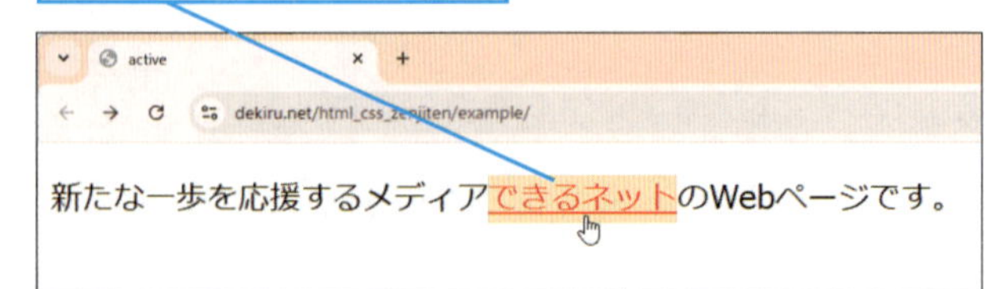

疑似クラス

マウスポインターが重ねられた要素にスタイルを適用する

POPULAR

ユーザーがマウスポインターを重ねた要素にスタイルを適用します。:visited疑似クラス(P.379)と併用するときは後ろに、:active疑似クラスと併用するときは前に記述します。以下の例では、ユーザーがリンクのアイコンにマウスポインターを重ねたときのアイコンにスタイルを適用し、アイコンを半透明で表示しています。

```css
a:hover img {
  opacity: 0.5;
}
```

```html
<p>
  <a href="https://x.com/dekirunet"><img src="x.png" alt="できるネット公式Xアカウント" width="200"></a>
</p>
```

マウスポインターを重ねた瞬間にスタイルが適用される

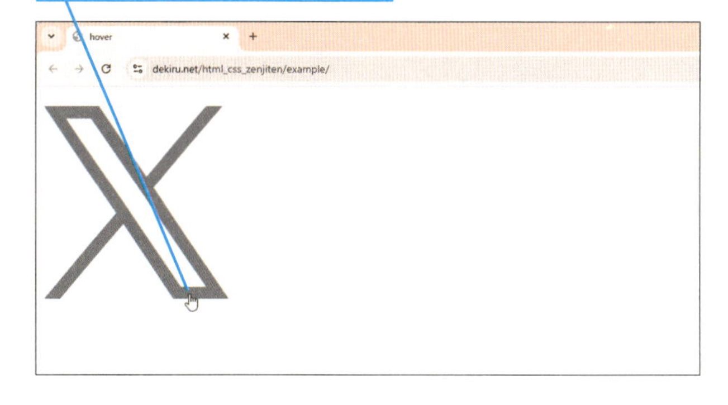

疑似クラス

フォーカスされている要素にスタイルを適用する

POPULAR

フォーカス

:focus{ ~ }

ユーザーの操作によってフォーカスされた要素にスタイルを適用します。以下の例では、ユーザーが操作しているtype="text"が指定されたフォームの入力コントロールにスタイルを適用し、背景色を薄い赤で表示しています。

CSS

```css
input[type="text"]:focus {
  background-color: #fff0f5;
}
```

HTML

```html
<form action="sample.cgi" method="post">
  <p>お客様情報</p>
  <p>
    <label for="name">お名前</label>
    <input type="text" name="name" id="name" value="">
  </p>
  <p>
    <label for="address">ご住所</label>
    <input type="text" name="address" id="address" value="">
  </p>
  <p>
  <input type="submit" name="submit" value="送信">
</form>
```

ユーザーが操作中の入力コントロールにスタイルが適用される

focus
dekiru.net/html_css_zenjiten/example/
お客様情報
お名前 永山智弘
ご住所 東京都
送信

疑似クラス

SPECIFIC

フォーカスを持った要素を含む要素にスタイルを適用する

フォーカス・ウィズイン

:focus-within{ ~ }

フォーカスされている、あるいはフォーカスされた要素を含む要素にスタイルを適用します。つまり、要素自身が:focus疑似クラスに該当する場合、子孫に:focus疑似クラスに該当する要素がある場合が対象です。以下の例では、フォーカスされているフォーム要素にスタイルを適用し、黄色の背景色を表示しています。

CSS

```
form:focus-within {
  background-color: yellow;
}
```

ユーザーがフォームをクリックするとスタイルが適用される

疑似クラス

フォーカスされ、かつフォーカスが可視化されている要素にスタイルを適用する

フォーカス・ヴィジブル
:focus-visible{ ～ }

ユーザーの操作によって要素がフォーカスされている状態、かつブラウザーがフォーカスリングを表示するなど、そのフォーカスを可視化すると判断した状況で、フォーカスされた要素にスタイルを適用します。:focus-visible疑似クラスを使用することで、フォーカスインジケーターが表示される状況において、その外観だけを変更できます。

```css
:root {
  --focus-outline-color: red;
}

:focus-visible {
  outline: 1px solid var(--focus-outline-color);
}
```

疑似クラス

Shadow DOMの内部からホストにスタイルを適用する

ホスト
:host(セレクター){ ～ }

Shadow DOMの内部の、シャドウツリーをホストしている要素(シャドウホスト)にスタイルを適用します。Shadow DOMの内部で使用された場合のみ有効です。以下の例では、シャドウホストにスタイルを適用し、黒の下線を表示しています。

```css
:host {
  border: 1px solid black;
}
```

以下の例では、:host(セレクター)という形式で指定することで、特定のシャドウホストにスタイルを適用しています。

```css
:host(.sample-host) {
  border: 1px solid black;
}
```

疑似クラス

POPULAR

アンカーリンクの移動先となる要素にスタイルを適用する

ターゲット
:target{ ~ }

URLにアンカーリンク（P.141）が指定されているリンクがユーザーの操作でアクティブにされると、移動先となる要素にスタイルを適用します。以下の例では、アンカーリンクをクリックしたときの移動先の要素にスタイルを適用し、アイコンを表示しています。移動先を分かりやすくする目的などで利用できます。

```css
*:target {
  padding-right: 15px;
  background: url(image/target-icon.png) no-repeat right center;
}
```

疑似クラス

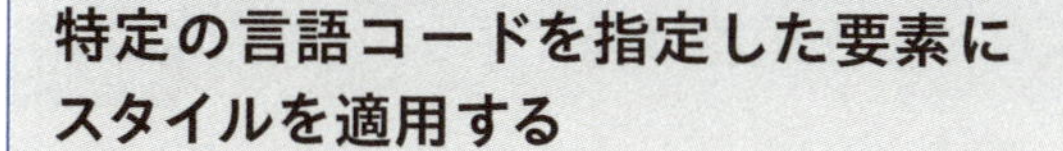

特定の言語コードを指定した要素にスタイルを適用する

ランゲージ
:lang(言語){ ~ }

括弧内で指定したlang属性を持つ要素にスタイルを適用します。以下の例では、言語コードが英語（en）に指定されたp要素にスタイルを適用し、英語のテキストであることを示すアイコンを表示しています。

```css
p:lang(en) {
  padding-right: 15px;
  background: url(image/en-icon.png) no-repeat right center;
}
```

疑似クラス

指定した条件を除いた要素にスタイルを適用する

:not(セレクター){～}（ノット）

括弧内で指定した条件に一致する対象を除いた要素にスタイルを適用します。以下の例では、input要素で設置した入力欄の垂直方向の揃え位置をmiddleにしたうえで、type="text"を持つ入力欄を除いて上揃えになるようにスタイルを適用しています。

```css
input {
  vertical-align: middle;
}
input:not([type="text"]) {
  vertical-align: top;
}
```

疑似クラス

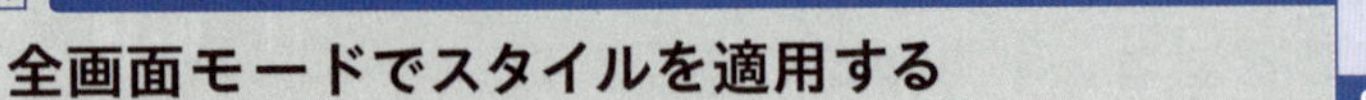

全画面モードでスタイルを適用する

:fullscreen{～}（フルスクリーン）

ブラウザーが全画面（フルスクリーン）モード時に、指定した要素にスタイルを適用します。以下の例では、全画面モード時のbutton要素にスタイルを適用し、指定した背景色と文字色で表示しています。:not()疑似クラスと組み合わせることで、全画面モード時以外にもスタイルを適用できます。

```css
button:fullscreen {
  background-color: #d50000;
  color: #fff;
}
button:not(:fullscreen) {
  background-color: #ddd;
  color: #000;
}
```

ポイント

- Safari（iPadOS）では、:-webkit-full-screenとして実装されています。Safari（iOS）では本書執筆時点でサポートされていません。

疑似クラス

指定した要素を持っているかを判断してスタイルを適用する

ハズ
:has(セレクター){ ～ }

引数としてセレクターを指定することで、指定された要素が、そのセレクターに一致する要素を持っている場合にスタイルを適用します。例えば、子孫にimg要素を持つdiv要素にマッチさせたければ以下のように記述します。

```css
div:has(img) {
  background-color: lightgray;
}
```

疑似クラス

複数のセレクターを引数でまとめて記述する

引数としてセレクターを指定することが可能な疑似クラスです。引数として複数のセレクターをまとめて記述することで、その中のいずれか1つに当てはまる要素にマッチできます。

複数のセレクターを1つの宣言ブロックに対して使用する場合、カンマ区切りで記述するのが通常ですが、:is()疑似クラスを使用することで同様の指定をコンパクトにまとめられます。以下の例では、div、section、article、asideいずれかの要素の子孫要素であるp要素にスタイルを指定しています。

```css
:is(div, section, article, aside) p {
  font-size: 1rem;
}
```

疑似クラス

USEFUL

複数のセレクターを引数でまとめて記述する(詳細度ゼロ)

ホエア
:where(セレクター){ ~ }

引数としてセレクターの指定が可能な疑似クラスです。引数として複数のセレクターをまとめて記述することで、その中のいずれか1つに当てはまる要素にマッチできます。

使用方法としては:is()疑似クラスと同様ですが、:is()疑似クラスとの差異は、:where()疑似クラスにおいて記述されたセレクターの詳細度(P.263)が常に「0」となる点です。つまり、:where()疑似クラスを使用して記述されたスタイル宣言は、容易に他のスタイルで上書き可能ということになります。

以下の例では、class名がexampleであるdiv、section、article、asideいずれかの要素の子孫要素であるp要素にスタイルを指定しています。このような指定は:is()疑似クラスでも同様に記述できますが、:where()疑似クラスで記述された部分の詳細度が「0」になる特性により、class名がexampleであるaside要素内のp要素に関しては、後に記述したaside p {font-size: 1.25rem;}の指定を適用させることが可能です。

CSS
```
:where(div.example, section.example, article.example, aside.
example) p {
  font-size: 1rem;
}
aside p {
  font-size: 1.25rem;
}
```

疑似クラス

カスタム要素の状態を指定してスタイルを適用する

ステート
:state(セレクター){ ~ }

カスタム要素の状態を指定して、要素にスタイルを適用します。カスタム要素の状態は文字列の値で表され、この値は、その要素に関連付けられたCustomStateSetオブジェクトに追加、あるいは削除されます。

引数として渡された識別子が要素のCustomStateSetに存在する場合、その要素にマッチします。:host()疑似クラスの引数として使用することで、カスタム要素の内側でその状態にマッチさせるためにも使用できます。

また、::part()疑似要素に続けて:state()疑似クラスを使用すると、特定の状態にあるカスタム要素のShadow part（シャドウパーツ）にマッチさせることができます。シャドウパーツとは、スタイリングのためにコンテンツページに対して明示的に公開されたカスタム要素のShadow tree（シャドウツリー）のパーツ要素（part属性が付与された要素）です。

以下の例では、custom-elementというカスタム要素内で、checkboxというpart属性値を持つ要素が、checked（チェックされた）状態のときに適用されるスタイルを指定しています。

```css
custom-element::part(checkbox):state(checked) {
  border: 1px solid red;
}
```

また、以下は:host()疑似クラス内で:state()疑似クラスを使用した例で、シャドウホスト内の要素がchecked状態のときに、その要素の前に疑似要素を挿入するスタイルを指定しています。

```css
:host(:state(checked))::before {
  content: "[x]";
}
```

疑似クラス

SPECIFIC

セレクターのスコープルートにスタイルを適用する

スコープ
:scope(セレクター){ ~ }

セレクターが参照するルート（Scoping root/スコープルート）にスタイルを適用します。HTML文書において、特定のスコープルートを定義せず:scope疑似クラスを使用した場合、それは:root疑似クラスと同じ意味となり、html要素が選択されます。

@scope規則の中で使用された場合は、:scope疑似クラスは @scope規則が定義するスコープのルートにマッチします。

以下の例では、@scope規則によってクラス名がexampleである要素にスタイルの適用範囲が限定されています。その中で:scope疑似クラスを使用しているので、指定したスタイルはクラス名がexampleである要素にマッチします。

CSS
```
@scope (.example) {
  :scope {
    background-color: black;
  }

  a {
    color: white;
  }
}
```

疑似クラス

印刷文書の左右のページにスタイルを適用する

SPECIFIC

@page :left（レフト）{ ~ }
@page :right（ライト）{ ~ }

主に印刷時のスタイルで使用されるページボックスを定義する@page規則で使用し、左ページ、右ページそれぞれのページボックスに対してスタイルを適用します。適用できるのはmargin、padding、borderなど、ページ文脈で使用可能と定義されたプロパティのみです。以下の例では、ページボックスの余白を左右のページそれぞれに指定しています。

```css
@page :left {
  margin-left: 2cm;
  margin-right: 4cm;
}
@page :right {
  margin-left: 4cm;
  margin-right: 3cm;
}
```

疑似クラス

印刷文書の最初のページにスタイルを適用する

SPECIFIC

@page :first（ファースト）{ ~ }

主に印刷時のスタイルで使用されるページボックスを定義する@page規則で使用し、最初のページのページボックスに対してスタイルを適用します。適用できるのはmargin、padding、borderなど、ページ文脈で使用可能と定義されたプロパティのみです。以下の例では、最初のページボックスの余白を指定しています。

```css
@page :first {
  margin-top: 10cm;
}
```

疑似クラス

有効な要素にスタイルを適用する

SPECIFIC

エネイブルド

:enabled{ ~ }

フォーム関連要素において、disabled属性が指定されていない要素にスタイルを適用します。以下の例では、textarea要素に対してスタイルを適用し、入力欄が操作可能であることを示す赤いアウトラインを表示しています。

```css
textarea:enabled {
  outline: solid 3px #dc143c;
}
```

```html
<form action="sample.cgi" method="get">
  <p><label for="comment">通信欄：</label></p>
  <textarea name="comment" id="comment" placeholder="感想やご意見をお聞かせください" cols="50" rows="2"></textarea>
</form>
```

疑似クラス

無効な要素にスタイルを適用する

ディスエイブルド

:disabled{ ~ }

フォーム関連要素において、disabled属性が指定された要素にスタイルを適用します。以下の例では、disabled属性が指定されたtextarea要素に対してスタイルを適用し、入力欄が操作できないことを表すグレーの背景色を表示しています。

```css
textarea:disabled {
  background: #dddddd;
}
```

疑似クラス

チェックされた要素にスタイルを適用する

チェックト
:checked{ ~ }

type="checkbox"、type="radio"を指定したinput要素(P.201)で設置できる、チェックボックスやラジオボタン(P.224, 225) がチェックされたときにスタイルを適用します。以下の例では、チェックされたチェックボックスにスタイルを適用し、チェックボックスのサイズを大きく表示しています。

CSS
```
input[type="checkbox"]:checked {
  width: 50px;
  height: 50px;
}
```

疑似クラス

既定値となっているフォーム関連要素にスタイルを適用する

デフォルト
:default{ ~ }

option、button、input type="submit"、input type="image"、input type="checkbox"、input type="radio"のうち、既定値となっている要素にスタイルを適用します。例えば、checked属性が付与されたtype="checkbox"やtype="radio"、selected属性が付与されたoption要素(P.237) が該当します。なお、form要素内で最初に出てくるボタン(button、input type="submit"、input type="image") が既定のボタンになります。以下の例では、既定値となっているinput要素の直後のlabel要素(P.235)にスタイルを適用し、指定した背景色などを表示しています。

CSS
```
input:default + label {
  background-color: #f1f8e9;
  border-radius: 2px;
  display: inline-block;
  padding: 2em 1em;
}
```

疑似クラス

RARE

制限範囲内、または範囲外の値がある要素にスタイルを適用する

イン・レンジ

:in-range{ ~ }

アウト・オブ・レンジ

:out-of-range{ ~ }

input type="number"など、min属性やmax属性によって値の範囲を指定されている要素に対して、入力された値がその範囲内または範囲外にある場合にスタイルを適用します。以下の例では、入力された値が範囲内外にあるinput要素(P.203)にそれぞれスタイルを適用し、指定した背景色で表示しています。

CSS

```css
input:in-range {
  background-color: #f1f8e9;
}
input:out-of-range {
  background-color: #ffebee;
}
```

HTML

```html
<form action="cgi-bin/example.cgi" method="post">
  <p>必要な数量を指定してください(最大で9個まで):</p>
  <input type="number" name="number" min="1" max="9">
  <input type="submit" name="submit" value="登録">
</form>
```

数値の入力欄にスタイルが適用される

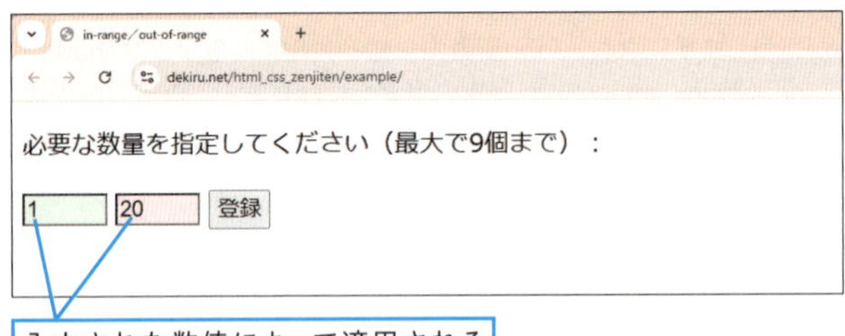

入力された数値によって適用されるスタイルが異なる

疑似クラス

内容の検証に成功したフォーム関連要素にスタイルを適用する

バリッド
:valid{ ~ }

入力内容を検証した結果Valid（有効）だった要素、およびその要素を含むform要素（P.197）、fieldset要素（P.199）にスタイルを適用します。例えば、required属性が付与されている入力コントロールすべてに入力があった場合や、input type="url"、input type="email"に対して正しい形式での入力があった場合が該当します。以下の例では､正しい形式で入力されたform要素とinput要素にそれぞれスタイルを適用し、指定した枠線と背景色を表示しています。

CSS
```css
form:valid {
  border: 5px solid #f1f8e9;
}
input:valid {
  background-color: #f1f8e9;
}
```

疑似クラス

無効な入力内容が含まれたフォーム関連要素にスタイルを適用する

入力内容を検証した結果Invalid（無効）だった要素、およびその要素を含むform要素、fieldset要素にスタイルを適用します。例えば、required属性が付与されている入力コントロールが未入力だった場合や、input type="url"、input type="email"に対して指定の形式以外での入力があった場合が該当します。以下の例では、入力内容が無効だったform要素とinput要素にそれぞれスタイルを適用し、指定した枠と背景色を表示しています。

CSS
```css
form:invalid {
  border: 5px solid #ffebee;
}
input:invalid {
  background-color: #ffebee;
}
```

疑似クラス

必須のフォーム関連要素にスタイルを適用する

レクワイアド
:required{ ~ }

入力が必須扱いの要素にスタイルを適用します。これはrequired属性が付与されたinput要素（P.201）、textarea要素（P.231）、select要素（P.236）が該当します。フォームを送信するにあたって入力が必須となる入力欄に使用できます。以下の例では、入力が必須のinput要素にスタイルを適用し、指定した枠線を表示しています。

CSS
```
input:required {
  border: 1px solid #fce4ec;
}
```

疑似クラス

必須ではないフォーム関連要素にスタイルを適用する

オプショナル
:optional{ ~ }

入力がオプション扱いの要素にスタイルを適用します。これはrequired属性を持たないinput要素、textarea要素、select要素が該当します。フォームを送信するにあたって必須ではない入力欄に使用できます。以下の例では、入力が必須ではないinput要素にスタイルを適用し、指定した枠線を表示しています。

CSS
```
input:optional {
  border: 1px solid #eeeeee;
}
```

疑似クラス

編集可能な要素にスタイルを適用する

リード・ライト

:read-write{ ~ }

ユーザーが編集できる要素にスタイルを適用します。例えば、input要素やtextarea要素などの入力コントロールをはじめ、グローバル属性であるcontenteditable属性(P.90)にtrueが付与されたすべての要素が「編集可能な要素」となります。以下の例では、ユーザーが編集可能なdiv要素にスタイルを適用し、指定した背景色と枠線を表示しています。

CSS
```
div:read-write {
  background-color: #fffde7;
  border: 1px solid #dddddd;
}
```

疑似クラス

編集不可能な要素にスタイルを適用する

リード・オンリー

:read-only{ ~ }

ユーザーが編集できない要素にスタイルを適用します。多くの場合、readonly属性が付与されたinput要素やtextarea要素に使用されますが、セレクター自体は「ユーザーが編集できない要素」すべてに適用されるため注意が必要です。例えば、contenteditable="true"が付与されていないp要素やdiv要素なども「ユーザーが編集できない要素」です。以下の例では、ユーザーが編集できないinput要素とtextarea要素にスタイルを適用し、指定した背景色を表示しています。

CSS
```
input:read-only,
textarea:read-only {
  background-color: #dddddd;
}
```

疑似クラス

RARE

定義されているすべての要素にスタイルを適用する

デファインド

:defined{ ~ }

定義されているすべての要素、つまりブラウザーが実装しているすべてのHTML要素と定義されたカスタム要素にスタイルを適用します。以下の例では、ページが読み込まれるまでの間、カスタム要素が定義される前と後でそれぞれ別のスタイルを適用し、別々の透明度で表示しています。

```css
simple-custom-elm:not(:defined) {
  opacity: 0;
}
simple-custom-elm:defined {
  opacity: 1
}
```

疑似クラス

RARE

中間の状態にあるフォーム関連要素にスタイルを適用する

インデターミネート

:indeterminate{ ~ }

中間の状態にあるフォーム関連要素にスタイルを適用します。フォーム内で同じname属性値を持つ一連のラジオボタンがどれも未選択の状態や、value属性値を持たないprogress要素（不定、つまりタスクは処理中だが進捗状況が不明で完了までが予想できない状態）などが該当します。以下の例では、不定状態のprogress要素（P.242）にスタイルを適用し、半透明で表示しています。

```css
progress:indeterminate {
  opacity: .5;
}
```

疑似クラス

プレースホルダーが表示されている要素にスタイルを適用する

SPECIFIC

プレースホルダー・ショーン
:placeholder-shown{ ~ }

プレースホルダーが表示されているinput要素、またはtextarea要素にスタイルを適用します。以下の例では、プレースホルダーを表示する要素にスタイルを適用し、枠線を表示しています。

CSS
```
:placeholder-shown {
  border: 2px solid #eeeeee;
}
```

疑似要素

プレースホルダーの文字列にスタイルを適用する

プレースホルダー
::placeholder{ ~ }

input要素、およびtextarea要素のプレースホルダーの文字列にスタイルを適用します。指定できるプロパティは、フォント、背景関連のプロパティやcolorプロパティなどに限られます。プレースホルダーを持つ要素に一致する:placeholder-shown疑似クラスと混同しないように注意しましょう。以下の例では、input要素のプレースホルダーにスタイルを適用し、指定した文字色で表示しています。

CSS
```
input::placeholder {
  color: #e0e0e0;
}
```

疑似要素

要素の1行目にのみスタイルを適用する

POPULAR

ファースト・ライン

::first-line{ ~ }

指定した要素の1行目にのみスタイルを適用します。指定できるのはブロックボックスに分類される要素(P.262)のみで、適用できないプロパティも存在します。また、1行目の内容が表示されたどの部分に当たるのかは、フォントサイズやウィンドウサイズなどによって左右されます。以下の例では、p要素のフォントサイズを指定したうえで、段落の1行目にのみ別のフォントサイズを適用しています。

```css
p {
  font-size: 1rem;
}
p::first-line {
  font-size: 1.5rem;
}
```

疑似要素

要素の1文字目にのみスタイルを適用する

ファースト・レター

::first-letter{ ~ }

指定した要素の1文字目にのみスタイルを適用します。指定できるのはブロックボックスに分類される要素のみで、適用できないプロパティも存在します。また、1文字目が引用符や括弧の場合は、2文字目までスタイルを適用します。以下の例では、段落の先頭の文字にのみスタイルを適用し、フォントサイズを2倍、かつ文字色を赤で表示しています。

```css
p::first-letter {
  font-size: 200%;
  color: red;
}
```

疑似要素

POPULAR

要素の内容の前後に指定したコンテンツを挿入する

ビフォア
::before{ ~ }

アフター
::after{ ~ }

指定した要素の前後にcontentプロパティ（P.692）で指定した値を挿入します。以下の例では、クラス名にnoteを持つp要素にスタイルを適用し、p要素の前に「NEW」というアイコンを挿入しています。

```css
p.note::before {
  content: url(image/new-icon.png);
  margin: 0 2px;
}
```

クラス名にnoteを持つp要素の前にアイコンが挿入される

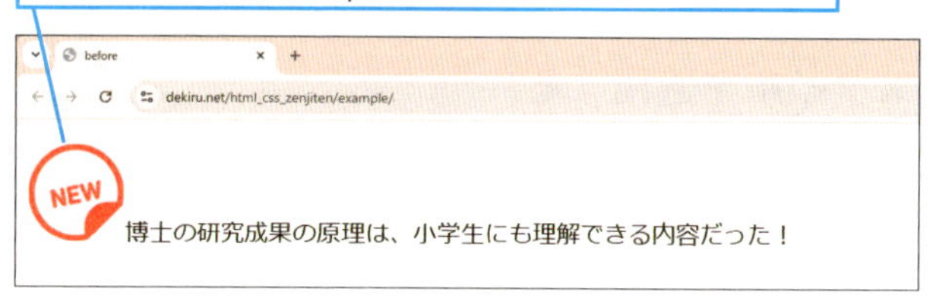

以下の例では、クラス名にnewを持つli要素にスタイルを適用し、li要素の後に「new!」という赤い文字を挿入しています。

```css
li.new::after {
  content: "new!";
  color: #f00;
}
```

after
dekiru.net/html_css_zenjiten/example/

FW選手の一覧

- 斉藤正明
- 大谷英俊
- 藤川明人new!

クラス名にnewを持つli要素の後に文字が挿入される

疑似要素

全画面モード時の背後にあるボックスにスタイルを適用する

SPECIFIC

::backdrop{ ~ }
（バックドロップ）

全画面モード時に、最上位となるレイヤーの直下に配置されるボックスにスタイルを適用します。例えば、Fullscreen APIによって動画を全画面再生中、その背後に黒や半透明の背景を配置できます。以下の例では、全画面再生中のvideo要素の背後にあるボックスにスタイルを適用し、半透明の背景色を表示しています。

```css
video::backdrop {
  background: rgba(0,0,0,.75);
}
```

疑似要素

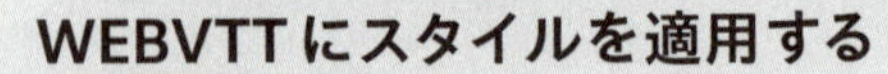

WEBVTTにスタイルを適用する

::cue{ ~ }
（キュー）

指定された要素内のWebVTTにスタイルを適用します。例えば、video要素（P.180）で再生される動画にtrack要素（P.183）で埋め込まれた字幕のフォントや文字色を指定できます。適用できるプロパティは、color、opacity、visibility、text-decorationおよびその個別指定、text-shadow、backgroundおよびその個別指定、outlineおよびその個別指定、fontおよびその個別指定（line-heightを含む）、white-space、text-combine-uprightのみです。以下の例では、WebVTTにスタイルを適用し、指定した文字色と影を表示しています。

```css
::cue {
  color: #ffffff;
  text-shadow: #000000 1px 0 10px;
}
```

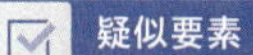

疑似要素

選択された要素にスタイルを適用する

セレクション

::selection{ ～ }

ユーザーが選択した要素にスタイルを適用します。適用できるプロパティは、color、background-color、cursor、caret-color、text-decorationおよびその個別指定、text-shadow、stroke-color、fill-color、stroke-widthのみです。以下の例では、ユーザーがマウスでドラッグするなどして選択した文字にスタイルを適用し、文字色を黒、背景色を赤で表示しています。

CSS
```
p::selection {
  background: #f00;
  color: #fff;
}
```

疑似要素

slot内に配置された要素にスタイルを適用する

スロッテド

::slotted(セレクター){ ～ }

Web Componentsにおいて、slot要素が生成したスロットに埋め込まれた要素に対してスタイルを適用します。この疑似要素は、Shadow DOM内にあるCSSでのみ使用できます。Web Componentsに関してはslot要素(P.256)の解説を参照してください。以下の例では、スロット内のspan要素にスタイルを適用し、太字で表示しています。

CSS
```
::slotted(span) {
  font-weight: bold;
}
```

疑似要素

特定のpart属性値を持つ要素にスタイルを適用する

::part(セレクター){ ~ }

（パート）

指定された引数と一致するpart属性値を持つShadow tree（シャドウツリー）内の任意の要素にスタイルを適用します。この疑似要素は、オリジンとなる要素がShadow host（シャドウホスト）である場合にのみマッチします。オリジンとなる要素のShadow root（シャドウルート）が持つ、パーツ要素（part属性が付与された要素）のpart属性値と引数がマッチした場合、スタイルが適用されることになります。なお、引数には、複数の値を空白区切りで指定することが可能です。

また、custom-element::part(foo):hoverやcustom-element::part(foo)::beforeのように、別の疑似クラスや疑似要素を重ねるほか、:state() 疑似クラスを使用して、custom-element::part(checkbox):state(checked) のように状態を指定することもできます。

以下の例では、タブUIを実装しています。::part()疑似要素を使用し、要素が特定のpart属性値を持っている場合にスタイルを適用します。すべてのタブに共通のtabというpart属性値に対して、共通スタイルを指定したうえで、part属性値にactiveを持つ場合は特別なスタイルが適用されるようにしています。

CSS

```
<template id="tabbed-custom-element">
  <style>
    :host {
      display: flex;
    }
    tabbed-custom-element::part(tab) {
      color: #0c0c0dcc;
      border-bottom: transparent solid 2px;
    }
    tabbed-custom-element::part(active) {
      color: #0060df;
      border-color: #0a84ff;
    }
  </style>
  <div part="tab active">Tab 1</div>
  <div part="tab">Tab 2</div>
  <div part="tab">Tab 3</div>
</template>

<tabbed-custom-element></tabbed-custom-element>
```

疑似要素

input type="file"のボタンにスタイルを適用する

ファイル・セレクター・ボタン
::file-selector-button{ ~ }

type="file"が指定されたinput要素が生成するボタン、一般的には「参照...」などとラベルが付与されるボタンにスタイルを適用します。この疑似要素には、すべてのCSSプロパティが指定可能です。

```css
input[type="file"]::file-selector-button {
  border: 2px solid #6c5ce7;
  padding: 0.2em 0.4em;
  border-radius: 0.2em;
  background-color: #a29bfe;
  transition: 0.25s;
}
```

疑似要素

リスト項目のマーカーボックスにスタイルを適用する

マーカー
::marker{ ~ }

リスト項目で自動生成されるマーカーボックスにスタイルを適用します。li要素やsummary要素などのリスト項目を表す要素、あるいは疑似要素で使用することができます。

仕様上、::marker疑似要素には、すべてのCSSプロパティが指定可能となっています。例えば、CSSアニメーションやtransition関連プロパティも指定可能ですが、実際にそれが適用されるかについてはブラウザーの実装に依存します。例を挙げると、Safariではcolorとfont-sizeプロパティの指定にのみ対応するなど、動作が異なる場合があります。

以下の例では、ul要素内にあるli要素が表示するマーカーに文字色と文字サイズを指定しています。多くの場合、ブラウザーのデフォルトスタイルシートはul要素内のli要素に対して黒丸のマーカーを表示しますが、その色を赤に、またサイズも少し大きくなるように指定しています。

```css
ul li::marker {
  color: red;
  font-size: 1.5em;
}
```

フォント

フォントを指定する

POPULAR

{font-family: ファミリー名, 一般フォント名; }

font-familyプロパティは、フォントを指定します。指定したフォントがユーザーの環境にない場合は、ブラウザーで設定された標準のフォント(システムフォント)が表示されます。

初期値	ブラウザーに依存	継承	あり
適用される要素	すべての要素		
モジュール	CSS Fonts Module Level 4		

値の指定方法

ファミリー名

ファミリー名 フォントファミリーの名称を指定します。カンマ(,)で区切って複数のフォントを指定でき、ユーザーの環境に用意された最初のフォントで表示されます。フォント名にスペースが含まれる場合は、"MS 明朝"のように引用符(")で囲む必要があります。スペースが含まれない場合に引用符で囲っても問題ありません。

一般フォント名

総称フォントファミリーと呼ばれる代替メカニズムが利用できます。ファミリー名の値で指定したフォントがユーザーの環境にない場合、ブラウザーのシステムフォントから以下のキーワードに対応するフォントで表示されます。

serif 英字にひげ飾り(serif)があるフォントです。日本語では明朝系のフォントに当たります。

sans-serif ひげ飾りがないフォントです。日本語ではゴシック系のフォントに当たります。

monospace すべての文字が同じ幅(等幅)のフォントです。

cursive 筆記体のフォントです。日本語では草書・行書体のフォントに当たります。

fantasy 装飾的、表現的なフォントです。

emoji 絵文字用フォントです。

math 数式を表現するための特別なフォントです。

fangsong 中国語で使用されるフォントで、「仿宋体」と呼ばれるものです。

system-ui 使用しているプラットフォーム(OS)のUIと同じフォントです。

ui-serif 使用しているOSのUIと同じ、serifフォントです。

ui-sans-serif 使用しているOSのUIと同じ、sans-serifフォントです。

ui-monospace 使用しているOSのUIと同じ、等幅フォントです。

ui-rounded 使用しているOSのUIと同じ、ラウンド(丸みを帯びた)フォントです。

以下の例では、まずsystem-uiを指定し、その後フォールバックとして具体的なフォント名を指定しています。最後にsans-serifを指定することで、system-uiに対応せず、さらに具体名で指定されたフォントがインストールされていない環境ではゴシック系のシステムフォントが使用されます。

```css
body {
  font-family: system-ui, "游ゴシック", "Yu Gothic", "ヒラギノ角ゴ ProN W3", "Hiragino Kaku Gothic ProN", sans-serif;
}
```

フォント

フォントのスタイルを指定する

フォント・スタイル
{font-style: スタイル; }

font-styleプロパティは、フォントのスタイル(イタリック体・斜体)を指定します。指定したフォントにイタリック体・斜体がない場合、多くのブラウザーでは指定したフォントが傾いた状態で表示されます。また、多くの日本語フォントにはイタリック体・斜体が用意されていないため、どちらを指定しても表示は同じになります。

初期値	normal	継承	あり
適用される要素	すべての要素		
モジュール	CSS Fonts Module Level 4		

値の指定方法

スタイル

normal 標準のフォントで表示されます。

italic イタリック体のフォントで表示されます。

oblique 斜体のフォントで表示されます。「oblique 40deg」のように、obliqueキーワードに対して角度を指定できます。

```css
.address_japanese {
  font-family: "游明朝" serif;
  font-style: italic;
}
```

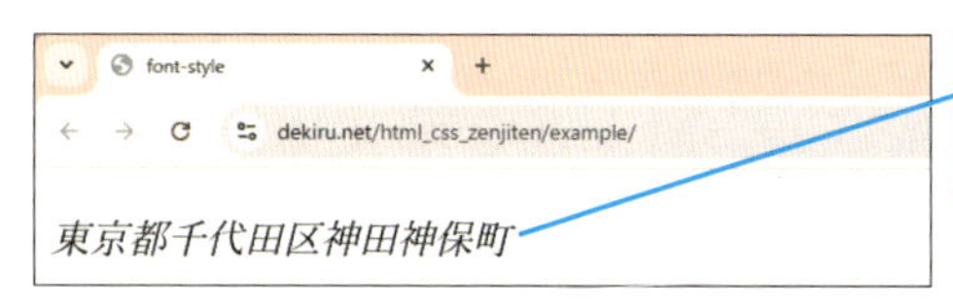

イタリック体・斜体が用意されていないフォントは、傾いた状態で表示される

フォント

独自フォントの利用を指定する

POPULAR

アットマーク・フォント・フェイス　フォント・ファミリー
@font-face { font-family: ファミリー名;
ソース
src : フォントのURL / 名前 フォントの形式; 記述子; }

@font-face規則は、独自フォントの利用を指定する@規則です。url()関数、およびlocal()関数によってフォントのURLや名前を指定すると、テキストの表示にWebサーバー上のフォントやユーザーのローカルPCにインストールされたフォントを適用できます。

値の指定方法

ファミリー名

ファミリー名 任意のフォントファミリー名を指定します。font-family、fontプロパティを使うときにこの値を指定すると、@font-face規則で指定したフォントで表示されます。

フォントのURL / 名前

url() src:に対してurl()関数型の値で指定します。Webフォントのファイルがある URL が入ります。

local() src:に対してlocal()関数型の値で指定します。ユーザーのコンピューター上にあるフォント名を指定します。url()を続けて指定すると、ユーザーが指定のフォントをインストールしていない場合にurl()で指定されたフォントを読み込みます。

フォントの形式

Webフォントのファイル形式を以下のように指定します。url()関数に続けて、半角スペースで区切って記述します。フォント形式の指定は任意です。

format("woff") ／ format("woff2")	WOFF (Web Open Font Format)フォントです。
format("truetype")	TrueTypeフォントです。
format("opentype")	OpenTypeフォントです。
format("embedded-opentype")	Embedded-OpenTypeフォントです。Internet Explorer 8以前で必要とされる形式です。
format("svg")	SVGフォントです。

記述子

上記に加えて、以下の記述子と値を指定可能です。記述子の一部はCSSプロパティです。他にも@font-face規則の中でのみ使用できるものもあります。

ascent-override フォントのアセンダー(小文字において、エックスハイトより上に突出している部分)の寸法を指定します。本書執筆時点でSafariは対応していません。

descent-override フォントのディセンダー(小文字において、 ベースラインより下に突出している部分)の寸法を指定します。本書執筆時点でSafariは対応していません。

line-gap-override	フォントの行間の寸法を指定します。本書執筆時点でSafariは対応していません。
size-adjust	フォント・メトリックを調整することで、フォントの違いによる読みやすさの差異を吸収します。「size-adjust: 90%」のように%値が指定可能です。font-size-adjustプロパティ(P.422)と似た役割をします。
font-style	フォントのスタイルを指定します(P.407)。
font-weight	フォントの太さを指定します(P.423)。
font-stretch	フォントの幅を指定します(P.425)。
font-variant	フォントのスモールキャップを指定します(P.416)。
font-feature-settings	OpenTypeフォントの使用を指定します(P.427)。
font-variation-settings	可変フォントを制御します。
font-display	フォントが利用可能となるまでの間、テキストを表示するか否かを指定します。
unicode-range	フォントの適用範囲を指定します。

以下の例では、WebフォントにAdobeとGoogleが共同開発したOpenTypeフォントである「源ノ角ゴシック」(Source Han Sans)を指定しています。@font-face規則でフォント名、フォントのURL、フォントの形式をそれぞれ指定したうえで、font-familyプロパティを使用してbody要素に適用します。

```css
@font-face {
  font-family: "use-SourceHanSansJP";
    src: url("font/SourceHanSansJP-Normal.otf") format("opentype");
}
body {
  font-family: "use-SourceHanSansJP";
  font-size:200%
}
```

@font-face
dekiru.net/html_css_zenjiten/example/

パソコン＆スマホの使い方が分かる！

Webページのテキストが指定したWebフォントで表示される

主要ブラウザーの最新バージョンでは、Web Open Font Formatフォントに対応しています。Web Open Font Formatには2つのバージョンがあります。両方のバージョンが用意できる場合は、以下のように指定することでWOFF2を優先して使用し、WOFF2に対応しない環境ではWOFFが使用されます。

```css
@font-face {
  font-family: "MyFont";
```

```
    src: url("fonts/myfont.woff2") format("woff2"),
         url("fonts/myfont.woff") format("woff");
}
```

以下の例では、local()関数でユーザーのコンピューター上にあるフォント名を指定し、url()関数をフォールバックとして併記しています。

```css
@font-face {
  font-family: MyHelvetica;
    src: local("Helvetica Neue Bold"),
         url(font/MgOpenModernaBold.ttf);
}
```

フォント

スモールキャピタルの使用を指定する

フォント・バリアント・キャップス

{font-variant-caps: 使用方法; }

font-variant-capsプロパティは、スモールキャピタル（小文字と同じ高さで作られた大文字）などのグリフ（字体）の使用について指定します。

初期値	normal	継承	あり
適用される要素	すべての要素		
モジュール	CSS Fonts Module Level 4		

値の指定方法

使用方法

normal スモールキャピタルを使用しません。

small-caps 大文字は通常の大文字のまま、小文字をスモールキャピタルで表示します。

all-small-caps 大文字も小文字も、すべてスモールキャピタルで表示します。

petite-caps 大文字は通常の大文字のまま、小文字をプチキャップス（petite caps）で表示します。

all-petite-caps 大文字も小文字も、すべてプチキャップス（petite caps）で表示します。

unicase 小文字は通常の小文字のまま、大文字をスモールキャピタルで表示します。

titling-caps タイトル用の大文字で表示します。

```css
.sub-title {
  font-variant-caps: small-caps;
  font-weight: bold;
}
```

フォント

数字、分数、序数標識の表記を指定する

SPECIFIC

フォント・バリアント・ニューメリック
{font-variant-numeric: 全般
数字の形状 数字の幅 分数の表記; }

font-variant-numericプロパティは、数字、分数、序数標識の表記を制御します。

初期値	normal	継承	あり
適用される要素	すべての要素		
モジュール	CSS Fonts Module Level 4		

値の指定方法

normalを指定した場合を除き、空白文字で区切って複数指定できます。

全般

normal 特別な表記を無効にします。

ordinal 序数標識に対して特別な表記を使用するように指定します。

slashed-zero アルファベットのオー(O)と数字のゼロ(0)を明確に区別するため、スラッシュ付きのゼロを使用するように指定します。

数字の形状

lining-nums すべての数字をベースラインに揃えて並べる表記(ライニング数字)を有効にします。

oldstyle-nums 3、4、5、7、9など、いくつかの数字をベースラインより下げる表記(オールドスタイル数字)を有効にします。

数字の幅

proportional-nums 数字ごとに文字幅が異なる表記(プロポーショナル数字)を有効にします。

tabular-nums 数字を同じ文字幅にする表記(等幅数字)を有効にします。表などで使用すると桁数を合わせやすくなります。

分数の表記

diagonal-fractions 分子と分母が小さく、スラッシュで区切られる表記を有効にします。

stacked-fractions 分子と分母が小さく、積み重ねられて水平線で区切られた表記を有効にします。

CSS
```
.p {
  font-variant-numeric: oldstyle-nums stacked-fractions;
}
```

フォント／テキスト

フォント

代替字体の使用を指定する

フォント・バリアント・オルタネーツ

{font-variant-alternates:

使用方法; }

font-variant-alternatesプロパティは、あらかじめ@font-feature-values規則で定義したカスタム名を参照して代替字体の使用を制御します。

初期値	normal	継承	あり
適用される要素	すべての要素		
モジュール	CSS Fonts Module Level 4		

値の指定方法

使用方法

normal	代替字体を使用しません。
historical-forms	古書体(古典的な字体)を使用して表示します。
stylistic (カスタム名)	別デザインのバリエーションを使用して表示します。
styleset(カスタム名, カスタム名)	セットとして組み込まれた別デザインのバリエーションを使用して表示します。
character-variant (カスタム名, カスタム名)	旧字など、異体字を使用して表示します。
swash (カスタム名)	スワッシュ字体のバリエーションを使用して表示します。
ornaments (カスタム名)	装飾記号を使用して通常のグリフ(字体) を置き換えて表示します。
annotation (カスタム名)	修飾字形(囲み文字など)を使用して表示します。

CSS

```
@font-feature-values "Noble Script" {
  @swash {
    swishy: 1;
    flowing: 2;
  }
}
p {
  font-family: "Noble Script";
  font-variant-alternates: swash(flowing);
}
```

フォント

合字や前後関係に依存する字体を指定する

SPECIFIC

フォント・バリアント・リガーチャーズ
{**font-variant-ligatures:** 全般 一般的な合字 任意の合字 古典的な合字 前後関係に依存する字体 ; }

font-variant-ligaturesプロパティは、合字や前後関係に依存する字体を制御します。

初期値	normal	継承	あり
適用される要素	すべての要素		
モジュール	CSS Fonts Module Level 4		

値の指定方法

noneを指定した場合を除き、空白文字で区切って複数指定できます。

全般

normal 一般的な合字、および前後関係に依存する字体を使用します。通常、以下のcommon-ligatures値とcontextual値が有効になり、その他は無効になります。

none すべての合字および前後関係に依存する字体を無効にします。

一般的な合字

common-ligatures 一般的な合字を使用します。

no-common-ligatures 一般的な合字を無効にします。

任意の合字

discretionary-ligatures 任意の合字を使用します。

no-discretionary-ligatures 任意の合字を無効にします。

古典的な合字

historical-ligatures 古典的な合字、例えばドイツ語の合字であるエスツェット(ß)などを使用します。

no-historical-ligatures 古典的な合字を無効にします。

前後関係に依存する字体

contextual 筆記体の連結など、前後関係に依存する字体を使用します。

no-contextual 前後関係に依存する字体を使用しません。

```css
.p {
  font-variant-ligatures: common-ligatures historical-ligatures
  contextual;
}
```

フォント

東アジアの字体の使用を指定する

フォント・バリアント・イースト・アジアン
{font-variant-east-asian: 全般 字体の種類 字体の幅; }

font-variant-east-asianプロパティは、日本語や中国語のような東アジアのグリフ（字体）を制御をします。

初期値	normal	継承	あり
適用される要素	すべての要素		
モジュール	CSS Fonts Module Level 4		

値の指定方法

normalを指定した場合を除き、空白文字で区切って複数指定できます。

全般

normal 通常の表記となります。

ruby ルビ文字のための表記を使用します。

字体の種類

simplified 簡体字中国語を使用します。

traditional 繁体字中国語を使用します。

jis78 JIS X 0208:1978の字体を使用します。

jis83 JIS X 0208:1983の字体を使用します。

jis90 JIS X 0208:1990の字体を使用します。

jis04 JIS X 0213:2004の字体を使用します。

字体の幅

proportional-width プロポーショナルフォントを使用します。

full-width 等幅フォントを使用します。

CSS
```css
.example01 {
  font-variant-east-asian: ruby full-width jis83;
}
.example02 {
  font-variant-east-asian: proportional-width;
}
```

フォント

上付き文字、下付き文字を指定する

フォント・バリアント・ポジション
{font-variant-position: 表示方法; }

font-variant-positionプロパティは、テキストの下付き文字（subscript）や上付き文字（superscript）の表示を指定します。

初期値	normal	継承	あり
適用される要素	すべての要素		
モジュール	CSS Fonts Module Level 4		

値の指定方法

表示方法

normal 通常のグリフが使用されます。

sub 下付き文字のグリフを表示します（OpenType機能のsubsが有効になります）。

super 上付き文字のグリフを表示します（OpenType機能のsupsが有効になります）。

```css
font-variant-position: normal;
font-variant-position: sub;
font-variant-position: super;
```

フォント／テキスト

フォント

フォントの形状をまとめて指定する

フォント・バリアント
{**font-variant** : -caps -numeric -position -alternates -ligatures -east-asian ; }

font-variantプロパティは、フォントの形状を一括指定するショートハンドです。

初期値	normal	継承	あり
適用される要素	すべての要素		
モジュール	CSS Fonts Module Level 3およびLevel 4		

値の指定方法

個別指定の各プロパティと同様です。値は空白文字で区切って指定します。省略した場合は、各プロパティの初期値が適用されます。また、以下の値も指定できます。

normal　標準のフォントで表示されます。それぞれの個別指定プロパティは初期値となります。

none　font-variant-ligaturesプロパティの値をnoneに、その他の個別指定プロパティをnormal（初期値）として指定します。

```css
.small-caps {
  font-family: Verdana;
  font-variant: small-caps;
}
```

```html
<h1 class="small-caps">Html & Css 全事典</h1>
```

小文字がスモールキャップ（小文字の大きさの大文字）で表示される

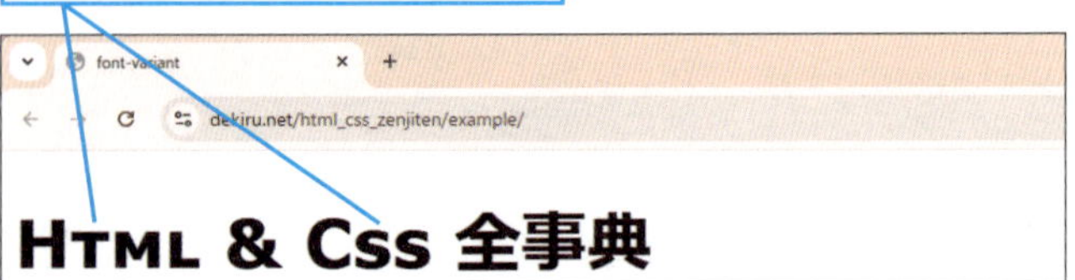

ポイント

- font-variantプロパティは、同じくCSS Fonts Module Level 4で定義されている、font-variant-emojiプロパティの一括指定プロパティでもありますが、本書執筆時点でfont-variant-emojiプロパティに対応したブラウザーはないため本書では掲載していません。

バリアブルフォントにパラメーターを指定する

SPECIFIC

フォント・バリエーション・セッティングス
{font-variation-settings: 軸の設定 ; }

font-variation-settingsプロパティは、可変フォント（Variable Font/バリアブルフォント）において、特定のフォントのバリエーション（軸）の設定をカスタマイズするために使用されます。バリアブルフォントは、1つのフォントファイル内で異なるウェイト（太さ）、幅、斜体などの複数のスタイルを動的に生成できるため、フォントのスタイルの柔軟性を高めることができます。

初期値	normal	継承	あり
適用される要素	すべての要素		
モジュール	CSS Fonts Module Level 4		

値の指定方法

フォントのスタイル

normal　フォントの軸設定が何も行われない状態です。

軸の名前　数値　軸の名前は、バリアブルフォントの軸を表す名前を指定します。軸の名前は、大小区別をする4文字のASCII文字から成り、OpenType/TrueTypeの仕様に基づいています。4文字でないものや、ASCIIの範囲外の文字（Unicode範囲U+0020～U+007E以外の文字）を含むものは無効となります。カスタム軸を持つフォントも、この仕様に従って軸の名前を定義できます。空白に続けて任意の数値（整数、または小数）を指定します。

軸の名前で指定する値としては以下が挙げられます。

軸	意味
wght	Weight（フォントの太さ）
wdth	Width（フォントの幅）
slnt	Slant（フォントの傾き）
ital	Italic（斜体）
opsz	Optical Size（文字サイズに応じた最適化）

なお、font-variation-settingsプロパティは、バリアブルフォントの特定の軸を制御するためのプロパティですが、特定の軸を設定する際には、font-weightやfont-styleなどの基本プロパティを使用すべきとされています。以下の表は、軸ごとに本来使用すべき基本プロパティをまとめたものです。

軸	代替プロパティ	説明
wght（Weight）	font-weight	font-weightプロパティは、フォントがwght軸を持っている場合、その軸の値を設定します。

軸	代替プロパティ	説明
wdth (Width)	font-stretch	font-stretchプロパティは、フォントがwdth軸を持っている場合、その軸の値を設定します。
slnt (Slant) またはital (Italic)	font-style	font-styleプロパティは、値によってslntまたはital軸を設定します。
opsz (Optical Size)	font-optical-sizing	font-optical-sizingプロパティは、フォントがopsz軸を持っている場合、その軸の値を設定します。

```css
font-variation-settings: "wght" 700;
font-variation-settings: "wght" 700, "wdth" 120, "opsz" 14;
```

フォント

オプティカルサイズを許可するかを指定する

フォント・オプティカル・サイジング
{font-optical-sizing: 調整可否; }

font-optical-sizingプロパティは、オプティカルサイズを許可(フォントサイズに応じた最適化を実行)するかどうかを指定します。

初期値	auto	継承	あり
適用される要素	すべての要素		
モジュール	CSS Fonts Module Level 4		

オプティカルサイズに対応したフォントは、用途(表示される文字のサイズ)に応じて、文字のデザイン(線の太さなど)が調整されています。例えば、キャプションなどで使用され、小さな文字サイズで表示された場合でも読みやすくするために、文字サイズが小さいときは少し太め、かつ幅を少し大きくするように調整されていたり、見出しなどの大きなサイズの場合は、太いストロークと細いストロークの対比がより強調されたりといった調整が一般的に行われます。

font-optical-sizingプロパティは、このオプティカルサイズを有効にするか、しないかを指定することができます。

値の指定方法

サイズ調整

auto　オプティカルサイズを許可します。
none　オプティカルサイズを許可しません。

```css
font-optical-sizing: none;
font-optical-sizing: auto;
```

フォント

カラーフォントに使用するカラーパレットを指定する

SPECIFIC

フォント・パレット
{font-palette: カラーパレット; }

font-paletteプロパティは、カラーフォントに含まれるパレットの中からブラウザーがフォントに使用するパレットを指定します。

初期値	normal	継承	あり
適用される要素	すべての要素		
モジュール	CSS Fonts Module Level 4		

@font-palette-values規則により、カラーパレットの値を上書きしたり、新しいカラーパレットを定義したりすることも可能です。本書執筆時点においては、一部のブラウザー(Safari、および Firefox)がサポートしていないため利用時には注意してください。

値の指定方法

カラーパレット

normal
カラーフォントが持つ、 デフォルトのカラーパレットを使用するように指定します。フォント内における、インデックス0のカラーパレット使用されることになります。

light
「背景が明るい(白に近い)」場合に使用されるカラーパレットがカラーフォント内で定義されている場合は、それを使用します。 そのような定義がない場合はnormalと同じです。

dark
「背景が暗い(黒に近い)」 場合に使用されるカラーパレットがカラーフォント内で定義されている場合は、それを使用します。 そのような定義がない場合はnormalと同じです。

カラーパレット名
@font-palette-values規則で定義した、カスタムカラーパレットの名前を指定します。もし@font-palette-values規則による定義が見つからない場合は、normalとして振る舞います。

palette-mix()
palette-mix()関数は、normal、light、darkキーワードや、カラーパレット名を組み合わせることで、新しいカラーパレットを創り出すことができます。基本的な構文はcolor-mix()関数(P.339)と同じです。

CSS
```
@media (prefers-color-scheme: dark) {
  .banner {
    font-palette: dark;
  }
}
```

フォント

フォントサイズを指定する

フォント・サイズ
{font-size: サイズ; }

font-sizeプロパティは、フォントサイズを指定します。フォントサイズを指定するキーワードには、ブラウザーの標準サイズを基準とする「絶対サイズ」と、親要素のフォントサイズを基準とする「相対サイズ」があります。

初期値	medium	継承	あり
適用される要素	すべての要素		
モジュール	CSS Fonts Module Level 3およびLevel 4		

値の指定方法

サイズ

xxx-large	絶対サイズです。mediumを1として、3倍のサイズで表示されます。
xx-large	絶対サイズです。mediumを1として、2倍のサイズで表示されます。
x-large	絶対サイズです。mediumを1として、1.5倍のサイズで表示されます。
large	絶対サイズです。mediumを1として、1.2倍のサイズで表示されます。
medium	絶対サイズです。ブラウザー標準のフォントサイズで表示されます。
small	絶対サイズです。mediumを1として、8/9（約89%） のサイズで表示されます。
x-small	絶対サイズです。mediumを1として、3/4（75%）のサイズで表示されます。
xx-small	絶対サイズです。mediumを1として、3/5（60%）のサイズで表示されます。
larger	相対サイズです。親要素のフォントサイズに対して1.2倍のサイズで表示されます。
smaller	相対サイズです。親要素のフォントサイズに対して8/9（約89%）のサイズで表示されます。
任意の数値+単位	単位付き（P.307）の数値で指定します。負の値は指定できません。
%値	%値で指定します。値は親要素のフォントサイズに対する相対値となります。

ポイント

- アクセシビリティ、さらにメンテナンス性やマルチデバイス対応を考慮すると、%、em、remなどの相対単位を組み合わせて指定するのが望ましいでしょう。
- 絶対単位（pt、cm、mmなど）での指定は文字サイズの変更ができず、アクセシビリティやユーザビリティを大きく低下させるので避けるべきです。

実践例 フォントサイズを％値で指定する

body {font-size: 62.5%; }

以下の例では、body要素にfont-sizeプロパティを適用して値を62.5%にしています。多くのブラウザーでは標準のフォントサイズが16px（1em）であるため、body要素のフォントサイズは16pxの62.5%、つまり10pxで表示されることになります。値に0.625emを指定しても、フォントサイズが10pxになります。

```css
body {
  font-size: 62.5%;
}
```

フォントサイズが10pxで表示される

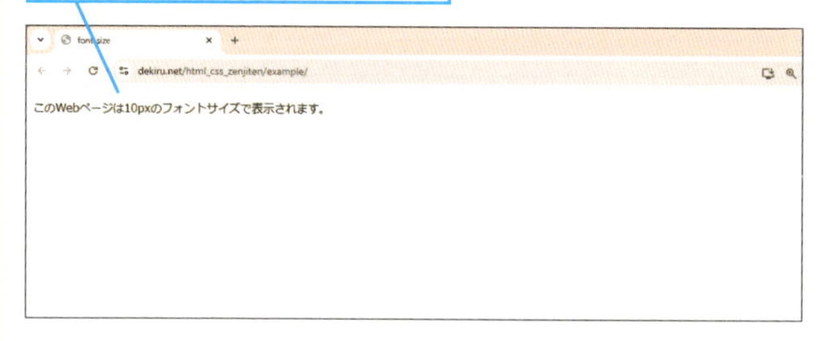

同様にして以下の例では、フォントサイズを20px、40pxに指定しています。

```css
.section1 {font-size: 62.5%;}
.section2 {font-size: 100%;}
.section3 {font-size: 125%;}
.section4 {font-size: 250%;}
```

フォントサイズが指定した％値で表示される

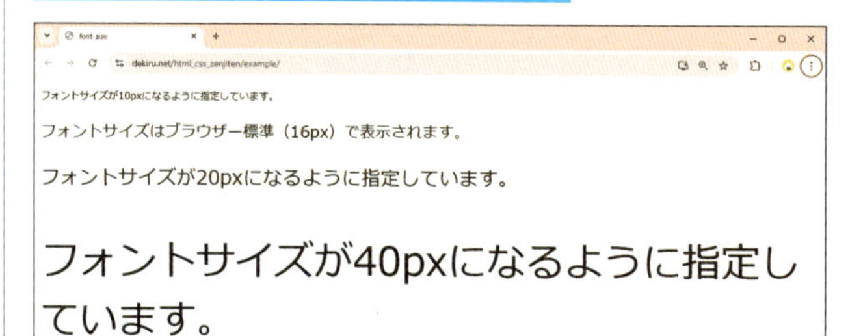

フォント

小文字の高さに基づいたフォントサイズの選択を指定する

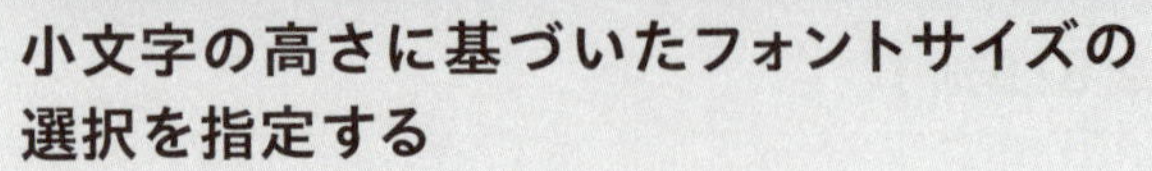

font-size-adjustプロパティは、大文字の高さではなく小文字の高さに基いたフォントサイズの選択を指定します。具体的には、フォントサイズに対する小文字の「x」の高さ比率を指定することで、複数のフォントが混在した場合でも文字サイズが揃って読みやすくなる可能性があります。

初期値	none	継承	あり
適用される要素	すべての要素		
モジュール	CSS Fonts Module Level 5		

値の指定方法

サイズ

none font-sizeプロパティ(P.420)の値だけを基準にフォントサイズを選択します。

数値 font-sizeプロパティの値と掛け合わせて小文字の高さ(該当フォントにおける「x」の高さ)になる値を指定します。ブラウザーはこの数値に応じてフォントサイズを選択します。

ex-height x-height(小文字「x」の高さ)をフォントサイズで割った値を用いて、フォントのアスペクト値を正規化します。

cap-height キャップハイト(大文字「X」の高さ)を正規化し、フォントサイズに使用します。

ch-width 「0」(ZERO, U+0030)の送り幅をフォントサイズで割った値を用いて、フォントの横幅を正規化します。

ic-width 水(CJK water ideograph, U+6C34)の送り幅をフォントサイズで割った値を用いて、フォントの横幅を正規化します。

ic-height 水(CJK water ideograph, U+6C34)の縦書き送り幅をフォントサイズで割った値を用いて、フォントの高さを正規化します。

以下の例では、p要素内のフォントサイズが20pxでの「x」の高さの0.6倍、つまり12pxになるように調整されます。ここでは計算が分かりやすいように、font-sizeプロパティの値をpx単位で指定しています。

```css
p {
  font-size: 20px;
  font-size-adjust: 0.6;
}
```

フォント

フォントの太さを指定する

フォント・ウェイト
{font-weight: 太さ; }

font-weightプロパティは、フォントの太さを指定します。

初期値	normal	継承	あり
適用される要素	すべての要素		
モジュール	CSS Fonts Module Level 4		

値の指定方法

太さ

数値 1～1000の任意の数値を指定可能です。可変フォントにおいては、数値が大きいほど太い文字となります。可変フォントではなく、指定された数値にちょうど一致する太さのフォントがユーザーの環境にない場合は、以下のようなルールでフォールバックされます。

1. 400未満の場合、より細いフォントを順に探し、見つからなければより太いフォントを探します。
2. 500より大きい場合、より太いフォントを順に探し、見つからなければより細いフォントを探します。
3. 400の場合、まず500に一致するフォントを探し、見つからなければ1のルールに従います。
4. 500の場合、まず400に一致するフォントを探し、見つからなければ1のルールに従います。

normal 通常の太さで表示されます。数値で400を指定した場合と同じです。

bold 太字で表示されます。数値で700を指定した場合と同じです。

bolder 継承した太さの値が350未満の場合は400、550未満の場合は700、550以上の場合は900の太さで表示されます。

lighter 継承した太さの値が550未満の場合は100、750未満の場合は400、750以上の場合は700の太さで表示されます。

```css
.att {
  font-weight: bold;
}
```

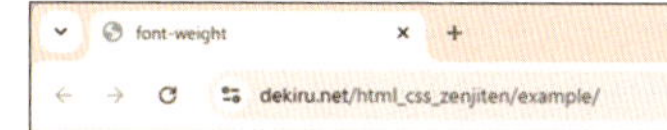

銀座線渋谷駅のホームは、**明治通りの上空**へ移動しました。

指定した要素内のフォントが太字で表示される

フォント

フォントと行の高さをまとめて指定する

{font（フォント）: -style -variant -weight -size line-height -stretch -family ; }

fontプロパティは、フォントのスタイルや太さと行の高さを一括指定するショートハンドです。システムフォントのキーワードを1つだけ指定するためにも使用できます。

初期値	各プロパティに準じる	継承	各プロパティに準じる
適用される要素	すべての要素		
モジュール	CSS Fonts Module Level 4		

値の指定方法

個別指定の各プロパティと同様です。font-size、font-familyプロパティの値は必須で、この2つ以外は省略可能です。省略した場合は、各プロパティの初期値が適用されます。font-style、font-variant、font-weightプロパティは、font-sizeプロパティよりも前に指定します。font-variantプロパティは、CSS 2.1で定義された値（normal、small-caps）、font-stretchプロパティは単一のキーワードのみ指定可能です。また、line-heightプロパティは、font-sizeプロパティに続けてスラッシュ（/）の後に指定します。font-familyプロパティは必ず最後に指定します。

```css
.text-type01 { font: italic normal bold 12px/150% condensed
"メイリオ",sans-serif; }
```

上記の例で指定したfontプロパティは、各プロパティを以下のように指定した場合と同様の表示になります。

```css
.text-type01 {
  font-style: italic;
  font-variant: normal;
  font-weight: bold;
  font-size: 12px;
  line-height: 150%;
  font-stretch: condensed;
  font-family: "メイリオ",sans-serif;
}
```

ポイント

- システムフォントのキーワードとしては、caption、icon、menu、message-box、small-caption、status-barが使用できます。font: status-bar;のように単一のキーワードのみ指定可能で、一括指定との併用はできません。

フォント

フォントの幅を指定する

USEFUL

{font-stretch: 幅; }

フォント・ストレッチ

font-stretchプロパティは、フォントの幅を指定します。幅の種類が用意されたフォントの場合、指定した幅、または最も近い幅で表示されます。幅の種類がないフォントの場合、表示は変更されません。

初期値	normal	継承	あり
適用される要素	すべての要素		
モジュール	CSS Fonts Module Level 4		

値の指定方法

幅

ultra-expanded	最も幅の広いフォントで表示されます。
extra-expanded	かなり幅の広いフォントで表示されます。
expanded	幅の広いフォントで表示されます。
semi-expanded	やや幅の広いフォントで表示されます。
normal	通常の幅のフォントで表示されます。
semi-condensed	やや幅の狭いフォントで表示されます。
condensed	幅の狭いフォントで表示されます。
extra-condensed	かなり幅の狭いフォントで表示されます。
ultra-condensed	最も幅の狭いフォントで表示されます。
%値	%値で指定します。値は文字の幅に対する割合になります。Level 4仕様で追加されました。

CSS
```
.exand {font:20px "Arial",sans-serif;
  font-stretch: expanded;}
.cond {font:20px "Arial",sans-serif;
  font-stretch: condensed;}
```

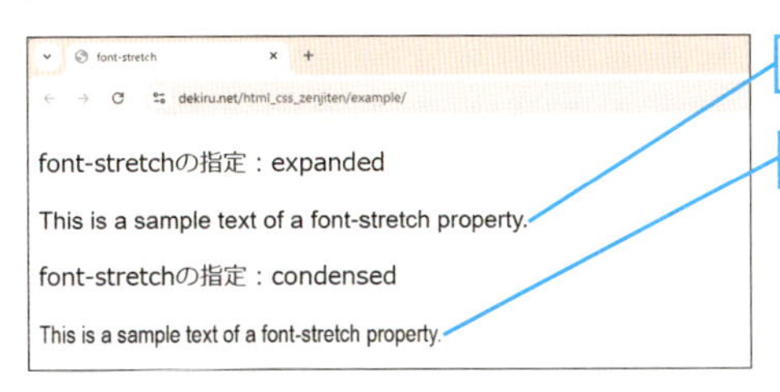

文字の幅が広く表示される

文字の幅が狭く表示される

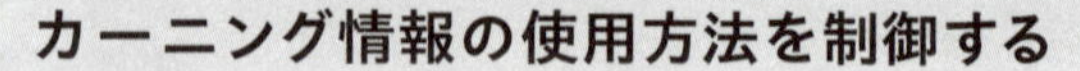

カーニング情報の使用方法を制御する

フォント・カーニング
{font-kerning: 表示方法; }

font-kerningプロパティは、フォントに含まれるカーニング情報をブラウザーがどのように使用するかを制御します。

初期値	auto	継承	あり
適用される要素	すべての要素		
モジュール	CSS Fonts Module Level 4		

値の指定方法

表示方法

auto　カーニング情報を使用するかはブラウザー任せになります。
normal　カーニング情報を使用するようにブラウザーに要求します。
none　カーニング情報を使用しないようにブラウザーに要求します。

```css
h1 {
  font-kerning: normal;
  text-transform: uppercase;
}
```

```html
<h1>We Love Verdana</h1>
```

フォント

OpenTypeフォントの機能を指定する

フォント・フィーチャー・セッティングス
{font-feature-settings: 機能 有効・無効; }

font-feature-settingsプロパティは、OpenTypeフォントの機能の有効・無効を指定します。OpenTypeフォントの機能(feature)を指定することで、さまざまな表現が可能です。

初期値	normal	継承	あり
適用される要素	すべての要素		
モジュール	CSS Fonts ModuleLevel 4		

値の指定方法

機能

normal OpenTypeフォントの機能を利用しません。

機能 OpenTypeフォントの機能を引用符(")で囲んで指定します。複数のOpenType機能はカンマ(,)で区切って指定可能です。利用できるOpenType機能はフォントによって異なりますが、日本語のフォントであれば、異体字や半角文字、特殊記号などを表示できます。

有効・無効

OpenType機能を指定した場合、続けて半角スペースで区切って記述します。

1 機能を有効にします。この値は省略しても問題ありません。

0 機能を無効にします。

以下の例では「hwid」機能を指定して、漢字以外の文字をすべて半角に指定しています。

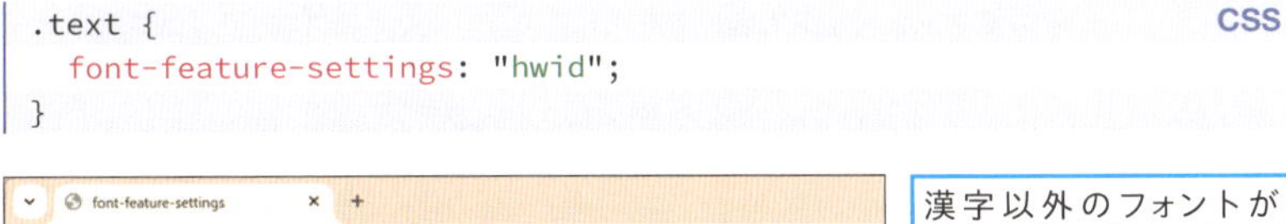

```css
.text {
  font-feature-settings: "hwid";
}
```

漢字以外のフォントが半角文字で表示される

ポイント

- OpenType機能の一覧は、以下のWikipediaなどから確認できます。
https://ja.wikipedia.org/wiki/タイポグラフィ機能一覧

フォント

太字やイタリックをブラウザーが合成するかを一括指定する

フォント・シンセシス
{font-synthesis: 合成の許可; }

font-synthesisプロパティは、font-synthesis-weightプロパティ、font-synthesis-styleプロパティ、font-synthesis-small-capsプロパティ、font-synthesis-positionプロパティを一括指定するプロパティです。

初期値	weight style small-caps position	継承	あり
適用される要素	すべての要素		
モジュール	CSS Fonts Module Level 4		

値の指定方法

合成の許可

none 太字、イタリック、スモールキャピタル、下付き文字、および上付き文字の合成を許可しません。この値は単体で指定します。

weight 太字の合成を許可します(font-synthesis-weightプロパティの値をautoに設定します)。

style イタリックの合成を許可します(font-synthesis-styleプロパティの値をautoに設定します)。

small-caps スモールキャピタルの合成を許可します(font-synthesis-small-capsプロパティの値をautoに設定します)。

position 下付き文字、および上付き文字のためのフォントフェイスを必要に応じてブラウザーが合成するか否かを指定する、font-synthesis-positionプロパティの値をautoに設定し合成を許可します。ただし、このプロパティはブラウザーのサポートが十分でないため、本書には掲載していません。

weight、style、small-caps、positionの4つの値は、複数を組み合わせて指定することが可能です。none以外の値が1つでも指定された場合、その他の値は省略されたものとして扱われ、各プロパティの初期値であるnoneが適用されます。

以下の例では、太字とイタリックの合成のみを許可し、スモールキャピタル、下付き文字、および上付き文字の合成については許可しないように指定しています。

```css
font-synthesis: weight style;
```

フォント

太字をブラウザーが合成するかを指定する

フォント・シンセシス・ウェイト
{**font-synthesis-weight**: 合成の許可; }

font-synthesis-weightプロパティは、フォントファミリーに太字がない場合に、ブラウザーが太字のフォントフェイスを合成することを許可するかどうかを指定します。

初期値	auto	継承	あり
適用される要素	すべての要素		
モジュール	CSS Fonts Module Level 4		

値の指定方法

合成の許可

auto 太字の合成を許可します。

none 太字の合成を許可しません。

```css
font-synthesis-weight: auto;
font-synthesis-weight: none;
```

フォント

イタリックをブラウザーが合成するかを指定する

フォント・シンセシス・スタイル
{**font-synthesis-style**: 合成の許可; }

font-synthesis-styleプロパティは、フォントファミリーにイタリックがない場合に、ブラウザーがイタリックのフォントフェイスを合成することを許可するかどうかを指定します。

初期値	auto	継承	あり
適用される要素	すべての要素		
モジュール	CSS Fonts Module Level 4		

値の指定方法

合成の許可

auto　イタリックの合成を許可します。
none　イタリックの合成を許可しません。

```css
font-synthesis-style: auto;
font-synthesis-style: none;
```

フォント

スモールキャピタルをブラウザーが合成するかを指定する

フォント・シンセシス・スモールキャップス
{font-synthesis-small-caps: 合成の許可; }

font-synthesis-small-capsプロパティは、フォントファミリーにスモールキャピタルがない場合に、ブラウザーがスモールキャピタルのフォントフェイスを合成することを許可するかどうかを指定します。

初期値	auto	継承	あり
適用される要素	すべての要素		
モジュール	CSS Fonts Module Level 4		

値の指定方法

合成の許可

auto　スモールキャピタルの合成を許可します。
none　スモールキャピタルの合成を許可しません。

```css
font-synthesis-small-caps: auto;
font-synthesis-small-caps: none;
```

テキスト

行の高さを指定する

{line-height: 高さ; }

（ライン・ハイト）

line-heightプロパティは、行ボックスの高さを指定します。

初期値	normal	継承	あり
適用される要素	すべての要素		
モジュール	CSS Inline Layout Module Level 3		

値の指定方法

高さ

normal フォントサイズに従って自動的に指定されます。

任意の数値+単位 単位付き(P.307)の数値で指定します。

任意の数値 フォントサイズに数値を掛けた値が行の高さになります。

%値 %値で指定します。値は要素のフォントサイズに対する割合となります。

```css
.line2 {
  line-height: 2;
}
```

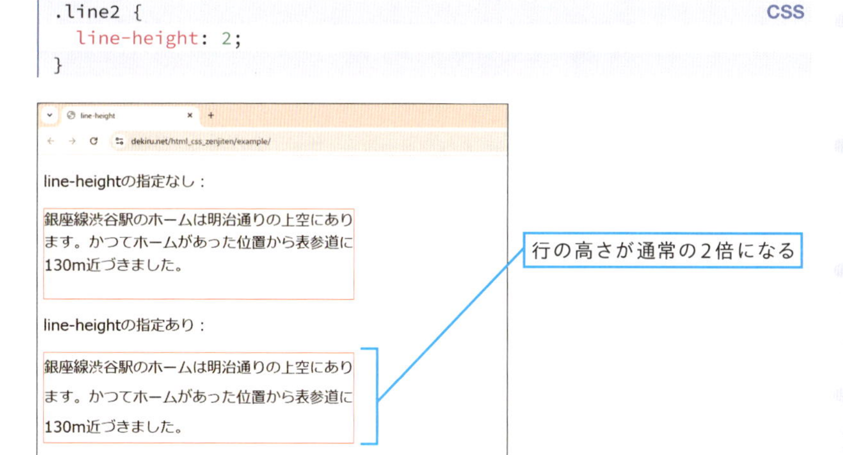

ポイント

- line-heightの値は特別な理由がない限り、アクセシビリティを考慮して「1.5」以上の数値を単位なしで指定しましょう。pxなどの単位付きで指定すると、文字サイズの変更に対して行間がつぶれたり、継承がうまくいかなかったりする場合があります。

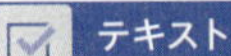

テキスト

英文字の大文字や小文字での表示方法を指定する

テキスト・トランスフォーム
{text-transform: 表示方法; }

text-transformプロパティは、英文字の大文字や小文字での表示方法を指定します。

初期値	none	継承	あり
適用される要素	テキスト		
モジュール	CSS Text Module Level 4		

値の指定方法

表示方法

none	表示方法を指定しません。
capitalize	単語の先頭文字が大文字で表示されます。
uppercase	すべて大文字で表示されます。
lowercase	すべて小文字で表示されます。
full-width	東アジアの言語(日本語や中国語など)でアルファベットや数字、記号などが強制的に全角で表示されます。
full-size-kana	主にWebコンテンツにおいてルビで使用される捨て仮名(小書きの仮名)を通常の仮名に変換します。
math-auto	数式に適した表示、数学関連の単一文字をイタリック体の表示に変換します。ただし、数式をレンダリングする場合、通常はMathMLを使用します。

```css
.description {
  text-transform: capitalize;
}
```

```html
<p class="description">
  This is a sample text of a text-transform property.
</p>
```

dekiru.net/html_css_zenjiten/example/

This Is A Sample Text Of A Text-Transform Property.

単語の先頭文字が大文字で表示される

ポイント

- capitalize値は「iPhone」や「eBay」など、先頭が小文字であるべき単語も変換するので注意しましょう。なお、単語の先頭にある句読点や記号は無視されます。

 テキスト

文章の揃え位置を指定する

テキスト・アライン

{text-align: 揃え位置; }

text-alignプロパティは、文章の揃え位置を指定します。

初期値	start	継承	あり
適用される要素	ブロックコンテナー		
モジュール	CSS Logical Properties and Values Level 1およびCSS Text Module Level 3		

値の指定方法

揃え位置

start	行の開始位置に揃えます。文章の記述方向がltrならleft、rtlならrightとして解釈されます。
end	行の終了位置に揃えます。
left	左揃えにします。
right	右揃えにします。
center	中央揃えにします。
justify	最終行を除いて均等割付にします。
match-parent	親要素の値を継承します。親要素の値がstartだった場合はleftを、endだった場合はrightを適用します。
justify-all	最終行も含めて強制的に均等割付にします。対応ブラウザーはありません。text-align-lastプロパティ(P.435)を使用しましょう。

```css
.box {
  width: 350px; height: 100px;
  border:solid red 1px;
  text-align: justify;
}
```

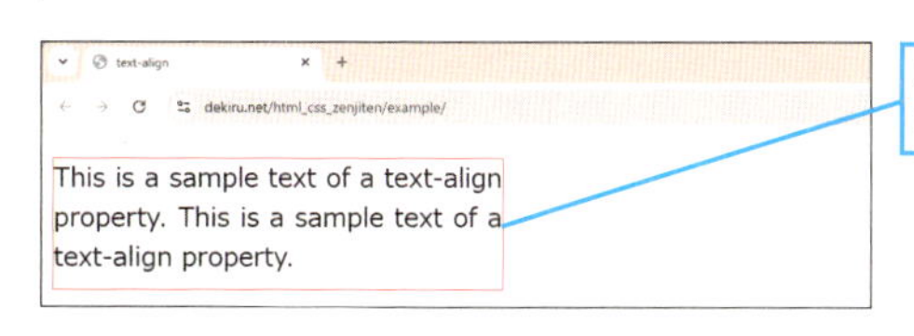

単語の間隔が調整されて均等割付になる

ポイント

- justify値(均等割付)によって単語間の空白が不規則になると、可読性が著しく低下する場合があるため注意が必要です。

テキスト

文章の均等割付の形式を指定する

USEFUL

テキスト・ジャスティファイ
{text-justify: 形式; }

text-justifyプロパティは、文章の均等割付の形式を指定します。text-alignプロパティ（P.433）の値がjustifyのときに併記することで、さまざまな言語の表記に合わせた形式を選択できます。本書執筆時点では、Firefoxのみがサポートしています。

初期値	auto	継承	あり
適用される要素	テキスト		
モジュール	CSS Text Module Level 3		

値の指定方法

形式

auto ブラウザーが自動的に適切な値を指定します。
none 文章の均等割付を行いません。
inter-word 単語間を調整して均等割付します。英語などに適しています。
inter-character 文字間を調整して均等割付します。日本語などに適しています。

```css
.box {
  width: 330px; height: 70px;
  border:solid red 1px;
  text-align: justify;
  text-justify: inter-character;
}
```

text-justify
dekiru.net/html_css_zenjiten/example/
text-justifyの指定あり：distribute
この文章は、文字間隔が調整される値のサンプルです。
text-justifyの指定なし：
この文章は、文字間隔が調整される値のサンプルです。
文字間隔が調整されて均等割付になる

テキスト

文章の最終行の揃え位置を指定する

SPECIFIC

テキスト・アライン・ラスト
{text-align-last: 揃え位置; }

text-align-lastプロパティは、文章の最終行(あるブロックの最後の行、もしくは強制改行の直前にある行)の揃え位置を指定します。

初期値	auto	継承	あり
適用される要素	ブロックコンテナー		
モジュール	CSS Text Module Level 3		

値の指定方法

揃え位置

auto text-alignプロパティ(P.433)の値に準じます。ただし、text-alignプロパティの値がjustifyの場合は、startと解釈されます。

start 行の開始位置に揃えます。日本語のように文章の記述方向がltrの場合はleftと同様です。

end 行の終了位置に揃えます。日本語のように文章の記述方向がltrの場合はrightと同様です。

left 最終行を左揃えにします。

right 最終行を右揃えにします。

center 最終行を中央揃えにします。

justify 最終行を均等割付にします。

match-parent 親要素の値を継承します。 親要素の値がstartだった場合はleftを、endだった場合はrightを適用します。

CSS
```
.box {
  width: 300px; height: 100px;
  border:solid red 1px;
  text-align: justify;
  text-align-last: right;
}
```

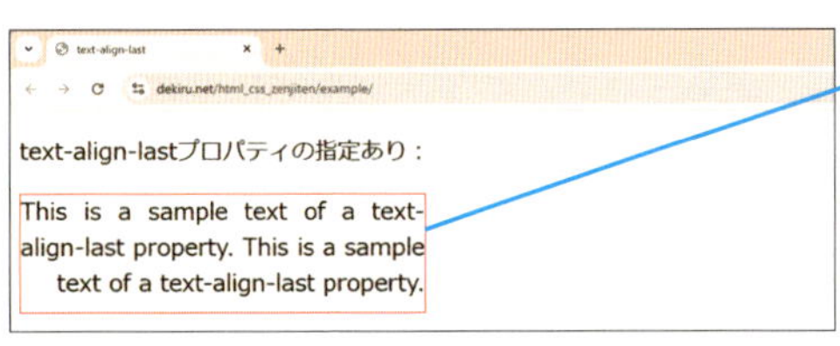

文章の最終行が右揃えになる

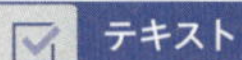

ボックスに収まらない文章の表示方法を指定する

テキスト・オーバーフロー
{text-overflow: 表示方法; }

text-overflowプロパティは、ボックスに収まらずあふれた文章の表示方法を指定します。overflowプロパティ(P.545)の値がhiddenのときに意味を持つプロパティです。

初期値	clip	継承	なし
適用される要素	ブロックコンテナー		
モジュール	CSS Overflow Module Level 3		

値の指定方法

表示方法

clip 収まらない文章は切り取られます。

ellipsis 収まらない文章は切り取られ、切り取られた部分に省略記号が表示されます。

```css
.highlight {
  width: 23em; height: 30px;
  white-space: nowrap;
  border: 1px solid red;
  overflow: hidden;
  text-overflow: ellipsis;
}
```

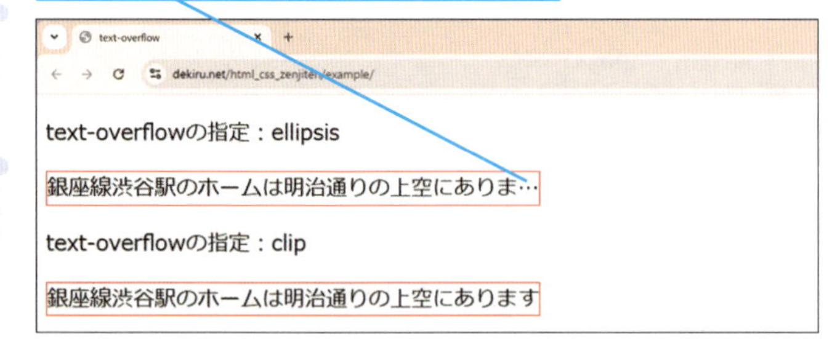

テキスト

行内やセル内の縦方向の揃え位置を指定する

POPULAR

ヴァーティカル・アライン
{vertical-align: 揃え位置; }

vertical-alignプロパティは、行内やセル内の縦方向の揃え位置（ベースライン）を指定します。

初期値	baseline	継承	なし
適用される要素	インラインレベルとテーブルセル要素		
モジュール	CSS Level 2 (Revision 2)		

値の指定方法

揃え位置

baseline	親要素のベースラインの位置になります。
sub	親要素の上付き文字の位置になります。
super	親要素の下付き文字の位置になります。
top	親要素、または先頭行のセルの上端と揃います。
bottom	親要素、または先頭行のセルの下端と揃います。
middle	半角英字の「x」の中央の高さに要素が揃います。
text-top	親要素のフォントと要素の上端が揃います。
text-bottom	親要素のフォントと要素の下端が揃います。
任意の数値+単位	ベースラインから移動する距離を単位付き（P.307）の数値で指定します。既定のベースラインを0として正の値なら上、負の値なら下に移動します。
%値	%値で指定します。値は要素の行の高さに対する割合となります。

CSS
```
td.tp {vertical-align: top;}
td.md {vertical-align: middle;}
td.bt {vertical-align: bottom;}
```

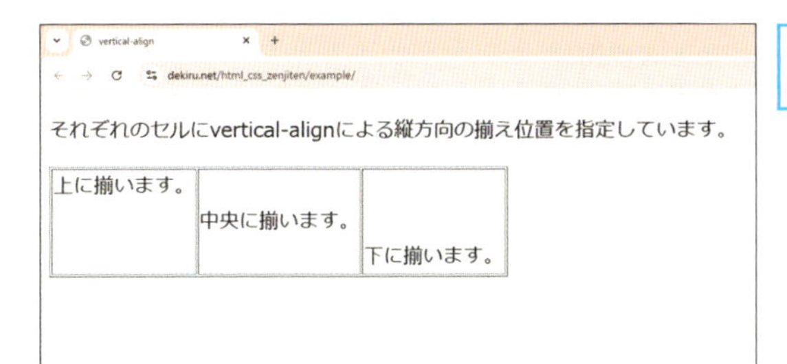

セル内での縦方向の揃え位置が調整される

 テキスト

文章の1行目の字下げ幅を指定する

{text-indent: 字下げ幅; }

テキスト・インデント

text-indentプロパティは、文章の1行目の字下げ幅を指定します。

初期値	0	継承	あり
適用される要素	ブロックコンテナー		
モジュール	CSS Text Module Level 3		

値の指定方法

字下げ幅

任意の数値+単位 単位付き(P.307)の数値で指定します。

%値 %値で指定します。値は行の幅に対する割合になります。

each-line 強制的に改行された行が字下げされます。ただし、本書執筆時点で対応しているのはFirefox、Safariのみです。

hanging 2行目以降が字下げされます。ただし、本書執筆時点で対応しているのはFirefox、Safariのみです。

```css
.box {
  width: 450px; height: 120px;
  border: solid 1px red;
  text-indent: 1em;
}
```

1行目の行頭が下がる

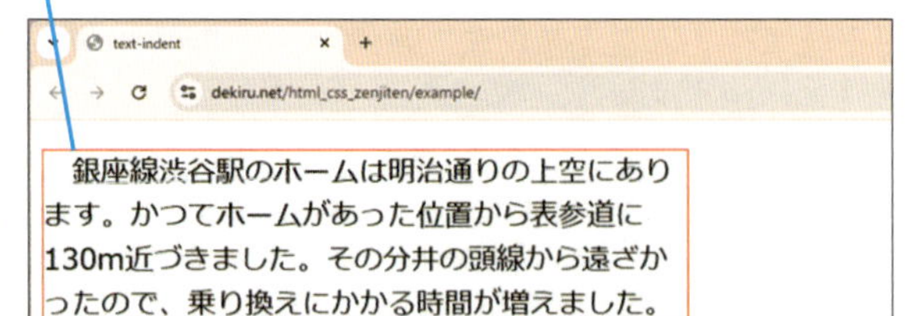

テキスト

文字の間隔を指定する

{letter-spacing: 間隔; }

レター・スペーシング

letter-spacingプロパティは、文字の間隔を指定します。

初期値	normal	継承	あり
適用される要素	インラインボックスとテキスト		
モジュール	CSS Text Module Level 3		

値の指定方法

間隔

normal 文字の間隔を調整しません。フォント標準の間隔になります。

任意の数値+単位 単位付き(P.307)の数値で指定します。負の値も指定できます。

CSS

```
.text {
  font: 20px "Arial",sans-serif;
  letter-spacing: 0.1em;
}
```

文字の間隔が広がる

letter-spacing

dekiru.net/html_css_zenjiten/example/

letter-spacingの指定あり：

渋 谷 駅 で 井 の 頭 線 か ら 東 横 線 へ ス ム ー ズ に 乗 り 換 え た い 。

letter-spacingの指定なし：

渋谷駅で井の頭線から東横線へスムーズに乗り換えたい。

ポイント

- 正の値、負の値に限らず、letter-spacingにあまり大きな数値を指定すると可読性が著しく低下する場合があるので注意が必要です。特に負の値は文字同士が重なり合い、読めなくなる可能性もあります。

約物文字のカーニングを指定する

テキスト・スペーシング・トリム
{text-spacing-trim: 表示方法; }

text-spacing-trimプロパティは、中国語／日本語／韓国語（CJK）の約物文字（句読点や括弧類など）に設定される、隣接する文字間（カーニング）やテキスト行の先頭または末尾に設定される内部スペーシングを制御します。

初期値	normal	継承	あり
適用される要素	テキスト		
モジュール	CSS Text Module Level 3		

値の指定方法

表示方法

space-all すべての約物文字は、全角グリフで設定されます。

normal 各行の先頭に全角グリフで約物文字を設定します。各行の末尾については、両端揃えを行ううえで調整する必要があれば半角グリフで、そうでなければ全角グリフで設定されます。

trim-both 各行の先頭と文末の約物文字について半角グリフで設定されます。

space-first ブロックコンテナーの先頭行と、強制改行後の各行に、全角グリフで約物文字を設定します。それ以外はnormalと同様です。

trim-start 各行の先頭にある約物文字について半角グリフで設定されます。それ以外はnormalと同様です。

trim-all すべての約物文字について半角グリフで設定されます。

auto ブラウザーがタイポグラフィ的に最も高品質なスペーシングを自動選択します。

各プロパティ値と間隔（アキ）調整の可否をまとめると、以下のようになります。

<table>
<tr><th>値</th><th>行頭の約物文字に対する間隔の調整</th><th>文末の約物文字に対する間隔の調整</th><th>連続する約物文字に対する間隔の調整</th><th>すべての約物文字に対する間隔の調整</th></tr>
<tr><td>space-all</td><td colspan="4">しない</td></tr>
<tr><td>normal</td><td>しない</td><td rowspan="3">行に収まらない場合のみ</td><td rowspan="4">する</td><td rowspan="4">しない</td></tr>
<tr><td>space-first</td><td>1行目を除いてする</td></tr>
<tr><td>trim-start</td><td rowspan="2">する</td></tr>
<tr><td>trim-both</td><td>する</td></tr>
<tr><td>trim-all</td><td colspan="4">する</td></tr>
<tr><td>auto</td><td colspan="4">ブラウザーに依存</td></tr>
</table>

```css
p { text-indent: 1em; text-spacing-trim: trim-both; }
```
CSS

テキスト

単語の間隔を指定する

ワード・スペーシング
{word-spacing: 間隔; }

word-spacingプロパティは、単語の間隔を指定します。単語を区切る文字は、Unicodeにおける「スペース」(U+0020)や「ノーブレークスペース」(U+00A0)などが該当し、日本語の文章でもこれらの単語を区切る文字が入る箇所に適用されます。

初期値	normal	継承	あり
適用される要素	テキスト		
モジュール	CSS Text Module Level 3		

値の指定方法

間隔

normal　単語の間隔を調整しません。フォント標準の間隔になります。

任意の数値+単位　単位付き(P.307)の数値で指定します。負の値も指定できます。

```css
.text {
  font: 20px "Arial",sans-serif;
  word-spacing: 0.5em;
}
```

単語の間隔が広がる

word-spacing
dekiru.net/html_css_zenjiten/example/

word-spacingの指定あり：

This　is　a　sample　text　of　a　word-spacing　property.

word-spacingの指定なし：

This is a sample text of a word-spacing property.

ポイント

- 仕様上は、%値も指定可能です。ただし、本書執筆時点においてFirefox、Safariのみ対応しているため使用時には注意が必要です。

タブ文字の表示幅を指定する

タブ・サイズ
{tab-size: 幅; }

tab-sizeプロパティは、タブ文字の表示幅を指定します。このプロパティの指定が適用されるのはpre要素(P.125)の内容か、対象となる要素にwhite-spaceプロパティ(P.443)のpre、またはpre-wrapが適用されている場合です。

初期値	8	継承	あり
適用される要素	ブロックコンテナー		
モジュール	CSS Text Module Level 3		

値の指定方法

幅

任意の数値 タブの空白文字の文字数を任意の正の整数で指定します。

任意の数値+単位 単位付き(P.307)の正の数で指定します。

```css
.tab-adjust {
  tab-size: 4;
}
```

表示されるタブの幅が空白文字4文字分になる

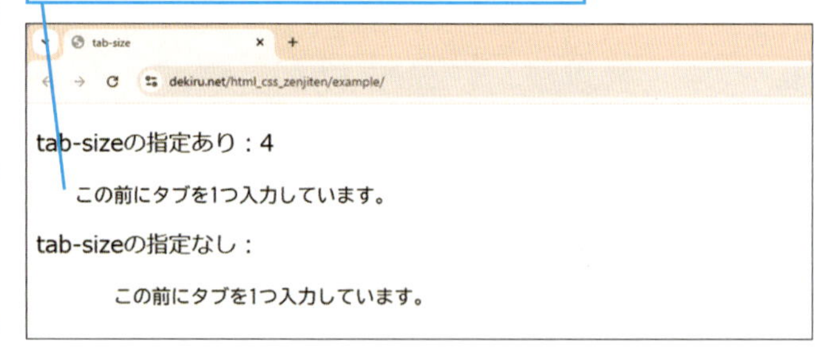

スペース、タブ、改行の表示方法を指定する

{white-space: 表示方法; }

（ホワイト・スペース）

white-spaceプロパティは、スペース、タブ、改行といった空白文字(P.79)の表示方法を指定します。

初期値	normal	継承	あり
適用される要素	テキスト		
モジュール	CSS Text Module Level 3		

値の指定方法

表示方法

normal 表示方法を指定しません。

nowrap スペース、タブ、改行は半角スペースとして表示されます。ボックスの幅で自動改行されません。

pre スペース、タブ、改行はそのまま表示されます。ボックスの幅で自動改行されません。

pre-wrap スペース、タブ、改行はそのまま表示されます。ボックスの幅で自動改行されます。

pre-line 改行はそのまま表示され、スペースとタブは半角スペースとして表示されます。ボックスの幅で自動改行されます。

break-spaces 基本的な動作はpre-wrapと同様ですが、文末に連続するスペースがある場合はそれらもそのまま表示され、ボックスの幅で自動改行されます。

CSS

```css
blockquote {
  white-space: pre;
}
```

HTML

```html
<blockquote>
                古池や
                        蛙飛び込む
                                        水の音
</blockquote>
```

white-space
dekiru.net/html_css_zenjiten/example/

```
    古池や
      蛙飛び込む
         水の音
```

スペース、タブ、改行がそのまま表示される

テキスト

空白の折りたたみの可否や方法を指定する

ホワイト・スペース・コラプス
{white-space-collapse: 表示方法; }

white-space-collapseプロパティは、空白文字を折りたたむかどうか、またどのように折りたたむかを指定します。

初期値	collapse	継承	あり
適用される要素	テキスト		
モジュール	CSS Text Module Level 4		

値の指定方法

表示方法

collapse ブラウザーに空白文字の連続を1つの文字(または場合によっては何も表示しない)に折りたたむよう指示します。

preserve ブラウザーが空白文字の連続を折りたたまないように指示します。改行などのセグメント区切り(LFなどの制御文字)は強制改行として保持されます。

preserve-breaks collapseと同様に、連続する空白文字を折りたたみますが、要素内のセグメント区切りを強制改行として保持します。

preserve-spaces ブラウザーが空白文字の連続を折りたたまないようにし、タブ文字やセグメント区切りをスペースに変換します。(この値は、SVGにおけるxml:space="preserve"の動作を表現すことを目的としています)

break-spaces preserveと同じですが、以下の点が異なります。
折りたたまれず維持された空白文字やその他のスペース区切り文字の連続は、常にスペースを占有します。これには行末の空白文字も含まれます。
折りたたまれず維持された空白文字および他のスペース区切り文字の後(空白文字間も含む)には、常に自動折り返し機会(soft wrap opportunity)が存在します。

discard ブラウザーに要素内のすべての空白文字を「破棄」するように指示します。

```css
p.preserve {
  white-space-collapse: preserve;
}
```

ポイント

- HTML Standard仕様における空白文字は「タブ(U+0009)」「改行(U+000A)」「フォームフィード(U+000C)」「キャリッジリターン(U+000D)」「スペース(U+0020)」の5文字です。

テキスト

テキストを折り返す方法を一括指定する

テキスト・ラップ

{text-wrap: 折り返し方法; }

text-wrapプロパティは、text-wrap-mode、およびtext-wrap-styleプロパティを一括指定するプロパティです。ブラウザーが制御する折り返し(自動折り返し)の方法を指定します。

初期値	wrap	継承	あり
適用される要素	テキスト、およびインライン整形文脈を確立するブロックコンテナー		
モジュール	CSS Text Module Level 4		

値の指定方法

折り返し方法

wrap テキストは許可された自動折り返し機会(soft wrap opportunity)において、行をまたいで折り返しされます。これにより、インライン軸のオーバーフローを最小限に抑えることができます。

nowrap テキストは行をまたいで折り返しされません。ブロックコンテナーに収まりきらないテキストは、そのままオーバーフローします。

auto 自動折り返し機会(soft wrap opportunity)の中から、どこで改行するかを選択する具体的なアルゴリズムは、ブラウザーによって決定されます。ブラウザーは、balanceのようにすべての行を(最後の行を含めて)均等にすることを試みてはならないと仕様では定められています。この値は、ブラウザーが好む(あるいは最もWebに適合する)折り返しアルゴリズムを選択します。

balance autoよりもよいバランスが可能な場合、各行ボックスに残っているスペースを均等にするように改行位置が選択されます。仕様上は、text-wrapがautoに設定されていた場合の行ボックス数と同じになることが要求されています。また、処理の負荷を考慮して、行数が多い場合はautoとして扱ってもよいとされているため、例えば長い文章のすべてに対してbalanceを指定しても、無視される場合があります。

stable テキストを編集するときにカーソルより前の内容が安定するように、改行を決定するときにそれ以降の行の内容を考慮しないように指定します。それ以外はautoと同等です。

pretty ブラウザーが速度よりもレイアウトを優先するように指定し、改行を決定するときに複数行を考慮することを期待します。それ以外はautoと同等です。

```css
h1 { text-wrap: balance; }
```

CSS

ポイント

- stable、pretty値については、本書執筆時点でブラウザーサポートの足並みが揃っていないため、使用する場合は注意が必要です。

テキスト

テキストを折り返すかを指定する

テキスト・ラップ・モード
{text-wrap-mode: 折り返しの許可; }

text-wrap-modeプロパティは、ブラウザーが制御する折り返し（自動折り返し）を行うか否かを指定します。また、text-wrap一括指定プロパティを使用して指定することも可能です。

初期値	wrap	継承	あり
適用される要素	テキスト		
モジュール	CSS Text Module Level 4		

値の指定方法

折り返しの許可

wrap テキストは許可された自動折り返し機会（soft wrap opportunity）において、行をまたいで折り返しされます。これにより、インライン軸のオーバーフローを最小限に抑えることができます。

nowrap テキストは行をまたいで折り返しされません。ブロックコンテナーに収まりきらないテキストは、そのままオーバーフローします。

```css
h1 {
  text-wrap-mode: nowrap;
}
```

ポイント

- text-wrap-modeプロパティは本書執筆時点でブラウザーのサポートが進んでおらず、将来的にプロパティ名が変更される可能性もあるため、text-wrapプロパティを使用するほうがよいでしょう。

テキストを折り返す方法を指定する

テキスト・ラップ・スタイル
{text-wrap-style: 折り返し方法; }

text-wrap-styleプロパティは、ブラウザーが制御する折り返し(自動折り返し)について、どのように折り返すかを指定します。また、text-wrap一括指定プロパティを使用して指定することも可能です。

初期値	auto	継承	あり
適用される要素	インライン整形文脈を確立するブロックコンテナー		
モジュール	CSS Text Module Level 4		

折り返しが許可されている場合(text-wrap-mode: wrap; の場合)、以下の一覧から選択した単一のキーワードで指定します。

値の指定方法

折り返し方法

auto 自動折り返し機会(soft wrap opportunity)の中から、どこで改行するかを選択する具体的なアルゴリズムは、ブラウザーによって決定されます。ブラウザーは、balanceのようにすべての行を(最後の行を含めて)均等にすることを試みてはならないと仕様では定められています。この値は、ブラウザーが好む(あるいは最もWebに適合する)折り返しアルゴリズムを選択します。

balance autoよりもよいバランスが可能な場合、各行ボックスに残っているスペースを均等にするように改行位置が選択されます。仕様上は、text-wrapがautoに設定されていた場合の行ボックス数と同じになることが要求されています。また、処理の負荷を考慮して、行数が多い場合はautoとして扱ってもよいとされているため、例えば長い文章のすべてに対してbalanceを指定しても、無視される場合があります。

stable テキストを編集するときにカーソルより前の内容が安定するように、改行を決定するときにそれ以降の行の内容を考慮しないように指定します。それ以外はautoと同等です。

pretty ブラウザーが速度よりもレイアウトを優先するように指定し、改行を決定するときに複数行を考慮することを期待します。それ以外はautoと同等です。

```css
h1 { text-wrap-style: balance; }
```

CSS

ポイント

- pretty値については、本書執筆時点でブラウザーサポートの足並みが揃っていないため、使用する場合は注意が必要です。

テキスト

文章の改行方法を指定する

USEFUL

{word-break: 改行方法; }

ワード・ブレーク

word-breakプロパティは、文章の改行方法を指定します。

初期値	normal	継承	あり
適用される要素	テキスト		
モジュール	CSS Text Module Level 3		

値の指定方法

改行方法

normal 改行方法を指定しません。

keep-all 日本語、中国語、韓国語の単語の途中では改行しません。

break-all line-breakプロパティ(P.449)で禁止されていない限り、いつでも改行します。

break-word 適切に改行できる場所が他にない場合は、単語の途中でも改行するようにします。互換性のために定義されていますが、非推奨の値です。

CSS
```
.box {
  width: 300px; height: 120px;
  border:solid red 1px;
  word-break: keep-all;
}
```

日本語の単語の途中で改行しないように調整される

word-break
dekiru.net/html_css_zenjiten/example/

word-breakの指定あり：keep-all

「国破れて山河在り」とは、
杜甫の漢詩『春望』
の第一句であるが、原文は
「国破山河在」となっている。

word-breakの指定なし：

「国破れて山河在り」とは、杜甫の
漢詩『春望』の第一句であるが、原
文は「国破山河在」となっている。

改行の禁則処理を指定する

USEFUL

{line-break: 処理方法; }

ライン・ブレーク

line-breakプロパティは、日本語、中国語、韓国語に改行の禁則処理を指定します。

初期値	auto	継承	なし
適用される要素	テキスト		
モジュール	CSS Text Module Level 3		

値の指定方法

処理方法

auto 禁則処理を指定せず、ブラウザーに任せます。

loose 必要最低限の禁則処理を適用します。

normal 通常の禁則処理を適用します。「々」「…」「:」「;」「!」「?」は、行頭に送られません。

strict 厳格な禁則処理を適用します。normalの場合に加え、小さいカナ文字や、「～」「-」「—」なども、行頭に送られません。

anywhere 文字間のどこでも改行する可能性があります。また、ハイフネーションは適用されません。

以下の例では、通常および厳格な禁則処理を適用しています。ただし、対応ブラウザーでこれらの値を指定しても、意図通りに機能しないことがあります。

CSS
```
.box {
  width: 300px; height: 60px;
  border:solid red 1px;
  line-break: normal;
}
.box2 {
  width: 300px; height: 60px;
  border:solid red 1px;
  line-break: strict;
}
```

関連知識
セレクター
フォント／テキスト
色／背景／ボーダー
ボックス／テーブル
レイアウト
アニメーション
トランスフォーム
その他

テキスト

単語の途中での改行を指定する

SPECIFIC

{overflow-wrap: 改行方法; }

（オーバーフロー・ラップ）

overflow-wrapプロパティは、単語の途中での改行を指定します。古くはword-wrapというプロパティ名で多くのブラウザーが実装していましたが、CSS Text Module Level 3においてoverflow-wrapに改名され、最新のブラウザーはこの名称で実装しています。多くのブラウザーは、word-wrapをoverflow-wrapプロパティの別名として扱います。

初期値	normal	継承	あり
適用される要素	テキスト		
モジュール	CSS Text Module Level 3		

値の指定方法

改行方法

normal 単語間の空白など、通常折り返しが許可されている位置でのみ改行します。

break-word 適当な折り返し機会がない場合に、単語の途中で改行します。この値で加えられた折り返し機会は、該当要素の最小幅を計算する際に考慮されません。

anywhere 改行の制御はbreak-wordと同様ですが、この値で加えられた折り返し機会は、該当要素の最小幅を計算する際に使用されます。つまり該当要素の幅が最小になるよう、可能な限り折り返し機会を導入します。この値はFirefoxのみの対応です。

CSS
```
.box {
  width: 320px; height: 120px;
  border:solid red 1px;
  overflow-wrap: break-word;
}
```

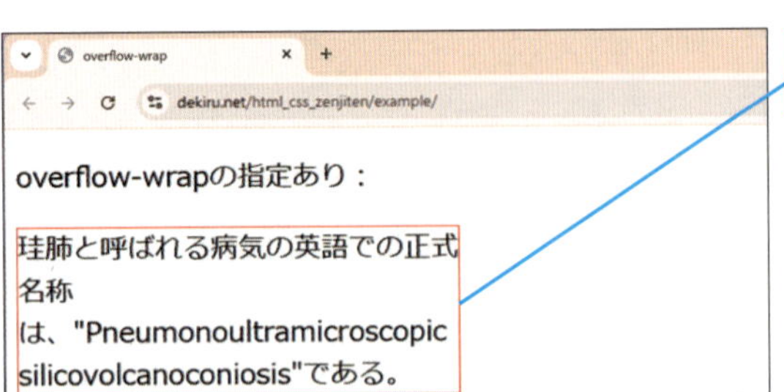

単語の途中で改行される

テキスト

ハイフネーションの方法を指定する

{hyphens: ハイフネーション; }

(hyphens: ハイフンス)

hyphensプロパティは、1つの単語を複数行にわたって折り返す際、分割位置にハイフン(-)を挿入してひと続きの単語であることを表す「ハイフネーション」を行う方法を指定します。なお、ハイフネーションは言語に依存します。

初期値	manual	継承	あり
適用される要素	テキスト		
モジュール	CSS Text Module Level 3		

値の指定方法

ハイフネーション

manual HTMLソース内に(不可視のソフトハイフン)が記述され、単語間での分割可能位置が指示されている場合はそれを使用して改行し、ハイフンが可視化されます。

auto によって分割可能位置が指示されている場合はそれを使用しますが、ない場合はブラウザーが適切な位置で改行し、ハイフンを挿入します。

none によって分割可能位置が指示されている場合でも、単語を分割しません。

```css
.box {
  width: 450px; height: 100px;
  border: solid red 1px;
  hyphens: auto;
}
```

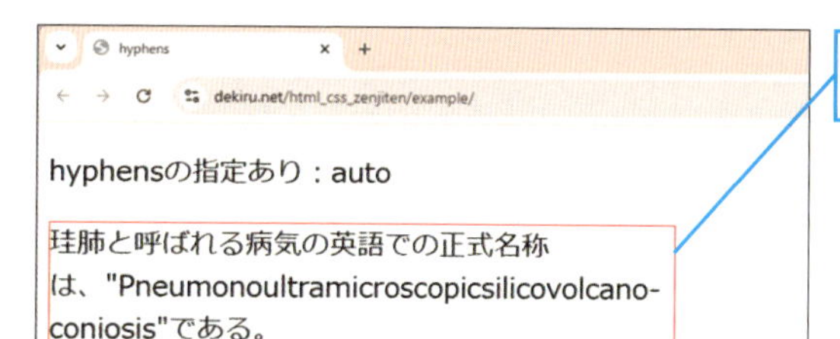

適切な箇所で改行され、ハイフン(-)が挿入される

ハイフネーションに使用する文字を指定する

RARE

ハイフネート・キャラクター
{hyphenate-character: 文字; }

hyphenate-characterプロパティは、ハイフネーションで使用されるハイフンの代わりに使用する文字を指定します。

初期値	auto	継承	あり
適用される要素	テキスト		
モジュール	CSS Text Module Level 4		

値の指定方法

文字

auto ブラウザーが、コンテンツ言語の組版規則に基づいて適切な文字列を見つけるように指定します。

任意の文字列 ハイフネーションするときに区切りに表示される文字列を指定します。 空の文字列 "" を指定することも有効です。この場合、目に見えるハイフネーション文字を挿入することなく、ハイフネーションが行われます。

CSS
```
[lang]:lang(ojs) {
  hyphenate-character: "=";
}
```

ポイント

- ハイフン(- / U+2010)は、単語が分割されたことを示すために最も一般的に使用されます。しかし、必要に応じてhyphenate-characterプロパティを使用することで、別の種類のハイフンを指定することが可能です。

テキスト

文字を表示する方向を指定する

ディレクション
{direction: 方向; }

directionプロパティは、文字を表示する方向を指定します。ただし、HTMLにおいて書字方向はdir属性やbdo要素を用いて示すべきです。

初期値	ltr	継承	あり
適用される要素	すべての要素		
モジュール	CSS Writing Modes Level 4		

値の指定方法

方向

ltr 文字が左から右へ表示されます。

rtl 文字が右から左へ表示されます。

テキスト

文字の書字方向決定アルゴリズムを制御する

ユニコード・バイディレクショナル
{unicode-bidi: 上書き方法; }

unicode-bidiプロパティは、文字の書字方向決定アルゴリズムの組み込みや上書きを制御します。ブラウザーでは通常、日本語や英語といった左から右に書く言語と、アラビア語のように右から左に書く言語を同時に表示する際、「Unicode双方向アルゴリズム」に基づいて各言語における書字方向を決定します。しかし、期待通りの表示とならない場合もあります。その場合に、directionプロパティで指定した書字方向でアルゴリズムを強制的に上書きするかどうかを指定できます。

初期値	normal	継承	なし
適用される要素	すべての要素。ただし、一部の値はインラインボックスに対してのみ有効		
モジュール	CSS Writing Modes Level 4		

値の指定方法

上書き方法

normal 双方向アルゴリズムを使用し、新たな書字方向決定アルゴリズムの組み込みや上書きを行いません。

enbed インラインボックスにおいて、双方向アルゴリズムに加えてdirectionプロパティの値に応じた書字方向決定アルゴリズムが組み込まれて表示されます。UnicodeにおけるLRE/RLEに相当します。

bidi-override インラインボックスにおいて、双方向アルゴリズムをdirectionプロパティの値に応じた書字方向決定アルゴリズムが上書きして表示されます。ブロックコンテナーにおいては、内包するインラインボックスに対してdirectionプロパティの値に応じた書字方向決定アルゴリズムが上書きされます。UnicodeにおけるLRO/RLOに相当します。

isolate インラインボックスにおいて、双方向アルゴリズムに加えてdirectionプロパティの値に応じた書字方向決定アルゴリズムが組み込まれて表示されますが、その際に周囲のインラインボックスから独立したものとして扱われます。UnicodeにおけるLRI/RLIに相当します。

isolate-override isolate同様、周囲のインラインボックスから独立したものとして扱われながら、インラインボックス内にbidi-override同様の上書き処理を適用します。UnicodeにおけるFSI、LRO/FSI、RLOに相当します。

plaintext ブロックコンテナー、およびインラインボックスに対してisolateと同様に作用しますが、書字方向の決定はdirectionプロパティの値ではなく双方向アルゴリズムの規則P2、P3に基づいて決定されます。

ポイント

- CSSによるスタイリングが無効な環境でも正しく双方向アルゴリズムによるレイアウトが行われるように、HTMLのdir属性やbdo要素を適切に使用することが推奨されます。一般的にunicode-bidiプロパティを積極的に使用することは避けましょう。

テキスト

縦書き、または横書きを指定する

ライティング・モード
{writing-mode: 書字方向; }

writing-modeプロパティは、縦書き、または横書きの方向を指定します。

初期値	horizontal-tb	継承	あり
適用される要素	すべての要素。ただし、テーブルの行グループ、列グループ、行、列、およびルビのベースコンテナー、注釈コンテナーを除く		
モジュール	CSS Writing Modes Level 4		

値の指定方法

書字方向

horizontal-tb 横書きにして、上から下へ行ブロックを並べます。

vertical-rl 縦書きにして、右から左へ行ブロックを並べます。

vertical-lr 縦書きにして、左から右へ行ブロックを並べます。

sideways-rl 縦書きにして、右から左へ行ブロックを並べ、さらにすべての文字を右方向に横倒し表示します。対応しているブラウザーはFirefoxのみです。

sideways-lr 縦書きにして、右から左へ行ブロックを並べ、さらにすべての文字を左方向に横倒し表示します。対応しているブラウザーはFirefoxのみです。

CSS
```
.text {
  writing-mode: vertical-rl;
}
```

writing-mode
dekiru.net/html_css_zenjiten/example/

銀座線渋谷駅のホームは明治通りの上空にあります。

文章が縦書きで表示される

テキスト

縦中横を指定する

テキスト・コンバイン・アップライト
{text-combine-upright: 表示方法; }

text-combine-uprightプロパティは、日本語の縦書き文書の中で数文字の英数字などを1文字分のスペースに横書きする「縦中横」を指定します。

初期値	none	継承	あり
適用される要素	インラインボックスとテキスト		
モジュール	CSS Writing Modes Level 4		

値の指定方法

表示方法

none 縦中横にしません。

all 縦中横にします。すべての文字を1文字分のスペースに収めます。

digits 数値 指定した桁数以下の数字を縦横中にし、1文字分のスペースに収めます。桁数はdigitsの後の半角スペースを空けて、2、3、4のいずれかで指定します。数値を省略した場合は2桁数以下の数字が縦横中になります。ただし、この値に対応するブラウザーは本書執筆時点ではありません。

```css
hgroup {
  writing-mode: vertical-rl;
}
.digits {
  text-combine-upright: all;
}
```

```html
<hgroup>
  <h1>令和<span class="digits">7</span>年<span class="digits">1</
span>月<span class="digits">10</span>日</h1>
  <p>第<span class="digits">30</span>回 表彰式</p>
</hgroup>
```

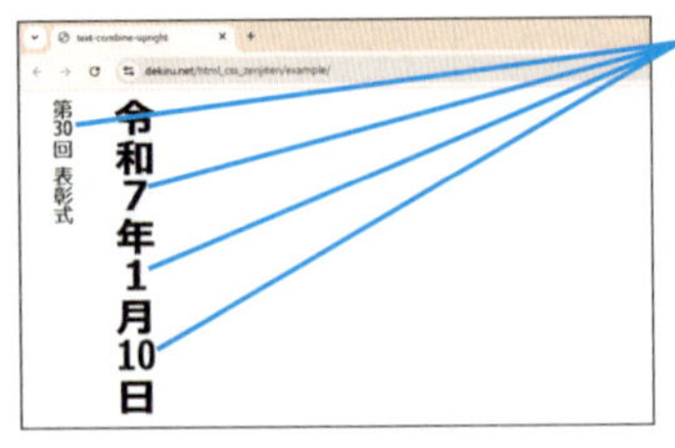

数字が縦中横になる

縦書き時の文字の向きを指定する

{text-orientation: 書字方向; }

（テキスト・オリエンテーション）

text-orientationプロパティは、縦書き時の文字の向きを指定します。ただし、writing-modeプロパティの値がhorizontal-tbの場合、このプロパティは無視されます。

初期値	mixed	継承	あり
適用される要素	すべての要素。ただしテーブルの行グループ、列グループ、行、列を除く		
モジュール	CSS Writing Modes Level 4		

値の指定方法

書字方向

mixed 日本語など縦書きの文字は縦書き（正立）として表示し、英数字など横書きのみの文字を右に90度回転（横倒し）させた状態で表示します。

upright 縦書きにおいて、すべての文字を正立に配置します。前提として、ブラウザーはすべての文字がltr（左から右へ）で書かれているものとみなします。

sideways 縦書きにおいて、すべての文字を90度回転（横倒し）させた状態で表示します。writing-modeプロパティの値がvertical-rlの場合は右へ、vertical-lrの場合は左へ90度回転（横倒し）します。

CSS
```
.upright {
  writing-mode: vertical-rl;
  text-orientation: upright;
  unicode-bidi: bidi-override;
  direction: ltr;
}
```

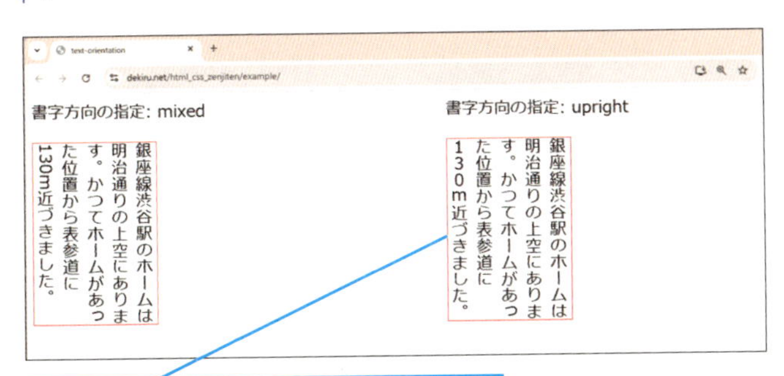

すべての文字が正立した状態で表示される

テキスト

文字の影を指定する

{text-shadow(テキスト・シャドウ): オフセット ぼかし半径 色; }

text-shadowプロパティは、文字の影を指定します。影はカンマ(,)区切りで複数指定できます。

初期値	none	継承	あり
適用される要素	テキスト		
モジュール	CSS Text Decoration Module Level 3		

値の指定方法

初期値では、影を表示しないnoneが指定されています。

オフセット

任意の数値+単位 影のオフセット位置を単位付き(P.307)の数値で指定します。1つ目に水平方向、2つ目に垂直方向の値を空白文字で区切って記述します。必須の値です。両方の値が0の場合、影はテキストの真後ろに表示されます。

ぼかし半径

任意の数値+単位 影のぼかし半径を単位付きの数値で指定します。オフセット値の2つに続いて3つ目に記述される数値です。省略した場合は0となります。

色

色 影の色をキーワード、カラーコード、rgb()、rgba()によるRGBカラーなど、色のデータ型の値で指定します。色の指定がない場合、currentcolor(該当要素に指定された文字色)が使用されます。色の指定方法(P.311)も参照してください。

```css
.shadow {
  font-size: 30px;
  text-shadow: 2px 2px 2px #bc8f8f, 3px 3px 3px #dc143c;
}
```

2つの影が文字に適用される

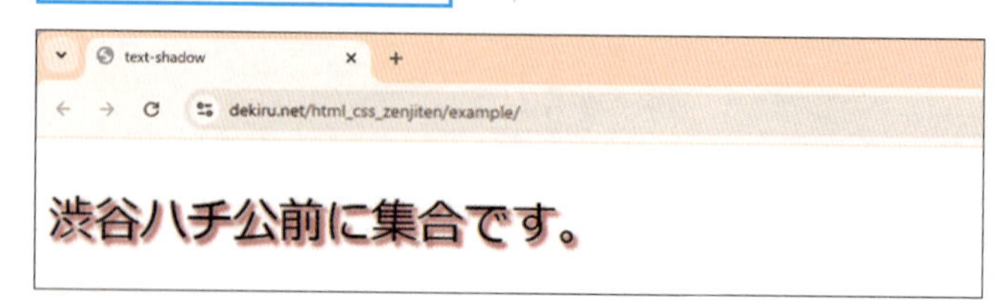

傍線

傍線の種類を指定する

テキスト・デコレーション・ライン
{text-decoration-line: 種類; }

text-decoration-lineプロパティは、下線や上線など、文字に引く傍線の種類を指定します。

初期値	none	継承	なし
適用される要素	すべての要素		
モジュール	CSS Text Decoration Module Level 3およびLevel 4		

値の指定方法

none以外の各値は空白文字で区切って複数指定できます。noneを指定する場合は単体で使用しなければなりません。

種類

none 文字に傍線は引かれません。

underline 文字に下線が引かれます。

overline 文字に上線が引かれます。

line-through 文字の中央に線が引かれます。取り消し線、打ち消し線になります。

spelling-error スペルミスを強調表示するために使用する傍線が表示されます。傍線の見た目はブラウザーに依存しますが、一般的には、赤い波線として表示されることが多いです。

grammar-error 文法の誤りを強調表示するために使用する傍線が表示されます。傍線の見た目はブラウザーに依存しますが、一般的には、緑色の波線として表示されることが多いです。

CSS
```
.att {
  text-decoration-line: underline;
}
```

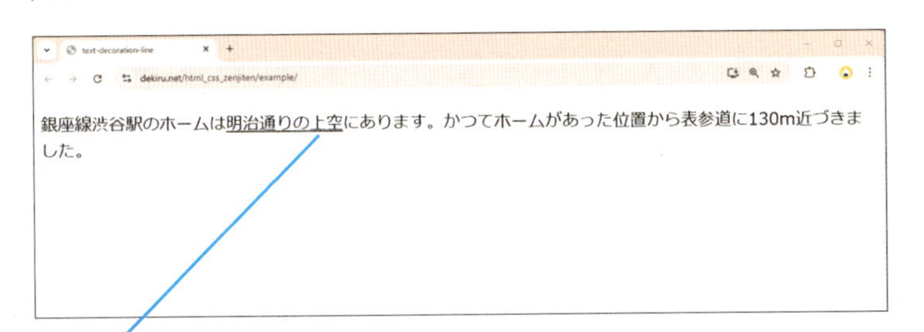

下線が表示される

傍線

傍線の色を指定する

テキスト・デコレーション・カラー
{text-decoration-color: 色; }

text-decoration-colorプロパティは、文字に引く傍線の色を指定します。

初期値	currentcolor	継承	なし
適用される要素	すべての要素		
モジュール	CSS Text Decoration Module Level 3およびLevel 4		

値の指定方法

色

色 キーワード、カラーコード、rgb()、rgba()によるRGBカラーなど、色のデータ型の値で指定します。色の指定方法(P.311)も参照してください。

currentcolor 該当要素に指定された文字色を使用します。

```css
.att {
  text-decoration-line: underline;
  text-decoration-color: red;
}
```

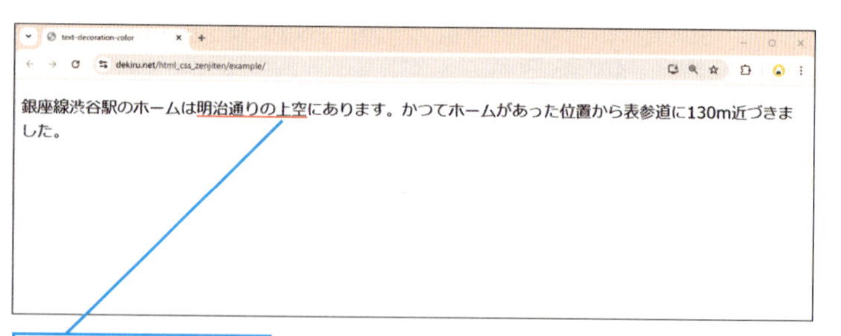

下線が赤で表示される

傍線

傍線のスタイルを指定する

テキスト・デコレーション・スタイル
{text-decoration-style: スタイル; }

text-decoration-styleプロパティは、二重線や点線など、文字に引く傍線のスタイルを指定します。

初期値	solid	継承	なし
適用される要素	すべての要素		
モジュール	CSS Text Decoration Module Level 3およびLevel 4		

値の指定方法

スタイル

solid 1本の実線で表示されます。
double 2本の実線で表示されます。
dotted 点線で表示されます。
dashed 破線で表示されます。
wavy 波線で表示されます。

CSS
```
.att {
  text-decoration-line: underline;
  text-decoration-color: red;
  text-decoration-style: double;
}
```

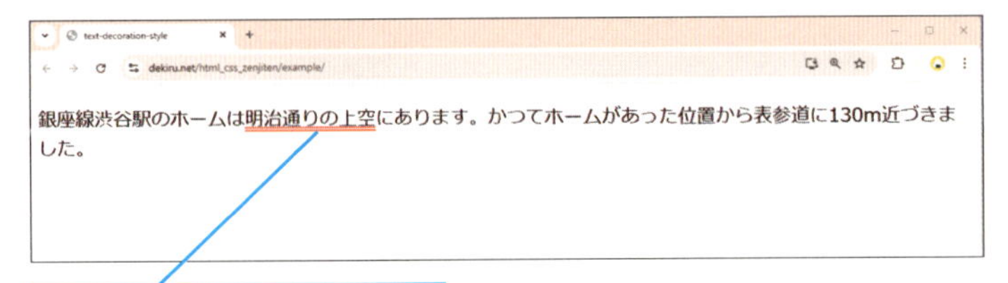

下線が2本の実線で表示される

傍線

傍線の太さを指定する

RARE

テキスト・デコレーション・シックネス
{text-decoration-thickness: 太さ; }

text-decoration-thicknessプロパティは、文字に引く傍線の太さを指定します。

初期値	auto	継承	なし
適用される要素	すべての要素		
モジュール	CSS Text Decoration Module Level 4		

値の指定方法

太さ

auto ブラウザーが適切な太さを設定します。

from-font 使用しているフォントに傍線の適切な太さに関する情報が含まれている場合、それを使用します。含まれていない場合はautoと同様の動作をします。

任意の数値＋単位 単位付き(P.307)の数値で指定します。

%値 パーセント値で指定します。フォントサイズ(1em)に対する割合で計算されます。

```
.att {                                            CSS
  text-decoration-thickness: 2px;
  text-decoration-line: underline;
  text-decoration-style: solid;
  text-decoration-color: red;
}
```

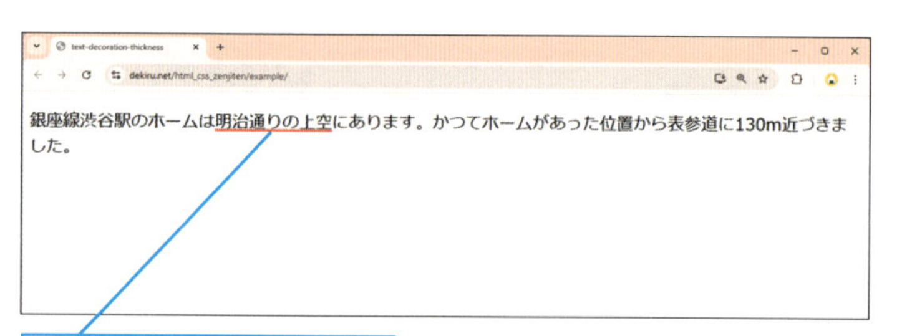

下線が2pxの太さで表示される

 傍線

傍線をまとめて指定する

テキスト・デコレーション
{text-decoration: -line -style -color -thickness ; }

text-decorationプロパティは、文字の傍線を一括指定するショートハンドです。

初期値	各プロパティに準じる	継承	なし
適用される要素	すべての要素		
モジュール	CSS Text Decoration Module Level 3およびLevel 4		

値の指定方法

個別指定の各プロパティと同様です。値は空白文字で区切って指定します。省略した場合は、各プロパティの初期値が適用されます。

```css
a:link {
  text-decoration: underline red;
}
```

上記の例で指定したtext-decorationプロパティは、各プロパティを以下のように指定した場合と同様の表示になります。

```css
a:link {
  text-decoration-line: underline;
  text-decoration-style: solid;
  text-decoration-color: red;
}
```

ポイント

- text-decorationプロパティは、CSS 2.1では文字に傍線を引くためのプロパティとして定義されていましたが、CSS Text Decoration Module Level 3では傍線のスタイルや色も指定できるショートハンドとして定義されています。

 下線

下線の位置を指定する

テキスト・アンダーライン・ポジション
{text-underline-position: 位置; }

text-underline-positionは、text-decorationプロパティにおけるunderlineで指定された下線の位置を指定します。

初期値	auto	継承	あり
適用される要素	すべての要素		
モジュール	CSS Text Decoration Module Level 3およびLevel 4		

値の指定方法

位置

auto ブラウザーが適切な下線の位置を判断します。

under 下線をアルファベットのベースラインの下に表示します。下付き文字を多用しているような文章で、可読性が向上するかもしれません。

left 縦書きにおいて、テキストの左に傍線を表示します。横書きにおいては、underと同等となります。

right 縦書きにおいて、テキストの右に傍線を表示します。横書きにおいては、underと同等となります。

from-font 使用しているフォントに傍線の適切な位置に関する情報が含まれている場合、それを使用します。含まれていない場合はautoと同様の動作をします。

```css
.att {
  text-decoration-line: underline;
  text-underline-position: under;
}
```

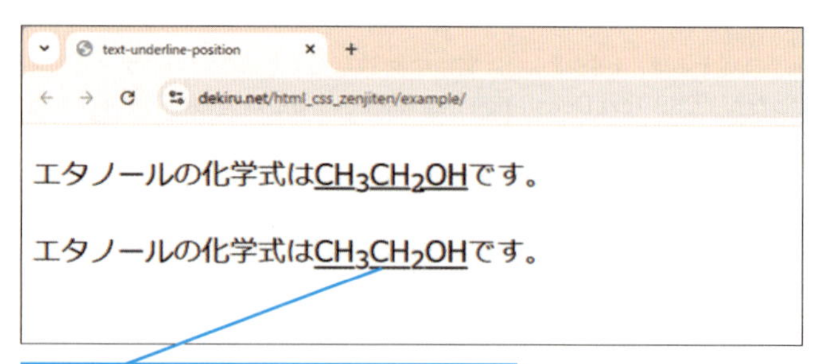

下線の位置が通常より少し低く表示される

下線

下線の本来の位置からのオフセット距離を指定する

テキスト・アンダーライン・オフセット
{text-underline-offset: オフセット; }

text-underline-offsetプロパティは、テキストの下線の本来の位置からのオフセット距離を指定します。つまり、下線がテキストの基準位置(ゼロポジション)からどれだけ離れて描画されるかを指定できます。オフセットの値が正の場合は、テキストから外側、つまり離れる方向に、負の場合は内側、つまり近づく方向に下線の位置が移動します。

初期値	auto	継承	あり
適用される要素	すべての要素		
モジュール	CSS Text Decoration Module Level 4		

値の指定方法

オフセット

auto
ブラウザーが適切な下線のオフセットを選択します。 ただし、text-underline-positionの計算された値がfrom-fontで、フォントから適切なメトリック(基準となる数値)を取得できる場合、そのオフセットはゼロ(下線がテキストの基準位置と重なる)になります。

任意の数値+単位
下線のオフセットを単位付き(P.307)の数値で指定します。単位(px、em、ptなど)を使用して下線をどれだけずらすかを指定できますが、pxなど、フォントサイズに依存しない固定値を使用すると、フォントサイズが変更されたときに下線が文字と重なるなど、問題が起こる可能性があるので注意しましょう。

%値
下線のオフセットを1emに対する割合として指定します。例えば、50%と指定すれば、1emの半分に相当する位置に下線が描画されます。

CSS
```css
text-underline-offset: auto;
text-underline-offset: 0.1em;
text-underline-offset: 20%;
```

ポイント

- text-underline-offsetプロパティはtext-decoration一括指定プロパティでの指定はできず、個別に指定する必要があります。

傍点のスタイルと形を指定する

{text-emphasis-style: スタイル 形; }
（テキスト・エンファシス・スタイル）

text-emphasis-styleプロパティは、文字に付ける傍点のスタイルと形を指定します。

初期値	none	継承	あり
適用される要素	テキスト		
モジュール	CSS Text Decoration Module Level 3およびLevel 4		

値の指定方法

スタイル

none 傍点を表示しません。

filled 塗りつぶしの傍点が表示されます。

open 白抜きの傍点が表示されます。filledもopenもどちらも指定されなかった場合は初期値になります。

任意の文字 任意の1文字を傍点として指定できます。文字は引用符(")で囲って記述します。

形

スタイルの値がfilled、openの場合、続けて空白文字で区切って1つだけ記述します。

dot 小さな円の傍点が表示されます。

circle 大きな円の傍点が表示されます。

double-circle 二重丸の傍点が表示されます。

triangle 三角形の傍点が表示されます。

sesame ゴマの形の傍点が表示されます。

```css
.att {
  text-emphasis-style: filled triangle;
}
```

三角形の傍点が表示される

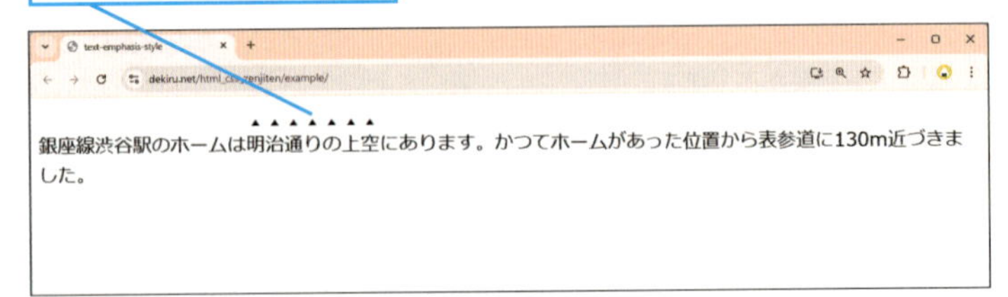

傍点

傍点の色を指定する

SPECIFIC

テキスト・エンファシス・カラー
{text-emphasis-color: 色; }

text-emphasis-colorプロパティは、文字に付ける傍点の色を指定します。

初期値	currentcolor	継承	あり
適用される要素	テキスト		
モジュール	CSS Text Decoration Module Level 3およびLevel 4		

値の指定方法

色

色　キーワード、カラーコード、rgb()、rgba()によるRGBカラーなど、色のデータ型の値で指定します。色の指定方法(P.311)も参照してください。

currentcolor　該当要素に指定された文字色を使用します。

```css
.att {
  text-emphasis-style: triangle;
  text-emphasis-color: red;
}
```

傍点が赤で表示される

text-emphasis-color
dekiru.net/html_css_jiten/example/

銀座線渋谷駅のホームは明治通りの上空にあります。かつてホームがあった位置から表参道に130m近づきました。

傍点

文字の傍点をまとめて指定する

SPECIFIC

テキスト・エンファシス
{text-emphasis: -style -color ; }

text-emphasisプロパティは、文字の傍点を一括指定するショートハンドです。

初期値	各プロパティに準じる	継承	あり
適用される要素	各プロパティに準じる		
モジュール	CSS Text Decoration Module Level 3およびLevel 4		

値の指定方法

個別指定の各プロパティと同様です。値は空白文字で区切って指定します。省略した場合は、各プロパティの初期値が適用されます。

```css
.att {
  text-emphasis: circle red;
}
```

上記の例で指定したtext-emphasisプロパティは、各プロパティを以下のように指定した場合と同様の表示になります。

```css
.att {
  text-emphasis-style: circle;
  text-emphasis-color: red;
}
```

傍点の位置を指定する

テキスト･エンファシス･ポジション
{text-emphasis-position: 位置; }

text-emphasis-positionプロパティは、文字に付ける傍点の位置を指定します。

初期値	over right	継承	あり
適用される要素	テキスト		
モジュール	CSS Text Decoration Module Level 3およびLevel 4		

値の指定方法

位置

横書きの場合、縦書きの場合の傍点の位置を空白文字で区切って指定します。望ましい傍点の位置は言語に依存します。例えば、日本語の場合はover rightが適しています。この値は初期値なので指定自体を省略しても問題ありません。

- **over** 横書きにおいて、傍点は文字の上に表示されます。
- **under** 横書きにおいて、傍点は文字の下に表示されます。
- **right** 縦書きにおいて、傍点は文字の右に表示されます。
- **left** 縦書きにおいて、傍点は文字の左に表示されます。

```css
.att {
  text-emphasis: circle red;
  text-emphasis-position: under;
}
```

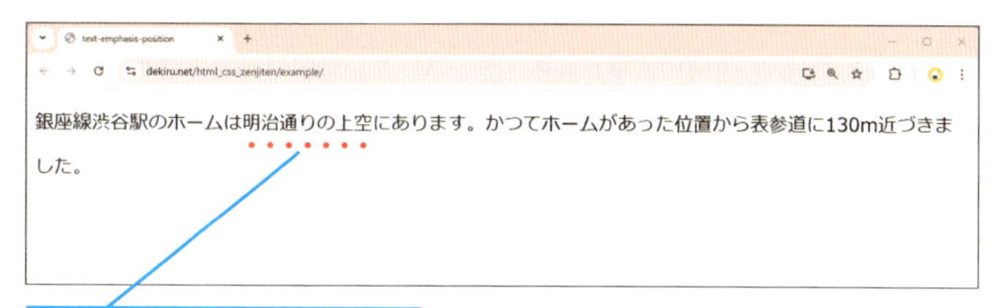

text-emphasis-position
dekiru.net/html_css_zenjiten/example/
銀座線渋谷駅のホームは明治通りの上空にあります。かつてホームがあった位置から表参道に130m近づきました。

傍点が文字の下に表示される

ルビ

ルビの揃え方を指定する

ルビ・アラインー
{ruby-align: 配置; }

ruby-alignプロパティは、さまざまなルビボックスの内容がそれぞれのボックスを正確に満たさない場合(ボックスサイズに対して余白ができる場合)に、テキストがどのように配置されるかを指定します。

初期値	space-around	継承	あり
適用される要素	ルビベース、ルビ注釈、ルビベースコンテナー、ルビ注釈コンテナー		
モジュール	CSS Ruby Annotation Layout Module Level 1		

値の指定方法

配置

start

以下の例のように、ルビの内容はベーステキストの開始辺に揃えられます。

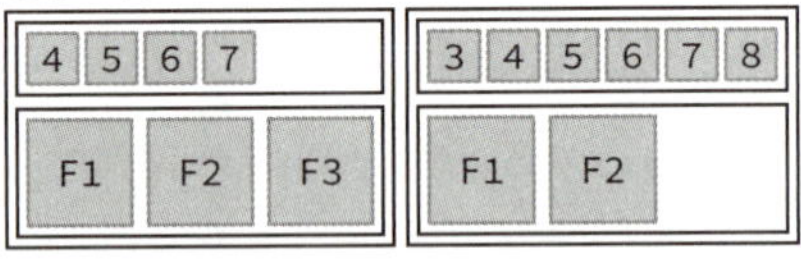

center

以下の例のように、ルビの内容はベーステキストの中央に揃えられます。

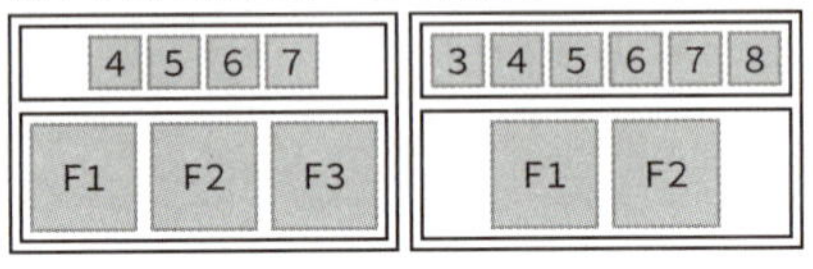

space-between

以下の例のように、ルビの内容はベーステキストに対して両端揃えとなります。もし、両端揃えのためのスペースがない場合は中央揃えとなります。

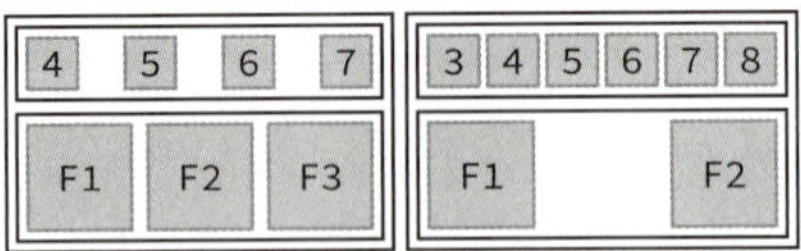

space-around

以下の例のように、ルビの内容はベーステキストのボックスサイズに均等に配置されるよう、スペースが配分されます。

```css
ruby {
  ruby-align: space-between;
}
```

ルビ

ルビ注釈の位置を指定する

ルビ・ポジション

{ruby-position: 位置; }

ruby-positionプロパティは、ベーステキストに対するルビ注釈の位置を指定します。

初期値	alternate	継承	あり
適用される要素	ルビ注釈コンテナー		
モジュール	CSS Ruby Annotation Layout Module Level 1		

alternate値は単体、もしくはover、underのどちらかと組み合わせて(空白で区切って)指定することができます。inter-character値は単体での指定のみ可能です。

値の指定方法

位置

alternate 異なるレベルのルビ注釈がある場合、overとunderが交互に配置されます。ルビコンテナーがそのルビセグメントにおいて最初に使われる場合や、それまでのルビ注釈がinter-characterであれば、alternateはoverとして配置されます。それ以外の場合、それまでのルビ注釈がoverであればalternateはunderとして、逆にunderであればoverとして配置されます。

over ルビ注釈がベーステキストの上側(水平書字モード(横書き)ではベーステキストの上、垂直書字モード(縦書き)ではベーステキストの右側)に配置されます。

under ルビ注釈がベーステキストの下側(水平書字モード(横書き)ではベーステキストの下、垂直書字モード(縦書き)ではベーステキストの左側)に配置されます。

inter-character ルビコンテナーの書字モードが垂直である場合はoverと同じです。水平書字モードの場合、ルビ注釈は文字の間(各文字の右側)に配置されます。

```css
ruby {
  ruby-position: over;
}
```

リストマーカー

リストマーカーの画像を指定する

リスト・スタイル・イメージ

{list-style-image: 画像; }

list-style-imageプロパティは、リストマーカーの画像を指定します。

初期値	none	継承	あり
適用される要素	リストアイテム		
モジュール	CSS Lists and Counters Module Level 3		

値の指定方法

画像

none リストマーカーの画像を指定しません。

画像の値 url()関数やlinear-gradient()関数など、画像のデータ型の値でリストマーカーに使用する画像を指定します。

```css
ul {
  list-style-image: url(marker.png);
}
```

画像がリストマーカーとして表示される

list-style-image

dekiru.net/html_css_zenjiten/example/

- 石油ファンヒーター
- カーボンヒーター
- オイルヒーター
- エアーコンディショナー
- 炬燵

リストマーカー

リストマーカーの位置を指定する

POPULAR

リスト・スタイル・ポジション

{list-style-position: 位置; }

list-style-positionプロパティは、リストマーカー（::marker)の位置を指定します。

初期値	outside	継承	あり
適用される要素	リストアイテム		
モジュール	CSS Lists and Counters Module Level 3		

値の指定方法

位置

inside リストマーカーはボックスの内側に表示されます。

outside リストマーカーはボックスの外側に表示されます。

```css
li {background-color: yellow;}
.us {list-style-position: outside;}
.is {list-style-position: inside;}
```

リストマーカーがli要素のボックスの外側・内側に表示される

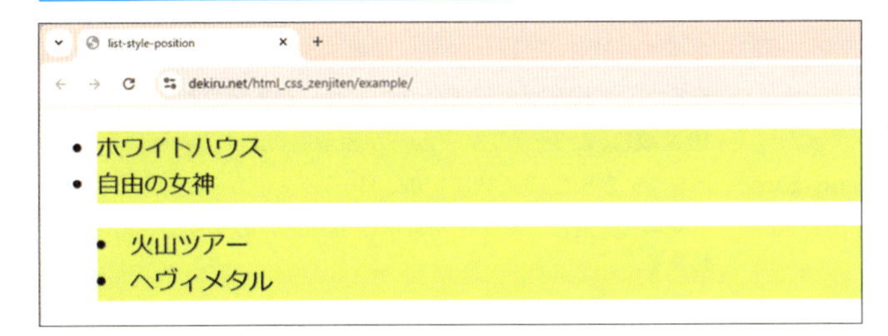

ポイント

- list-style-position: insideが指定されたリスト要素の最初の子要素としてブロックボックスである要素が配置された場合、マーカーの表示位置はブラウザーによって異なる場合があります。

リストマーカー

リストマーカーのスタイルを指定する

POPULAR

リスト・スタイル・タイプ
{list-style-type: スタイル; }

list-style-typeプロパティは、リストマーカーのスタイルを指定します。

初期値	disc	継承	あり
適用される要素	リストアイテム		
モジュール	CSS Lists and Counters Module Level 3 およびCSS Counter Styles Level 3		

値の指定方法

以下のいずれかの値を指定できます。

スタイル(種類)

none リストマーカーを表示しません。

文字列 リストマーカーとして特定の文字列を使用します。文字列は引用符(")で囲んで指定します。

スタイル(定義済みキーワード)

リストマーカーの種類を定義したキーワードで指定します。代表的なものには以下があります。定義されていないキーワードが指定された場合は、decimalとして扱われます。

disc 塗りつぶされた円形(●)のマーカーが表示されます。

circle 白抜きの円形(○)のマーカーが表示されます。

square 塗りつぶされた四角形(■)のマーカーが表示されます。

decimal 10進数(1、2、3…)のマーカーが表示されます。

decimal-leading-zero ゼロ埋めされた10進数(01、02、03…)のマーカーが表示されます。

lower-roman 小文字ASCIIによるローマ数字(i、ii、iii…)のマーカーが表示されます。

upper-roman 大文字ASCIIによるローマ数字(I、II、III…)のマーカーが表示されます。

lower-alpha/lower-latin 小文字ASCIIアルファベット(a、b、c…) のマーカーが表示されます。

upper-alpha/upper-latin 大文字ASCIIアルファベット(A、B、C…)のマーカーが表示されます。

cjk-decimal 漢数字(一、二、三)のマーカーが表示されます。

cjk-earthly-branch 漢字による十二支(子、丑、寅…)のマーカーが表示されます。

cjk-heavenly-stem 漢字による十干(甲、乙、丙…)のマーカーが表示されます。

hiragana	平仮名(あ、い、う…)のマーカーが表示されます。
hiragana-iroha	いろは順の平仮名(い、ろ、は…)のマーカーが表示されます。
katakana	片仮名(ア、イ、ウ…)のマーカーが表示されます。
katakana-iroha	いろは順の片仮名(イ、ロ、ハ…)のマーカーが表示されます。
japanese-informal	略式的な日本語漢字による数字表記(一、二、三…)のマーカーが表示されます。
japanese-formal	正式な日本語漢字による数字表記(壱、弐、参…)のマーカーが表示されます。

スタイル(独自定義)

symbols()関数を使用することで、独自のリストマーカーを定義します。symbols(キーワード "文字列または画像");という形式で、文字列と画像は複数指定可能です。独自のリストマーカーは@counter-style規則を用いても定義できますが、ある要素で一度しか使わないような定義であれば、symbols()関数を使用したほうが楽でしょう。以下のキーワードを指定できます。

cyclic	指定されたシンボルをループして使用します。
numeric	指定されたシンボルを、位の値の数字と解釈して使用します。2つ以上の文字または画像が指定されていなければなりません。
alphabetic	指定されたシンボルを、アルファベット式番号付けの数字と解釈して使用します。2つ以上の文字、または画像が指定されていなければなりません。
symbolic	指定されたシンボルをループして使用しますが、ループした回数分、シンボルを重ねて表示します。つまり、2巡目は同じシンボルが2つ、3巡目では3つと増えていきます。
fixed	指定されたシンボルを1回だけ使用し、その後はアラビア数字にフォールバックします。もし定義されたシンボルが3つあった場合、3つ目までは定義されたシンボルを使用し、その後は4、5、6…とアラビア数字で表示します。

CSS

```
ul.sample01 {
  list-style-type: symbols(cyclic "\1F34E" "\1F34F");
}
```

リストマーカー

POPULAR

リストマーカーをまとめて指定する

{list-style: -type -position -image ; }
（list-style：リスト・スタイル）

list-styleプロパティは、リストマーカーを一括指定するショートハンドです。

初期値	各プロパティに準じる	継承	あり
適用される要素	リストアイテム		
モジュール	CSS Lists and Counters Module Level 3		

値の指定方法

個別指定の各プロパティと同様です。各プロパティは空白文字で区切って指定します。ただし、noneを単独で指定すると、list-style-image、list-style-typeプロパティの両方に適用され、リストマーカーが表示されなくなります。

```css
.list {
  list-style: disc outside;
}
```

上記の例で指定したlist-styleプロパティは、各プロパティを以下のように指定した場合と同様の表示になります。

```css
.list {
  list-style-type: disc;
  list-style-position: outside;
}
```

色

文字の色を指定する

POPULAR

{color: 色; }

colorプロパティは、文字の色を指定します。

初期値	CanvasText(システムカラー)	継承	あり
適用される要素	すべての要素とテキスト		
モジュール	CSS Color Module Level 4		

値の指定方法

色

色 キーワード、カラーコード、rgb()、rgba()によるRGBカラーなど、色のデータ型の値で指定します。色の指定方法(P.311)も参照してください。

currentcolor このキーワードが指定された場合、「color: inherit;」として扱われます。

```css
.att {
  color: #f00;
}
```

```html
<p>
  銀座線渋谷駅のホームは<span class="att">明治通りの上空</span>にあります。かつてホームがあった位置から表参道に130m近づきました。
</p>
```

文字が赤で表示される

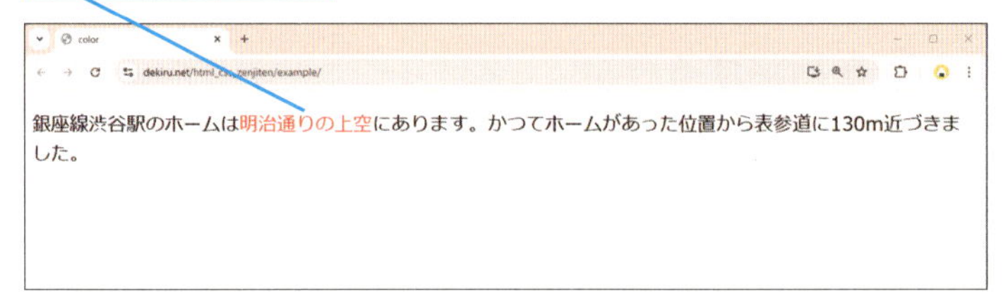

ポイント

- 文字の色を指定するときは、背景の色とのコントラスト比を考慮すべきです。Webコンテンツアクセシビリティガイドライン(Web Content Accessibility Guidelines)では、文字と背景の色のコントラスト比として4.5:1以上（見出しのような大きめのテキストの場合は3:1以上)が推奨されています。

色

重ね合わせコンテキストの生成を指定する

{isolation: 重なり; }

（isolation：アイソレーション）

isolationプロパティは、要素が新しい重ね合わせコンテキスト(スタックコンテキスト)を生成する必要があるかどうかを指定します。例えば、mix-blend-modeプロパティでブレンドされる要素は必ず同じ重ね合わせコンテキスト内に配置される必要がありますが、その要素に新たな重ね合わせコンテキストを生成し、ブレンドの対象範囲から外すといった制御ができます。

初期値	auto	継承	なし
適用される要素	すべての要素。SVGではコンテナー要素、グラフィック要素、グラフィック参照要素		
モジュール	Compositing and Blending Level 2		

値の指定方法

重なり

auto 既存の重ね合わせコンテキストから分離しません。

isolate 新しい重ね合わせコンテキストを作成し、既存の重ね合わせコンテキストから分離します。

CSS
```
div.sample02 {
  isolation: isolate;
}
```

色

色の透明度を指定する

{opacity: 透明度; }

（opacity：オパシティ）

opacityプロパティは、要素の色の透明度を指定します。

初期値	1	継承	なし
適用される要素	すべての要素		
モジュール	CSS Color Module Level 4		

値の指定方法

透明度

数値 0.0～1.0までの値を指定します。0で完全な透明、1で完全な不透明です。

%値 0%～100%までの値を指定します。0%で完全な透明、100%で完全な不透明です。

```css
a:hover img {
  opacity: 0.5;
}
```

色

要素同士の混合方法を指定する

ミックス・ブレンド・モード
{mix-blend-mode: 混合モード; }

mix-blend-modeプロパティは、要素同士をどのようにブレンド（混合）するかを指定します。例えば、img要素で配置された画像と親要素の背景画像を合成したり、重なり合う要素同士を合成したりできます。

初期値	normal	継承	なし
適用される要素	すべての要素。SVGではコンテナー要素、グラフィック要素、グラフィック参照要素		
モジュール	Compositing and Blending Level 2		

値の指定方法

混合モード

normal ブレンドしません。

multiply 上の色（画像の各色成分も含む）と下の色を乗算します。

screen 上の色と下の色を反転したうえで乗算した結果を反転します。

overlay 上の色と下の色を比較して、下の色が暗ければmultiply、明るければscreenとしてブレンドされます。hard-lightを反転したものです。

darken 色成分ごとに最も暗い値が選択されます。比較（暗）です。

lighten 色成分ごとに最も明るい値が選択されます。比較（明）です。

color-dodge 明るいところはより明るく、暗いところも少し明るくしながらコントラストを強調する「覆い焼き」の効果があります。

color-burn 暗いところはより暗く、明るいところも少し暗くしながらコントラストを強調する「焼き込み」の効果があります。

hard-light 上の色と下の色を比較して、上の色が暗ければmultiply、明るければscreenとしてブレンドされます。

soft-light	上の色と下の色を比較して、明るい場合はより明るく、暗い場合はより暗くします。
difference	差の絶対値です。2つの色のより明るいほうの色から、より暗い方の色を減算します。
exclusion	除外します。differenceと同様の効果ですが、コントラストは弱くなります。
hue	上の色の色調を持ちながら、下の色の彩度、明度をブレンドします。
saturation	上の色の彩度を持ちながら、下の色の色調、明度をブレンドします。
color	上の色の色調と彩度を持ちながら、下の色の明度をブレンドします。
luminosity	上の色の明度を持ちながら、下の色の色調、彩度をブレンドします。

CSS

```
div.sample01 {
  background: url(bg_leather.png) no-repeat #eee;
  display: flex;
  align-items: center;
  justify-content: center;
}
div.sample01 h1 {
  mix-blend-mode: overlay;
}
```

HTML

```
<div class="sample01">
  <h1>Mix Blend Mode</h1>
</div>
```

ポイント

- Compositing and Blending Level 2仕様では、mix-blend-modeプロパティが拡張され、新たにplus-darker、plus-lighterという2つの値が指定可能になりました。特にplus-lighter値は、重なり合う要素の間でクロスフェード効果を与えたい場合に有用です。

CSS

```
.container {
  isolation: isolate;
  > .elementA {
    opacity: 0.5;
  }
  > .elementB {
    opacity: 0.5;
    mix-blend-mode: plus-lighter;
  }
}
```

HTML

```
<div class="container">
  <!-- 下の2つの要素は重なり合うようにCSSで配置 -->
  <div class="elementA"><img src="image-01.png" alt=""></div>
  <div class="elementB"><img src="image-02.png" alt=""></div>
</div>
```

色

USEFUL

ユーザーインターフェース要素のアクセントカラーを設定する

{accent-color: 色 ; }

(アクセント・カラー)

チェックボックスやラジオボタンといった一部ユーザーインターフェース要素のアクセントカラー（選択されたりした際の強調色）を設定します。対象となるユーザーインターフェース要素は、以下の通りです。

・<input type="checkbox">
・<input type="radio">
・<input type="range">
・<progress>

初期値	auto	継承	あり
適用される要素	すべての要素		
モジュール	CSS Basic User Interface Module Level 4		

値の指定方法

色

auto ユーザーエージェント指定の色が使用されます。

色 キーワード、カラーコード、rgb()、rgba()によるRGBカラーなど、色のデータ型の値で指定します。色の指定方法(P.311)も参照してください。

例えば、accent-color: red;を指定したチェックボックスは、対応ブラウザーにおいて、チェックした際に「赤」がアクセントカラーとして使用されます。

```css
.sample-checkbox {
  accent-color: red;
}
```

```html
<label>
  <input type="checkbox" class="sample-checkbox">
  サンプル
</label>
```

ポイント

● Safariにおいて白などの薄い色を指定した場合、コントラスト比が確保されず、例えばチェックボックスなどではチェックされたことが判別しにくい、あるいは判別できない状態になる場合があります。使用する場合は注意が必要です。

色

特定の要素を強制カラーモードから除外する

SPECIFIC

フォースト・カラー・アジャスト

{forced-color-adjust: 設定; }

forced-color-adjustプロパティは、特定の要素を強制カラーモードから除外できます。これにより、ユーザーが強制カラーモードを使用している場合でも、CSSで任意の値を指定することが可能になります。例えば、ダークモードにおいて既定のままだとテキストが読みにくくなることが想定される場合などに使用できますが、原則としてはユーザーの選択を尊重すべきです。

初期値	auto	継承	あり
適用される要素	すべての要素		
モジュール	CSS Color Adjustment Module Level 1		

値の指定方法

設定

auto 強制カラーモードでは、要素の色がブラウザーによって調整されます。

none 強制カラーモードでも、要素の色はブラウザーによって調整されず、CSSの指定に従います。

preserve-parent-color 強制カラーモードにおいて、色を指定するプロパティの値が親要素から継承されている場合は、その値を使用します。継承されていない場合はnoneとして処理されます。

ポイント

- CSS Color Adjustment Module Level 1においては、プリンターなどの明るい背景色で利用されることが多い環境で、同様の制御を行うためのヒントをブラウザーに提供するprint-color-adjustプロパティ（Chromeでは-webkit-print-color-adjustとして実装）も定義されています。また、これらを一括指定するためのショートハンドとしてcolor-adjustプロパティが定義されていますが、本書執筆時点ではブラウザーのサポートが進んでおらず、実用的ではありません。

入力キャレットの色を指定する

SPECIFIC

キャレット・カラー
{caret-color: 色; }

caret-colorプロパティは、input要素やtextarea要素などの入力欄に表示される、文字が入力される位置を示すマーカー「入力キャレット」の色を指定します。

初期値	auto	継承	あり
適用される要素	すべての要素		
モジュール	CSS Basic User Interface Module Level 4		

値の指定方法

色

auto ブラウザーが適切な色を選択します。

色 キーワード、カラーコード、rgb()、rgba() によるRGBカラーなど、色のデータ型の値で指定します。色の指定方法(P.311)も参照してください。

```css
textarea {
  caret-color: red;
}
```

caret-color
dekiru.net/html_css_zenjiten/example/
通信欄：
送信

入力キャレットの色が赤色で表示される

 背景

背景色を指定する

{background-color: 色; }

バックグラウンド・カラー

background-colorプロパティは、背景色を指定します。

初期値	transparent（透明）	継承	なし
適用される要素	すべての要素		
モジュール	CSS Backgrounds and Borders Module Level 3		

値の指定方法

色

色 キーワード、カラーコード、rgb()、rgba()によるRGBカラーなど、色のデータ型の値で指定します。色の指定方法（P.311）も参照してください。

CSS

```css
body {background-color: #F3FAFB;}
article {background-color: #FFC0BE;}
h1 {background-color: #fdee7d;}
```

HTML

```html
<article>
  <h1>カフェラテとカプチーノの違い</h1>
  <p>当店のメニューには、カフェラテとカプチーノがあります。</p><!-- 省略 -->
</article>
```

対象となる要素にそれぞれの背景色が表示される

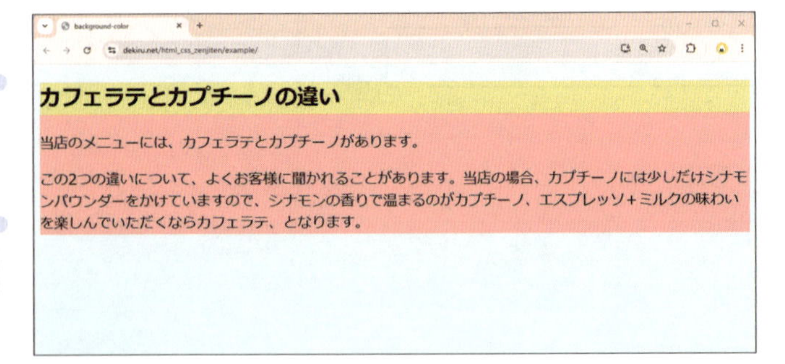

ポイント

- 背景色を指定するときは、文字色とのコントラストに気を配りましょう。詳しくはcolorプロパティ（P.477）のポイントを参照してください。

背景画像を指定する

バックグラウンド・イメージ
{background-image: 画像; }

background-imageプロパティは、背景画像を指定します。

初期値	none	継承	なし
適用される要素	すべての要素		
モジュール	CSS Backgrounds and Borders Module Level 3		

値の指定方法

画像

画像の値 url()関数やlinear-gradient()関数など、画像のデータ型の値で指定します。例えばurl(image.jpg)のように記述します。関数の引数はカンマ(,)で区切って複数指定でき、その場合は先に指定した画像が前面に、後に指定した画像が背面に配置されます。

none 背景画像を指定しません。

```css
body {
  background-image: url(bg_body.jpg);
}
```

背景画像が表示される

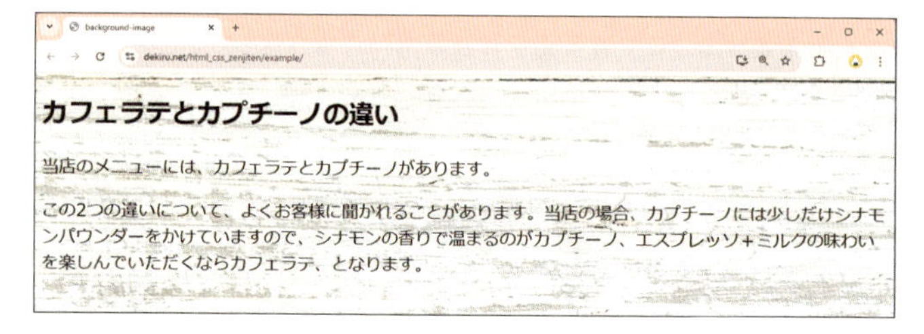

ポイント

- 背景画像がないとテキストが読みにくい色の組み合わせの場合は、background-colorプロパティも併用して背景画像に近い背景色を指定しましょう。背景画像の読み込みに時間がかかる場合、あるいは読み込めなかった場合にコントラスト比が足りず、テキストが読めなくなることを防げます。

背景

背景画像の繰り返しを指定する

バックグラウンド・リピート
{background-repeat: 繰り返し; }

background-repeatプロパティは、背景画像の繰り返しを指定します。

初期値	repeat	継承	なし
適用される要素	すべての要素		
モジュール	CSS Backgrounds and Borders Module Level 3		

値の指定方法

繰り返し

値は1つ、または空白文字で区切って2つ指定できます。1つの場合は水平・垂直方向の両方、2つの場合は水平方向、垂直方向の順の指定になります。また、カンマ(,)で区切って複数の背景画像の繰り返しを指定できます。

- **repeat** 背景画像は繰り返して表示されます。領域からはみ出る部分は切り取られます。
- **space** 背景画像は繰り返して表示されます。領域からはみ出ないように、間隔が調整されて配置されます。
- **round** 背景画像は繰り返して表示されます。領域内に収まるように、自動的に拡大・縮小されます。
- **repeat-x** 1つだけ指定することで背景画像は水平方向に繰り返して表示されます。「repeat no-repeat」と同値です。
- **repeat-y** 1つだけ指定することで背景画像は垂直方向に繰り返して表示されます。「no-repeat repeat」と同値です。
- **no-repeat** 背景画像を繰り返しません。

CSS
```css
body {
  background-image: url(bg_artdeco.jpg);
  background-repeat: repeat-x;
}
```

カフェラテとカプチーノの違い

当店のメニューには、カフェラテとカプチーノがあります。

この2つの違いについて、よくお客様に聞かれることがあります。当店の場合、カプチーノには少しだけシナモンパウンダーをかけていますので、シナモンの香りで温まるのがカプチーノ、エスプレッソ＋ミルクの味わいを楽しんでいただくならカフェラテ、となります。

水平方向にのみ背景画像が繰り返し表示される

背景画像を表示する水平・垂直位置を指定する

{background-position: 位置; }

バックグラウンド・ポジション

background-positionプロパティは、背景画像を表示する水平・垂直位置を指定します。

初期値	0% 0%	継承	なし
適用される要素	すべての要素		
モジュール	CSS Backgrounds and Borders Module Level 3		

値の指定方法

位置

値は1つ、または空白文字で区切って2つ、もしくはキーワードと距離、%値の組み合わせで最大4つの値まで指定できます。値として距離または%値を1つ指定した場合、垂直位置の指定はcenterとなります。キーワードを1つ指定した場合は、もう一方の指定がcenterとなります。2つの場合は水平位置、垂直位置の順の指定になります。また、カンマ(,)で区切って複数の画像の位置を指定できます。

任意の数値+単位 背景画像を表示する領域の左上端からの距離を単位付き(P.95)の数値で指定します。例えば「0.5em 0px」と指定すると、左端から0.5em、上から0pxに配置されます。

%値 背景画像を表示する領域と画像のサイズに対して、 それぞれの割合が一致する位置に表示されます。例えば「20% 50%」と指定すると、領域の左端から20%、上端から50%の位置に、画像の左端から20%、上端から50%の位置が一致するように配置されます。

top 垂直0%と同じです。

right 水平100%と同じです。

bottom 垂直100%と同じです。

left 水平0%と同じです。

center 水平50%、垂直50%と同じです。

以下のような指定は無効です。1つ目の値がbottom (またはtop、left、right)だった場合、2つ目の値に同じ値を指定してはいけません。

```css
div {
  background-position: bottom bottom; /* この指定は無効 */
}
```

次のページの例では、キーワード値と数値を同時に指定することで、画像を右端から100px、下端から50pxの位置に表示しています。

```css
body {
  background-image: url(body.jpg);
  background-repeat: no-repeat;
  background-position: right 100px bottom 50px;
}
```

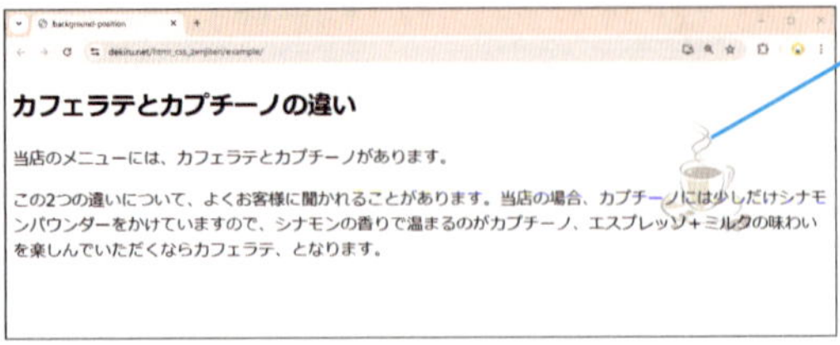

カフェラテとカプチーノの違い

当店のメニューには、カフェラテとカプチーノがあります。

この2つの違いについて、よくお客様に聞かれることがあります。当店の場合、カプチーノには少しだけシナモンパウンダーをかけていますので、シナモンの香りで温まるのがカプチーノ、エスプレッソ+ミルクの味わいを楽しんでいただくならカフェラテ、となります。

背景画像が指定した位置に表示される

実践例 文書全体の背景画像を複数指定する

{background-image: 画像1, 画像2; }
{background-repeat: 画像1の繰り返し, 画像2の繰り返し; }
{background-position: 画像1の位置, 画像2の位置; }

以下の例では、body要素を対象にbackground-imageプロパティで2つの画像を指定したうえで、background-repeatプロパティではそれぞれの繰り返しを、background-positionプロパティではそれぞれの位置を指定しています。background-imageプロパティの値は、カンマ(,)で区切ることで複数の画像を指定可能です。同様にして、background-repeat、background-positionプロパティも複数の画像に対する指定ができます。

```css
body {
  background-image: url(bg_artdeco.jpg), url(bg_coffee.jpg);
  background-repeat: repeat-x, no-repeat;
  background-position: top, bottom right 20px;
}
```

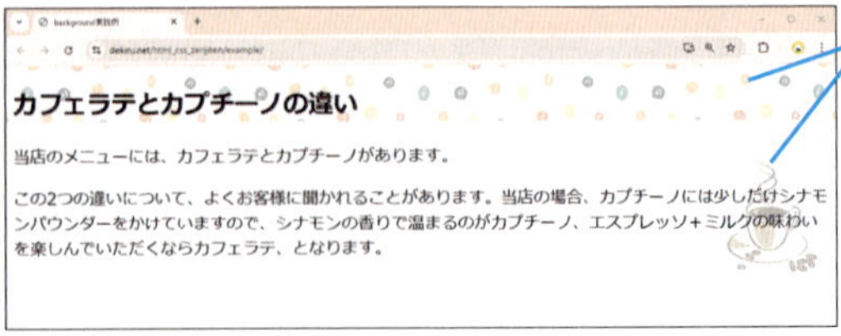

カフェラテとカプチーノの違い

当店のメニューには、カフェラテとカプチーノがあります。

この2つの違いについて、よくお客様に聞かれることがあります。当店の場合、カプチーノには少しだけシナモンパウンダーをかけていますので、シナモンの香りで温まるのがカプチーノ、エスプレッソ+ミルクの味わいを楽しんでいただくならカフェラテ、となります。

複数の画像が表示される

それぞれの画像が指定した位置と繰り返し方法で表示される

背景

スクロール時の背景画像の表示方法を指定する

バックグラウンド・アタッチメント
{background-attachment: 表示方法; }

background-attachmentプロパティは、ページをスクロールしたときの背景画像の表示方法を指定します。カンマ(,)で区切って複数の画像に対する表示方法を指定できます。

初期値	scroll	継承	なし
適用される要素	すべての要素		
モジュール	CSS Backgrounds and Borders Module Level 3		

値の指定方法

表示方法

scroll 背景画像も一緒にスクロールします。

fixed 背景画像は固定されてスクロールしません。

local 背景画像は指定された要素の領域に固定されます。 その領域にスクロール機能がある場合は、内容と一緒に背景画像もスクロールします。

CSS
```
body {
  background-image: url(bg_artdeco.jpg);
  background-repeat: repeat-x;
  background-attachment: fixed;
}
```

ページをスクロールしても
背景画像は移動しない

background-attachment
dekiru.net/html_css_zenjiten/example/

カフェラテとカプチーノの違い

当店のメニューには、カフェラテとカプチーノがあります。

この2つの違いについて、よくお客様に聞かれることがあります。当店の場合、カプチーノには少しだけシナモンパウンダーをかけていますので、シナモンの香りで温まるのがカプチーノ、エスプレッソ＋ミルクの味わいを楽しんでいただくならカフェラテ、となります。

カフェラテの起源

背景

背景画像の表示サイズを指定する

{background-size: 表示サイズ; }

バックグラウンド・サイズ

background-sizeプロパティは、背景画像の表示サイズを指定します。カンマ(,)で区切って複数の画像のサイズを指定できます。

初期値	auto	継承	なし
適用される要素	すべての要素		
モジュール	CSS Backgrounds and Borders Module Level 3		

値の指定方法

表示サイズ

cover 縦横比を保ったまま、背景画像が領域をすべてカバーする表示サイズに調整されます。

contain 縦横比を保ったまま、さらに画像を切り取ることなく、背景画像が領域に収まる最大の表示サイズに調整されます。

auto 背景画像の表示サイズが自動的に調整されます。

任意の数値+単位 背景画像の幅と高さを空白文字で区切って、単位付き(P.307)の数値で指定します。1つだけ指定した場合は、2つ目の値はautoになります。

%値 背景画像の幅と高さを空白文字で区切って、%値で指定します。値は背景画像を表示する領域に対する割合となります。1つだけ指定した場合は、2つ目の値はautoになります。

```css
body {
  /* 省略 */
  background-size: contain;
}
```

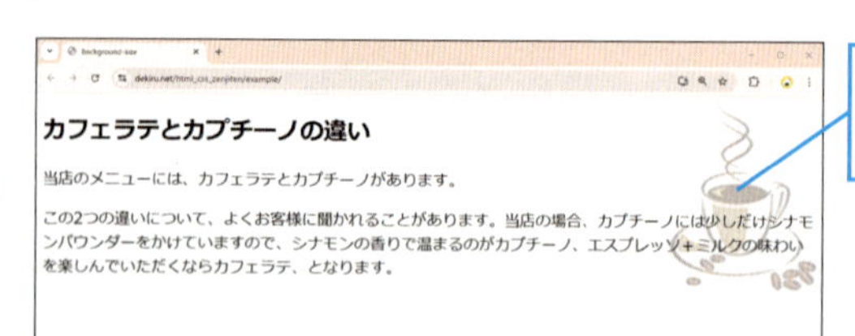

背景画像が要素の領域に合わせて拡大・縮小される

ポイント

- linear-gradient() 関数など、グラデーションデータ型の値を背景画像に指定している場合にautoを指定すると、表示サイズが意図した通りにならない場合があります。

背景画像を表示する基準位置を指定する

USEFUL

{background-origin: 基準位置; }

バックグラウンド・オリジン

background-originプロパティは、背景画像をボックスに表示する基準位置を指定します。

初期値	padding-box	継承	なし
適用される要素	すべての要素		
モジュール	CSS Backgrounds and Borders Module Level 3		

値の指定方法

基準位置

カンマ（,）で区切って複数の画像の基準位置を指定できます。ただし、background-attachmentプロパティ（P.489）の値がfixedの場合、このプロパティの指定は無効となります。

border-box ボーダーを含めた要素の端を基準にします。

padding-box ボーダーを除いた要素の内側の領域(パディング領域)を基準にします。

content-box ボックス内の余白を含まない、要素の内容領域(コンテンツ領域)を基準にします。

CSS
```
.sample1 {background-origin: border-box;}
.sample2 {background-origin: padding-box;}
.sample3 {background-origin: content-box;}
```

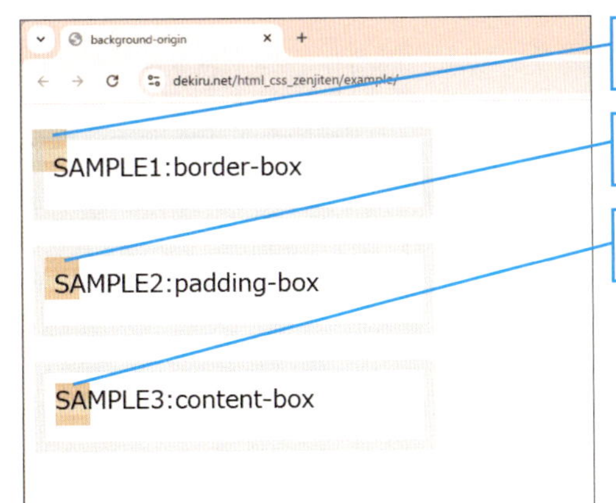

ボーダー領域が背景画像の基準位置となる

パディング領域が背景画像の基準位置となる

コンテンツ領域が背景画像の基準位置となる

背景

背景画像を表示する領域を指定する

SPECIFIC

{background-clip: 表示領域; }

バックグラウンド・クリップ

background-clipプロパティは、背景画像を表示する領域を指定します。

初期値	border-box	継承	なし
適用される要素	すべての要素		
モジュール	CSS Backgrounds and Borders Module Level 3		

値の指定方法

表示領域

カンマ(,)で区切って複数の画像の表示領域を指定できます。

border-box ボーダーを含めた要素の端まで表示されます。

padding-box ボーダーを除いた要素の内側の領域(パディング領域)に表示されます。

content-box ボックス内の余白を含まない、要素の内容領域(コンテンツ領域)に表示されます。

```css
.sample1 {background-clip: border-box;}
.sample2 {background-clip: padding-box;}
.sample3 {background-clip: content-box;}
```

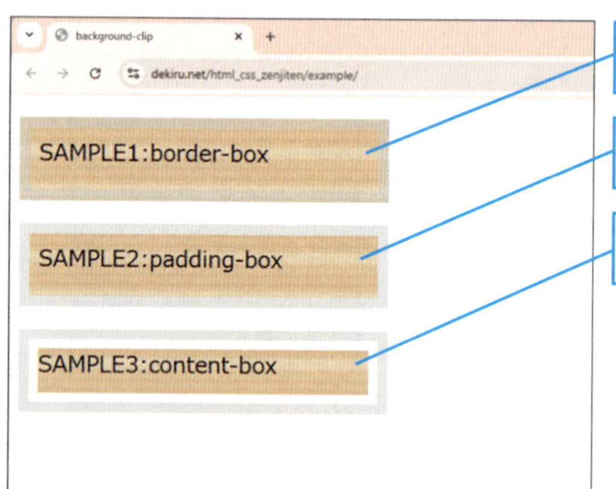

ボーダー領域に背景画像が表示される

パディング領域に背景画像が表示される

コンテンツ領域に背景画像が表示される

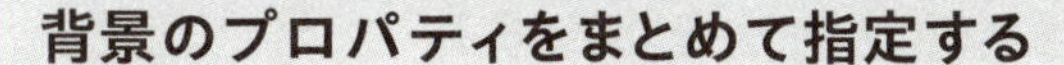
背景

背景のプロパティをまとめて指定する

{background（バックグラウンド）: -color -image -repeat -position -attachment -clip -size -origin ; }

backgroundプロパティは、背景色、画像、繰り返し、位置などを一括指定するショートハンドです。

初期値	各プロパティに準じる	継承	なし
適用される要素	すべての要素		
モジュール	CSS Backgrounds and Borders Module Level 3		

値の指定方法

個別指定の各プロパティと同様です。それぞれの値は空白文字で区切って指定します。任意の順序で指定できますが、background-sizeプロパティの値は、background-positionプロパティの値にスラッシュ（/）で続けて指定します。また、background-origin、background-clipプロパティの値は、1つ目が前者に、2つ目が後者に適用されます。1つだけの場合は、両方に適用されます。

```css
body {
  background: url(bg.png) 40% / 100px gray round fixed border-box;
}
```

上記の例で指定したbackgroundプロパティは、各プロパティを以下のように指定した場合と同様の表示になります。

```css
body {
  background-color: gray;
  background-position: 40% 50%;
  background-size: 100px 100px;
  background-clip: border-box;
  background-origin: round;
  background-attachment: fixed;
  background-image: url(bg.png);
}
```

背景

背景色と背景画像の混合方法を指定する

バックグラウンド・ブレンド・モード

{background-blend-mode: 混合モード; }

background-blend-modeプロパティは、ある要素の背景色同士、あるいは背景画像同士、または背景色と背景画像をどのようにブレンド(混合)するかを指定します。

初期値	normal	継承	なし
適用される要素	すべての要素		
モジュール	Compositing and Blending Level 2		

値の指定方法

mix-blend-modeプロパティと同様です。また、Compositing and Blending Level 2仕様で拡張されたplus-darker、plus-lighter値も指定可能です。詳しくはmix-blend-modeプロパティ（P.479)を参照してください。

```css
div {
  background-image: url(background-01.png), url(background-02.png);
  background-blend-mode: screen;
}
```

グラフィック効果を指定する

{filter: 効果; }

（filter：フィルター）

filterプロパティは、要素に適用するぼかしや色変化などのグラフィック効果を指定します。

初期値	none	継承	なし
適用される要素	すべての要素。SVGではdefs要素とすべてのグラフィック要素、use要素を除くコンテナー要素		
モジュール	Filter Effects Module Level 1		

値の指定方法

noneを除き関数型の値となり、空白文字で区切って複数のグラフィック効果を指定できます。同様にSVGフィルターのURLも指定できます。

効果

none	要素にフィルターを適用しません。
blur()	要素をぼかします。blur(4px)のように指定することで、半径4pxですりガラスのようなぼかし効果を加えます。
brightness()	要素の明るさを指定します。brightness(.5)で明るさを50%（半分）にしたり、brightness(200%)で明るさを倍にしたりできます。
contrast()	要素のコントラストを指定します。brightness()と同様の指定でコントラストを変化させます。
drop-shadow()	要素にドロップシャドウを適用します。drop-shadow(20px 20px 10px black)のように指定します。box-shadowプロパティと指定方法は同じです。
grayscale()	要素をグレースケールに変換します。grayscale(100%)で完全なグレースケールに、grayscale(50%)あるいはgrayscale(.5)で50%グレースケールとなります。
hue-rotate()	要素の色相を全体的に変更します。hue-rotate(90deg)のように色相の変化を角度で指定します。
invert()	要素の色を反転させます。invert(.5)あるいはinvert(70%)のように色相の反転を数値、または%値で指定します。
opacity()	要素を半透明にします。opacity(50%)で50%の透過率となります。
saturate()	要素の彩度を指定します。saturate(50%)など、引数に100%未満を指定すると彩度を下げます。saturate(200%)など、100%を超えるように指定すると彩度を上げます。
sepia()	要素をセピア調に変換します。sepia(.5)あるいはsepia(100%)のように指定します。100%を指定すると完全なセピア調になります。
url()	SVGフィルターへのURLを指定します。

以下の例では、url()関数を使用してSVGフィルターを適用しています。

```css
img.sample03 {
  filter: url(#blur);
}
```

```html
<img class="sample03" src="sample.png" alt="サンプル画像">
<svg height="0" width="0">
  <defs>
    <filter id="blur" x="0" y="0">
      <feGaussianBlur in="SourceGraphic" stdDeviation="15" />
    </filter>
  </defs>
</svg>
```

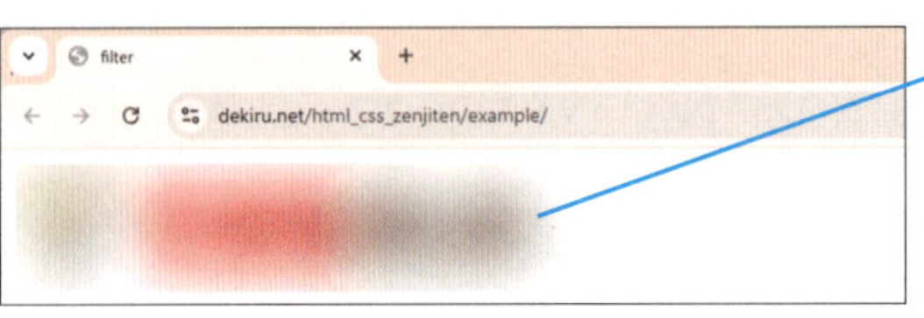

画像にぼかしがかかった状態で表示される

グラフィック

要素の背後のグラフィック効果を指定する

{backdrop-filter: 効果; }

（バックドロップ・フィルター）

backdrop-filterプロパティは、要素の背後の領域に適用するぼかしや色変化などのグラフィック効果を指定します。

初期値	none	継承	なし
適用される要素	すべての要素。SVGではdefs要素とすべてのグラフィック要素を除くコンテナー要素		
モジュール	Filter Effects Module Level 2		

値の指定方法

filterプロパティと同様です。スタイルは要素の背後の領域に適用されます。

```css
.dialog {
  backdrop-filter: blur(5px);
  background-color: rgba(255, 255, 255, 0.3);
}
```

線形のグラデーションを表示する

POPULAR

{プロパティ: linear-gradient（ライナー・グラディエント）
(角度, 色 始点の位置, 色 終点の位置); }

linear-gradient()関数は、画像のデータ型で値を指定できるプロパティにおいて、線形のグラデーションを表示します。関数の引数は、空白文字とカンマ(,)で区切って指定します。

使用できるプロパティ	画像のデータ型の値が許可されるプロパティ
モジュール	CSS Images Module Level 3

引数の指定方法

角度

グラデーションの方向を以下の数値、またはキーワードで指定します。

任意の数値+単位 degなどの単位付き(P.307) の数値を指定します。0degで下から上へ向かうグラデーションとなり、正の値を指定することで時計回りに方向が決まります。

to top 領域内を上へ向かうグラデーションとなります。

to top right 領域内を右上角へ向かうグラデーションとなります。

to right 領域内を右へ向かうグラデーションとなります。

to bottom right 領域内を右下角へ向かうグラデーションとなります。

to bottom 領域内を下へ向かうグラデーションとなります(初期値)。

to bottom left 領域内を左下角へ向かうグラデーションとなります。

to left 領域内を左へ向かうグラデーションとなります。

to top left 領域内を左上角へ向かうグラデーションとなります。

色

グラデーションの始点と終点の色を指定します。始点と終点はカンマ(,)で区切ります。

色 キーワード、カラーコード、rgb()、rgba()によるRGBカラーなど、色のデータ型の値で指定します。色の指定方法(P.311)も参照してください。

始点、終点の位置

グラデーションの始点と終点の位置を指定します。各点の色に続けて、空白文字で区切って記述します。省略した場合は始点が0%、終点が100%となります。

任意の数値+単位 各点の位置を単位付きの数値で指定します。負の値も指定可能です。

%値	各点の位置を%値で指定できます。値はグラデーションの長さに対する割合となります。負の値も指定可能です。

```css
div.sample1 {
  width: 500px; height: 100px;
  background-image: linear-gradient(180deg, rgba(150,206,180,1),
  rgba(217,83,79,1));
}
div.sample2 {
  width: 500px; height: 100px;
  background-image: linear-gradient(to top right, red 0%, white
  50%, blue 100%);
}
```

```html
<p>以下の領域にSample1グラデーションを指定します。</p>
<div class="sample1">
</div>
<p>以下の領域にSample2グラデーションを指定します。</p>
<div class="sample2">
</div>
```

上から下へ向かって2色の線形グラデーションが表示される

右上角に向かって3色の線形グラデーションが表示される

ポイント

- 始点、終点だけでなく、途中点を指定して3色以上のグラデーションを表示することもできます。各点の位置を省略した場合は、色の数に合わせて均一に変化します。
- 線形やその他のグラデーションは自身の寸法や縦横比を持ちません。よって、background-sizeプロパティでサイズを指定する場合、auto値など一部の値を指定した際に意図した通りに表示されない場合があります。

円形のグラデーションを表示する

{プロパティ: radial-gradient（ラジアル・グラディエント）
(形状 サイズ 中心の位置, 色 始点の位置, 色 終点の位置); }

radial-gradient()関数は、画像のデータ型で値を指定できるプロパティにおいて、円形のグラデーションを表します。関数の引数は、空白文字とカンマ(,)で区切って指定します。

使用できるプロパティ	画像のデータ型の値が許可されるプロパティ
モジュール	CSS Images Module Level 3

引数の指定方法

形状

グラデーションの形状を以下の2つのキーワードから指定します。

circle 正円のグラデーションを表します。

ellipse 楕円のグラデーションを表します(初期値)。

サイズ

グラデーションのサイズを指定します。

closest-side 円の中心から領域の最も近い辺に内接するサイズになります。

farthest-side 円の中心から領域の最も遠い辺に内接するサイズになります。

closest-corner 円の中心から領域の最も近い頂点に接するサイズになります。

farthest-corner 円の中心から領域の最も遠い頂点に接するサイズになります。

任意の数値+単位 水平・垂直方向の半径を空白文字で区切って、単位付き(P.307)の数値で指定します。

%値 水平・垂直方向の半径を空白文字で区切って、%値で指定します。値は親ボックスの幅と高さに対する割合となります。

中心の位置

グラデーションの中心位置を指定します。省略した場合はat centerとなります。

at top 領域の上辺が中心になります。

at top right 領域の右上角が中心になります。

at right 領域の右辺が中心になります。

at bottom right 領域の右下角が中心になります。

at bottom 領域の下辺が中心になります。

at bottom left 領域の左下角が中心になります。

at left	領域の左辺が中心になります。
at top left	領域の左上角が中心になります。
at center	領域の中央が中心になります。
任意の数値+単位	中心の座標を単位付きの数値で指定します。基準は領域の左上角です。
%値	中心の座標を%値で指定します。値は領域の幅と高さの割合となります。

色

グラデーションの始点と終点の色を指定します。始点と終点はカンマ(,)で区切ります。

色 キーワード、カラーコード、rgb()、rgba()によるRGBカラーなど、色のデータ型の値で指定します。色の指定方法(P.311)も参照してください。

始点、終点の位置

グラデーションの始点と終点の位置を指定します。各点の色に続けて、空白文字で区切って記述します。省略した場合は始点が0%、終点が100%となります。

任意の単位	各点の位置を単位付きの数値で指定します。負の値も指定可能です。
%値	各点の位置を%値で指定できます。値はグラデーションの長さに対する割合となります。負の値も指定可能です。

```css
div.sample1 {
  background-image: radial-gradient(circle, yellow, blue);
}
div.sample2 {
  background-image: radial-gradient(50px 50px at 20px 30px, #F00,
  #FF0, #1809eb);
}
```

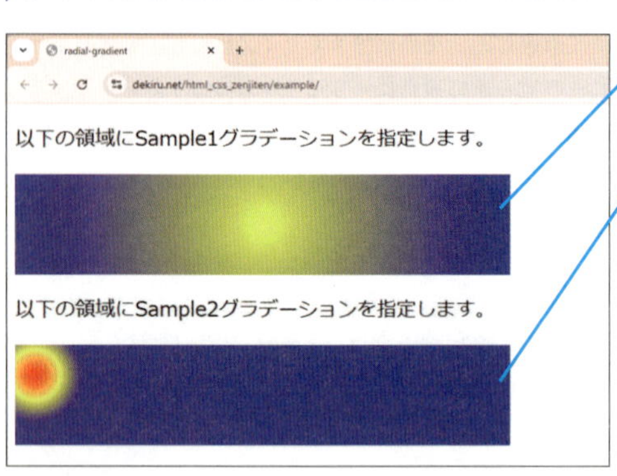

中央から2色の円形グラデーションが表示される

サイズと中心の位置を指定した3色の円形グラデーションが表示される

ポイント

- 始点、終点だけでなく、途中点を指定して3色以上のグラデーションを表示することもできます。各点の位置を省略した場合は、色の数に合わせて均一に変化します。

グラデーション

POPULAR

扇型のグラデーションを表示する

コニック・グラディエント

{ プロパティ: conic-gradient (角度 中心の位置, 色の配置); }

conic-gradient()関数は、画像のデータ型で値を指定できるプロパティにおいて、扇型(中心点の周りを回りながら色が変化する) グラデーションを表示します。グラデーションを繰り返して表示したい場合は、repeating-conic-gradient()関数を使用します。

使用できるプロパティ	画像のデータ型の値が許可されるプロパティ
モジュール	CSS Images Module Level 3

引数の指定方法

角度

fromに続けて角度を指定することで、グラデーション全体を指定した角度だけ回転させます。省略された場合、0degとなります。

中心の位置

グラデーションの中心位置を指定します。atに続けてcenter、top、left、bottom、rightのキーワード値、もしくはその組み合わせ、あるいは長さやパーセンテージ値を指定します。省略された場合、centerとして扱われます。

色の配置

色のデータ型を使用し、グラデーションの色をカンマ(,)区切りで指定します。色と角度を空白文字で区切ってセットで指定することもできます。この場合、どの角度でどの色に変化するか、指定することができます。色のみを指定し、角度を省略した場合は、色の数に合わせて均一に変化します。

CSS
```
div.sample1 {
  width: 500px; height: 100px;
  background-image: conic-gradient(from 0deg at center, #f06, gold);
}
div.sample2 {
  width: 500px; height: 100px;
  background-image: conic-gradient(yellowgreen 40%, gold 0deg 75%,
#f06 0deg);
}
```

グラデーション

線形のグラデーションを繰り返して表示する

リピーティング・ライナー・グラディエント

{プロパティ: repeating-linear-gradient (角度, 色 始点の位置, 色 終点の位置); }

repeating-linear-gradient()関数は、画像のデータ型で値を指定できるプロパティにおいて、繰り返される線形のグラデーションを表示します。

使用できるプロパティ	画像のデータ型の値が許可されるプロパティ
モジュール	CSS Images Module Level 3

引数の指定方法

linear-gradient()関数(P.497)と同様です。

```css
div.sample1 {
  width: 500px; height: 100px;
  background-image: repeating-linear-gradient(yellow 20%, green 80%);
}
div.sample2 {
  width: 500px; height: 100px;
  background-image: repeating-linear-gradient(-45deg, #fff, #fff 5px, #1809eb 5px, #1809eb 10px);
}
```

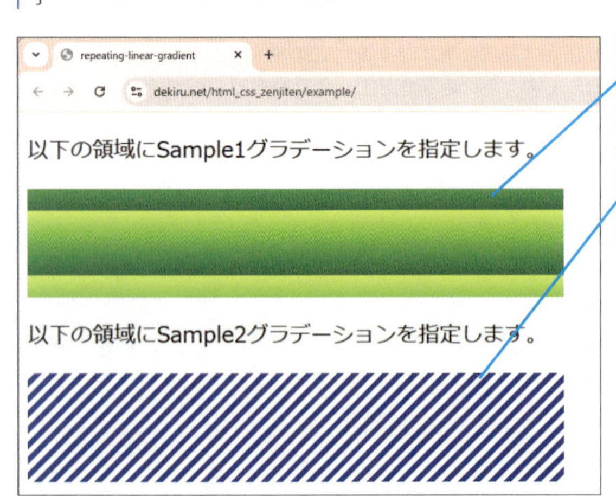

2色の線形グラデーションが繰り返し表示される

2色の線形グラデーションがストライプ状に表示される

グラデーション

円形のグラデーションを繰り返して表示する

リピーティング・ラジアル・グラデイエント

{ プロパティ: repeating-radial-gradient (形状 サイズ 中心の位置, 色 始点の位置, 色 終点の位置); }

repeating-radial-gradient()関数は、画像のデータ型で値を指定できるプロパティにおいて、繰り返される円形のグラデーションを表します。

使用できるプロパティ	画像のデータ型の値が許可されるプロパティ
モジュール	CSS Images Module Level 3

引数の指定方法

radial-gradient()関数(P.499)と同様です。

```css
div.sample1 {
  width: 500px; height: 100px;
  background-image: repeating-radial-gradient(circle closest-side,
  white 0px, black 20px);
}
div.sample2 {
  width: 500px; height: 100px;
  background-image: repeating-radial-gradient(circle, #fff, #fff
  5px, #1809eb 5px, #1809eb 10px);
}
```

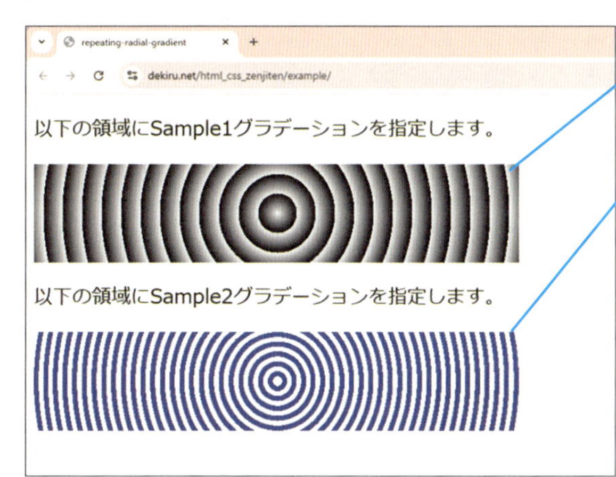

2色の円形グラデーションが繰り返し表示される

2色の円形グラデーションがストライプ状に表示される

グラデーション

扇型のグラデーションを繰り返して表示する

リピーティング・コニック・グラディエント
{ プロパティ: repeating-conic-gradient (角度 中心の位置, 色の配置); }

repeating-conic-gradient()関数は、画像のデータ型で値を指定できるプロパティにおいて、扇型(中心点の周りを回りながら色が変化する)グラデーションを繰り返して表示します。repeating-conic-gradient()関数の基本的な構文は、conic-gradient()関数と同じです。conic-gradient()関数におけるカラーストップの配置で、各色に角度を指定しなかった場合は360degを指定された色の数で均等に割り振りましたが、repeating-conic-gradient()関数の場合は、最後の色に360deg（100%)未満の角度の指定がないと繰り返しが行われません。

使用できるプロパティ	画像のデータ型の値が許可されるプロパティ
モジュール	CSS Images Module Level 4

```
div.sample1 {
  width: 500px; height: 100px;
  background-image: repeating-conic-gradient(from 45deg at 10%
50%, brown 0deg 10deg, darkgoldenrod 10deg 20deg, chocolate 20deg
30deg);
}

div.sample2 {
  width: 500px; height: 100px;
  background-image: repeating-conic-gradient(red 0%, yellow 15%,
red 33%);
}
```

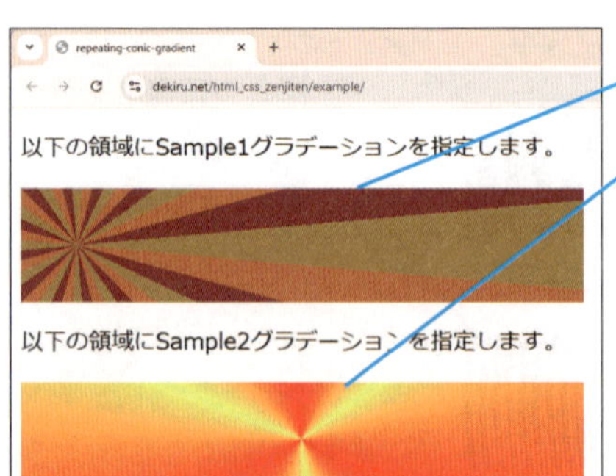

開始角度を指定した3色の扇形グラデーションが繰り返し表示される

中央から2色の扇形グラデーションが繰り返し表示される

ボーダー

ボーダーのスタイルを指定する

ボーダー・トップ・スタイル
{**border-top-style:** スタイル; }
ボーダー・ライト・スタイル
{**border-right-style:** スタイル; }
ボーダー・ボトム・スタイル
{**border-bottom-style:** スタイル; }
ボーダー・レフト・スタイル
{**border-left-style:** スタイル; }

border-style系の各プロパティは、ボーダーのスタイルを指定します。それぞれ上辺、右辺、下辺、左辺に対応しています。

初期値	none	継承	なし
適用される要素	すべての要素。ただし、ルビのベースコンテナー、注釈コンテナーを除く		
モジュール	CSS Backgrounds and Borders Module Level 3		

値の指定方法

スタイル

none	ボーダーは表示されません。他のボーダーと重なる場合、他の値が優先されます。
hidden	noneと同様に表示されませんが、他のボーダーと重なる場合、この値が優先されます。
dotted	点線で表示されます。
dashed	破線で表示されます。
solid	1本の実線で表示されます。
double	2本の実線で表示されます。ボーダーの幅が3px以上必要になります。
groove	立体的にくぼんだ線で表示されます。
ridge	立体的に隆起した線で表示されます。
inset	四辺すべてに指定すると、ボーダーの内部が立体的にくぼんだように表示されます。
outset	四辺すべてに指定すると、ボーダーの内部が立体的に隆起したように表示されます。

ボーダー

ボーダーのスタイルをまとめて指定する

ボーダー・スタイル

{border-style: -top -right -bottom -left ;}

border-styleプロパティは、ボーダーのスタイルを一括指定するショートハンドです。

初期値	none	継承	なし
適用される要素	すべての要素。ただし、ルビのベースコンテナー、注釈コンテナーを除く		
モジュール	CSS Backgrounds and Borders Module Level 3		

値の指定方法

個別指定の各プロパティと同様です。それぞれの値は空白文字で区切って4つまで指定でき、上辺、右辺、下辺、左辺の順に適用されます。いずれかの値を省略した場合は以下のような指定となります。

・値が1つ　すべての辺に同じ値が適用されます。
・値が2つ　1つ目が上下辺、2つ目が左右辺に適用されます。
・値が3つ　1つ目が上辺、2つ目が左右辺、3つ目が下辺に適用されます。

以下の例では、ボーダーのスタイルをborder-styleプロパティでまとめて指定しています。その上で、左右辺のボーダーだけ非表示にするために、border-right-style、border-left-styleプロパティで左右辺のスタイルを上書きしています。

```css
div {
  border-style: solid;
  border-right-style: hidden;
  border-left-style: hidden;
}
```

指定したスタイルでボーダーが表示される

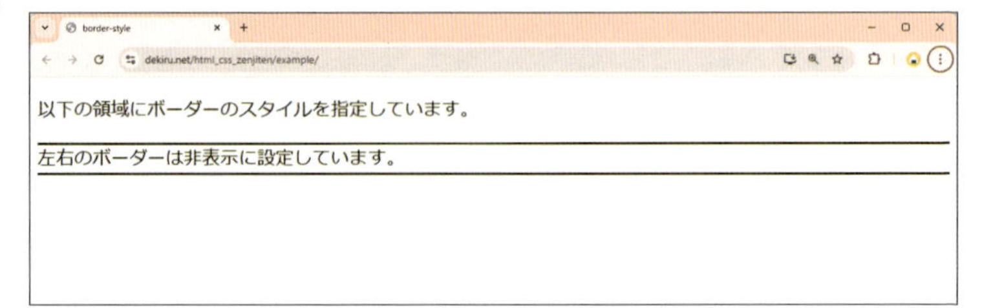

ボーダー

ボーダーの幅を指定する

POPULAR

ボーダー・トップ・ウィズ
{border-top-width: 幅; }

ボーダー・ライト・ウィズ
{border-right-width: 幅; }

ボーダー・ボトム・ウィズ
{border-bottom-width: 幅; }

ボーダー・レフト・ウィズ
{border-left-width: 幅; }

border-width系の各プロパティは、ボーダーの幅(太さ)を指定します。それぞれ上辺、右辺、下辺、左辺に対応しています。

初期値	medium	継承	なし
適用される要素	すべての要素。ただし、ルビのベースコンテナー、注釈コンテナーを除く		
モジュール	CSS Backgrounds and Borders Module Level 3		

値の指定方法

幅

thin 細いボーダーとなります。

medium 通常のボーダーとなります。

thick 太いボーダーとなります。

任意の数値+単位 ボーダーの幅を単位付き(P.307)の数値で指定します。

CSS
```
div {
  border-style: solid;
  border-top-width: medium;
  border-right-width: 30px;
  border-bottom-width: 1px;
  border-left-width: 5px;
  border-color: #ff0000;
}
```

border-width
dekiru.net/html_css_zenjiten/example/

以下の領域にボーダーを指定しています。

各辺における幅の値がそれぞれ異なります。

指定した幅でボーダーが表示される

ボーダー

ボーダーの幅をまとめて指定する

POPULAR

ボーダー・ウィズ
{border-width: -top -right -bottom -left ;}

border-widthプロパティは、ボーダーの幅(太さ)を一括指定するショートハンドです。

初期値	medium	継承	なし
適用される要素	すべての要素。ただし、ルビのベースコンテナー、注釈コンテナーを除く		
モジュール	CSS Backgrounds and Borders Module Level 3		

値の指定方法

個別指定の各プロパティと同様です。それぞれの値は空白文字で区切って4つまで指定でき、上辺、右辺、下辺、左辺の順に適用されます。いずれかの値を省略した場合は以下のような指定となります。

・値が1つ　すべての辺に同じ値が適用されます。
・値が2つ　1つ目が上下辺、2つ目が左右辺に適用されます。
・値が3つ　1つ目が上辺、2つ目が左右辺、3つ目が下辺に適用されます。

```css
div {
  border-top-width: 10px;
  border-right-width: 10px;
  border-bottom-width: 2px;
  border-left-width: 10px;
}
```

上記の例は、border-widthプロパティを利用して以下のように指定できます。四辺すべてのボーダーの幅を10pxに指定したあと、border-bottom-widthプロパティで下辺のみ2pxで上書きしています。

```css
div {
  border-width: 10px;
  border-bottom-width: 2px;
}
```

ボーダー

ボーダーの色を指定する

POPULAR

ボーダー・トップ・カラー
{border-top-color: 色; }

ボーダー・ライト・カラー
{border-right-color: 色; }

ボーダー・ボトム・カラー
{border-bottom-color: 色; }

ボーダー・レフト・カラー
{border-left-color: 色; }

border-color系の各プロパティは、ボーダーの色を指定します。それぞれ上辺、右辺、下辺、左辺に対応しています。

初期値	currentcolor	継承	なし
適用される要素	すべての要素。ただし、ルビのベースコンテナー、注釈コンテナーを除く		
モジュール	CSS Backgrounds and Borders Module Level 3		

値の指定方法

色

色 キーワード、カラーコード、rgb()、rgba()によるRGBカラーなど、色のデータ型の値で指定します。色の指定方法(P.311)も参照してください。

以下の例では、borderプロパティで指定したボーダーの色をborder-top-colorプロパティで上書きして、上辺だけ黒色に指定しています。

CSS
```css
.box {
  border: 10px solid #cccccc;
  border-top-color: #000000;
}
```

上辺のボーダーが黒色で表示される

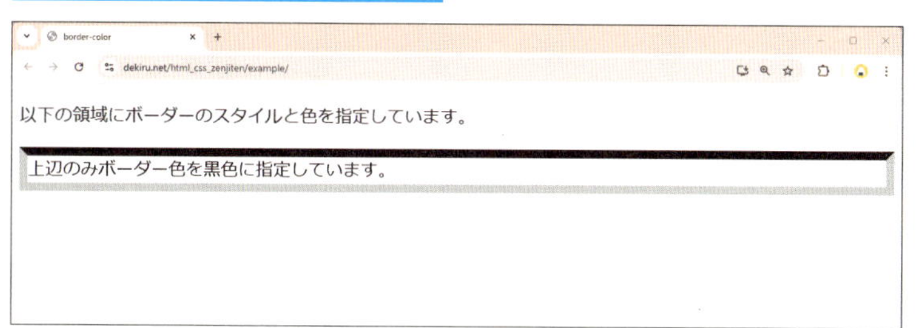

ボーダー

POPULAR

ボーダーの色をまとめて指定する

{border-color(ボーダー・カラー): -top -right -bottom -left ; }

border-colorプロパティは、ボーダーの色を一括指定するショートハンドです。

初期値	各プロパティに準じる	継承	なし
適用される要素	すべての要素。ただし、ルビのベースコンテナー、注釈コンテナーを除く		
モジュール	CSS Backgrounds and Borders Module Level 3およびCSS Logical Properties and Values Level 1		

値の指定方法

個別指定の各プロパティと同様です。それぞれの値は空白文字で区切って4つまで指定でき、上辺、右辺、下辺、左辺の順に適用されます。いずれかの値を省略した場合は以下のような指定となります。

- 値が1つ　すべての辺に同じ値が適用されます。
- 値が2つ　1つ目が上下辺、2つ目が左右辺に適用されます。
- 値が3つ　1つ目が上辺、2つ目が左右辺、3つ目が下辺に適用されます。

CSS
```
.box {
  border-width: 5px;
  border-style: solid;
  border-color: #ccc;
}
```

上記の例で指定したborder-colorプロパティは、各プロパティを以下のように指定した場合と同様の表示になります。

CSS
```
.box {
  border-width: 5px;
  border-style: solid;
  border-top-color: #ccc;
  border-right-color: #ccc;
  border-bottom-color: #ccc;
  border-left-color: #ccc;
}
```

ボーダーの各辺をまとめて指定する

POPULAR

```
{border-top: -style -width -color ; }
{border-right: -style -width -color ; }
{border-bottom: -style -width -color ; }
{border-left: -style -width -color ; }
```

（ボーダー・トップ／ボーダー・ライト／ボーダー・ボトム／ボーダー・レフト）

border系の各プロパティは、ボーダーの各辺の幅（太さ）、スタイル、色を一括指定するショートハンドです。

初期値	各プロパティに準じる	継承	なし
適用される要素	すべての要素。ただし、ルビのベースコンテナー、注釈コンテナーを除く		
モジュール	CSS Backgrounds and Borders Module Level 3		

値の指定方法

個別指定の各プロパティと同様です。それぞれの値は空白文字で区切って指定します。値は任意の順序で指定できます。

以下の例では、まずborder-bottom-styleプロパティで実線のボーダーを指定していますが、その後ろに記述したborder-bottomプロパティでは、スタイルの指定を省略しています。従って、border-bottom-styleプロパティの値は初期値であるnoneで上書きされ、ボーダーは表示されません。

```css
div {
  border-bottom-style: solid;
  border-bottom: 10px green;
}
/* 以下のように指定したことになる */
div {
  border-bottom-style: solid;
  border-bottom: none 10px green;
}
```

ボーダーをまとめて指定する

{border: -style -width -color ; }

borderプロパティは、ボーダーの四辺すべての幅（太さ）、スタイル、色を一括指定するショートハンドです。

初期値	各プロパティに準じる	継承	なし
適用される要素	すべての要素。ただし、ルビのベースコンテナー、注釈コンテナーを除く		
モジュール	CSS Backgrounds and Borders Module Level 3		

値の指定方法

border系のプロパティ、およびその個別指定の各プロパティと同様です。それぞれの値は空白文字で区切って指定します。値は任意の順で指定でき、省略した場合には各プロパティの初期値が適用されます。

以下の例では、四辺すべてに幅5px、緑色の実線のボーダーを適用した後に、border-bottomプロパティを使用して下辺のみ、幅1px、黒色の破線を指定しています。

CSS

```
div {
  border: solid 5px green;
  border-bottom: 1px dashed black;
}
```

指定した幅、スタイル、色でボーダーが表示される

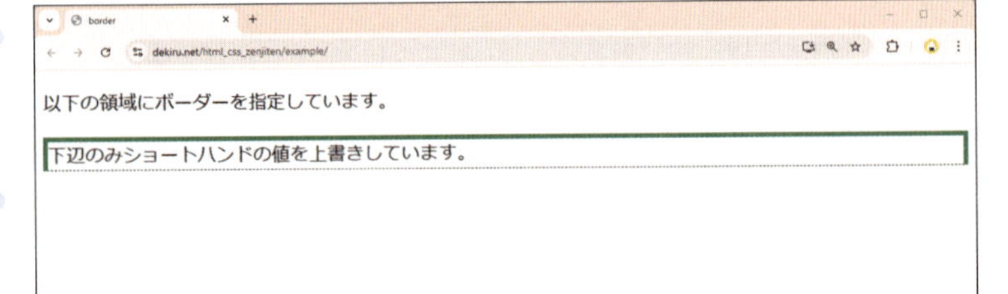

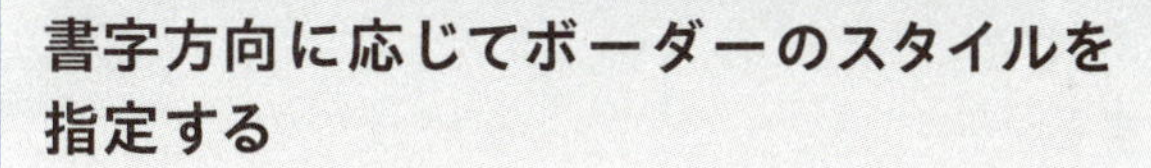

書字方向に応じてボーダーのスタイルを指定する

ボーダー・ブロック・スタート・スタイル
{border-block-start-style: スタイル ; }

ボーダー・ブロック・エンド・スタイル
{border-block-end-style: スタイル ; }

ボーダー・インライン・スタート・スタイル
{border-inline-start-style: スタイル ; }

ボーダー・インライン・エンド・スタイル
{border-inline-end-style: スタイル ; }

border-block-style、border-inline-style系プロパティは、border-top-styleまたはborder-bottom-styleプロパティ、border-left-styleまたはborder-right-styleプロパティの働きを、要素の書字方向に応じて指定します。writing-mode、direction、text-orientationプロパティで指定した値によって、その対応が決定されるプロパティです。

例えば、writing-modeプロパティの値がvertical-rlの場合、書字方向は縦書きで上から下へ、各行は右から左へ配置されます。このときにおけるborder-block-start-styleプロパティの値はborder-left-styleに、border-block-end-styleプロパティの値はborder-right-styleにそれぞれ対応します。また､border-inline-start-styleプロパティの値はborder-top-styleに､border-inline-end-styleプロパティの値はborder-bottom-styleにそれぞれ対応します。

初期値	none	継承	なし
適用される要素	すべての要素。ただし、ルビのベースコンテナー、注釈コンテナーを除く		
モジュール	CSS Logical Properties and Values Level 1		

値の指定方法

border-styleプロパティ（P.506）、およびその個別指定の各プロパティと同様です。

```css
div {
  border-block-start-style: solid;
  border-block-end-style: dotted;
  border-inline-start-style: dashed;
  border-inline-end-style: double;
}
```

ボーダー

書字方向に応じてボーダーのスタイルをまとめて指定する

ボーダー・ブロック・スタイル
{border-block-style: スタイル ; }

ボーダー・インライン・スタイル
{border-inline-style: スタイル ; }

border-block-styleプロパティはborder-block-start-style、border-block-end-styleプロパティの、border-inline-styleプロパティはborder-inline-start-style、border-inline-end-styleプロパティの値を一括指定するショートハンドです。

初期値	各プロパティに準じる	継承	なし
適用される要素	すべての要素。ただし、ルビのベースコンテナー、注釈コンテナーを除く		
モジュール	CSS Logical Properties and Values Level 1		

値の指定方法

個別指定の各プロパティと同様です。値が2つ指定された場合は、順に始端辺、終端辺のスタイルとなります。値が1つだけ指定された場合は、始端辺、終端辺の両方にその値が適用されます。

以下の例では、上下辺のボーダーと左右辺のボーダーにそれぞれ別のスタイルをまとめて指定しています。そのうえで、下辺だけを非表示にするために、border-block-end-styleプロパティでスタイルを上書きしています。

```css
div {
  border-block-style: solid;
  border-inline-style: double;
  border-block-end-style: hidden;
}
```

指定したスタイルでボーダーが表示される

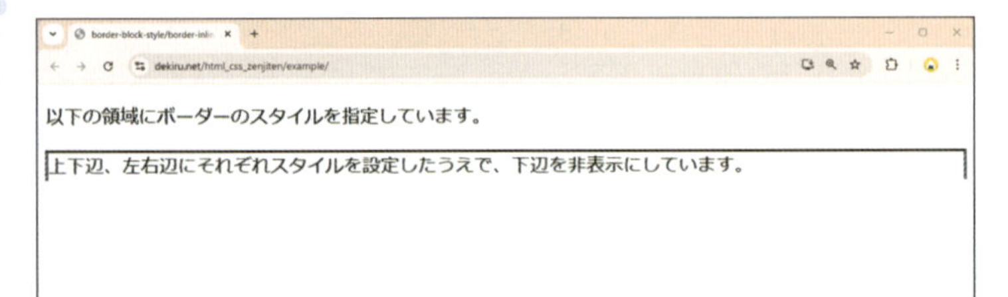

書字方向に応じてボーダーの幅を指定する

ボーダー・ブロック・スタート・ウィズ
{border-block-start-width: 幅 ; }

ボーダー・ブロック・エンド・ウィズ
{border-block-end-width: 幅 ; }

ボーダー・インライン・スタート・ウィズ
{border-inline-start-width: 幅 ; }

ボーダー・インライン・エンド・ウィズ
{border-inline-end-width: 幅 ; }

ボーダー・ブロック・ウィズ
{border-block-width: 幅 ; }

ボーダー・インライン・ウィズ
{border-inline-width: 幅 ; }

border-block-width、border-inline-width系プロパティは、border-top-widthまたはborder-bottom-widthプロパティ、border-left-widthまたはborder-right-widthプロパティの働きを、要素の書字方向に応じて指定します。writing-mode、direction、text-orientationプロパティで指定した値によって、その対応が決定されるプロパティです。また、border-block-widthプロパティはborder-block-start-width、border-block-end-widthプロパティの、border-inline-widthプロパティはborder-inline-start-width、border-inline-end-widthプロパティの値を一括指定するショートハンドです。

初期値	medium	継承	なし
適用される要素	すべての要素。ただし、ルビのベースコンテナー、注釈コンテナーを除く		
モジュール	CSS Logical Properties and Values Level 1		

値の指定方法

border-widthプロパティ（P.508）、およびその個別指定の各プロパティと同様です。ショートハンドに値が2つ指定された場合は、順に始端辺、終端辺の幅となります。値が1つだけ指定された場合、始端辺、終端辺の両方にその値が適用されます。

ボーダー

書字方向に応じてボーダーの色を指定する

ボーダー・ブロック・スタート・カラー
{border-block-start-color: 色 ; }

ボーダー・ブロック・エンド・カラー
{border-block-end-color: 色 ; }

ボーダー・インライン・スタート・カラー
{border-inline-start-color: 色 ; }

ボーダー・インライン・エンド・カラー
{border-inline-end-color: 色 ; }

ボーダー・ブロック・カラー
{border-block-color: 色 ; }

ボーダー・インライン・カラー
{border-inline-color: 色 ; }

border-block-color、border-inline-color系プロパティは、border-top-colorまたはborder-bottom-colorプロパティ、border-left-colorまたはborder-right-colorプロパティの働きを、要素の書字方向に応じて指定します。writing-mode、direction、text-orientationプロパティで指定した値によって、その対応が決定されるプロパティです。また、border-block-colorプロパティはborder-block-start-color、border-block-end-colorプロパティの、border-inline-colorプロパティはborder-inline-start-color、border-inline-end-colorプロパティの値を一括指定するショートハンドです。

初期値	currentcolor	継承	なし
適用される要素	すべての要素。ただし、ルビのベースコンテナー、注釈コンテナーを除く		
モジュール	CSS Logical Properties and Values Level 1		

値の指定方法

border-colorプロパティ（P.510）、およびその個別指定の各プロパティと同様です。ショートハンドに値が2つ指定された場合は、順に始端辺、終端辺の幅となります。値が1つだけ指定された場合、始端辺、終端辺の両方にその値が適用されます。

書字方向に応じてボーダーの各辺をまとめて指定する

ボーダー・ブロック・スタート
{border-block-start: -style -width -color ; }

ボーダー・ブロック・エンド
{border-block-end: -style -width -color ; }

ボーダー・インライン・スタート
{border-inline-start: -style -width -color ; }

ボーダー・インライン・エンド
{border-inline-end: -style -width -color ; }

ボーダー・ブロック
{border-block: -style -width -color ; }

ボーダー・インライン
{border-inline: -style -width -color ; }

border-block、border-inline系プロパティは、border-topまたはborder-bottom、border-leftまたはborder-rightプロパティの働きを、要素の書字方向に応じて一括指定するショートハンドです。また、border-blockプロパティはborder-block-start、border-block-endプロパティの、border-inlineプロパティはborder-inline-start、border-inline-endプロパティの値を一括指定するショートハンドです。writing-mode、direction、text-orientationプロパティで指定した値によって、その対応が決定されます。

初期値	各プロパティに準じる	継承	なし
適用される要素	すべての要素。ただし、ルビのベースコンテナー、注釈コンテナーを除く		
モジュール	CSS Logical Properties and Values Level 1		

値の指定方法

border系プロパティ、およびその個別指定の各プロパティと同様です。それぞれの値は半角スペースで区切って指定します。値は任意の順序で指定でき、省略した場合には各プロパティの初期値が適用されます。

ボーダー

ボーダーの角丸を指定する

ボーダー・トップ・レフト・ラディウス
{**border-top-left-radius**: 角丸の半径; }

ボーダー・トップ・ライト・ラディウス
{**border-top-right-radius**: 角丸の半径; }

ボーダー・ボトム・ライト・ラディウス
{**border-bottom-right-radius**: 角丸の半径; }

ボーダー・ボトム・レフト・ラディウス
{**border-bottom-left-radius**: 角丸の半径; }

border-radius系の各プロパティは、ボーダーの角丸を指定します。角丸の形状は半径で指定し、ボーダーの外側の輪郭に反映されます。

初期値	0	継承	なし
適用される要素	すべての要素。 ただし、border-collapseプロパティの値にcollapseが指定されたtable内要素を除く		
モジュール	CSS Backgrounds and Borders Module Level 3		

値の指定方法

角丸の半径

値は1つ、または空白文字で区切って2つ指定できます。1つの場合は水平・垂直方向の両方、2つの場合は水平方向、垂直方向の順の指定になります。

任意の数値+単位　半径を単位付き(P.307)の数値で指定します。

%値　半径を%値で指定します。値はボックスの幅と高さに対する割合となります。

```css
div {
  width: 500px; height: 100px;
  background: #ffad60;
  border-top-left-radius: 30px 30px;
  border-top-right-radius: 40px 40px;
  border-bottom-right-radius: 40px 40px;
  border-bottom-left-radius: 100px 50px;
}
```

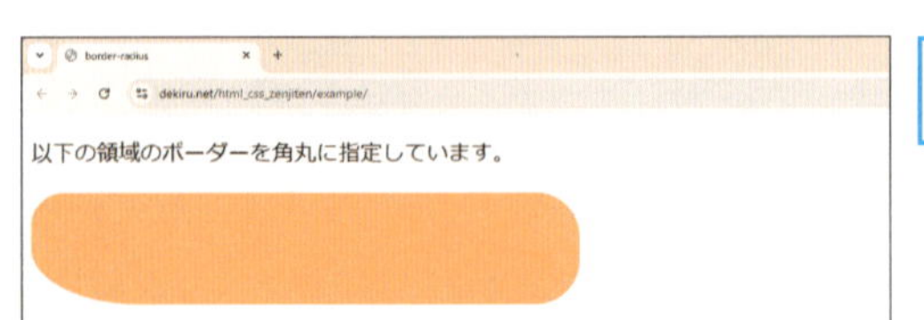

指定した半径でボーダーが角丸になる

ボーダー

書字方向に応じてボーダーの角丸を指定する

SPECIFIC

ボーダー・スタート・スタート・ラディウス
{border-start-start-radius: 角丸の半径; }

ボーダー・スタート・エンド・ラディウス
{border-start-end-radius: 角丸の半径; }

ボーダー・エンド・スタート・ラディウス
{border-end-start-radius: 角丸の半径; }

ボーダー・エンド・エンド・ラディウス
{border-end-end-radius: 角丸の半径; }

border-start-start-radiusをはじめとする各プロパティは、border-top-left-radiusプロパティなどと同様の働きを、要素の書字方向に応じて指定します。writing-mode、direction、text-orientationプロパティで指定した値によって、その対応が決定されるプロパティです。

例えば、writing-modeプロパティの値がvertical-rlの場合、書字方向は縦書きで上から下へ、各行は右から左へ配置されます。このときにおけるborder-start-start-radiusプロパティの値はborder-top-left-radiusに該当します。

初期値	0	継承	なし
適用される要素	すべての要素。 ただし、border-collapseプロパティの値にcollapseが指定されたtable内要素を除く		
モジュール	CSS Logical Properties and Values Level 1		

値の指定方法

border-top-left-radiusなど、border-radius系の各プロパティと同様です。

ボーダー

ボーダーの角丸をまとめて指定する

ボーダー・ラディウス
{border-radius: -top-left -top-right -bottom-right -bottom-left ; }

border-radiusプロパティは、ボーダーの角丸を一括指定するショートハンドです。

初期値	各プロパティに準じる	継承	なし
適用される要素	すべての要素。 ただし、border-collapseプロパティの値にcollapseが指定されたtable内要素を除く		
モジュール	CSS Backgrounds and Borders Module Level 3		

値の指定方法

個別指定の各プロパティと同様です。それぞれの値は空白文字で区切って4つまで指定でき、左上、右上、右下、左下の角の順に適用されます。いずれかの値を省略した場合は以下のような指定となります。なお、水平、垂直方向を個別に指定する場合は半角スラッシュ（/）で区切り、前に水平方向の指定、後ろに垂直方向の指定をそれぞれ記述します。

・値が1つ　すべての角に同じ値が適用されます。
・値が2つ　1つ目が左上角と右下角、2つ目が右上角と左下角に適用されます。
・値が3つ　1つ目が左上角、2つ目が右上角と左下角、3つ目が右下角に適用されます。

CSS
```css
div {
  width: 500px; height: 100px;
  background: #EEA282;
  border-radius: 60px 15% 120px 80px / 60px 25% 60px 40px;
}
```

指定した半径でボーダーが角丸になる

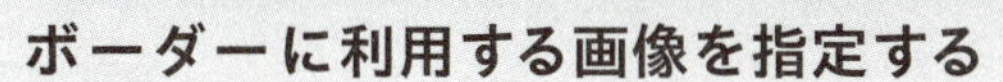

ボーダーに利用する画像を指定する

ボーダー・イメージ・ソース

{border-image-source: 画像; }

border-image-sourceプロパティは、ボーダーに利用する画像を指定します。border-styleプロパティ（P.506）で指定したボーダーの代わりとなるので、ボーダーを表示する指定を併記しておく必要があります。画像は指定した要素の領域の角に表示されます。

初期値	none	継承	なし
適用される要素	すべての要素。 ただし、border-collapseプロパティの値にcollapseが指定されたtable内要素を除く		
モジュール	CSS Backgrounds and Borders Module Level 3		

値の指定方法

画像

none ボーダー画像を指定しません。

画像の値 ボーダー画像をurl()関数やlinear-gradient()関数など、画像のデータ型の値で指定します。

CSS

```
.box {
  width: 400px; height: 120px;
  border: 20px solid gray;
  border-image-source: url(coffee.jpg);
}
```

領域の角にボーダー画像が表示される

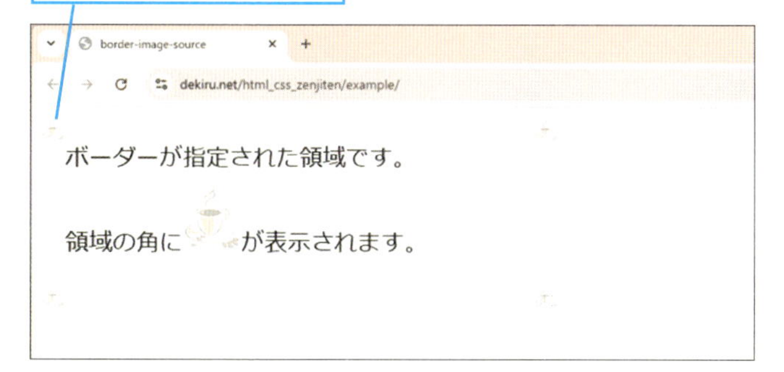

SPECIFIC

ボーダー画像の幅を指定する

ボーダー・イメージ・ウィズ

{border-image-width: 幅; }

border-image-widthプロパティは、ボーダー画像の幅を指定します。通常、border-widthプロパティの幅に従うボーダー画像の幅を、このプロパティで上書きできます。

初期値	1	継承	なし
適用される要素	すべての要素。 ただし、border-collapseプロパティの値にcollapseが指定されたtable内要素を除く		
モジュール	CSS Backgrounds and Borders Module Level 3		

値の指定方法

幅

値は空白文字で区切って4つまで指定でき、上辺、右辺、下辺、左辺の幅の順に適用されます。いずれかの値を省略した場合は以下のような指定になります。

・値が1つ　すべての辺に同じ値が適用されます。
・値が2つ　1つ目が上下辺、2つ目が左右辺に適用されます。
・値が3つ　1つ目が上辺、2つ目が左右辺、3つ目が下辺に適用されます。

auto　border-image-sliceプロパティ(P.523)の値と同じになります。指定がない場合は、border-widthプロパティ(P.508)の値と同じになります。

任意の数値+単位　各辺の幅を単位付き(P.307)の数値で指定します。

数値　border-widthプロパティの値を基準とした倍数を指定します。

%値　各辺の幅を%値で指定します。値は画像の幅と高さに対する割合となります。

```css
.box {
  width: 400px; height: 100px;
  border: 20px solid gray;
  border-image-source: url(coffee.jpg);
  border-image-width: 30px;
}
```

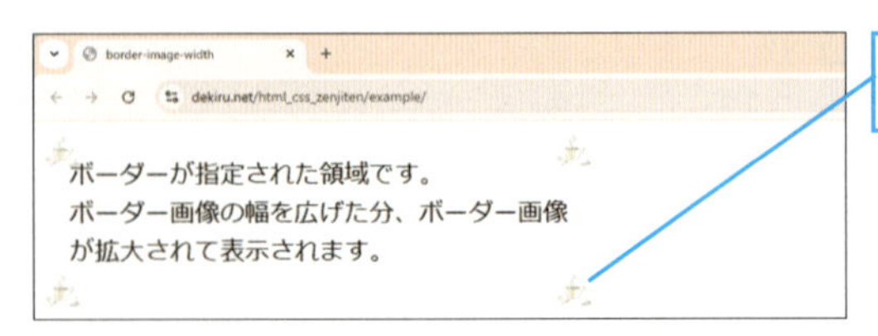

指定した幅でボーダー画像が表示される

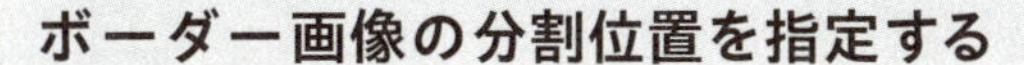

ボーダー

ボーダー画像の分割位置を指定する

ボーダー・イメージ・スライス
{border-image-slice: 分割位置; }

border-image-sliceプロパティは、ボーダー画像の分割位置を指定します。ボーダー画像の各辺は、指定された長さで元の画像から3×3の九等分に切り取られて、角と四辺に当たる部分がボーダー画像として表示されます。

初期値	100%	継承	なし
適用される要素	すべての要素。 ただし、border-collapseプロパティの値にcollapseが指定されたtable内要素を除く		
モジュール	CSS Backgrounds and Borders Module Level 3		

値の指定方法

分割位置

値は空白文字で区切って4つまで指定でき、上辺、右辺、下辺、左辺からの長さに適用されます。いずれかの値を省略した場合は以下のような指定になります。

・値が1つ　すべての辺に同じ値が適用されます。
・値が2つ　1つ目が上下辺、2つ目が左右辺に適用されます。
・値が3つ　1つ目が上辺、2つ目が左右辺、3つ目が下辺に適用されます。

数値　長さをラスター画像の場合はピクセル数で、ベクター画像の場合は座標で指定します。

%値　長さを%値で指定します。値は画像の幅と高さに対する割合となります。

fill　分割されたボーダー画像の中央部分は通常表示されませんが、 長さの指定に加えて空白文字で区切ってfillを指定すると、中央部分が表示されます。

```css
.box {
  width: 400px; height: 120px;
  border: 20px solid gray;
  border-image-source: url(frame.png);
  border-image-slice: 20;
}
```

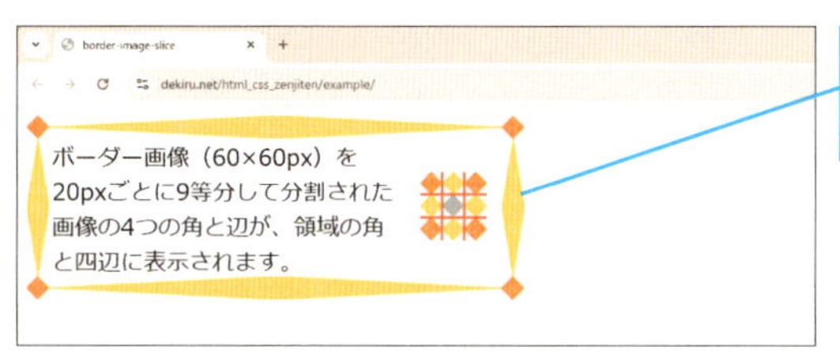

ボーダー画像が分割され、ボーダー画像領域に表示される

ボーダー

ボーダー画像の繰り返しを指定する

ボーダー・イメージ・リピート
{border-image-repeat: 繰り返し; }

border-image-repeatプロパティは、ボーダー画像の繰り返しを指定します。通常、ボーダー画像は領域に合わせて伸縮しますが、このプロパティによって領域を埋めるように繰り返して表示できます。

初期値	stretch	継承	なし
適用される要素	すべての要素。 ただし、border-collapseプロパティの値にcollapseが指定されたtable内要素を除く		
モジュール	CSS Backgrounds and Borders Module Level 3		

値の指定方法

繰り返し

値は空白文字で区切って2つまで指定できます。1つ目は上下辺、2つ目は左右辺の繰り返しに適用されます。1つだけ指定した場合は、上下辺と左右辺に同じ値が適用されます。

stretch ボーダー画像は領域に合わせて伸縮して表示されます。

repeat ボーダー画像は領域を埋めるように繰り返して配置された後、生じた余分は切り取られます。

round ボーダー画像は領域を埋めるように繰り返して配置された後、余分が生じないようにサイズが調整されて表示されます。

space ボーダー画像は領域を埋めるように繰り返して配置された後、生じた余分は画像間のすき間として当てられて表示されます。

```css
.box {
  width: 400px; height: 100px;
  border: 20px solid gray;
  border-image-source: url(frame.png);
  border-image-slice: 20;
  border-image-repeat: round;
}
```

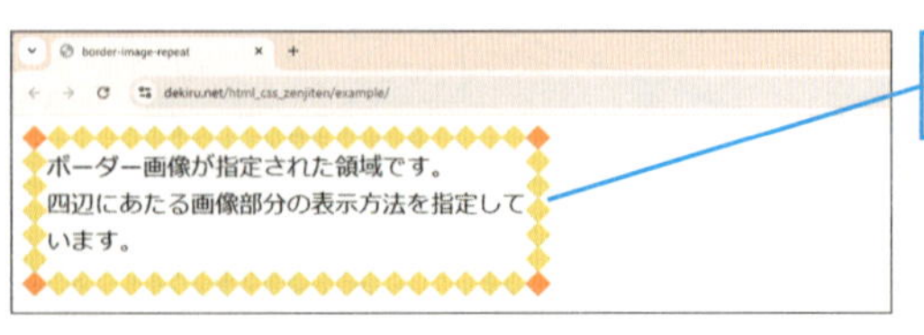

分割されたボーダー画像が繰り返して表示される

ボーダー画像の領域を広げるサイズを指定する

ボーダー・イメージ・アウトセット
{border-image-outset: サイズ; }

border-image-outsetプロパティは、ボーダー画像の領域を外側に広げるサイズを指定します。

初期値	0	継承	なし
適用される要素	すべての要素。 ただし、border-collapseプロパティの値にcollapseが指定されたtable内要素を除く		
モジュール	CSS Backgrounds and Borders Module Level 3		

値の指定方法

サイズ

値は半角スペースで区切って4つまで指定でき、上辺、右辺、下辺、左辺の広げるサイズに適用されます。いずれかの値を省略した場合は以下のような指定になります。

・値が1つ　すべての辺に同じ値が適用されます。
・値が2つ　1つ目が上下辺、2つ目が左右辺に適用されます。
・値が3つ　1つ目が上辺、2つ目が左右辺、3つ目が下辺に適用されます。

任意の数値+単位　広げるサイズを単位付き(P.307)の数値で指定します。

任意の数値　boder-widthプロパティ (P.508)の値を基準に広げるサイズの倍数を指定します。

```css
.box {
  width: 400px; height: 100px;
  border: 20px solid gray;
  border-image-source: url(image/frame.png);
  border-image-slice: 20;
  border-image-repeat: round;
  border-image-outset: 15px;
}
```

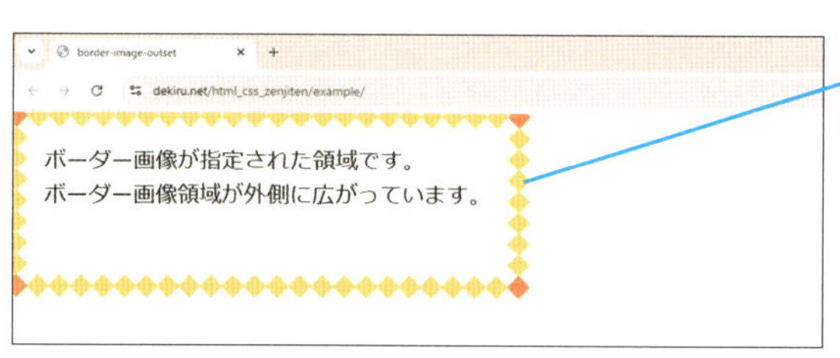

ボーダー画像の領域が広がる

ボーダー

ボーダー画像をまとめて指定する

ボーダー・イメージ

{border-image: -source -slice -width -outset -repeat ; }

border-imageプロパティは、ボーダー画像に利用する画像とその幅、分割位置などを一括指定するショートハンドです。

初期値	各プロパティに準じる	継承	なし
適用される要素	すべての要素。 ただし、border-collapseプロパティの値にcollapseが指定されたtable内要素を除く		
モジュール	CSS Backgrounds and Borders Module Level 3		

値の指定方法

個別指定の各プロパティと同様です。それぞれの値は空白文字で区切って指定します。任意の順序で指定できますが、border-image-width、およびborder-image-outsetプロパティを記述する場合は、border-image-sliceプロパティの後に記述し、それぞれ値の前にスラッシュ（/）を記述して区切ります。

```css
.border-box {
  border: 21px solid #76D647;
  border-image: url(image/frame.png) 21 / 12px 24px / 10px 12px 16px
  4px round;
}
```

上記の例で指定したborder-imageプロパティは、各プロパティを以下のように指定した場合と同様の表示になります。

```css
.strong-box {
  border: 21px solid #76D647;
  border-image-source: url(image/frame.png);
  border-image-slice: 21;
  border-image-width: 12px 24px;
  border-image-outset: 10px 12px 16px 4px;
  border-image-repeat: round;
}
```

サイズ

ボックスの幅と高さを指定する

{width: 幅; }

{height: 高さ; }

width、heightプロパティは、ボックスの幅と高さを指定します。

初期値	auto	継承	なし
適用される要素	すべての要素。ただし、非置換インライン要素を除く		
モジュール	CSS Box Sizing Module Level 3およびLevel 4		

値の指定方法

幅, 高さ

auto 内容に合わせて自動的に計算されます。

任意の数値+単位 単位付き(P.307)の数値で指定します。

%値 %値で指定します。値は親要素に対する割合となります。

none ボックスの幅と高さは制限されません。

min-content 行の軸(inline-axis)に指定した場合は最小の幅と高さとして、それ以外に指定した場合はautoとして解釈されます。

max-content 行の軸に指定した場合は内容全体を収めるために必要な、最大の幅と高さとして、それ以外に指定した場合はautoとして解釈されます。

stretch ボックスのマージンボックスのサイズを、包含ブロックのサイズに合わせようとします。

fit-content コンテンツのサイズにフィットするようにします。

contain ボックスが優先されるアスペクト比を持っている場合、そのアスペクト比を可能な限り維持しながら、包含ブロックのサイズに合わせようとします。アスペクト比を持っていない場合は、stretchと同様に扱われます。

calc-size() auto、fit-content、max-contentなどの固有のサイズ値を使用した計算が可能です。例えば、width: calc-size(max-content, size - 1em);のように指定すると、要素が持つmax-content値を具体的な長さとして取得したうえでsizeに代入し、そこから1emに相当する長さを引いた幅を適用できます。

fit-content() min(最大サイズ,max(最小サイズ,引数))の式に従って有効な寸法に制約します。任意の数値+単位、%値を引数として指定できます。負の値は指定できません。ただし、widthプロパティにおけるfit-content()の指定に対応したブラウザーは本書執筆時点でありません。

```css
.box { width: 200px; height: 300px; }
```
CSS

サイズ

ボックスの幅と高さの最大値を指定する

{max-width（マックス・ウィズ）: 最大の幅; }

{max-height（マックス・ハイト）: 最大の高さ; }

max-width、max-heightプロパティは、ボックスの幅、高さの最大値を指定します。

初期値	none	継承	なし
適用される要素	width、heightプロパティを指定できるすべての要素		
モジュール	CSS Box Sizing Module Level 3およびLevel 4		

値の指定方法

最大の幅，最大の高さ

none 最大の幅、高さを指定しません。

任意の数値+単位 単位付き(P.307)の数値で指定します。

%値 %値で指定します。値は包含ブロックに対する割合となります。

min-content 行の軸(inline-axis)に指定した場合は最小の幅と高さとして、それ以外に指定した場合はautoとして解釈されます。

max-content 行の軸に指定した場合は内容全体を収めるために必要な、最大の幅と高さとして、それ以外に指定した場合はautoとして解釈されます。

stretch ボックスのマージンボックスのサイズを、包含ブロックのサイズに合わせようとします。

fit-content コンテンツのサイズにフィットするようにします。

contain ボックスが優先されるアスペクト比を持っている場合、そのアスペクト比を可能な限り維持しながら、包含ブロックのサイズに合わせようとします。アスペクト比を持っていない場合は、stretchと同様に扱われます。

calc-size() auto、fit-content、max-contentなどの固有のサイズ値を使用した計算が可能なCSS関数です。

fit-content() min(最大サイズ,max(最小サイズ,引数))の式に従って有効な寸法に制約します。任意の数値+単位、%値を引数として指定できます。負の値は指定できません。ただし、widthプロパティにおけるfit-content()の指定に対応したブラウザーは本書執筆時点でありません。

CSS
```
.box {
  max-width: 100%; max-height: 50px;
  border: solid 1px red;
}
```

サイズ

ボックスの幅と高さの最小値を指定する

ミニマム・ウィズ
{min-width: 最小の幅; }

ミニマム・ハイト
{min-height: 最小の高さ; }

min-width、min-heightプロパティは、ボックスの幅、高さの最小値を指定します。

初期値	auto	継承	なし
適用される要素	width、heightプロパティを指定できるすべての要素		
モジュール	CSS Box Sizing Module Level 3およびLevel 4		

値の指定方法

最小の幅, 最小の高さ

auto 自動的に最小の幅と高さを選択します。基本的には0と解釈されます。

任意の数値+単位 単位付き(P.307)の数値で指定します。

%値 %値で指定します。値は包含ブロックに対する割合となります。

min-content 行の軸(inline-axis)に指定した場合は最小の幅と高さとして、それ以外に指定した場合はautoとして解釈されます。

max-content 行の軸に指定した場合は内容全体を収めるために必要な、最大の幅と高さとして、それ以外に指定した場合はautoとして解釈されます。

stretch ボックスのマージンボックスのサイズを、包含ブロックのサイズに合わせようとします。

fit-content コンテンツのサイズにフィットするようにします。

contain ボックスが優先されるアスペクト比を持っている場合、そのアスペクト比を可能な限り維持しながら、包含ブロックのサイズに合わせようとします。アスペクト比を持っていない場合は、stretchと同様に扱われます。

calc-size() auto、fit-content、max-contentなどの固有のサイズ値を使用した計算が可能なCSS関数です。

fit-content() min(最大サイズ,max(最小サイズ,引数))の式に従って有効な寸法に制約します。任意の数値+単位、%値を引数として指定できます。負の値は指定できません。ただし、widthプロパティにおけるfit-content()の指定に対応したブラウザーは本書執筆時点でありません。

CSS
```css
.box {
  min-width: 200px; min-height: 100px;
  border: solid 1px red;
}
```

サイズ

書字方向に応じてボックスの幅と高さの最大値を指定する

マックス・ブロック・サイズ
{max-block-size: 幅・高さ; }

マックス・インライン・サイズ
{max-inline-size: 幅・高さ; }

max-block-size、max-inline-sizeプロパティは、max-widthまたはmax-heightプロパティの働きを、要素の書字方向に応じて指定します。writing-modeプロパティで指定した値によって、その対応が決定されるプロパティです。

writing-modeプロパティの値がhorizontal-tbの場合、書字方向は左から右へ、各行は上から下へ配置されます。このときにおけるmax-block-sizeプロパティの値はmax-heightに、max-inline-sizeプロパティの値はmax-widthにそれぞれ対応します。

writing-modeプロパティの値がvertical-rlの場合、書字方向は縦書きで上から下へ、各行は右から左へ配置されます。このときにおけるmax-block-sizeプロパティの値はmax-widthに、max-inline-sizeプロパティの値はmax-heightにそれぞれ対応します。

初期値	none	継承	なし
適用される要素	width、heightプロパティを指定できるすべての要素		
モジュール	CSS Logical Properties and Values Level 1		

値の指定方法

max-width、max-heightプロパティ（P.528）と同様です。

```css
.box {
  max-block-size: 300px;
  max-inline-size: 36em;
  writing-mode: vertical-rl;
}
```

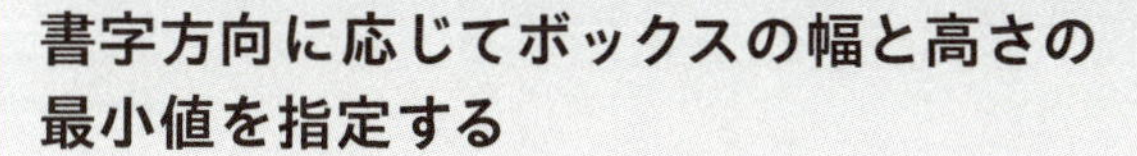

書字方向に応じてボックスの幅と高さの最小値を指定する

ミニマム・ブロック・サイズ
{min-block-size: 幅・高さ; }

ミニマム・インライン・サイズ
{min-inline-size: 幅・高さ; }

min-block-size、min-inline-sizeプロパティは、min-widthまたはmin-heightプロパティの働きを、要素の書字方向に応じて指定します。writing-modeプロパティで指定した値によって、その対応が決定されるプロパティです。

writing-modeプロパティの値がhorizontal-tbの場合、書字方向は左から右へ、各行は上から下へ配置されます。このときにおけるmin-block-sizeプロパティの値はmin-heightに、min-inline-sizeプロパティの値はmin-widthにそれぞれ対応します。

writing-modeプロパティの値がvertical-rlの場合、書字方向は縦書きで上から下へ、各行は右から左へ配置されます。このときにおけるmin-block-sizeプロパティの値はmin-widthに、min-inline-sizeプロパティの値はmin-heightにそれぞれ対応します。

初期値	0	継承	なし
適用される要素	width、heightプロパティを指定できるすべての要素		
モジュール	CSS Logical Properties and Values Level 1		

値の指定方法

min-width、min-heightプロパティ（P.529）と同様です。

```css
.box {
  min-block-size: 300px;
  min-inline-size: 36em;
  writing-mode: vertical-rl;
}
```

サイズ

POPULAR

ボックスの推奨アスペクト比を指定する

{aspect-ratio: アスペクト比; }

アスペクト・レイシオ

aspect-ratioプロパティは、要素のボックスに対して推奨アスペクト比（幅と高さの比率）を設定します。設定されたアスペクト比は、要素の自動サイズの計算やレイアウト機能の一部で使用されます。

初期値	auto	継承	なし
適用される要素	インラインボックス、ルビーボックス、テーブルボックス以外のすべての要素		
モジュール	CSS Box Sizing Module Level 4		

値の指定方法

アスペクト比

auto

置換要素（img要素やvideo要素のようにコンテンツが置換されて表示される要素）で、もともと自然なアスペクト比がある場合、その自然なアスペクト比が使用されます。
もし自然なアスペクト比がない場合、ボックスには特に優先されるアスペクト比はありません。アスペクト比に関連するサイズの計算は、常にコンテンツ領域のサイズに基づいて行われます。

比率

幅と高さの比率を、例えば16/9や4/3のように2つの数値で指定します。1つ目の数値は幅、2つ目の数値は高さです。高さが省略された場合、1として扱われます。
指定されたアスペクト比は、ボックスの優先される比率として使われます。このとき、サイズの計算はbox-sizingプロパティで指定されたボックスの寸法に基づきます。
なお、比率の値が無効な比率（例えば片方の数値が0または無限（∞）である場合など）はautoと同じになります。

auto 比率

auto 16/9や4/3 autoのように、autoと比率を同時に指定した場合、img要素のように自然なアスペクト比を持つときはその比率が使われます。そうでない場合、指定した比率が優先されます。

CSS
```
aspect-ratio: auto;
aspect-ratio: 1/1;
aspect-ratio: 16; /* aspect-ratio: 16/1 と同じ意味 */
aspect-ratio: auto 3/4;
```

サイズ

書字方向に応じてボックスの幅と高さを指定する

ブロック・サイズ
{block-size: 幅・高さ; }

block-sizeプロパティは、書字方向に応じたボックスの水平または垂直方向のサイズを定義します。これはwidth、heightプロパティに相当しますが、writing-modeの値によって変わります。書字方向が横書きの場合は縦方向、つまりheightと同じになり、縦書きの場合は横方向、つまりwidthと同じになります。

初期値	auto	継承	なし
適用される要素	置換されていないインラインボックス以外のすべての要素		
モジュール	CSS Logical Properties and Values Level 1		

値の指定方法

width、heightプロパティ（P.527）と同様です。

```css
.box {
  writing-mode: vertical-rl;
  block-size: 200px;
}
```

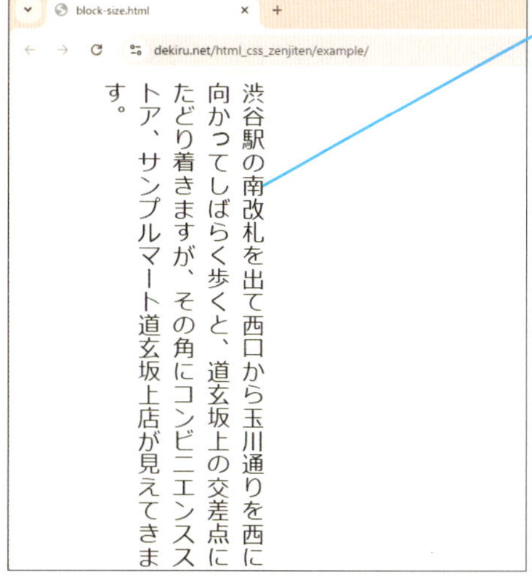

縦書きのため、block-sizeで指定したサイズが、横方向のサイズとして適用される

サイズ

書字方向に応じてボックスの幅と高さを指定する

{inline-size: 幅・高さ; }

インライン・サイズ

inline-sizeプロパティは、書字方向に応じたボックスの水平または垂直方向のサイズを定義します。これはwidth、heightプロパティに相当しますが、writing-modeの値によって変わります。

書字方向が横書きの場合は横方向、つまりwidthと同じになり、縦書きの場合は縦方向、つまりheightと同じになります。

初期値	auto	継承	なし
適用される要素	置換されていないインラインボックス以外のすべての要素		
モジュール	CSS Logical Properties and Values Level 1		

値の指定方法

width、heightプロパティ（P.527）と同様です。

```
.box {
  writing-mode: vertical-rl;
  inline-size: 200px;
}
```

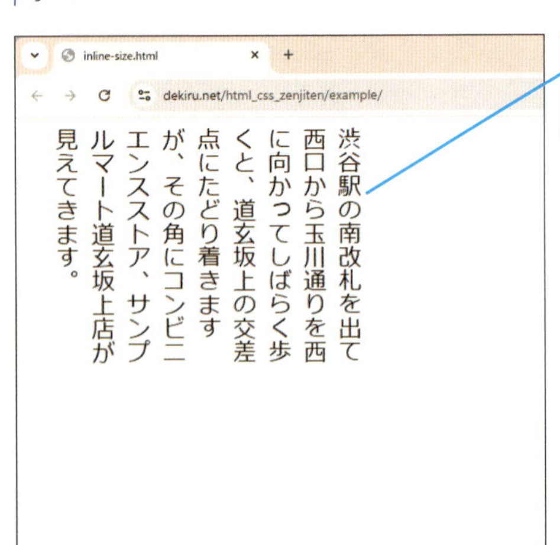

縦書きのため、inline-sizeで指定したサイズが、縦方向のサイズとして適用される

サイズ

ボックスのサイズ変更の可否を指定する

SPECIFIC

{resize: サイズ変更の可否; }

（リサイズ）

resizeプロパティは、ボックスのサイズ変更(リサイズ)の可否を指定します。

初期値	none	継承	なし
適用される要素	overflowプロパティ(P.545)でvisible以外の値が指定された要素、オプションで画像、映像、iframeのような置換要素		
モジュール	CSS Basic User Interface Module Level 4		

値の指定方法

サイズ変更の可否

none ボックスのサイズ変更の可否を指定しません。

both ボックスの幅と高さのサイズ変更を許可します。

horizontal ボックスの幅のサイズ変更を許可します。

vertical ボックスの高さのサイズ変更を許可します。

block ブロック方向のサイズ変更を許可します。writing-modeおよびdirectionプロパティの値によって、幅または高さのいずれかが該当します。

inline インライン方向のサイズ変更を許可します。writing-modeおよびdirectionプロパティの値によって、幅または高さのいずれかが該当します。

CSS

```
.box {
  width: 400px; height: 100px;
  border: solid 1px black;
  overflow: auto;
  resize: both;
}
```

渋谷駅の南改札を出て西口から玉川通りを
西に向かってしばらく歩くと、道玄坂上の
交差点にたどり着きますが、その角にコン

ボックスの右下をドラッグするとサイズを変更できる

ポイント

- 本書執筆時点で、Safari (iOS)はresizeプロパティをサポートしていません。

マージン

ボックスのマージンの幅を指定する

マージン・トップ
{margin-top: 幅; }

マージン・ライト
{margin-right: 幅; }

マージン・ボトム
{margin-bottom: 幅; }

マージン・レフト
{margin-left: 幅; }

margin系プロパティは、ボックスの外側の余白(マージン)の幅を指定します。それぞれ上辺、右辺、下辺、左辺に対応しています。

初期値	0	継承	なし
適用される要素	すべての要素。ただし、内部テーブル要素(table、table-captionを除くテーブル関連要素)、ルビのベースコンテナー、注釈コンテナーを除く		
モジュール	CSS Box Model Module Level 3		

値の指定方法

幅

auto
自動的に適切なマージンが適用されます。ボックスの幅(width)を指定したうえで左右のマージンをautoにすると、ボックスは水平方向の中央に揃います。

任意の数値+単位
単位付き(P.307)の数値で指定します。負の値も指定できます。

%値
%値で指定します。負の値も指定できます。値は包含ブロックの幅に対する割合となります。これはmargin-top、margin-bottomに対する%値の算出でも同様です。

ポイント

- 垂直方向に隣接するボックスのマージンは相殺され、大きいほうの値が適用されます。以下の例では、box01とbox02の間のマージンは30pxとなります。値が両方とも負の場合は0に近い値が適用され、片方だけ負の場合は両方の値の和が適用されます。

CSS

```
.box01 {
  margin-bottom: 20px;
}
.box02 {
  margin-top: 30px;
}
```

マージン

ボックスのマージンの幅をまとめて指定する

{margin（マージン）: -top -right -bottom -left ; }

marginプロパティは、ボックスの外側の余白（マージン）の幅を一括指定するショートハンドです。

初期値	0	継承	なし
適用される要素	すべての要素。ただし、内部テーブル要素、ルビのベースコンテナー、注釈コンテナーを除く		
モジュール	CSS Box Model Module Level 3		

値の指定方法

個別指定の各プロパティと同様です。値は空白文字で区切って4つまで指定でき、それぞれ上辺、右辺、下辺、左辺に適用されます。省略した場合は以下のような指定になります。

・値が1つ　すべての辺に同じ値が適用されます。
・値が2つ　1つ目が上下辺、2つ目が左右辺に適用されます。
・値が3つ　1つ目が上辺、2つ目が左右辺、3つ目が下辺に適用されます。

CSS

```
.m1 {margin: 0;}
.m2 {margin: 15px;}
.m3 {margin: 30px;}
.m4 {margin: 60px 20% 0px 1em;}
```

指定した幅でマージンが表示される

margin
dekiru.net/html_css_zenjiten/example/

マージン0の領域です。

マージン15pxの領域です。

マージン30pxの領域です。

マージン 上：60px 右：20% 左：1emの領域です。

マージン

SPECIFIC

書字方向に応じてボックスのマージンの幅を指定する

マージン・ブロック・スタート
{margin-block-start: 幅; }

マージン・ブロック・エンド
{margin-block-end: 幅; }

マージン・インライン・スタート
{margin-inline-start: 幅; }

マージン・インライン・エンド
{margin-inline-end: 幅; }

margin-block、margin-inline系プロパティは、margin-topまたはmargin-bottomプロパティ、margin-leftまたはmargin-rightプロパティの働きを、要素の書字方向に応じて指定します。writing-mode、direction、text-orientationプロパティで指定した値によって、その対応が決定されるプロパティです。

例えば、writing-modeプロパティの値がhorizontal-tbの場合、書字方向は左から右へ、各行は上から下へ配置されます。このときにおけるmargin-block-startプロパティの値はmargin-topに、margin-inline-startプロパティの値はmargin-leftにそれぞれ対応します。

一方でwriting-modeプロパティの値がvertical-rlの場合、書字方向は縦書きで上から下へ、各行は右から左へ配置されます。このときにおけるmargin-block-startプロパティの値はmargin-rightに、margin-inline-startプロパティの値はmargin-topにそれぞれ対応します。

<table>
<tr><td>初期値</td><td>0</td><td>継承</td><td>なし</td></tr>
<tr><td>適用される要素</td><td colspan="3">すべての要素。ただし、内部テーブル要素、ルビのベースコンテナー、注釈コンテナーを除く</td></tr>
<tr><td>モジュール</td><td colspan="3">CSS Logical Properties and Values Level 1</td></tr>
</table>

値の指定方法

marginプロパティ（P.537）、およびその個別指定の各プロパティと同様です。

```css
.box {
  margin-inline-start: 20px;
  writing-mode: horizontal-tb;
}
```

マージン

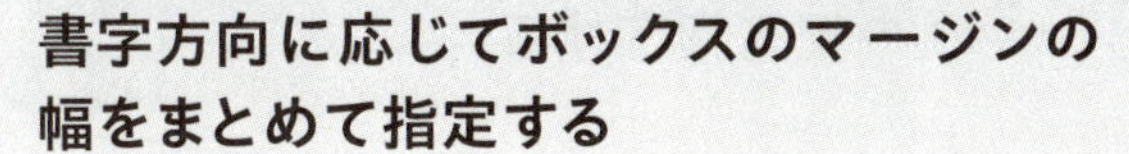

書字方向に応じてボックスのマージンの幅をまとめて指定する

マージン・ブロック
{margin-block: -start -end ;}

マージン・インライン
{margin-inline: -start -end ;}

margin-blockプロパティはmargin-block-start、margin-block-endプロパティの、margin-inlineプロパティはmargin-inline-start、margin-inline-endプロパティの値を一括指定するショートハンドです。

初期値	各プロパティに準じる	継承	なし
適用される要素	すべての要素。ただし、内部テーブル要素、ルビのベースコンテナー、注釈コンテナーを除く		
モジュール	CSS Logical Properties and Values Level 1		

値の指定方法

個別指定の各プロパティと同様です。値が2つ指定された場合は、順に始端辺、終端辺の幅となります。値が1つだけ指定された場合、始端辺、終端辺の両方にその値が適用されます。

```css
.box {
  margin-block: 20px 30px;
  writing-mode: horizontal-tb;
}
```

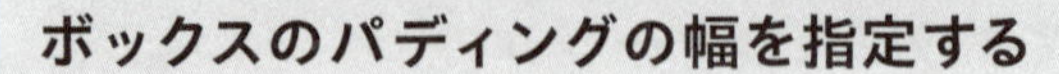
パディング

POPULAR

ボックスのパディングの幅を指定する

パディング・トップ
{padding-top: 幅; }
パディング・ライト
{padding-right: 幅; }
パディング・ボトム
{padding-bottom: 幅; }
パディング・レフト
{padding-left: 幅; }

padding系プロパティは、ボックスの内側の余白(パディング)の幅を指定します。それぞれ上辺、右辺、下辺、左辺に対応しています。

初期値	0	継承	なし
適用される要素	すべての要素。ただし、table-cell以外の内部テーブル要素、ルビのベースコンテナー、注釈コンテナーを除く		
モジュール	CSS Box Model Module Level 3		

値の指定方法

幅

任意の数値+単位 単位付き(P.307)の数値で指定します。負の値は指定できません。

%値 %値で指定します。負の値は指定できません。値は包含ブロックの幅に対する割合となります。これはpadding-top、padding-bottomに対する%値の算出でも同様です。

```css
div {
  background-color: #ffb6c1;
  border: red solid 2px;
  background-clip: content-box;
  padding-top: 10px;
  padding-right: 20%;
  padding-bottom: 0px;
  padding-left: 3em;
}
```

以下の領域の上下左右それぞれに異なるパディングの幅を指定しています。

ボーダー内側の背景色のない部分がパディング領域です。

指定した幅でパディングが表示される

パディング

ボックスのパディングの幅をまとめて指定する

{padding（パディング）: -top -right -bottom -left ; }

paddingプロパティは、ボックスの内側の余白（パディング）の幅を一括指定するショートハンドです。

初期値	0	継承	なし
適用される要素	すべての要素。ただし、table-cell以外の内部テーブル要素、ルビのベースコンテナー、注釈コンテナーを除く		
モジュール	CSS Box Model Module Level 3		

値の指定方法

個別指定の各プロパティと同様です。値は空白文字で区切って4つまで指定でき、それぞれ上辺、右辺、下辺、左辺に適用されます。省略した場合は以下のような指定になります。

・値が1つ　すべての辺に同じ値が適用されます。
・値が2つ　1つ目が上下辺、2つ目が左右辺に適用されます。
・値が3つ　1つ目が上辺、2つ目が左右辺、3つ目が下辺に適用されます。

```css
div {
  padding: 10px;
}
```

上記の例で指定したpaddingプロパティは、各プロパティを以下のように指定した場合と同様の表示になります。

```css
div {
  padding-top: 10px;
  padding-right: 10px;
  padding-bottom: 10px;
  padding-left: 10px;
}
```

パディング

書字方向に応じてボックスのパディングの幅を指定する

パディング・ブロック・スタート
{padding-block-start: 幅; }

パディング・ブロック・エンド
{padding-block-end: 幅; }

パディング・インライン・スタート
{padding-inline-start: 幅; }

パディング・インライン・エンド
{padding-inline-end: 幅; }

padding-block、padding-inline系プロパティは、padding-topまたはpadding-bottomプロパティ、padding-leftまたはpadding-rightプロパティの働きを、要素の書字方向に応じて指定します。writing-mode、direction、text-orientationプロパティで指定した値によって、その対応が決定されるプロパティです。

例えば、writing-modeプロパティの値がhorizontal-tbの場合、書字方向は左から右へ、各行は上から下へ配置されます。このときにおけるpadding-block-startプロパティの値はpadding-topに、padding-inline-startプロパティの値はpadding-leftにそれぞれ対応します。

一方でwriting-modeプロパティの値がvertical-rlの場合、書字方向は縦書きで上から下へ、各行は右からへ配置されます。このときにおけるpadding-block-startプロパティの値はpadding-rightに、padding-inline-startプロパティの値はpadding-topにそれぞれ対応します。

初期値	0	継承	なし
適用される要素	すべての要素。ただし、table-cell以外の内部テーブル要素、ルビのベースコンテナー、注釈コンテナーを除く		
モジュール	CSS Logical Properties and Values Level 1		

値の指定方法

paddingプロパティ（P.541）、およびその個別指定の各プロパティと同様です。

```css
.box {
  padding-block-start: 40px;
  writing-mode: horizontal-tb;
}
```

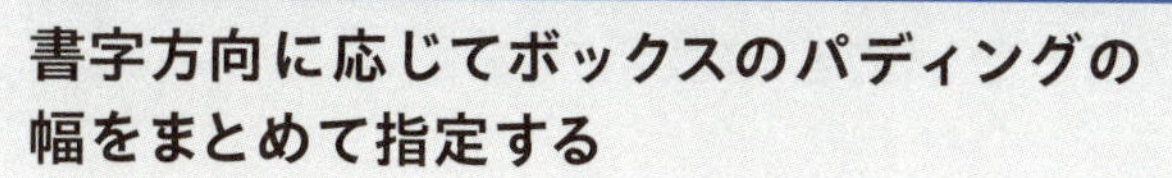

書字方向に応じてボックスのパディングの幅をまとめて指定する

パディング・ブロック
{padding-block: -start -end ;}

パディング・インライン
{padding-inline: -start -end ;}

padding-blockプロパティはpadding-block-start、padding-block-endプロパティの、padding-inlineプロパティはpadding-inline-start、padding-inline-endプロパティの値を一括指定するショートハンドです。

初期値	各プロパティに準じる	継承	なし
適用される要素	すべての要素。ただし、table-cell以外の内部テーブル要素、ルビのベースコンテナー、注釈コンテナーを除く		
モジュール	CSS Logical Properties and Values Level 1		

値の指定方法

個別指定の各プロパティと同様です。値が2つ指定された場合は、順に始端辺、終端辺の幅となります。値が1つだけ指定された場合、始端辺、終端辺の両方にその値が適用されます。

```css
.box {
  padding-block: 40px 20px;
  writing-mode: horizontal-tb;
}
```

ボックス

ボックスに収まらない内容の表示方法を指定する

オーバーフロー・エックス
{overflow-x: 表示方法; }

オーバーフロー・ワイ
{overflow-y: 表示方法; }

overflow-x、overflow-yプロパティは、ボックスに収まらない内容の水平方向、垂直方向の表示方法を指定します。

初期値	visible	継承	なし
適用される要素	ブロックコンテナー、フレックスコンテナー、グリッドコンテナー		
モジュール	CSS Overflow Module Level 3		

値の指定方法

表示方法

auto ブラウザーの設定に依存します。通常はスクロールバーが表示されます。

visible 内容はボックスからはみ出して表示されます。

hidden ボックスに収まらない内容は表示されません。

scroll ボックスに収まるかどうかに関わらず、スクロールバーが表示されます。

clip 表示方法はhiddenと同様ですが、hiddenがプログラム的にはスクロールできる「スクロールコンテナー」 であるのに対し、clipはプログラム的なスクロールも含め、すべてのスクロールを禁止します。

```css
.box {
  width: 400px; height: 80px;
  border: solid 1px black;
  overflow-x: auto;
  overflow-y: hidden;
}
```

渋谷駅の南改札を出て西口から玉川通りを西に向かってしばらく歩くと、道玄坂上の交差点にたどり着きますが、その角にコンビニエ

ボックスに収まらない内容は表示されない

ポイント

- overflow-x、overflow-yのうち一方がvisibleでもclipでもない場合、他方に対するvisibleの指定はauto、clipの指定はhiddenとして解釈されます。

ボックス

ボックスに収まらない内容の表示方法をまとめて指定する

{overflow: -x -y ; }

（オーバーフロー）

overflowプロパティは、ボックスに収まらない内容の表示方法を一括指定するショートハンドです。

初期値	visible	継承	なし
適用される要素	ブロックコンテナー、フレックスコンテナー、グリッドコンテナー		
モジュール	CSS Overflow Module Level 3		

値の指定方法

個別指定の各プロパティと同様です。値は空白文字で区切って2つまで指定でき、1つ目は水平方向、2つ目は垂直方向に適用されます。1つだけ指定した場合は、水平・垂直方向に同じ値を指定したものと見なされます。

CSS
```
.box {
  width: 400px; height: 80px;
  border: solid 1px black;
  overflow: auto;
}
```

HTML
```
<p class="box">
  渋谷駅の南改札を出て西口から玉川通りを西に向かってしばらく歩くと、道玄坂上の交差点にたどり着きますが、その角にコンビニエンスストア、サンプルマート道玄坂上店が見えてきます。
</p>
```

ボックスに収まらない内容はスクロールバーを操作して表示できる

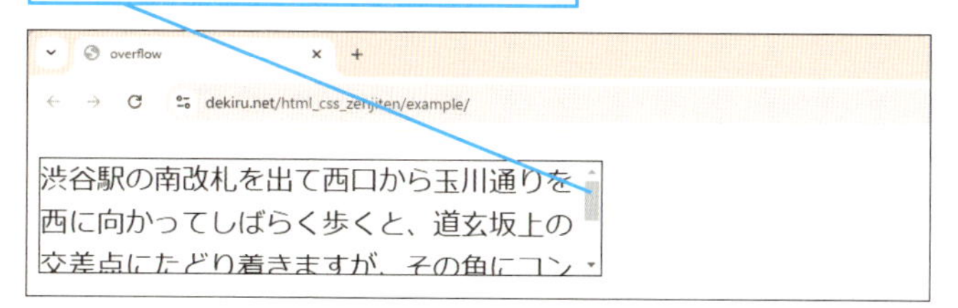

ボックス

ボックスのアウトラインのスタイルを指定する

POPULAR

{outline-style: スタイル; }

（アウトライン・スタイル）

outline-styleプロパティは、ボーダーの外側に描画するアウトラインのスタイルを指定します。ボタンや入力フィールド、イメージマップなどを目立たせたいときに利用します。

初期値	none	継承	なし
適用される要素	すべての要素		
モジュール	CSS Basic User Interface Module Level 4		

値の指定方法

スタイル

none アウトラインは表示されません。outline-widthが0として解釈されます。

auto ブラウザーに描写を任せます。

dotted 点線で表示されます。

dashed 破線で表示されます。

solid 1本の実線で表示されます。

double 2本の実線で表示されます。

groove 立体的にくぼんだ線で表示されます。

ridge 立体的に隆起した線で表示されます。

inset アウトラインの内部が立体的にくぼんだように表示されます。

outset アウトラインの内部が立体的に隆起したように表示されます。

CSS

```
.item {
  width: 100px;
  border: solid 1px black;
  outline-style: dotted;
}
```

input要素で配置した送信ボタンにアウトラインを描画しています。

送信

アウトラインが点線で表示される

ボックスのアウトラインの幅を指定する

POPULAR

アウトライン・ウィズ
{outline-width: 幅; }

outline-widthプロパティは、アウトラインの幅を指定します。

初期値	medium	継承	なし
適用される要素	すべての要素		
モジュール	CSS Basic User Interface Module Level 4		

値の指定方法

幅

thin 細いアウトラインが表示されます。

medium 通常のアウトラインが表示されます。

thick 太いアウトラインが表示されます。

任意の数値+単位 アウトラインの幅を単位付き(P.307)の数値で指定します。

CSS
```
.item {
  width: 100px;
  border: solid 1px black;
  outline-style: dotted;
  outline-width: 5px;
}
```

outline-width
dekiru.net/html_css_zenjiten/example/

input要素で配置した送信ボタンにアウトラインを描画しています。

送信

アウトラインの幅が5pxで表示される

ボックス

ボックスのアウトラインの色を指定する

POPULAR

アウトライン・カラー
{outline-color: 色; }

outline-colorプロパティは、アウトラインの色を指定します。

初期値	auto	継承	なし
適用される要素	すべての要素		
モジュール	CSS Basic User Interface Module Level 4		

値の指定方法

色

auto outline-styleプロパティの値がautoの場合、アクセントカラーとなります。それ以外の場合はcurrentColorとなります。

色 キーワード、カラーコード、rgb()、rgba()によるRGBカラーなど、色のデータ型の値で指定します。色の指定がない場合、ブラウザーが対応していれば invert値、そうでなければ currentcolor(該当要素に指定された文字色) が使用されます。色の指定方法(P.311)も参照してください。

```css
.item {
  width: 160px;
  outline-width: 5px;
  outline-style: solid;
  outline-color: #ccc;
}
```

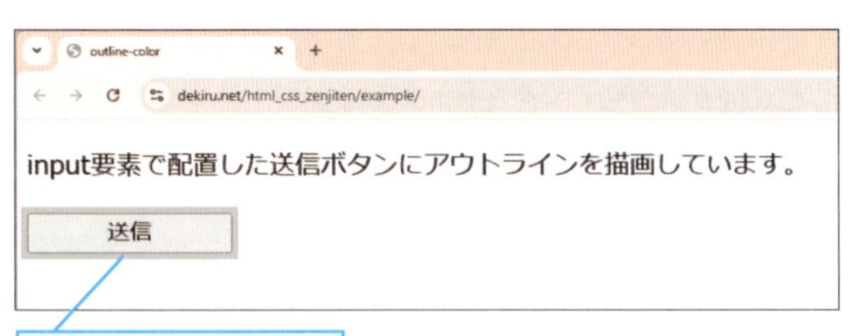

アウトラインが薄い灰色で表示される

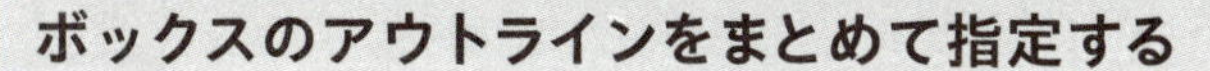

ボックスのアウトラインをまとめて指定する

{outline（アウトライン）: -style -width -color ; }

outlineプロパティは、アウトラインのスタイル、幅、色を一括指定するショートハンドです。

初期値	各プロパティに準じる	継承	なし
適用される要素	すべての要素		
モジュール	CSS Basic User Interface Module Level 4		

値の指定方法

個別指定の各プロパティと同様です。空白文字で区切ってそれぞれの値を指定します。任意の順序で指定できます。値を省略した場合は、各プロパティの初期値を指定したものと見なされます。

```css
.item {
  width: 360px;
  outline: 3px solid #ccc;
}
```

上記の例で指定したoutlineプロパティは、各プロパティを以下のように指定した場合と同様の表示になります。

```css
.item {
  width: 360px;
  outline-width: 3px;
  outline-style: solid;
  outline-color: #ccc;
}
```

ポイント

- outline-styleの初期値はnoneです。outline-styleの値を指定しないと、アウトラインは表示されないので注意しましょう。
- アウトラインを表示しないスタイルの指定は、キーボード操作時のフォーカス要素が視覚的に認識できず、Webアクセシビリティ上の問題が発生します。

アウトラインとボーダーの間隔を指定する

アウトライン・オフセット
{outline-offset: 間隔; }

outline-offsetプロパティは、アウトラインとボーダーの間隔を指定します。

初期値	0	継承	なし
適用される要素	すべての要素		
モジュール	CSS Basic User Interface Module Level 4		

値の指定方法

間隔

任意の数値+単位 単位付き(P.307)の数値で指定します。

```css
.item {
  width: 100px;
  border: solid 1px black;
  outline-style: dotted;
  outline-width: 2px;
  outline-color: red;
  outline-offset: 3px;
}
```

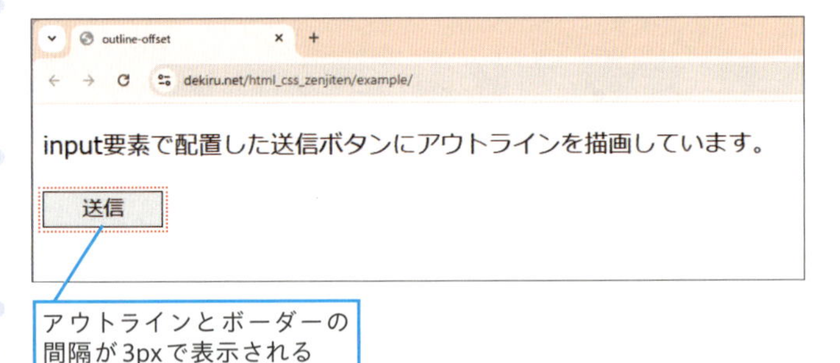

アウトラインとボーダーの間隔が3pxで表示される

ボックス

ボックスの表示型を指定する

{display: 表示型; }
ディスプレイ

displayプロパティは、要素がどのような表示型かを指定します。表示型は外縁(ボックスレベル)、内縁(レイアウト)の2つの特性から決定されます。

初期値	inline	継承	なし
適用される要素	すべての要素		
モジュール	CSS Display Module Level 3		

値の指定方法

7つのカテゴリーに分類されるキーワードで指定します。CSS Display Module Level 3においてはdisplay-outside、display-insideをそれぞれ複数のキーワードを使用して指定可能ですが、対応ブラウザーは少なく、実際には単体キーワード、もしくはCSS Level 2 (Revison 1)で定義されていたdisplay-legacyを中心に使用するケースが多いでしょう。

表示型(display-outside)

外縁表示型、つまり通常フローにおいてどのように配置されるのかを指定します。

block ブロックボックスを生成します。

inline インラインボックスを生成します。

run-in ランインボックスを生成します。ランインボックスは、包括要素や続く要素に応じてボックスの種類が変わります。ブロックボックスを内包している場合はブロックボックスに、ブロックボックスが後続する場合はブロックボックスの最初のインラインボックスになります。インラインボックスが後続する場合はブロックボックスになります。

表示型(display-inside)

非置換要素の内縁表示型、つまりボックス内の要素がどのように配置されるのかを指定します。

flow フローレイアウト(ブロックおよびインラインレイアウト)を利用します。

flow-root ブロックボックスを生成し、フローレイアウトを利用したうえで新たなレイアウトを定義します。従来のcleafixと同様の動作をします。

table ブロックレイアウトを定義するテーブル包括ボックスを生成します。HTMLのtable要素のように動作します。

flex フレックスコンテナーボックスを生成し、フレキシブルボックスレイアウトを定義します。

grid	グリッドコンテナーボックスを生成し、グリッドレイアウトを定義します。
ruby	ルビーコンテナーボックスを生成します。HTMLのruby要素のように動作します。

表示型（display-outsideとdisplay-inside）

display-insideが指定され、display-outsideが省略された場合、display-insideがrubyの場合を除いて、display-outsideはblockとして解釈されます。rubyに対してはinlineとして解釈されます。また、display-outsideが指定され、display-insideが省略された場合、display-insideはデフォルトでflowとして解釈されます。

複数キーワードの指定としては以下の例が挙げられます。

block flow	blockを単体で指定したのと同様です。
inline table	インラインレベルのテーブルラッパーボックスを生成します。inline-tableと同様です。

表示型（display-listitem）

list-style-type、list-style-positionプロパティと組み合わせてリスト項目を生成できます。また、複数キーワードの指定に対応した環境では、以下のようにdisplay-outsideと、display-insideからflow、flow-rootのいずれかを組み合わせて指定可能です。

list-item	リストの項目のように、つまりli要素のように動作します。
list-item block	要素をリスト項目として動作させつつ、ブロックボックスを生成します。
list-item inline	要素をリスト項目として動作させつつ、インラインボックスを生成します。
list-item flow	リスト項目として動作しつつ、通常のフローレイアウトを使用して配置されます。
list-item flow-root	リスト項目として動作しつつ、新しいレイアウトを定義します。
list-item block flow	リスト項目として動作しつつ、ブロックボックスを生成したうえで、通常のフローレイアウトを使用して配置されます。
list-item block flow-root	リスト項目として動作しつつ、ブロックボックスを生成したうえで、さらに新しいレイアウトを定義します。
flow list-item block	通常のフローレイアウトに従う要素をリスト項目として動作させ、そのうえでブロックボックスを生成します。

表示型（display-internal）

レイアウトモデルにおける、内部の表示方法を指定します。表組みやルビなどの一部のレイアウトモデルは複雑な内部構造を持ち、その子要素、または子孫要素が満たせるいくつかの異なる役割を持っています。これらの各値は、特定のレイアウトモデル内でのみ意味を持ちます。

table-row-group HTMLのtbody要素のように動作します。

table-header-group HTMLのthead要素のように動作します。

table-footer-group HTMLのtfoot要素のように動作します。

table-row HTMLのtr要素のように動作します。

table-cell HTMLのtd要素のように動作します。

table-column-group HTMLのcolgroup要素のように動作します。

table-column HTMLのcol要素のように動作します。

table-caption HTMLのcaption要素のように動作します。

ruby-base HTMLのrb要素のように動作します。

ruby-text HTMLのrt要素のように動作します。

ruby-base-container HTMLのrbc要素のように動作します。

ruby-text-container HTMLのrtc要素のように動作します。

表示型(display-box)

要素がボックスを生成するかどうかを指定します。

contents 指定された要素自体はボックスを生成しませんが、その子要素や疑似要素はボックスを生成し、テキストも通常通り表示されます。例えば、グリッドレイアウトなどで、HTMLの文書構造上は必要な要素であっても、レイアウト時にその要素があることでCSSの記述が複雑になる場合があります。display: contents;を使うことで、その要素をレイアウト処理から除外しつつ、子要素のレイアウトを維持することが可能です。

none ボックスを生成しません。指定された要素、およびその子孫要素はレイアウトから除外され、文書内に存在しないかのように振る舞います。

表示型(display-legacy)

CSS Level 2 (Revision 1)で定義された値です。複数キーワードによる指定と同様の動作をする値を1つのキーワードとして指定できます。

inline-block ブロックボックスを生成しますが、周囲のコンテンツに対してはインラインボックスのようにレイアウトされます。複数キーワードを使用したinline flow-rootの指定と同様です。

inline-table HTMLのtable要素と同じように振る舞いつつ、インラインボックスのようにレイアウトされます。複数キーワードを使用したinline tableの指定と同様です。

inline-flex インラインボックスとして振る舞いつつ、内部のコンテンツをフレックスボックスモデルに従ってレイアウトします。複数キーワードを使用したinline flexの指定と同様です。

inline-grid インラインボックスとして振る舞いつつ、内部のコンテンツをグリッドモデルに従ってレイアウトします。複数キーワードを使用したinline gridの指定と同様です。

以下の例では、リスト要素をインラインボックスのように扱えるブロックボックスとして指定しています。各リストアイテムは、指定したサイズやボーダー、背景色が適用され、インラインボックスのように左から右に配置されます。

CSS
```css
ul li {
  display: inline-block;
  width: 150px; height: 80px;
  border: solid #32cd32 2px;
  background-color: #D7BDE2;
}
```

HTML
```html
<ul>
  <li><a href="">ブロッコリーのパイ</a></li>
  <li><a href="">セロリ100%ジュース</a></li>
  <li><a href="">白菜のミルフィーユ</a></li>
</ul>
```

リスト要素の内容がインラインボックスのように扱えるブロックボックスとして表示される

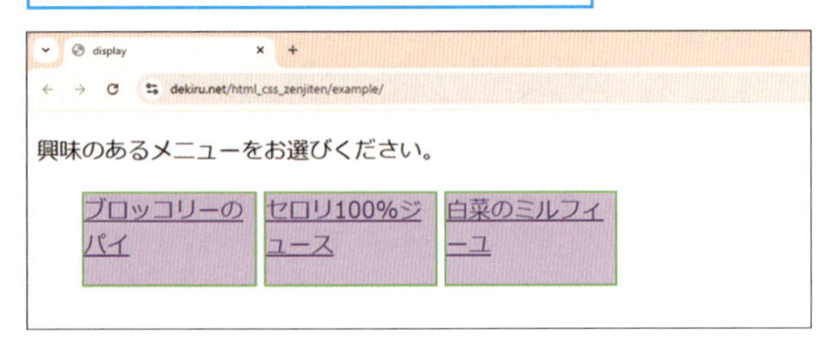

ポイント

- display: flex;やdisplay: grid;、さらにそれらと組み合わせたdisplay: contents;の指定は、最近のWebサイト制作において頻繁に用いられます。フレックスボックス（P.607）やグリッドレイアウト（P.631）はCSSを学び始めたばかりの人にとってはかなり複雑で分かりにくい点もあると思いますが、使いこなせるようになると複雑なレイアウトがシンプルなCSSで実現できるのでしっかり理解しましょう。

ボックス

分割されたボックスの表示方法を指定する

ボックス･デコレーション･ブレーク
{box-decoration-break: 表示方法; }

box-decoration-breakプロパティは、ページや段組み、領域、行などでボックスが分割されるときの切れ目の表示方法を指定します。

初期値	slice	継承	なし
適用される要素	すべての要素		
モジュール	CSS Fragmentation Module Level 3		

値の指定方法

表示方法

slice 分割されたボックスを連続したボックスとして扱い、ボーダーやパディングを適用しません。

clone 分割されたボックスを独立したボックスとして扱い、ボーダーやパディングが適用されます。border-radius、border-image、box-shadowプロパティなどの指定もすべて適用されます。

```css
.mark {
  line-height: 1.6;
  border: solid #ff4500 2px;
  background-color: #ffe4e1;
  box-decoration-break: clone;
}
```

box-decoration-breakの指定：clone

渋谷駅の南改札を出て西口から玉川通りを西に向かってしばらく歩くと、道玄坂上の交差点にたどり着きますが、その角にコンビニエンスストア、サンプルマート道玄坂上店が見えてきます。

box-decoration-breakの指定：slice

渋谷駅の南改札を出て西口から玉川通りを西に向かってしばらく歩くと、道玄坂上の交差点にたどり着きますが、その角にコンビニエンスストア、サンプルマート道玄坂上店が見えてきます。

改行の部分で独立したボックスとして扱われ、ボーダーが表示される

連続したボックスとして扱われ、ボーダーは表示されない

ボックス

ボックスサイズの算出方法を指定する

{box-sizing: 算出方法; }

ボックス・サイジング

box-sizingプロパティは、ボックスサイズの算出方法を指定します。

初期値	content-box	継承	なし
適用される要素	width、heightプロパティを指定できるすべての要素		
モジュール	CSS Box Sizing Module Level 3		

値の指定方法

算出方法

content-box ボックスの幅と高さの値に、ボーダーとパディングの値を含めません。CSSボックスモデルにおける既定の振る舞いとなります。

border-box ボックスの幅と高さの値に、ボーダーとパディングの値を含めます。

以下の例では、content-boxを指定した領域の幅は、360px (width)と20px (左右のパディング)、4px (左右のボーダー) の和となり、384pxです。一方で、border-boxを指定した領域の幅は、ボーダー、パディングの値はwidthの幅に含まれるので、360px (width) となります。

```css
div {
  width: 360px; height: 100px;
  padding: 10px;
  border: 2px solid red;
  box-sizing: border-box;
}
```

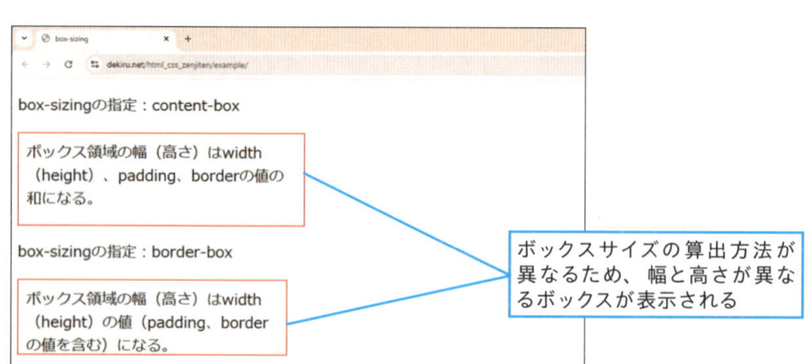

ボックス

ボックスの可視・不可視を指定する

POPULAR

{visibility: 表示方法; }

（ビジビリティ）

visibilityプロパティは、ボックスの可視・不可視を指定します。不可視に設定したボックスは見えないだけで、レイアウト上は存在します。ボックスを生成したくない場合は、displayプロパティ（P.551）の値としてnoneを指定します。

初期値	visible	継承	あり
適用される要素	すべての要素		
モジュール	CSS Display Module Level 3		

値の指定方法

表示方法

visible ボックスを可視化します。

hidden ボックスの領域を確保したまま、ボックスの内容だけ不可視にします。不可視になった要素はフォーカスを受け取ることができません。

collapse 表の行、列、行グループ、列グループでは行や列が不可視になり、レイアウトからも排除されますが、その他の行や列のサイズは不可視になった行や列のセルが存在するときと同様に計算されます。可視・不可視を切り替える際に、行や列によって表全体や可視状態の行や列のサイズを再計算する必要はありません。また、フレックスボックスに対して指定した場合は不可視、かつレイアウトからも除去されます。その他の要素に指定された場合は、hiddenと同様です。

```css
.global-navigation a {
  visibility: hidden;
}
```

```html
<div class="global-navigation">
  <p>新たな一歩を応援するメディア</p>
  <p><a href="https://dekiru.net/"><img src="dekiru.png" alt="できるネットのページです。" width="100px"></a></p>
</div>
```

不可視に指定したボックスは表示されない

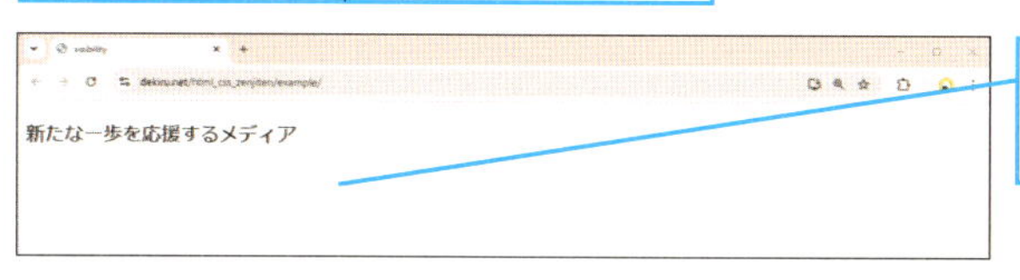

見えていないだけでレイアウト上には存在している

ボックスの配置方法を指定する

POPULAR

{position: 配置方法; }

（ポジション）

positionプロパティは、ボックスの配置方法を指定します。top、right、bottom、leftプロパティを組み合わせて具体的な位置を選択します。

初期値	static	継承	なし
適用される要素	すべての要素。ただしテーブルの列グループ、および列を除く		
モジュール	CSS Positioned Layout Module Level 3		

値の指定方法

配置方法

static 配置方法を指定せず、通常のフローに従って配置されます。

relative ボックスは通常のフローに従って配置されたうえで、top、right、bottom、leftプロパティの値によって元の位置を基準に相対的に配置されます。テーブル内の各要素にどのように作用するかはブラウザーに依存します。

absolute ボックスは通常フローから外れ、絶対配置されます。直近の先祖要素に配置指定された要素（position: static以外が指定された要素）がある場合はその要素を基準に、ない場合は初期包含ブロック（HTMLの場合はhtml要素）の四辺を基準に相対的な位置となります。

fixed ボックスは通常フローから外れ、絶対配置されます。初期包含ブロック（HTMLの場合はhtml要素）の四辺を基準に相対的な位置となります。祖先要素にtransform、perspective、filterプロパティのいずれかの値としてnone以外を持つ要素がある場合は、その要素が基準となります。

sticky ボックスは文書の通常のフローに従って配置されますが、直近のスクロールする祖先および包含ブロックに対してtop、right、bottom、leftプロパティの値によって相対的に配置されます。position: relativeのように配置されたうえで、スクロールする親要素に対してposition: fixedのように振る舞います。例えばtop:0と指定された場合、スクロールする要素内でその下端に到達するまで上端の位置に留まり続けます。

配置

POPULAR

ボックスの配置位置を指定する

{top: 位置; }
{right: 位置; }
{bottom: 位置; }
{left: 位置; }

top、right、bottom、leftプロパティは、positionプロパティでstatic以外の値を指定した場合に、ボックスを配置する位置を指定します。

初期値	auto	継承	なし
適用される要素	positionプロパティによって配置された要素		
モジュール	CSS Positioned Layout Module Level 3		

値の指定方法

位置

auto ブラウザーによって自動的に指定されます。

任意の数値+単位 基準となる位置からの距離を単位付き(P.307)の数値で指定します。

%値 %値で指定します。値は親ブロックの幅、高さに対する割合となります。

ポイント

- CSS Positioned Layout Module Level 3ではtop、right、bottom、leftプロパティの働きを、要素の書字方向に応じて指定するために、inset-block-start、inset-inline-start、inset-block-end、inset-inline-endプロパティ、およびそれらの一括指定プロパティとしてinset-block、inset-inlineプロパティが定義されています。これらのプロパティはwriting-mode、direction、text-orientationプロパティで指定した値によって、その対応が決定されるプロパティです。

配置

一括で位置指定する

インセット
{inset: 位置; }

insetプロパティは、inset系プロパティ（inset-block-start、inset-inline-start、inset-block-end、inset-inline-end)、およびtop、right、bottom、leftプロパティの一括指定プロパティです。

指定できる値は、top、right、bottom、leftの各プロパティと同様です。値は空白文字で区切って4つまで指定でき、それぞれ上、右、下、左に適用されます。3つ以下の値を指定した場合の扱いは、margin一括指定プロパティと同様になります。

初期値	auto	継承	なし
適用される要素	positionプロパティによって配置された要素		
モジュール	CSS Logical Properties and Values Level 1		

配置

書字方向に応じて一括で位置指定する

インセット・ブロック
{inset-block: 位置; }

インセット・インライン
{inset-inline: 位置; }

inset-blockプロパティは、inset-block系プロパティ（inset-block-start、inset-block-end）の一括指定プロパティ、inset-inlineプロパティは、inset-inline系プロパティ（inset-inline-start、inset-inline-end）の一括指定プロパティです。値は空白文字で区切って2つまで指定できます。

初期値	auto	継承	なし
適用される要素	positionプロパティによって配置された要素		
モジュール	CSS Positioned Layout Module Level 3		

配置

書字方向に応じて位置指定する

インセット・ブロック・スタート
{inset-block-start: 位置; }

インセット・ブロック・エンド
{inset-block-end: 位置; }

インセット・インライン・スタート
{inset-inline-start: 位置; }

インセット・インライン・エンド
{inset-inline-end: 位置; }

inset-block系、inset-inline系プロパティは、positionプロパティでstatic以外の値を指定した要素に対して、そのボックスを配置する位置を指定する、top、right、bottom、left各プロパティと同じ働きを、要素の書字方向に応じて適用します。writing-mode、direction、text-orientationプロパティで指定した値によって、その対応が決定されるプロパティです。指定できる値はtop、right、bottom、leftの各プロパティと同様です。

初期値	auto	継承	なし
適用される要素	positionプロパティによって配置された要素		
モジュール	CSS Positioned Layout Module Level 3		

配置

ボックスの回り込み位置を指定する

フロート
{float: 回り込み位置; }

floatプロパティは、ボックスの回り込み位置を指定します。画像以外のボックスに指定する場合は、widthプロパティ（P.527）も併せて指定する必要があります。

初期値	none	継承	なし
適用される要素	すべての要素		
モジュール	CSS Level 2（Revision 2）およびCSS Logical Properties and Values Level 1		

値の指定方法

回り込み位置

none　　回り込みを指定しません。
left　　左寄せにします。その後に続く要素は右側に回り込みます。

right	右寄せにします。その後に続く要素は左側に回り込みます。
inline-start	包含ブロックの行の始端側に回り込みます。書字方向がltrの場合はleft、rtlの場合はrightと同様です。
inline-end	包含ブロックの行の終端側に回り込みます。書字方向がltrの場合はright、rtlの場合はleftと同様です。

```css
.img-r {
  float: right;
  margin: 0 20px 20px 20px;
}
```

```html
<h1>カフェラテとカプチーノの違い</h1>
<img class="img-r" src="cap_cafelatte.jpg" alt="カフェラテの写真です。">
<p>当店のメニューには、カフェラテとカプチーノがあります。</p>
```

写真が右に配置され、続きの内容は左に回り込んで表示される

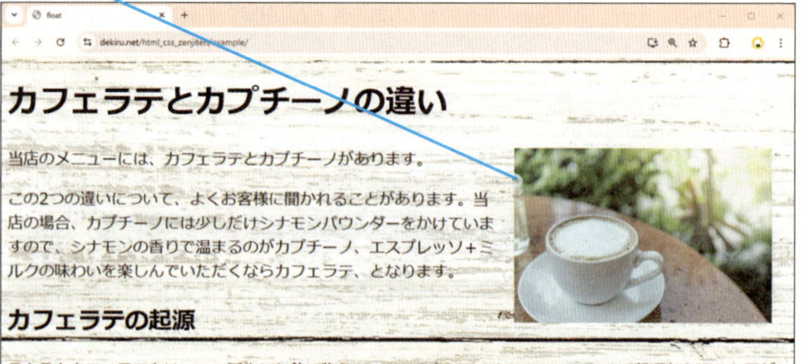

ポイント

- displayプロパティの値がnoneの場合、floatプロパティは適用されません。positionプロパティの値がabsolute、またはfixedの場合、floatはnoneとして扱われます。

ボックスの回り込みを解除する

クリアー
{clear: 解除位置; }

clearプロパティは、floatプロパティによるボックスの回り込みを解除します。

初期値	none	継承	なし
適用される要素	ブロックレベル要素		
モジュール	CSS Level 2 (Revision 2) およびCSS Logical Properties and Values Level 1		

値の指定方法

解除位置

none 回り込みを解除しません。

left 先行する左寄せ要素に対して回り込みを解除し、その下側に配置します。

right 先行する右寄せ要素に対して回り込みを解除し、その下側に配置します。

both 先行する左寄せ、右寄せ要素の両方に対して回り込みを解除し、その下側に配置します。

inline-start 先行する行の始端側に寄せて配置された要素に対して回り込みを解除し、その下側に配置します。

inline-end 先行する行の終端側に寄せて配置された要素に対して回り込みを解除し、その下側に配置します。

```css
.section {
  clear: both;
}
```

```html
<h1>カフェラテとカプチーノの違い</h1>
<img class="img-r" src="cap_cafelatte.jpg" alt="カフェラテの写真です。">
<!-- 省略 -->
<div class="section">
<h2>カフェラテの起源</h2>
<!-- 省略 -->
</div>
```

ボックスの重ね順を指定する

{z-index: 重ね順; }

（ゼット・インデックス）

z-indexプロパティは、ボックスの重ね順を指定します。

初期値	auto	継承	なし
適用される要素	positionプロパティ(P.558)によって配置された要素		
モジュール	CSS Level 2 (Revision 2)		

値の指定方法

重ね順

auto ボックスの重ね順は、HTMLソースに記述した順に従います。

任意の数値 ボックスの重ね順を数値で指定します。数値が大きくなるほど上(前)に重ねられます。32bitにおける符号付き整数(-2147483648～2147483647)を指定できます。

```css
#nav {position: absolute;
      top: 10px; left: 15px;
      z-index: 3;
}
#content {position: relative;
      top: 30px;
      z-index: 0;
}
#footer {position: fixed;
      bottom: 10px;
      z-index: 5;
}
```

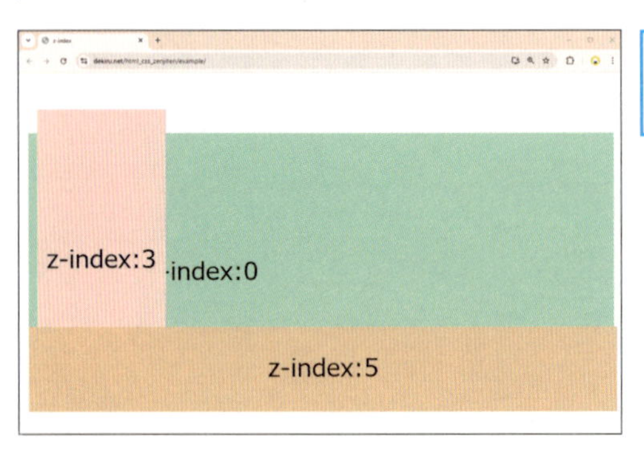

ボックスが指定した順に重なって表示される

画像などをボックスにフィットさせる方法を指定する

POPULAR

オブジェクト・フィット
{object-fit: 置換要素; }

object-fitプロパティは、置換要素（img要素やvideo要素など）のコンテンツを、その要素の指定された幅と高さのボックス（コンテンツボックス）にどのように収めるか（フィットさせるか）を指定します。

初期値	fill	継承	なし
適用される要素	置換要素		
モジュール	CSS Images Module Level 3		

値の指定方法

fill コンテンツボックス全体を埋めるように置換コンテンツのサイズを変更します。この場合、アスペクト比（幅と高さの比率）は維持されず、コンテンツボックスの使用幅と使用高さがそのまま置換コンテンツのサイズになります。例えば、画像をfillで表示すると、画像のアスペクト比が崩れる可能性がありますが、コンテンツボックス全体が画像で埋まります。

contain 置換コンテンツは、アスペクト比を維持しながら、コンテンツボックス内に収まるようにサイズ変更されます。この場合、元の置換コンテンツが収まる最小のサイズに調整され、余白が発生することがあります。例えば、画像がボックスのサイズに対して横長である場合、画像の縦横比を維持しながらボックスに収めるため、縦方向に余白ができます。

cover 置換コンテンツがアスペクト比を維持しながら、コンテンツボックス全体を埋めるようにサイズ変更されます。置換コンテンツの一部が隠れる可能性がありますが、コンテンツボックス全体をカバーします。例えば、画像がボックスに対して縦長の場合、縦方向はボックスいっぱいに表示されます。横方向は、はみ出して一部が隠れることがありますが、ボックス全体は画像で覆われます。

none 置換コンテンツはサイズ変更されず、元のサイズのまま表示されます。コンテンツボックスに収まりきらない場合、ボックスの外にはみ出した部分は見えなくなります。

scale-down noneとcontainのうち、置換コンテンツのサイズが小さくなるほうを適用します。例えば、置換コンテンツがnoneで表示されるときのサイズよりcontainのほうが小さく収まる場合は、containが適用されます。

CSS
```
object-fit: contain;
object-fit: cover;
object-fit: fill;
object-fit: none;
object-fit: scale-down;
```

配置

画像などをボックスに揃える位置を指定する

{object-position: 配置指定; }

オブジェクト・ポジション

object-positionプロパティは、置換要素のボックス内での配置を指定します。

初期値	50% 50%	継承	なし
適用される要素	置換要素		
モジュール	CSS Images Module Level 3		

値の指定方法

以下のいずれかの値を指定できます。

配置指定

キーワード値 center、top、right、bottom、leftの各キーワードを空白文字で区切って2つまで指定できます。center以外のキーワードは要素ボックスの辺を表します。centerキーワードはtop、bottomと組み合わせた場合は左右の辺の中心、left、rightと組み合わせた場合は上下の辺の中心を表します。

任意の数値+単位 基準となる位置からのオフセット距離を単位付きの数値で指定します。object-position: 50px 10px;のように任意の数値+単位のみで指定した場合はボックスの左上を基準にした絶対値に、object-position: right 50px bottom 10px;のようにキーワード値と組み合わせると、指定した辺からの相対距離となります。

%値 任意の数値+単位と同様に、%値で指定します。値は包含ブロックの幅、高さに対する割合となります。

以下の例はobject-positionプロパティにおける、有効な指定方法の例です。

```
/* キーワード値で指定した例 */
object-position: top;
object-position: center;
object-position: left center;
object-position: bottom center;

/* 任意の数値+単位で指定した例 */
object-position: 0;
object-position: 1em 2em;

/* %値で指定した例 */
object-position: 15%;
object-position: 25% 75%;
```

```
/* 指定した辺からのオフセット距離を指定 */
object-position: top 10px right 20px;
object-position: bottom 25% right 75%;
```

ポイント

- 任意の数値+単位、または%値でオフセット距離を指定した場合、正の値は左右であれば右方向、上下であれば下方向に対するオフセットとなり、負の数はそれとは逆方向のオフセットとなります。
- オフセット値が1つだけ指定された場合、それはx座標を定義し、もう一方の軸はcenterとして解釈されます。

テキストの回り込み

テキストの回り込みの形状を指定する

SPECIFIC

シェイプ・アウトサイド
{shape-outside: 形状; }

shape-outsideプロパティは、フロートした要素に対して続くテキストが回り込むときの境界線の形状を指定します。

初期値	none	継承	なし
適用される要素	フロートされたコンテンツ		
モジュール	CSS Shapes Module Level 1		

値の指定方法

以下のいずれかの値を指定できます。

形状

none	回り込みの形状を指定しません。
margin-box	マージンボックスに沿って回り込みます。
border-box	境界ボックスに沿って回り込みます。
padding-box	パディングボックスに沿って回り込みます。
content-box	コンテンツボックスに沿って回り込みます。

形状（基本図形）

回り込みの形状をシェイプ関数で指定します。

inset()	四角形のシェイプに沿って回り込みます。
circle()	正円形のシェイプに沿って回り込みます。
ellipse()	楕円形のシェイプに沿って回り込みます。
polygon()	多角形のシェイプに沿って回り込みます。

形状（画像）

画像の値	url()関数やlinear-gradient()関数など、画像のデータ型の値で指定された画像のアルファチャンネルに基づき、shape-image-thresholdプロパティで指定した値に応じて回り込みの形状が計算されます。

次のページの例では、shape-outside: circle(50%);と指定することで、正円形のシェイプに沿ってテキストを配置しています。通常、この指定がない場合、各要素が生成するボックスは四角形です。例えば、float: left;と指定された画像に対して続くテキストは、画像が生成する四角形のマージンボックスに沿って配置されます。

```css
.sample img {
  shape-outside: circle(50%);
  shape-margin: 5px;
  float: left;
}
```

```html
<div class="sample">
  <img src="coffee.jpg" width="150" height="150">
  <p><!--省略--></p>
</div>
```

当店のメニューには、カフェラテとカプチーノがあります。

この2つの違いについて、よくお客様に聞かれることがあります。当店の場合、カプチーノには少しだけシナモンパウンダーをかけていますので、シナモンの香りで温まるのがカプチーノ、エスプレッソ＋ミルクの味わいを楽しんでいただくならカフェラテ、となります。

正円形のシェイプに沿った配置で表示される

テキストの回り込み

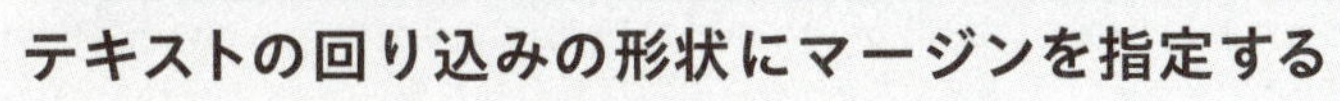

テキストの回り込みの形状にマージンを指定する

シェイプ・マージン

{shape-margin: 幅; }

shape-marginプロパティは、shape-outsideプロパティによって指定された回り込みの形状に対してマージンを指定します。

初期値	0	継承	なし
適用される要素	フロートされたコンテンツ		
モジュール	CSS Shapes Module Level 1		

値の指定方法

幅

任意の数値+単位 単位付き(P.307)の数値で指定します。

%値 %値で指定します。値は包含ブロックの幅に対する割合となります。

```css
.sample img {
  shape-outside: circle(50%);
  shape-margin: 5px;
  float: left;
}
```

テキストの回り込みの形状を画像から抽出する際のしきい値を指定する

シェイプ・イメージ・スレッショルド
{shape-image-threshold: しきい値; }

shape-image-thresholdプロパティは、shape-outsideプロパティの値に画像を指定して形状を指定した場合に、抽出されるアルファチャネルのしきい値を指定します。

初期値	0.0	継承	なし
適用される要素	フロートされたコンテンツ		
モジュール	CSS Shapes Module Level 1		

値の指定方法

しきい値

数値　画像から回り込みの形状を抽出するために使用されるしきい値を数値で指定します。ここで指定した値よりもアルファ値が大きいピクセルによって回り込みの形状が定義されます。0（完全に透明）から1（完全に不透明）の範囲で指定し、この範囲外の値は0未満なら0として、1より大きければ1として扱われます。

以下の例では、shape-image-threshold: 0.3;と指定することで、アルファ値（透明度）が30%以下のピクセルを境界線として回り込みの形状を指定しています。

```css
.shape {
  float: left;
  width: 200px; height: 200px;
   background-image: linear-gradient(45deg, maroon, transparent 
80%,transparent);
  shape-outside: linear-gradient(45deg, maroon, transparent 80%, 
  transparent);
  shape-image-threshold: 0.3;
}
```

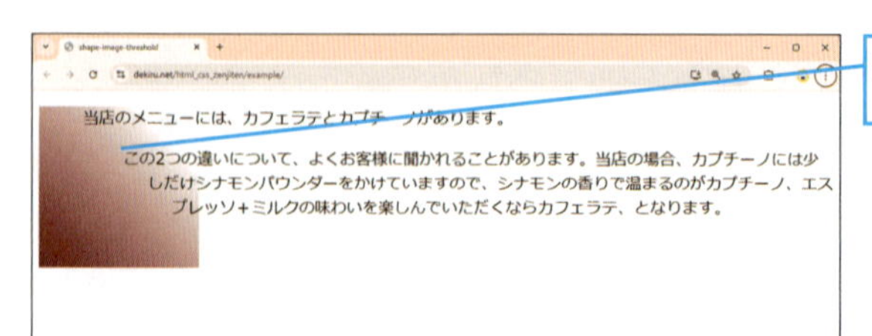

指定されたしきい値に沿って表示される

クリッピング

クリッピング領域を指定する

クリップ・パス
{clip-path: 切り抜き領域; }

clip-pathプロパティは、要素のどの部分を表示するかを指定します。

初期値	none	継承	なし
適用される要素	すべての要素。SVGではdefs要素、すべてのグラフィック要素、およびuse要素を除くコンテナー要素		
モジュール	CSS Masking Module Level 1		

値の指定方法

以下のいずれかの値を指定できます。

切り抜き領域

none クリッピング領域を指定しません。

url() SVGのclipPath要素を参照する値を指定します。

シェイプ関数 inset()、circle()、ellipse()、polygon()、path()によってさまざまな形を指定します。

切り抜き領域(シェイプ関数+キーワード)

以下のキーワードをシェイプ関数と併せて記述すると、基本シェイプの参照ボックスが指定されます。単体で記述すると、指定のボックスの辺をクリッピングパスにします。border-radiusプロパティの指定があれば、ボックスの角の形なども含めて表示されます。なお、使用できる値はいずれか1つです。

margin-box マージンボックスを参照ボックスとして使用します。

border-box 境界ボックスを参照ボックスとして使用します。

padding-box パディングボックスを参照ボックスとして使用します。

content-box コンテントボックスを参照ボックスとして使用します。

fill-box オブジェクトの境界ボックスを参照ボックスとして使用します。

stroke-box ストローク(線)の境界ボックスを参照ボックスとして使用します。

view-box 直近のSVGビューポートを参照ボックスとして使用します。

CSS
```
img {
  clip-path: circle(50%);
}
```

画像はcircle()で指定された形に切り抜かれる

データ上では元サイズの画像が存在する

影

ボックスの影を指定する

{box-shadow: オフセット ぼかし半径 広がり 色 固定値 ;}

（ボックス・シャドウ）

box-shadowプロパティは、ボックスの影を表現します。

初期値	none	継承	なし
適用される要素	すべての要素		
モジュール	CSS Backgrounds and Borders Module Level 3		

値の指定方法

オフセット

任意の数値+単位 影のオフセット位置を単位付き(P.307)の数値で指定します。1つ目に水平方向(右方向)へのオフセット値、2つ目に垂直方向(下方向)へのオフセット値を半角スペースで区切って記述します。負の値が指定された場合、水平方向は左に、垂直方向は上に影がオフセットします。どちらの値も0である場合は、影は該当要素の真裏に表示されます。

ぼかし半径

任意の数値+単位 影のぼかし半径を単位付きの数値で指定します。3つ目に記述した値が該当します。負の値は指定できず、値が指定されていない場合は0と解釈されます。

広がり

任意の数値+単位 影の広がりを単位付きの数値で指定します。4つ目に記述した値が該当します。負の値を指定すると、影の形が収縮します。値が指定されていない場合は0と解釈されます。

色

色 キーワード、カラーコード、rgb()、rgba()によるRGBカラーなど、色のデータ型の値で指定します。色の指定がない場合、currentcolor(該当要素に指定された文字色)が使用されますが、ブラウザーにより挙動が異なる場合があります。色の指定方法(P.311)も参照してください。

固定値

none 影を表示しません。この場合、他の値は指定しません。

inset ボックスの内側に影が表示されます。

```css
.box {
  width: 400px; height: 150px; border: solid 1px red;
  box-shadow: 2px 5px 10px 1px red;
}
```

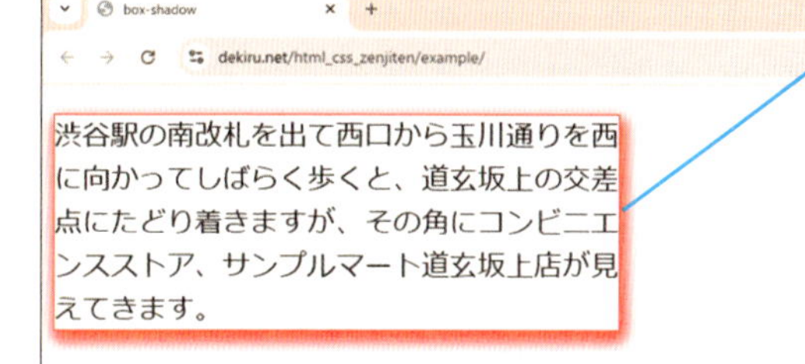

ボックスに赤い影が表示される

ボックス／テーブル

表組みのレイアウト方法を指定する

テーブル・レイアウト
{table-layout: レイアウト方法; }

table-layoutプロパティは、表組みのレイアウト方法を指定します。このプロパティを指定することで、表組みの列の幅を決定する方法が変化します。

初期値	auto	継承	なし
適用される要素	テーブルまたはインラインテーブル要素		
モジュール	CSS Level 2 (Revision 2)		

値の指定方法

レイアウト方法

auto 表組みは自動レイアウトで表示されます。列の幅は各セルの内容に応じて自動的に算出されます。

fixed 表組みは固定レイアウトで表示されます。各列の幅は、表全体の幅に対して均等に割り振られます。最初の行内に幅が指定されたセルがある場合は、それ以外のセルが残りの幅に対して均等に割り振られます。

```css
table.sample {
  table-layout: fixed;
  width: 100%;
}
.wide {width: 20%;}
```

```html
<table class="sample">
  <tr>
    <th class="wide">月曜日</th><th>水曜日</th><th>金曜日</th>
  </tr>
```

列幅が指定した値で表示される

残りの列幅は均等に割り当てられる

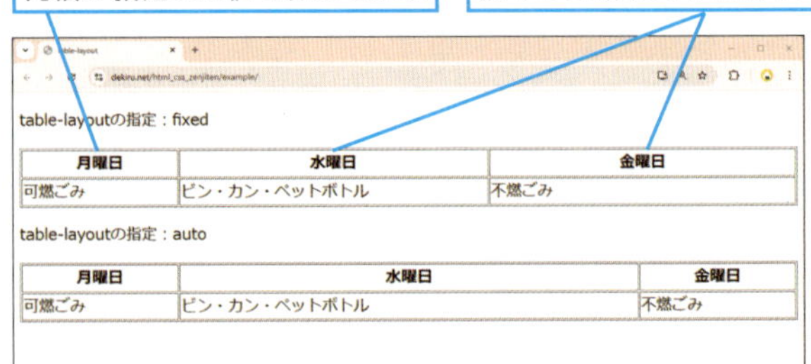

テーブル

表組みにおけるセルの境界線の表示形式を指定する

{border-collapse: 表示形式; }

（ボーダー・コラプス）

border-collapseプロパティは、表組みにおけるセルの境界線の表示形式を指定します。

初期値	separate	継承	あり
適用される要素	テーブルまたはインラインテーブル要素		
モジュール	CSS Level 2 (Revision 2)		

値の指定方法

表示形式

collapse 隣接するセルの境界線を、間を空けずに重ねて表示します。

separate 隣接するセルの境界線を、分離して表示します。

CSS
```
table.sample {
  table-layout: fixed;
  border-collapse: collapse;
  width: 100%;
}
```

セルの境界線が重なって表示される

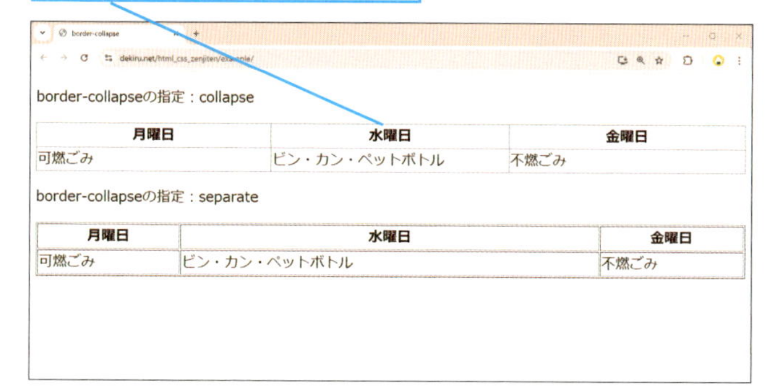

テーブル

POPULAR

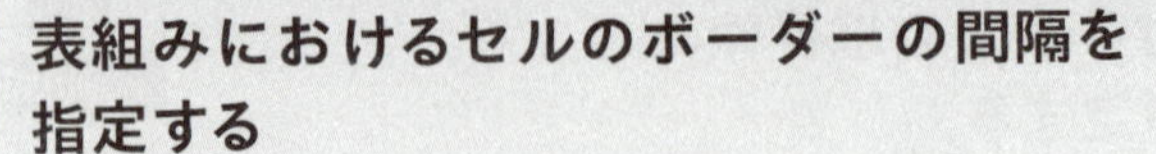

表組みにおけるセルのボーダーの間隔を指定する

{border-spacing: 間隔; }

（ボーダー・スペーシング）

border-spacingプロパティは、表組みにおけるセルのボーダーの間隔を指定します。

初期値	0	継承	あり
適用される要素	テーブルまたはインラインテーブル要素		
モジュール	CSS Level 2 (Revision 2)		

値の指定方法

間隔

任意の数値+単位 単位付き(P.307)の数値で指定します。値は空白文字で区切って2つまで指定できます。1つ目は左右、2つ目は上下の間隔に適用されます。1つだけの場合は、上下左右に適用されます。負の値は指定できません。

CSS

```
table.sample {
  table-layout: auto;
  border-spacing: 5px 10px;
  width: 100%;
}
```

セルのボーダーの間隔が指定した値で表示される

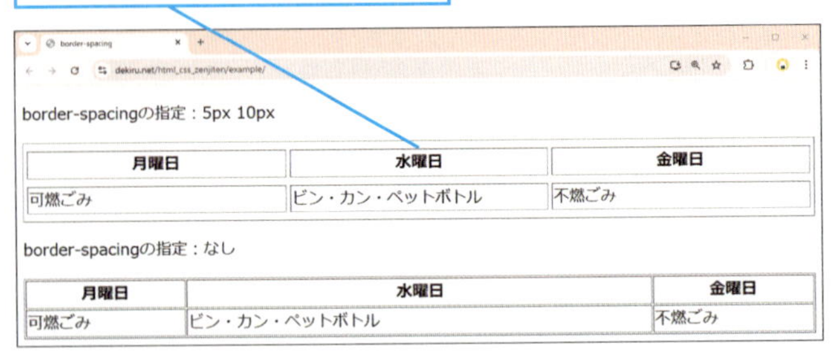

ポイント

- border-spacingプロパティで指定した値は、border-collapseプロパティの値がseparateのときのみ適用されます。

テーブル

空白セルのボーダーと背景の表示方法を指定する

USEFUL

エンプティ・セルス
{empty-cells: 表示方法; }

empty-cellsプロパティは、空白セルのボーダー、および背景の表示方法を指定します。

初期値	show	継承	あり
適用される要素	テーブルセル要素		
モジュール	CSS Level 2 (Revision 2)		

値の指定方法

表示方法

show 空白セルのボーダー、および背景を表示します。

hide 空白セルのボーダー、および背景を表示しません。

```css
table.sample {
  table-layout: fixed;
  empty-cells: hide;
  width: 100%;
}
```

空白セルのボーダーと背景が非表示になる

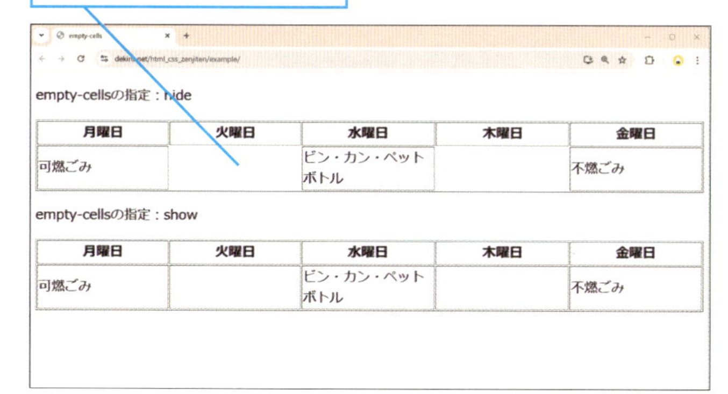

ポイント

- empty-cellsプロパティの指定は、border-collapseプロパティの値がseparateの場合のみ効果があります。

テーブル

表組みのキャプションの表示位置を指定する

キャプション・サイド
{caption-side: 表示位置; }

caption-sideプロパティは、caption要素で記述した表組みのキャプションの表示位置を指定します。top、bottom値は、書字方向に対して相対的に解釈されます。

初期値	top	継承	あり
適用される要素	caption 要素(P.208)		
モジュール	CSS Level 2 (Revision 2) およびCSS Logical Properties and Values Level 1		

値の指定方法

表示位置

top 表組みの上にキャプションを表示します。

bottom 表組みの下にキャプションを表示します。

inline-start 書字方向における行の始点側にキャプションを表示します。

inline-end 書字方向における行の終点側にキャプションを表示します。

```css
table.sample {
  table-layout: fixed;
  caption-side: bottom;
  width: 100%;
}
```

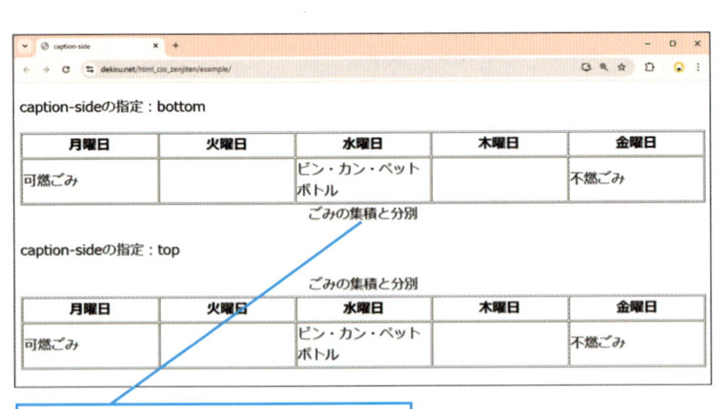

スクロール

ボックスにスクロール時の動きを指定する

スクロール・ビヘイビア
{scroll-behavior: 動き; }

scroll-behaviorプロパティは、スクロールボックスにおいてスクロールが発生するときの動きを指定します。通常はJavaScriptの指定などが必要な動きを、CSSの指定のみで実現できます。ビューポートに適用したい場合は、html要素に指定しましょう。

初期値	auto	継承	なし
適用される要素	スクロールボックス		
モジュール	CSS Overflow Module Level 3		

値の指定方法

動き

auto スクロールするボックスは瞬時にスクロールします。

smooth スクロールするボックスはスムーズにスクロールします。ビューポートに設定すると、アンカーリンクによるページ内の移動がいわゆる「スムーズスクロール」になります。

スクロール

スクロールにスナップさせる方法を指定する

スクロール・スナップ・タイプ
{scroll-snap-type: 合わせ方; }

scroll-snap-typeプロパティは、スクロールコンテナーに対し、スクロールスナップの有無とその方向を指定します。スマートフォンなどのタッチデバイスで、中途半端にスクロールした際、切りのいいところまで自動でスクロールしてピタッと止まる「スクロールスナップ」を実現するためによく用いられます。

初期値	none	継承	なし
適用される要素	すべての要素		
モジュール	CSS Scroll Snap Module Level 1		

値の指定方法

合わせ方

none スクロールスナップを行いません。

x 水平軸のみに対してスクロールスナップを行います。

y	垂直軸のみに対してスクロールスナップを行います。
block	ブロック軸(通常は垂直軸)のみに対してスクロールスナップを行います。
inline	インライン軸(通常は水平軸)のみに対してスクロールスナップを行います。
both	水平・垂直軸の両方に対してスクロールスナップを行います。
mandatory	スクロールを始めた時点でスナップします。つまり、ブラウザーは現在の要素を少しでもスクロールすると次の要素にスナップします。x、y、block、inline、bothのいずれかと組み合わせて指定すると、この動作を適用する方向も指定できます。
proximity	スクロールを終える時点でスナップします。つまり、ブラウザーは現在の要素を最後までスクロールし、次の要素に切り替わる最後でスナップします。x、y、block、inline、bothのいずれかと組み合わせて指定すると、この動作を適用する方向も指定できます。

スクロール

ボックスをスナップする位置を指定する

スクロール・スナップ・アライン

{scroll-snap-align: 位置; }

scroll-snap-alignプロパティは、スクロールボックスに対し、スナップしたブロックを揃える位置を指定します。

初期値	none	継承	なし
適用される要素	すべての要素		
モジュール	CSS Scroll Snap Module Level 1		

値の指定方法

ブロック軸(通常は垂直軸)、インライン軸(通常は水平軸)の2つの値でそれぞれ指定します。1つの値だけを指定した場合、2つ目の値は1つ目に指定したものと同じとして扱われます。

位置

none	スナップ位置を指定しません,
start	スクロールボックスとブロックの始端同士を整列させるようにスナップします。
end	スクロールボックスとブロックの終端同士を整列させるようにスナップします。
center	スクロールボックスとブロックの中央同士を整列させるようにスナップします。

実践例 ボックスのスクロールを指定する

html {scroll-behavior: 動き; }
.container {scroll-snap-type: 合わせ方; }
.container > div {scroll-snap-align: 位置; }

以下の例では、HTML文書全体のスクロール時の動きをsmoothに指定しています。ボックスは、水平軸にスクロールスナップするとすぐに動くように指定しています。また、そのときスクロールボックスとブロックの終端同士が整列するよう指定しています。

```css
html {
  scroll-behavior: smooth;
}
.container {
  scroll-snap-type: x mandatory;
  display: flex;
  overflow: auto;
  height: 200px;
  width: 100%;
}
.container > div {
  scroll-snap-align: end;
  display: flex;
  align-items: center;
  justify-content: center;
  flex: 0 0 90%;
  height: 100%;
}
```

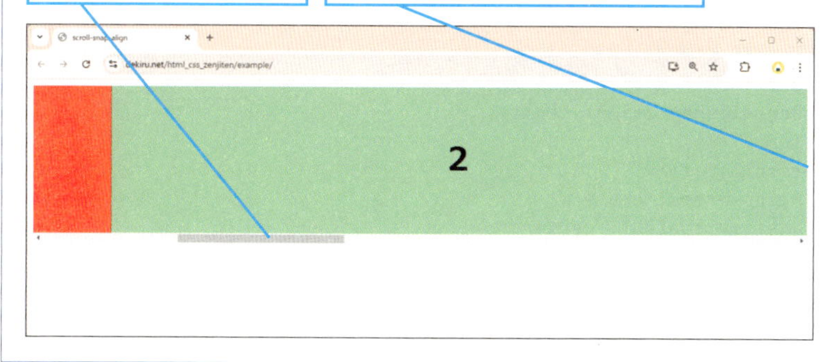
ボックスは水平軸に対してスクロールする
スクロールボックスとスナップしたブロックの終端位置が整列している
scroll-snap-align
dekiru.net/html_css_zenjiten/example/
2

スクロール

スナップされる位置のマージンの幅を指定する

SPECIFIC

{scroll-margin-top: 幅; }
スクロール・マージン・トップ

{scroll-margin-right: 幅; }
スクロール・マージン・ライト

{scroll-margin-bottom: 幅; }
スクロール・マージン・ボトム

{scroll-margin-left: 幅; }
スクロール・マージン・レフト

scroll-margin系プロパティは、スクロールコンテナー内の要素がスナップされる際の外側の余白（マージン）の幅を指定します。役割はmargin-left、margin-right、margin-top、margin-bottomプロパティと同じですが、対象がスクロールコンテナー内の要素に限定されます。

初期値	0	継承	なし
適用される要素	すべての要素		
モジュール	CSS Scroll Snap Module Level 1		

値の指定方法

幅

任意の数値+単位　単位付き（P.307）の数値で指定します。負の値も指定可能です。

```css
.container {
  scroll-snap-type: x mandatory;
  display: flex;
  overflow: auto;
  height: 200px;
  margin: auto;
}
.container > div {
  scroll-snap-align: center;
  scroll-margin-left: 20px;
  display: flex;
  align-items: center;
  justify-content: center;
  flex: 0 0 90%;
  height: 100%;
  font-size: 2em;
  font-weight: bold;
}
```

スクロール

スナップされる位置のマージンの幅をまとめて指定する

スクロール・マージン
{scroll-margin: -top -right -bottom -left ; }

scroll-marginプロパティは、スクロールコンテナー内に配置される要素がスナップされる際の外側の余白(マージン)の幅を一括指定するショートハンドです。

初期値	0	継承	なし
適用される要素	すべての要素		
モジュール	CSS Scroll Snap Module Level 1		

値の指定方法

個別指定の各プロパティと同様です。値は空白文字で区切って4つまで指定でき、それぞれ上辺、右辺、下辺、左辺に適用されます。省略した場合は以下のような指定になります。

・値が1つ　すべての辺に同じ値が適用されます。
・値が2つ　1つ目が上下辺、2つ目が左右辺に適用されます。
・値が3つ　1つ目が上辺、2つ目が左右辺、3つ目が下辺に適用されます。

CSS
```css
.container {
  scroll-snap-type: x mandatory;
  display: flex;
  overflow: auto;
  height: 200px;
  margin: auto;
}
.container > div {
  scroll-snap-align: center;
  scroll-margin: 0 0 0 20px;
  display: flex;
  align-items: center;
  justify-content: center;
  flex: 0 0 90%;
  height: 100%;
  font-size: 2em;
  font-weight: bold;
}
```

スクロール

SPECIFIC

スクロールコンテナーのパディングの幅を指定する

スクロール・パディング・トップ
{**scroll-padding-top**: 幅; }

スクロール・パディング・ライト
{**scroll-padding-right**: 幅; }

スクロール・パディング・ボトム
{**scroll-padding-bottom**: 幅; }

スクロール・パディング・レフト
{**scroll-padding-left**: 幅; }

scroll-padding系プロパティは、スクロールコンテナーの内側の余白（パディング）の幅を指定します。役割はpadding-left、padding-right、padding-top、padding-bottomプロパティと同じですが、対象がスクロールコンテナーに限定されます。

初期値	auto	継承	なし
適用される要素	スクロールコンテナー		
モジュール	CSS Scroll Snap Module Level 1		

値の指定方法

幅

任意の数値+単位 単位付き（P.307）の数値で指定します。

%値 %値で指定します。

auto ブラウザーに任せます。一般的には0pxを指定した場合と同様になりますが、ブラウザーの判断で0以外の値が選択される可能性もあります。

```css
.container {
  scroll-snap-type: x mandatory;
  scroll-padding-left: 20px;
  display: flex;
  overflow: auto;
  height: 200px;
  margin: auto;
}
.container > div {
  scroll-snap-align: center; display: flex;
  align-items: center; justify-content: center;
  flex: 0 0 90%; height: 100%;
}
```

スクロール

スクロールコンテナーのパディングの幅をまとめて指定する

スクロール・パディング
{scroll-padding: -top -right -bottom -left ; }

scroll-paddingプロパティは、スクロールコンテナーの内側の余白（パディング）の幅を一括指定するショートハンドです。

初期値	auto	継承	なし
適用される要素	スクロールコンテナー		
モジュール	CSS Scroll Snap Module Level 1		

値の指定方法

個別指定の各プロパティと同様です。値は空白文字で区切って4つまで指定でき、それぞれ上辺、右辺、下辺、左辺に適用されます。省略した場合は以下のような指定になります。

・値が1つ　すべての辺に同じ値が適用されます。
・値が2つ　1つ目が上下辺、2つ目が左右辺に適用されます。
・値が3つ　1つ目が上辺、2つ目が左右辺、3つ目が下辺に適用されます。

CSS
```
.container {
  scroll-snap-type: x mandatory;
  scroll-padding: 0 0 0 20px;
  display: flex;
  overflow: auto;
  height: 200px;
  margin: auto;
}
.container > div {
  scroll-snap-align: center;
  display: flex;
  align-items: center;
  justify-content: center;
  flex: 0 0 90%;
  height: 100%;
  font-size: 2em;
  font-weight: bold;
}
```

スクロール

SPECIFIC

書字方向に応じてスナップされる位置のマージンの幅を指定する

スクロール・マージン・ブロック・スタート
{scroll-margin-block-start: 幅; }

スクロール・マージン・ブロック・エンド
{scroll-margin-block-end: 幅; }

スクロール・マージン・インライン・スタート
{scroll-margin-inline-start: 幅; }

スクロール・マージン・インライン・エンド
{scroll-margin-inline-end: 幅; }

scroll-margin-block、scroll-margin-inline系プロパティは、スクロールコンテナー内に配置される要素がスナップされる際の外側の余白（マージン）の幅を指定します。役割はmargin-block-start、margin-block-end、margin-inline-start、margin-inline-endプロパティと同じですが、対象がスクロールコンテナー内の要素に限定されます。

初期値	0	継承	なし
適用される要素	すべての要素		
モジュール	CSS Scroll Snap Module Level 1		

値の指定方法

scroll-marginプロパティ（P.583）、およびその個別指定の各プロパティと同様です。

```css
.container {
  scroll-snap-type: x mandatory;
  display: flex;
  overflow: auto;
  height: 200px;
  margin: auto;
}
.container > div {
  scroll-snap-align: center;
  scroll-margin-inline-start: 20px;
  display: flex;
  align-items: center;
  justify-content: center;
  flex: 0 0 90%;
  height: 100%;
  font-size: 2em;
  font-weight: bold;
}
```

スクロール

SPECIFIC

書字方向に応じてスナップされる位置のマージンの幅をまとめて指定する

スクロール・マージン・ブロック
{scroll-margin-block: -start -end ; }

スクロール・マージン・インライン
{scroll-margin-inline: -start -end ; }

scroll-margin-blockプロパティはscroll-margin-block-start、scroll-margin-block-endプロパティの、scroll-margin-inlineプロパティはscroll-margin-inline-start、scroll-margin-inline-endプロパティの値を一括指定するショートハンドです。

初期値	0	継承	なし
適用される要素	すべての要素		
モジュール	CSS Scroll Snap Module Level 1		

値の指定方法

個別指定の各プロパティと同様です。値が2つ指定された場合は、順に始端辺、終端辺の幅となります。値が1つだけ指定された場合、始端辺、終端辺の両方にその値が適用されます。

CSS

```
.container {
  scroll-snap-type: x mandatory;
  display: flex;
  overflow: auto;
  height: 200px;
  margin: auto;
}
.container > div {
  scroll-snap-align: center;
  scroll-margin-inline: 20px 10px;
  display: flex;
  align-items: center;
  justify-content: center;
  flex: 0 0 90%;
  height: 100%;
  font-size: 2em;
  font-weight: bold;
}
```

スクロール

SPECIFIC

書字方向に応じてスクロールコンテナーのパディングの幅を指定する

スクロール・パディング・ブロック・スタート
{scroll-padding-block-start: 幅; }

スクロール・パディング・ブロック・エンド
{scroll-padding-block-end: 幅; }

スクロール・パディング・インライン・スタート
{scroll-padding-inline-start: 幅; }

スクロール・パディング・インライン・エンド
{scroll-padding-inline-end: 幅; }

scroll-padding-block、scroll-padding-inline系プロパティは、スクロールコンテナーの内側の余白（パディング）の幅を指定します。役割はpadding-block-start、padding-block-end、padding-inline-start、padding-inline-endプロパティと同じですが、対象がスクロールコンテナーに限定されます。

初期値	auto	継承	なし
適用される要素	スクロールコンテナー		
モジュール	CSS Scroll Snap Module Level 1		

値の指定方法

scroll-paddingプロパティ（P.585）、およびその個別指定の各プロパティと同様です。

```css
.container {
  scroll-snap-type: x mandatory;
  scroll-padding-inline-start: 20px;
  display: flex;
  overflow: auto;
  height: 200px;
  margin: auto;
}
.container > div {
  scroll-snap-align: center;
  display: flex;
  align-items: center;
  justify-content: center;
  flex: 0 0 90%;
  height: 100%;
  font-size: 2em;
  font-weight: bold;
}
```

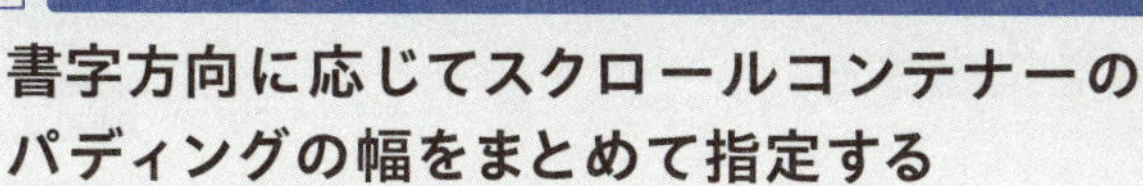

スクロール

書字方向に応じてスクロールコンテナーのパディングの幅をまとめて指定する

スクロール・パディング・ブロック
{scroll-padding-block: -start -end ; }

スクロール・パディング・インライン
{scroll-padding-inline: -start -end ; }

scroll-padding-blockプロパティはscroll-padding-block-start、scroll-padding-block-endプロパティの、scroll-padding-inlineプロパティはscroll-padding-inline-start、scroll-padding-inline-endプロパティの値を一括指定するショートハンドです。

初期値	auto	継承	なし
適用される要素	スクロールコンテナー		
モジュール	CSS Scroll Snap Module Level 1		

値の指定方法

個別指定の各プロパティと同様です。値が2つ指定された場合は、順に始端辺、終端辺の幅となります。値が1つだけ指定された場合、始端辺、終端辺の両方にその値が適用されます。

```css
.container {
  scroll-snap-type: x mandatory;
  scroll-padding-inline: 20px 10px;
  display: flex;
  overflow: auto;
  height: 200px;
  margin: auto;
}
.container > div {
  scroll-snap-align: center;
  display: flex;
  align-items: center;
  justify-content: center;
  flex: 0 0 90%;
  height: 100%;
  font-size: 2em;
  font-weight: bold;
}
```

段組みの列数を指定する

カラム・カウント
{column-count: 列数; }

column-countプロパティは、段組みの列数を指定します。

初期値	auto	継承	なし
適用される要素	テーブルラッパーボックスを除くブロックコンテナー		
モジュール	CSS Multi-column Layout Module Level 1		

値の指定方法

列数

auto column-widthプロパティの値などを参照して自動的に列数が算出されます。

任意の数値 1以上の数値で指定します。column-widthプロパティにauto以外の値を指定した場合、この値が列数の最大値として扱われます。

```css
.section {
  column-count: 3;
}
```

```html
<div class="section">
  <p><!-- 省略 --></p>
</div>
```

3段の段組みが適用される

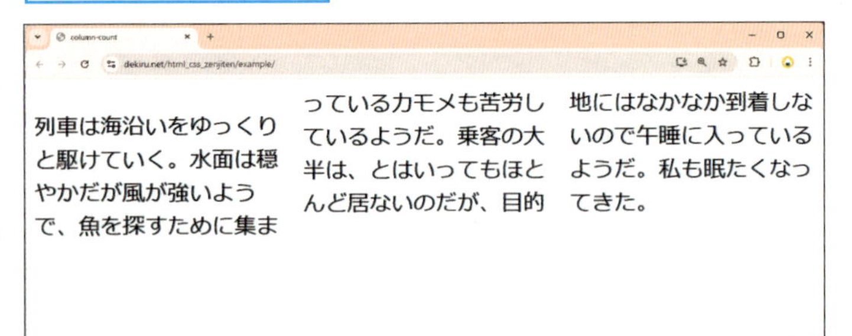

段組みの列幅を指定する

{column-width: 列幅; }

カラム・ウィズ

column-widthプロパティは、段組みの列幅を指定します。実際の列幅は、表示する領域の幅に合わせて、指定した列幅より広くなったり狭くなったりする場合があります。

初期値	auto	継承	なし
適用される要素	テーブルラッパーボックスを除くブロックコンテナー		
モジュール	CSS Multi-column Layout Module Level 1		

値の指定方法

列幅

auto　column-countプロパティの値などを参照して自動的に列幅が算出されます。

任意の数値+単位　単位付き(P.307)で指定します。0以上の値が指定可能で、負の値は指定できません。

```css
.section {
  column-count: 2;
  column-width: 16em;
}
```

```html
<div class="section">
  <p><!--省略--></p>
</div>
```

1段の列幅が16emの段組みが適用される

列車は海沿いをゆっくりと駆けていく。水面は穏やかだが風が強いようで、魚を探すために集まっているカモメも苦労しているようだ。乗客の大半は、とはいってもほとんど居ないのだが、目的地にはなかなか到着しないので午睡に入っているようだ。私も眠たくなってきた。

段組み

段組みの列幅と列数をまとめて指定する

{columns: -width -count ; }

columnsプロパティは、段組みの列幅と列数を一括指定するショートハンドです。

初期値	各プロパティに準じる	継承	なし
適用される要素	テーブルラッパーボックスを除くブロックコンテナー		
モジュール	CSS Multi-column Layout Module Level 1		

値の指定方法

個別指定の各プロパティと同様です。それぞれの値は空白文字で区切って指定します。任意の順序で指定できます。省略した場合は各プロパティの初期値が適用されます。

```css
.section {
  columns: 6em 4;
}
```

```html
<div class="section">
  <p><!--省略--></p>
</div>
```

1段の列幅が6emで4段の段組みが適用される

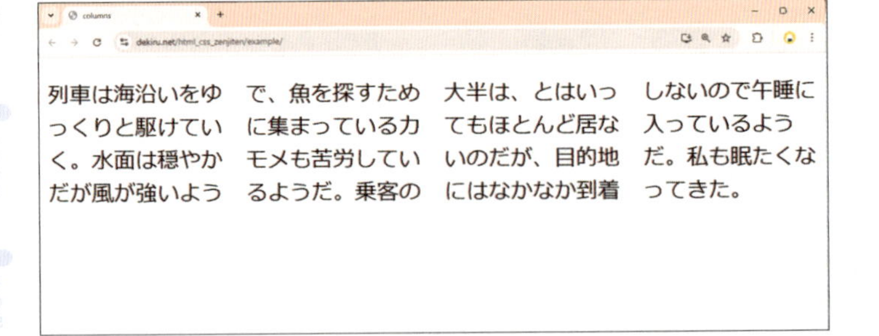

段組みをまたがる要素を指定する

USEFUL

{column-span: 表示方法; }

（column-span：カラム・スパン）

column-spanプロパティは、段組み中で複数の段をまたがる要素（spanning要素）を指定します。

初期値	none	継承	なし
適用される要素	フロー内(floatあるいは絶対配置されていない要素)にあるブロックレベル要素		
モジュール	CSS Multi-column Layout Module Level 1		

値の指定方法

表示方法

none 複数の段にまたがる表示をしません。

all 指定した要素をすべての段にまたがって表示します。

CSS
```css
div {
  column-count: 3;
}
h1.lead {
  column-span: all; background: yellow;
}
```

HTML
```html
<div>
  <h1 class="lead">約束の地へ</h1>
  <!-- 省略 -->
</div>
```

見出しは段組みをまたがって表示される

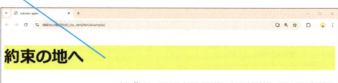

段組み

段組みの内容を揃える方法を指定する

{column-fill: 表示方法; }

カラム・フィル

column-fillプロパティは、段組みの内容の揃え方を指定します。通常、段組みの各段の内容は均等になるように自動的に調整されますが、autoを指定すると段組みの内容はできるだけ前詰めで収まるように調整されます。

初期値	balance	継承	なし
適用される要素	段組みされた要素		
モジュール	CSS Multi-column Layout Module Level 1		

値の指定方法

表示方法

auto 段組みの内容が前詰めになるように調整されます。

balance 可能な限り、各段を均等に分割するように調整されます。断片化された文脈（段組みや印刷物などのページメディア）においては、最後の断片のみが均等に分割されます。

balance-all 可能な限り、各段を均等に分割するように調整されます。断片化された文脈でも、すべての断片が均等に分割されます。

```css
.section {
  height: 150px;
  column-count: 2;
  column-fill: auto;
}
```

```html
<div class="section">
  <p><!--省略--></p>
</div>
```

列車は海沿いをゆっくりと駆けていく。水面は穏やかだが風が強いようで、魚を探すために集まっているカモメも苦労しているようだ。乗客の大半は、とはいってもほとんど居ないのだが、目的地にはなかなか到着しないので午睡に入っているようだ。私も眠たくなってきた。

autoを指定すると、内容はなるべく前詰めで調整される

列車は海沿いをゆっくりと駆けていく。水面は穏やかだが風が強いようで、魚を探すために集まっているカモメも苦労しているようだ。乗客の大半は、とはいってもほとんど居ないのだが、目的地にはなかなか到着しないので午睡に入っているようだ。私も眠たくなってきた。

通常（balance）は、各段がなるべく揃うように調整される

 段組み

段組みの罫線のスタイルを指定する

カラム・ルール・スタイル
{column-rule-style: スタイル; }

column-rule-styleプロパティは、段組みの各段の間に表示する罫線のスタイルを指定します。

初期値	none	継承	なし
適用される要素	段組みされた要素		
モジュール	CSS Multi-column Layout Module Level 1		

値の指定方法

これらの値は、border-styleプロパティ（P.506）で定義されたキーワードです。

スタイル

none 罫線は表示されません。
hidden 罫線は表示されません。
dotted 点線で表示されます。
dashed 破線で表示されます。
solid 1本の実線で表示されます。
double 2本の実線で表示されます。
groove 立体的にくぼんだ線で表示されます。
ridge 立体的に隆起した線で表示されます。
inset 罫線の内部が立体的にくぼんだように表示されます。
outset 罫線の内部が立体的に隆起したように表示されます。

以下の例では、column-ruleプロパティ（P.598）で指定した罫線のスタイルを、続けてcolun-rule-styleプロパティを指定することで上書きしています。このようにすることで、部分的な罫線のスタイルの変更が容易になります。

```css
.section {
  column-count: 3;
  column-rule: solid 2px #ccc;
  column-rule-style: dotted;
}
```

 段組み

段組みの罫線の幅を指定する

カラム・ルール・ウィズ
{column-rule-width: 幅; }

column-rule-widthプロパティは、段組みの各段の間に表示する罫線の幅を指定します。

初期値	medium	継承	なし
適用される要素	段組みされた要素		
モジュール	CSS Multi-column Layout Module Level 1		

値の指定方法

これらの値は、border-widthプロパティで定義されたキーワードです。

幅

thin 細い罫線が表示されます。

medium 通常の罫線が表示されます。

thick 太い罫線が表示されます。

任意の数値+単位 単位付き(P.307)の数値で指定します。

```css
.section {
  column-count: 3;
  column-rule-width: 2px;
  column-rule-style: solid;
  column-rule-color: red;
}
```

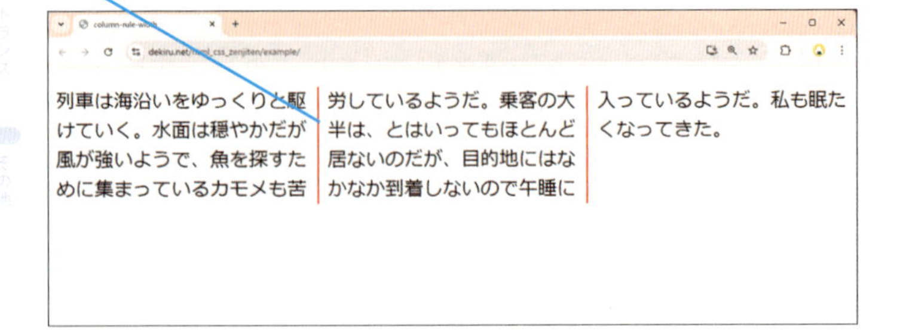

段組み

段組みの罫線の色を指定する

カラム・ルール・カラー
{column-rule-color: 色; }

column-rule-colorプロパティは、段組みの各段の間に表示する罫線の色を指定します。

初期値	currentcolor	継承	なし
適用される要素	段組みされた要素		
モジュール	CSS Multi-column Layout Module Level 1		

値の指定方法

色

色 キーワード、カラーコード、rgb()、rgba()によるRGBカラーなど、色のデータ型の値で指定します。色の指定方法(P.311)も参照してください。

```css
.section {
  column-count: 3;
  column-rule-width: 2px;
  column-rule-style: solid;
  column-rule-color: blue;
}
```

罫線の色が青で表示される

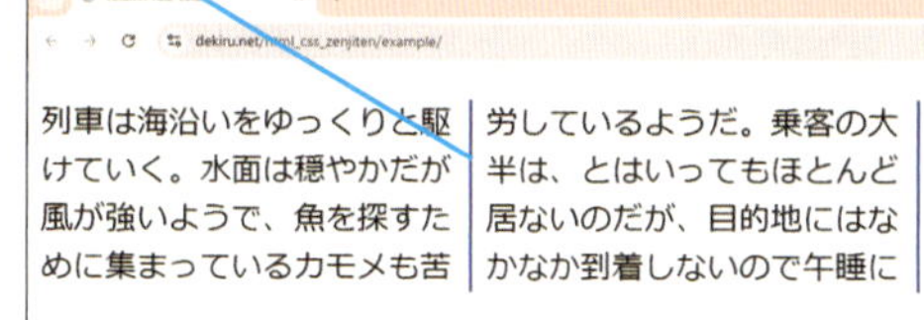

段組み

段組みの罫線の幅とスタイル、色をまとめて指定する

カラム・ルール
{column-rule: -style -width -color ; }

column-ruleプロパティは、段組みの各段の間に表示する罫線のプロパティを一括指定するショートハンドです。

初期値	各プロパティに準じる	継承	なし
適用される要素	段組みされた要素		
モジュール	CSS Multi-column Layout Module Level 1		

値の指定方法

個別指定の各プロパティと同様です。それぞれの値は空白文字で区切って指定します。任意の順序で指定できます。省略した場合は各プロパティの初期値が適用されます。

```css
.section {
  column-count: 3;
  column-rule: dotted 2px #ccc;
}
```

上記の例で指定したcolumn-ruleプロパティは、各プロパティを以下のように指定した場合と同様の表示になります。

```css
.section {
  column-count: 3;
  column-rule-style: dotted;
  column-rule-width: 2px;
  column-rule-color: #ccc;
}
```

段組み

行の間隔を指定する

POPULAR

ロウ・ギャップ
{row-gap: 間隔; }

row-gapプロパティは、段組みされた要素、フレックスコンテナー、グリッドコンテナー内における行の間隔を指定します。

初期値	normal	継承	なし
適用される要素	段組みされた要素、フレックスコンテナー、グリッドコンテナー		
モジュール	CSS Box Alignment Module Level 3		

値の指定方法

間隔

normal 段組みされた要素では1emとして扱われます。グリッドコンテナーおよびフレックスコンテナーにおいては0として扱われます。

任意の数値+単位 単位付き(P.307)の数値で指定します。負の値は指定できません。

%値 %値で指定します。割合はコンテナーとなる要素のコンテンツ領域の高さを基準に計算されます。負の値は指定できません。

CSS
```
.grid {
  row-gap: 10px;
}
```

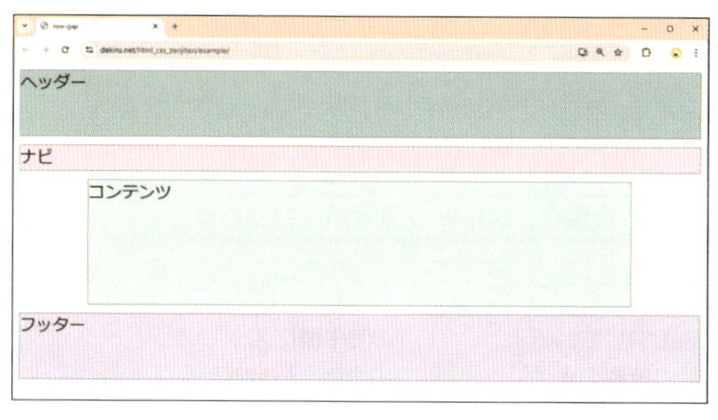

グリッドレイアウトにおいて使用した場合、グリッド行の間隔が指定される

ポイント

- row-gapプロパティは段組みレイアウト、フレキシブルボックスレイアウト、グリッドレイアウトに共通で使用することができます。

段組み

列の間隔を指定する

カラム・ギャップ
{column-gap: 間隔 ; }

column-gapプロパティは、段組みされた要素、フレックスコンテナー、グリッドコンテナー内における列の間隔を指定します。

初期値	normal	継承	なし
適用される要素	段組みされた要素、フレックスコンテナー、グリッドコンテナー		
モジュール	CSS Box Alignment Module Level 3		

値の指定方法

間隔

normal 段組みされた要素では1emとして扱われます。グリッドコンテナーおよびフレックスコンテナーにおいては0として扱われます。

任意の数値+単位 単位付き(P.307)の数値で指定します。負の値は指定できません。

%値 %値による割合で表します。 割合はコンテナーとなる要素のコンテンツ領域の幅を基準に計算されます。負の値は指定できません。

CSS
```
.section {
  column-count: 3;
  column-gap: 50px;
}
```

HTML
```
<div class="section">
  <p><!--省略--></p>
</div>
```

段組みレイアウトにおいて使用した場合、段組みの間隔が指定される

dekiru.net/html_css_zenjiten/example/

列車は海沿いをゆっくりと駆けていく。水面は穏やかだが風が強いようで、魚を探すために集まっているカモメも苦労しているようだ。乗客の大半は、とはいってもほとんど居ないのだが、目的地にはなかなか到着しないので午睡に入っているようだ。私も眠たくなってきた。

ポイント

- column-gapプロパティは、段組みレイアウト、フレキシブルボックスレイアウト、グリッドレイアウトに共通で使用することができます。

行と列の間隔をまとめて指定する

ギャップ
{gap: row- column- ; }

gapプロパティは、段組みされた要素、フレックスコンテナー、グリッドコンテナー内における行と列の間隔を一括指定するショートハンドです。

初期値	各プロパティに準じる	継承	なし
適用される要素	段組みされた要素、フレックスコンテナー、グリッドコンテナー		
モジュール	CSS Box Alignment Module Level 3		

値の指定方法

個別指定の各プロパティと同様です。それぞれの値は空白文字で区切って2つまで指定でき、row-gap、column-gapプロパティの順に適用されます。値が1つだけ指定された場合、両方のプロパティにその値が適用されます。

```css
.section {
  gap: 20px 10px;
}
```

上記の例で指定したgapプロパティは、各プロパティを以下のように指定した場合と同様の表示になります。

```css
.section {
  row-gap: 20px;
  column-gap: 10px;
}
```

ポイント

- gapプロパティは、段組みレイアウト、フレキシブルボックスレイアウト、グリッドレイアウトに共通で使用することができます。

段組み

先頭に表示されるブロックコンテナーの最小行数を指定する

SPECIFIC

{widows（ウィドウズ）: 行数; }

widowsプロパティは、段落の最後の行がページや段組みの先頭に単独で配置される際の最小行数を指定します。

初期値	2	継承	あり
適用される要素	インライン書式設定コンテキストを確立するブロックコンテナー		
モジュール	CSS Fragmentation Module Level 3		

値の指定方法

行数

任意の数値　（インラインボックスのみを含む）ブロックコンテナーがページや段組みレイアウトの区切りをまたぐ場合に、区切りの直後に残すことができる最小行数を正の整数で指定します。負の値と0は無効です。

```css
div {
  columns: 4;
  widows: 3;
  height: 300px;
}
```

```html
<div>
  <p>列車は海沿いを<!--省略-->午睡に入っているようだ。</p>
  <p>気が付くと私まで<!--省略-->景色を見てみると……</p>
</div>
```

最初の段落は3列にわたりレイアウトされる

段落の最後の部分は指定した3行が区切りの直後に配置される

widows

dekiru.net/html_css_zenjiten/example/

列車は海沿いをゆっくりと駆けていく。水面は穏やかだが風が強いようで、魚を探すために集まっているカモメも苦労しているようだ。乗客の大半は、とはいってもほとんど居ないのだが、目的地にはなかなか到着しないので午睡に入っているようだ。

気が付くと私まで眠ってしまっていた。列車の揺れが心地よく、浅い眠りだったはずなのにすっきりとした目覚めだった。ふと周りの景色を見てみると……

段組み

末尾に表示されるブロックコンテナーの最小行数を指定する

{orphans: 行数; }

（オーファンズ）

orphansプロパティは、段落の最初の行がページや段組みの末尾に単独で配置される際の最小行数を指定します。

初期値	2	継承	あり
適用される要素	インライン書式設定コンテキストを確立するブロックコンテナー		
モジュール	CSS Fragmentation Module Level 3		

値の指定方法

行数

任意の数値 ページや段組みレイアウトの区切りの直前に（インラインボックスのみを含む）ブロックコンテナーが現れた場合に、そこに残すことができる最小行数を正の整数で指定します。負の値と0は無効です。

```css
div {
  columns: 4;
  orphans: 4;
  height: 300px;
}
```

```html
<div>
  <p>列車は海沿いを<!--省略-->午睡に入っているようだ。</p>
  <p>気が付くと私まで<!--省略-->景色を見てみると……</p>
</div>
```

2つ目の段落は2列にわたりレイアウトされる

段落の最初の部分は指定した4行が区切りの直前に配置される

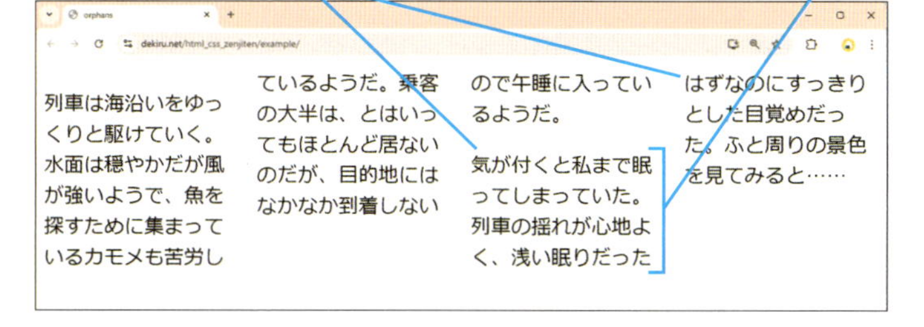

段組み

ボックスの前後での改ページや段区切りを指定する

{break-before: 区切り位置; }
（ブレーク・ビフォアー）

{break-after: 区切り位置; }
（ブレーク・アフター）

break-before、break-afterプロパティは、要素の主要ボックスの前後におけるページ、段、領域の区切りについて指定します。改ページを指定する値は印刷時に適用されます。

初期値	auto	継承	なし
適用される要素	ブロックレベルのボックス、グリッドアイテム、フレックスアイテム、テーブルの行グループ、および行。ただし、絶対配置されたボックスを除く		
モジュール	CSS Fragmentation Module Level 3およびLevel 4		

値の指定方法

以下のいずれかの値を指定できます。

区切り位置（汎用区切り値）

auto ボックスの直前、あるいは直後での改ページや段区切りを許可しますが、実行はブラウザーに任せます。

avoid ボックスの直前、あるいは直後で改ページや段区切りをしないように指定します。

区切り位置（ページ区切り値）

avoid-page ボックスの直前、あるいは直後で改ページをしないように指定します。

page ボックスの直前、あるいは直後で強制的な改ページを行います。

left ボックスの直前、あるいは直後で強制的な改ページを1～2つ行い、次のページが左ページになるようにします。

right ボックスの直前、あるいは直後で強制的な改ページを1～2つ行い、次のページが右ページになるようにします。

recto ボックスの直前、あるいは直後で強制的な改ページを1～2つ行い、次のページが奇数ページになるようにします。

verso ボックスの直前、あるいは直後で強制的な改ページを1～2つ行い、次のページが偶数ページになるようにします。

区切り位置(段区切り値)

avoid-column	ボックスの直前、あるいは直後で段区切りをしないように指定します。
column	ボックスの直前、あるいは直後で段区切りを行います。

区切り位置(領域区切り値)

avoid-region	ボックスの直前、あるいは直後では領域区切りをしないように指定します。
region	ボックスの直前、あるいは直後で領域区切りを行います。

CSS

```
div {
  column-count: 3;
}
h2 {
  background-color: lightgreen;
}
#break {
  break-before: column;
}
```

HTML

```
<div>
  <h2>約束の地へ</h2>
  <!--省略-->
  <h2 id="break">午睡の時間</h2>
  <!--省略-->
</div>
```

指定した要素で段が区切られる

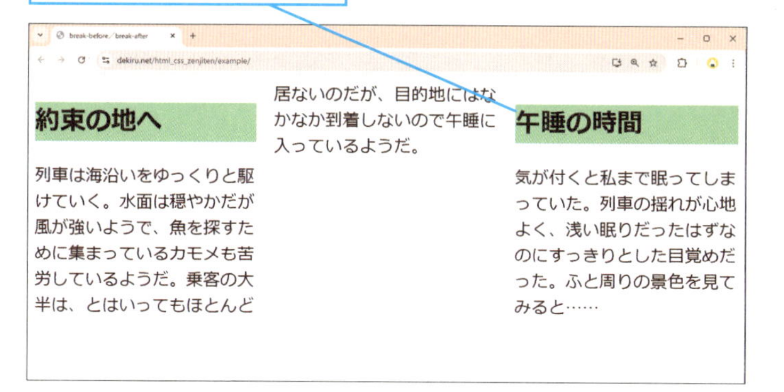

段組み

ボックス内での改ページや段区切りを指定する

ブレーク・インサイド
{break-inside: 区切り位置; }

break-insideプロパティは、要素の主要ボックス内における、ページ、段、領域の区切りについて指定します。

初期値	auto	継承	なし
適用される要素	すべての要素。ただし、インラインレベルボックス、内部ルビーボックス、テーブルの列ボックス、列グループボックス、および絶対配置されたボックスを除く		
モジュール	CSS Fragmentation Module Level 3およびLevel 4		

値の指定方法

区切り位置

auto ボックス内の区切りについて特に強要しません。

avoid ボックス内の区切りをしないように指定します。

avoid-page ボックス内の改ページをしないように指定します。

avoid-column ボックス内の段区切りをしないように指定します。

avoid-region ボックス内の領域区切りをしないように指定します。

以下の例では、div内で2つ目の段落(p要素)に対してavoidを指定することで、該当する段落においては一切の区切りをしないように指定しています。

CSS
```
div {
  column-count: 3;
}
div > p:nth-child(2) {
  break-inside: avoid;
}
```

HTML
```
<div>
  <p><!-- 省略 --></p>
  <p><!-- 省略 --></p>
  <p><!-- 省略 --></p>
</div>
```

フレキシブルボックス

POPULAR

フレキシブルボックスレイアウトを指定する

{display: コンテナーの形式; }

displayプロパティは、フレキシブルボックスレイアウトを利用するために「フレックスコンテナー」とする要素を指定します。フレックスコンテナーとなった要素には、::first-line、::first-letter疑似要素(P.400)とcolumnsプロパティ（P.592)などの段組みを指定するプロパティは適用されません。フレックスコンテナー内で「フレックスアイテム」となった要素には、vertical-alignプロパティ（P.437)の指定は無効になりますが、代わりにフレキシブルボックスで用意された配置制御用のプロパティが使用できます。float、clearプロパティ（P.561, 563)の指定も無効になります。

初期値	inline（インラインボックスとして表示）	継承	なし
適用される要素	すべての要素		
モジュール	CSS Display Module Level 3		

値の指定方法

コンテナーの形式

flex 要素をブロックレベルのフレックスコンテナーに指定します。

inline-flex 要素をインラインレベルのフレックスコンテナーに指定します。

```css
.flex_box {
  display: flex;
}
```

フレキシブルボックスは、以下の図のように定義されます。フレックスコンテナーとする要素に内包される子要素であるフレックスアイテムが、「主軸」に沿って配置されます。主軸の方向は書字方向によって異なりますが、flex-directionプロパティ（P.608)で指定できます。また、主軸と垂直に交差する「クロス軸」は、フレックスアイテムが折り返す場合などの基準になります。それぞれの軸には、始点と終点が定義されています。

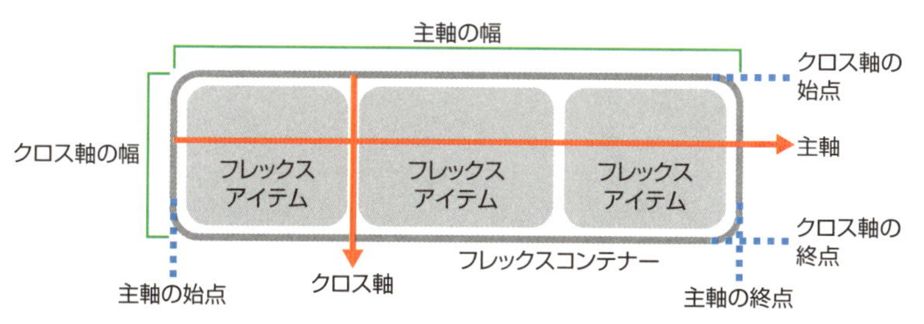

フレキシブルボックス

フレックスアイテムの配置方向を指定する

POPULAR

フレックス・ディレクション
{flex-direction: 方向; }

flex-directionプロパティは、フレックスコンテナーの主軸の方向を指定することで、フレックスアイテムの配置方向を指定します。

初期値	row	継承	なし
適用される要素	フレックスコンテナー		
モジュール	CSS Flexible Box Layout Module Level 1		

値の指定方法

方向

row フレックスコンテナーの主軸の方向と始点・終点の位置は、コンテンツの書字方向と同様になります。例えば、書字方向が左から右への横書きの場合、主軸は水平に、始点・終点は主軸の左端・右端になり、フレックスアイテムは左から右に配置されます。

row-reverse フレックスコンテナーの主軸はrowと同じ方向に指定されますが、始点・終点の位置は逆になり、フレックスアイテムは逆向きに配置されます。

column フレックスコンテナーの主軸の方向と始点・終点の位置は、ブロック軸(ブロックが積まれていく方向)と同様になります。例えば、書字方向が左から右への横書きで上から下に流れていく場合、主軸は垂直に、始点・終点は主軸の上端・下端になり、フレックスアイテムは上から下に配置されます。

column-reverse フレックスコンテナーの主軸はcolumnと同じ方向に指定されますが、始点・終点の位置は逆になり、フレックスアイテムは逆向きに配置されます。

以下の例では、フレックスコンテナー内に3つのフレックスアイテムを配置しています。書字方向は通常通り(左から右への横書き)なので、flex-directionプロパティの値をrowに指定すると、フレックスアイテムも同様に配置されます。なお、この例ではフレックスアイテムのサイズをwidth、heightプロパティで指定しています。

CSS
```
.container {
  width: auto; height: 240px; border: red solid 1px;
  display: flex;
  flex-direction: row;
}
.box {width: 100px; height: 100px; border:solid gray 1px; text-
     align: center;}
.b1 {background-color: rgba(252,188,184,0.5);}
```

```
.b2 {background-color: rgba(167,232,189,0.5);}
.b3 {background-color: rgba(255,245,104,0.5);}
```

HTML
```
<div class="container">
  <div class="box b1">フレックスアイテム1</div>
  <div class="box b2">フレックスアイテム2</div>
  <div class="box b3">フレックスアイテム3</div>
</div>
```

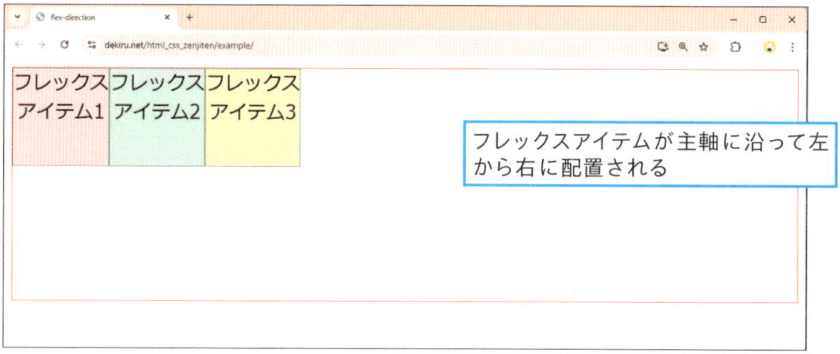

フレックスアイテムが主軸に沿って左から右に配置される

以下の例では、flex-directionプロパティの値をcolumnに指定しています。主軸の方向はブロック要素の配置方向と同様になり、通常は垂直方向になります。また、始点は上端、終点は下端となります。

CSS
```
.container {
  width: auto; height: 240px; border: red solid 1px;
  display: flex;
  flex-direction: column;
}
```

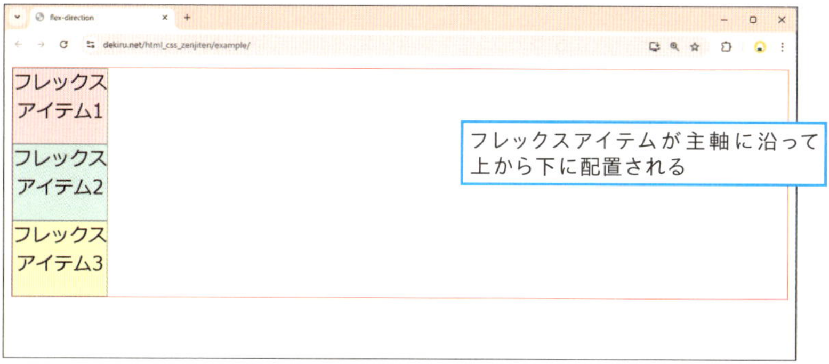

フレックスアイテムが主軸に沿って上から下に配置される

フレキシブルボックス

フレックスアイテムの折り返しを指定する

POPULAR

フレックス・ラップ
{flex-wrap: 折り返し; }

flex-wrapプロパティは、フレックスアイテムの折り返しを指定します。また、折り返す場合の方向も指定できます。

初期値	nowrap	継承	なし
適用される要素	フレックスコンテナー		
モジュール	CSS Flexible Box Layout Module Level 1		

値の指定方法

折り返し

nowrap フレックスアイテムは折り返されず、1行で表示されます。フレックスアイテムがフレックスコンテナーの領域からあふれる場合もあります。

wrap フレックスアイテムは折り返され、複数行で表示されます。通常は上から下に折り返され、2行目以降のアイテムは左から右に配置されます。

wrap-reverse フレックスアイテムは折り返され、複数行で表示されます。ただし、wrapとは逆に、下から上に折り返されます。

```css
.container {
  width: 400px; height: auto; border: red solid 1px;
  display: flex;
  flex-direction: row;
  flex-wrap: wrap;
}
```

フレックスコンテナー内に6つのフレックスアイテムを配置する

フレックスアイテムは自動的に折り返されて表示される

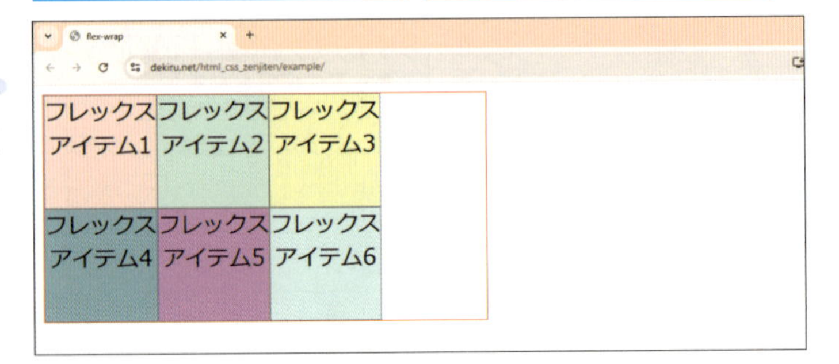

フレキシブルボックス

フレックスアイテムの配置方向と折り返しを指定する

POPULAR

フレックス・フロー

{flex-flow: -direction -wrap ; }

flex-flowプロパティは、フレックスアイテムの配置方向と折り返しを一括指定するショートハンドです。

初期値	各プロパティに準じる	継承	なし
適用される要素	フレックスコンテナー		
モジュール	CSS Flexible Box Layout Module Level 1		

値の指定方法

個別指定の各プロパティと同様です。値は空白文字で区切って、任意の順序で指定できます。省略した場合は各プロパティの初期値が指定されます。

```css
.container {
  display: flex;
  flex-flow: row wrap;
}
```

上記の例で指定したflex-flowプロパティは、各プロパティを以下のように指定した場合と同様の表示になります。

```css
.container {
  display: flex;
  flex-direction: row;
  flex-wrap: wrap;
}
```

フレキシブルボックス

POPULAR

フレックスアイテムを配置する順序を指定する

{order: 順序; }

orderプロパティは、通常はHTMLソースに記述された順に配置されるフレックスアイテム、またはグリッドアイテムの順序を指定します。なお、初期値の0は、フレックスアイテム、またはグリッドアイテムとなる子要素すべてに対して適用されます。

初期値	0	継承	なし
適用される要素	フレックスアイテム、およびグリッドアイテム		
モジュール	CSS Display Module Level 3		

値の指定方法

順序

任意の数値 フレックスアイテム、またはグリッドアイテムを配置する順序を整数で指定します。負の値も指定できます。指定された値が小さい要素から配置されます。なお、同じ値を指定した要素同士は、HTMLソースに記述された順に配置されます。

以下の例では、フレックスアイテムのdiv要素に疑似クラス(P.373)を指定して、.container内で偶数番目に記述されたdiv要素の順序の値を1にしています。それ以外の要素の順序の値は、既定値の0のままです。フレックスアイテムとなる要素が6つあるとすると、1→3→5→2→4→6の順序で配置されます。

```css
.container {display: flex; flex-wrap: wrap;}
.container div:nth-child(2n) {
  order: 1;
}
```

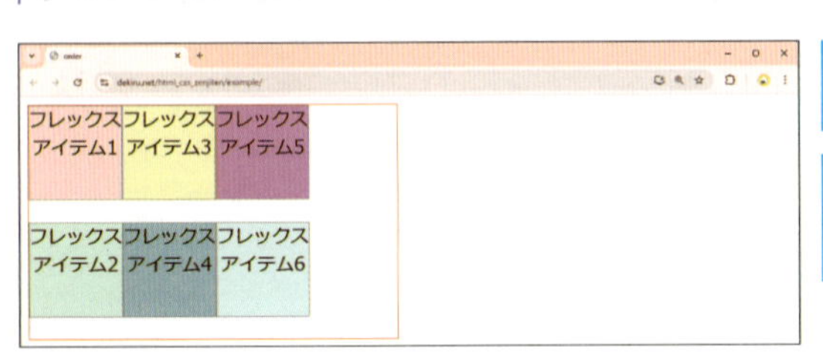

フレキシブルボックスレイアウトで使用した例

フレックスアイテムはorderプロパティで指定した順序で配置される

ポイント

- orderプロパティは、視覚的に順序を入れ替えるだけです。例えば、読み上げ環境においては、HTML上で記述された順序で要素が読み上げられる可能性が高いため、原則としてHTMLを意味のある順序に基づいて記述しましょう。

フレキシブルボックス

フレックスアイテムの幅の伸び率を指定する

フレックス・グロウ
{flex-grow: 伸び率; }

flex-growプロパティは、フレックスコンテナーの主軸の幅に余白がある場合の、フレックスアイテムの伸び率を指定します。ただし、伸び率はフレックスコンテナーの主軸の幅やflex-wrapプロパティ（P.610）の折り返しの指定、flex-basisプロパティ（P.615）に影響され、自動的に決まります。

初期値	0	継承	なし
適用される要素	フレックスアイテム		
モジュール	CSS Flexible Box Layout Module Level 1		

値の指定方法

伸び率

任意の数値 他のアイテムとの相対値（整数）で指定します。負の値は無効です。

CSS
```
.container {
  width: 480px; height: auto; border: red solid 1px;
  display: flex;
  flex-wrap: no-wrap;
}
.b1 {background-color: rgba(252,188,184,0.5);
     flex-grow: 0;}
.b2 {background-color: rgba(167,232,189,0.5);
     flex-grow: 1;}
.b3 {background-color: rgba(255,245,104,0.5);
     flex-grow: 2;}
```

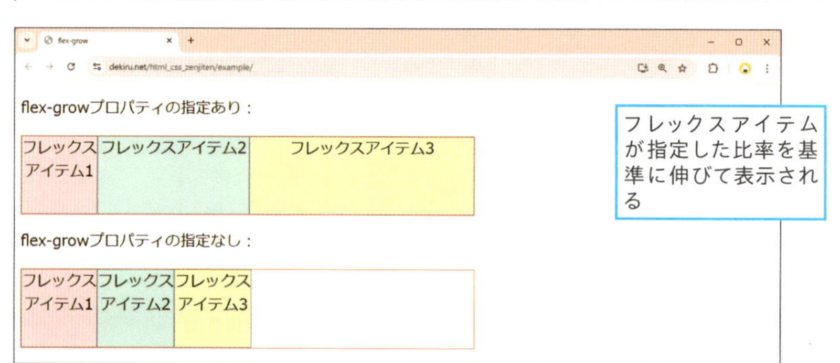

フレキシブルボックス

フレックスアイテムの幅の縮み率を指定する

{flex-shrink: 縮み率; }

フレックス・シュリンク

flex-shrinkプロパティは、すべてのフレックスアイテムの幅の合計がフレックスコンテナーの主軸の幅よりも大きい場合の、フレックスアイテムの縮み率を指定します。

初期値	1	継承	なし
適用される要素	フレックスアイテム		
モジュール	CSS Flexible Box Layout Module Level 1		

値の指定方法

縮み率

任意の数値 他のアイテムとの相対値(整数)で指定します。負の値は無効です。

```css
.container {
  width: 180px; height: auto; border: red solid 1px;
  display: flex;
  flex-wrap: no-wrap;
}
.b1 {background-color: rgba(252,188,184,0.5);
      flex-shrink: 0;}
.b2 {background-color: rgba(167,232,189,0.5);
      flex-shrink: 1;}
.b3 {background-color: rgba(255,245,104,0.5);
      flex-shrink: 2;}
```

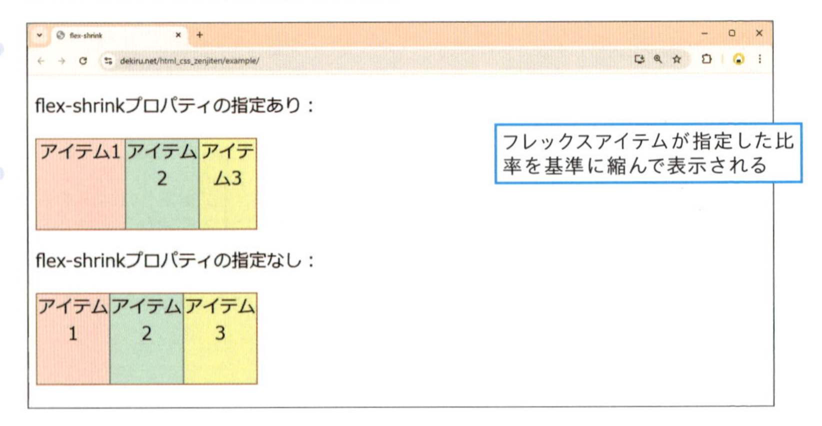

フレキシブルボックス

フレックスアイテムの基本の幅を指定する

フレックス・ベーシス
{flex-basis: 幅; }

flex-basisプロパティは、フレックスアイテムの基本の幅を指定します。

初期値	auto	継承	なし
適用される要素	フレックスアイテム		
モジュール	CSS Flexible Box Layout Module Level 1		

値の指定方法

幅

auto フレックスアイテムの内容に合わせて自動的に幅が決定されます。

content フレックスアイテムのコンテンツに基づいて自動的に幅が決定されます。主軸の幅をautoと指定したうえでflex-basisプロパティにautoを指定することで、同様の効果を得られます。

幅 単位付き（P.307）の数値をはじめ、widthプロパティ（P.527）に指定可能な値が使用できます。%値で指定した場合は、フレックスコンテナーの主軸の幅に対する割合となります。

CSS
```
.b1 {background-color: lightgreen; flex-basis: 50%;}
.b2 {background-color: green; flex-basis: 30%;}
.b3 {background-color: yellow; flex-basis: 20%;}
.b4 {background-color: skyblue; flex-basis: 100px;}
.b5 {background-color: pink; flex-basis: auto;}
.b6 {background-color: gray; flex-basis: 200px;}
```

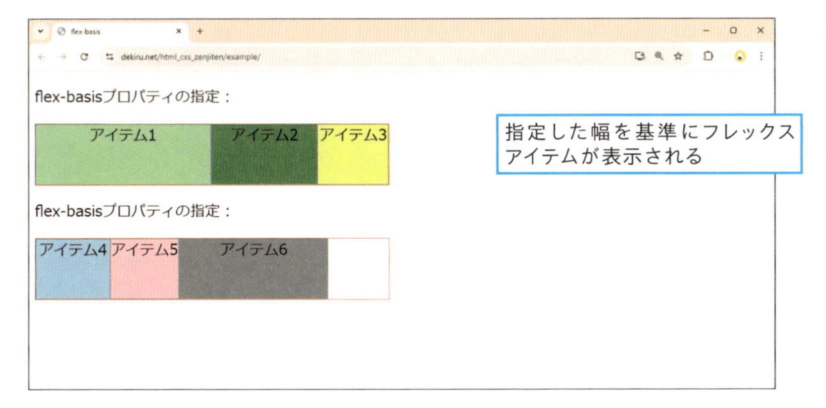

フレキシブルボックス

フレックスアイテムの幅をまとめて指定する

{flex（フレックス）: -grow -shrink -basis ; }

flexプロパティは、フレックスアイテムの幅を一括指定するショートハンドです。

初期値	各プロパティに準じる	継承	なし
適用される要素	フレックスアイテム		
モジュール	CSS Flexible Box Layout Module Level 1		

値の指定方法

個別指定の各プロパティと同様です。それぞれの値は空白文字で区切って指定します。flex-grow、flex-shrink、flex-basisの順で3つの値まで指定可能ですが、値が1つで、単位なしの数値が与えられた場合はflex-growとして、単位付きの数値が与えられた場合はflex-basisとして解釈されます。値が2つの場合、1つ目はflex-growとして解釈され、2つ目の値に単位なしの数値が与えられた場合はflex-shrinkとして、単位付きの数値が与えられた場合はflex-basisとして解釈されます。また、3つのプロパティの値を指定する代わりに以下のキーワードを指定することも可能です。

initial 「0 1 auto」と同じです。フレックスアイテムの幅は、指定しない限り内容に合わせて決まります。また、主軸の幅に余白があってもフレックスアイテムの幅は伸びません。主軸の幅が小さいときは縮みます。

auto 「1 1 auto」と同じです。フレックスアイテムの幅は、指定しない限り内容に合わせて決まります。また、主軸の幅に余白があるときは、フレックスアイテムの幅が伸びます。主軸の幅が小さいときは縮みます。

none 「0 0 auto」と同じです。フレックスアイテムの幅は、指定しない限り内容に合わせて決まります。また、フレックスアイテムの幅は伸縮しません。

以下の例では、フレックスアイテムの幅はフレックスコンテナーの主軸の幅に合わせて自動的に伸縮します。

```css
.container div {
  flex: auto;
}
```

ポイント

- 値が1～2つの指定で、すべて単位なしの数値だった場合、flex-basisは省略されたと見なされますが、その場合のflex-basisは「0」として扱われます。個別指定プロパティの初期値とは異なるので注意が必要です。

フレキシブルボックス

ボックス全体の横方向の揃え位置を指定する

POPULAR

ジャスティファイ・コンテント

{ justify-content: 揃え位置; }

justify-contentプロパティは、ブロックコンテナー、段組みされた要素、フレックスコンテナー、グリッドコンテナー内におけるボックスの主軸方向の揃え位置を指定します。

初期値	normal	継承	なし
適用される要素	ブロックコンテナー、段組みされた要素、フレックスコンテナー、グリッドコンテナー		
モジュール	CSS Box Alignment Module Level 3		

値の指定方法

揃え位置

normal	フレックスコンテナーやグリッドコンテナー、段組みされた要素においてはstretchと同様に、他のブロックコンテナーはstartと同様に振る舞います。ただし、テーブルセルにおいてはvertical-alignプロパティの算出値と同様に振る舞います。
start	主軸方向で整列コンテナーの書字方向における開始側の端を始点に配置します。
end	主軸方向で整列コンテナーの書字方向における終了側の端を始点に配置します。
flex-start	フレックスコンテナーの主軸の始点に揃えます。通常、左端に配置します。
flex-end	フレックスコンテナーの主軸の終点に揃えます。通常、右端に配置します。
center	整列コンテナーの主軸の幅の中央に揃えます。通常、左右中央に配置します。
left	整列コンテナーの左端に接するように配置します。互いに接するように詰められます。プロパティが対象にする軸がインライン軸に平行でない場合は、startとして扱われます。
right	整列コンテナーの右端に接するように配置します。プロパティが対象にする軸がインライン軸に平行でない場合は、startとして扱われます。
space-between	整列コンテナーの主軸の幅に対して余白をもって等間隔に配置します。余白がないときは、flex-startと同じになります。
space-around	整列コンテナーの主軸の幅に対して余白をもって等間隔に配置します。space-betweenと異なり、始点・終点との間にも間隔が生じます。余白がないときは、centerと同じになります。
space-evenly	space-aroundのように始点と終点の間に余白が生じますが、ボックス間も含め、すべての余白が均等になります。
stretch	サイズがautoであるボックスを、max-widthプロパティの指定は尊重しつつ、整列コンテナー内を可能な限り埋めるように幅を伸縮して配置します。

baseline	first baselineとして扱われます。
first baseline	最初のベースラインに揃えて配置します。この値のフォールバック値はstartです。
last baseline	最後のベースラインに揃えて配置します。この値のフォールバック値はendです。
safe	他の位置指定キーワードと組み合わせて指定します。ボックスのサイズが整列コンテナーからあふれた場合、startのように配置します。
unsafe	safe同様、位置指定キーワードと組み合わせて指定します。ボックスと整列コンテナーのサイズに関係なく、指定された値が尊重されます。

主な値を指定したときの配置は以下の図のようになります。

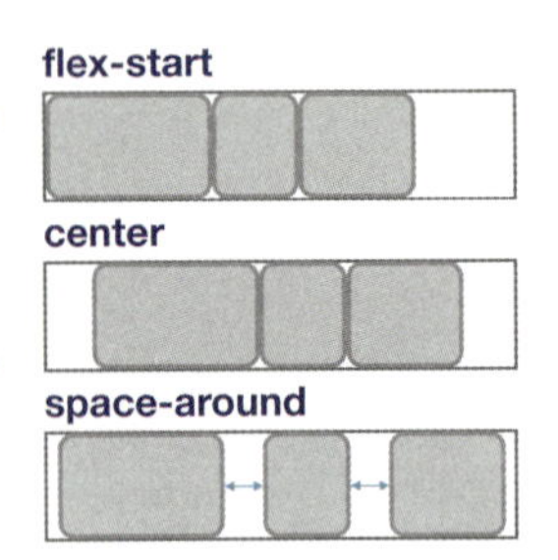

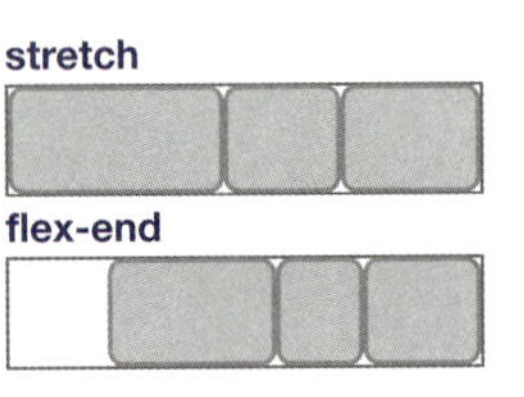

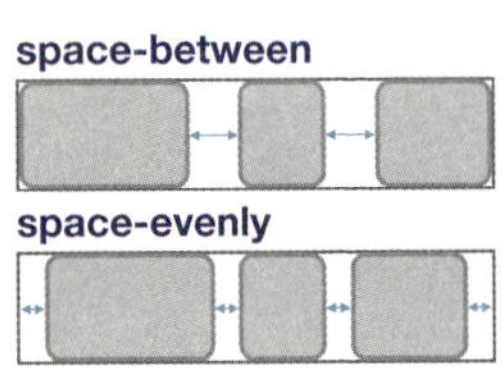

フレキシブルボックス

ボックス全体の縦方向の揃え位置を指定する

アライン・コンテント

{align-content: 揃え位置; }

align-contentプロパティは、複数行になった整列コンテナーに内包されるボックスのクロス軸方向の揃え位置を指定します。

初期値	normal	継承	なし
適用される要素	ブロックコンテナー、段組みされた要素、フレックスコンテナー、グリッドコンテナー		
モジュール	CSS Box Alignment Module Level 3		

値の指定方法

揃え位置

normal	justify-content(P.617)におけるnormalと同様に動作します。
start	クロス軸方向で整列コンテナーの書字方向における開始側の端を始点に配置します。

end	クロス軸方向で整列コンテナーの書字方向における終了側の端を始点に配置します。
flex-start	フレックスコンテナーのクロス軸の始点に、行間の余白が生じないように配置します。通常、上端に配置されます。
flex-end	フレックスコンテナーのクロス軸の終点に、行間の余白が生じないように配置します。通常、下端に配置されます。
center	整列コンテナーのクロス軸の中央に、行間の余白が生じないように配置します。通常、上下中央に配置します。
space-between	整列コンテナーのクロス軸の幅(高さ)に対して余白をもって等間隔に配置します。最初の行は始点、最後の行は終点に揃えられ、間の行は等間隔に配置します。余白がないときは、flex-startと同様になります。
space-around	整列コンテナーのクロス軸の幅に対して余白をもって等間隔に配置します。最初の行と始点、最後の行と終点との間にも余白が生じます。余白がないときは、centerと同様になります。
space-evenly	space-aroundのように最初の行と始点、最後の行と終点との間に余白が生じますが、行間も含め、すべての余白が均等になります。
stretch	サイズがautoであるボックスを、max-heightプロパティの指定は尊重しつつ、整列コンテナー内を可能な限り埋めるように高さを伸縮して配置します。
baseline	first baselineとして扱われます。
first baseline	最初のベースラインに揃えて配置します。この値のフォールバック値はstartです。
last baseline	最後のベースラインに揃えて配置します。この値のフォールバック値はendです。
safe	位置指定キーワードと組み合わせて指定します。ボックスのサイズが整列コンテナーからあふれた場合、startのように配置します。
unsafe	位置指定キーワードと組み合わせて指定します。ボックスと整列コンテナーのサイズに関係なく、指定された値が尊重されます。

主な値を指定したときの配置は以下の図のようになります。

flex-start

flex-end

center

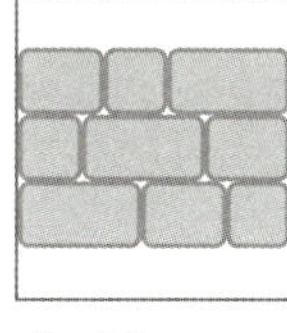

space-between

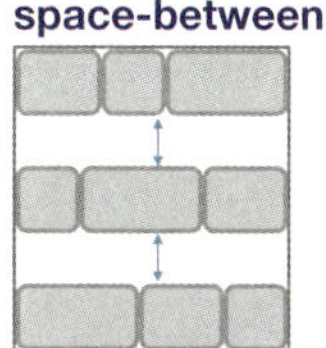

space-around

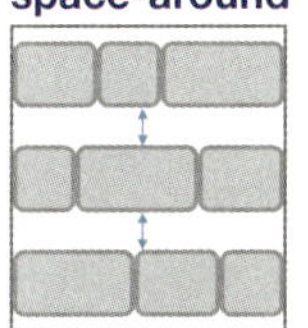

stretch

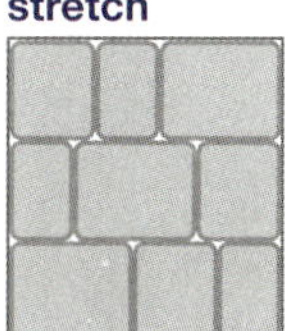

フレキシブルボックス

ボックス全体の揃え位置をまとめて指定する

USEFUL

{place-content: align-content justify-content ; }

（プレイス・コンテント）

place-contentプロパティは、ブロックコンテナー、フレックスコンテナー、グリッドコンテナー内におけるボックス全体の揃え位置を一括指定するショートハンドです。

初期値	各プロパティに準じる	継承	なし
適用される要素	ブロックコンテナー、フレックスコンテナー、グリッドコンテナー		
モジュール	CSS Box Alignment Module Level 3		

値の指定方法

個別指定の各プロパティと同様です。値は空白文字で区切って2つ指定しますが、1つ目の値がalign-contentプロパティの値、2つ目の値がjustify-contentプロパティの値となります。2つ目の値を省略した場合、1つ目の値がjustify-contentプロパティにおいても有効な値の場合は適用されます。

```css
.container {
  display: flex;
  flex-wrap: wrap;
  place-content: flex-end center;
}
```

上記の例で指定したplace-contentプロパティは、各プロパティを以下のように指定した場合と同様の表示になります。

```css
.container {
  align-content: flex-end;
  justify-content: center;
}
```

ポイント

- 個別指定プロパティとしてのalign-contentプロパティ、およびjustify-contentプロパティは段組みレイアウトでも使用できますが、place-contentプロパティによる一括指定は、段組みレイアウトでは使用できません。

個別のボックスの横方向の揃え位置を指定する

ジャスティファイ・セルフ

{justify-self: 揃え位置; }

justify-selfプロパティは、配置されるボックスをその整列コンテナー内の主軸に沿って配置する方法を指定します。

初期値	auto	継承	なし
適用される要素	ブロックレベルボックス、絶対配置されたボックスおよびグリッドアイテム		
モジュール	CSS Box Alignment Module Level 3		

値の指定方法

揃え位置

auto ボックスに親がない場合、あるいは絶対配置される場合はnormalとして扱われます。それ以外の場合は親ボックスに指定されたjustify-itemsプロパティの値を適用します。

normal レイアウトモードに依存して以下のように動作します。
・ブロックレベルボックスはstretchと同様に振る舞います。
・置換される絶対配置ボックスはstartと同様に、それ以外の絶対配置ボックスはstretchと同様に振る舞います。
・表組みのセル、フレックスアイテムには適用されず無視されます。
・グリッドアイテムは、アスペクト比や固有の寸法を持つ場合はstartのように、それ以外の場合はstretchと同様に振る舞います。

stretch ボックスのwidthプロパティの値にautoが指定され、かつmargin-left、margin-rightプロパティの値がautoでない場合、min-width、max-widthプロパティの指定は尊重しつつ、整列コンテナー内を可能な限り埋めるように幅を伸縮して配置します。

center 整列コンテナー内で中央寄せにします。

start 主軸方向で整列コンテナーの書字方向における開始側の端を始点に配置します。

end 主軸方向で整列コンテナーの書字方向における終了側の端を始点に配置します。

self-start 主軸に対する始点側の辺が、その整列コンテナー内の同じ側の辺に接するように配置します。

self-end 主軸に対する終点側の辺が、その整列コンテナー内の同じ側の辺に接するように配置します。

flex-start フレックスコンテナーの主軸の始点に対してフレックスアイテムが接するように配置します。フレックスアイテムに対してのみ有効な値で、フレックスコンテナーの子でない場合はstartとして扱われます。

flex-end	フレックスコンテナーの主軸の終点に対してフレックスアイテムが接するように配置します。フレックスアイテムに対してのみ有効な値で、フレックスコンテナーの子でない場合はendとして扱われます。
left	整列コンテナーの左端に接するように配置します。互いに接するように詰められます。プロパティが対象にする軸がインライン軸に平行でない場合は、startとして扱われます。
right	整列コンテナーの右端に接するように配置します。プロパティが対象にする軸がインライン軸に平行でない場合は、startとして扱われます。
baseline	first baselineとして扱われます。
first baseline	最初のベースラインに揃えて配置します。この値のフォールバック値はstartです。
last baseline	最後のベースラインに揃えて配置します。この値のフォールバック値はendです。
safe	位置指定キーワードと組み合わせて指定します。ボックスのサイズが整列コンテナーからあふれた場合、startのように配置します。
unsafe	位置指定キーワードと組み合わせて指定します。アイテムと整列コンテナーのサイズに関係なく、指定された値が尊重されます。

フレキシブルボックス

個別のボックスの縦方向の揃え位置を指定する

アライン・セルフ

{align-self: 揃え位置; }

align-selfプロパティは、ボックスのクロス軸方向の揃え位置を指定します。このプロパティは個々のボックスに個別に指定し、align-itemsプロパティの値を上書きできます。

初期値	auto	継承	なし
適用される要素	フレックスアイテム、グリッドアイテム、絶対配置されたボックス		
モジュール	CSS Box Alignment Module Level 3		

値の指定方法

揃え位置

auto	親要素の整列コンテナーのalign-itemsプロパティ(P.627)の値に従います。親要素を持たない場合は、normalと同じになります。

normal	レイアウトモードに依存して以下のように動作します。 ・置換される絶対配置アイテムはstartと同様に、それ以外の絶対配置アイテムはstretchと同様に振る舞います。 ・表組みのセルには適用されず無視されます。 ・フレックスコンテナーはstretchと同様に振る舞います。 ・グリッドアイテムのうち、置換されるアイテムはstartと同様に、それ以外のアイテムはstretchと同様に振る舞います。
start	クロス軸方向で整列コンテナーの書字方向における開始側の端を始点に配置します。
end	クロス軸方向で整列コンテナーの書字方向における終了側の端を始点に配置します。
self-start	クロス軸に対する始点側の辺が、その整列コンテナー内の同じ側の辺に接するように配置します。
self-end	クロス軸に対する終点側の辺が、その整列コンテナー内の同じ側の辺に接するように配置します。
flex-start	フレックスコンテナーのクロス軸の始点に揃えます。通常、上端に配置します。
flex-end	フレックスコンテナーのクロス軸の終点に揃えます。通常、下端に配置します。
center	整列コンテナーのクロス軸の中央に揃えます。クロス軸の幅(高さ)がボックスの幅(高さ)よりも小さい場合、ボックスは両方向に同じ幅だけはみ出した状態で表示します。
stretch	ボックスのheightプロパティの値にautoが指定され、かつmargin-top、margin-bottomプロパティの値がautoでない場合、min-height、max-heightプロパティの指定は尊重しつつ、整列コンテナー内を可能な限り埋めるように高さを伸縮して配置します。
baseline	first baselineとして扱われます。
first baseline	最初のベースラインに揃えて配置します。この値のフォールバック値はstartです。
last baseline	最後のベースラインに揃えて配置します。この値のフォールバック値はendです。
safe	位置指定キーワードと組み合わせて指定します。ボックスのサイズが整列コンテナーからあふれた場合、startのように配置します。
unsafe	位置指定キーワードと組み合わせて指定します。ボックスと整列コンテナーのサイズに関係なく、指定された値が尊重されます。

ポイント

- justify-selfプロパティ、およびalign-selfプロパティは、フレキシブルボックスレイアウト、グリッドレイアウト、および絶対配置レイアウトに共通で使用することができます。

フレキシブルボックス

USEFUL

個別のボックスの揃え位置をまとめて指定する

プレイス・セルフ
{place-self: align-self justify-self ; }

place-selfプロパティは、個別のボックスの揃え位置を一括指定するショートハンドです。

初期値	各プロパティに準じる	継承	なし
適用される要素	ブロックレベルボックス、絶対配置されたボックスおよびグリッドアイテム		
モジュール	CSS Box Alignment Module Level 3		

値の指定方法

個別指定の各プロパティと同様です。値は空白文字で区切って2つ指定しますが、1つ目の値がalign-selfプロパティの値、2つ目の値がjustify-selfプロパティの値となります。2つ目の値を省略した場合、1つ目の値が両方に適用されます。

```css
.container div:nth-child(2) {
  place-self: stretch center;
}
```

上記の例で指定したplace-selfプロパティは、各プロパティを以下のように指定した場合と同様の表示になります。

```css
.container div:nth-child(2) {
  align-self: stretch;
  justify-self: center;
}
```

ポイント

- place-selfプロパティは、フレキシブルボックスレイアウト、グリッドレイアウト、および絶対配置レイアウトに共通のショートハンドとして使用することができます。

すべてのボックスの横方向の揃え位置を指定する

ジャスティファイ・アイテムズ

{justify-items: 揃え位置; }

justify-itemsプロパティは、配置されるすべてのボックスに対して既定となるjustify-selfプロパティの値を定義します。

初期値	legacy	継承	なし
適用される要素	すべての要素		
モジュール	CSS Box Alignment Module Level 3		

値の指定方法

揃え位置

normal レイアウトモードに依存して以下のように動作します。
- ブロックレベルボックスはstretchと同様に振る舞います。
- 置換される絶対配置ボックスはstartと同様に、それ以外の絶対配置ボックスはstretchと同様に振る舞います。
- 表組みのセル、フレックスアイテムには適用されず無視されます。
- グリッドアイテムは、アスペクト比や固有の寸法を持つ場合はstartのように、それ以外の場合はstretchと同様に振る舞います。

stretch ボックスのwidthプロパティの値にautoが指定され、かつmargin-left、margin-rightプロパティの値がautoでない場合、min-width、max-widthプロパティの指定は尊重しつつ、整列コンテナー内を可能な限り埋めるように幅を伸縮して配置します。

center 整列コンテナー内で中央寄せにします。

start 主軸方向で整列コンテナーの書字方向における開始側の端を始点に配置します。

end 主軸方向で整列コンテナーの書字方向における終了側の端を始点に配置します。

self-start 主軸に対する始点側の辺が、その整列コンテナー内の同じ側の辺に接するように配置します。

self-end 主軸に対する終点側の辺が、その整列コンテナー内の同じ側の辺に接するように配置します。

flex-start フレックスコンテナーの主軸の始点に対してフレックスアイテムが接するように配置します。フレックスアイテムに対してのみ有効な値で、フレックスコンテナーの子でない場合はstartとして扱われます。

flex-end	フレックスコンテナーの主軸の終点に対してフレックスアイテムが接するように配置します。フレックスアイテムに対してのみ有効な値で、フレックスコンテナーの子でない場合はendとして扱われます。
left	整列コンテナーの左端に接するように配置します。互いに接するように詰められます。プロパティが対象にする軸がインライン軸に平行でない場合は、startとして扱われます。
right	整列コンテナーの右端に接するように配置します。プロパティが対象にする軸がインライン軸に平行でない場合は、startとして扱われます。
baseline	first baselineとして扱われます。
first baseline	最初のベースラインに揃えて配置します。この値のフォールバック値はstartです。
last baseline	最後のベースラインに揃えて配置します。この値のフォールバック値はendです。
safe	位置指定キーワードと組み合わせて指定します。ボックスのサイズが整列コンテナーからあふれた場合、startのように配置します。
unsafe	位置指定キーワードと組み合わせて指定します。ボックスと整列コンテナーのサイズに関係なく、指定した値が尊重されます。
legacy	left、right、centerのいずれかの値と同時に指定された場合、それらの値を子孫にも継承します。単体で指定された場合、justify-itemsプロパティの継承値がlegacyキーワードを含むなら継承値として、含まれない場合はnormalとして算出されます。なお、justify-self: autoが指定された子孫は、legacyキーワード以外のキーワードのみを継承します。

以下の例では、グリッドコンテナーに対してjustify-items: start;を設定したうえで、個別のグリッドアイテムに対してjustify-selfプロパティを指定しています。

CSS

```
.container {
  background-color: #eee;
  border: 1px solid red;
  padding: 20px;
  width: 300px;
  display: grid;
  grid-template-columns: 1fr 1fr;
  grid-auto-rows: 40px;
  grid-gap: 10px;
  justify-items: start;
}
.b1 {
  justify-self: end;
}
.b2 {
  justify-self: stretch;
}
.b3 {
  justify-self: center;
}
```

フレキシブルボックス

USEFUL

すべてのボックスの縦方向の揃え位置を指定する

アライン・アイテムズ
{align-items: 揃え位置; }

align-itemsプロパティは、配置されるすべてのボックスに対して既定となるalign-selfプロパティの値を定義します。

初期値	normal	継承	なし
適用される要素	すべての要素		
モジュール	CSS Box Alignment Module Level 3		

値の指定方法

揃え位置

normal レイアウトモードに依存して以下のように動作します。
- 置換される絶対配置アイテムはstartと同様に、それ以外の絶対配置アイテムはstretchと同様に振る舞います。
- 表組みのセルには適用されず無視されます。
- フレックスコンテナーはstretchと同様に振る舞います。
- グリッドアイテムのうち、置換されるアイテムはstartと同様に、それ以外のアイテムはstretchと同様に振る舞います。

start クロス軸方向で整列コンテナーの書字方向における開始側の端を始点に配置します。

end クロス軸方向で整列コンテナーの書字方向における終了側の端を始点に配置します。

self-start クロス軸に対する始点側の辺が、その整列コンテナー内の同じ側の辺に接するように配置します。

self-end クロス軸に対する終点側の辺が、その整列コンテナー内の同じ側の辺に接するように配置します。

flex-start フレックスコンテナーのクロス軸の始点に揃えます。通常、上端に配置されます。

flex-end フレックスコンテナーのクロス軸の終点に揃えます。通常、下端に配置されます。

center 整列コンテナーのクロス軸の中央に揃えます。クロス軸の幅(高さ)がフレックスアイテムの幅(高さ)より小さい場合、アイテムは両方向に同じ幅だけはみ出した状態で配置されます。

stretch ボックスのheightプロパティの値にautoが指定され、かつmargin-top、margin-bottomプロパティの値がautoでない場合、min-height、max-heightプロパティの指定は尊重しつつ、整列コンテナー内を可能な限り埋めるように高さを伸縮して配置します。

baseline	first baselineとして扱われます。
first baseline	最初のベースラインに揃えて配置します。この値のフォールバック値はstartです。
last baseline	最後のベースラインに揃えて配置します。この値のフォールバック値はendです。
safe	位置指定キーワードと組み合わせて指定します。 ボックスのサイズが整列コンテナーからあふれた場合、startのように配置します。
unsafe	位置指定キーワードと組み合わせて指定します。ボックスと整列コンテナーのサイズに関係なく、指定された値が尊重されます。

主な値を指定したときの配置は以下の図のようになります。

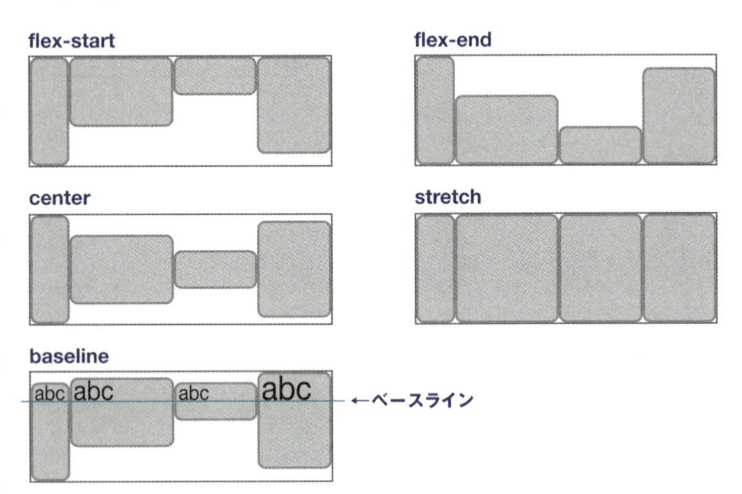

以下の例では、グリッドコンテナーに対してalign-items: start;を設定したうえで、個別のグリッドアイテムに対して、align-selfプロパティを指定しています。

```
.container {
  border: 1px solid red;
  padding: 20px;
  width: 300px;
  display: grid;
  grid-template-columns: 1fr 1fr;
  grid-auto-rows: 80px;
  grid-gap: 10px;
  align-items: start;
}
.b1 {align-self: end;}
.b2 {align-self: stretch;}
.b3 {align-self: center;}
```

すべてのボックスの揃え位置をまとめて指定する

プレイス・アイテムズ

{place-items: align-items justify-items ; }

place-itemsプロパティは、すべてのボックスの揃え位置を一括指定するショートハンドです。

初期値	各プロパティに準じる	継承	なし
適用される要素	すべての要素		
モジュール	CSS Box Alignment Module Level 3		

値の指定方法

個別指定の各プロパティと同様です。値は空白文字で区切って2つ指定しますが、1つ目の値がalign-itemsプロパティの値、2つ目の値がjustify-itemsプロパティの値となります。2つ目の値を省略した場合、1つ目の値が両方に適用されます。

```css
.container {
  place-items: center stretch;
}
```

上記の例で指定したplace-itemsプロパティは、各プロパティを以下のように指定した場合と同様の表示になります。

```css
.container {
  align-items: center;
  justify-items: stretch;
}
```

レイアウト

フレキシブルボックス

行の間隔を指定する

ロウ・ギャップ

{row-gap: 間隔; }

row-gapプロパティは、フレックスコンテナー内における行の間隔を指定します。詳細はP.599を参照してください。

フレキシブルボックス

列の間隔を指定する

カラム・ギャップ

{column-gap: 間隔 ; }

column-gapプロパティは、フレックスコンテナー内における列の間隔を指定します。詳細はP.600を参照してください。

フレキシブルボックス

行と列の間隔をまとめて指定する

ギャップ

{gap: row- column- ; }

gapプロパティは、フレックスコンテナー内における行と列の間隔を一括指定するショートハンドです。詳細はP.601を参照してください。

グリッドレイアウトを指定する

{display: コンテナーの形式; }

displayプロパティは、グリッドレイアウトを利用するために「グリッドコンテナー」とする要素を指定します。グリッド(格子状)のマス目を任意の割合で並べたり結合したりすることで、さまざまなレイアウトを実現できます。

初期値	inline(インラインボックスとして表示)	継承	なし
適用される要素	すべての要素		
モジュール	CSS Display Module Level 3		

値の指定方法

コンテナーの形式

grid 要素をブロックレベルのグリッドコンテナーに指定します。

inline-grid 要素をインラインレベルのグリッドコンテナーに指定します。

```css
.grid {
  display: grid;
}
```

グリッドレイアウトは、以下の図のように定義されます。グリッドコンテナーとする要素に内包される子要素がグリッドアイテムとなります。グリッドの行および列はグリッドトラック、それらを区切る線はグリッドラインと呼び、グリッドラインで区切られた領域の最小単位はグリッドセル、複数のグリッドセルで構成される領域はグリッドエリアと呼びます。グリッドアイテムの配置と大きさは、グリッドラインの名前や行・列の始点または終点から数えた番号で指定します。

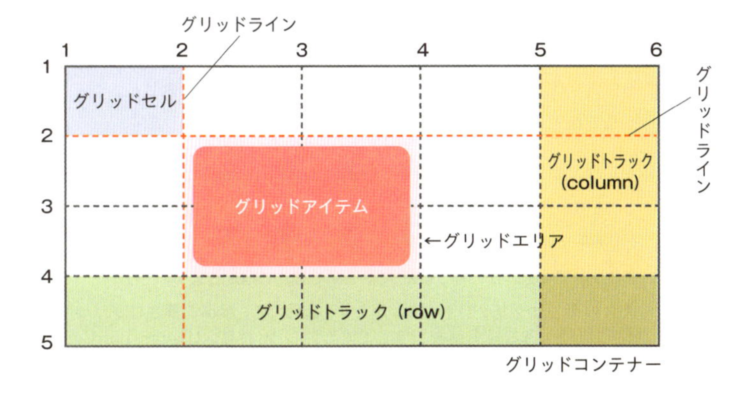

グリッドレイアウト

POPULAR

グリッドトラックの行のライン名と高さを指定する

グリッド・テンプレート・ロウズ
{grid-template-rows: ライン名 高さ; }

grid-template-rowsプロパティは、グリッドの行におけるグリッドトラック(グリッドを分けるグリッドライン間のスペース)のライン名と高さを指定します。このプロパティで指定しなくても、グリッドアイテムの数によって「暗黙的な」グリッドトラックは自動的に生成されます。グリッドトラックを明示的に生成したい場合は、このプロパティおよびgrid-template-columnsプロパティを使用します。

初期値	none	継承	なし
適用される要素	グリッドコンテナー		
モジュール	CSS Grid Layout Module Level 2		

値の指定方法

キーワード

none 明示的なグリッドトラックは生成されません。

subgrid 入れ子のグリッドが親要素上で定義されたトラックを利用するようにします。subgridキーワードに続けて、角括弧([ ])で囲んでライン名を指定することで、子グリッドで使用するためのカスタムライン名を定義できます。

ライン名

任意の文字 ラインの名前を角括弧([ ]) で囲んで指定します。 定義した名前はgrid-row-start、grid-row-end、grid-column-start、grid-column-endプロパティ、およびそれらのショートハンドとなるgrid-row、grid-column、grid-areaプロパティから参照できます。

高さ

任意の数値+単位 単位付き(P.307)の数値で指定します。負の値は指定できません。

%値 %値で指定します。グリッドコンテナーに対する割合となります。

任意の数値+fr fr単位の付いた数値で指定します。fr単位はグリッドコンテナー内の空間を分割する際の係数となります。例えば、1fr 1frと指定すれば、1:1の割合で2つのグリッドトラックを作成します。2fr 1frと指定すれば2:1の割合となります。

min-content グリッドアイテムがとりうる最小値を高さとして指定します。

max-content グリッドアイテムがとりうる最大値を高さとして指定します。

auto 最大の高さはグリッドアイテムがとりうる最大値、最小の高さはグリッドアイテムがとりうる最小値を指定しますが、 最大の高さはalign-contentやjustify-contentプロパティによる拡大を許容します。

fit-content()
fit-content()関数の引数で指定したサイズをmin(最小値, max(引数, max-content))という式に基づいて計算し、高さとして指定します。これは基本的にminmax(auto, max-content)とminmax(auto, 引数)を比べたときの小さいほうとなります。引数は任意の数値+単位で表されるサイズ、および%値で指定します。

minmax()
最小・最大の高さのサイズをminmax()関数で指定します。これにより、グリッドコンテナーに合わせて適切な高さを持ったグリッドトラックの生成が可能です。引数は2つの値をカンマで区切って指定します。例えば、minmax(400px, 50%)と指定したときの最小値は400px、最大値は50%となり、この範囲内で高さが算出されます。引数には前のページのmin-content、max-content、autoの各キーワードも指定可能です。

repeat()
repeat()関数を使用することで、値の全部、または一部で同じ指定が繰り返される際の記述をシンプルにできます。例えば、1fr 1fr 1fr… と記述するのは冗長ですが、repeat(6, 1fr)と記述することで同様の指定になります。

以下の例では、grid-template-rowsプロパティを用いて、グリッドトラックのライン名と高さを指定しています。また、grid-column-startプロパティなどを用いて、ライン名を参照してグリッドアイテムが配置されるよう指定しています。各プロパティの役割については、それぞれの解説を参照してください。

CSS

```
.grid {
  display: grid;
  grid-template-columns: [left] 1fr [main] 8fr [main-end] 1fr
  [right];
  grid-template-rows:    [top] 50px [nav] auto [content]
  minmax(100px, auto) [foot] 40px [bottom];
}
.header {
  grid-column-start: left;
  grid-column-end: right;
  grid-row-start: top;
  background: rgba(0,139,202,0.5);
}
.nav {
  grid-column-start: left;
  grid-column-end: right;
  grid-row-start: nav;
  background: rgba(254,235,91,0.5);
}
.main {
  grid-column-start: main;
  grid-column-end: main-end;
  grid-row-start: content;
  background: rgba(242,125,74,0.5);
}
```

```
.footer {
  grid-column-start: left;
  grid-column-end: right;
  grid-row-start: foot;
  background: rgba(224,48,90,0.5);
}
```

```html
<div class="grid">
  <div class="header">ヘッダー</div>
  <div class="nav">ナビ</div>
  <div class="main">コンテンツ</div>
  <div class="footer">フッター</div>
</div>
```

ポイント

- repeat()関数では、repeat(auto-fit,高さ)またはrepeat(auto-fill,高さ)という記述方法により、グリッドコンテナーのサイズに合わせてグリッドトラックの高さを指定することもできます。1つ目の引数がauto-fitの場合、グリッドコンテナーのサイズが変化しても、その範囲内で指定した高さのグリッドトラックを可能な限り生成します。auto-fillの場合、グリッドアイテムが配置されなくてもグリッドトラックが生成されます。

グリッドレイアウト

グリッドトラックの列のライン名と幅を指定する

グリッド・テンプレート・カラムス
{grid-template-columns: ライン名 幅 ; }

grid-template-columnsプロパティは、グリッドの列におけるグリッドトラックのライン名と幅を指定します。サンプルコードはgrid-template-rowsプロパティを参照してください。

初期値	none	継承	なし
適用される要素	グリッドコンテナー		
モジュール	CSS Grid Layout Module Level 2		

値の指定方法

grid-template-rowsプロパティと同様です。その高さの値が、grid-template-columnsプロパティにおける幅の値に該当します。

グリッドエリアの名前を指定する

USEFUL

グリッド・テンプレート・エリアズ
{grid-template-areas: 名前; }

grid-template-areasプロパティは、グリッドエリアの名前を指定します。定義した名前はgrid-row-start、grid-row-end、grid-column-start、grid-column-endプロパティ、およびそれらのショートハンドとなるgrid-row、grid-column、grid-areaプロパティから参照できます。指定方法は少し特殊で、まるでアスキーアートのようにグリッドエリアの視覚的な位置に合わせて記述します。

初期値	none	継承	なし
適用される要素	グリッドコンテナー		
モジュール	CSS Grid Layout Module Level 2		

値の指定方法

名前

none グリッドエリアの名前を指定しません。

任意の文字 グリッドエリアの名前を、 以下の例で記述したように指定します。1つの行は引用符(")で囲んで改行で区切り、列は空白文字で区切ります。同じ名前が隣接している場合、グリッドセル(グリッドラインに囲まれたグリッドアイテムを配置可能な最小単位)が連結されたグリッドエリアとなります。また、名前の代わりにピリオド(.)を使用すると無名のグリッドエリアとなります。

以下の例では、grid-template-areasプロパティを用いてグリッドエリアに名前を指定しています。grid-template-rowsプロパティで3行、grid-template-columnsで2列のグリッドラインが指定されているため、3×2マスの空間に名前を付けるイメージで値を記述すると、グリッドエリアの名前が指定されます。また、グリッドアイテムにgrid-areaプロパティ（P.647）などを用いて、ここで指定した名前を参照するように指定すると、アイテムが配置されます。

CSS
```
.grid {
  display: grid;
  grid-template-columns: 1fr 1fr;
  grid-template-rows: repeat(3,minmax(100px,auto));
  gap: 10px;
  width: 500px;
  grid-template-areas:
    "header header"
    "nav    main"
    "nav    footer";
```

```
}
.grid > div {
  border: solid 1px gray;
}
.header {
  grid-area: header;
  background: rgba(250,215,160,0.5);
}
.nav {
  grid-area: nav;
  background: rgba(154,205,219,0.5);
}
.main {
  grid-area: main;
  background: rgba(237,213,192,0.5);
}
.footer {
  grid-area: footer;
  background: rgba(181,234,215,0.5);
}
```

HTML

```
<div class="grid">
  <div class="header">ヘッダー</div>
  <div class="nav">ナビ</div>
  <div class="main">コンテンツ</div>
  <div class="footer">フッター</div>
</div>
```

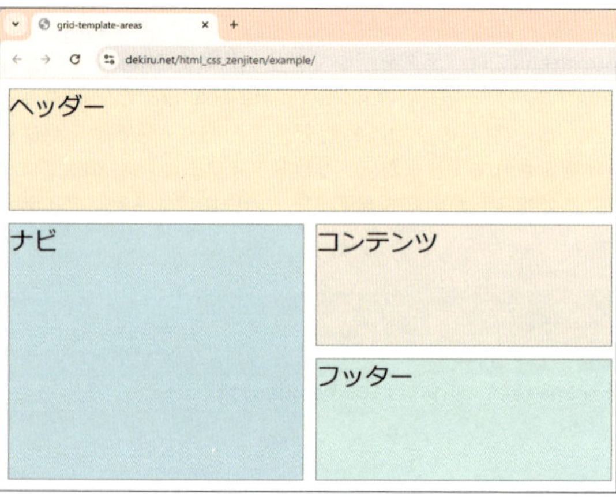

指定した配置に従ってグリッドアイテムが表示される

グリッドレイアウト

グリッドトラックをまとめて指定する

グリッド･テンプレート
{grid-template: -rows -colums -areas; }

grid-templateプロパティは、グリッドトラックの行のライン名と高さ、列のライン名と幅、およびグリッドエリアの名前を一括指定するショートハンドです。

初期値	none	継承	なし
適用される要素	グリッドコンテナー		
モジュール	CSS Grid Layout Module Level 2		

値の指定方法

個別指定の各プロパティと同様です。記述方法は2つあり、1つはgrid-template-rows、grid-template-columnsプロパティの値をスラッシュ(/)で区切って指定する方法です。このときのgrid-template-areasの値はnoneとなります。もう1つは角括弧([ ])で囲んだライン名とgrid-template-areas、grid-template-rowsの値を空白文字と改行で区切り、最後にgrid-template-columnsプロパティの値をスラッシュ (/)で区切って指定する方法です。

```css
.grid01 {
  grid-template: auto 1fr / auto 1fr auto;
}
.grid02 {
  grid-template:
  [header-top] "a a a"     [header-bottom]
  [main-top]   "b b b" 1fr [main-bottom]
  / auto 1fr auto;
}
```

上記の例で指定したgrid-templateプロパティは、各プロパティを以下のように指定した場合と同様の表示になります。

```css
.grid01 {
  grid-template-rows: auto 1fr;
  grid-template-columns: auto 1fr auto;
  grid-template-areas: none;
}
.grid02 { grid-template-areas: "a a a" "b b b";
  grid-template-rows: [header-top] auto [header-bottom main-top]
  1fr [main-bottom]; grid-template-columns: auto 1fr auto; }
```

グリッドレイアウト

暗黙的グリッドトラックの行の高さを指定する

グリッド・オート・ロウズ
{grid-auto-rows: 高さ; }

grid-auto-rowsプロパティは、暗黙的に作成されたグリッドトラックの行の高さを指定します。grid-template-rowsプロパティによってグリッドトラックの高さが明示的に指定されていない場合など、サイズが不明瞭なグリッドトラックに高さを指定できます。サンプルコードは次のページのgrid-auto-columnsプロパティを参照してください。

初期値	auto	継承	なし
適用される要素	グリッドコンテナー		
モジュール	CSS Grid Layout Module Level 2		

値の指定方法

高さ

任意の数値+単位 単位付き(P.95)の数値で指定します。負の値は指定できません。

%値 %値で指定します。グリッドコンテナーに対する割合となります。

任意の数値+fr fr単位の付いた数値で指定します。fr単位はグリッドコンテナー内の空間を分割する際の係数となります。例えば、1fr 1frと指定すれば、1:1の割合で2つのグリッドトラックを作成します。2fr 1frと指定すれば2:1の割合となります。

min-content グリッドアイテムがとりうる最小値を高さとして指定します。

max-content グリッドアイテムがとりうる最大値を高さとして指定します。

auto 最大の高さはグリッドアイテムがとりうる最大値、最小の高さはグリッドアイテムがとりうる最小値を指定しますが、最大の高さはalign-contentやjustify-contentプロパティによる拡大を許容します。

minmax() 最小・最大の高さのサイズをminmax()関数で指定します。これにより、グリッドコンテナーに合わせて適切な高さを持ったグリッドトラックの生成が可能です。引数は2つの値をカンマで区切って指定します。例えば、minmax(400px, 50%)と指定したときの最小値は400px、最大値は50%となり、この範囲内で高さが算出されます。引数には上記のmin-content、max-content、autoの各キーワードも指定可能です。

fit-content() fit-content()関数の引数で指定したサイズをmin(最小値, max(引数, max-content))という式に基づいて計算し、高さとして指定します。これは基本的にminmax(auto, max-content)とminmax(auto, 引数)を比べたときの小さいほうとなります。引数は任意の数値+単位で表されるサイズ、および%値で指定します。

暗黙的グリッドトラックの列の幅を指定する

USEFUL

グリッド・オート・カラムス
{grid-auto-columns: 幅; }

grid-auto-columnsプロパティは、暗黙的に作成されたグリッドトラックの列の幅を指定します。grid-template-columnsプロパティによってグリッドトラックの幅が明示的に指定されていない場合など、サイズが不明瞭なグリッドトラックに幅を指定できます。

初期値	auto	継承	なし
適用される要素	グリッドコンテナー		
モジュール	CSS Grid Layout Module Level 2		

値の指定方法

指定できる値はgrid-auto-rowsプロパティと同様です。その高さの値が、grid-auto-columnsプロパティにおける幅の値に該当します。

CSS
```
.grid {
  display: grid;
  grid-template-columns: 200px;
  grid-auto-columns: 100px;
  grid-template-rows: 200px;
  grid-auto-rows: 100px;
}
.grid > div {
  border: solid 1px gray;
}
.a {
  grid-column: 1;
  grid-row: 1;
  background: rgba(250,215,160,0.5);
}
.b {
  grid-column: 2;
  grid-row: 1;
  background: rgba(154,205,219,0.5);
}
.c {
  grid-column: 1;
  grid-row: 2;
  background: rgba(237,213,192,0.5);
}
```

```css
.d {
  grid-column: 2;
  grid-row: 2;
  background: rgba(181,234,215,0.5);
}
```

HTML

```html
<div class="grid">
  <div class="a">A</div>
  <div class="b">B</div>
  <div class="c">C</div>
  <div class="d">D</div>
</div>
```

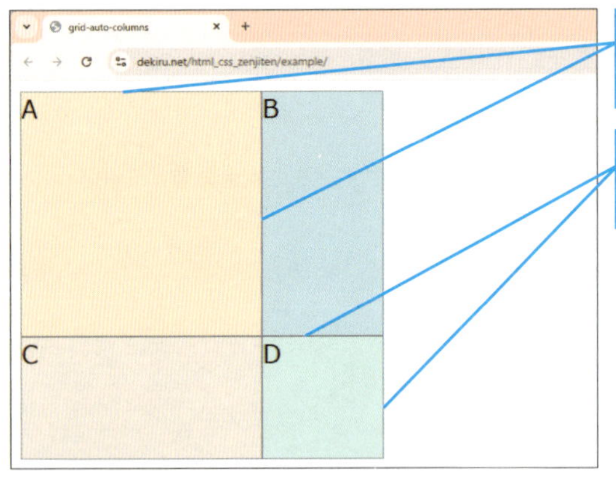

grid-template系プロパティで指定された幅と高さで表示される

それ以外のgrid-auto系プロパティで指定された幅と高さで表示される

グリッドレイアウト

グリッドアイテムの自動配置方法を指定する

グリッド・オート・フロー

{grid-auto-flow: 配置方法; }

grid-auto-flowプロパティは、自動配置アルゴリズムがどのようにグリッドアイテムを配置していくのかを指定します。通常、グリッドアイテムは左上から行(横)方向に対して順番に配置されますが、列(縦)方向などに変更できます。

初期値	row	継承	なし
適用される要素	グリッドコンテナー		
モジュール	CSS Grid Layout Module Level 2		

値の指定方法

配置方法

row 自動配置アルゴリズムは、各行を順番に埋めてアイテムを配置し、必要に応じて新しい行を追加します。

column 自動配置アルゴリズムは、各列を順番に埋めてアイテムを配置し、必要に応じて新しい列を追加します。

dense パッキングアルゴリズムと呼ばれる方法で隙間を埋めていきます。サイズが異なるアイテムを自動配置すると隙間ができることがありますが、この値を指定することで、グリッドコンテナー内になるべく隙間を空けずにアイテムを敷き詰める配置となります。上記のキーワードと組み合わせて、row dense、column denseのように2つのキーワードでも指定できます。

以下の例では、denseを指定することで隙間を空けずにグリッドアイテムが敷き詰められます。

```css
.grid {
  display: grid;
  grid-auto-flow: dense;
  grid-template-rows: repeat(4, 100px);
  grid-template-columns: repeat(3, 100px);
}
.grid > div {
  border: 1px solid red;
}
.b {
  grid-row: span 2;
  grid-column: span 2;
}
.c {
  grid-row: span 2;
  grid-column: span 2;
}
```

```html
<div class="grid">
  <div class="a">A</div>
  <div class="b">B</div>
  <div class="c">C</div>
  <div class="d">D</div>
  <div class="e">E</div>
</div>
```

隙間を空けずにアイテムが配置される

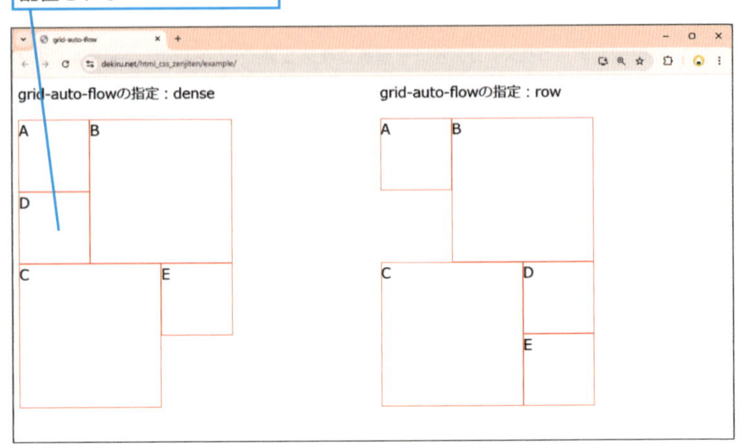

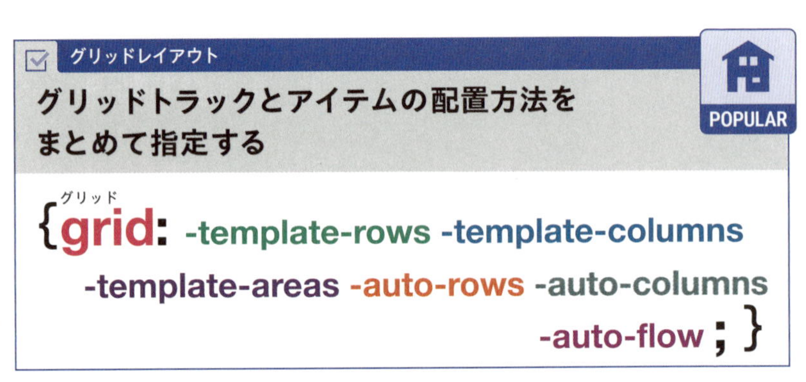

グリッドトラックとアイテムの配置方法をまとめて指定する

{grid: -template-rows -template-columns -template-areas -auto-rows -auto-columns -auto-flow ; }

gridプロパティは、明示的または暗黙的なグリッドトラックの行の高さ、列の幅、グリッドエリアの名前、およびグリッドアイテムの自動配置方法を一括指定するショートハンドです。

初期値	各プロパティに準じる	継承	なし
適用される要素	グリッドコンテナー		
モジュール	CSS Grid Layout Module Level 2		

値の指定方法

個別指定の各プロパティと同様です。以下のいずれかの方法で記述します。

- grid-templateプロパティと同様に記述します。grid-templateプロパティでは指定できないgrid-auto-rows、grid-auto-columns、grid-auto-flowプロパティは初期値として扱われます。
- grid-template-rowsおよびgrid-auto-columnsプロパティを設定します。このとき、grid-template-columnsプロパティはnone、grid-auto-rowsプロパティはautoとなります。grid-auto-flowプロパティはcolumnとして設定され、auto-flow denseが指定された場合は、grid-auto-flowプロパティがcolumn denseに設定されます。grid-template-rowsプロパティの指定後をスラッシュ（/）で区切ります。
- grid-template-columnsおよびgrid-auto-rowsプロパティを設定します。このとき、grid-template-rowsプロパティはnone、grid-auto-columnsプロパティはautoとなります。grid-auto-flowプロパティはrowとして設定され、auto-flow denseが指定された場合は、grid-auto-flowプロパティがrow denseに設定されます。grid-template-columnsプロパティの指定前をスラッシュ（/）で区切ります。

CSS
```css
.grid01 {
  grid: none / auto-flow 1fr;
}
.grid02 {
  grid: auto-flow 1fr / 100px;
}
```

上記の例で指定したgridプロパティは、各プロパティを以下のように指定した場合と同様の表示になります。

CSS
```css
.grid01 {
  grid-template: none;
  grid-auto-flow: column;
  grid-auto-rows: auto;
  grid-auto-columns: 1fr;
}
.grid02 {
  grid-template: none / 100px;
  grid-auto-flow: row;
  grid-auto-rows: 1fr;
  grid-auto-columns: auto;
}
```

グリッドレイアウト

アイテムの配置と大きさを行の始点・終点を基準に指定する

POPULAR

グリッド・ロウ・スタート
{grid-row-start: グリッドライン; }
グリッド・ロウ・エンド
{grid-row-end: グリッドライン; }

grid-row-startプロパティは、グリッドアイテムのサイズを指定するために使用するグリッドラインの名前、番号、あるいはグリッドセルをまたぐ数を、行の始点位置を基準に指定します。grid-row-endプロパティは、行の終点位置を基準に指定します。

初期値	auto	継承	なし
適用される要素	グリッドアイテムおよびグリッドコンテナー内の絶対配置ボックス		
モジュール	CSS Grid Layout Module Level 2		

値の指定方法

グリッドライン

auto グリッドアイテムは自動的に配置されます。

任意の文字 grid-template-rowsプロパティによって定義されたグリッドラインの名前を指定します。grid-template-areasプロパティによってグリッドエリアの名前を定義している場合、そのエリアの行の始点・終点側にあるグリッドラインには「暗黙的に」同じ名前が定義されます。grid-row-start、grid-row-endプロパティで指定した名前と一致した場合は、そのグリッドラインが使用されます。該当するグリッドラインが存在しない場合は「1」を指定されたものとして扱われます。

数値 グリッドラインの番号を整数で指定します。負の整数が指定された場合は、グリッドラインの末尾側から逆方向にカウントします。文字列と組み合わされて指定された場合は、指定された名前を持つグリッドラインのみをカウントします。

span グリッドセルをまたぐ数を正の整数とともに指定します。文字列と組み合わせて指定された場合は、指定された名前を持つグリッドラインのみをカウントします。

CSS
```
.a {
  grid-row-start: span 3;
}
.b {
  grid-row-start: 1;
  grid-row-end: 3;
}
```

アイテムの配置と大きさを行方向を基準にまとめて指定する

グリッド・ロウ
{grid-row: -start -end; }

grid-rowプロパティは、グリッドアイテムのサイズを指定するために使用するグリッドラインの名前、番号、あるいはグリッドセルをまたぐ数を、行方向を基準に一括指定するショートハンドです。

初期値	auto	継承	なし
適用される要素	グリッドアイテム、およびグリッドコンテナー内の絶対配置ボックス		
モジュール	CSS Grid Layout Module Level 2		

値の指定方法

個別指定の各プロパティと同様です。それぞれの値はスラッシュ（/）で区切って2つまで指定でき、grid-row-start、grid-row-endプロパティの順に適用されます。値が1つだけ指定された場合、その値が任意の文字列であれば両方のプロパティにその値が適用されます。その他の値の場合、grid-row-endプロパティは初期値になります。

```css
.a {
  grid-row: span 3 / 6;
}
```

上記の例で指定したgrid-rowプロパティは、各プロパティを以下のように指定した場合と同様の表示になります。

```css
.a {
  grid-row-start: span 3;
  grid-row-end: 6;
}
```

グリッドレイアウト

アイテムの配置と大きさを列方向を基準に指定する

グリッド・カラム・スタート
{grid-column-start: グリッドライン; }

グリッド・カラム・エンド
{grid-column-end: グリッドライン; }

グリッド・カラム
{grid-column: -start -end; }

grid-column-startプロパティは、グリッドアイテムのサイズを指定するために使用するグリッドラインの名前、番号、あるいはグリッドセルをまたぐ数を、列の始点位置を基準に指定します。grid-column-endプロパティは、列の終点位置を基準に指定します。また、grid-columnプロパティは、grid-column-start、grid-column-endプロパティの値を一括指定するショートハンドです。

初期値	auto	継承	なし
適用される要素	グリッドアイテム、およびグリッドコンテナー内の絶対配置ボックス		
モジュール	CSS Grid Layout Module Level 2		

値の指定方法

指定できる値はgrid-row-start、grid-row-endプロパティと同様です。それらの行の始点・終点が、grid-column-start、grid-column-endプロパティにおける列の始点・終点に該当します。ショートハンドの値はスラッシュ（/）で区切って2つまで指定でき、grid-column-start、grid-column-endプロパティの順に適用されます。値が1つだけ指定された場合、その値が任意の文字列であれば両方のプロパティにその値が適用されます。その他の値の場合、grid-column-endプロパティは初期値になります。

グリッドレイアウト

アイテムの配置と大きさをまとめて指定する

{grid-area: grid-row-start grid-column-start grid-row-end grid-column-end ; }

(grid-area: グリッド・エリア)

grid-areaプロパティは、グリッドアイテムのサイズを指定するために使用するグリッドラインの名前、番号、あるいはグリッドセルをまたぐ数を一括指定するショートハンドです。

初期値	auto	継承	なし
適用される要素	グリッドアイテム、およびグリッドコンテナー内の絶対配置ボックス		
モジュール	CSS Grid Layout Module Level 2		

値の指定方法

個別指定の各プロパティと同様です。それぞれの値はスラッシュ(/)で区切って4つまで指定でき、grid-row-start、grid-column-start、grid-row-end、grid-column-endプロパティの順に適用されます。いずれかの値を省略した場合は、以下のような指定となります。

- 値が1つ　任意の文字列が指定された場合は、すべてのプロパティに適用されます。その他の値が指定された場合は、grid-row-startにのみ値が適用され、他の値は初期値になります。
- 値が2つ　1つ目の値がgrid-rowプロパティと同様の指定に、2つ目の値がgrid-columnプロパティと同様の指定になります。
- 値が3つ　2つ目の値がgrid-columnプロパティと同様の指定になります。

CSS
```css
.a {
  grid-area: span 3 / 2 / 6 / 4;
}
```

上記の例で指定したgrid-areaプロパティは、各プロパティを以下のように指定した場合と同様の表示になります。

CSS
```css
.a {
  grid-row-start: span 3;
  grid-column-start: 2;
  grid-row-end: 6;
  grid-column-end: 4;
}
```

クエリコンテナーに名前を付ける

コンテナー・ネーム
{container-name: 名前; }

container-nameプロパティは、@container規則(P.280)で使用されるクエリコンテナーの名前を指定します。

初期値	none	継承	なし
適用される要素	すべての要素		
モジュール	CSS Containment Module Level 3		

値の指定方法

名前

none クエリコンテナーに名前がないことを表します。

名前 任意の文字列で名前を指定します。 名前は空白文字で区切って複数指定することも可能です。

指定した名前は、@container規則がどのクエリコンテナーをターゲットにするかをフィルタするために利用可能です。

以下の例では、main要素およびmy-componentをclass名に持つ要素に対してクエリコンテナーを宣言したうえで、名前を付けています。付けた名前は@container規則で指定することで、この要素を対象とします。

CSS
```
main {
  container-type: size;
  container-name: my-page-layout;
}

.my-component {
  container-type: inline-size;
  container-name: my-component-library;
}

@container my-page-layout (block-size > 12em) {
  .card { margin-block: 2em; }
}

@container my-component-library (inline-size > 30em) {
  .card { margin-inline: 2em; }
}
```

クエリコンテナーを宣言する

コンテナー・タイプ
{container-type: クエリコンテナーの宣言; }

container-typeプロパティは、要素を@container規則で使用されるクエリコンテナーとして宣言します。

初期値	normal	継承	なし
適用される要素	すべての要素		
モジュール	CSS Containment Module Level 3		

値の指定方法

クエリコンテナーの宣言

size インライン軸、ブロック軸の両方に対してコンテナーサイズクエリのためのクエリコンテナーを確立します。要素の主要ボックスに、レイアウト、スタイル、サイズの封じ込めを適用します。

inline-size インライン軸に対してコンテナーサイズクエリのためのクエリコンテナーを確立します。要素の主要ボックスに、レイアウト、スタイル、インラインサイズの封じ込めを適用します。

normal コンテナーサイズクエリのためのクエリコンテナーを確立しません。ただし、要素はコンテナスタイルクエリのためのクエリコンテナーであることに変わりはありません。

container-type: normal;の状態では、以下のような指定をしても、クエリコンテナーの「サイズ」に応じた変化は起こりません。

```css
main {
  container-name: main-content;
  container-type: normal;
}
@container main-content (width <= 150px) {
  div {
    background-color: blue;
  }
}
```

しかし、スタイルクエリは適用されるため、以下の指定は有効です。

```css
main {
  container-name: main-content;
  container-type: normal;
```

```
}
@container main-content style(--responsive: true) {
  div {
    background-color: blue;
  }
}
```

グリッドレイアウト

クエリコンテナーの宣言と名前を一括指定する

コンテナー
{container: -name -type; }

containerプロパティは、コンテナクエリーとしての宣言と、その名前を一括指定するショートハンドです。

初期値	各プロパティに準じる	継承	なし
適用される要素	すべての要素		
モジュール	CSS Containment Module Level 3		

値の指定方法

container-nameプロパティの値のみを単体で指定する、もしくは各プロパティの値をスラッシュ（/）で区切って指定することができます。

以下の例では、container-nameプロパティの値を単体で指定しています。この場合、container-typeプロパティは初期値であるnormalが適用されます。

```css
main {
  container: my-layout;
}
.grid-item {
  container: none;
}
```

以下の例では、container-nameプロパティとcontainer-typeプロパティの値をそれぞれスラッシュで区切って指定しています。

```css
main {
  container: my-layout / size;
}
.grid-item {
  container: my-component / inline-size;
}
```

グリッドレイアウト

行の間隔を指定する

ロウ・ギャップ
{row-gap: 間隔; }

row-gapプロパティは、グリッドコンテナー内における行の間隔を指定します。詳細はP.599を参照してください。

グリッドレイアウト

列の間隔を指定する

カラム・ギャップ
{column-gap: 間隔 ; }

column-gapプロパティは、グリッドコンテナー内における列の間隔を指定します。詳細はP.600を参照してください。

グリッドレイアウト

行と列の間隔をまとめて指定する

ギャップ
{gap: row- column- ; }

gapプロパティは、グリッドコンテナー内における行と列の間隔を一括指定するショートハンドです。詳細はP.601を参照してください。

グリッドレイアウト

グリッドアイテム全体の横方向の揃え位置を指定する

ジャスティファイ・コンテント
{justify-content: 揃え位置; }

justify-contentプロパティは、グリッドコンテナー内におけるグリッドアイテムの主軸方向の揃え位置を指定します。詳細はP.617を参照してください。

グリッドレイアウト

グリッドアイテム全体の縦方向の揃え位置を指定する

アライン・コンテント
{**align-content**: 揃え位置; }

align-contentプロパティは、複数行になったグリッドコンテナー内におけるグリッドアイテムのクロス軸方向の揃え位置を指定します。詳細はP.618を参照してください。

グリッドレイアウト

すべてのグリッドアイテムの横方向の揃え位置を指定する

ジャスティファイ・アイテムズ
{**justify-items**: 揃え位置; }

justify-itemsプロパティは、グリッドコンテナー内に配置されるすべてのグリッドアイテムに対して既定となるjustify-selfプロパティの値を定義します。詳細はP.625を参照してください。

グリッドレイアウト

すべてのグリッドアイテムの縦方向の揃え位置を指定する

アライン・アイテムズ
{**align-items**: 揃え位置; }

align-itemsプロパティは、グリッドコンテナー内に配置されるすべてのグリッドアイテムに対して既定となるalign-selfプロパティの値を定義します。詳細はP.627を参照してください。

グリッドレイアウト

個別のグリッドアイテムの縦方向の揃え位置を指定する

アライン・セルフ
{**align-self**: 揃え位置; }

align-selfプロパティは、グリッドアイテムのクロス軸方向の揃え位置を指定します。詳細はP.622を参照してください。

グリッドレイアウト

グリッドアイテム全体の揃え位置をまとめて指定する

プレイス・コンテント
{place-content: align-content justify-content ; }

place-contentプロパティは、グリッドコンテナー内におけるグリッドアイテム全体の揃え位置を一括指定するショートハンドです。詳細はP.620を参照してください。

グリッドレイアウト

すべてのグリッドアイテムの揃え位置をまとめて指定する

プレイス・アイテムズ
{place-items: align-items justify-items ; }

place-itemsプロパティは、グリッド内に配置されるすべてのグリッドアイテムの揃え位置を一括指定するショートハンドです。詳細はP.629を参照してください。

グリッドレイアウト

グリッドアイテムを配置する順序を指定する

オーダー
{order: 順序 ; }

orderプロパティは、グリッドアイテムの順序を指定します。詳細はP.612を参照してください。

アニメーション

アニメーションの動きを指定する

アットマーク・キーフレームス
@keyframes アニメーション名 {
キーフレーム {変化させるプロパティ: 値; } }

@keyframes規則は、アニメーションの動きを指定する@規則です。animation-nameプロパティで指定したアニメーション名を参照し、各キーフレーム(経過点)ごとに変化させる要素のプロパティを指定します。また、animation-durationプロパティによる時間の指定は必須です。

モジュール	CSS Animations Level 1

値の指定方法

アニメーション名

animation-nameプロパティで指定したアニメーション名を指定します。この名前が付与された要素のプロパティを変化させます。

キーフレーム

アニメーション全体における経過点を指定します。

- **%値** %値で指定します。10秒のアニメーションの場合は、30%が3秒時点、80%が8秒時点を示します。
- **from** 開始点を指定します。0%と同値です。
- **to** 終了点を指定します。100%と同値です。

変化させるプロパティ

各キーフレームにおいて変化させるプロパティを指定します。

値

変化させるプロパティの値を指定します。

```css
@keyframes bnr-animation {
  0% {width: 60px; background-color: #6cb371;}
  50% {width: 234px; height: 60px; background-color: #ffd700;}
  100% {width: 234px; height: 234px; background-color: #ff1493;}
}
```

ポイント

- キーフレーム内のスタイル宣言に!importantを使用しても、その宣言は無視されるので注意しましょう。

アニメーション

アニメーションを識別する名前を指定する

アニメーション・ネーム
{animation-name: アニメーション名; }

animation-nameプロパティは、アニメーションを識別する名前を指定します。

初期値	none	継承	なし
適用される要素	すべての要素		
モジュール	CSS Animations Level 1		

値の指定方法

アニメーション名

任意の名前 任意のアニメーション名を指定します。

アニメーション

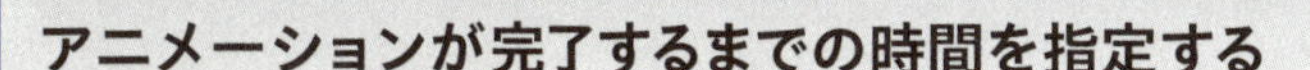

アニメーションが完了するまでの時間を指定する

アニメーション・デュレーション
{animation-duration: 時間; }

animation-durationプロパティは、アニメーションが開始されてから完了するまでの1周期にかかる所要時間を指定します。

初期値	0s	継承	なし
適用される要素	すべての要素		
モジュール	CSS Animations Level 1		

値の指定方法

時間

任意の数値+単位 数値で指定します。時間のデータ型のみ指定が許可され、単位はs(秒)、ms(ミリ秒)が使えます。負の値は無効で、宣言自体が無視されます。

CSS
```
.box {
  background: #6cb371;
  animation-name: bnr-animation;
  animation-duration: 10s;
}
```

実践例 10秒間で変化するアニメーションを設定する

@keyframes bnr-animation {キーフレーム {プロパティ : 値;} }
.box {animation-name: bnr-animation;
animation-duration: 10s;}

以下の例では、@keyframes規則を使って「bnr-animation」（animation-nameプロパティで指定）というアニメーション名を参照し、対象となる要素の10秒間（animation-durationプロパティで指定）の背景色と幅、高さの変化を表しています。

```css
@keyframes bnr-animation {
  0% {width: 60px; background-color: #E63946;}
  50% {width: 234px; height: 60px; background-color: #F1FAEE;}
  100% {width: 234px; height: 234px; background-color: #A8DADC;}
}
.box {
  width: 60px; height: 60px; background: #a47c64;
  animation-name: bnr-animation;
  animation-duration: 10s;}
```

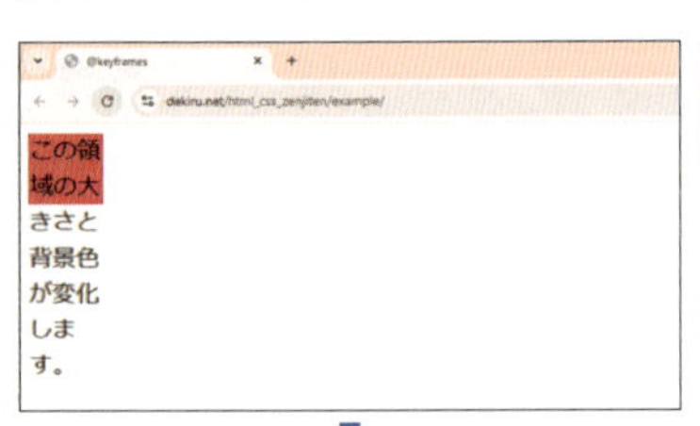

ページを表示すると、自動的にアニメーションが開始される

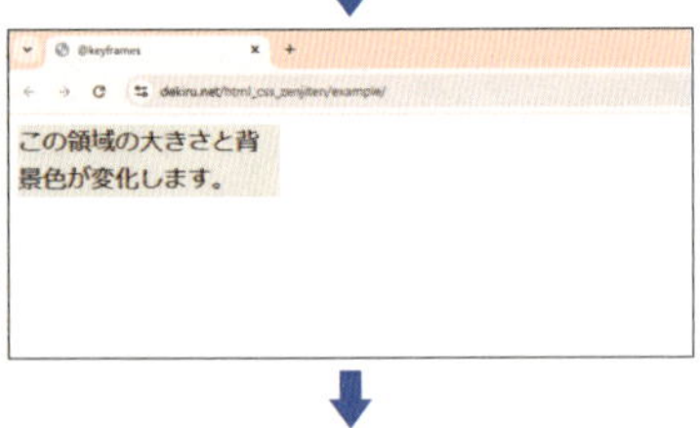

5秒まででボックスの幅と背景色が変化する

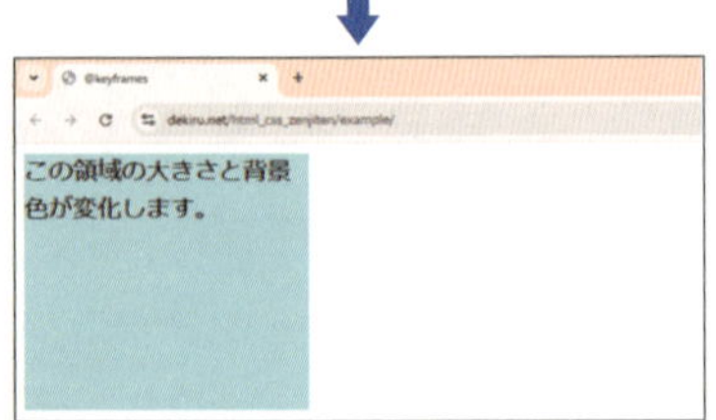

10秒まででボックスの高さと背景色が変化する

アニメーション

アニメーションが開始されるまでの待ち時間を指定する

POPULAR

アニメーション・ディレイ
{animation-delay: 時間; }

animation-delayプロパティは、ページが表示されてからアニメーションが開始されるまでの待ち時間を指定します。

初期値	0s	継承	なし
適用される要素	すべての要素		
モジュール	CSS Animations Level 1		

値の指定方法

時間

任意の数値+単位 数値で指定します。時間のデータ型のみ指定が許可され、単位はs（秒）、ms（ミリ秒）が使えます。負の値も指定可能です。例えば-2sを指定すると、アニメーションは2秒経過した状態からただちに始まります。

```css
.bnr {animation: bnr-animation 10s; animation-delay: 5s;}
```
CSS

アニメーション

アニメーションの再生、または一時停止を指定する

アニメーション・プレイ・ステート
{animation-play-state: 再生状態; }

animation-play-stateプロパティは、アニメーションの再生・停止を指定します。

初期値	running	継承	なし
適用される要素	すべての要素		
モジュール	CSS Animations Level 1		

値の指定方法

再生状態

running 一時停止中のアニメーションに対して再生を指定します。

paused 再生中のアニメーションに対して一時停止を指定します。

```css
.box:hover {animation-play-state: paused;}
```
CSS

アニメーション

アニメーションの加速曲線を指定する

アニメーション・タイミング・ファンクション
{animation-timing-function: 加速曲線; }

animation-timing-functionプロパティは、アニメーションの加速曲線を指定します。

初期値	ease	継承	なし
適用される要素	すべての要素		
モジュール	CSS Animations Level 1およびCSS Easing Functions Level 2		

値の指定方法

加速曲線

linear 一定の割合で直線的に再生します。linear(0, 1)に当たります。

linear() 関数型の値です。カンマで区切った複数の点を指定することで、区分線形関数を定義します。より複雑な動きを定義することができるため、例えばバウンス(跳ねるような動き)などを指定することもできます。

ease アニメーションの開始・終了付近の動きを滑らかにします。cubic-bezier(0.25,0.1,0.25,1)に当たります。

ease-in アニメーションの開始付近の動きを緩やかにします。cubic-bezier(0.42,0,1,1)に当たります。

ease-out アニメーションの終了付近の動きを緩やかにします。cubic-bezier(0.0,0.58,1)に当たります。

ease-in-out アニメーションの開始・終了付近の動きを緩やかにします。cubic-bezier(0.42, 0, 0.58, 1)に当たります。

cubic-bezier() 関数型の値です。アニメーションが進行する時間をX軸、変化の度合いをY軸とした三次ベジェ曲線の軌跡によって、アニメーションの進行度を指定します。以下の図のように、2つの制御点であるP1の座標(X1,Y1)とP2の座標(X2,Y2)をカンマ(,)で区切って、cubic-bezier(X1,Y1,X2,Y2)のように指定します。P0の座標は常に(0,0)、P3は(1,1)です。また、X1とX2の値は0以上、1以下である必要があります。

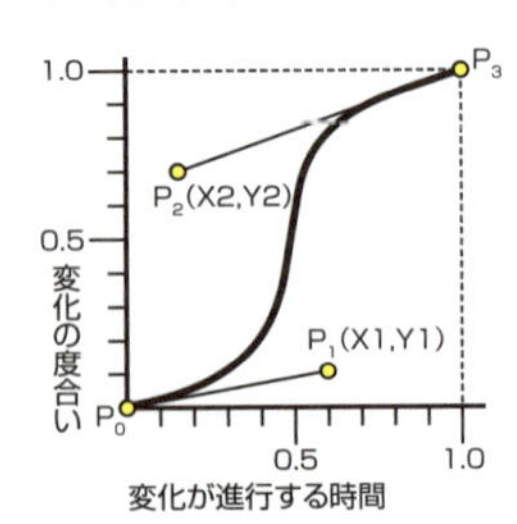

制御点P1とP2の座標によって変化の進行度を指定できる

step-start アニメーションの開始時点で終了状態になります。steps(1,start)に当たります。

step-end 開始時点には変化せず、終了時にアニメーションが完了した状態になります。steps (1,end)に当たります。

steps() 関数型の値です。アニメーションが進行する時間と度合いを、指定したステップ数で等分に区切ることで、コマ送りのアニメーションを作成できます。ステップ数は正の整数で指定し、例えば「3」と指定した場合、3段階のステップ遷移でアニメーションが実行されます。ステップ数と併せてjump-start(もしくはstart)、jump-end(もしくはend)、jump-none、jump-bothの各キーワードを指定することで、指定した各ステップの遷移タイミングを指定できます。jump-startであればアニメーションの開始と同時に最初のステップ遷移が発生し、jump-endであればアニメーション終了時に最後のステップ遷移が発生するように動作します。jump-noneは開始時や終了時のステップ遷移は発生せず、アニメーションの0%～100%を等間隔に割り当てます。jump-bothはアニメーション開始時と終了時にステップ遷移が発生したうえで、jump-noneと同様に等間隔にステップ遷移が発生します。キーワードを省略した場合は、endとして扱われます。

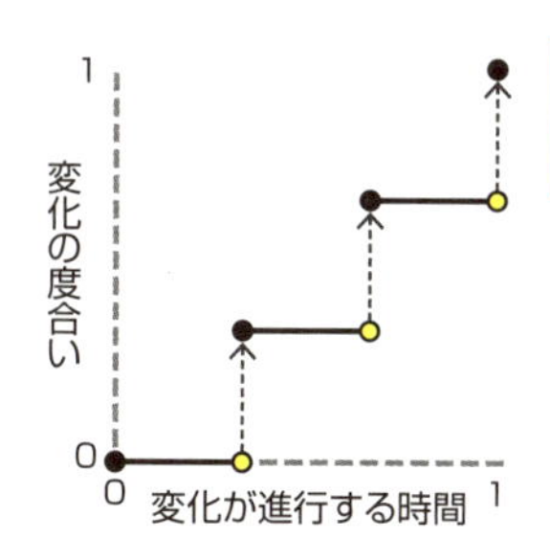

steps(3, end)と指定した場合、図における黄色の点の時点でステップ遷移が発生する

```css
@keyframes box-animation {
  0% {width: 60px; background-color: #FAD7A0;}
  50% {width: 234px; height: 60px; background-color: #9ACDDB;}
  100% {width: 234px; height: 234px; background-color: #B5EAD7;}
}
.box {
  width: 300px;
  border: 1px solid #ccc;
  animation-name: box-animation;
  animation-duration: 10s;
  animation-timing-function: ease-in;
}
```

この領域の大きさと背景色が変化します。

アニメーションの開始付近は緩やかに変化する

この領域の大きさと背景色が変化します。

アニメーションの再生前後のスタイルを指定する

USEFUL

アニメーション・フィル・モード

{animation-fill-mode: スタイル; }

animation-fill-modeプロパティは、アニメーションの再生前後のスタイルを指定します。

初期値	none	継承	なし
適用される要素	すべての要素		
モジュール	CSS Animations Level 1		

値の指定方法

スタイル

none アニメーションの再生前後にスタイルを指定しません。

backwards アニメーションの再生開始前とanimation-delayプロパティによって指定された遅延期間の間に、最初のアニメーション周期開始時のスタイルが適用されます。対象となるキーフレームは、animation-directionプロパティの値がnormalあるいはalternateの場合はfromまたは0%に、reverseあるいはalternate-reverseの場合はtoまたは100%に変わります。

forwards animation-iteration-countプロパティの値が正の整数の場合、アニメーションの再生が終止した時点のスタイルが適用されますが、0の場合、最初のアニメーション周期開始時のスタイルが適用されます。

both backwardsとforwardsキーワードを両方同時に適用します。

以下の例は、対象要素の背景色を変化させるアニメーションです。animation-fill-modeプロパティの値にbothを指定しているため、animation-delayプロパティで指定した5秒間は、最初のキーフレームで指定した赤い背景色になります。また、アニメーションの完了後は、最後のキーフレームで指定した青い背景色になります。

CSS

```css
@keyframes bnr-animation {
  0% {background-color: red;}
  50% {background-color: green;}
  100% {background-color: blue;}
}
.box {
  background-color: yellow;
  animation-name: box-animation;
  animation-delay: 5s;
  animation-fill-mode: both;
  animation-duration: 1s;
}
```

アニメーションの繰り返し回数を指定する

POPULAR

アニメーション・イテレーション・カウント
{animation-iteration-count:

再生回数; }

animation-iteration-countプロパティは、アニメーションの再生を繰り返す回数を指定します。このプロパティの初期値は1のため、指定しなければアニメーションは1回だけ再生されると停止しますが、数値を指定することで任意の回数再生を繰り返します。

初期値	1	継承	なし
適用される要素	すべての要素		
モジュール	CSS Animations Level 1		

値の指定方法

再生回数

infinite アニメーションを制限なく繰り返します。

任意の数値 数値で指定します。指定した回数だけアニメーションを繰り返します。数値が整数でない場合(例えば2.5など)、アニメーションは最後の再生周期の途中で終了します。負の値は指定できません。0を指定した場合、値としては有効ですがアニメーションは瞬時に終了します。

以下の例では、animation-iteration-countプロパティの値を5に指定しているため、アニメーションは5回繰り返されます。

CSS
```
.bnr {
  background: #3cb371;
  animation-name: bnr-animation;
  animation-duration: 10s;
  animation-iteration-count: 5;
}
```

アニメーションの再生方向を指定する

アニメーション・ディレクション
{animation-direction: 再生方向;}

animation-directionプロパティは、アニメーションの周期ごとの再生方向を指定します。なお、逆方向に再生した場合は、animation-timing-functionプロパティ（P.658）の値も逆の動きをとり、例えば、ease-inを指定しているとease-outの動きとして表現されます。

初期値	normal	継承	なし
適用される要素	すべての要素		
モジュール	CSS Animations Level 1		

値の指定方法

再生方向

normal	アニメーションは標準の方向で再生されます。
reverse	アニメーションは逆方向で再生されます。
alternate	アニメーションの繰り返し回数が奇数の場合は標準の方向、偶数の場合は逆方向で再生されます。
alternate-reverse	アニメーションの繰り返し回数が奇数の場合は逆方向、偶数の場合は標準の方向で実行されます。

以下の例では、animation-iteration-countプロパティ（P.661）の値をinfiniteに指定しているため、アニメーションは制限なく再生されます。そのうえでanimation-directionプロパティの値をalternate-reverseと指定しているため、再生回数が奇数回の場合は逆方向、偶数回の場合は標準の方向でアニメーションが再生されます。

CSS
```
.box {
  background-color: yellow;
  animation-name: box-animation;
  animation-delay: 5s;
  animation-iteration-count: infinite;
  animation-direction: alternate-reverse;
}
```

アニメーションをまとめて指定する

POPULAR

{animation: -name -duration -timing-function -delay -iteration-count -direction -fill-mode -play-state ; }

（アニメーション）

animationプロパティは、アニメーションの名前や開始・終了までの時間、進行度、実行回数などを一括指定するショートハンドです。

初期値	各プロパティに準じる	継承	なし
適用される要素	すべての要素		
モジュール	CSS Animations Level 1		

値の指定方法

個別指定の各プロパティと同様です。それぞれの値は空白文字で区切って指定します。任意の順序で指定できますが、animation-duration、animation-delayプロパティに指定される時間の値については、1つ目がanimation-durationプロパティ、2つ目がanimation-delayプロパティに適用されます。省略した場合、各プロパティの初期値が適用されます。

CSS

```
.bnr {
  background: #3cb371;
  animation: bnr-animation 10s infinite;
}
```

上記の例で指定したanimationプロパティは、各プロパティを以下のように指定した場合と同様の表示になります。

CSS

```
.bnr {
  background: #3cb371;
  animation-name: bnr-animation;
  animation-duration: 10s;
  animation-timing-function: ease; /* 初期値 */
  animation-delay: 0s; /* 初期値 */
  animation-iteration-count: infinite;
  animation-direction: normal; /* 初期値 */
  animation-fill-mode: none; /* 初期値 */
  animation-play-state: running; /* 初期値 */
}
```

トランジション

トランジションを適用するプロパティを指定する

POPULAR

{transition-property: プロパティ名; }

（transition-property の読み：トランジション・プロパティ）

transition-propertyプロパティは、トランジションを適用するプロパティを指定します。例えば、background-colorプロパティで指定した背景の色をマウスオーバーで変化させたりできます。

初期値	all	継承	なし
適用される要素	すべての要素		
モジュール	CSS Transitions Level 1		

値の指定方法

プロパティ名

任意のプロパティ名 変化を適用するプロパティ名を指定します。カンマ(,)で区切って複数指定できます。

all トランジションを適用可能なすべてのプロパティに効果を適用します。

none どのプロパティにも効果を適用しません。

```css
.box {
  border: 1px solid red;
  background-color: yellow;
}
.box:hover {
  transition-property: background-color;
  background-color: pink;
}
```

```html
<div class="box">
  <p>ここにマウスを移動しよう！</p>
</div>
```

マウスポインターを合わせると背景色が変化する

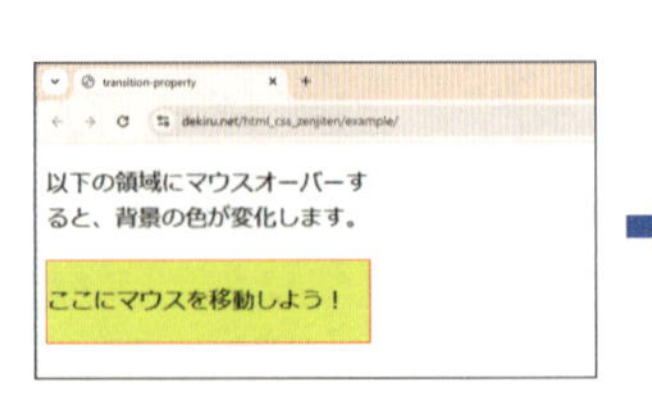

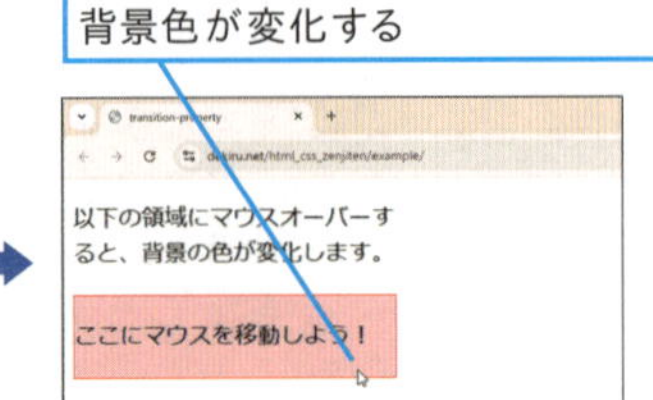

トランジション

トランジションが完了するまでの時間を指定する

トランジション・デュレーション
{transition-duration: 時間; }

transition-durationプロパティは、トランジションが完了するまでの時間を指定します。指定した時間内で徐々に変化が進行していきます。

初期値	0s	継承	なし
適用される要素	すべての要素		
モジュール	CSS Transitions Level 1		

値の指定方法

時間

任意の数値+単位 数値で指定します。時間のデータ型のみ指定が許可され、単位はs（秒）、ms（ミリ秒）が使えます。カンマ(,)で区切って複数指定できます。

```css
.box {
  border: 1px solid red;
  background-color: skyblue;
}
.box:hover {
  transition-property: background-color;
  transition-duration: 3s;
  background-color: red;
}
```

マウスポインターを合わせると、3秒間で徐々に背景色が変化する

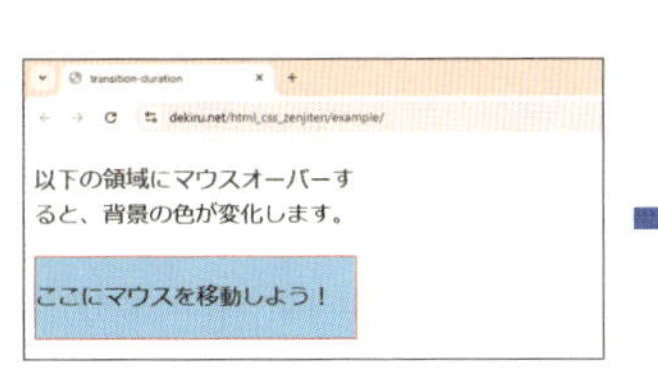

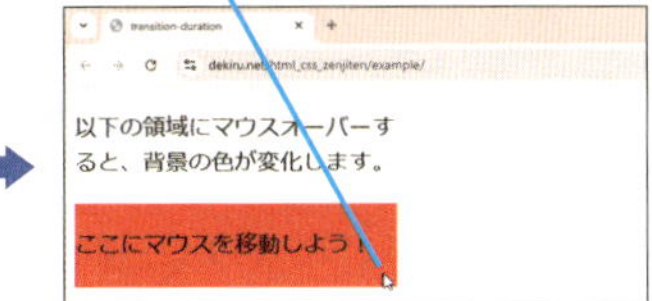

以下のようにtransition-durationの値を複数指定した場合、transition-propertyで指定したwidthが3秒で変化し、colorは1秒で、background-colorは初期値が適用され0秒で変化します。

```css
transition-duration: 3s, 1s;
transition-property: width, color, background-color;
```

トランジションの加速曲線を指定する

トランジション・タイミング・ファンクション
{transition-timing-function: 加速曲線;}

transition-timing-functionプロパティは、transition-durationプロパティで指定した時間におけるトランジションの加速曲線を指定します。

初期値	ease	継承	なし
適用される要素	すべての要素		
モジュール	CSS Transitions Level 1、およびCSS Easing Functions Level 2		

値の指定方法

加速曲線

linear 一定の割合で直線的に変化します。linear(0, 1)に当たります。

linear() 関数型の値です。カンマで区切った複数の点を指定することで、区分線形関数を定義します。より複雑な動きを定義することができるため、例えばバウンス(跳ねるような動き)などを指定することもできます。

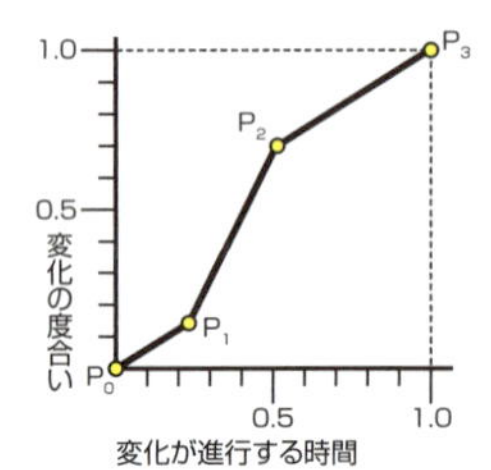

ease 変化の開始付近と終了付近の動きを滑らかにします。cubic-bezier(0.25, 0.1, 0.25, 1)に当たります。

ease-in 変化の開始付近の動きを緩やかにします。cubic-bezier(0.42, 0, 1, 1)に当たります。

ease-out 変化の終了付近の動きを緩やかにします。cubic-bezier(0, 0, 0.58, 1)に当たります。

ease-in-out 変化の開始付近と終了付近の動きを緩やかにします。cubic-bezier(0.42, 0, 0.58, 1)に当たります。

cubic-bezier() 関数型の値です。トランジションの変化が進行する時間をX軸、変化の度合いをY軸とした三次ベジェ曲線の軌跡によって、トランジションの進行度を指定します。P.658の図のように、2つの制御点であるP1の座標(X1,Y1)とP2の座標(X2,Y2)をカンマ(,)で区切って、cubic-bezier(X1,Y1,X2,Y2)のように指定します。P0の座標は常に(0,0)、P3は(1,1)です。また、X1とX2の値は0以上、1以下である必要があります。

step-start 変化の開始時点で終了状態に変化します。steps(1, start)に当たります。

step-end 開始時に変化せず、 終了時に変化が完了した状態になります。steps(1, end)に当たります。

steps() 関数型の値です。トランジションが進行する時間と度合いを、指定したステップ数で等分に区切ることで、コマ送りのトランジションを作成できます。ステップ数は正の整数で指定し、例えば「3」と指定した場合、3段階のステップ遷移でトランジションが実行されます。詳しくはanimation-timing-functionプロパティ内のsteps()に関する解説(P.659)を参照してください。

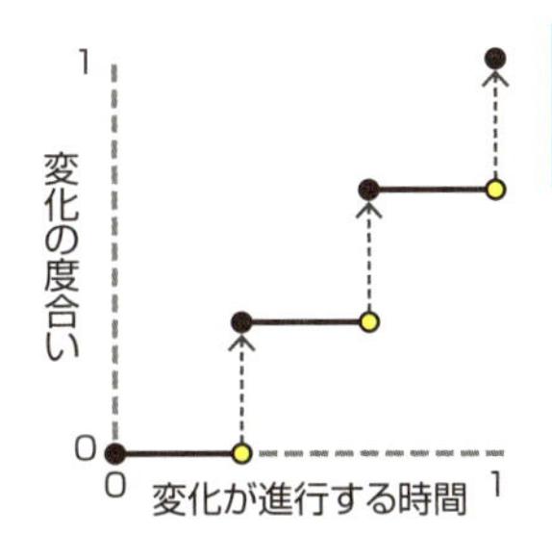

steps(3, end)と指定した場合、図における黄色の点の時点でステップ遷移が発生する

```css
.box {
  border: 1px solid red;
  background-color: lightgreen;
}
.box:hover {
  transition-property: background-color;
  transition-duration: 6s;
  transition-timing-function: steps(3,end);
  background-color: yellow;
}
```

transition-durationで6秒間の変化を指定している

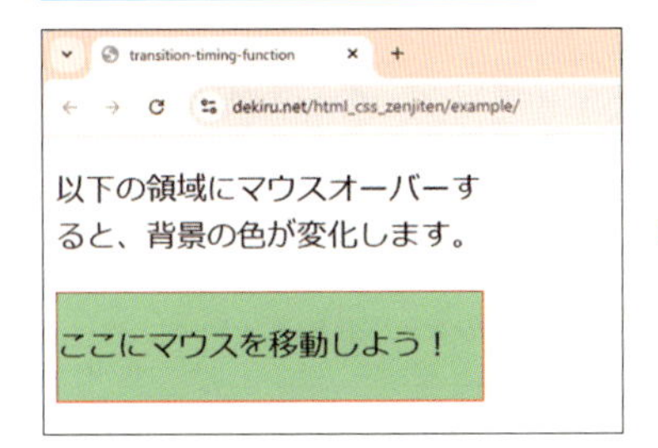

マウスポインターを合わせると、2秒後、4秒後、6秒後の3段階で背景色が変化する

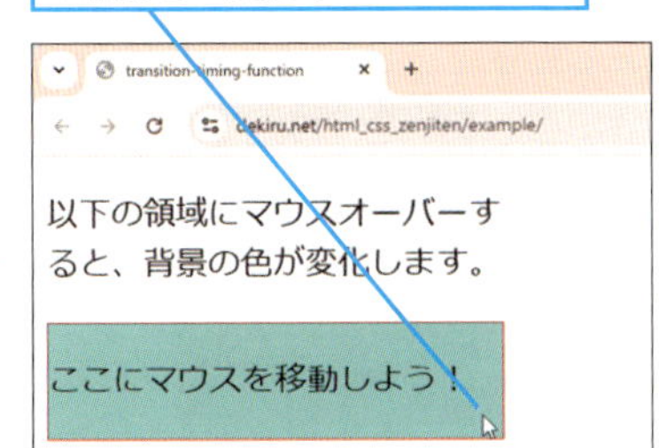

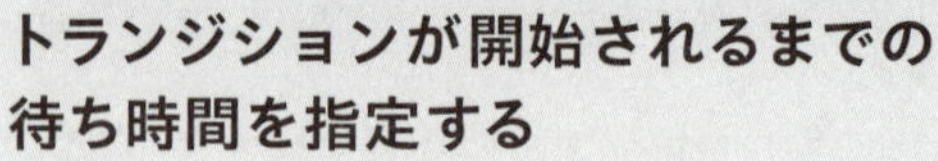

トランジションが開始されるまでの待ち時間を指定する

トランジション・ディレイ

{transition-delay: 時間; }

transition-delayプロパティは、トランジションが開始されるまでの待ち時間を指定します。指定した時間が経過すると、変化が開始されます。

初期値	0s	継承	なし
適用される要素	すべての要素		
モジュール	CSS Transitions Level 1		

値の指定方法

時間

任意の数値+単位 数値で指定します。時間のデータ型のみ指定が許可され、単位はs(秒)、ms(ミリ秒)が使えます。カンマ(,)で区切って複数指定できます。

CSS

```
.box {
  border: 1px solid red;
  background-color: coral;
}
.box:hover {
  transition-property: background-color;
  transition-delay: 3s;
  background-color: yellow;
}
```

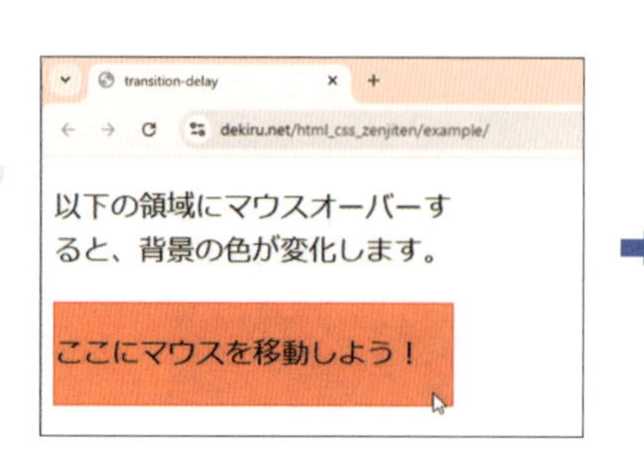

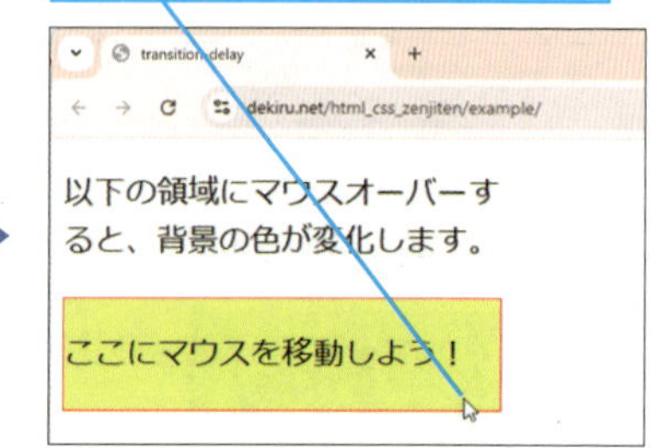

離散アニメーションプロパティのトランジション開始を指定する

トランジション・ビヘイビア

{transition-behavior: トランジション可否;}

transition-behaviorプロパティは、離散アニメーションプロパティに対して、トランジションを開始するかどうかを指定します。離散アニメーションのプロパティとは、値が連続的に変化することなく切り替わるものです。具体的には、トランジションの途中（50%の時点、p=0.5）で値がVaからVbに一気に切り替わります。そのため、プロパティの値の間で加算や補間などの操作は行われません。displayプロパティなどがこれに該当します。

初期値	normal	継承	なし
適用される要素	すべての要素		
モジュール	CSS Transitions Level 2		

値の指定方法

トランジション可否

normal 離散アニメーションプロパティのトランジションが開始されません。
allow-discrete 離散アニメーションプロパティのトランジションが開始されます。

以下の例では、transition-behaviorプロパティを使用することで、アニメーションが「離散」であるdisplayプロパティと、overlayプロパティにもトランジションの指定が有効になるようにしています。

```css
.box {
  transition-property: opacity, transform, overlay, display;
  transition-duration: 0.75s;
  transition-behavior: allow-discrete;
}
```

なお、transition-behaviorプロパティは、以下の例のようにtransition一括指定プロパティを使用して指定することもできます。

```css
.box {
  transition: all 0.75s allow-discrete;
}
```

トランジション

トランジションをまとめて指定する

POPULAR

{transition: -property -duration -delay -timing-function -behavior ; }

(トランジション)

transitionプロパティは、トランジションを適用するプロパティ、開始・完了までの時間、進行度を一括指定するショートハンドです。

初期値	各プロパティに準じる	継承	なし
適用される要素	すべての要素		
モジュール	CSS Transitions Level 2		

値の指定方法

個別指定の各プロパティと同様です。それぞれの値は空白文字で区切って指定します。任意の順序で指定できますが、transition-duration、transition-delayプロパティは順序が決まっており、1つ目がtransition-durationプロパティ、2つ目がtransition-delayプロパティの値と見なされます。省略した場合は、各プロパティの初期値が適用されます。

```css
.box {
  border: 1px solid #ccc;
}
.box:hover {
  transition: border 5ms 1s ease-out allow-discrete;
  border-color: #f00;
}
```

上記の例で指定したtransitionプロパティは、各プロパティを以下のように指定した場合と同様の表示になります。

```css
.box:hover {
  transition-property: border;
  transition-duration: 5ms;
  transition-delay: 1s;
  transition-timing-function: ease-out;
  transition-behavior: allow-discrete;
  border-color: #f00;
}
```

2D

平面空間で要素を変形する

POPULAR

{transform: トランスフォーム関数; }

transformプロパティは、トランスフォーム関数を指定して対象要素を変形させます。平面空間での変形では、右方向を正とするx軸、下方向を正とするy軸を定義した2方向での変形となります。変形は要素の中心を軸に実行されます。

初期値	none	継承	なし
適用される要素	変形可能な要素(非置換インラインボックス、テーブル列ボックス、および列グループボックスを除く、CSSボックスモデルによってレイアウトが管理されるすべての要素)		
モジュール	CSS Transforms Level 1およびLevel 2		

値の指定方法

noneを除き関数型の値となり、空白文字で区切って複数指定できます。また、各値を指定する順序によって表示される結果が異なります。

トランスフォーム関数

none 要素を変形しません。

matrix() 行列式によって要素を変形します。6個の任意の数値をカンマ(,) で区切って指定します。各値は順に、x軸方向の拡大・縮小率、y軸方向の傾斜率、x軸方向の傾斜率、y軸方向の拡大・縮小率、x座標の移動距離、y座標の移動距離に対応しています。

translate() 要素をxy軸方向に移動します。移動距離を単位付き(P.307)の数値、または%値で指定します。x軸、y軸はカンマ(,)で区切って指定します。translate(15px, 20px)と指定すると、右へ15px、下へ20px移動します。

translateX() 要素をx軸方向に移動します。移動距離を単位付きの数値、または%値で指定します。

translateY() 要素をy軸方向に移動します。移動距離を単位付きの数値、または%値で指定します。

scale() 要素をx軸、y軸方向に拡大・縮小します。値は数値で、カンマ(,)で区切って指定します。scale(2,0.5)と指定すると、x軸方向に2倍拡大、y軸方向に1/2縮小されます。

scaleX() 要素をx軸方向に拡大・縮小します。任意の数値で倍率を指定します。負の値を指定すると、要素は裏返ります。

scaleY() 要素をy軸方向に拡大・縮小します。任意の数値で倍率を指定します。負の値を指定すると、要素は裏返ります。

rotate() 要素を回転します。回転角度を単位付きの数値で指定します。rotate(50deg)と指定すると、要素は時計回りに50度回転します。

skew()	要素の形状をx軸、y軸方向に傾斜させます。値はカンマ(,)で区切って指定します。
skewX()	要素の形状をx軸方向に傾斜させます。傾斜角を単位付きの数値で指定します。
skewY()	要素の形状をy軸方向に傾斜させます。傾斜角を単位付きの数値で指定します。

以下の例では、画像をtranslate()関数で移動したあとに、rotate()関数で15度回転しています。

CSS
```css
.box img {
  transform: translate(50px,50px) rotate(15deg);
}
```

画像がx軸、y軸方向に50px移動し、15度回転した状態で表示される

以下の例では、画像をtranslate()関数で移動したあとに、scale()関数でx軸方向に1.4倍、y軸方向に0.5倍、拡大しています。

CSS
```css
.box img {
  transform: translate(100px,100px) scale(1.4,0.5);
}
```

画像がx軸、y軸方向に100px移動し、指定した値で拡大・縮小される

以下の例では、画像をtranslate()関数で移動したあとに、skew()関数でx軸方向に20度、y軸方向に5度傾斜させています。

CSS
```css
.box img {
  transform: translate(50px,50px) skew(20deg,5deg);
}
```

画像がx軸、y軸方向に50px移動し、指定した値で傾斜して表示される

 3D

3D空間で要素を変形する

{transform: トランスフォーム関数; }

（トランスフォーム）

transformプロパティは、トランスフォーム関数を指定して対象要素を変形させます。3D空間での変形では、平面空間でのx軸とy軸に加えて、奥から手前に向かう方向を正とするz軸を定義した3方向での変形となります。変形は要素の中心を軸に実行されます。

初期値	none	継承	なし
適用される要素	変形可能な要素		
モジュール	CSS Transforms Level 2		

値の指定方法

noneを除き関数型の値となり、空白文字で区切って複数指定できます。また、各値を指定する順序によって表示される結果が異なります。

トランスフォーム関数

none 要素を変形しません。

matrix3d() 行列式によって要素を変形します。16個の任意の数値をカンマ(,)で区切って指定します。

translate3d() 要素を3D空間(xyz軸)で移動します。移動距離を単位付き(P.307)の数値、または%値でカンマ(,)で区切って指定します。なお、z軸の値のみ%値は指定できません。

translateZ() 要素をz軸方向に移動します。移動距離を単位付きの数値で指定します。

scale3d() 要素をx軸、y軸、z軸方向に拡大・縮小します。値は数値で、カンマ(,)で区切って指定します。

scaleZ() 要素をz軸方向に拡大・縮小します。任意の数値で倍率を指定します。要素をz軸方向に変形させているときに意味を持つ値で、要素とxy平面からの距離の比率が変化します。

rotate3d() 要素を回転します。xyz軸を示す0〜1までの数値を3つと、回転する角度を単位付きの数値で1つの計4つを、カンマ(,)で区切って指定します。

rotateX() 要素をx軸を中心に回転します。回転角度を単位付きの数値で指定します。正の数値を指定すると、要素の上辺が画面の奥に向かって回転します。

rotateY() 要素をy軸を中心に回転します。回転角度を単位付きの数値で指定します。正の数値を指定すると、要素の右辺が画面の奥に向かって回転します。

rotateZ() 要素をz軸を中心に、つまりxy平面上を回転します。回転角度を単位付きの数値で指定します。正の数値を指定すると、要素は時計回りに回転します。

perspective() 画面からの視点の距離を指定して、z軸方向に変形した要素の奥行きを表します。視点からの距離は、単位付きの数値で指定します。

以下の例では、rotateX()関数でx軸を中心に画像を45度回転しています。ただし、perspective()関数を指定していないので、奥行きは表現されません。回転角度を大きくしていくと徐々につぶれていくように表示が変化します。

```css
.box img {
  transform: translate(50px,50px) rotateX(45deg);
}
```

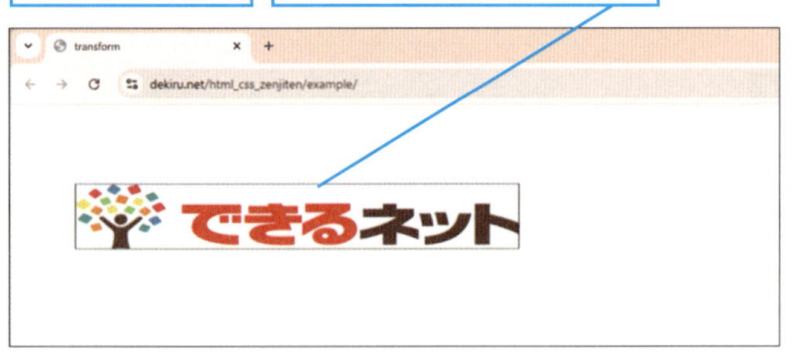

以下の例のように、rotateX()関数で画像の回転を指定する前に、perspective()関数で視点からの距離を指定すると、奥行きが表現されます。

```css
.box img {
  transform: perspective(200px) rotateX(45deg);
}
```

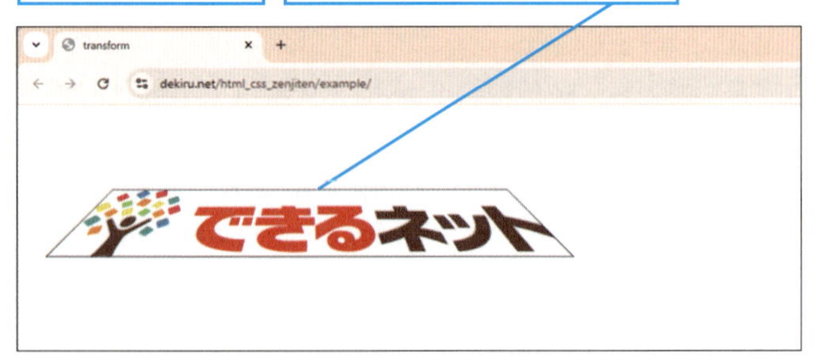

3D

USEFUL

縮小や拡大を指定する

{scale: 拡大・縮小の値; }

scaleプロパティは、transformプロパティで使用する、scale()関数などをプロパティとして独立させたものです。要素を拡大、縮小させることができます。

初期値	none	継承	なし
適用される要素	変形可能な要素		
モジュール	CSS Transforms Module Level 2		

値の指定方法

拡大・縮小の値

none 要素は拡大、縮小しません。

数値、もしくは%値を単体で指定 数値、もしくは%値を単体で指定した場合、2Dにおけるx軸、y軸に同じ倍率を指定したことになります。これはtransformプロパティでscale()関数に1つの値を指定した場合と同じです。

数値、もしくは%値を2つ指定 2つの数値、もしくは%値を空白文字で区切って指定した場合、2Dにおけるx軸、y軸の倍率を個別に指定したことになります。これはtransformプロパティでscale()関数に2つの値を指定した場合と同じです。

数値、もしくは%値を3つ指定 3つの数値、もしくは%値を空白文字で区切って指定した場合、3Dにおけるx軸、y軸、z軸の倍率を個別に指定したことになります。これはtransformプロパティでscale3d()関数を使用した場合と同じです。

CSS
```
/* noneを指定した例 */
scale: none;

/* 1つの値(2D) */
/* 1または100%より大きい値を指定すると要素を拡大 */
scale: 2.5;
/* 1または100%より小さい値を指定すると要素を縮小 */
scale: 50%;

/* 2つの値(2D) */
scale: 2 1;

/* 3つの値(3D) */
scale: 200% 50% 200%;
```

 3D

回転を指定する

{rotate: 回転の値; }
（ローテート）

rotateプロパティは、transformプロパティで使用する、rotate()関数などをプロパティとして独立させたものです。要素を回転させることができます。

初期値	none	継承	なし
適用される要素	変形可能な要素		
モジュール	CSS Transforms Module Level 2		

値の指定方法

回転の値

none
要素は回転しません。

角度を単体で指定
2Dでの回転を指定します。角度の値は、degやradなどの単位を使用して指定します。

回転軸と角度を組み合わせて指定
3D空間での回転軸を指定して回転させます。これはtransformプロパティにおけるrotateX()関数、rotateY()関数、rotateZ()関数と同様の動作となります。

ベクトル方向と角度を組み合わせて指定
3つの数値で任意のベクトル方向を指定し、それを軸に指定した角度で回転させることも可能です。これは、transformプロパティにおける、rotate3d()関数と同様の動作となります。

以下は、noneを指定した例と角度を単体で指定した例です。

```css
/* none */
rotate: none;

/* 角度を単体で指定した例 */
rotate: 45deg; /* 45度回転(時計回り) */
rotate: -90deg; /* -90度(反時計回りに90度)回転 */
rotate: 0.5turn; /* 180度回転 */
```

回転軸と角度を組み合わせて指定する場合は、以下のような指定が可能です。

```css
rotate: x 45deg; /* x軸を中心に45度回転 */
rotate: y 90deg; /* y軸を中心に90度回転 */
rotate: z 180deg; /* z軸を中心に180度回転 */
```

以下の例では、ベクトル方向と角度を組み合わせて指定しています。

```css
rotate: 1 0 0 45deg; /* [1, 0, 0]というベクトル方向で45度回転 */
rotate: 0 1 0 90deg; /* [0, 1, 0]というベクトル方向で90度回転 */
rotate: 0 0 1 30deg; /* [0, 0, 1]というベクトル方向で30度回転 */
```

上記の指定は、それぞれ以下と同等になります。

```css
rotate: x 45deg;
rotate: y 90deg;
rotate: z 30deg;
```

以下のように複合的なベクトルが指定された場合は、正規化されて使用されます。

```css
rotate: 1 1 0 60deg;
rotate: 1 0 1 120deg;
rotate: 1.5 0.5 0 30deg;
```

平行移動を指定する

{translate（トランスレート）: 平行移動の値; }

translateプロパティは、transformプロパティで使用する、translate()関数などをプロパティとして独立させたものです。要素を平行移動させることができます。

初期値	none	継承	なし
適用される要素	変形可能な要素		
モジュール	CSS Transforms Module Level 2		

値の指定方法

平行移動の値

none
要素は移動しません。

任意の数値+単位、もしくは%値を単体で指定
任意の数値+単位、もしくは%値を単体で指定した場合、2Dにおけるx軸、y軸に同じ移動距離を指定したことになります。これはtransformプロパティでtranslate()関数に1つの値を指定した場合と同じです。

任意の数値+単位、もしくは%値を2つ指定
2つの任意の数値+単位、もしくは%値を空白文字で区切って指定した場合、2Dにおけるx軸、y軸の移動距離を個別に指定したことになります。これはtransformプロパティでtranslate()関数に2つの値を指定した場合と同じです。

任意の数値+単位、もしくは%値を3つ指定
3つの任意の数値+単位、もしくは%値を空白文字で区切って指定した場合、3Dにおけるx軸、y軸、z軸の移動距離を個別に指定したことになります。なお、最後の値(z軸)には、%値を指定することはできません。これはtransformプロパティでtranslate3d()関数を使用した場合と同じです。

```css
/* noneを指定した例 */
translate: none;

/* 1つの値(2D) */
translate: 100px;
translate: 50%;

/* 2つの値(2D) */
translate: 100px 200px;
translate: 50% 100px;

/* 3つの値(3D) */
translate: 50% 100px 6rem;
```

3D

変形する要素の中心点の位置を指定する

トランスフォーム・オリジン
{transform-origin: 中心位置; }

transform-originプロパティは、変形させる要素の中心点の位置を指定します。

初期値	50% 50%	継承	なし
適用される要素	変形可能な要素		
モジュール	CSS Transforms Module Level 2		

値の指定方法

中心位置

中心点の位置となるx、y、z座標を空白文字で区切って指定します。z座標については、単位付きの数値でのみ指定可能です。z座標を省略した場合は、0が適用されます。

任意の数値+単位 中心点の位置を単位付き(P.307)の数値で指定します。

%値 中心点の位置を%値で指定します。値は要素の幅、高さに対する割合となります。

left 中心点のx座標を0%(左端)にします。

right 中心点のx座標を100%(右端)にします。

top 中心点のy座標を0%(上端)にします。

bottom 中心点のy座標を100%(下端)にします。

center 中心点のx、y座標を50%(中央)にします。

CSS
```
.box img {
  border: solid 1px red;
  transform: rotate(30deg);
  transform-origin: bottom left;
}
```

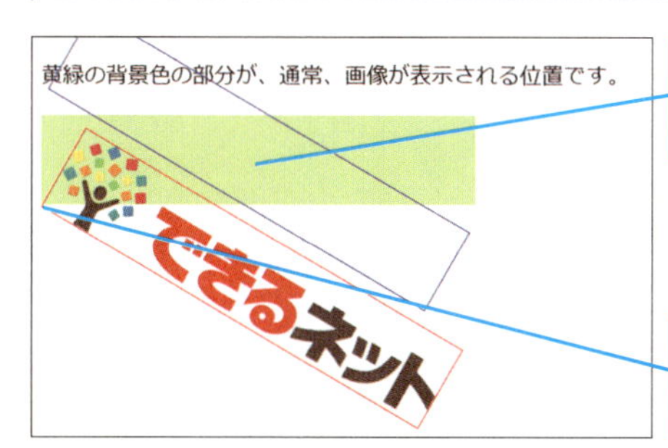

何も指定していない場合は、青線部分のように画像の中央を中心点として回転する

transform-originプロパティを指定したことで、画像が左下端を中心点に回転している

トランスフォーム

3D

3D空間で変形する要素の奥行きを表す

パースペクティブ
{perspective: 視点の距離; }

perspectiveプロパティは、視点の距離を指定することでz軸に変形した要素の奥行きを表します。transformプロパティ(P.673)の値であるperspective()関数は変形した要素自体に指定しますが、このプロパティは変形する要素の親要素に指定します。消失点は既定でこのプロパティを指定した要素の中心に置かれます。消失点の位置はperspective-originプロパティで変更できます。

初期値	none	継承	なし
適用される要素	変形可能な要素		
モジュール	CSS Transforms Level 2		

値の指定方法

視点の距離

none 視点の距離を指定しません。z軸方向に変化した要素の奥行きは表されません。

任意の数値+単位 視点の距離を単位付き(P.307)の数値で指定します。0以下の値を指定した場合は、noneを指定した場合と同じになります。1未満の値を指定した場合、計算上は1pxとして扱われます。

CSS
```
.box {
  perspective: 800px;
}
.box img {
  transform: rotateY(85deg);
}
```

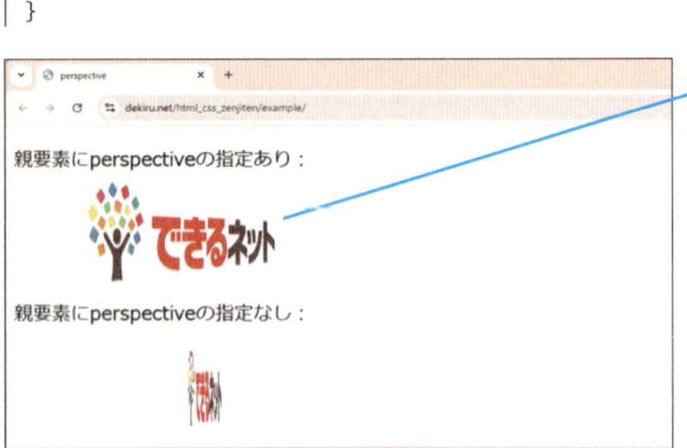

3D変形の奥行きが表される

3D

3D空間で変形する要素の子要素の配置方法を指定する

トランスフォーム・スタイル

{transform-style: 配置方法; }

transform-styleプロパティは、3D空間で変形する要素の子要素の配置方法を指定します。親要素が3D空間で変形したときに、子要素も3D空間で変形するか、親要素と同一平面上に配置するかを指定できます。

初期値	flat	継承	なし
適用される要素	変形可能な要素		
モジュール	CSS Transforms Level 2		

値の指定方法

配置方法

flat 子要素は3D空間上で親要素と同一平面上に配置されます。

preserve-3d 子要素に個別に指定した3D空間での変形が適用され、親要素と子要素は3D空間上で別々に配置されます。

以下の例では、親要素(div.transformed)はy軸を中心に50度、子要素(div.child)はx軸を中心に40度回転するように指定しています。

```css
div {
  width: 150px; height: 150px;
}
.container {
  perspective: 500px;
  border: 1px solid black;
}
.transformed {
  transform-style: flat;
  transform: rotateY(50deg);
  background-color: rgba(230,57,70,0.8);
}
.child {
  transform-origin: top left;
  transform: rotateX(40deg);
  background-color: rgba(168,218,220,0.8);
}
```

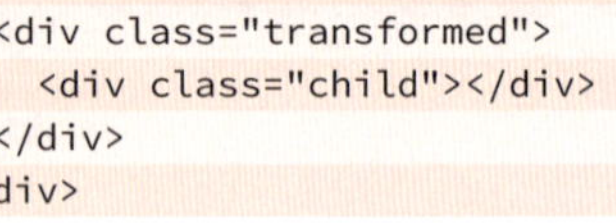

```html
<div class="container">
  <div class="transformed">
    <div class="child"></div>
  </div>
</div>
```

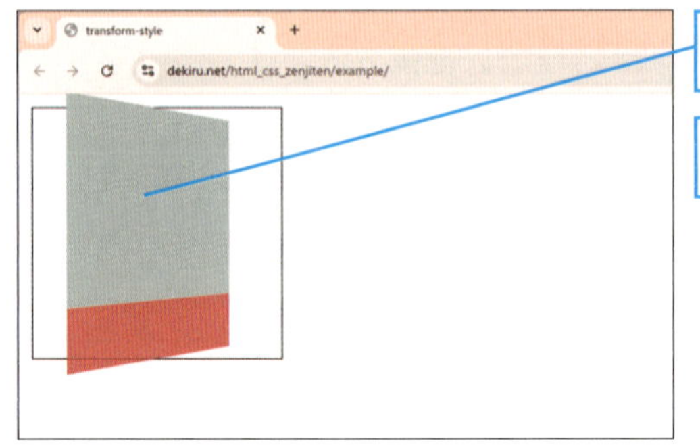

子要素は親要素と同じ平面上に表示される

子要素に指定された3D変形は適用されない

親要素のtransform-styleプロパティの値としてpreserve-3dを指定すると、子要素に3D変形が適用されるようになります。

```css
.transformed {
  transform-style: preserve-3d;
  transform: rotateY(50deg);
  background-color: rgba(230,57,70,0.8);
}
```

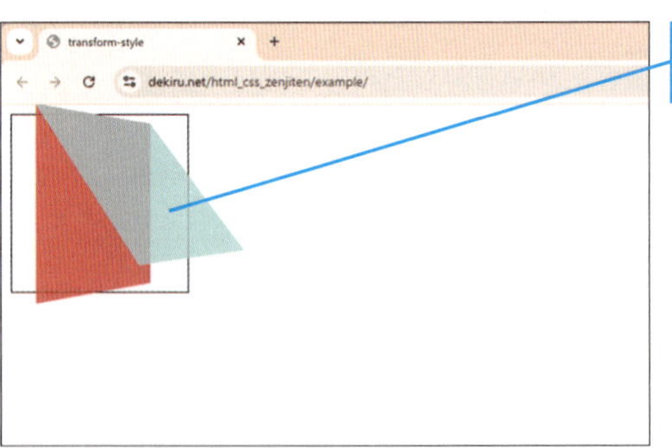

子要素は親要素から離れて3D変形している

3D

3D空間で変形する要素の視点の位置を指定する

パースペクティブ・オリジン
{perspective-origin: 視点の位置; }

perspective-originプロパティは、奥行きを表した要素に対する視点の位置を指定します。通常、奥行きは対象要素を正面から見たときの状態で表現されますが、視点の位置を変更することで、さまざまな角度から見た場合の奥行きを表現できます。

初期値	50% 50%	継承	なし
適用される要素	変形可能な要素		
モジュール	CSS Transforms Level 2		

値の指定方法

視点の位置

対象要素の左上端「0 0」を始点としてx、y座標を空白文字で区切って指定します。1つだけ指定した場合は、2つ目の値はcenterが適用されます。

任意の数値+単位	視点の位置を単位付き(P.307)の数値で指定します。
%値	%値で指定します。値は対象要素の幅、高さに対する割合となります。
left	視点の位置のx座標を0%(左端)にします。
right	視点の位置のx座標を100%(右端)にします。
top	視点の位置のy座標を0%(上端)にします。
bottom	視点の位置のy座標を100%(下端)にします。
center	視点の位置のx、y座標を50%(中央)にします。

CSS
```
.box {
  perspective: 750px; perspective-origin: top left;
}
.box img {transform: rotateY(55deg);}
```

perspectiveの指定：top left

3D変形した要素を左上から見下ろした状態で表示される

perspectiveの指定：bottom right

3D変形した要素を右下から見上げた状態で表示される

3D

3D空間で変形する要素の背面の表示方法を指定する

バックフェイス・ビジビリティ
{backface-visibility: 表示方法; }

backface-visibilityプロパティは、3D空間で変形した要素の背面の表示方法を指定します。x軸、y軸を基準に回転した場合などで、要素の背面を描画するかを選択できます。

初期値	visible	継承	なし
適用される要素	変形可能な要素		
モジュール	CSS Transforms Level 2		

値の指定方法

表示方法

visible 要素の背面を描画して、内容が裏返しに見えるように表示されます。

hidden 要素の背面を描画しません。背面を向いたとき要素は不可視になります。

以下の例では、対象要素が360度回転するアニメーションを記述しています。

```css
@keyframes rotater {
  0% {transform: rorateY(0deg);}
  100% {transform: rotateY(360deg);}
}
.box {
  width: 400px;
  animation: rotater 10s infinite ease 1s;
  backface-visibility: hidden;
}
```

要素が回転を始める

backface-visibilityの指定：hidden

backface-visibilityの指定：visible

背面が見えるところで不可視になる

backface-visibilityの指定：hidden

backface-visibilityの指定：visible

3D

変形の参照ボックスを指定する

トランスフォーム・ボックス

{transform-box: 参照ボックス; }

transform-boxプロパティは、変形の際に使用する参照ボックスを指定します。transformプロパティとtransform-originプロパティによって指定された変形の位置やサイズは、参照ボックス(基準となるボックス)に対して相対的になります。

初期値	view-box	継承	なし
適用される要素	変形可能な要素		
モジュール	CSS Transforms Level 1		

値の指定方法

参照ボックス

content-box コンテンツボックスを参照ボックスとして使用します。 テーブルの参照ボックスは、テーブルボックスではなくテーブルラッパーボックスの境界ボックスとなります。

border-box 境界ボックスを参照ボックスとして使用します。テーブルの参照ボックスは、テーブルボックスではなくテーブルラッパーボックスの境界ボックスとなります。

fill-box オブジェクトの境界ボックスを参照ボックスとして使用します。

stroke-box ストロークの境界ボックスを参照ボックスとして使用します。

view-box 参照ボックスとして最も近いSVGビューポートを使用します。

以下の例では、transform-boxプロパティの値にfill-boxを指定することで、#boxの境界ボックスを参照ボックスにしています。そのため、変形の原点は#boxの中心となり、結果として#boxはその場で回転し続けます。

```css
#box {
  transform-origin: 50% 50%;
  transform-box: fill-box;
  animation: rotateBox 3s linear infinite;
}
@keyframes rotateBox {
  to {transform: rotate(360deg);}
}
```

```html
<svg xmlns="http://www.w3.org/2000/svg" viewBox= "0 0 50 50">
  <rect id="box" x="10" y="10" width="10" height="10" rx="1" ry="1"
   stroke="black" fill="none" />
</svg>
```

封じ込め

CSSの封じ込めを指定する

SPECIFIC

{contain: 封じ込めの方法; }

（コンテイン）

containプロパティは、ある要素とそのコンテンツが、文書ツリー全体から独立したサブツリーであるとブラウザーに認識させる、「封じ込め」を指定します。封じ込めを行うことで、ブラウザーのレンダリングが最適化され、パフォーマンスの向上が期待できます。

初期値	none	継承	なし
適用される要素	すべての要素		
モジュール	CSS Containment Module Level 2		

値の指定方法

封じ込めの方法

以下の値を単体で指定するか、size、inline-sizeのいずれかと、layout、style、paintの中から1つ以上を空白区切りで複数指定することが可能です。

none 要素は通常通りにレンダリングされ、封じ込めは行われません。

strict contain: size layout paint style;と同じ意味になります。要素に対してすべての封じ込めが有効になります。

content contain: layout paint style;と同じ意味になります。size以外の封じ込めが有効になります。

size サイズの封じ込めが行われます。包含ボックス(containプロパティが指定された要素)は、その子孫要素を調べることなくレイアウトすることができます。

inline-size インライン方向のサイズの封じ込めが行われます。包含ボックスはその子孫要素を調べることなくレイアウトすることができます。

layout レイアウトの封じ込めが行われます。 包含ボックスは単体でレイアウトされ、その子孫要素が他のコンテンツのレイアウトに影響を与えたり、 逆に外部のコンテンツのレイアウトが、 包含ボックスの子孫要素のレイアウトに影響を与えたりすることもありません。

style スタイルの封じ込めが行われます。 包含ボックスの内外でスタイルの計算が独立します。 これにより、 包含ボックスとその子孫要素だけでなく、 包含ボックス外の要素に影響を及ぼす可能性のあるプロパティに関して、 それらの影響が包含ボックスの外に出ないことが保証されます。

paint ペイントの封じ込めが行われます。包含ボックスの子孫が、その境界の外側には表示されないことが保証されるため、包含ボックスが画面外にある場合や、その他の理由で見えない状態の場合、その子孫も表示されないことが保証され、レンダリングを省力化できます。

```css
div {
  contain: layout;
}
```

封じ込め

サイズ封じ込め対象要素のブロックサイズを指定する

コンテイン・イントリンシック・ブロック・サイズ
{contain-intrinsic-block-size: ブロックサイズ; }

contain-intrinsic-block-sizeプロパティは、要素がサイズ封じ込めの対象となっている場合に、ブラウザーがレイアウトに使用することができる包含ボックスのブロックサイズを指定します。ブロックサイズとは、書字方向に対して垂直方向のサイズです。横書きの場合は高さ、縦書きの場合は幅となります。

初期値	none	継承	なし
適用される要素	サイズ封じ込め対象要素		
モジュール	CSS Box Sizing Module Level 4		

値の指定方法

ブロックサイズ

none ブロックサイズを指定しません。

auto 包含ブロックが最後に計算されたサイズを持ち、 そのコンテンツを無視している場合(例えば包含ブロックが画面外にあって、content-visibility: auto;が適用されている場合など)、その最後に計算されたサイズが適用されます。

任意の数値+単位 単位付きの値で、任意のブロックサイズを指定します。

auto 任意の数値+単位 auto値と単位付きの値がセットで指定された場合、要素がautoの値を持っていればそのサイズを、 持っていない場合は単位付きの値で指定されたサイズを適用します。

以下は、contain-intrinsic-block-sizeプロパティに対する各値の指定例です。

```css
contain-intrinsic-block-size: none;
contain-intrinsic-block-size: 1000px;
contain-intrinsic-block-size: 10rem;
contain-intrinsic-block-size: auto 300px;
```

封じ込め

サイズ封じ込め対象要素のインラインサイズを指定する

コンテイン・イントリンシック・インライン・サイズ

{contain-intrinsic-inline-size: インラインサイズ; }

contain-intrinsic-inline-sizeプロパティは、要素がサイズ封じ込めの対象となっている場合に、ブラウザーがレイアウトに使用することができる包含ボックスのインラインサイズを指定します。インラインサイズとは、書字方向に対して水平方向のサイズです。横書きの場合は幅、縦書きの場合は高さとなります。

初期値	none	継承	なし
適用される要素	サイズ封じ込め対象要素		
モジュール	CSS Box Sizing Module Level 4		

値の指定方法

インラインサイズ

none	インラインサイズを指定しません。
auto	包含ブロックが最後に計算されたサイズを持ち、そのコンテンツを無視している場合、その最後に計算されたサイズが適用されます。
任意の数値+単位	単位付きの値で、任意のインラインサイズを指定します。
auto 任意の数値+単位	auto値と単位付きの値がセットで指定された場合、要素がautoの値を持っていればそのサイズを、持っていない場合は単位付きの値で指定されたサイズを適用します。

以下は、contain-intrinsic-inline-sizeプロパティに対する各値の指定例です。

CSS

```
contain-intrinsic-inline-size: none;
contain-intrinsic-inline-size: 1000px;
contain-intrinsic-inline-size: 10rem;
contain-intrinsic-inline-size: auto 300px;
```

封じ込め

サイズ封じ込め対象要素のサイズを指定する

SPECIFIC

コンテイン・イントリンシック・サイズ
{contain-intrinsic-size: サイズ; }

contain-intrinsic-sizeプロパティは、要素がサイズ封じ込めの対象となっている場合に、ブラウザーがレイアウトに使用することができる包含ボックスのサイズを一括指定します。このプロパティは、contain-intrinsic-widthプロパティ、およびcontain-intrinsic-heightプロパティの一括指定プロパティです。

初期値	none	継承	なし
適用される要素	サイズ封じ込め対象要素		
モジュール	CSS Box Sizing Module Level 4		

値の指定方法

以下の値が単体（auto 任意の数値+単位の場合は1組）で指定された場合は、その値がcontain-intrinsic-width、contain-intrinsic-height両方のプロパティの値として使用されます。空白文字で区切って複数指定した場合、最初の値がcontain-intrinsic-widthプロパティ、2つ目の値がcontain-intrinsic-heightプロパティの値として使用されます。

サイズ

none サイズを指定しません。

auto 包含ブロックが最後に計算されたサイズを持ち、そのコンテンツを無視している場合、その最後に計算されたサイズが適用されます。

任意の数値＋単位 単位付きの値で、任意のサイズを指定します。

auto 任意の数値＋単位 auto値と単位付きの値がセットで指定された場合、要素がautoの値を持っていればそのサイズを、持っていない場合は単位付きの値で指定されたサイズを適用します。

以下は、contain-intrinsic-sizeプロパティに対する各値の指定例です。

```
contain-intrinsic-size: none;
contain-intrinsic-size: 1000px;
contain-intrinsic-size: 10rem;
contain-intrinsic-size: auto 300px;
contain-intrinsic-size: auto none;
contain-intrinsic-size: auto 300px auto 4rem;
```
CSS

その他

☑ 封じ込め

サイズ封じ込め対象要素の幅を指定する

コンテイン・イントリンシック・ウィズ
{contain-intrinsic-width: 幅; }

contain-intrinsic-widthプロパティは、要素がサイズ封じ込めの対象となっている場合に、ブラウザーがレイアウトに使用することができる包含ボックスの幅を指定します。

初期値	none	継承	なし
適用される要素	サイズ封じ込め対象要素		
モジュール	CSS Box Sizing Module Level 4		

値の指定方法

幅

none 幅を指定しません。

auto 包含ブロックが最後に計算された幅を持ち、そのコンテンツを無視している場合、その最後に計算された幅が適用されます。

任意の数値+単位 単位付きの値で、任意の幅を指定します。

auto 任意の数値+単位 auto値と単位付きの値がセットで指定された場合、要素がautoの値を持っていればその幅を、持っていない場合は単位付きの値で指定された幅を適用します。

以下は、contain-intrinsic-widthプロパティに対する各値の指定例です。

```css
contain-intrinsic-width: none;
contain-intrinsic-width: 1000px;
contain-intrinsic-width: 10rem;
contain-intrinsic-width: auto 300px;
```

封じ込め

サイズ封じ込め対象要素の高さを指定する

SPECIFIC

コンテイン・イントリンシック・ハイト
{contain-intrinsic-height: 高さ; }

contain-intrinsic-heightプロパティは、要素がサイズ封じ込めの対象となっている場合に、ブラウザーがレイアウトに使用することができる包含ボックスの高さを指定します。

初期値	none	継承	なし
適用される要素	サイズ封じ込め対象要素		
モジュール	CSS Box Sizing Module Level 4		

値の指定方法

高さ

none 高さを指定しません。

auto 包含ブロックが最後に計算された高さを持ち、そのコンテンツを無視している場合、その最後に計算された高さが適用されます。

任意の数値+単位 単位付きの値で、任意の高さを指定します。

auto 任意の数値+単位 auto値と単位付きの値がセットで指定された場合、要素がautoの値を持っていればその高さを、持っていない場合は単位付きの値で指定された高さを適用します。

以下は、contain-intrinsic-heightプロパティに対する各値の指定例です。

```css
contain-intrinsic-height: none;
contain-intrinsic-height: 1000px;
contain-intrinsic-height: 10rem;
contain-intrinsic-height: auto 300px;
```

要素

要素や疑似要素の内側に挿入するものを決定する

{content: コンテンツ; }

contentプロパティは、要素や疑似要素の内側に挿入するものを決定します。contentプロパティが要素に対して指定された場合、要素を通常通り描画するか、画像や要素に結び付けられている何らかの代替テキストで置換するかを決定します。疑似要素やページのマージンボックスに指定した場合、まったく描画しない、画像で置換する、任意のテキストや画像で置換するのいずれかを決定します。

CSSによって挿入されたコンテンツは、音声読み上げ環境のような支援技術からはアクセスできません。装飾以外の情報として重要なコンテンツを挿入するのは避けましょう。

初期値	normal	継承	なし
適用される要素	すべての要素、疑似要素およびページマージンボックス（印刷余白）		
モジュール	CSS Generated Content Module Level 3		

値の指定方法

コンテンツ

none 要素に対して指定された場合、要素の内容を描画しません。疑似要素に対して指定された場合は、疑似要素の作成を行いません。つまり、指定された要素、疑似要素は表示されないことになります。

normal 要素またはページマージンボックス（印刷余白）に対して指定された場合は、「contents」値として算出されます。::before、::after疑似要素に対して指定された場合は、「none」として算出されます。::marker疑似要素に対して指定された場合は、「normal」として算出されます。

任意の文字列 任意の文字列がそのまま挿入されます。引用符（"）で囲んで記述します。

画像のデータ型 関数型の値です。url()関数やlinear-gradient()関数など、画像のデータ型の値で指定します。

counter() 関数型の値です。括弧内に「カウンター名」を指定して、要素に連番を付けます。counter-incrementプロパティ（P.699）と併記して使います。

counters() 関数型の値です。階層的なカウンターを指定することができます。

attr() 関数型の値です。括弧内に指定した属性名の値が挿入されます。

open-quote quotesプロパティで指定した開始記号が挿入されます。

close-quote quotesプロパティで指定した終了記号が挿入されます。

no-open-quote quotesプロパティの記号の階層を1段階下げます。

no-close-quote quotesプロパティの記号の階層を1段階上げます。

```css
.new::before {
  content: "NEW!";
  font-weight: bold; color: red;
}
```

```html
<ul>
  <li class="new">藤川明人</li>
</ul>
```

指定した箇所に「NEW!」が表示される

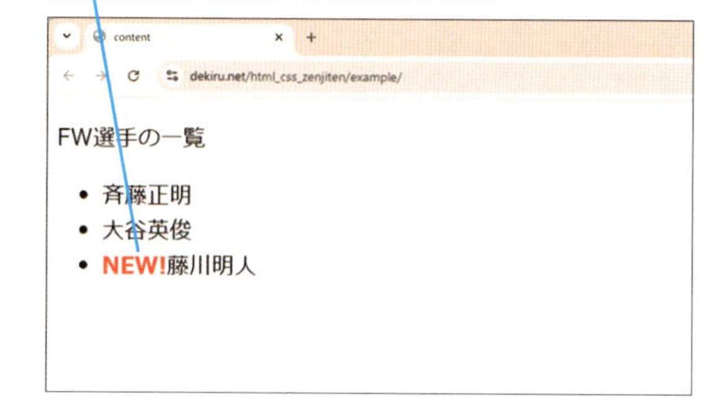

quotesプロパティは、contentプロパティで使用するopen-quoteおよびclose-quoteによって追加された引用符をどのように表示するかを設定します。このプロパティは、視覚的なメディアだけでなく、音声などの非視覚的なメディアにも対応します。

初期値	auto	継承	あり
適用される要素	すべての要素		
モジュール	CSS Generated Content Module Level 3		

値の指定方法

引用符

none
contentプロパティでopen-quoteやclose-quoteが指定されていても、引用符は表示されません。

auto
親要素のコンテンツの言語に基づいて、自動的に適切な引用符のスタイルがブラウザーによって選択されます。親要素が存在しない場合は、要素自身の言語に基づきます。

match-parent
親要素に設定された引用符のシステム(quotesプロパティの値)に基づいて、自動的に適切な引用符のスタイルがブラウザーによって選択されます。例えば、もし親要素のquotesの値がautoだった場合、親要素の言語に基づいて引用符のスタイルが決定されます。このため、要素にquotes: match-parent;を指定すると、引用符のスタイルを決定する際、要素自身の言語は考慮されないことになります。

任意の文字列
任意の文字列を2つ、空白で区切って指定したものを1組として、それを1組以上指定することで、引用符を設定します。例えば、quotes:"『" "』";という指定の最初の値はcontentプロパティのopen-quoteに対応し、2つ目の値はclose-quoteに対応します。quotes: "『" "』" "「" "」";のように複数の組を指定した場合、2つ目以降の組は、引用符を表示する要素が入れ子になった場合の、下位レベルの要素に対して引用符を指定したことになります。

CSS
```
q::before { content: open-quote; }
q::after  { content: close-quote; }

q:lang(ja) {
  quotes: "『" "』" "「" "」";
}

q:lang(en) {
  quotes: "“" "”" "‘" "’";
}
```

封じ込め

要素がその内容をレンダリングするかを制御する

コンテント・ビジビリティ
{content-visibility: レンダリングの制御; }

content-visibilityプロパティは、要素の内容をレンダリング（描画）するかどうか、そして要素のコンテンツに強力な封じ込め（Containment/他の要素への影響を制限すること）を適用するかを制御します。これにより、ブラウザーが必要になるまでレイアウトやレンダリングの作業を省略することが可能となり、パフォーマンスを向上させることができます。

初期値	visible	継承	なし
適用される要素	サイズ封じ込めを適用できる要素		
モジュール	CSS Containment Module Level 2		

値の指定方法

レンダリングの制御

visible 何も変わりません。要素の内容は通常通りにレイアウト、レンダリングされます。

hidden 要素の内容が完全にスキップ（無視）され、レンダリングされません。スキップされた内容は、ブラウザーの機能（例えばページ内検索やタブによるナビゲーションなど）ではアクセスできず、選択やフォーカスもできません。display: none;を指定した場合と似た動作ですが、要素自体は存在していて、ただその内容のレンダリングがスキップされるという点が異なります。

auto 要素のcontainプロパティの値が変更され、その要素に対してレイアウト、スタイル、ペイントの各封じ込めが適用されます。要素がユーザーにとって表示が必要でない場合、その内容もスキップされますが、hiddenとは異なり、スキップされた内容はページ内検索、タブによるナビゲーション、フォーカス、選択などのブラウザーの機能からはアクセス可能です。

```css
content-visibility: visible;
content-visibility: hidden;
content-visibility: auto;
```

ポイント

- パフォーマンスの向上が期待できるのは、auto値の指定が行われたときです。例えば要素が画面外にあるなど、ユーザーがまだそのコンテンツを必要としていない場合、ブラウザーはその部分のレンダリングを停止することで、初回のページ読み込み速度を向上させるといった効果が期待できます。
- とても縦に長いWebコンテンツなどの場合、ビューポートに入るまでに多くのスクロールを要する位置にあるコンテンツにはcontent-visibility: auto;を指定しておく、といった使用方法が想定されます。

スクロールバー

スクロールバーの色を指定する

POPULAR

スクロールバー・カラー
{scrollbar-color: 色; }

scrollbar-colorプロパティは、スクロールバーの色を指定します。スクロールバーを構成するパーツのうち、「トラック」と「つまみ(ノブ)」、それぞれの色を指定することができます。トラックはスクロールバーの背景部分で、スクロール位置に関係なく固定表示されます。つまみ(ノブ)はスクロールバーの動く部分のことで、つまみをドラッグして表示領域を移動できるようになっています。

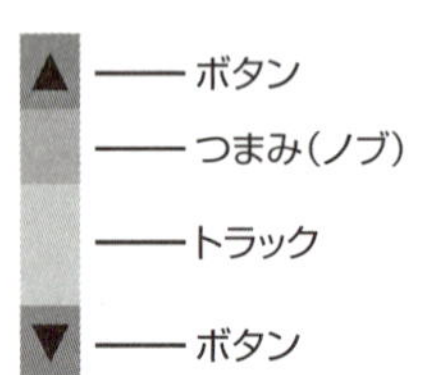

初期値	auto	継承	あり
適用される要素	スクロールコンテナー		
モジュール	CSS Scrollbars Styling Module Level 1		

値の指定方法

色

auto ブラウザーがスクロールバーの色を決定します。

色 スクロールバーの色を2つの色の値で指定します。値は空白で区切ります。1つ目の値は「つまみ」に、2つ目の値は「トラック」に適用されます。

```css
html {
  scrollbar-color: #0369a1 #e5e7eb;
}
```

ポイント

- ブラウザーによってはスクロールバーのデザインが異なり、トラックの部分やボタンが非表示の場合もあります。そのため、必ずしもすべてのブラウザーで同様の見た目にはなりません。
- アクセシビリティを考慮し、スクロールバーに色を指定する場合は、トラックとつまみの色の間、かつスクロールバーが隣接するコンテンツとの間に十分なコントラスト比が確保されていることを確認してください。

スクロールバー

スクロールバーのためのスペースをあらかじめ確保する

{scrollbar-gutter（スクロールバー・ガター）: スペース確保の方法; }

scrollbar-gutterプロパティは、スクロールバーの表示に関連して「スクロールバーガター」の存在をコントロールするためのもので、overflowプロパティによるスクロールバー自体の表示制御とは別に設定できます。

初期値	auto	継承	なし
適用される要素	スクロールコンテナー		
モジュール	CSS Overflow Module Level 3		

値の指定方法

スペース確保の方法

auto クラシックスクロールバーの場合、overflowがscrollのとき、またはoverflowがautoでボックスがオーバーフローしているときに、スクロールバーガターが確保されます。オーバーレイスクロールバーの場合、スクロールバーガターは確保されません。

stable クラシックスクロールバーの場合、overflowがhidden、scrollのとき、またはautoで、ボックスがオーバーフローしていない場合でも、常にスクロールバーガターが確保されます。ただし、このプロパティはスクロールバー自体が表示されるかどうかについては影響を与えず、あくまでガターの存在にだけ影響します。オーバーレイスクロールバーの場合は、autoと同様、スクロールバーガターは確保されません。

both-edges stable値のオプションとして、空白で区切って、stable both-edgesのように指定可能です。ボックスのインライン方向の始端か終端のいずれかにスクロールバーガターが存在する場合、もう一方の反対側にも必ずスクロールバーガターが確保されます。つまり、スクロールコンテナーの左右にスクロールバーガターが確保されることになります。

スクロールバーガター（Scrollbar Gutter）とは、境界ボックスとその内側にあるパディングボックスの間に、ブラウザーがスクロールバーを表示するために確保するスペースのことです。このプロパティは、ボックスのインライン方向の始端や終端、つまり画面の左右に上下スクロールのために配置されるスクロールバーガターの存在を制御します。

例えば、画面サイズなどの変更でスクロールバーの表示、非表示が切り替わったとき、レイアウトの「ガタつき」が発生することがあります。stable値などであらかじめスクロールバーガターを確保しておくと、そのようなガタつきを防止できることがあります。

スクロールバー

スクロールバーが表示される場合の最大幅を指定する

スクロールバー・ウィズ

{scrollbar-width: 最大幅; }

scrollbar-widthプロパティは、スクロールバーが表示される場合の最大幅を指定します。特に、表示領域が狭いスクロールコンテナーに対して、通常のスクロールバーよりも細いスクロールバーを表示したほうが望ましい場合などに有用です。

スクロールバーはページ操作に必要なUIであり、ユーザビリティを考慮するとスクロールバーには一貫したデザインを求められます。また、ユーザーはOSやブラウザーの設定を通じてスクロールバーの見た目や挙動をカスタマイズできるため、例えば「通常サイズのスクロールバーだと邪魔になる」場合など、特定のユーザー体験(UX)を向上させる以外の目的でこのプロパティを乱用することは避けるべきです。

初期値	auto	継承	なし
適用される要素	スクロールコンテナー		
モジュール	CSS Scrollbars Styling Module Level 1		

値の指定方法

最大幅

auto 既定のスクロールバーの太さを使用します。この太さは、OSやブラウザーによって異なるかもしれません。またユーザーの設定によって幅が変更されることがあります。

thin autoよりも細いスクロールバーを使用します。細いスクロールバーを使用することでユーザーがスクロール操作をしにくくなったり、できなくなったりする場合もあります。指定する場合は注意しましょう。

none スクロールバーを表示しません。ただし、スクロールバーが表示されなくても、マウスのスクロールホイールやキーボードなどの他の手段でスクロールは可能です。なお、スクロールバーが表示されないと、マウスホイールのないマウスのみのユーザーがスクロールできなくなる可能性があるため、 視覚的なヒントを提供するなどの対応が必要です。また、スクロールバーを完全に非表示にしたい場合でも、スクロール可能なことが分かるように、 ユーザーに対して視覚的なヒントを提供することが推奨されます。

以下の例では、thin値を指定することで、通常よりも細いスクロールバーが表示されるようにしています。

```css
.container {
  overflow: auto;
  scrollbar-width: thin;
}
```

カウンター値

カウンター値を更新する

カウンター・インクリメント
{counter-increment: カウンター名 更新値; }

counter-incrementプロパティは、contentプロパティで指定可能なカウンター値を更新します。HTMLのリスト要素などを使わずに各項目に番号を振りたいときなどに利用します。

初期値	none	継承	なし
適用される要素	すべての要素		
モジュール	CSS Lists and Counters Module Level 3		

値の指定方法

カウンター名

none カウンターを更新しない場合に指定します。

カウンター名 値を更新したいカウンター名を任意の文字列で指定します。

更新値

任意の数値 進める数を指定します。省略すると1になります。0や負の値も指定できます。

カウンター値

カウンター値をリセットする

カウンター・リセット
{counter-reset: カウンター名 リセット値; }

counter-resetプロパティは、カウンター値をリセットします。

初期値	none	継承	なし
適用される要素	すべての要素		
モジュール	CSS Lists and Counters Module Level 3		

値の指定方法

カウンター名

none カウンターをリセットしない場合に指定します。

カウンター名 値をリセットしたいカウンター名を任意の文字列で指定します。

リセット値

任意の数値 リセット後の数値を指定します。省略すると0になります。負の値も指定できます。

実践例 カウンター値でリストマーカーの順位を表示する

**li::before {counter-increment: number;
content: counter(number)" 位 : ";}**

以下の例では、contentプロパティとcounter-incrementプロパティを使って、リストマーカーを「○位 :」と表示しています。まず、contentプロパティでcounter()を指定し、カウンター名をnumberとしています。引用符(")で囲んで「位 :」とすると、ここまでがマーカーとして表示されます。 次に、li要素が出現するたびに数値を更新するために、contentプロパティの前でcounter-incrementプロパティを指定しています。

また、p要素でカウンター値をリセットするようにcounter-resetプロパティも指定しているので、段落を挟んだリストは再度1位から数えられています。通常のマーカーを表示しないために、ol要素についてはlist-style-typeプロパティをnoneに指定しています。

CSS

```css
p {counter-reset: number;}
ol {list-style-type: none;}
li::before {
  counter-increment: number;
  content: counter(number)"位 : ";
}
```

HTML

```html
<p>オールスターまでの上位3位までの順位は以下の通りでした。</p>
<ol>
  <li>北関東タイタンズ</li>
  <li>瀬戸内スパロウズ</li>
  <li>北陸ライノセラス</li>
</ol>
<p>シーズン終了時には、以下のような結果となりました。</p>
<ol>
  <li>山陰サンライズ</li>
  <li>甲信越サンガ</li>
  <li>瀬戸内スパロウズ</li>
</ol>
```

オールスターまでの上位3位までの順位は以下の通りでした。

1位 : 北関東タイタンズ
2位 : 瀬戸内スパロウズ
3位 : 北陸ライノセラス

シーズン終了時には、以下のような結果となりました。

1位 : 山陰サンライズ
2位 : 甲信越サンガ
3位 : 瀬戸内スパロウズ

指定した形式でマーカーが表示される

カウンター値をセットする

カウンター・セット
{counter-set: カウンター名 セット値; }

counter-setプロパティは、既存のカウンターの値を操作するためのプロパティです。カウンターは、要素ごとに増加する数値やインデックスを管理するためのもので、リストの番号付けやステップ番号の表示などで使用されます。
counter-setプロパティは、指定された名前のカウンターが要素上にまだ存在しない場合にのみ、新しいカウンターを作成します。

初期値	none	継承	なし
適用される要素	すべての要素		
モジュール	CSS Lists and Counters Module Level 3		

値の指定方法

カウンター名

none 要素はどのカウンターの値もセットしません。

カウンター名 値をセットしたいカウンター名を任意の文字列で指定します。

セット値

任意の数値 カウンターにセットしたい数値を指定します。省略すると0になります。複数の値を空白文字で区切って指定することや、負の値も指定できます。

以下の例では、counter-resetプロパティで一度リセットしたitemという名前のカウンターに対して、counter-setプロパティで5という値をセットしています。contentプロパティにより、このカウンター値を疑似要素として挿入することで、div.start-newの後ろには「Item 5」が表示されます。

```css
<style>
  body {
    counter-reset: item;
  }
  .start-new {
    counter-set: item 5;
  }
  .start-new::before {
    content: "Item " counter(item);
  }
</style>
<body>
  <div class="start-new">Item Start</div> /* Item 5 */
</body>
```

マウスポインター

マウスポインターの表示方法を指定する

POPULAR

{cursor: 画像 ポインターの位置 種類; }

cursorプロパティは、対象となる要素内にマウスポインター（カーソル）があるときの表示方法を指定します。

初期値	auto	継承	あり
適用される要素	すべての要素		
モジュール	CSS Basic User Interface Module Level 4		

値の指定方法

画像

url() 関数型の値です。マウスポインターとして使用したい画像ファイルのURLを指定します。1つ目の画像を表示できなかったときの候補として、カンマ(,)で区切って複数指定できます。

ポインターの位置

画像を指定した場合、マウスのクリックに反応する画像上の位置を、空白文字で区切って2つの値で指定します。1つ目は水平方向、2つ目は垂直方向の位置を指定します。１つだけ指定した場合は、水平･垂直方向に同じ値が適用されます。

任意の数値 ピクセル単位の数値を単位を付けずに指定します。

種類

マウスポインターの種類を以下のキーワードで指定します。キーワードの指定は必須です。Windowsなどの一部のOSにおいて、no-dropはnot-allowedと、all-scrollはmoveと同じになります。また、context-menuはWindowsでは実装されていません。

キーワード	表示例
auto ブラウザーが自動的に適切なポインターを選択して表示されます。	
none ポインターを表示しません。	
help クエスチョンマークの付いたポインターが表示されます。	
progress データ処理の進行中(ユーザーは操作を続行可能)を表すポインターが表示されます。	

キーワード	表示例
default 通常の矢印型のポインターが表示されます。	
context-menu コンテキストメニューのアイコンが付いたポインターが表示されます。	
pointer リンクを表す指差しマークのポインターが表示されます。	
wait データ処理の進行中(ユーザーは操作を続行不可)を表すポインターが表示されます。	

キーワード	表示例
cell セルまたはセルグループを選択できることを表すポインターが表示されます。	
text テキストを選択・入力できることを表す縦バーのポインターが表示されます。	
alias ショートカットやエイリアスを作成できることを表すポインターが表示されます。	
move 移動できることを表す矢印十字のポインターが表示されます。	
no-drop ドラッグ&ドロップの禁止を表すポインターが表示されます。	
e-resize 右方向にサイズ変更できることを表すポインターが表示されます。	
n-resize 上方向にサイズ変更できることを表すポインターが表示されます。	
w-resize 左方向にサイズ変更できることを表すポインターが表示されます。	
s-resize 下方向にサイズ変更できることを表すポインターが表示されます。	
ew-resize 左右方向にサイズ変更できることを表すポインターが表示されます。	
nesw-resize 右上左下方向にサイズ変更できることを表すポインターが表示されます。	
col-resize 列の幅を変更できることを表すポインターが表示されます。	
zoom-in 拡大できることを表すポインターが表示されます。	
grab 何かをつかめる(ドラッグして移動できる)ことを表すポインターが表示されます。	

キーワード	表示例
crosshair シンプルな十字のポインターが表示されます。	
vertical-text 縦書きのテキストの選択・入力可能を表す横バーのポインターが表示されます。	
copy コピーできることを表すプラス(+)マークが付いたポインターが表示されます。	
all-scroll 任意の方向へスクロールできることを表すポインターが表示されます。	
not-allowed 処理を実行できないことを表すポインターが表示されます。	
ne-resize 右上方向にサイズ変更できることを表すポインターが表示されます。	
nw-resize 左上方向にサイズ変更できることを表すポインターが表示されます。	
sw-resize 左下方向にサイズ変更できることを表すポインターが表示されます。	
se-resize 右下方向にサイズ変更できることを表すポインターが表示されます。	
ns-resize 上下方向にサイズ変更できることを表すポインターが表示されます。	
nwse-resize 左上右下方向にサイズ変更できることを表すポインターが表示されます。	
row-resize 行の高さを変更できることを表すポインターが表示されます。	
zoom-out 縮小できることを表すポインターが表示されます。	
grabbing 何かをつかんでいる(ドラッグして移動する)ことを表すポインターが表示されます。	

```
cursor: pointer; /* 種類(キーワード)だけ指定 */
cursor: url(pointer.png), pointer; /* 画像と種類を指定 */
cursor: url(pointer.png) 2 2, pointer; /* 画像と位置、種類を指定 */
```

配置

配置のためのアンカー要素として宣言する

{anchor-name: アンカー名; }

アンカー・ネーム

anchor-nameプロパティは、要素を「アンカー要素」として宣言、その要素の主要なボックスを「アンカーボックス」に指定し、ターゲットとなる「アンカー名」をリストで与えます。これにより、他の要素から配置のためのアンカー要素として参照ができるようになります。anchor-nameプロパティを指定した要素がdisplay: none;やvisibility: hidden;によって非表示になっている場合やcontent-visibility: hidden;によってスキップ（無視）されたコンテンツの中に含まれる場合、その要素はアンカー要素として認識されません。

初期値	none	継承	なし
適用される要素	プリンシパル・ボックスを生成するすべての要素		
モジュール	CSS Anchor Positioning		

値の指定方法

アンカー名

none　要素はアンカー要素とはなりません。

識別子　2つのダッシュ（ハイフン）から始まる識別子のリストを指定できます。もしその要素がプリンシパル・ボックス（主ボックス）を生成する場合、その要素は「アンカー要素」となり、指定されたアンカー名のリストを持つようになります。要素がプリンシパル・ボックスを生成しない場合、このプロパティは効果を持ちません。

以下の例では、.anchorと.contentという2つの要素があるとき、.anchorに対してanchor-nameプロパティを使用し、「--exampleAnchor」というアンカー名を指定しています。これによって.anchorはアンカー要素となります。.contentから、このアンカー要素を参照することで、アンカー要素を基準とした固定配置をしています。

```css
.anchor {
  anchor-name: --exampleAnchor;
}
.content {
  position-anchor: --exampleAnchor;
  position: fixed;
  left: anchor(right);
  top: anchor(top);
}
```

配置

参照するアンカー要素を指定する

ポジション・アンカー
{position-anchor: アンカー要素; }

position-anchorプロパティは、要素を配置するのに使用する、既定のアンカー要素を指定します。

初期値	auto	継承	なし
適用される要素	絶対位置ボックス		
モジュール	CSS Anchor Positioning		

値の指定方法

アンカー要素

auto 要素が暗黙のアンカー要素を持つ場合、その要素と関連付けます。暗黙のアンカー要素がない場合は関連付けは行いません。

識別子 2つのダッシュ(ハイフン)から始まる識別子で参照するアンカー要素の名前を指定します。

暗黙のアンカー要素とは、HTMLのanchor属性(ただし、本書執筆時点では非標準のため使用できません)によって関連付けられたアンカー要素のことです。また、擬似要素については、特に指定がない限り、元の要素と同じ暗黙のアンカー要素を持つと定義されています。現時点においては暗黙のアンカー要素を使用せず、明示的にアンカー要素を指定することが望ましいでしょう。

以下の例では、position-anchorプロパティに「--exampleAnchor」というアンカー名を指定することで、参照するアンカー要素を明示的に指定しています。そのうえで、そのアンカー要素を基準とした絶対配置をしています。

```css
.content {
  position-anchor: --exampleAnchor01;
  position: absolute;
  inset: 0 20px 20px 0;
}
```

配置

グリッドを使用してアンカー要素に対する配置を行う

ポジション・エリア
{position-area: 配置エリア; }

position-areaプロパティは、アンカーボックスを中心とした3×3のグリッドを想定し、そのグリッドに対してどのようにボックスを配置するかを指定します。position-areaプロパティを使用することで、グリッド内でボックスの配置を直感的に設定することが可能になります。

初期値	none	継承	なし
適用される要素	既定のアンカーボックスを使用して配置されるボックス		
モジュール	CSS Anchor Positioning		

値の指定方法

配置エリア

none 配置を行いません。

配置エリア グリッドに対してどのように配置を行うかを、あらかじめ定義されたキーワード値で指定します。値は1つ、もしくはx軸、y軸に対応する値を組み合わせて2つまで指定することができます。なお、要素が既定のアンカーボックスを持たない、または絶対位置ボックスでない場合、この値は意味を持ちません。

以下の例では、y軸方向のtop、x軸方向のcenterキーワードを組み合わせて、アンカー要素の上端、左右中央に配置されるように指定しています。

```css
.content{
  position-anchor: --exampleAnchor;
  position: absolute;
  position-area: top center;
}
```

・x軸(横方向)の位置を指定するのに使用できる値

- left
- span-left
- x-end
- x-self-start
- span-x-self-end
- center
- span-right
- span-x-start
- x-self-end
- span-all
- right
- x-start
- span-x-end
- span-x-self-start

・y軸(縦方向)の位置を指定するのに使用できる値

・top ・center ・bottom
・span-top ・span-bottom ・y-start
・y-end ・span-y-start ・span-y-end
・y-self-start ・y-self-end ・span-y-self-start
・span-y-self-end ・span-all

・親要素の書字方向に基づいてブロック軸(縦方向)の位置を指定するのに使用できる値

・block-start ・center ・block-end
・span-block-start ・span-block-end ・span-all

・親要素の書字方向に基づいてインライン軸(横方向)の位置を指定するのに使用できる値

・inline-start ・center ・inline-end
・span-inline-start ・span-inline-end ・span-all

・要素自身の書字方向に基づいてブロック軸(縦方向)の位置を指定するのに使用できる値

・self-block-start ・center ・self-block-end
・span-self-block-start ・span-self-block-end ・span-all

・要素自身の書字方向に基づいてインライン軸 (横方向) の位置を指定するのに使用できる値

・self-inline-start ・center ・self-inline-end
・span-self-inline-start ・span-self-inline-end ・span-all

・親要素の書字方向に基づいてブロックまたはインライン方向の位置を指定するのに使用できる値

・start ・center ・end
・span-start ・span-end ・span-all

・要素自身の書字方向に基づいてブロックまたはインライン方向の位置を指定するのに使用できる値

・self-start ・center ・self-end
・span-self-start ・span-self-end ・span-all

POPULAR

フォーム部品などをブラウザー標準のスタイルで表示するかを指定する

アピアランス
{appearance: スタイル設定; }

Webページに配置されたほとんどの要素の見え方は、CSSによって完全に制御することができますが、入力コントロール(フォームの入力欄やセレクトメニューなど)の一部ウィジェットは、ブラウザーによって独自に定義された標準的なユーザーインターフェース(UI)としてレンダリングされます。

例えば、セレクトメニューに対して、自動的にリストが開閉することを示す矢印アイコンが付与されたり、ラジオボタンやチェックボックスが、特に制作者側で独自にスタイルを指定しなくても、利用者が使用しているOSやブラウザーなどのUIで標準的に使われている同様の機能と類似の見た目で表示されたりするのはこのためです。

appearanceプロパティは、ブラウザーが独自に定義するUIの描写を制御します。例えば、appearance: none;を指定することで、ブラウザーが独自に定義する見た目を排除し、制作者が独自に指定したスタイルで見た目をコントロールしやすくします。

ただし、Webサイトの利用者は、標準的なUIのデザインに慣れており、そこからあまりにかけ離れたデザイン、例えば「セレクトメニューに見えないセレクトメニュー」「チェックボックスに見えないチェックボックス」といったUIは利用者を混乱させる可能性があります。

原則としてはブラウザーが標準で適用するデザインが最も分かりやすく、利用者にとって混乱がないということを前提に、appearanceプロパティの使用や、制作者独自のスタイル指定を考えるべきです。

初期値	none	継承	なし
適用される要素	すべての要素		
モジュール	CSS Basic User Interface Module Level 4		

値の指定方法

スタイル設定

none ブラウザーが独自に定義する見た目を排除します。

auto ブラウザーが独自に定義する見た目が適用されます。もともとブラウザーが独自に定義する見た目を持たない要素についてはnoneとして動作します。

自動互換値 searchfield、textarea、checkbox、radio、menulist、listbox、meter、progress-bar、buttonのいずれかの値です。これらの値は後方互換性のために存在するもので、すべてautoと同じ扱いとなります。

特別互換値 textfield、menulist-buttonのどちらかの値です。この2つの値は後方互換性のために存在するもので、autoと同じ扱いとなりますが、ブラウザーによってはこれらの値を考慮してレンダリングする場合があります。

以下の例では、チェックボックスにappearance: none;を指定し、見た目をリセットしたあと、サイズや背景色を指定しています。これにより、初期状態では赤い四角形、チェックされると緑の円形に変化する見た目を実現します。ただし、チェックボックスであることが分かりにくくなる可能性が高いため、このような見た目のカスタマイズには注意が必要です。

CSS

```
input[type=checkbox] {
  appearance: none;
  width: 1em;
  height: 1em;
  display: inline-block;
  background: red;
}
input[type=checkbox]:checked {
  border-radius: 50%;
  background: green;
}
input[type=checkbox]:focus-visible {
  outline: auto;
}
```

ユーザーインターフェース

フォーム部品のサイズを入力内容に合わせて変更する

{field-sizing: サイズ変更; }

フィールド・サイジング

field-sizingプロパティは、「デフォルトの優先サイズを持つ要素」に設定される固定サイズを上書きし、内容に合わせて変更するかを指定します。

デフォルトの優先サイズを持つ要素とは、その要素が含む内容に関係なく、ブラウザーによって固定サイズが設定されている要素を指します。HTMLにおけるtextarea要素やinput要素などの入力コントロールは、このデフォルトの優先サイズを持つ要素に該当します。

初期値	fixed	継承	なし
適用される要素	デフォルトの優先サイズを持つ要素		
モジュール	CSS Basic User Interface Module Level 4		

値の指定方法

サイズ変更

fixed 要素に固定サイズを設定します。

content 内容に合わせて要素のサイズを調整可能にします。

例えば、textarea要素で実装された複数行の入力欄に対して、とても長い文章が入力されたとき、入力欄のサイズが固定だとスクロールが発生し、場合によってはユーザビリティが低下する可能性があります。そこで、以下のサンプルコードのようにfield-sizing: content;を指定し、入力された内容（文章の量）に合わせてサイズが可変するようにすると、ユーザビリティの向上につながる可能性があります。

また、このときmin-width / min-heightプロパティやmax-width / max-heightプロパティなどを組み合わせることで、過度に入力コントロールのサイズが小さくなったり、逆にあるサイズ以上には大きくなったりしないようにするといった制御も可能です。

```css
textarea {
  field-sizing: content;
  min-width: 10em;
  max-width: 100%;
  min-height: 5lh;
}
```

タッチ画面におけるユーザーの操作を指定する

POPULAR

{touch-action: 操作; }

タッチ・アクション

touch-actionプロパティは、タッチ画面における要素のある領域をユーザーがどのようにジェスチャー操作できるかを設定します。

初期値	auto	継承	なし
適用される要素	すべての要素。ただし、非置換インライン要素、表の行、行グループ、表の列、列グループを除く		
モジュール	Pointer Events Level 3		

値の指定方法

操作

auto ブラウザーがビューポートのパン(スクロール)やズームなどを含む、許可されたすべてのジェスチャーを利用可能にします。 指定する場合は、 この値単体で使用します。

none すべてのジェスチャーを無効にします。指定する場合は、この値単体で使用します。

pan-x 水平方向にパンするジェスチャーを有効にします。pan-y、pan-up、pan-downのいずれか1つ、 およびpinch-zoomと空白文字で区切って同時に指定できます。

pan-y 垂直方向にパンするジェスチャーを有効にします。pan-x、pan-left、pan-rightのいずれか1つ、およびpinch-zoomと空白文字で区切って同時に指定できます。

manipulation パンおよびズームのジェスチャーのみを有効にし、 その他のジェスチャーは無効にします。指定する場合は、この値単体で使用します。

pan-left 左にパンするジェスチャーを有効にします。

pan-right 右にパンするジェスチャーを有効にします。

pan-up 上にパンするジェスチャーを有効にします。

pan-down 下にパンするジェスチャーを有効にします。

pinch-zoom 複数の指でのパンやズームを有効にします。

CSS
```
.carousel {
  touch-action: pan-y pinch-zoom;
}
```

ブラウザー

USEFUL

ブラウザーに対して変更が予測される要素を指示する

{will-change: 変化; }
（ウィル・チェンジ）

will-changeプロパティは、どのような要素の変更が予定されているかブラウザーにヒントを与えます。ブラウザーは要素が実際に変更される前に適切な最適化を行える可能性があります。ただし、will-changeを過剰に指定することは、かえってパフォーマンスを低下させる可能性があります。例えば、すべての要素に対して行う変更処理に対してwill-changeを指定してはいけません。

初期値	auto	継承	なし
適用される要素	すべての要素		
モジュール	CSS Will Change Module Level 1		

値の指定方法

変化

auto 特定の指示を与えません。ブラウザーは個々の判断で最適化を実施します。

scroll-position 近い未来に要素のスクロール位置をアニメーション化、あるいは変化させることを指示します。

contents 近い未来に要素のコンテンツに対して何らかのアニメーション化、あるいは変化させることを指示します。

プロパティ名 近い未来に指定したプロパティをアニメーション化、あるいは変化させることを指示します。ただし、値としてwill-change、none、all、auto、scroll-position、contentsは指定できません。

CSS
```
.sample {
  will-change: transform;
}
```

ポインターイベント

POPULAR

ポインターイベントの対象になる場合の条件を指定する

ポインター・イベンツ
{pointer-events: 条件; }

pointer-eventsプロパティは、特定のグラフィック要素がポインターイベントの対象になる場合の条件を設定します。auto、none以外の値はSVGに対してのみ有効です。通常のHTML要素に対して指定した場合、autoとして解釈されます。

初期値	auto	継承	あり
適用される要素	すべての要素、SVGにおけるコンテナー要素、グラフィック要素、およびuse要素		
モジュール	CSS Basic User Interface Module Level 4およびScalable Vector Graphics (SVG) 2		

値の指定方法

条件

auto デフォルトの動作です。visiblePaintedと同様です。

bounding-box ポインターが要素の境界ボックス(バウンディングボックス)上にある場合、要素はポインターイベントのターゲット要素になります。

visiblePainted 要素のvisibilityプロパティにvisibleが設定されていて、かつポインターが要素の塗り(fill)領域上にあり、fillプロパティにnone以外の値が指定されている場合、または要素の境界線(stroke)上にあり、strokeプロパティにnone以外の値が設定されている場合、要素はポインターイベントのターゲット要素になります。

visibleFill 要素のvisibilityプロパティにvisibleが設定され、ポインターが要素の塗り(fill)領域上にある場合、要素はポインターイベントのターゲット要素になります。fillプロパティの値はイベント処理に影響しません。

visibleStroke 要素のvisibilityプロパティにvisibleが設定されている場合およびポインターが要素の境界線(stroke)上にある場合、要素はポインターイベントのターゲット要素になります。strokeプロパティの値はイベント処理に影響しません。

visible 要素のvisibilityプロパティにvisibleが設定され、ポインターが要素の塗り(fill)領域上、または境界線(stroke)上にある場合、要素はポインターイベントのターゲット要素になります。fill、およびstrokeプロパティの値はイベント処理に影響しません。

painted ポインターが要素の塗り(fill)領域上にあり、fillプロパティにnone以外の値が指定されている場合、または要素の境界線(stroke)上にあり、strokeプロパティにnone以外の値が設定されている場合、要素はポインターイベントのターゲット要素になります。visibilityプロパティの値はイベント処理に影響しません。

fill	ポインターが要素の塗り(fill)領域上にある場合、要素はポインターイベントのターゲット要素になります。fill、およびvisibilityプロパティの値はイベント処理に影響しません。
stroke	ポインターが要素の境界線(stroke)上にある場合、要素はポインターイベントのターゲット要素になります。stroke、およびvisibilityプロパティの値はイベント処理に影響しません。
all	ポインターが要素の塗り(fill)領域上、または境界線(stroke)上にある場合、要素はポインターイベントのターゲット要素になります。fill、stroke、visibilityプロパティの値はイベント処理に影響しません。
none	要素はポインターイベントを受け取りません。

以下の例では、button要素に対してpointer-events: none;を指定することで、本来ポインターイベントを受け取るbutton要素がポインターイベントを受け取らなくなるようにしています。

```html
<button class="pointer-none">ポインターイベントを受け取らないボタン
</button>
```

```css
.pointer-none {
  pointer-events: none;
}
```

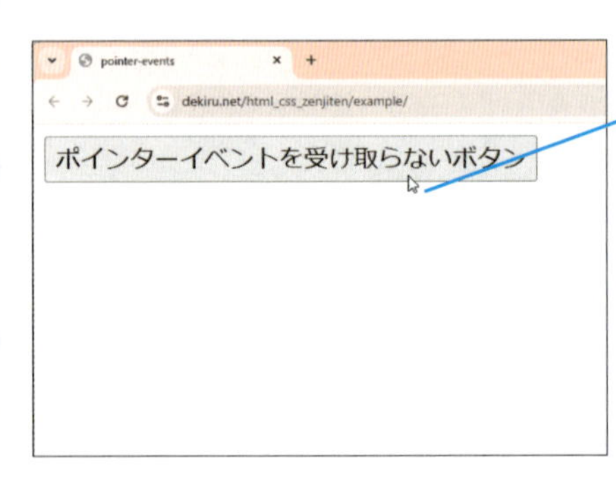

button要素がポインターイベントを受け取らなくなるため、カーソルの表示が変化していない

ポイント

- pointer-events: none;を指定された要素はポインターイベントを受け取りませんが、キーボードによるフォーカスは受け取ります。

選択

テキストを範囲選択できるかを指定する

POPULAR

{user-select: 選択方法; }

ユーザー・セレクト

user-selectプロパティは、文書内のどの要素をユーザーが選択できるか、そしてその選択の方法を指定します。このプロパティを使うことで、ユーザーにとって必要な部分だけを選択可能にし、隣接する内容をうっかり選択してしまうことを防ぎ、インタラクションを容易にすることができます。

例えば、フォームのラベルやボタンなど、選択する必要がない要素はuser-select: none;を指定することで、ユーザーがその要素を選択できないようにできます。一方、文章やテキストを選択できるようにしたい場合は、user-select: text;を指定することで、その要素を選択可能にします。

初期値	auto	継承	なし
適用される要素	すべての要素、オプションで ::before、::after 擬似要素		
モジュール	CSS Basic User Interface Module Level 4		

値の指定方法

選択方法

auto autoの場合、その値は以下のように決定されます。
- 疑似要素::beforeや::afterに指定されている場合、noneとして扱われます。
- 要素が編集可能な要素の場合、containとして扱われます。
- それ以外の場合、
  - 親要素のuser-selectの値がallなら、allとして扱います。
  - 親要素のuser-selectの値がnoneなら、noneとして扱います。
  - 上記以外の場合はtextとして扱います。

text 要素に制限なく選択が可能で、特に制約を設けません。

none 要素内の選択を禁止します。要素内で選択を開始することはできず、要素の外部で開始された選択が、その要素内に入ることもできません。ユーザーがそのような選択を試みた場合、選択範囲は要素の境界で終了します。

contain 要素内で選択を開始した場合、その選択範囲は要素外にはみ出ることはありません。要素の外部で開始された選択は、その要素内に入ることができません。

all 要素全体を一括で選択する挙動を指定します。もし選択範囲が要素の一部分だけにかかる場合、その要素全体とすべての子要素を含めて選択されます。
親要素のuser-selectがallの場合、その親要素全体も選択されます。

初期化

要素のすべてのプロパティを初期化する

オール
{all: 状態; }

allプロパティは、要素のすべてのプロパティを初期化します。ただし、unicode-bidiおよびdirectionプロパティは除きます。

初期値	各プロパティに依存	継承	なし
適用される要素	すべての要素		
モジュール	CSS Cascading and Inheritance Level 4		

値の指定方法

状態

initial 要素のすべてのプロパティを初期値に変更するよう指定します。

inherit 要素のすべてのプロパティを継承値に変更するよう指定します。

unset 要素のすべてのプロパティを、既定値がinheritのものは継承値に、そうでなければ初期値に変更するよう指定します。

revert 選択された要素に適用されるプロパティ値を、ブラウザーがデフォルトで持っているスタイルシートの値にリセットします。

revert-layer 選択された要素に適用されるプロパティ値に関して、そのプロパティが現在属するカスケードレイヤー（@layer規則（P.293）を参照）を無効にし、次に優先度が高いカスケードレイヤーのスタイルで設定します。@layer規則内にあるスタイルに対して使用されることが想定されており、@layer規則外にあるプロパティに対して指定された場合は、revert値と同様の効果になります。

以下の例では、子要素にall: inherit;を指定しています。通常、親要素に指定されたborderプロパティの値は子要素に継承されませんが、すべてのプロパティを継承値に変更することで子要素にもborderプロパティが適用されます。

```css
ul { border: 1px solid #ccc; }
ul > li { all: inherit; }
```

索引

HTML編・CSS編の「関連知識」を中心に、本文中のキーワードから該当ページを探せます。HTMLの要素やCSSのプロパティなどを探したいときは、巻頭のインデックスを参照してください。

数字・記号

アルファベット

あ

か

さ

た

な

は

ま

や・ら

■著者

加藤善規（かとう よしき）

フリーランスによるWebサイト制作業務、Webサイト制作会社での取締役などの経験を経て、2014年にバーンワークス株式会社を設立、代表取締役に就任。Webサイト制作ディレクション、Webアクセシビリティ、ユーザビリティに関するコンサルティング業務の他、セミナー等での講演、執筆等も行う。

X（旧Twitter）：@burnworks

プロフィール：https://yoshiki.kato.name/

STAFF

カバーデザイン	伊藤忠インタラクティブ株式会社
本文フォーマット	伊藤忠インタラクティブ株式会社
写真素材	123RF
編集・DTP・校正	株式会社トップスタジオ
デザイン制作室	今津幸弘 <imazu@impress.co.jp>
	鈴木　薫 <suzu-kao@impress.co.jp>
編集	水野純花 <mizuno-a@impress.co.jp>
編集長	小渕隆和 <obuchi@impress.co.jp>

■商品に関する問い合わせ先
このたびは弊社商品をご購入いただきありがとうございます。本書の内容などに関するお問い合わせは、下記のURLまたは二次元バーコードにある問い合わせフォームからお送りください。

https://book.impress.co.jp/info/

上記フォームがご利用いただけない場合のメールでの問い合わせ先
info@impress.co.jp

※お問い合わせの際は、書名、ISBN、お名前、お電話番号、メールアドレスに加えて、「該当するページ」と「具体的なご質問内容」「お使いの動作環境」を必ずご明記ください。なお、本書の範囲を超えるご質問にはお答えできないのでご了承ください。

●電話やFAX でのご質問には対応しておりません。また、封書でのお問い合わせは回答までに日数をいただく場合があります。あらかじめご了承ください。
●インプレスブックスの本書情報ページ https://book.impress.co.jp/books/1124101065 では、本書のサポート情報や正誤表・訂正情報などを提供しています。あわせてご確認ください。
●本書の奥付に記載されている初版発行日から3年が経過した場合、もしくは本書で紹介している製品やサービスについて提供会社によるサポートが終了した場合はご質問にお答えできない場合があります。

■落丁・乱丁本などの問い合わせ先
FAX 03-6837-5023
service@impress.co.jp
※古書店で購入された商品はお取り替えできません。

できるポケット　Web制作必携
HTML&CSS全事典 改訂4版

2024年12月21日　初版発行

著　者　加藤善規 & できるシリーズ編集部

発行人　高橋隆志

編集人　藤井貴志

発行所　株式会社インプレス
〒101-0051　東京都千代田区神田神保町一丁目105番地
ホームページ　https://book.impress.co.jp/

印刷所　シナノ書籍印刷株式会社
ISBN978-4-295-02080-6 C3055

Printed in Japan